实战从入门到精通（视频教学版）

Flash CC 动画制作与设计实战从入门到精通（视频教学版）

刘玉红　侯永岗　编著

清华大学出版社
北京

内容提要

本书以零基础讲解为宗旨，用实例引导读者深入学习，采取“基础知识→核心技术→高级应用→行业应用案例→全能拓展”的讲解模式，深入浅出地讲解Flash CC动画制作与设计的各项技术及实战技能。

本书第1篇“基础知识”主要讲解Flash CC快速入门、Flash CC的基本操作、使用绘图工具；第2篇“核心技术”主要讲解使用文本工具，使用颜色工具，图层与帧的操作及应用，利用元件和库组织动画素材，为动画添加图片、声音和视频，优化和发布Flash动画；第3篇“高级应用”主要讲解动画角色的设置与运动、合成Flash动画、使用ActionScript添加特效、实现网页的动态交互；第4篇“行业应用案例”主要讲解制作Flash广告、制作个人Flash网站、制作Flash MV、制作贺卡；第5篇“全能拓展”主要讲解反编译SWF文件。

本书适合任何想学习Flash CC制作动画的人员，无论您是否从事计算机相关行业，无论您是否接触过Flash CC，通过学习均可快速掌握Flash CC制作动画的方法和技巧。

图书在版编目(CIP)数据

Flash CC动画制作与设计实战从入门到精通 / 刘玉红，侯永岗编著 .—北京：清华大学出版社，2017（2024. 1重印）

（实战从入门到精通：视频教学版）

ISBN 978-7-302-45014-6

Ⅰ. ①F… Ⅱ. ①刘… ②侯… Ⅲ. ①动画制作软件 Ⅳ. ① TP391.414

中国版本图书馆CIP数据核字（2016）第218524号

责任编辑：张彦青
封面设计：张丽莎
责任校对：张彦彬
责任印制：刘海龙
出版发行：清华大学出版社

网　　址：https://www.tup.com.cn, https://www.wqxuetang.com
地　　址：北京清华大学学研大厦A座　　邮　　编：100084
社 总 机：010-83470000　　邮　　购：010-62786544
投稿与读者服务：010-62776969，c-service@tup.tsinghua.edu.cn
质量反馈：010-62772015，zhiliang@tup.tsinghua.edu.cn

印 装 者：三河市君旺印务有限公司
经　　销：全国新华书店
开　　本：190mm×260mm　　印　　张：29.25　　字　　数：712千字
版　　次：2017年1月第1版　　印　　次：2024年1月第8次印刷
定　　价：68.00元

产品编号：069551-01

前　言

PREFACE

“实战从入门到精通（视频教学版）”系列图书是专门为职场新人量身定做的一套学习用书，整套书涵盖办公、网页设计和动画设计等方面。整套书具有以下特点。

▶ **前沿科技**

无论是Office，还是Dreamweaver CC、Photoshop CC、Flash CC，我们都精选较为前沿的知识点或者用户群较大的领域所涉及的知识点，帮助读者认识和了解最新动态。

▶ **权威的作者团队**

组织国家重点实验室和资深应用专家联手编著该套图书，融合丰富的教学经验与优秀的管理理念。

▶ **学习型案例设计**

以技术的实际应用过程为主线，采用全程图解和同步多媒体结合的教学方式，生动、直观、全面地剖析各种应用技能，降低难度，提升学习效率。

为什么要写这样一本书

Flash CC是一款经典的动画特效媒体制作软件，在Web动画和多媒体设计领域深受广大用户青睐。借助Flash CC所包含的简化用户界面、高级视频工具及与相关软件集成，可轻松制作交互式网站、色彩丰富的媒体广告、指导性媒体、引人入胜的演示和游戏等。本书由资深动画设计师与经验丰富的电脑教师联手编著，为新手量身打造，从零开始、由浅入深，融合大量实战案例，采用图解和视频教学双模式，立体化辅助学习，使初学者能够真正掌握并熟练应用。

本书特色

▶ **零基础、入门级的讲解**

无论您是否从事计算机相关行业，无论您是否接触过Flash CC和动画制作，都能从本书中找到最佳起点。

▶ **超多、实用、专业的范例和项目**

本书在编排上紧密结合深入学习Flash CC动画制作技术的先后过程，从Flash CC的基本操作开始，带领读者逐步深入地学习各种应用技巧，侧重实战技能，使用简单易懂的实际案例进行分析和操作指导，让读者读起来轻松、操作起来有章可循。

▶ 随时检测自己的学习成果

本书在每章首页均提供了学习目标，以指导读者重点学习及学后检查。

本书中的“实战演练”均根据本章内容精选案例，读者可以随时检测自己的学习成果和实战能力，做到融会贯通。

▶ 细致入微、贴心提示

本书在讲解过程中，在各章中使用了“注意”“提示”“技巧”等小栏目，使读者在学习过程中更清楚地了解相关操作，理解相关概念，并轻松掌握各种操作技巧。

▶ 专业创作团队和技术支持

本书由千谷网络科技实训中心提供技术支持。您在学习过程中遇到任何问题，可关注微信订阅号 zhihui8home 进行提问，专家人员会在线答疑。

“Flash CC 动画制作”学习最佳途径

本书以学习“Flash CC 动画制作”的最佳制作流程来分配章节，从最初的 Flash CC 基本操作开始，讲解了动画制作的核心技术、高级应用、行业应用案例、网站全能拓展等。特别在本书中讲述了 4 个行业应用案例的设计过程，以进一步提高读者的实战技能。

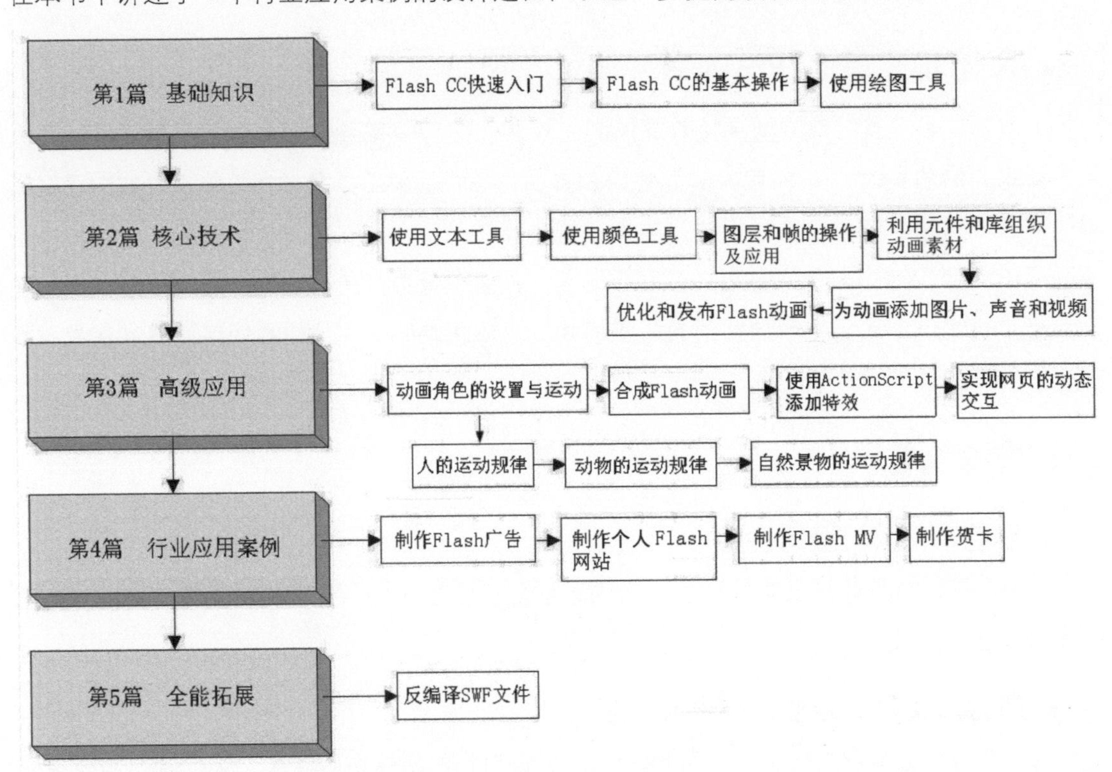

超值光盘

▶ 全程同步教学视频

光盘涵盖本书所有知识点，详细讲解每个实例及项目的过程及技术关键点，让初学者轻松掌握书中所有的Flash CC动画制作知识。另外，扩展的讲解部分可以让读者了解图书以外的知识。

▶ 超大容量王牌资源大放送

赠送大量王牌资源，包括本书实例完整素材文件和结果文件、教学幻灯片、本书精品教学视频、Flash CC功能与技巧速查手册、Flash CC快捷键速查手册、Flash CC动画制作常见问题解答、Flash CC动画素材库、Flash脚本代码速查手册、网页颜色表、精彩网站配色方案赏析等。

读者对象

- ▶ **零基础的Flash CC初学者**
- ▶ **有一定的Flash基础，想精通动画制作的人员**
- ▶ **有一定的动画制作基础，没有项目经验的人员**
- ▶ **正在进行毕业设计的学生**
- ▶ **大专院校及培训学校的老师和学生**

创作团队

本书由刘玉红和侯永岗编著，参加编写的人员还有刘玉萍、周佳、付红、李园、郭广新、王攀登、蒲娟、刘海松、孙若淞、王月娇、包慧利、陈伟光、胡同夫、梁云梁和周浩浩。在编写过程中，我们尽所能地将最好的讲解呈现给读者，但也难免有疏漏和不妥之处，敬请指正。若您在学习中遇到困难或疑问，或有何建议，可写信至信箱357975357@qq.com。

目录

第1篇 基础知识

第1章 Flash CC 快速入门

第2章 Flash CC的基本操作

第3章 使用绘图工具

第2篇 核心技术

第4章 使用文本工具

第5章 使用颜色工具

第6章 图层与帧的操作及应用

第7章 利用元件和库组织动画素材

第8章 为动画添加图片、声音和视频

第9章 优化和发布Flash动画

第3篇 高级应用

第10章 动画角色的设置与运动

第11章 合成Flash动画

第12章 使用ActionScript添加特效

第13章 实现网页的动态交互

第4篇 行业应用案例

第14章 制作Flash广告

第15章 制作个人Flash网站

第16章 制作Flash MV

第17章 制作贺卡

第5篇 全能拓展

第18章 反编译SWF文件

第 1 篇

基础知识

Flash CC 快速入门

- **本章导读**

目前，Adobe Flash CC（简称 Flash CC）是制作动画最流行的软件。通过本章的学习，读者可以对 Flash CC 有一定的初步了解，为使用该软件打基础。本章着重介绍了 Flash CC 的安装和运行、新功能、工作界面、文档窗口以及一些基础操作。

- **本章学习目标（已掌握的在圆圈中打钩）**

◎ 熟悉 Flash CC 的新功能
◎ 掌握安装 Flash CC 的方法
◎ 熟悉 Flash CC 的工作环境
◎ 掌握文档窗口的基本操作
◎ 掌握 Flash CC 的操作基础

- **重点案例效果**

1.1 Flash CC新功能

Flash CC 在原有版本的基础上进行了全面的更新，新增了许多功能，使用户界面更加美观，操作更加流畅，下面介绍 Flash CC 新增的功能。

1. 性能改进

采用模块化 64 位架构重构 Flash，这是最关键的性能改进之一。应用程序启动比以往较快，加快了发布速度，提高了导入素材和打开文件的速度。

2. 重新设计了部分用户界面

重新设计并简化了【键盘快捷键】对话框（见图 1-1），增加了“搜索”文本框，可快速查找相应的快捷命令；增加的“复制到剪贴板”按钮，可以把整个键盘快捷键列表复制到剪贴板，将其复制到文本编辑器中以便快速参考；快捷键设置冲突时会显示一条警告信息，以便排除快捷键冲突；可以保存自定义快捷键作为预设。

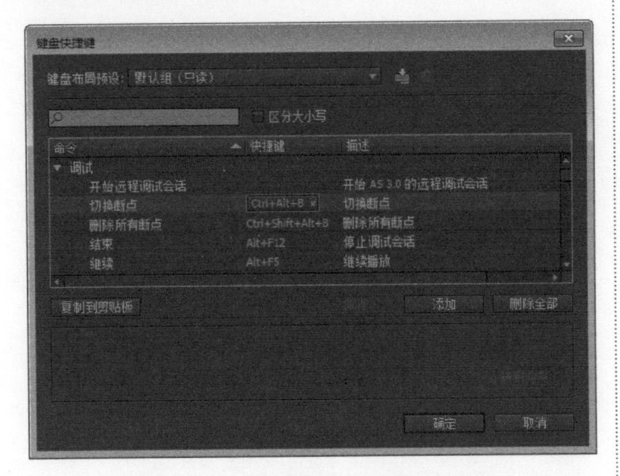

图 1-1 【键盘快捷键】对话框

简化了【首选参数】对话框，删除了几项很少使用的选项，增加了可与 Creative Cloud 同步首选参数时的工作流程设置，如图 1-2 所示。

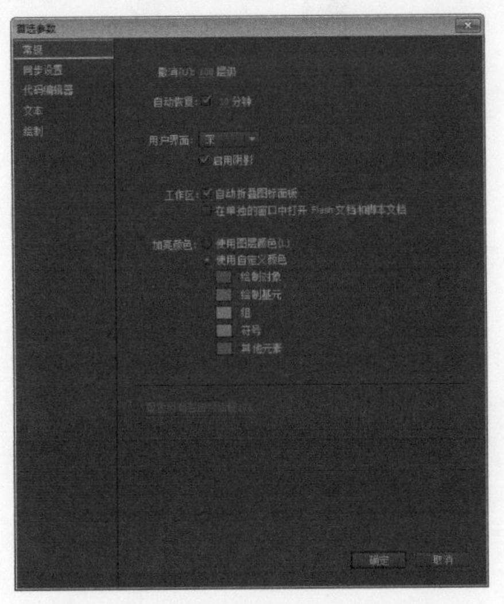

图 1-2 【首选参数】对话框

3. 改进了设计人员的工作流程，提高了工作效率

Flash CC 改进了设计人员和动画制作人员的工作流程。元件的绘制和操作、时间轴的操作、图层编辑、舞台及内容的缩放等都提供了更高效的功能，并且提供了深色和浅色两种用户界面主题，使用户能更专注于舞台而不是各种工具和菜单。

☆ 将元件和位图分布到关键帧。“分布到关键帧”选项允许用户将图层上的多个对象分布到各个不同的关键帧。通过将多个元件或位图分布到关键帧，可以快速创建逐帧动画。

☆ 交换多个元件和位图。在舞台上有大量对象需要批量替换时，使用“交换元件”

和“交换位图”可快速完成操作。替换完之后，Flash CC 会保留原有元件的属性信息。

☆ 设置多个图层为引导图层或遮罩图层。

☆ 批量设置图层属性，比如批量修改图层类型或轮廓颜色。

☆ 对时间轴范围标记的改进，可以按比例扩展或收缩时间轴范围。

☆ 全屏模式，按 F11 键切换到全屏模式将隐藏面板和菜单命令，为舞台分配更多的屏幕空间。

☆ 定位到舞台中心，在较大的工作区工作时，不管滚动到舞台的任何角落，都可通过状态栏上的【舞台居中】按钮快速回到舞台中心。

☆ 简化 PSD 和 AI 文件导入流程，提高效率。

☆ 绘图工具的颜色实时预览。

☆ 缩放到锚点。在缩放舞台大小时将 Flash 资源固定到舞台上预定义的锚点处。

☆ 用户界面。Flash CC 的用户界面有“深色”和“浅色”两种主题。

4. 其他新功能

Flash CC 改进了视频导出流程，只导出 QuickTime（MOV）文件。Flash CC 已经完全集成了 Adobe Media Encoder，可以利用 Adobe Media Encoder 将 MOV 文件转换为各种其他格式。【导出视频】对话框如图 1-3 所示。

图 1-3 【导出视频】对话框

1.2 安装和运行Flash CC

在使用 Flash CC 软件之前，需要先安装和运行该软件。

1.2.1 实例 1——安装 Flash CC

由于 Flash CC 只支持 64 位的操作系统，所以在安装软件前，需要确认操作系统为 64 位。安装 Flash CC 的具体操作步骤如下。

步骤 1 将 Flash CC 的安装盘放入光驱中，弹出【Adobe 安装程序】对话框，如图 1-4 所示。

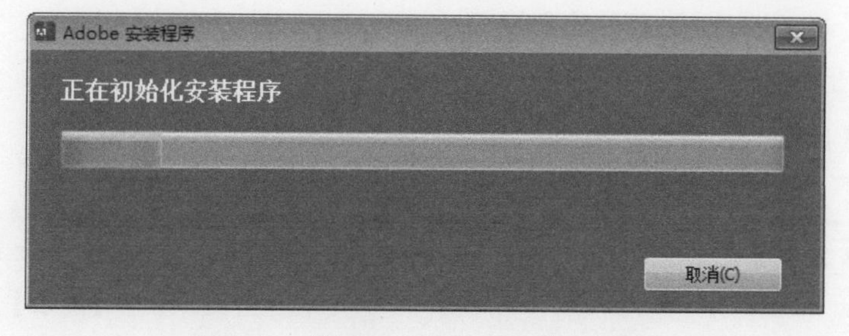

图 1-4 【Adobe 安装程序】对话框

步骤 2 初始化完成后，即可打开【欢迎】界面，选择安装方式，这里选择【安装】选项，如图 1-5 所示。

图 1-5 【欢迎】界面

步骤 3 进入【需要登录】界面，单击【登录】按钮，按要求使用 Adobe ID 登记即可，如图 1-6 所示。

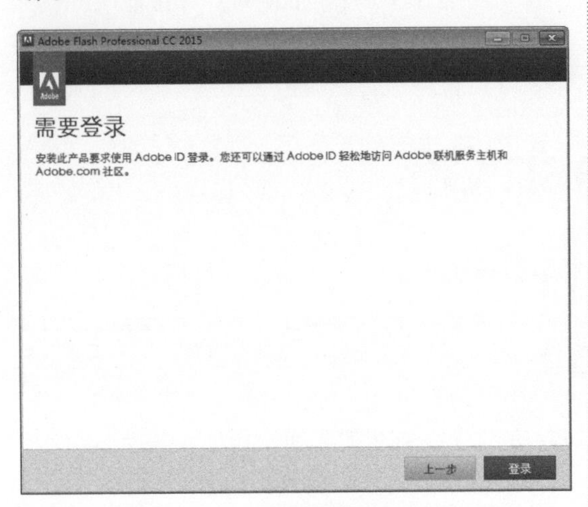

图 1-6 【需要登录】界面

步骤 4 进入【Adobe 软件许可协议】界面，单击【接受】按钮，如图 1-7 所示。

步骤 5 进入【序列号】界面，输入产品序列号后，单击【下一步】按钮，如图 1-8 所示。

步骤 6 进入【安装】界面，开始自动安装 Flash CC 程序，并显示安装的进度，如图 1-9 所示。

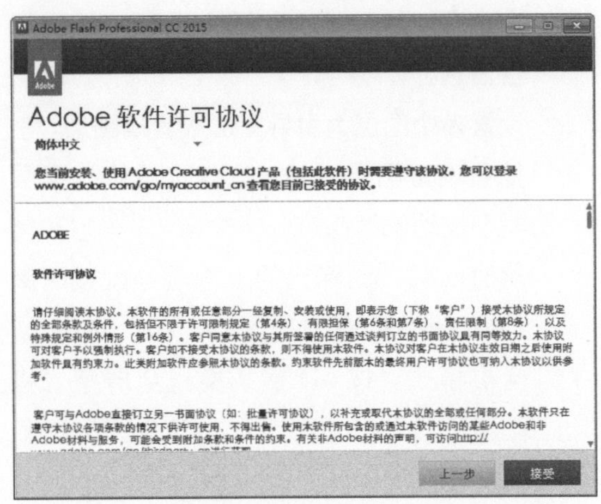

图 1-7 【Adobe 软件许可协议】界面

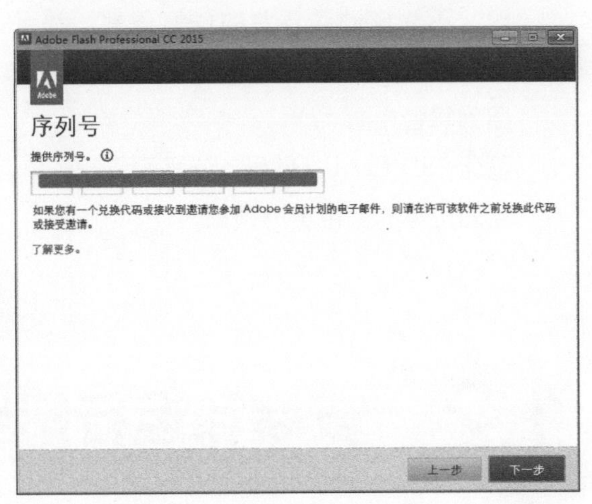

图 1-8 【序列号】界面

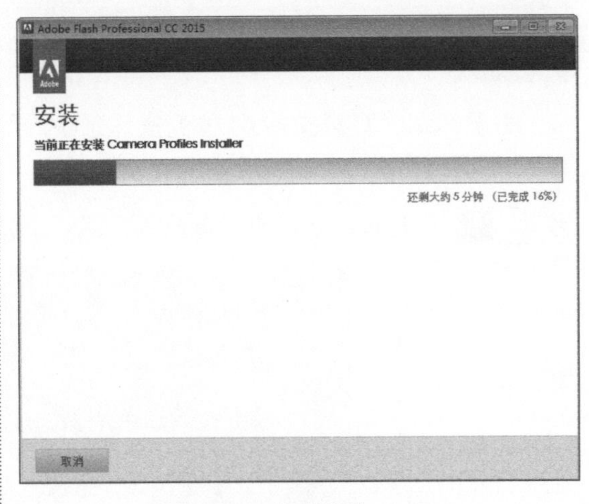

图 1-9 【安装】界面

步骤 7 Flash CC安装完成后，进入【安装完成】界面，单击【关闭】按钮即完成安装操作。如果此时想启动Flash CC软件，可以单击【立即启动】按钮，如图1-10所示。

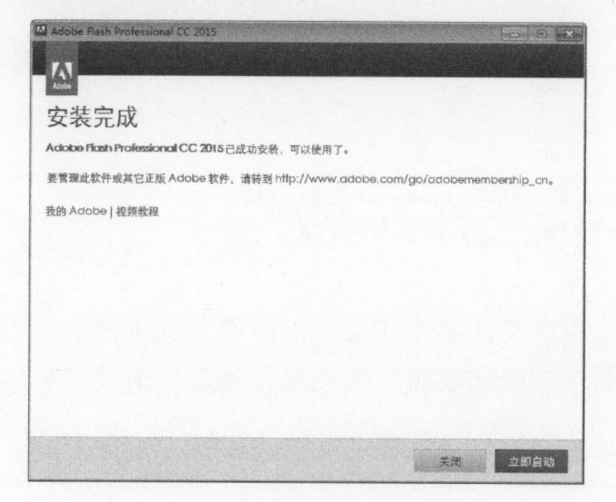

图1-10 【安装完成】界面

1.2.2 实例2——启动和退出Flash CC

完成Flash CC的安装后，是不是就迫不及待地想看一看Flash CC的软件界面呢？下面介绍如何启动与退出Flash CC软件。

启动Flash CC的具体操作步骤如下。

步骤 1 选择【开始】→【所有程序】→Adobe→Adobe Flash Professional CC命令即可启动Flash CC，如图1-11所示。

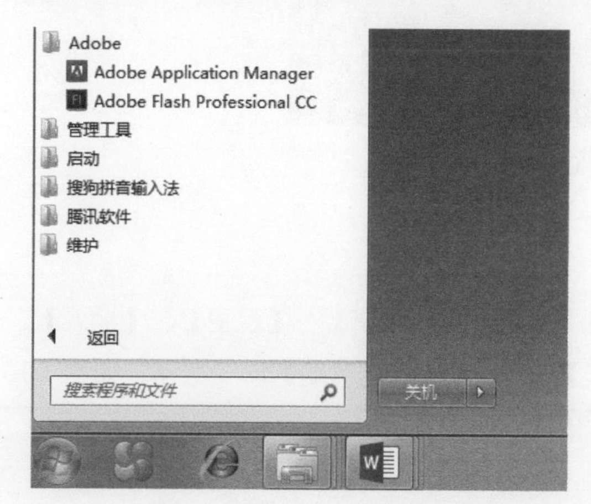

图1-11 选择Adobe Flash Professional CC命令

步骤 2 启动Adobe Flash Professional CC，进入欢迎界面，如图1-12所示。通过【打开最近的项目】列表，可以快速打开曾经操作过的Flash文档；在【新建】列表中，用户可以选择创建文件的类型；在【简介】列表中可以快速链接到Flash网站，在网站中了解入门、新增功能等信息；在【学习】列表中可以快速学习Flash的相关知识；单击【模板】链接可以调用模板创建文档。

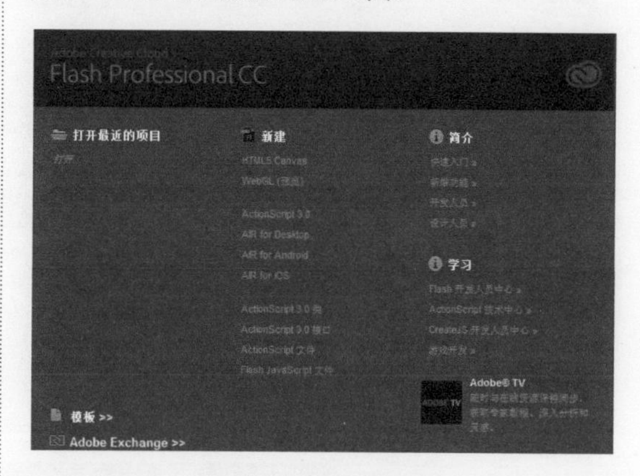

图1-12 欢迎界面

步骤 3 打开【从模板新建】对话框，用户可以选择相应的模板创建文档，如图1-13所示。

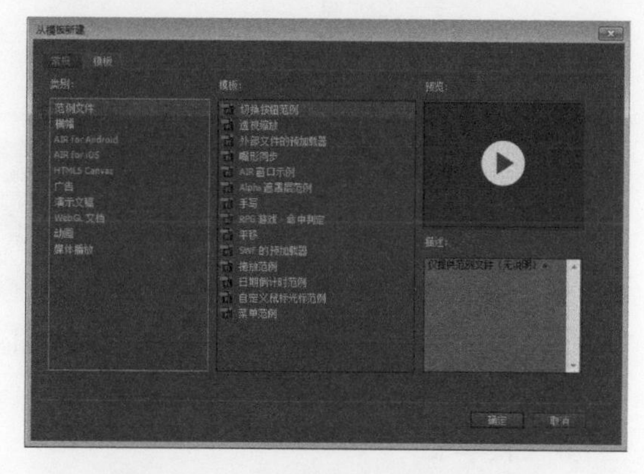

图1-13 【从模板新建】对话框

步骤 4 如果用户不希望每次启动软件时都出现欢迎界面，可以在欢迎界面选中【不再显示】复选框，此时会打开一个警告对话框，如图1-14所示。单击【确定】按钮，即可在下次启动 Flash CC 时默认直接打开一个 Flash 空白文档。

图 1-14　警告对话框

1.3 熟悉Flash CC的工作环境

Flash CC 是一款优秀的动画制作软件，使用该软件制作动画不仅简单且观赏性强，它是动画初学者和专业制作人员的首选软件。对于初学者来说，熟悉其结构及各组成部分的功能非常必要。

1.3.1 界面布局

在使用 Flash CC 软件时，必须了解 Flash CC 的界面布局及各部分功能。在默认情况下，界面布局由菜单栏、场景、【时间轴】面板、【属性】面板和工具栏等组成，如图 1-15 所示。

图 1-15　Falsh CC 界面布局

 菜单栏

Falsh CC 的菜单栏位于窗口的顶部，主要包括【文件】、【编辑】、【视图】、【插入】、【修改】、【文本】、【命令】、【控制】、【调试】、【窗口】和【帮助】11 个菜单，如图 1-16 所示。通过执行这些菜单中的命令，可以实现不同的功能。

图 1-16 菜单栏

(1)【文件】：该菜单主要用于对文件进行新建、打开、保存、关闭、导入、导出、发布和打印等操作。

(2)【编辑】：该菜单主要用于进行一些基本的操作，如撤销、重复、复制、粘贴和清除等标准编辑命令，此外，还有与时间轴中帧相关的操作。

(3)【视图】：该菜单主要用于屏幕显示的控制，如放大、缩小、显示网格及辅助线等，这些操作决定了工作区的显示比例、显示效果和显示区域等。

(4)【插入】：该菜单中是关于插入操作的命令，如向图库中增添元件、向当前场景中增添新的层、向当前层中增添新的帧，以及向当前动画中增添新的场景。

(5)【修改】：该菜单主要用于修改动画中各种对象的属性，如修改帧、层、场景的属性和对象的大小、形状、排列方式等。

(6)【文本】：该菜单主要提供处理文本对象的命令，如设置文本的字体、大小、样式等，从而让影片的内容更加形象生动。

(7)【命令】：该菜单主要用于管理命令。用户可以使用该菜单中的命令自动完成创建动画过程中的许多日常性重复操作，从而提高工作效率。

(8)【控制】：该菜单主要用于对 Flash 动画进行播放、控制和测试等操作。

(9)【调试】：该菜单主要用于对影片脚本进行调试，如设置跳入、跳出、断点等。

(10)【窗口】：该菜单主要用于管理窗口中各个控制面板，如打开、关闭、组织和切换各种窗口面板等。

(11)【帮助】：该菜单主要用于快速获取帮助信息，包括详细的联机帮助、示例动画、教程等。

2. 场景

场景是进行动画编辑的主要区域，包括舞台和工作区，如图 1-17 所示。

舞台是图形的绘制和编辑区域，是用户在创作时观看自己作品的场所，也是用户对动画中的对象进行编辑、修改的场所。舞台位于工作界面中间，可以在整个场景中绘制或编辑图形，但最终动画仅显示场景白色区域的内容，而这个区域就是舞台。

舞台之外的深灰色区域称为工作区，在播放动画时此区域不显示。工作区通常用于设置动画的开始点和结束点，即设置动画过程中对象进入舞台和退出舞台的位置。

图 1-17 舞台和工作区

舞台是 Flash CC 中最主要的可编辑区域，在舞台中可以放置的内容包括矢量图、文本框、按钮、导入的位图图形或视频剪辑等。工作时，可以根据需要改变舞台的属性和形式。工作区中的对象除非进入舞台，否则不会在影片的播放中看到。

3.【时间轴】面板

对于动画来说，时间轴至关重要，可以说，时间轴是动画的灵魂。只有熟悉了时间轴的操作和使用方法，才可以在制作动画的时候得心应手。

> **提示** 时间轴用于组织和控制文档内容在一定时间内播放的图层数和帧数。与胶片一样，Flash 文件也将时长分为帧。图层就像堆叠在一起的多张幻灯胶片一样，每个图层都包含一个显示在舞台中的不同图像。时间轴的主要组件是图层、帧和播放头。

文档中的图层列在时间轴左侧，每个图层中包含的帧显示在该图层名右侧的一行中。时间轴顶部的时间轴标题指示帧编号，播放头指示当前在舞台中显示的帧。播放 Flash 文件时，播放头从左向右通过时间轴。

时间轴状态显示在时间轴的底部，可显示当前帧频、帧速率以及到当前帧为止的运行时间，如图 1-18 所示。

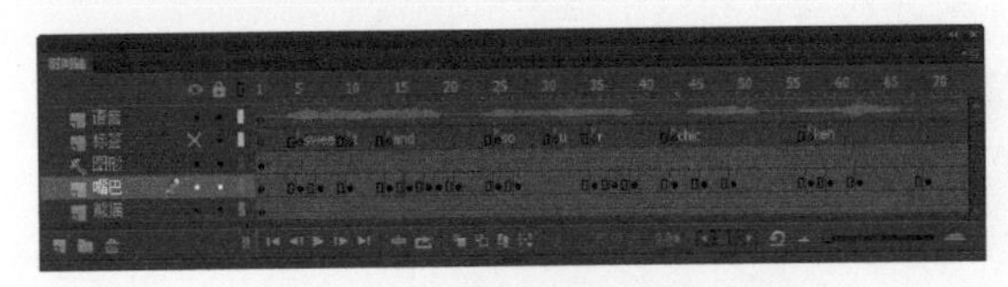

图 1-18 【时间轴】面板

 4. 工具栏

Falsh CC 的工具栏位于窗口的右侧，其中放置了编辑图形和文本的各种工具，用户可以利用这些工具进行绘图、选取、喷绘、修改以及编排文本等操作。

工具栏主要由工具区、查看区、颜色区和选项区组成，如图 1-19 所示。下面详细介绍工具栏中各个按钮的名称及功能。

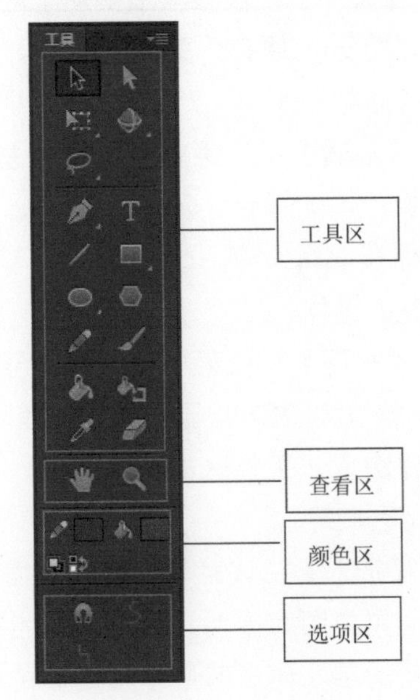

图 1-19 工具栏

工具栏中各个按钮的含义如下。

(1)【选择工具】按钮：该按钮用于选择图形、拖曳、改变图形形状。

(2)【部分选取工具】按钮：该按钮用于选择图形、拖曳和分段选取。

(3)【任意变形工具】按钮：该按钮用于变换图形形状。

(4)【3D 旋转工具】按钮：该按钮用于对动画进行任意角度的旋转。

(5)【套索工具】按钮：该按钮用于旋转图形中需要的部分。

(6)【钢笔工具】按钮：该按钮用于绘制精确的图形和线段。

(7)【文本工具】按钮：该按钮用于创建文字。

(8)【线条工具】按钮：该按钮用于制作直线条。

(9)【矩形工具】按钮：该按钮用于制作矩形和圆角矩形。

(10)【椭圆工具】按钮：该按钮用于制作椭圆形。

(11)【多角星形工具】按钮：该按钮用于制作多角星形图形。

(12)【铅笔工具】按钮：该按钮用于绘制随意的图形和线条。

(13)【刷子工具】按钮：该按钮用于制作闭合区域图形或线条。

(14)【颜料桶工具】按钮：该按钮用于填充和改变封闭图形的颜色。

(15)【墨水瓶工具】按钮：该按钮用于改变线条的颜色、大小和类型。

(16)【滴管工具】按钮：该按钮用于在绘图区吸取自己需要的颜色。

(17)【橡皮擦工具】按钮：该按钮用于去除选定区域的图形。

5. 常用面板

Flash CC以面板形式提供了大量的操作选项，通过一系列的面板可以编辑或修改动画对象。其中常用的面板包括【属性】面板、【库】面板和浮动面板，用户在单击这些面板名称后，可以直接使用鼠标将其拖动到舞台中，从而使这些面板分离到工作窗口。

(1)【属性】面板：可以很方便地查看场景或时间轴上当前选定项的常用属性，从而简化文档的创建过程。另外，还可以更改对象或文档的属性，而不必选择包含这些功能的菜单命令。

(2)【库】面板：单击【窗口】菜单，从弹出的下拉菜单中选择【库】命令，或使用Ctrl+L组合键，即可打开【库】面板，如图1-20所示。在其中可以快捷地查找、组织以及调用库中的资源，而且可以显示动画中数据项的许多信息。库中存储的元素称为元件，可以重复利用。

图1-20 【库】面板

浮动面板又包括一些常用的面板，如【颜色】面板、【样本】面板、【对齐】面板、【变形】面板等。

(3)【颜色】面板：单击浮动面板中的【颜色】标签，如图1-21所示，即可打开【颜色】面板。在该面板中可以创建和编辑纯色及渐变填充，调制大量的颜色，以及设置笔触色、填充色及透明度等。如果已经在舞台中选定对象，则在【颜色】面板中所做的颜色更改会直接应用到对象中，如图1-22所示。

图1-21 单击【颜色】标签

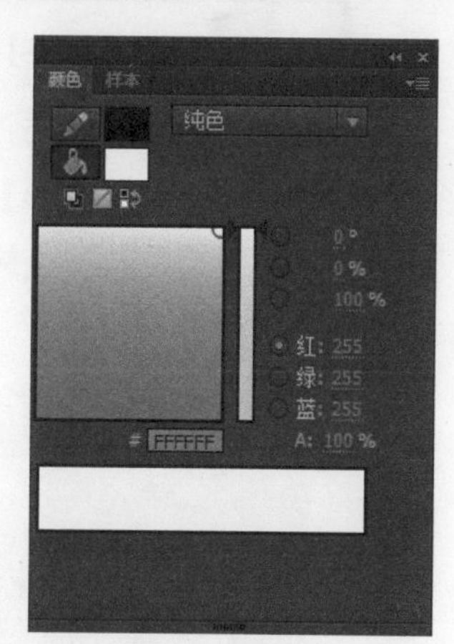

图1-22 【颜色】面板

(4)【样本】面板：单击浮动面板中的【样本】标签，即可打开【样本】面板。在其中可以快速选择要使用的颜色，如图1-23所示。

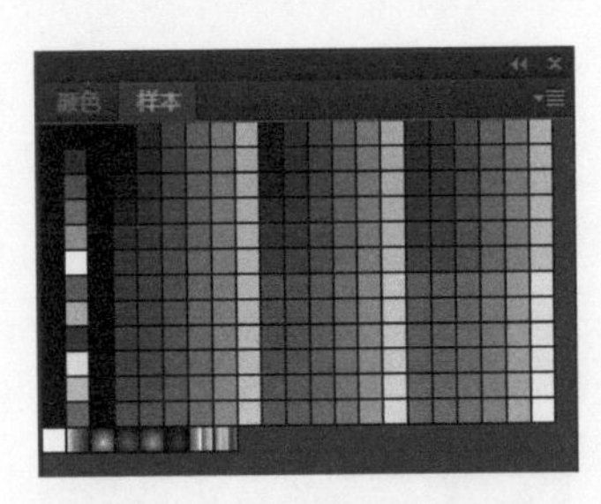

图 1-23　【样本】面板

(5)【对齐】面板：单击浮动面板中的【对齐】标签，即可打开【对齐】面板。在该面板中可以重新调整选定对象的对齐方式和分布，如图 1-24 所示。

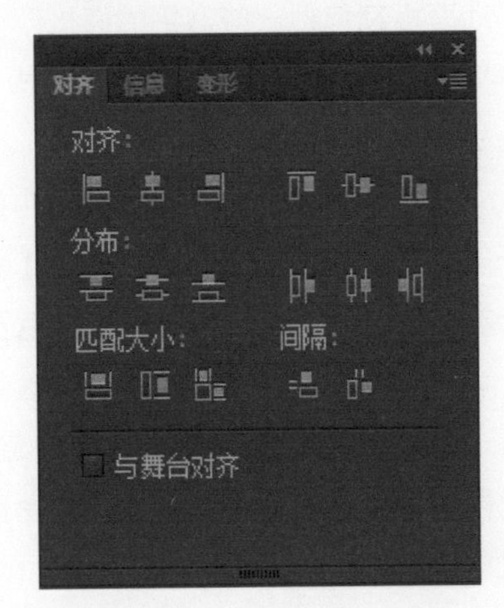

图 1-24　【对齐】面板

(6)【变形】面板：单击浮动面板中的【变形】标签，即可打开【变形】面板。在其中可以对选定对象执行缩放、旋转、倾斜和创建副本等操作，如图 1-25 所示。

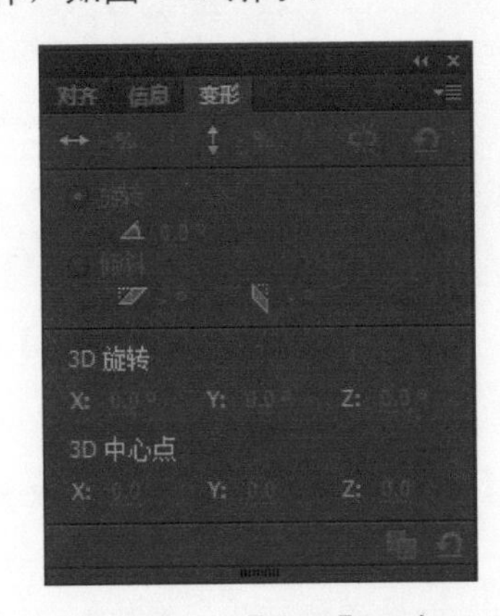

图 1-25　【变形】面板

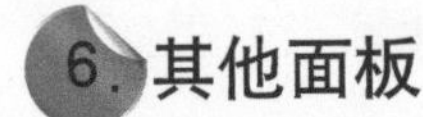

6. 其他面板

Flash CC 除了上述常用面板外，还提供了一些其他面板，如【场景】面板、【历史记录】面板等。一个动画可以由多个场景组成，【场景】面板显示了当前动画的场景数量和播放顺序。当动画包含多个场景时，将按照其在【场景】面板中出现的先后顺序进行播放，动画中的“帧”是按“场景”顺序连续编号的。

(1)【场景】面板：单击【窗口】菜单，从弹出的下拉菜单中选择【场景】命令，即可打开【场景】面板，如图 1-26 所示。单击面板下方的 3 个按钮可执行添加、重置和删除场景的操作；双击场景名称可以对被选中的场景进行重命名；上下拖动被选中的场景，可以调整场景的先后顺序。

图 1-26　【场景】面板

(2)【历史记录】面板：单击【窗口】菜单，从弹出的下拉菜单中选择【历史记录】命令，即可打开【历史记录】面板，如图 1-27 所示。在其中记录了自创建或打开某个文档之后，在该活动文档中执行的步骤列表。该面板不显示在其他文档中执行的步骤，其中的滑块最初指向当前执行的上一个步骤。

图 1-27　【历史记录】面板

1.3.2 实例 3——关闭 Flash CC 工作界面中的面板

对于不需要显示的面板，用户可以将其关闭，右击需要关闭的面板，在弹出的快捷菜单中选择【关闭】命令，即可关闭【属性】面板，如图 1-28 所示。

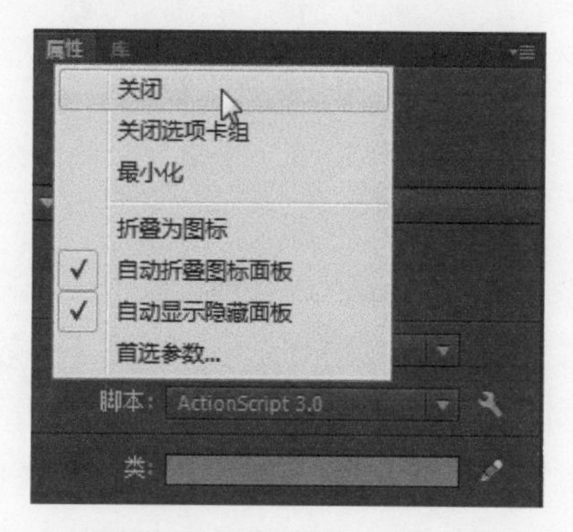

图 1-28 选择【关闭】命令

另外，用户还可以在 Flash CC 窗口中单击【窗口】菜单，在弹出的下拉菜单中取消勾选需要关闭的面板的名称，例如取消勾选【属性】，即可关闭【属性】面板，如图 1-29 所示。

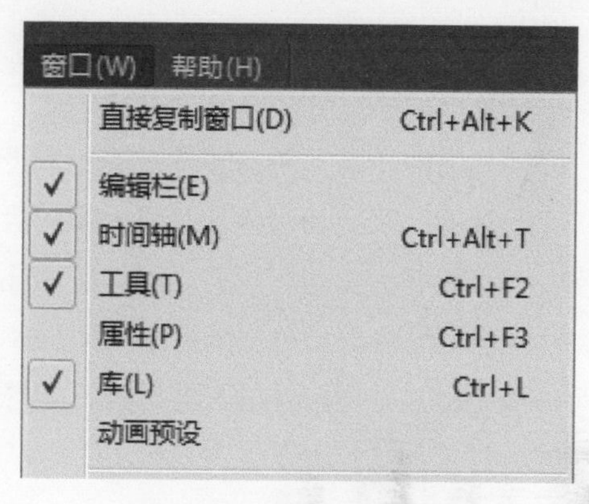

图 1-29 【窗口】菜单

1.4 文档窗口

在 Flash CC 中所有的动画都是在文档窗口中完成的，Flash CC 对文档的操作与其他软件类似，包括文档的新建、保存和打开等。用户在 Flash 编辑环境中还可以使用网格、标尺和辅助线对对象进行精确的勾画和安排。

1.4.1 【文档】选项卡

【文档】选项卡在菜单栏的下方，主要用于切换当前编辑的文档，其右侧是文档控制按钮，如图 1-30 所示。

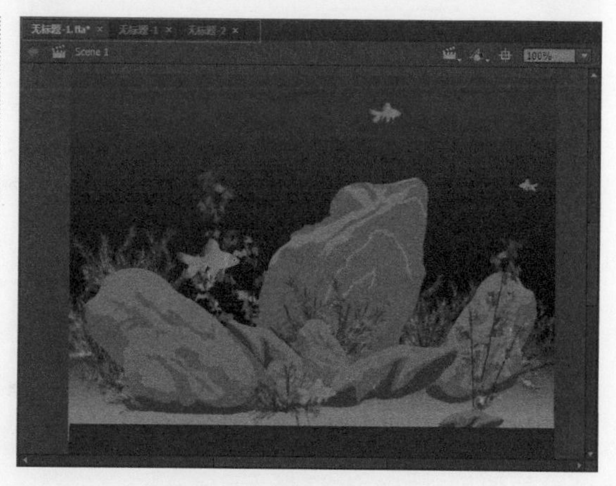

图 1-30 【文档】选项卡

1.4.2 实例 4——标尺、网格和辅助线

在 Flash CC 中，使用标尺、网格和辅助线可以精确地勾画和安排各个对象，以便对其进行绘制和查看。

 使用标尺

在舞台上显示标尺可以使用户在绘制图形时有个参照系，标尺可以用来度量对象的大小比例。为了在舞台上显示标尺，可以先右击舞台，再从弹出的快捷菜单中选择【标尺】命令，即可在舞台的左边框和上边框显示标尺。依次选择【视图】→【标尺】菜单命令，即可将显示的标尺隐藏。

显示在工作区左边的是垂直标尺，用来测量对象的高度；显示在工作区上边的是水平标尺，用来测量对象的宽度；舞台的左上角为标尺的零起点，如图 1-31 所示。

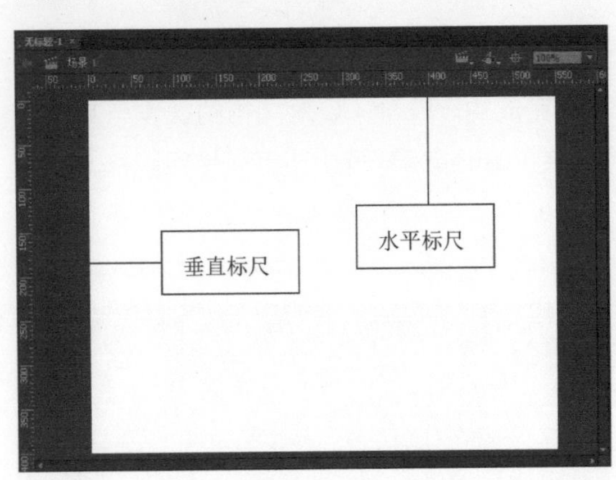

图 1-31　标尺

在 Flash CC 主窗口中，依次选择【修改】→【文档】菜单命令，即可打开【文档设置】对话框，然后单击【单位】下拉列表框右侧的下拉按钮，从弹出的下拉列表中选择一种合适的单位即可，如图 1-32 所示。

图 1-32　【文档设置】对话框

 使用网格

在制作一些规范图形时，使用网格将会使操作变得很方便，同时还可以提高工作效率。关于网格的操作主要有显示网格和编辑网格两种。为了在舞台上显示网格，可以依次选择【视图】→【网格】→【显示网格】菜单命令，再次进行相同操作即可隐藏网格。此外，还可以右击舞台区，从弹出的快捷菜单中依次选择【网格】→【显示网格】命令，即可在舞台区域显示网格，如图 1-33 所示。

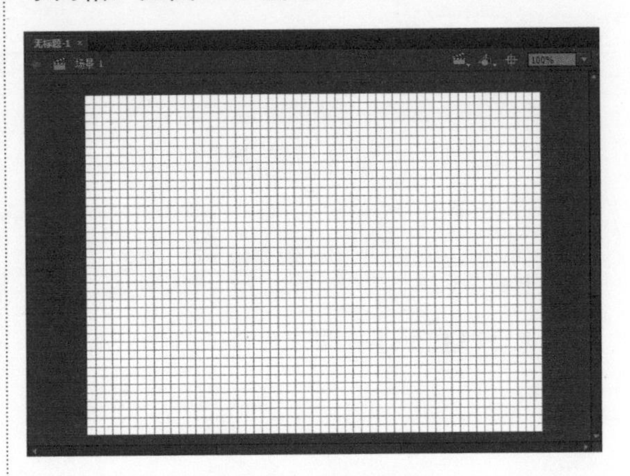

图 1-33　显示网格

如果想要设置网格的显示样式，可以从快捷菜单中依次选择【网格】→【编辑网格】命令，即可打开【网格】对话框，在其中根据需要设置相应的参数，如图 1-34 所示。

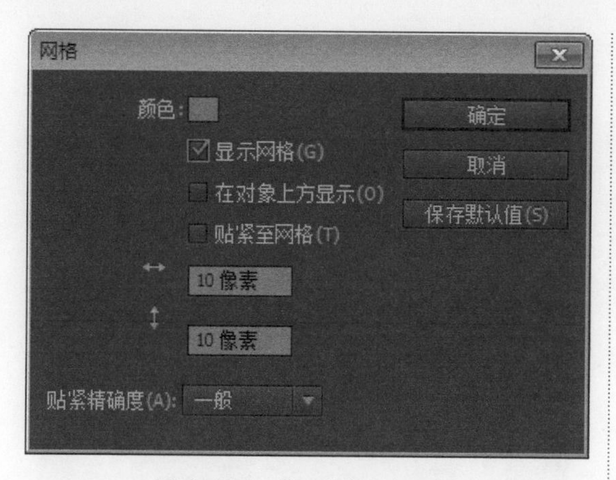

图 1-34 【网格】对话框

3. 使用辅助线

如果需要使用辅助线，需要先确认标尺处于显示状态，再将水平标尺或垂直标尺拖动到舞台中，水平辅助线或垂直辅助线就会被制作出来。辅助线默认颜色为蓝色，如图 1-35 所示。

依次选择【视图】→【辅助线】→【编辑辅助线】菜单命令，即可打开【辅助线】对话框，在该对话框中可以对【颜色】和【贴紧精确度】等参数进行设置，如图 1-36 所示。

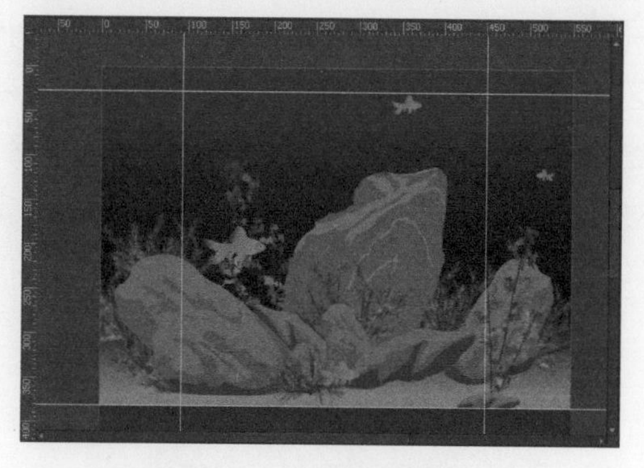

图 1-35 拖动辅助线

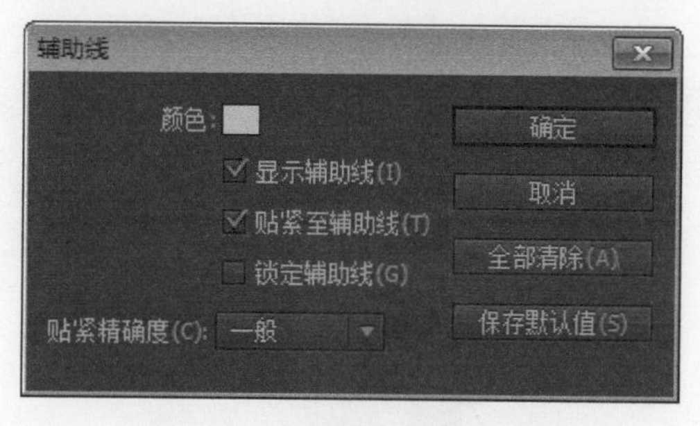

图 1-36 【辅助线】对话框

在辅助线处于解锁状态时，单击工具栏中的【选择工具】按钮，然后拖动辅助线，即可改变辅助线的位置；拖动辅助线到舞台外，可以删除辅助线；依次选择【视图】→【辅助线】→【清除辅助线】菜单命令，即可删除全部的辅助线。

1.5 Flash CC操作基础

Flash CC 是一种强大的动画制作软件，深受广大动画制作者的喜爱。在使用该软件时，需要先认识并熟悉 Flash CC 的基础操作，包括自定义工作区、参数的设置以及自定义快捷键等。

1.5.1 实例 5——自定义工作区

在新建一个 Flash 动画文件之后，用户可以根据自己的操作习惯和个性自定义工作区，从而提高工作效率。自定义工作区后再进行保存，用户就可以在 Flash CC 中看到属于自己的个性化工作区。

保存自定义工作区的具体操作如下。

步骤 1 在 Flash CC 主窗口中设置好工作区之后，依次选择【窗口】→【工作区】→【新建工作区】菜单命令，即可打开【新建工作区】对话框，然后在【名称】文本框中输入自定义工作区的名称，如图 1-37 所示。

图 1-37 【新建工作区】对话框

步骤 2 单击【确定】按钮，即可对当前自定义工作区进行保存，并在 Flash CC 主窗口中应用自定义的工作区，如图 1-38 所示。

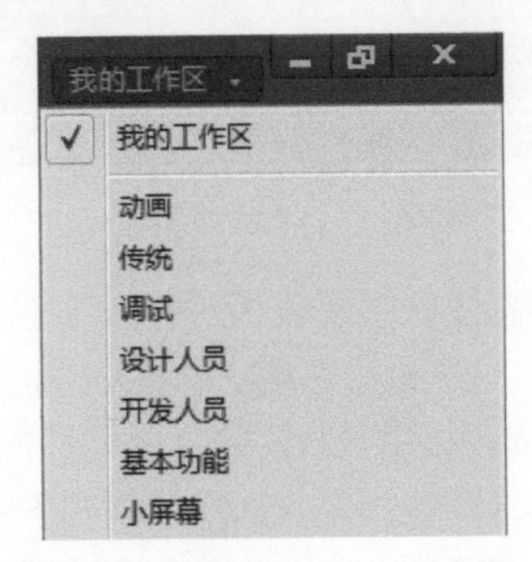

图 1-38 应用"我的工作区"

在自定义工作区后，如果用户需要还原默认的工作窗口布局，可以依次选择【窗口】→【工作区】→【基本功能】菜单命令。如果依次选择【窗口】→【隐藏面板】菜单命令，则可隐藏所有面板，从而增大 Flash CC 的工作空间，此时，重复相同的操作即可将隐藏的面板全部显示出来。

1.5.2 实例 6——Flash CC 参数设置

在对动画文件进行编辑前，往往需要对 Flash CC 的相关参数进行设置。用户可以根据个人喜好和操作习惯对常规、同步设置、代码编辑器、文本和绘制 5 个参数选项进行相应设置，具体的操作如下。

步骤 1 在 Flash CC 主窗口中，单击【编辑】菜单，从弹出的下拉菜单中选择【首选参数】菜单命令，如图 1-39 所示。

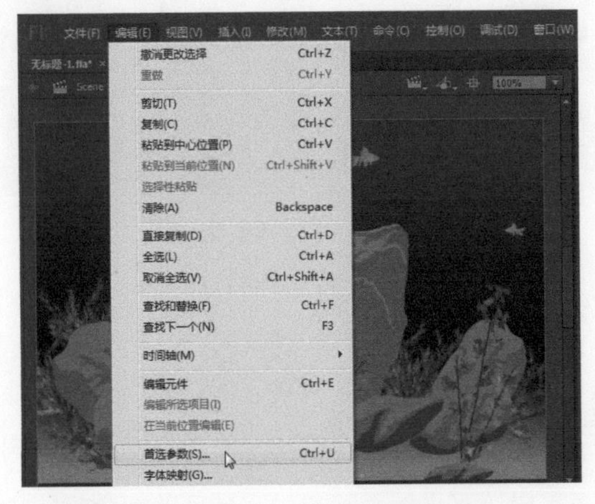

图 1-39 选择【首选参数】菜单命令

步骤 2 打开【首选参数】对话框，用户可以根据实际情况对其中的参数进行相应的设置，如图 1-40 所示。

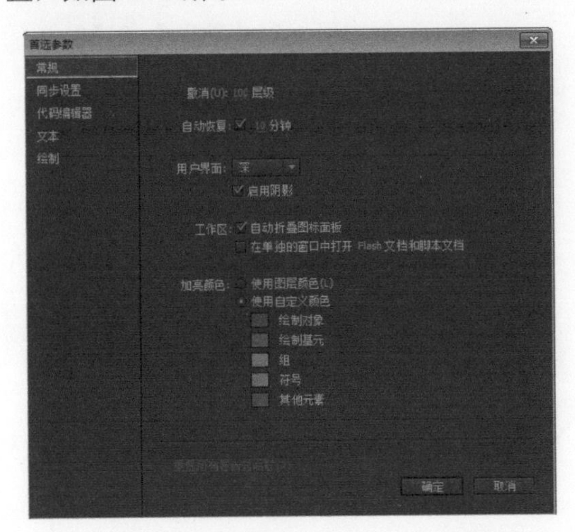

图 1-40 【首选参数】对话框

1.5.3 实例 7——自定义快捷键

使用快捷键可以大大提高工作效率，Flash

CC 也提供了自定义快捷键的功能，用户可以根据需要设置相应的快捷方式。自定义快捷键的具体操作如下。

步骤 1 在 Flash CC 主窗口中，依次选择【编辑】→【快捷键】菜单命令，即可打开【键盘快捷键】对话框，此时【键盘布局预设】显示为【默认组（只读）】，如图 1-41 所示。

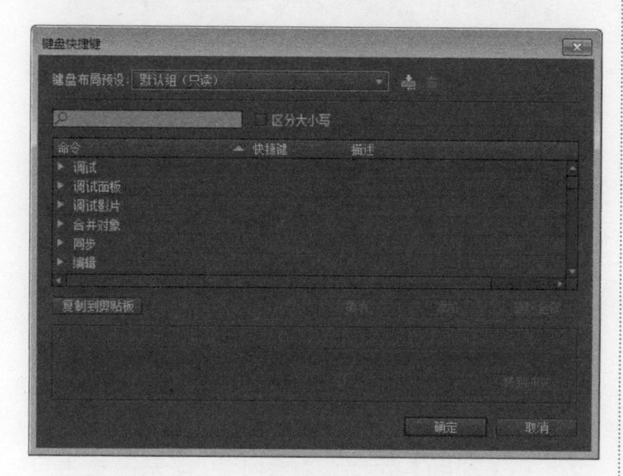

图 1-41 【键盘快捷键】对话框

步骤 2 单击该对话框中的【以新名称保存当前的快捷键组】按钮，即可打开【保存键盘布局预设】对话框，然后在【预设名称】文本框中对预设快捷键组进行重命名，如这里输入“我的快捷键”，如图 1-42 所示。

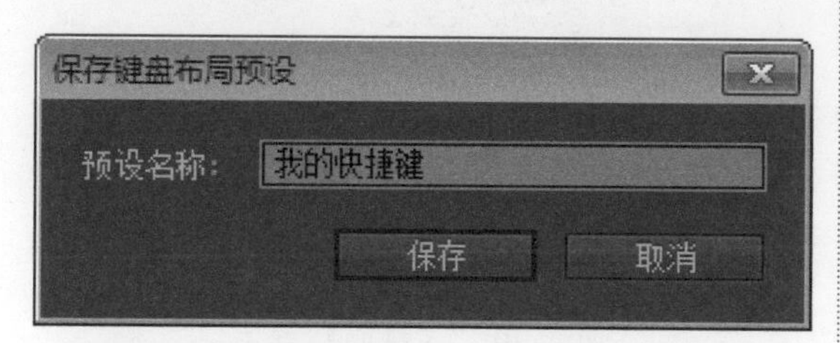

图 1-42 【保存键盘布局预设】对话框

步骤 3 单击【保存】按钮，即可以新的名称对当前的预设快捷键组进行保存，此时在【键盘布局预设】下拉列表中将增加保存的快捷键名称，如图 1-43 所示。

步骤 4 如果需要删除新增加的快捷键组，只需要单击【删除当前的键盘快捷键组】按钮，此时系统会弹出 Flash 信息提示对话框，提示用户是否要继续执行删除操作，如图 1-44 所示。

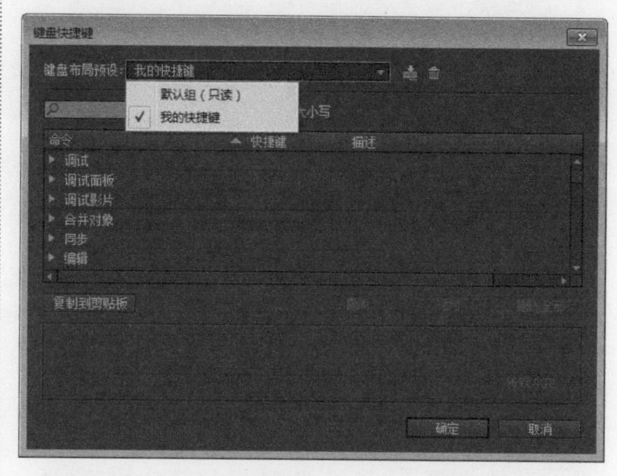

图 1-43 以新的名称保存当前的预设快捷键组

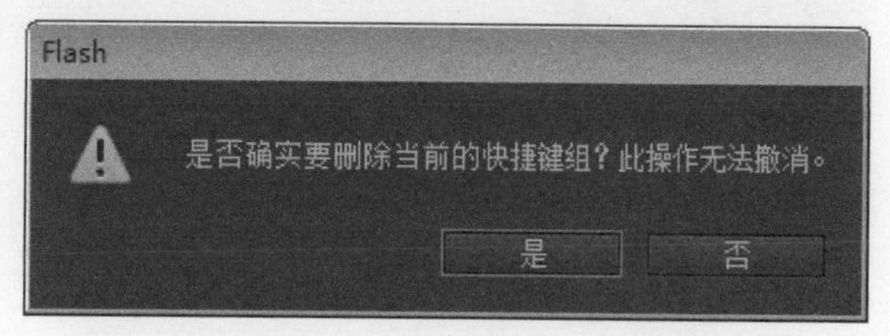

图 1-44 Flash 信息提示对话框

步骤 5 单击【是】按钮，即可删除当前的快捷键组，如图 1-45 所示。

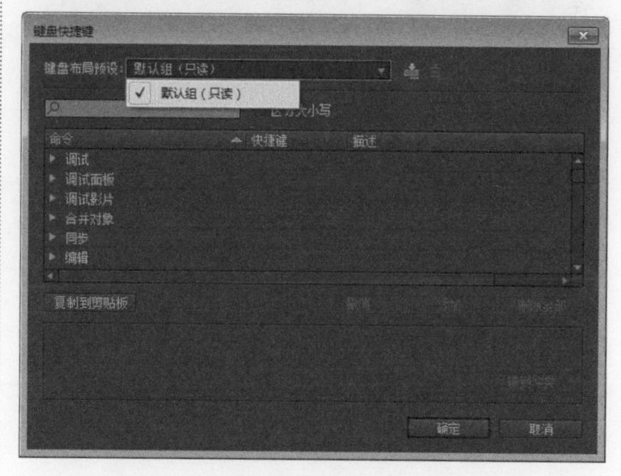

图 1-45 删除新建的快捷键组

步骤 6 查看 Flash CC 自带的快捷键。在【命令】列表框中单击任意一个选项后，将自动在该选项的下方显示默认的快捷键，如图 1-46 所示。

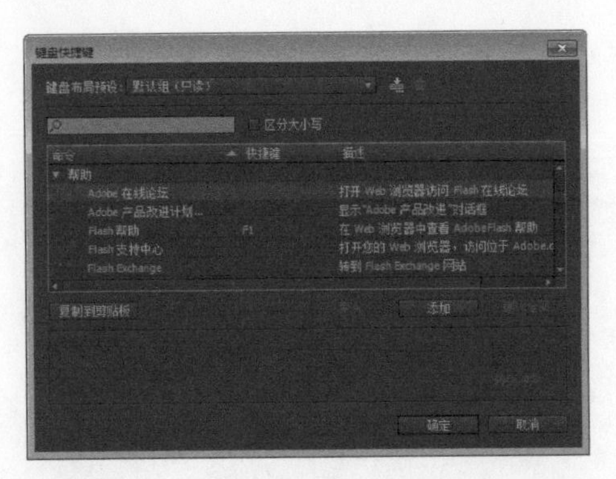

图 1-46　查看【帮助】选项的快捷键

步骤 7 添加快捷键。选中需要添加快捷键的【Flash 帮助】选项，然后单击【添加】按钮，即可在快捷键 F1 右侧新增一个快捷键按钮，此时直接使用键盘自定义快捷键即可，如这里输入“1”，如图 1-47 所示。

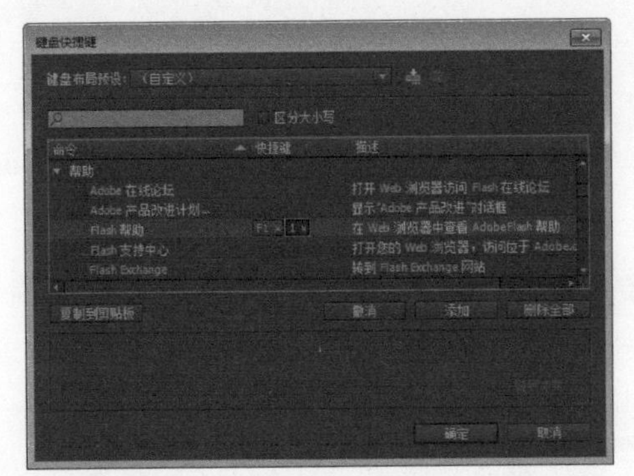

图 1-47　添加【Flash 帮助】的快捷键“1”

步骤 8 单击【确定】按钮，即可完成自定义快捷键的操作。若用户需要删除自定义的快捷键，只需选中新增的快捷键按钮，然后单击其右侧的【删除】按钮，如图 1-48 所示。

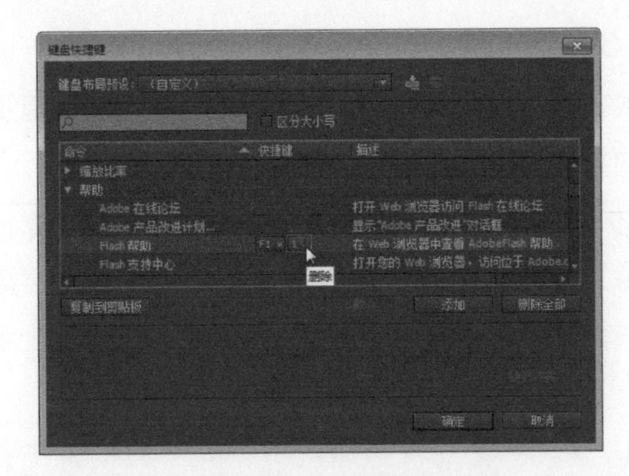

图 1-48　单击【删除】按钮

1.5.4　实例 8——获得帮助

Flash CC 提供了获取帮助的功能，当用户遇到问题时，可以通过【帮助】页面方便快捷地获得 Flash 中工具、主题等相关信息。

在 Flash CC 主窗口中，依次选择【帮助】→【Flash 帮助】菜单命令，即可在 IE 浏览器中打开【帮助】页面，如图 1-49 所示。单击目录中的标题，则可查看帮助主题。在【帮助】页面左上角的【搜索】文本框中输入相应的关键词，单击【搜索】按钮，即可搜索相应的内容。

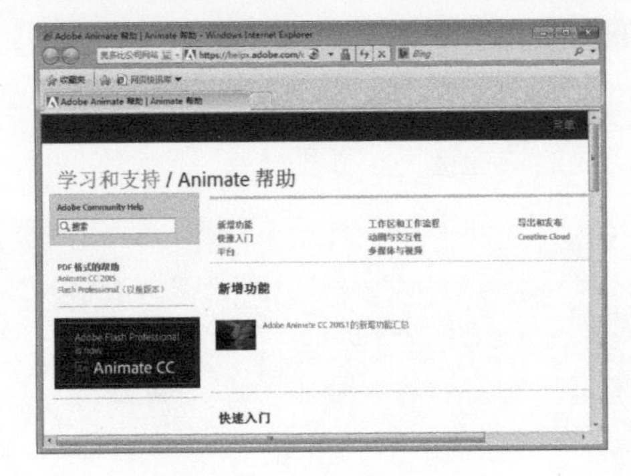

图 1-49　【帮助】页面

1.6　高手甜点

甜点 1： Flash 与 Flash Player 之间有何不同？

Flash 常用于开发用户界面和 Web 应用的程序，Flash Player 则是一款高级客户端运行播放器，能够应用在各种浏览器、操作系统和移动设备上。Web 用户必须下载并安装播放器，才能查看 Flash 的内容并与之交互。

甜点 2：如何让各面板成为独立的窗口？

在 Flash CC 的工作界面中，除了可以调整各面板的位置、隐藏和关闭模板以外，还可以将各个面板与 Flash 窗口分离，具体的操作如下。

步骤 1　在 Flash CC 主窗口中，单击场景 1 上方的 Flash 文档名称，然后按住鼠标左键不放并拖动，如图 1-50 所示。

步骤 2　释放鼠标左键，即可发现舞台窗口变成独立的场景窗口，如图 1-51 所示。

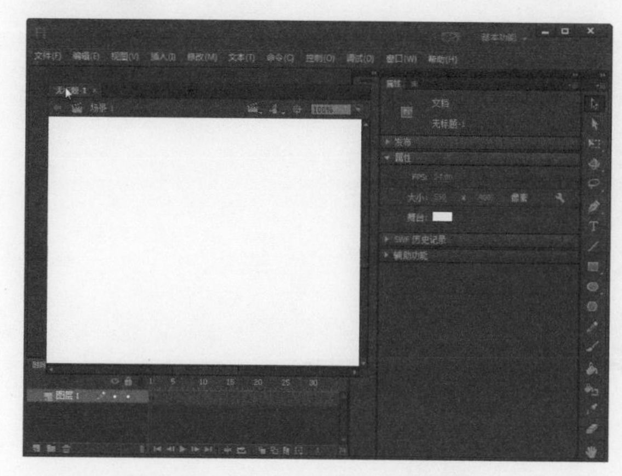

图 1-50　拖动 Flash 文档名称

图 1-51　独立的场景窗口

Flash CC 的基本操作

- **本章导读**

在学习和使用 Flash CC 时，首先应学会 Flash 文件的基本操作，如新建、打开、保存和关闭等；其次是对图形对象的简单操作，包括选取、移动、复制、删除、分组、变形以及重叠等。本章将重点讲述 Flash CC 的基本操作和技巧。

- **本章学习目标（已掌握的在圆圈中打钩）**

◎ 掌握 Flash 文件的基本操作
◎ 掌握选择工具的应用方法
◎ 掌握 Flash 对象的简单操作
◎ 掌握查看工具的使用方法
◎ 掌握排列对象的方法
◎ 掌握对象编组的方法
◎ 掌握变形对象的方法
◎ 掌握形状重叠的方法

- **重点案例效果**

40% 30% 40% 0% 7%

2.1 Flash文件的基本操作

在 Flash CC 中工作时，可以创建新文档或者打开以前保存的文档，如果要创建新文档或设置现有文档的大小、帧频、背景颜色或其他的属性，可以使用【新建文档】对话框。在创建完文档或编辑完文档后，还可以对该文档进行保存操作。

2.1.1 实例 1——新建 Flash 文件

在制作动画之前，首先要在 Flash CC 中创建一个新文件。新建文件的方法有两种：一种是新建空白的动画文件，另一种是新建模板文件。创建好文件后，还可以对文件的属性进行设置，以及保存并预览动画。

新建文件的具体操作如下。

步骤 1 启动 Flash CC，单击【文件】菜单，从弹出的下拉菜单中选择【新建】菜单命令，如图 2-1 所示。

步骤 2 打开【新建文档】对话框，切换到【常规】选项卡，然后选择任意一个文件类型，如这里选择 ActionScript 3.0 选项，此时在右侧的【描述】文本框中将显示当前选择对象的描述信息，如图 2-2 所示。

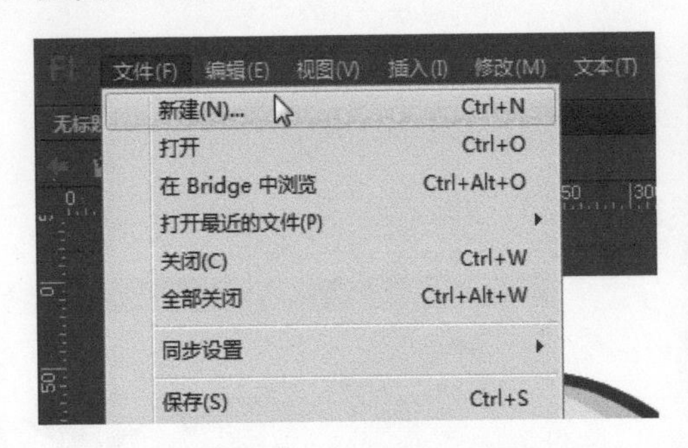

图 2-1 选择【新建】菜单命令

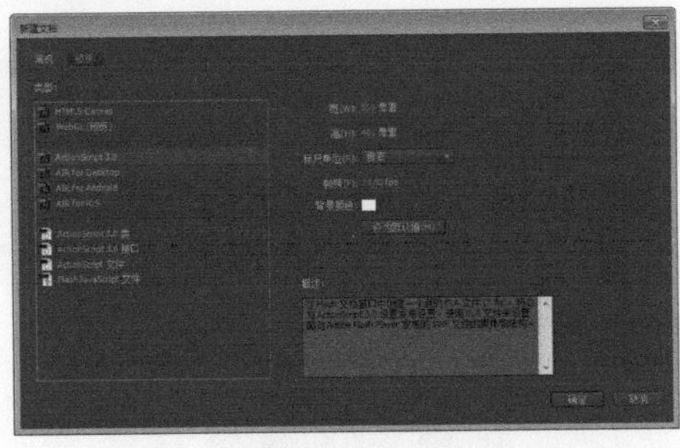

图 2-2 【新建文档】对话框

提示

【新建文档】对话框的【常规】选项卡中各个文件类型的含义如下。

(1) HTML5 Canvas：创建用于 HTML5 Canvas 的动画资源。通过使用帧脚本中的 JavaScript，为用户的资源添加交互性。

(2) WebGL(预览)：为 WebGL 创建动画资源。此文档类型仅用于创建动画资源，不支持脚本编写和交互性功能。

(3) ActionScript 3.0：脚本和播放引擎为 3.0 的 Flash 文件。

(4) AIR for Desktop：将各种网络技术结合在一起开发的桌面版网络程序。

(5) AIR for Android：使用 AIR for Android 文档为 Android 设备创建应用程序。

(6) AIR for iOS：使用 AIR for iOS 文档为 Apple iOS 设备创建应用程序。

(7) ActionScript 3.0 类：创建新的 AS 文件 (*.as) 来定义 ActionScript 3.0 类。

(8) ActionScript 3.0 接口：创建新的 AS 文件 (*.as) 来定义 ActionScript 3.0 接口。

(9) ActionScript 文件：专门的脚本文件。

(10) FlashJavaScript 文件：可以和 Flash 社区通信的 JavaScript。

步骤 3 单击【确定】按钮，即新建一个空白文档，如图 2-3 所示。

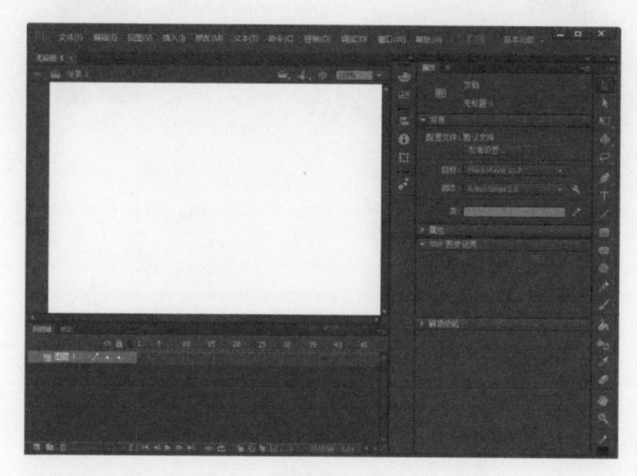

图 2-3　新建空白文档

步骤 4 如果在【新建文档】对话框中切换到【模板】选项卡，那么选择一个模板选项后，单击【确定】按钮，即可新建一个模板文档，如图 2-4 所示。

图 2-4　新建模板文档

2.1.2 实例 2——打开 Flash 文件

若需要打开计算机中存储的 Flash 文件，可以根据以下操作步骤完成。

步骤 1 在 Flash CC 主窗口中，选择【文件】→【打开】菜单命令，打开【打开】对话框，然后在该对话框中找到文件的存储位置并选中该文件，如图 2-5 所示。

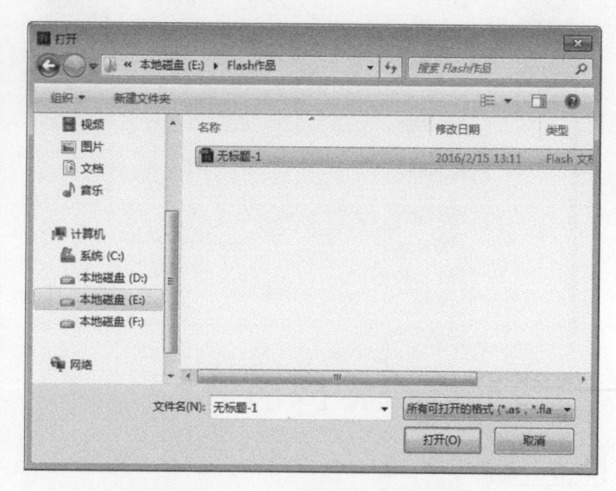

图 2-5　【打开】对话框

步骤 2 单击【打开】按钮，即可将选中的 Flash 文件打开，如图 2-6 所示。

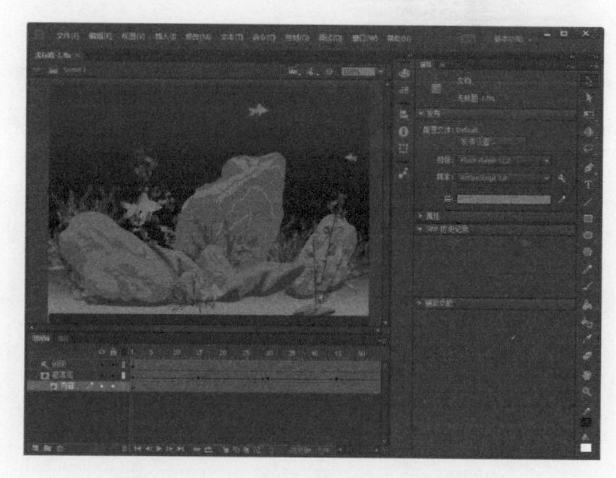

图 2-6　打开选中的 Flash 文件

> **提示** 依次选择【文件】→【打开最近的文档】菜单命令，即在弹出的子菜单中显示最近打开过的文档名称（最多 10 个），单击相应的文档名称即可打开该文档。

2.1.3 实例 3——保存和关闭 Flash 文件

保存 Flash 文件的具体操作步骤如下。

步骤 1 在 Flash CC 主窗口中，选择【文件】→【保存】菜单命令，如图 2-7 所示。

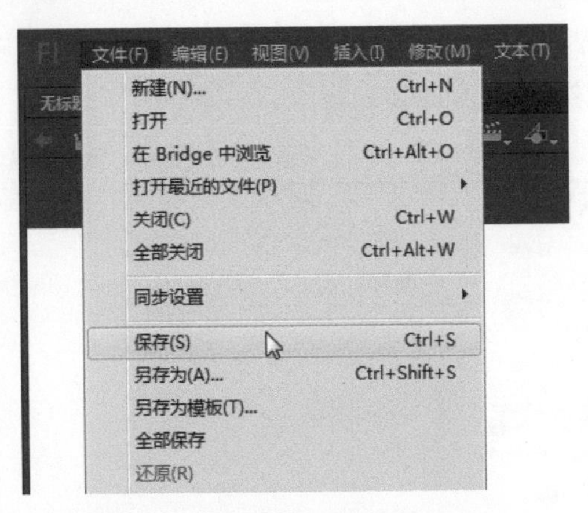

图 2-7　选择【保存】菜单命令

步骤 2 打开【另存为】对话框，然后在该对话框中选择文件保存的路径，并在【文件名】下拉列表框中输入文件保存的名称，如图 2-8 所示。最后单击【保存】按钮，即可将该文件保存。

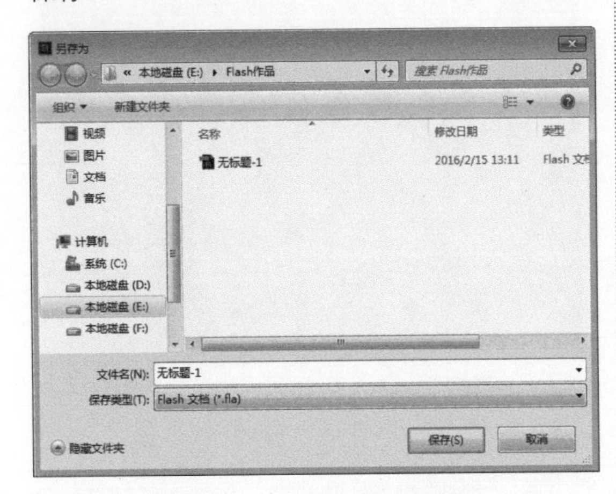

图 2-8　【另存为】对话框

提示 用户也可以按 Ctrl+S 组合键保存文件。

步骤 3 用户也可以在 Flash CC 主窗口中，选择【文件】→【另存为】菜单命令，如图 2-9 所示。

步骤 4 打开【另存为】对话框，如果以前从未保存过该文档，则应在【文件名】下拉列表框中输入文件名，并选择保存路径，如图 2-10 所示，最后单击【保存】按钮即可。

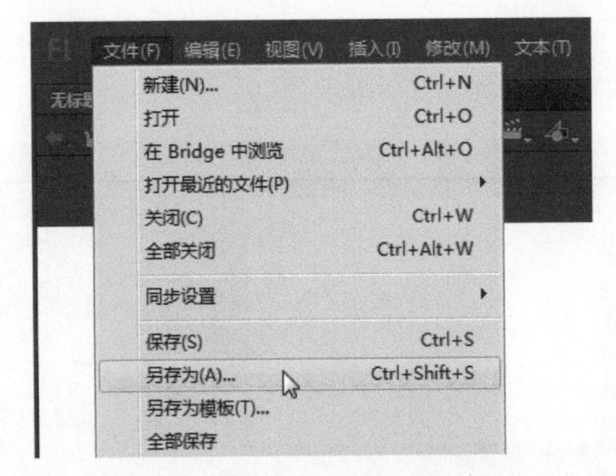

图 2-9　选择【另存为】菜单命令

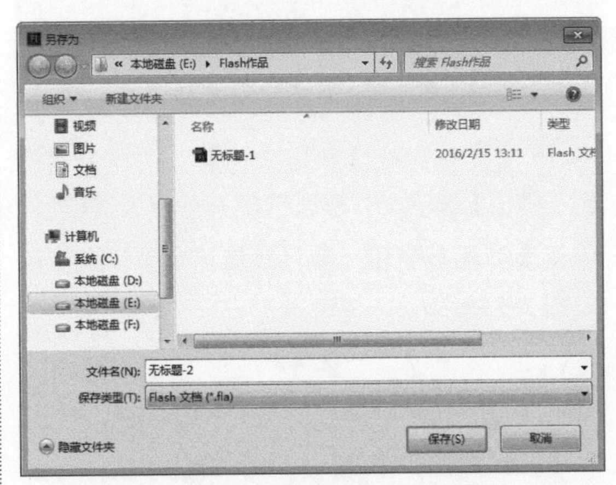

图 2-10　【另存为】对话框

在打开 Flash 文件后，用户如果对该文档进行了编辑，但是又想还原到打开之前的文件版本，只需在 Flash CC 主窗口中选择【文件】→【还原】菜单命令即可，如图 2-11 所示。

图 2-11　选择【还原】菜单命令

如果需要将 Flash 文件保存为模板，可以通过以下操作完成。

步骤 1 在 Flash CC 主窗口中，依次选择【文件】→【另存为模板】菜单命令，即可打开【另存为模板警告】对话框，如图 2-12 所示。

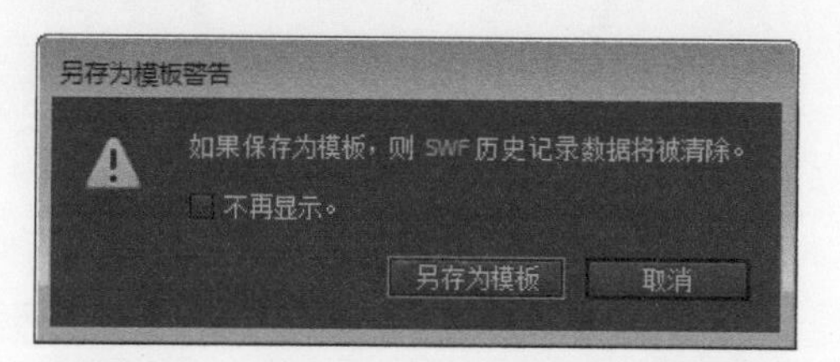

图 2-12　【另存为模板警告】对话框

步骤 2 单击【另存为模板】按钮，即可打开【另存为模板】对话框，然后在【名称】文本框中输入模板的名称，在【类别】下拉列表中选择一种类别或输入一个名称，以便创建新类别，在【描述】列表框中可以输入模板说明（最多 255 个字符），如图 2-13 所示。最后单击【保存】按钮即可。

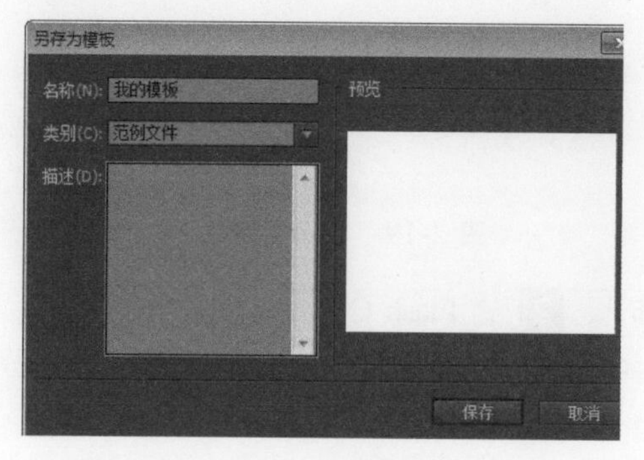

图 2-13　【另存为模板】对话框

打开文档后，如果不再需要编辑或查看该文档，那么就可以使用以下 3 种方式中的一种将打开的文档关闭。

(1) 在 Flash CC 主窗口中，单击右上角的【关闭】按钮 × 。

(2) 选中要关闭的动画文档，然后依次选择【文件】→【关闭】菜单命令。

(3) 选中要关闭的动画文档，然后按 Ctrl + W 组合键。

提示　在关闭文档之前，如果当前文档没有进行保存，将会弹出一个提示对话框，提示用户是否保存后再关闭，如图 2-14 所示。单击【是】按钮，即可打开【另存为】对话框；单击【否】按钮，就可以直接关闭而不保存文档；单击【取消】按钮，则取消执行关闭的操作。

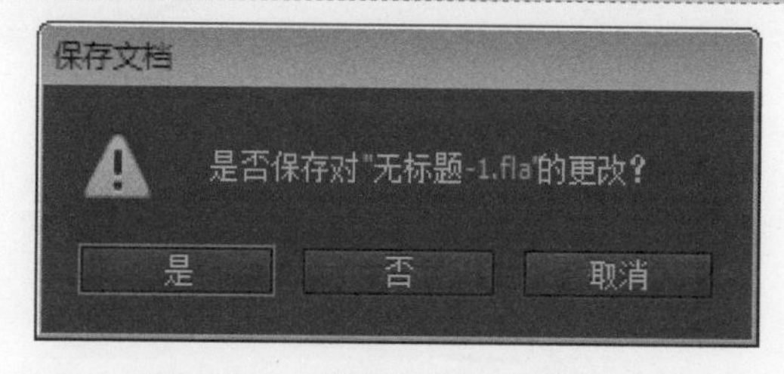

图 2-14　【保存文档】对话框

2.2　实例4——选择工具的应用

在使用 Flash 绘图编辑的过程中，常常需要使用选择工具进行选择、移动和改变形状等操作，因此，选择工具是创建动画时使用频率较高的工具之一。

常规选择

(1) 选择笔触、填充或者组合类对象，只需单击一次，如图 2-15 和图 2-16 所示。

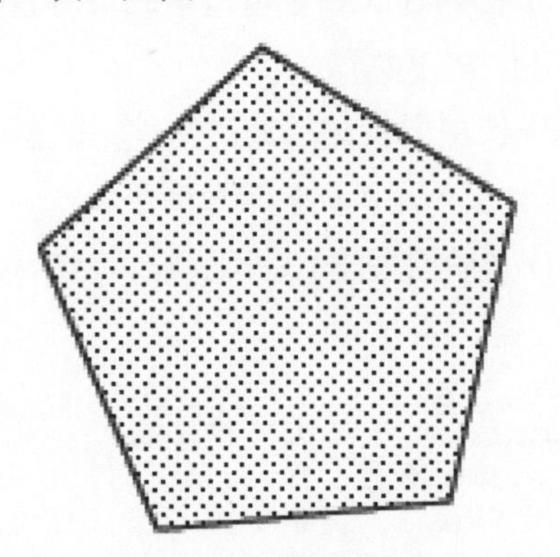

图 2-15 单击填充

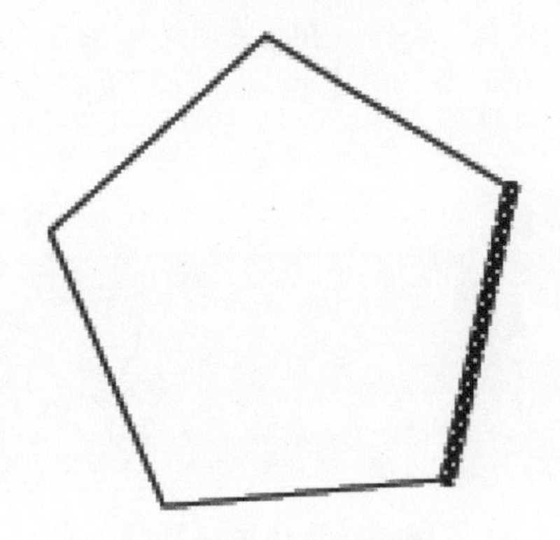

图 2-16 单击笔触

(2) 同时选择对象的笔触和填充，只需双击填充，如图 2-17 所示。

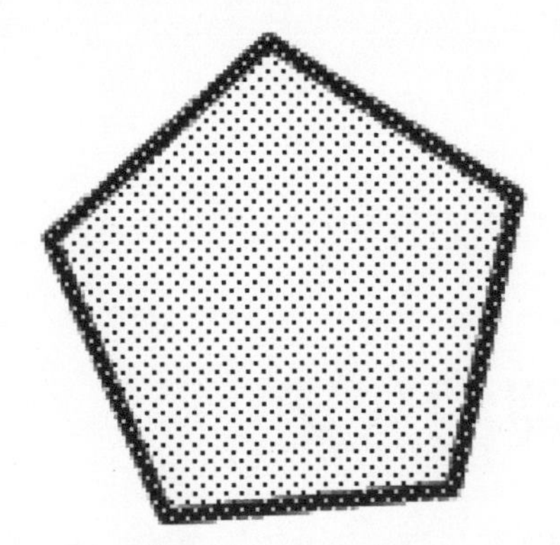

图 2-17 双击填充

(3) 选择颜色相同的交叉笔触，只需双击其中的一条，如图 2-18 所示。

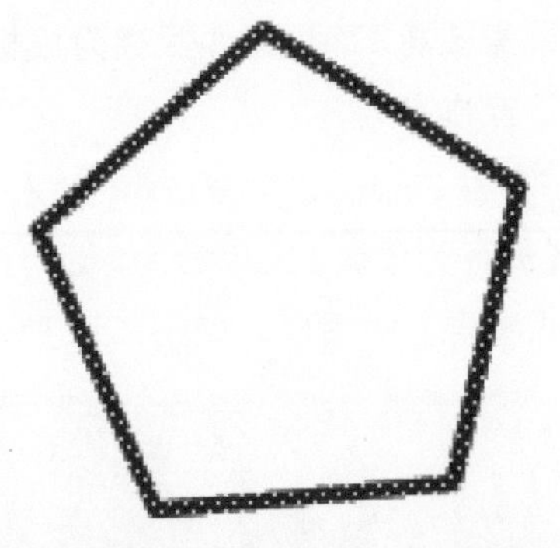

图 2-18 双击其中一条笔触

(4) 选择任意对象，分别单击需要选择的对象，即可一一选中。

使用选取框进行选择

用选取框选择一个区域的具体操作如下。

步骤 1 打开随书光盘中的“素材\ch02\绘图工具.fla”文档，如图 2-19 所示。

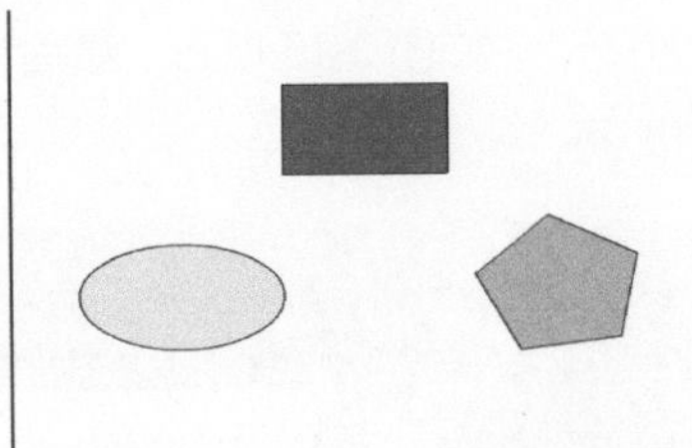

图 2-19 打开素材文件

步骤 2 在 Flash CC 主窗口右侧，单击工具栏中的【选择工具】按钮（或使用快捷键 V），如图 2-20 所示。

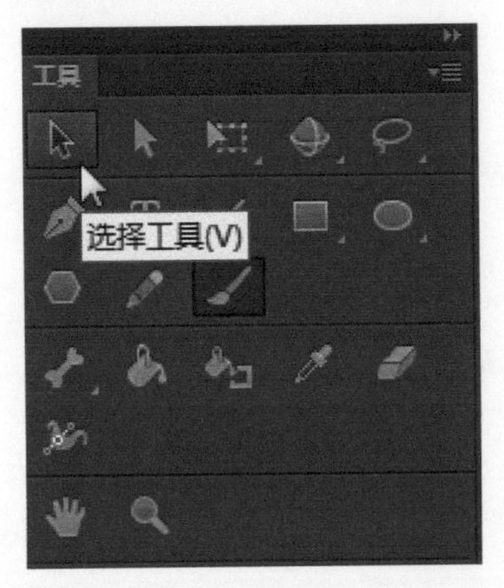

图 2-20 单击【选择工具】按钮

步骤 3 单击并沿着任意方向拖动鼠标，可以看到选取框的轮廓，如图 2-21 所示。

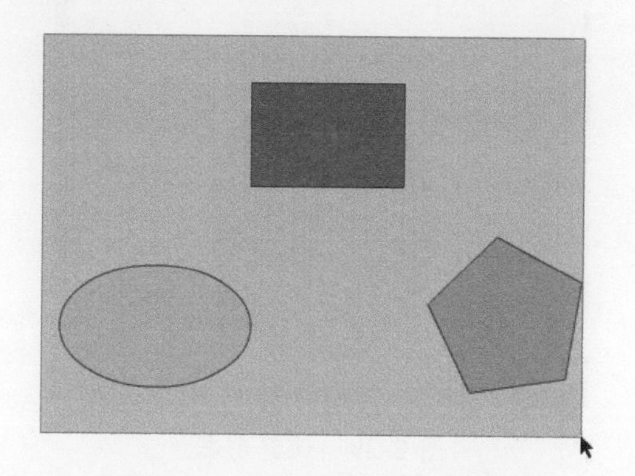

图 2-21　使用选取框选择区域

步骤 4 选取对象后，释放鼠标左键即可，如图 2-22 所示。

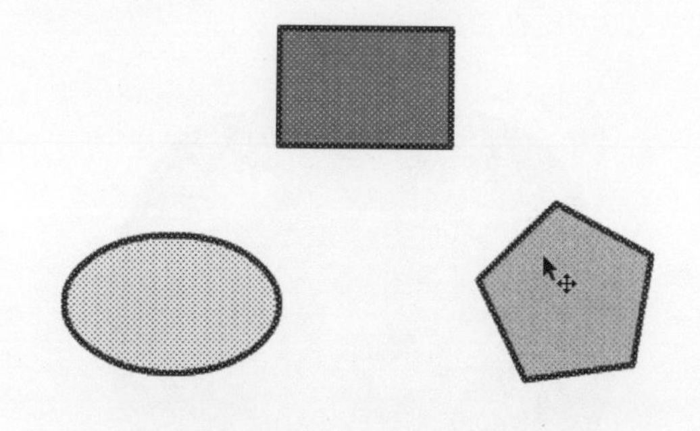

图 2-22　选中区域

提示　使用选取框选择一个区域之后，可以在按住 Shift 键的同时再选中其他区域。若想选中舞台上的所有对象，可以依次选择【编辑】→【全选】菜单命令。

3. 使用“贴紧至对象”功能

在工具栏中单击【选取工具】按钮后，会在工具栏的下方自动出现 3 个附属工具，分别是【贴紧至对象】按钮、【平滑】按钮和【伸直】按钮，如图 2-23 所示。

图 2-23　3 个附属工具

使用【贴紧至对象】按钮，进行对齐操作的具体步骤如下。

步骤 1 在工具栏中单击【选取工具】按钮后，再单击【贴紧至对象】按钮，如图 2-24 所示。

图 2-24　单击【贴紧至对象】按钮

步骤 2 将要移动的形状拖向另一个对象，如图 2-25 所示。

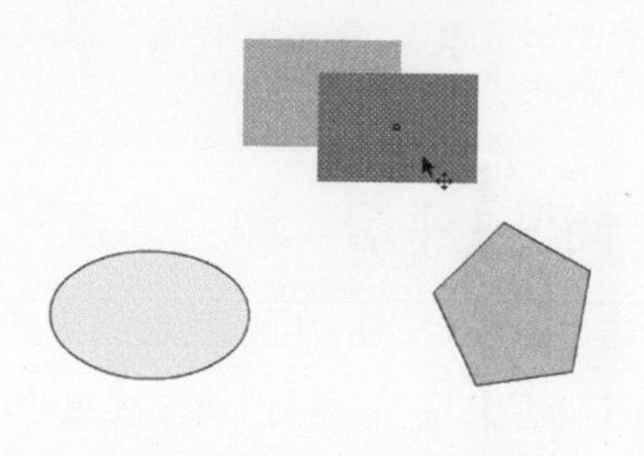

图 2-25　移动形状

拖动形状时，指针的下面会出现一个黑色的小环。当对象处于另一个对象的对齐距离内时，该小环会变大，如图 2-26 所示。

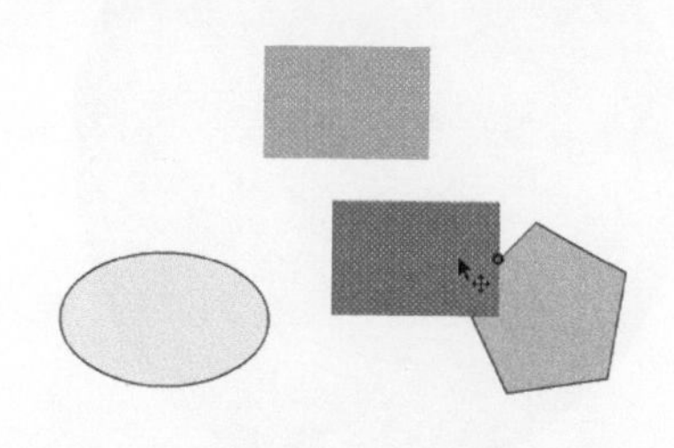

图 2-26　黑色小环变大

步骤 3 当两者汇合时松开鼠标，被移动的对象就会对齐到目标对象上，如图 2-27 所示。

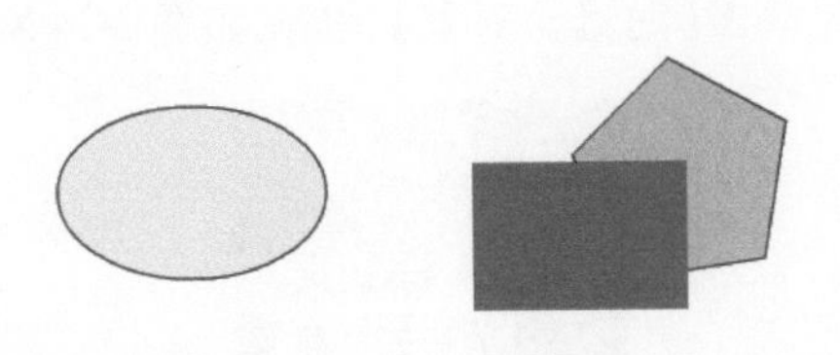

图 2-27　五边形中心和矩形的右上角对齐

> **提示**
> 自动对齐对象功能不只限于拖移对象。在使用圆形、矩形及线条工具时也可以启用该功能，以使绘出的形状能够相互对齐。

4. 使用“平滑”和“伸直”功能

单击【平滑】按钮，可以使曲线更加平滑；而单击【伸直】按钮，可以使曲线更趋向直线或圆弧。使用这两个功能的具体操作如下。

步骤 1 打开随书光盘中的“素材\ch02\苹果.fla”文档，如图 2-28 所示。

图 2-28　打开素材文件

步骤 2 单击工具栏中的【选择工具】按钮，然后选择需要修改的形状或笔触，如图 2-29 所示。

图 2-29　选择形状

步骤 3 选择好形状之后，用户可以单击【平滑】按钮或【伸直】按钮一次或多次，以达到想要的效果，如图 2-30 和图 2-31 所示。

图 2-30　平滑效果

图 2-31　伸直效果

2.3 实例5——部分选取工具的应用

曲线的本质是由节点与线段构成的路径。当使用绘图工具绘制好曲线的草图后，用户就可以使用部分选取工具进行抓取、选择、移动形状路径等操作，从而达到满意的效果。下面将介绍使用部分选取工具修改编辑形状的具体操作。

步骤 1 打开随书光盘中的“素材\ch02\汽车.fla”文档，如图 2-32 所示。

图 2-32　打开素材文件

步骤 2 单击工具栏中的【部分选取工具】按钮，然后在舞台上单击形状对象的边缘，即可显示出形状的路径，如图 2-33 所示。

图 2-33　显示形状的路径

步骤 3 选中其中的一个节点，此节点会变成实心小圆点，如图 2-34 所示。

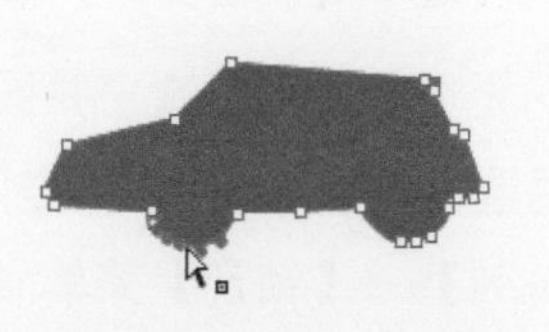

图 2-34　选中的节点变成实心小圆点

步骤 4 此时按 Delete 键，即可将该节点删除，如图 2-35 所示。

图 2-35　删除选中的节点

步骤 5 用鼠标拖曳某个节点可以将节点移动到新的位置，如图 2-36 所示。

图 2-36　移动节点至新的位置

步骤 6 选中一个节点，然后用鼠标拖曳手柄，可以调整其控制线段的弯曲度，如图 2-37 所示。

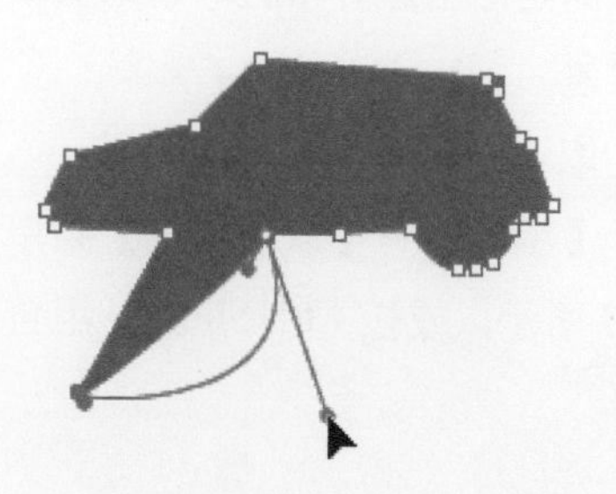

图 2-37　调整控制线段的弯曲度

> **提示**
> 使用方向键可以精确地移动节点，每按一次可以移动一个像素点。如果按 Shift+方向键组合键，则可每次移动 10 个像素点。在按住 Shift 键的同时拖动手柄，可以使手柄沿水平、垂直或者 45° 等方向移动。

2.4 对象的简单操作

Flash CC 提供了对象的多种简单操作，包括选取对象、变形对象、复制对象和移动对象等。

2.4.1 实例 6——对象的选取

Flash 提供了多种选取方法，对象的选取主要是使用部分选取工具和套索工具。选取的技巧有以下几类。

(1) 使用部分选取工具选取对象。

单击对象、双击对象或者拖曳矩形框选取对象。

(2) 使用套索工具选取对象。

使用套索工具及其附属的多边形模式，通过绘制任意形状的选取区域来选取对象。

(3) 一次选取多个对象。

选中第一个形状后，然后在按住 Shift 键的同时依次选中其他对象。

(4) 快速选取场景中的所有对象。

选择【编辑】→【全选】菜单命令，如图 2-38 所示，或利用 Ctrl + A 组合键来选择。需要注意的是，全选并不选取锁定层或者隐藏层中的对象。

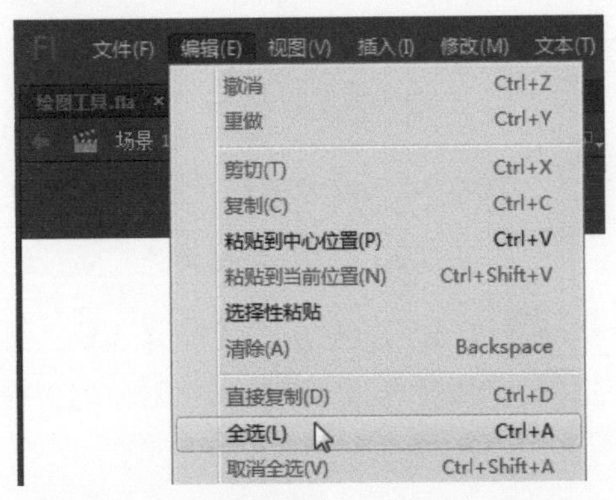

图 2-38 选择【全选】菜单命令

(5) 取消对所有对象的选取。

选择【编辑】→【取消全选】菜单命令，如图 2-39 所示，或按 Ctrl+Shift+A 组合键来取消全选。

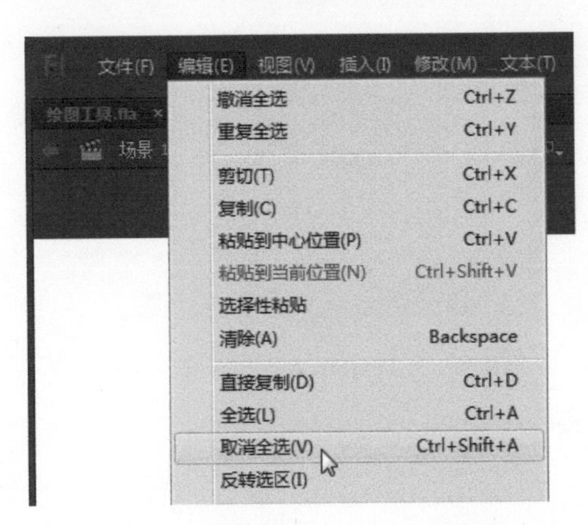

图 2-39 选择【取消全选】菜单命令

(6) 防止组或实例被选中并被意外修改。

若不想选取该组或实例，只需依次选择【修改】→【排列】→【锁定】菜单命令，或者按 Ctrl+Alt+L 组合键锁定即可。

2.4.2 实例 7——对象的移动

移动对象的方法有多种，包括使用选择工具、使用方向键、使用【属性】面板和使用【信息】面板，后两种方法可以精确地指定对象移动的位置。

1. 通过拖曳方法来移动对象

步骤 1 打开随书光盘中的“素材 \ch02\ 多边形 .fla”文档，然后选中舞台上的对象，如图 2-40 所示。

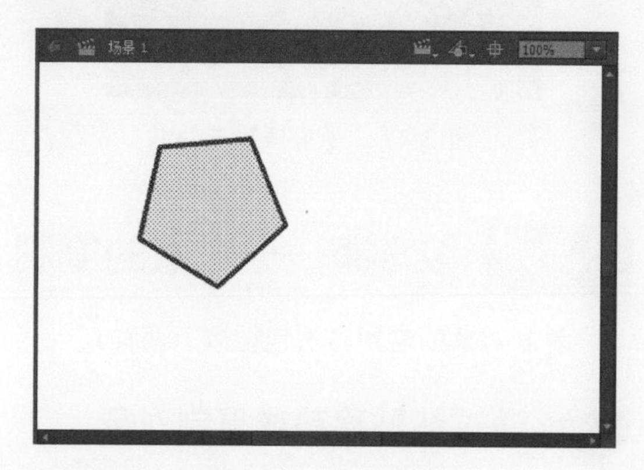

图 2-40 选中对象

步骤 2 单击【选取工具】按钮，然后将指针放在对象上，将其拖曳到新的位置即可，如图 2-41 所示。

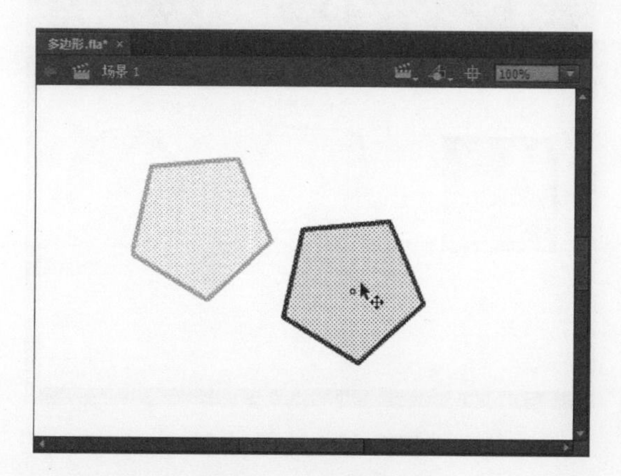

图 2-41 移动对象

提示 若要复制对象并移动副本，按 Alt 键进行拖曳即可。

2. 使用键盘上的方向键来移动对象

在舞台上选取一个或多个对象，然后按相应的方向键（向上、向下、向左或向右）来移动对象，一次可移动一个像素。如果在按方向键的同时按住 Shift 键，那么一次可以移动 10 个像素。

3. 使用【信息】面板移动对象

步骤 1 选择一个或多个对象，如图 2-42 所示。

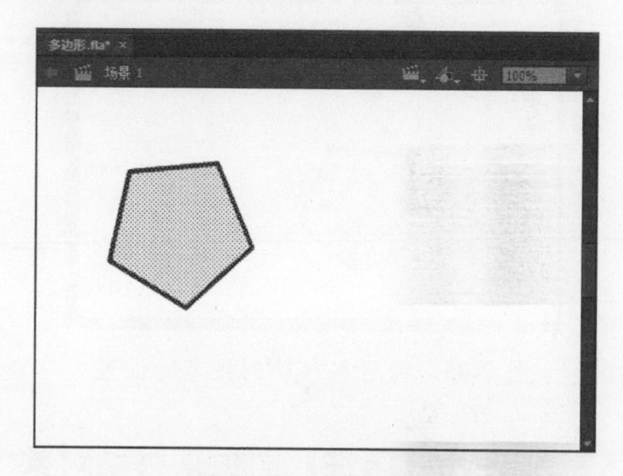

图 2-42 选择对象

步骤 2 依次选择【窗口】→【信息】菜单命令，即可打开【信息】面板，如图 2-43 所示。

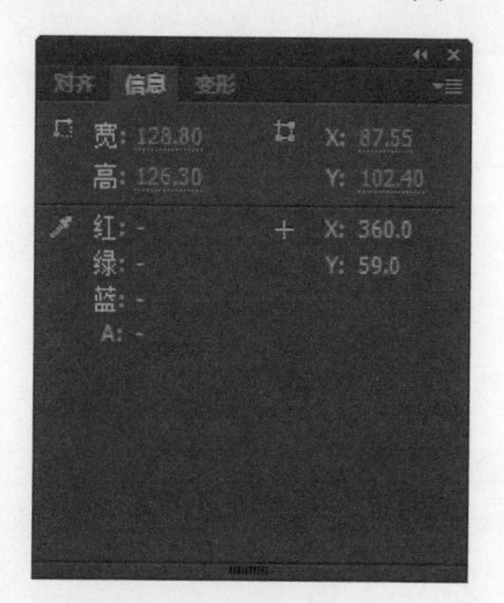

图 2-43 【信息】面板

步骤 3 分别在 X 和 Y 文本框中输入需要的值，如图 2-44 所示。

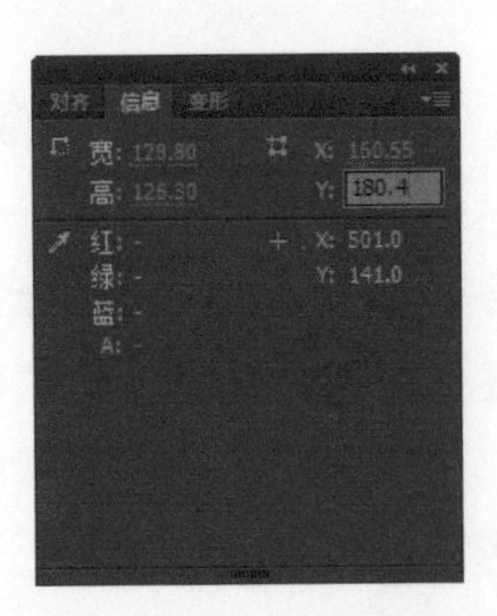

图 2-44　设置 X 和 Y 字段的值

步骤 4 按 Enter 键，就可以将该对象精确地移动到指定的位置，如图 2-45 所示。

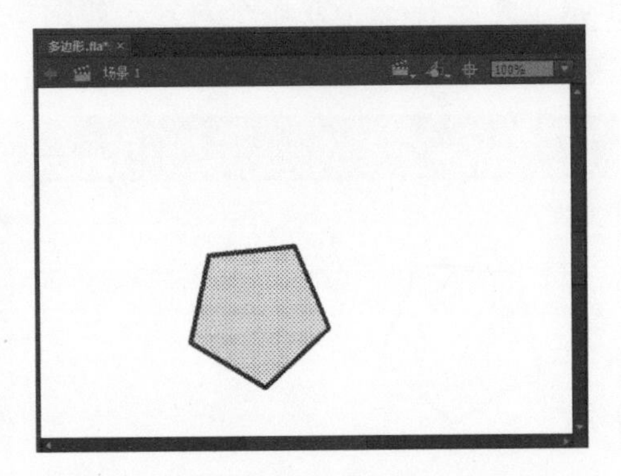

图 2-45　将对象移动到指定的位置

使用【属性】面板来移动对象

使用【属性】面板来移动对象的具体操作步骤如下。

步骤 1 选择一个或多个对象，如果此时看不到【属性】面板，可以依次选择【窗口】→【属性】菜单命令，如图 2-46 所示。

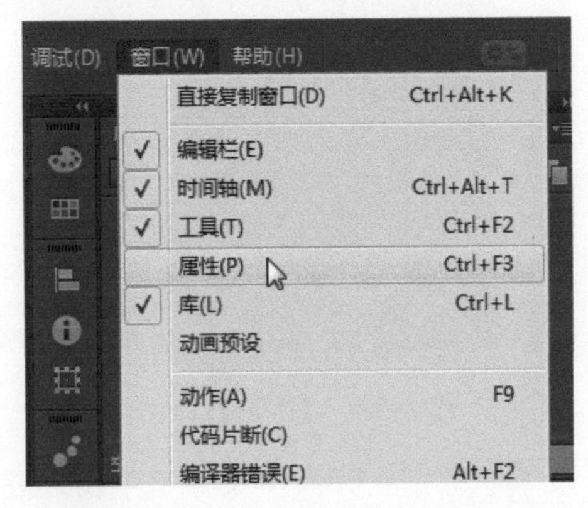

图 2-46　选择【属性】菜单命令

步骤 2 在【属性】面板中分别输入 X 和 Y 的值（该位置是相对于舞台左上角而言的），如图 2-47 所示。按 Enter 键即可将对象移动到指定的位置。

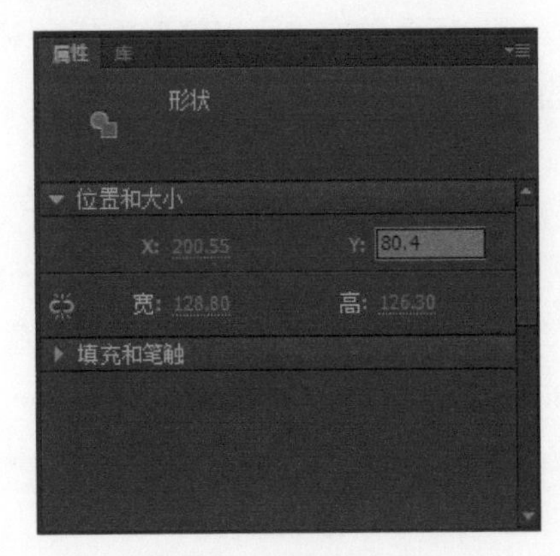

图 2-47　【属性】面板

2.4.3 实例 8——对象的复制

复制对象的常用方法包括以下两种。

通过粘贴移动或复制对象

步骤 1 打开随书光盘中的“素材 \ch02\ 复制对象 .fla”文档，然后选择一个或多个对象，如图 2-48 所示。

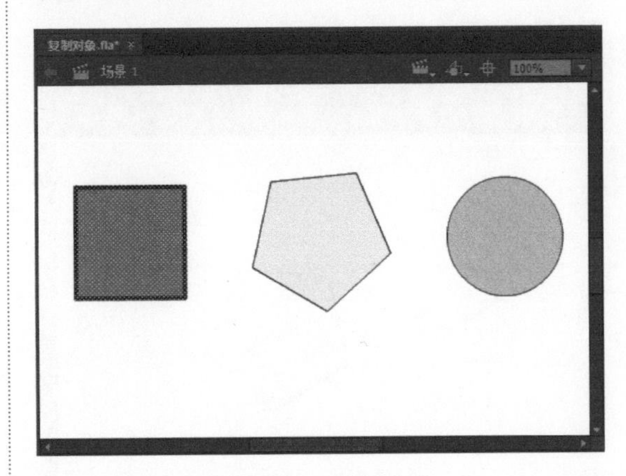

图 2-48　选择对象

步骤 2 选择【编辑】→【剪切】菜单命令（或者【编辑】→【复制】菜单命令），如图 2-49 所示。

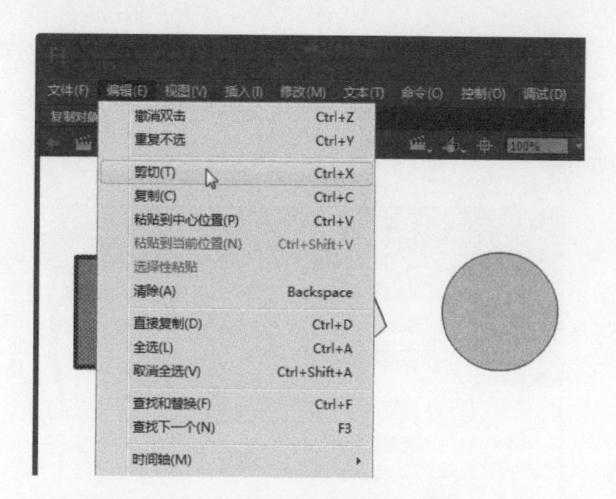

图 2-49　选择【剪切】菜单命令

步骤 3 选取另一个图层或场景，然后选择【编辑】→【粘贴到中心位置】菜单命令（或者按 Ctrl+V 组合键），如图 2-50 所示，即可将所选对象粘贴到舞台中央。

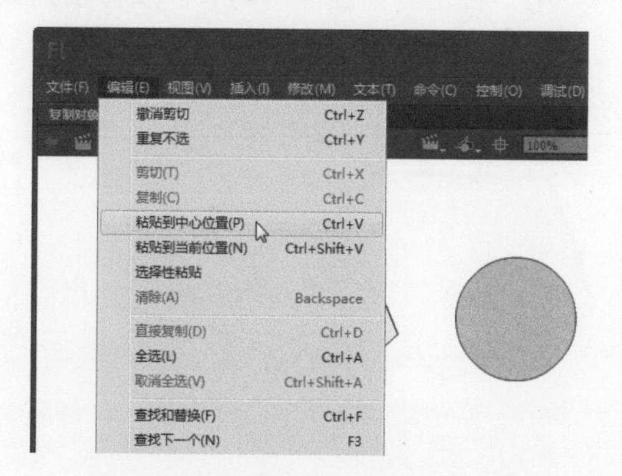

图 2-50　选择【粘贴到中心位置】菜单命令

或者选择【编辑】→【粘贴到当前位置】菜单命令，将所选对象粘贴到舞台上的同一个位置，如图 2-51 所示。

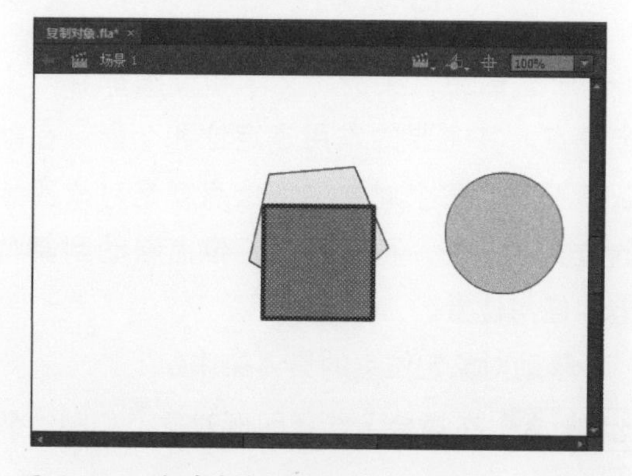

图 2-51　将对象粘贴到舞台上的同一个位置

 创建对象的变形副本

用户如果需要对创建对象的变形副本进行缩放、旋转或倾斜等操作，可以使用【变形】面板。创建对象的变形副本的具体操作如下。

步骤 1 打开随书光盘中的“素材\ch02\多边形.fla”文档，然后选中舞台上的对象，如图 2-52 所示。

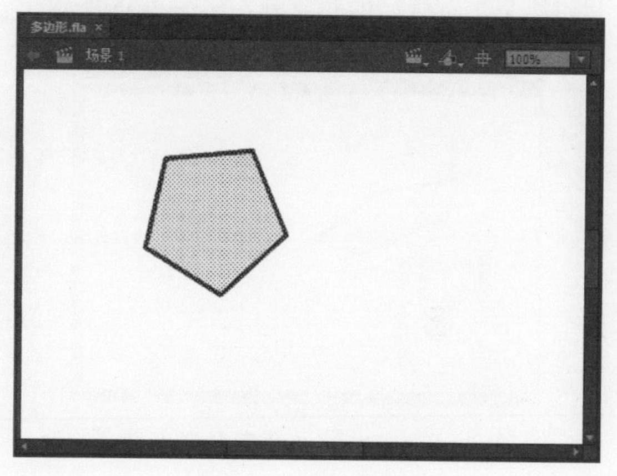

图 2-52　选中对象

步骤 2 依次选择【窗口】→【变形】菜单命令（或者按 Ctrl+T 组合键），即可打开【变形】面板，然后单击该面板右下方的【重置选区和变形】按钮，如图 2-53 所示。

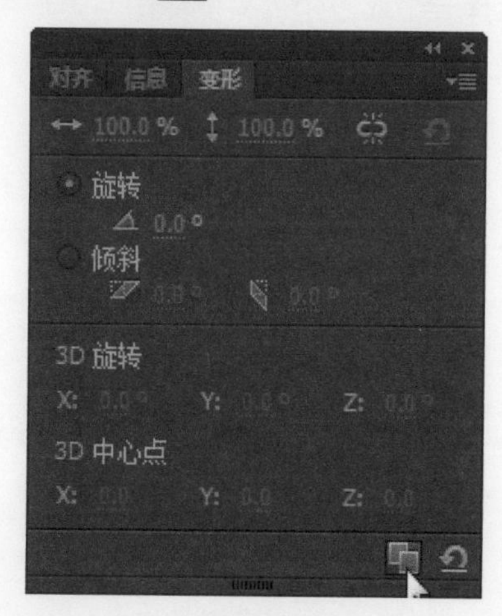

图 2-53　单击【重置选区和变形】按钮

步骤 3 输入缩放、旋转或倾斜值，如图 2-54 所示。

图 2-54　输入缩放、旋转或倾斜值

步骤 4 创建后的对象副本如图 2-55 所示。

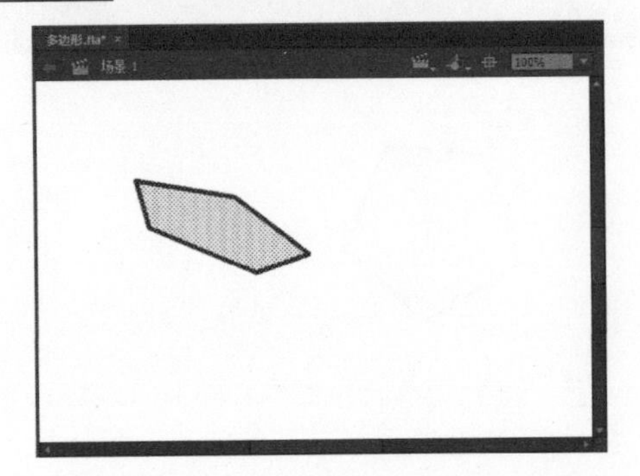

图 2-55　创建对象的变形副本效果

2.4.4 实例 9——对象的删除

用户可以将对象从文件中删除，删除舞台上的实例不会从库中删除元件。

选择一个或多个需要删除的对象后，使用以下操作之一，即可删除对象。

(1)　按 Delete 或 Backspace 键。

(2)　在 Flash CC 主窗口中，依次选择【编辑】→【清除】菜单命令，如图 2-56 所示。

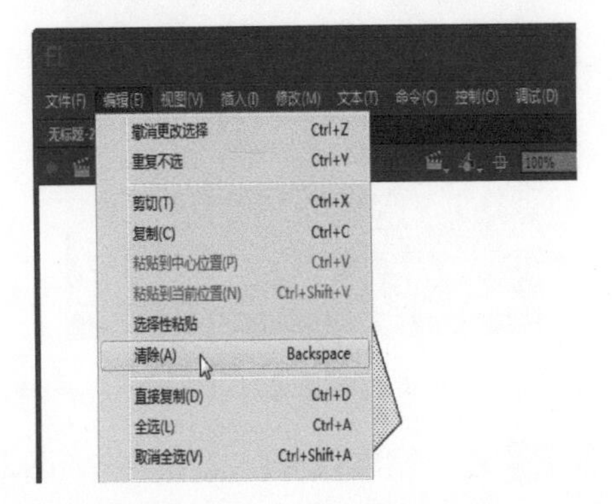

图 2-56　选择【清除】菜单命令

(3)　在 Flash CC 主窗口中，依次选择【编辑】→【剪切】菜单命令，如图 2-57 所示。

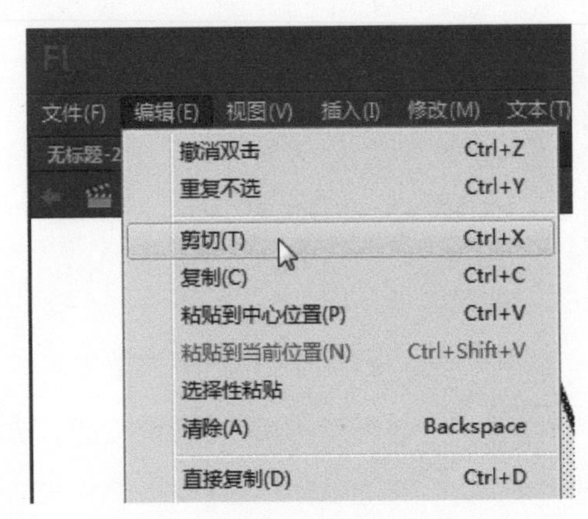

图 2-57　选择【剪切】菜单命令

(4)　右击需要删除的对象，从弹出的快捷菜单中选择【剪切】菜单命令，如图 2-58 所示。

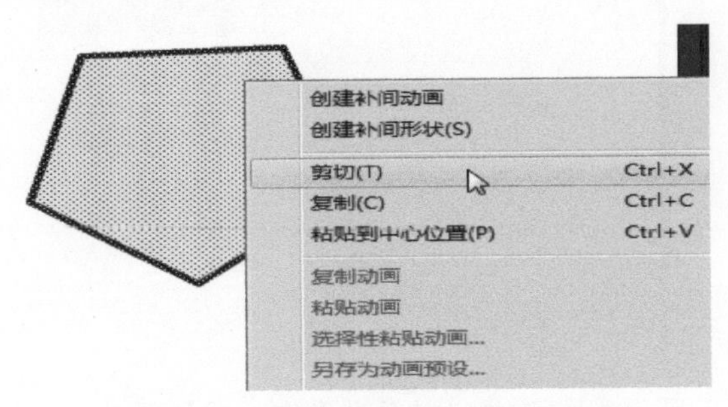

图 2-58　选择【剪切】菜单命令

2.4.5 实例 10——对象定位点的移动

所有的组、实例、文本和位图都有一个定位点，其主要的作用是定位和变形。在默认情况下，每个对象的定位点就是对象实际的位置，此外，可以将此定位点移动到舞台上的任何位置。

移动对象定位点的具体操作如下。

步骤 1 在舞台上选择图形对象，如图 2-59 所示。

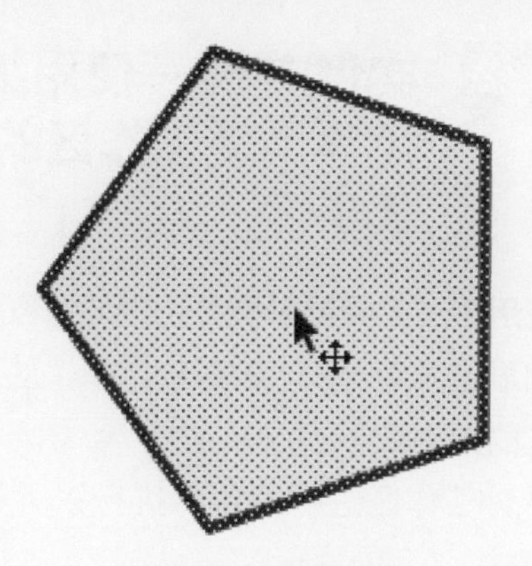

图 2-59 选择对象

步骤 2 依次选择【修改】→【变形】→【任意变形】菜单命令（或者在工具栏中单击【任意变形工具】按钮），如图 2-60 所示。

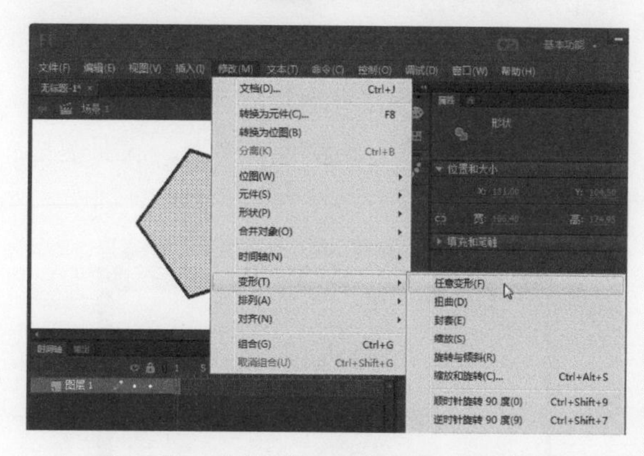

图 2-60 选择【任意变形】菜单命令

步骤 3 此时对象的中心会变成一个小圆圈，它即是对象的定位点，如图 2-61 所示。用户可以根据需要将定位点拖至舞台上的任何位置，如图 2-62 所示。

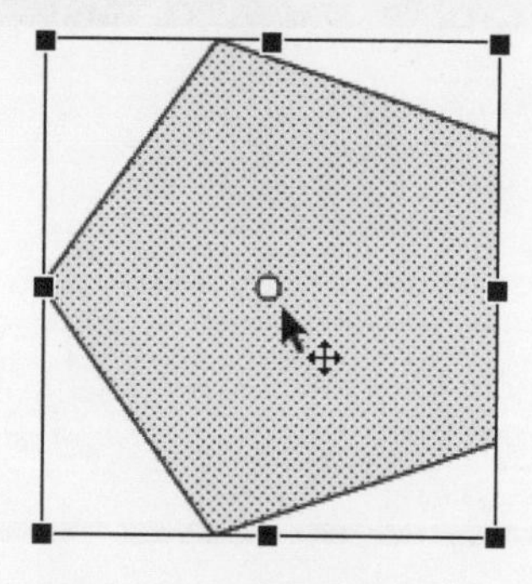

图 2-61 对象的定位点

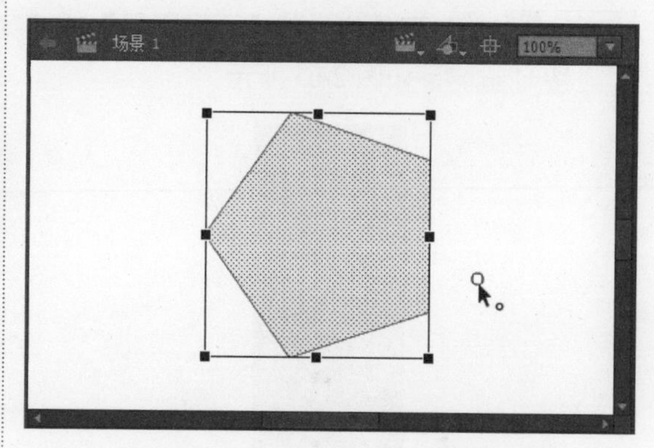

图 2-62 拖动定位点至合适的位置

2.5 使用查看工具

在 Flash 中绘图时，除了使用一些主要的图形编辑工具，还常常会用到视图查看工具，即手形工具和缩放工具，如图 2-63 所示。

图 2-63 视图查看工具

2.5.1 实例 11——使用手形工具调整工作区的位置

在放大舞台以后，由于可能无法看到整个舞台，从而影响预览效果。此时可以使用手形工具来移动舞台，以便查看舞台上的所有内容。

使用手形工具移动舞台的具体操作如下。

步骤 1 打开随书光盘中的“素材\ch02\绘图工具”文档，如图 2-64 所示。

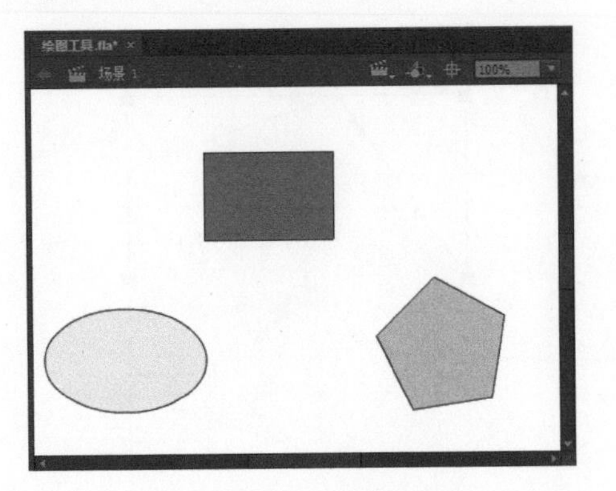

图 2-64　打开素材文件

步骤 2 单击工具栏中的【手形工具】按钮（或按 H 键），如图 2-65 所示。

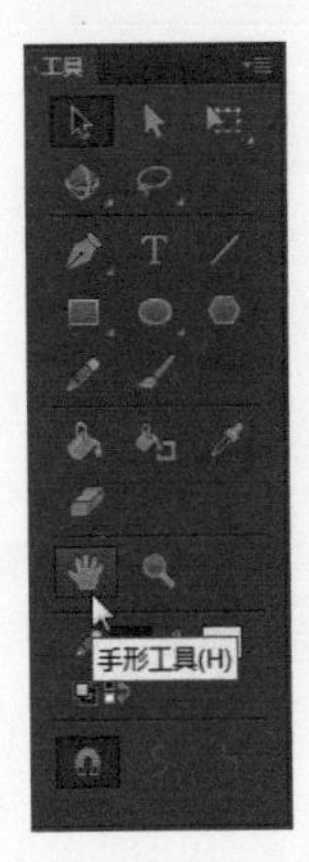

图 2-65　单击【手形工具】按钮

步骤 3 此时鼠标指针变成手形形状，如图2-66所示，按住鼠标左键拖曳舞台查看即可。

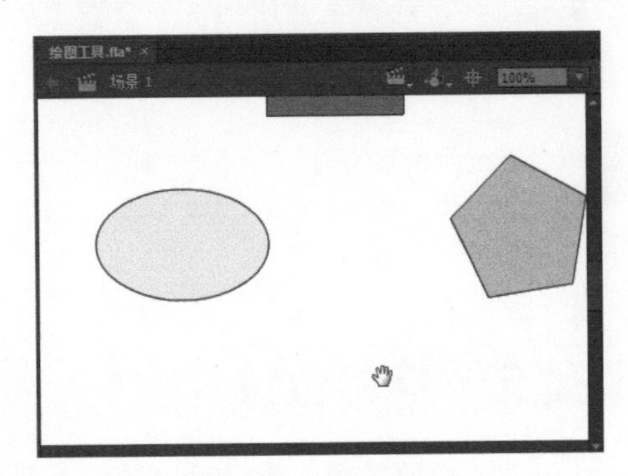

图 2-66　移动舞台

2.5.2 实例 12——使用缩放工具调整工作区的大小

使用手形工具可以调整工作区的位置，而使用缩放工具则可以更改缩放比率，从而调整工作区的大小。

要对工作区进行缩放，执行以下操作之一即可。

(1)　要放大或缩小某个元素，可以先单击工具栏中的【缩放工具】按钮，然后再使用【放大】按钮或【缩小】按钮对选中的元素进行缩放。

(2)　要放大绘图的特定区域，使用缩放工具在舞台上拖曳出一个矩形选取框即可，如图 2-67 所示，然后设置缩放比率，从而使指定的矩形填充窗口。

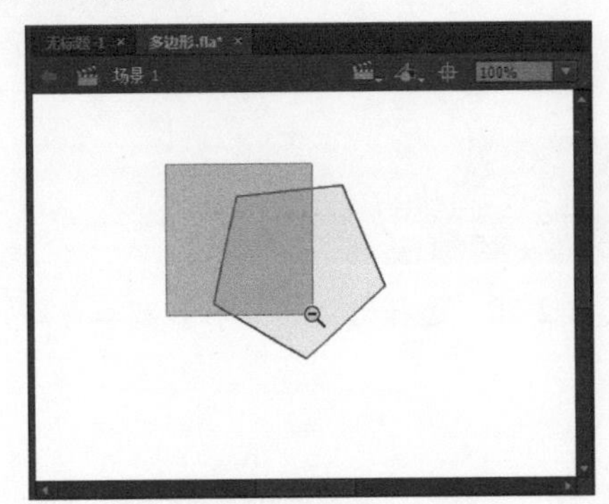

图 2-67　拖曳出矩形框

(3)　要放大（或缩小）整个舞台，依次选择【视图】→【放大】菜单命令（或【视图】→【缩小】菜单命令）即可，如图 2-68 所示。

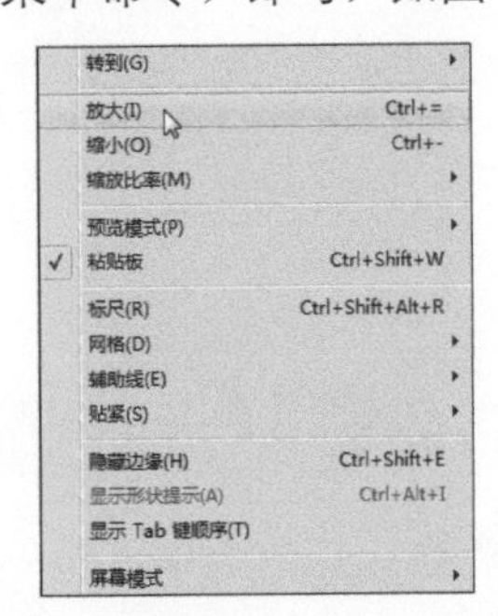

图 2-68　选择【放大】菜单命令

(4)　若要放大或缩小特定的百分比，依次选择【视图】→【缩放比率】菜单命令，然后从子菜单中选择一个百分比（或者从编辑栏的【缩放】下拉列表中选择一个百分比）即可，如图 2-69 所示。

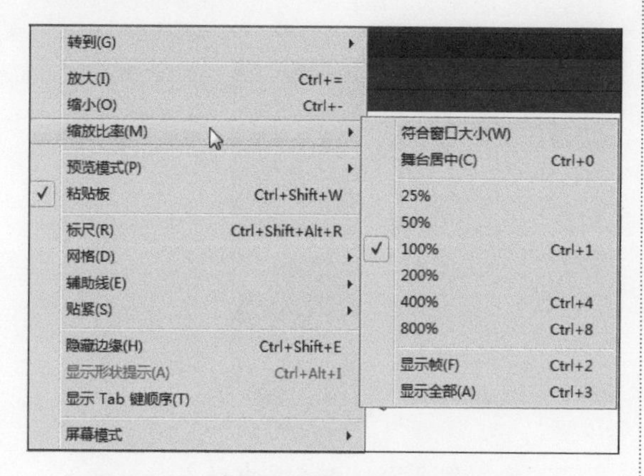

图 2-69　选择【缩放比率】菜单命令

(5)　若要缩放舞台以完全适合应用程序窗口，依次选择【视图】→【缩放比率】→【符合窗口大小】菜单命令即可，如图 2-70 所示。

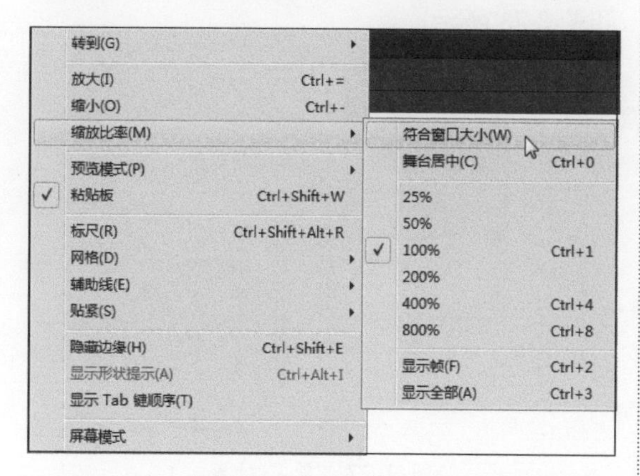

图 2-70　选择【符合窗口大小】菜单命令

(6)　若要显示当前帧的内容，依次选择【视图】→【缩放比率】→【显示全部】菜单命令即可，如图 2-71 所示。也可以从编辑栏的【缩放】下拉列表中选择【显示全部】选项，如图 2-72 所示，如果场景为空，则会显示整个舞台。

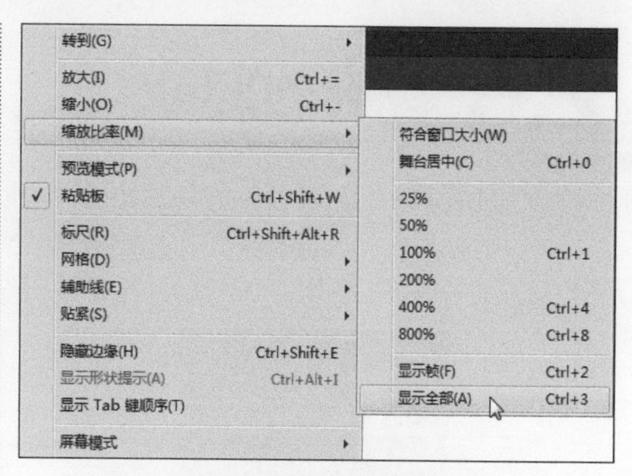

图 2-71　选择【显示全部】菜单命令

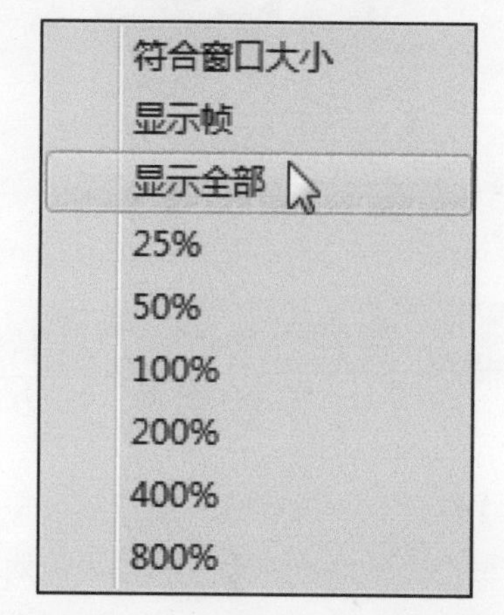

图 2-72　选择【显示全部】选项

(7)　要显示整个舞台，依次选择【视图】→【缩放比率】→【显示帧】菜单命令即可，如图 2-73 所示。也可以从编辑栏的【缩放】下拉列表中选择【显示帧】选项。

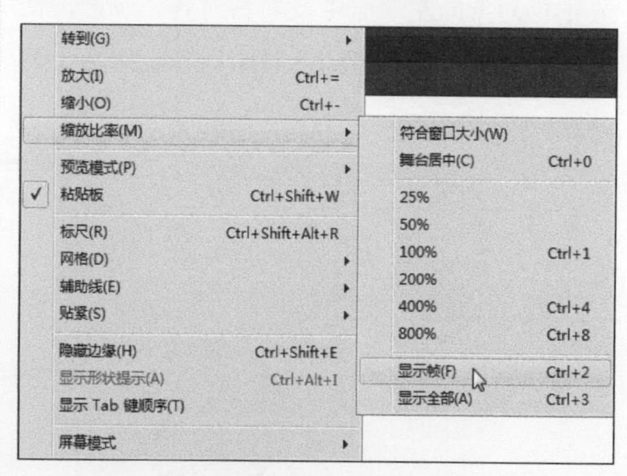

图 2-73　选择【显示帧】菜单命令

2.6 排列对象

利用【对齐】面板中的各项功能，可以将对象精确地对齐。【对齐】面板还有调整对象间距和匹配大小等功能。依次选择【窗口】→【对齐】菜单命令，即可打开【对齐】面板，如图 2-74 所示。

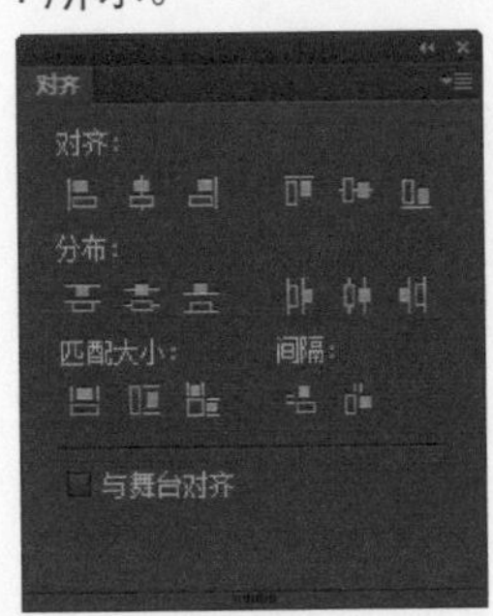

图 2-74 【对齐】面板

2.6.1 实例 13——如何使用【对齐】面板

在【对齐】面板中有 4 类按钮，每个按钮上的方框都表示对象，而直线则表示对象对齐或隔开的基准线。下面分类说明【对齐】面板中的各种对齐方式。

1. 对齐

(1) 垂直对齐按钮：在垂直方向上，可分别将对象向左、居中及向右对齐。例如，使选中的对象在垂直方向上居中对齐，如图 2-75 和图 2-76 所示。

图 2-75 原始对象

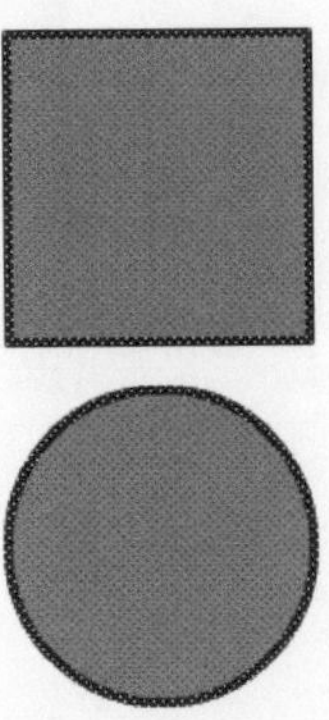

图 2-76 垂直居中对齐

(2) 水平对齐按钮：在水平方向上，可分别将对象向上、居中及向下对齐。例如，使选中的对象在水平方向上居中对齐，如图 2-77 和图 2-78 所示。

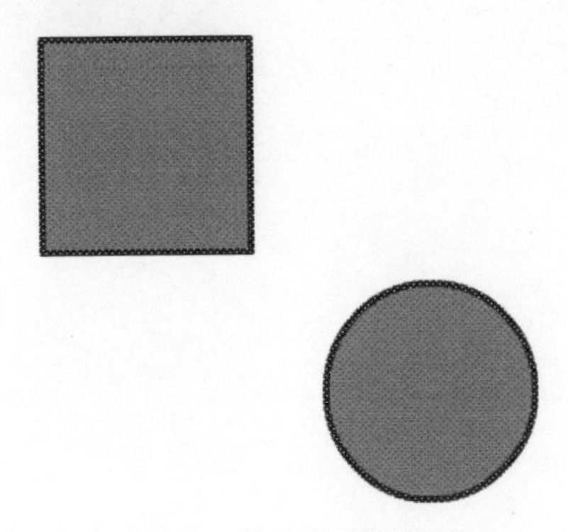

图 2-77 原始对象

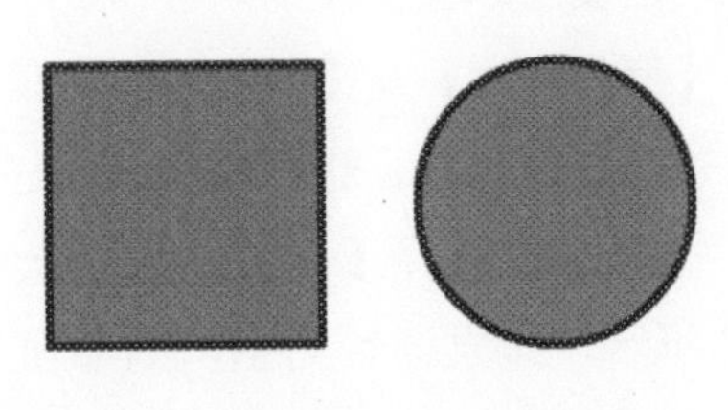

图 2-78 水平居中对齐

2. 分布

(1)　垂直等距按钮：可分别将对象按顶部、中点及底部在垂直方向等距离排列，例如，使选中的对象顶部分布，如图 2-79 和图 2-80 所示。

图 2-79　原始对象

图 2-80　顶部分布

(2)　水平等距按钮：可分别将对象按左侧、中点及右侧在水平方向等距离排列。例如，使选中的对象左侧分布，如图 2-81 和图 2-82 所示。

图 2-81　原始对象

图 2-82　左侧分布

3. 匹配大小

可分别将对象进行水平缩放、垂直缩放及等比例缩放。其中，最左边的对象是其他所有对象匹配的基准。例如，使选中的对象匹配宽和高，如图 2-83 和图 2-84 所示。

图 2-83　原始对象

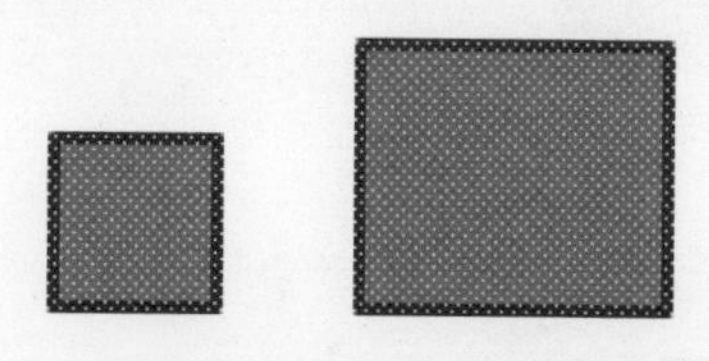

图 2-84　匹配宽和高

4. 间隔

可以使对象在垂直方向或水平方向的间隔距离相等。例如，使选中的对象在水平方向上平均间隔，如图 2-85 和图 2-86 所示。

图 2-85　原始对象

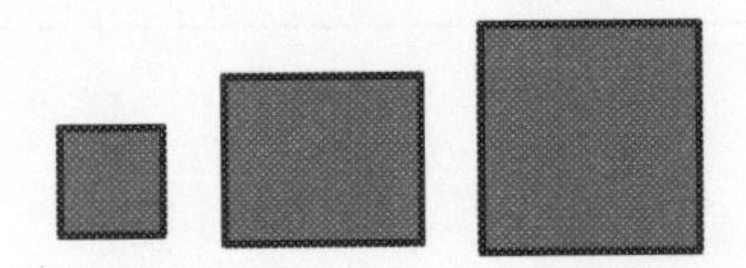

图 2-86　水平平均间隔

2.6.2 实例 14——【对齐】面板运用案例

使用【对齐】面板让几个对象整齐地排成一排的具体操作如下。

步骤 1 打开随书光盘中的“素材\ch02\排列对象.fla”文档，如图 2-87 所示。

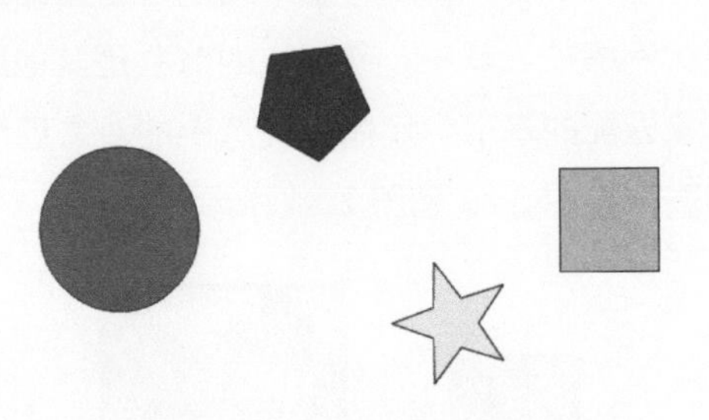

图 2-87　打开素材文件

步骤 2 选中舞台上需要对齐的 4 个对象，如图 2-88 所示。

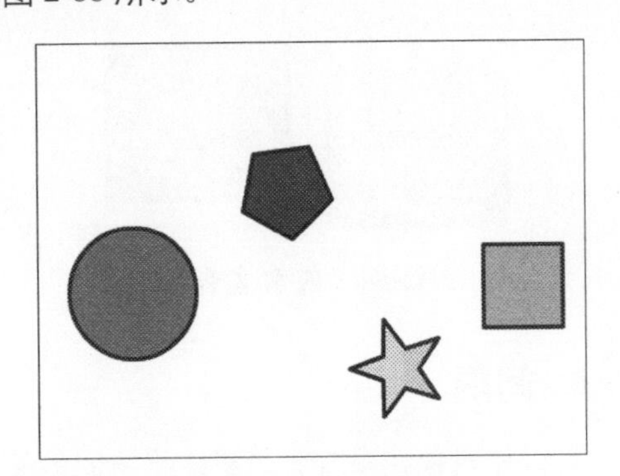

图 2-88　选择 4 个对象

步骤 3 在 Flash CC 主窗口中，依次选择【窗口】→【对齐】菜单命令，即可打开【对齐】面板，如图 2-89 所示。

步骤 4 单击【对齐】选项组内的【垂直中齐】按钮，此时选择的 4 个对象会居中对齐排成一行，如图 2-90 所示。

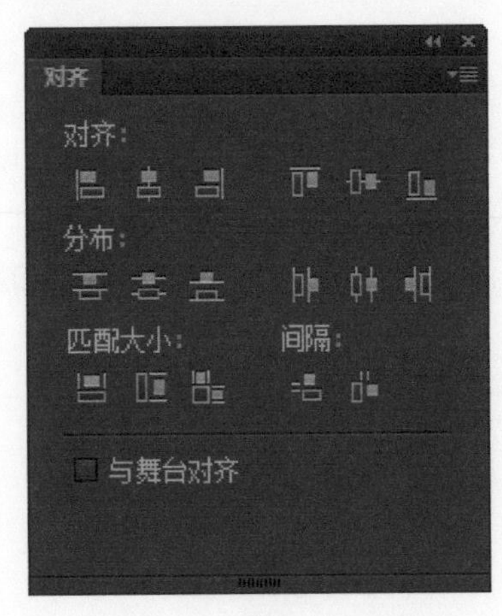

图 2-89　【对齐】面板

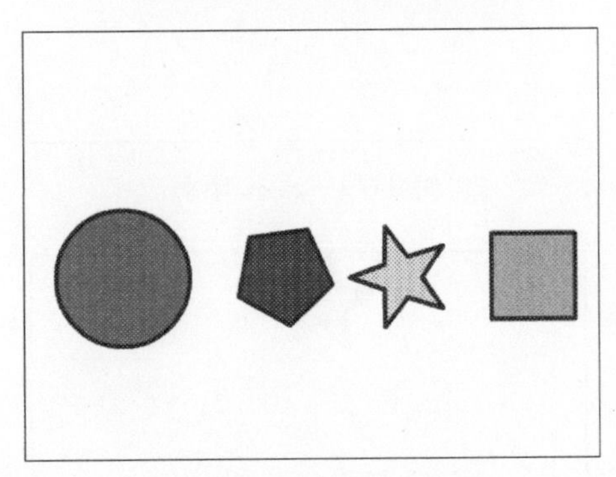

图 2-90　居中对齐排列

步骤 5 为了让对象的间隔相同，可以单击【分布】选项组内的【水平居中分布】按钮，对象就可以水平居中排列，此时对象中点之间的距离相等，如图 2-91 所示。

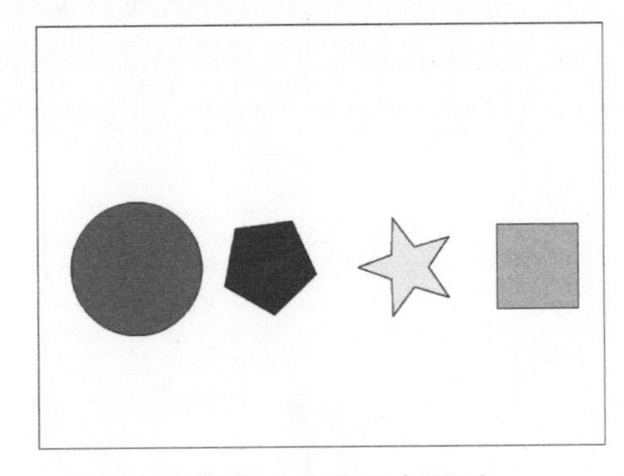

图 2-91　水平居中排列

步骤 6 单击【匹配大小】选项组内的【匹配高度】按钮，此时选择的 4 个对象就会匹配成相同的高度，如图 2-92 所示。

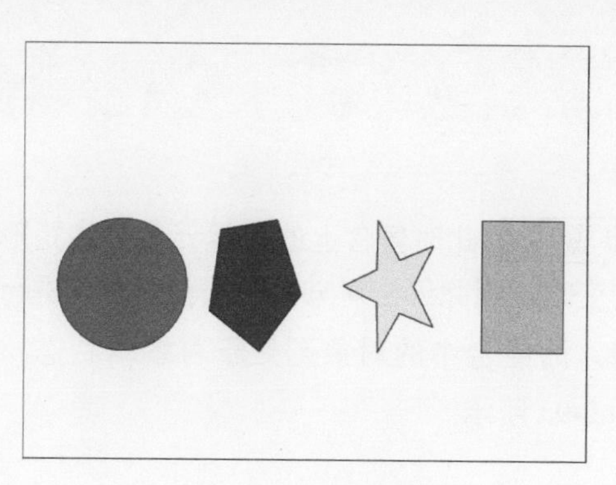

图 2-92 匹配高度

步骤 7 在匹配高度后，为了美观还可以调整对象间的间隔距离。单击【间隔】选项组内的【水平平均间隔】按钮，这样各个对象之间就会有同样的间隔，如图 2-93 所示。

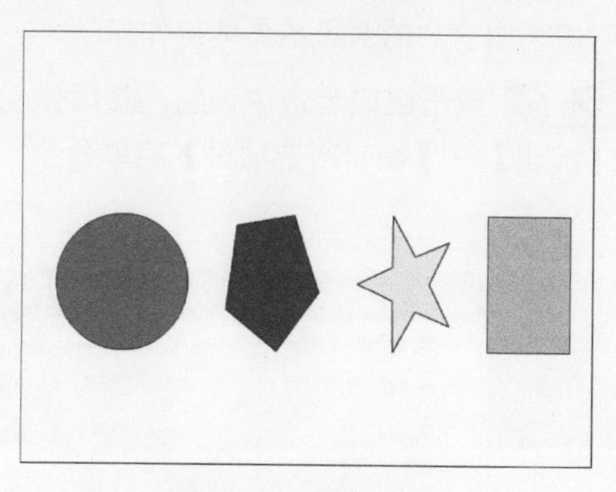

图 2-93 调整对象

2.7 对象的编组

组是指将多个对象作为一个整体进行处理。在编辑组时，其中的每个对象都保持它自己的属性以及与其他对象的关系。一个组包含另一个组就称为“嵌套”。

2.7.1 实例 15——创建对象组

选中一个或几个对象（可以是形状、分离的位图或组等），然后依次选择【修改】→【组合】菜单命令，即可将所有的选中对象组合在一起，如图 2-94 所示。

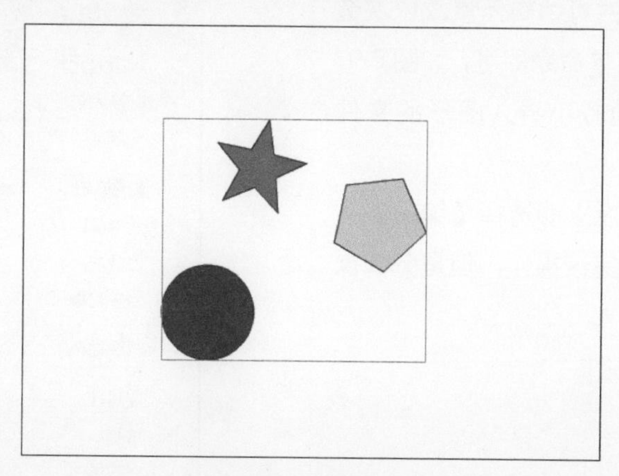

图 2-94 组合对象

提示 如果想将组重新转换为单个的对象，可以先选中组对象，然后依次选择【修改】→【取消组合】菜单命令。

2.7.2 实例 16——编辑对象组

编辑组合中的对象的具体操作如下。

步骤 1 双击组或者选中该组，然后依次选择【编辑】→【编辑所选项目】菜单命令，如图 2-95 所示。

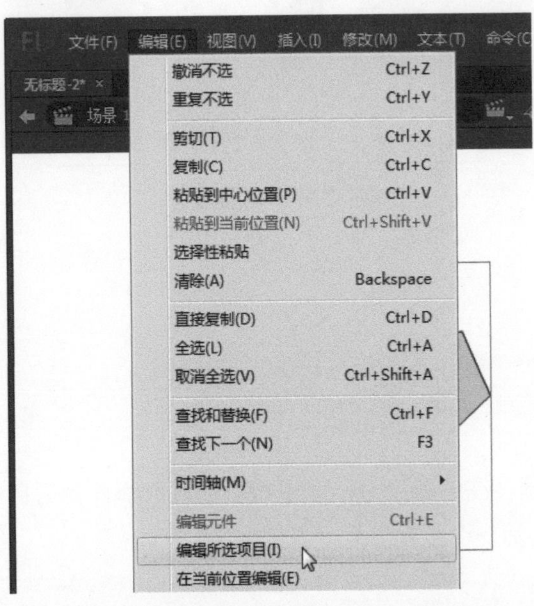

图 2-95 选择【编辑所选项目】菜单命令

步骤 2 此时舞台上的非组元素（如矩形）会变暗，因此无法对它们及嵌套组对象进行编辑。而组合中的对象则处于可编辑状态，如图 2-96 所示。

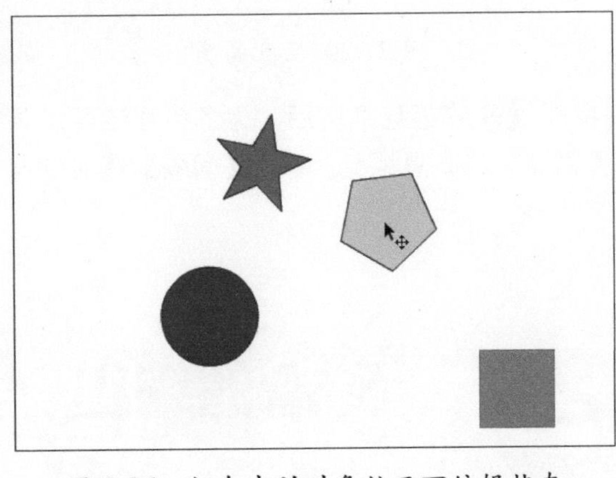

图 2-96 组合中的对象处于可编辑状态

步骤 3 编辑完成后单击【场景】按钮，或者双击舞台的空白区域即可返回主场景。

2.7.3 实例 17——分离对象组

要将组分离成单独的可编辑元素，依次选择【修改】→【分离】菜单命令即可，如图 2-97 所示。分离可以极大地减小导入图形的文件大小。

尽管可以在分离组后立即选择【编辑】→【撤销】菜单命令来撤销该操作，但是分离操作不是完全可逆的。

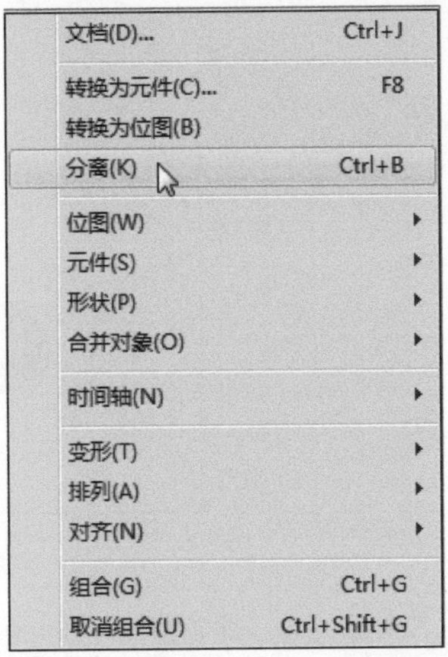

图 2-97 选择【分离】菜单命令

2.8 变形对象

使用工具栏中的任意变形工具，或者选择【修改】→【变形】→【任意变形】菜单命令，可以对图形对象、组、文本块和实例等进行变形操作。

2.8.1 实例 18——缩放对象

缩放对象是指将选中的图形对象按比例放大或缩小，注意，该功能可以在水平或垂直方向上分别放大或缩小对象。其实现过程既可以通过拖曳方法，也可以在相关的面板中输入缩放的数值。

缩放对象的方法有以下 3 种。

(1) 在 Flash 中选取对象，然后单击【任意变形工具】按钮（或者依次选择【修改】→【变形】→【缩放】菜单命令），这时在对象的周围会出现 8 个手柄，拖曳角部的手柄即可按照原来的长宽比缩放对象，如图 2-98 所示。

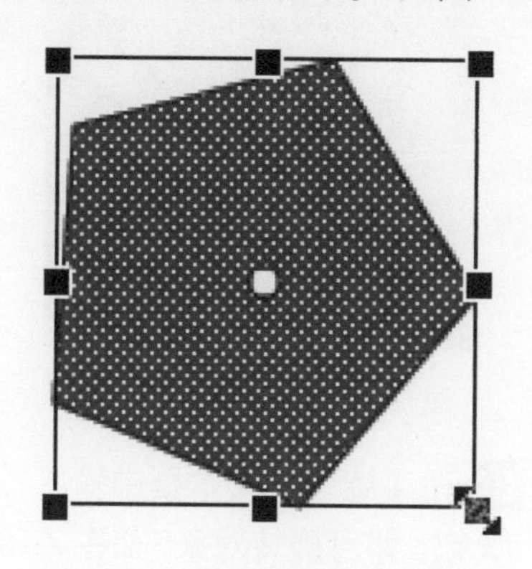

图 2-98　拖曳手柄缩放对象

(2) 选取对象后，依次选择【窗口】→【变形】菜单命令，即可打开【变形】面板，然后在【缩放宽度】文本框和【缩放高度】文本框中输入数值即可（单击【约束】按钮可锁定宽高比例），如图 2-99 所示。

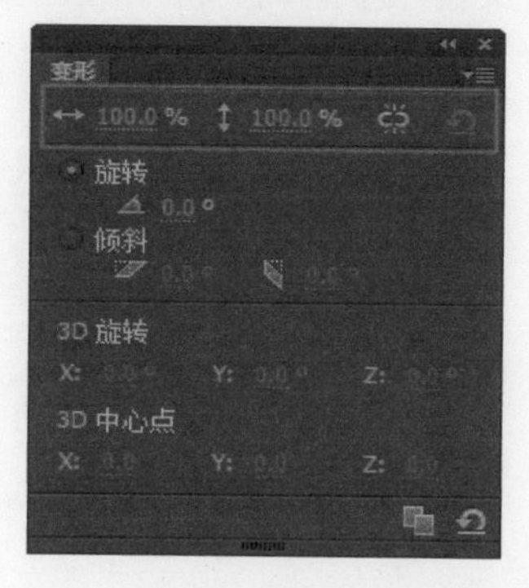

图 2-99　输入缩放的宽度和高度值

(3) 选定对象后，依次选择【窗口】→【信息】菜单命令，即可打开【信息】面板，然后在【宽】和【高】文本框中分别输入对象的宽度值和高度值，如图 2-100 所示，最后按 Enter 键，所选对象的大小就会相应地发生改变。

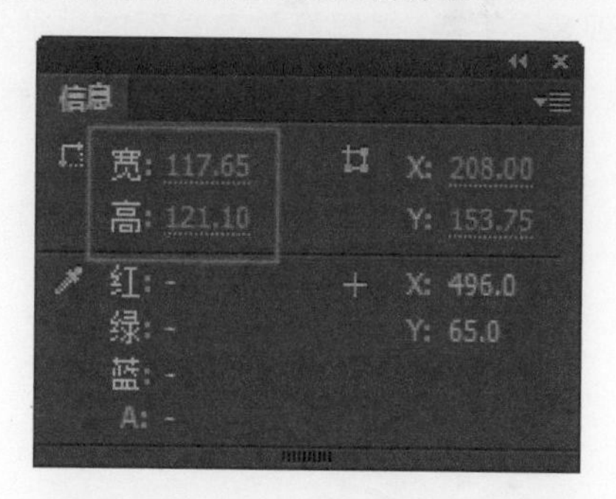

图 2-100　输入宽度值和高度值

2.8.2 实例 19——旋转及倾斜对象

旋转就是将对象转动一定的角度，倾斜则是在水平或者垂直方向上弯曲对象。既可以通过拖曳来旋转及倾斜对象，也可以通过在面板中输入数值来实现。

 通过拖曳来旋转和倾斜对象

通过拖曳旋转和倾斜对象的具体操作步骤如下。

步骤 1 打开随书光盘中的“素材\ch02\多边形.fla”文档，选中舞台上的对象，如图 2-101 所示。

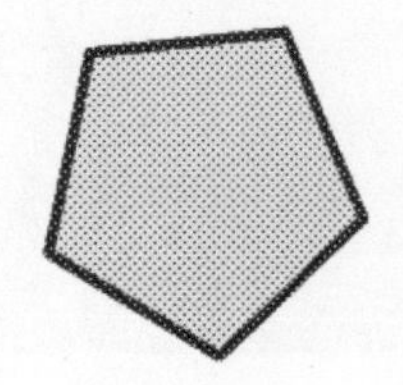

图 2-101　打开素材文件并选中对象

步骤 2 单击工具栏中的【任意变形工具】按钮（或者选择【修改】→【变形】→【旋转与倾斜】菜单命令），此时选择对象的周围会出现 8 个手柄，当鼠标放在角部的手柄处时，鼠标指针则会变成形状，拖曳即可旋转该对象，如图 2-102 所示。

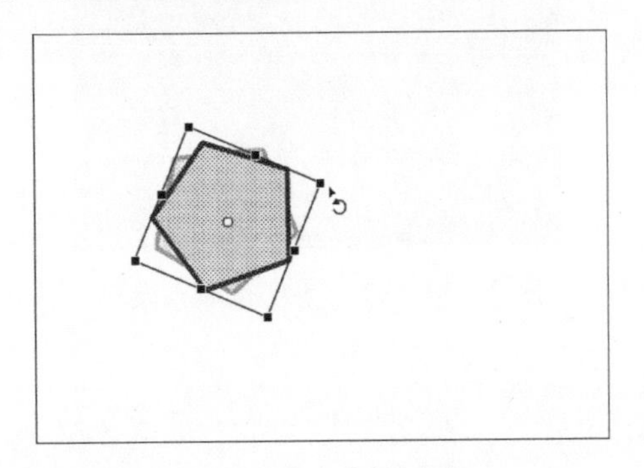

图 2-102　旋转对象

步骤 3 将鼠标指针放在选择对象的手柄连线处，指针则变成形状，按住鼠标左键进行拖曳，即可倾斜对象，如图 2-103 所示。

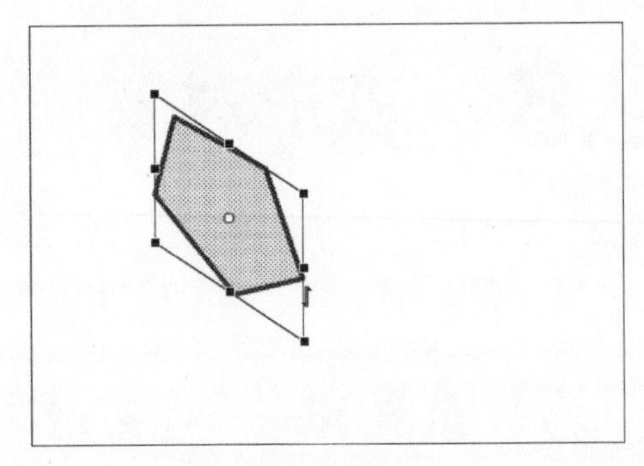

图 2-103　倾斜对象

 通过输入数值来旋转及倾斜对象

通过输入数值旋转及倾斜对象的具体操作步骤如下。

步骤 1 依次选择【窗口】→【变形】菜单命令，即可打开【变形】面板，如图 2-104 所示。

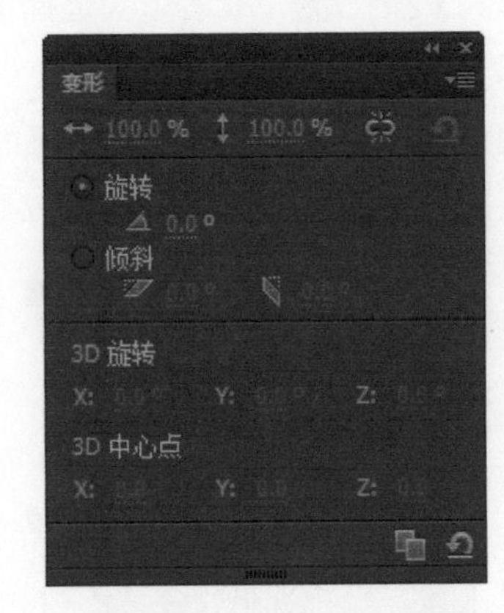

图 2-104　【变形】面板

步骤 2 在【旋转】文本框中输入数值，然后按 Enter 键，即可旋转对象，如图 2-105 所示。

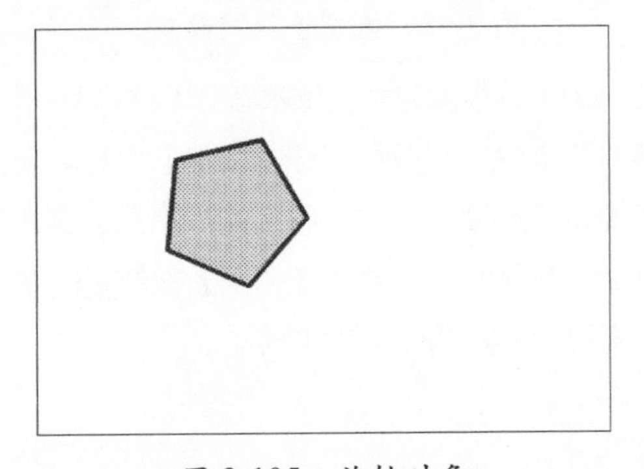

图 2-105　旋转对象

步骤 3 在【倾斜】文本框中输入数值，然后按 Enter 键，即可倾斜对象，如图 2-106 所示。

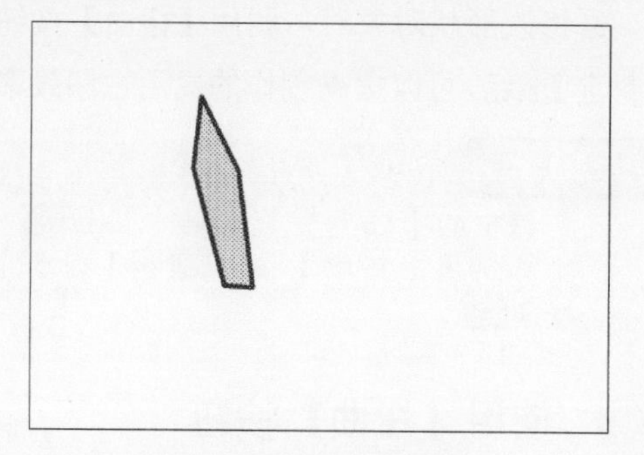

图 2-106　倾斜对象

2.8.3 实例 20——翻转对象

翻转对象是将选中的图形沿水平方向镜像得到一个图形。翻转对象可以由以下两种方式实现。

1. 通过拖曳翻转对象

通过拖曳翻转对象的具体操作步骤如下。

步骤 1 打开随书光盘中的“素材 \ch02\ 汽车.fla”文档，并选中舞台上的对象，如图 2-107 所示。

图 2-107　选择对象

步骤 2 单击工具栏中的【任意变形工具】按钮，然后在其附属的工具中单击【缩放工具】按钮，此时对象的周围会出现 8 个手柄，如图 2-108 所示。

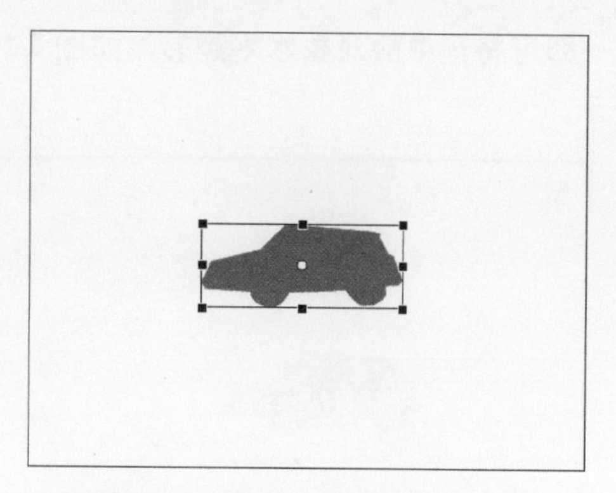

图 2-108　对象的周围出现 8 个手柄

步骤 3 拖曳方形手柄便可以翻转对象，如图 2-109 所示。

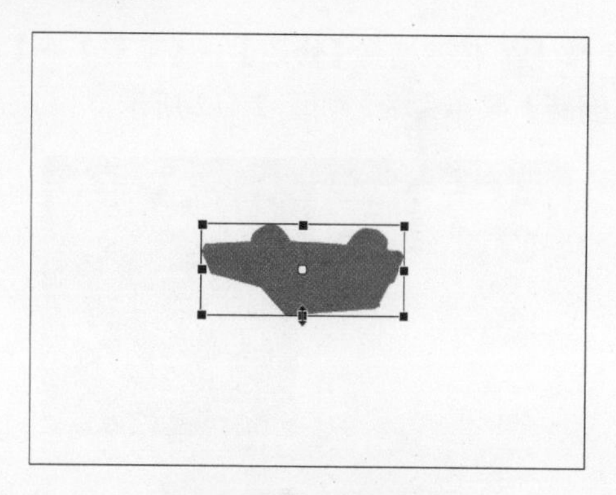

图 2-109　翻转对象

2. 执行命令翻转对象

执行命令翻转对象的具体操作如下。

步骤 1 选取对象，然后依次选择【修改】→【变形】→【水平翻转】菜单命令，如图 2-110 所示。

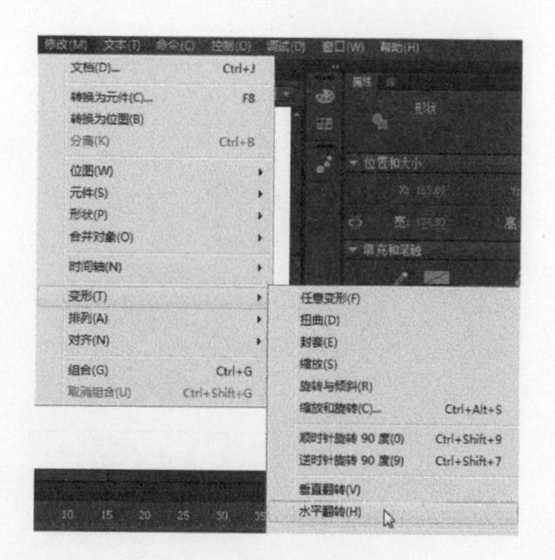

图 2-110　选择【水平翻转】菜单命令

即可将选中的对象水平翻转，如图 2-111 所示。

图 2-111　水平翻转对象

步骤 2 依次选择【修改】→【变形】→【垂直翻转】菜单命令，如图 2-112 所示。

图 2-112　选择【垂直翻转】菜单命令

将选中的对象垂直翻转，如图 2-113 所示。

图 2-113　垂直翻转对象

2.8.4 实例 21——自由变形对象

当修改形状对象时，利用【扭曲】按钮和【封套】按钮，可以提高创作的灵活性和效率。

> **提示** 选择对象后，需要先单击工具栏中的【任意变形工具】按钮，才能使用【扭曲】按钮和【封套】按钮。

 使用【扭曲】按钮

步骤 1 选中舞台上的形状对象，如图 2-114 所示。

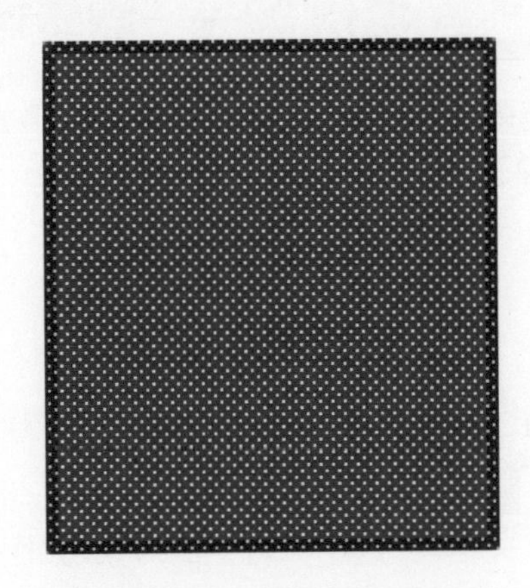

图 2-114　选中形状对象

步骤 2 单击工具栏中的【任意变形工具】按钮，然后单击其附属工具中的【扭曲】按钮，如图 2-115 所示。

图 2-115　单击【扭曲】按钮

步骤 3 用鼠标拖曳形状对象轮廓角部的方形手柄，即可改变对象的形状，如图2-116所示。

图 2-116 改变对象的形状

使用【封套】按钮

步骤 1 选中舞台上的形状对象，如图2-117所示。

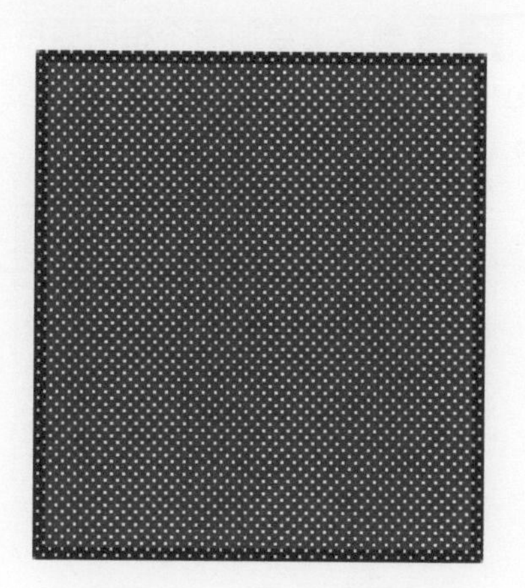

图 2-117 选中形状对象

步骤 2 单击工具栏中的【任意变形工具】按钮，然后单击其附属工具中的【封套】按钮，如图 2-118 所示。

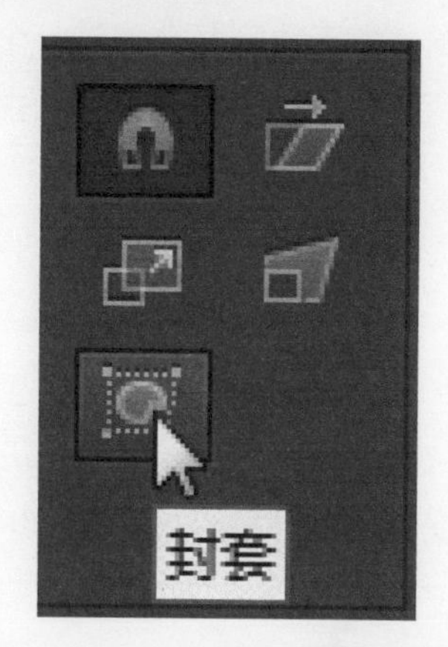

图 2-118 单击【封套】按钮

步骤 3 用鼠标拖曳形状对象轮廓上的手柄，即可扭曲对象的形状，如图 2-119 所示。

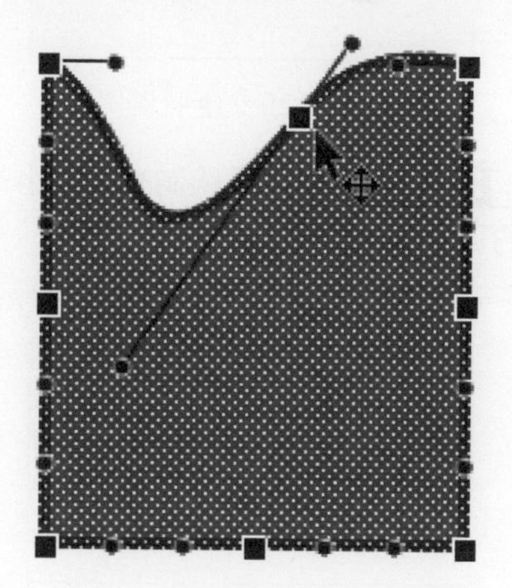

图 2-119 扭曲对象的形状

2.9 形状的重叠

当舞台上的形状发生重叠时，就会产生切割或融合。组或实例重叠则不会发生切割或融合，它们仍然可以相互分离开来。

2.9.1 实例 22——形状的切割

切割就是将某一个对象分成多个部分。例如，可以画一条直线完整地穿过一个圆而将这个圆分成两半，还可以用一个形状去切割另一个形状。

在圆形上切割出一个方洞的具体操作如下。

步骤 1 单击工具栏中的【椭圆工具】按钮 ，然后在舞台上绘制一个圆，最后用颜料桶工具改变其填充颜色，如图 2-120 所示。

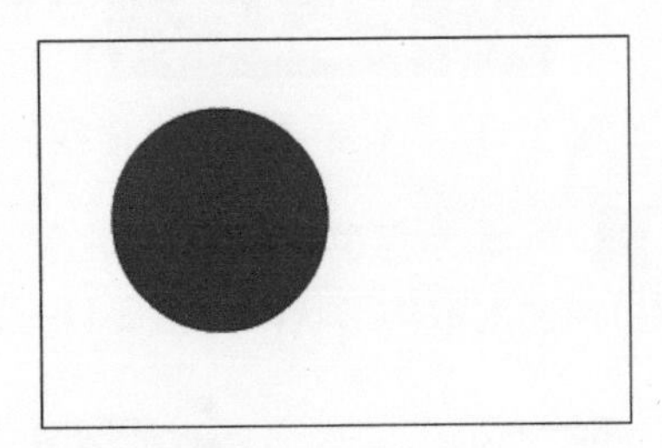

图 2-120 绘制圆

步骤 2 使用矩形工具绘制一个较小的没有轮廓的正方形，如图 2-121 所示。

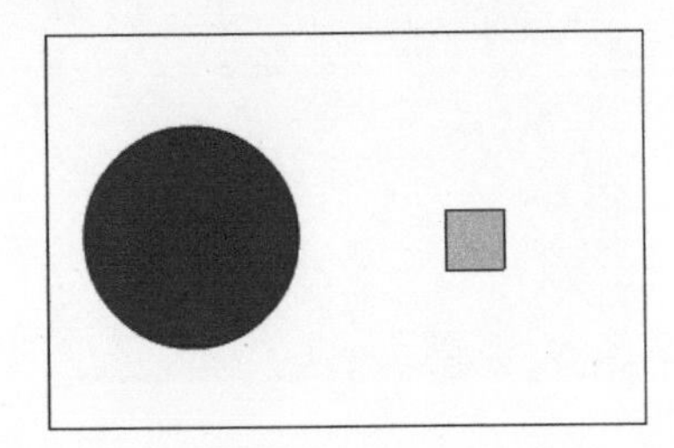

图 2-121 绘制正方形

步骤 3 将正方形拖至圆形的中心，正方形处于选中状态，然后使用选择工具，在空白区单击一下取消选定，如图 2-122 所示。

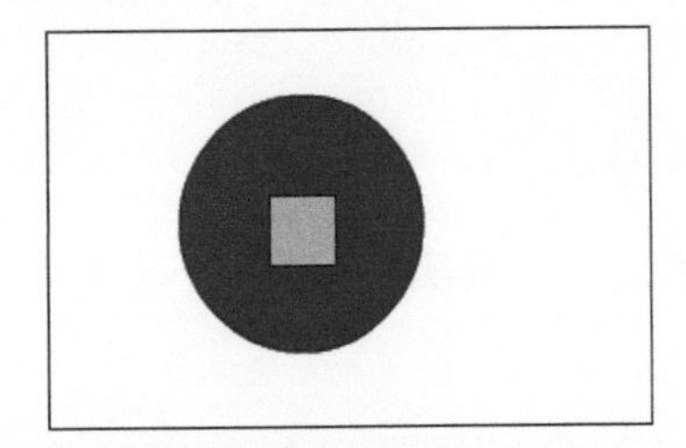

图 2-122 将正方形拖至圆中心

步骤 4 选择圆中心的小方块，然后将它拖曳至舞台上的其他位置，这样即可在圆的中心切割出一个正方形，如图 2-123 所示。

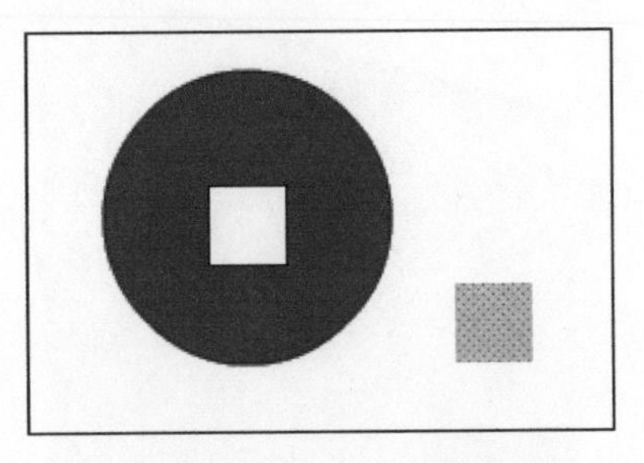

图 2-123 将正方形拖至圆外

2.9.2 实例 23——形状的融合

形状的融合是指将两个形状焊接在一起，使用此功能可以创建 Flash 绘图工具无法创建的形状。融合两个形状的具体操作如下。

步骤 1 在舞台上绘制两个相同颜色并且均没有边框的形状，一个为椭圆，另一个是矩形，如图 2-124 所示。

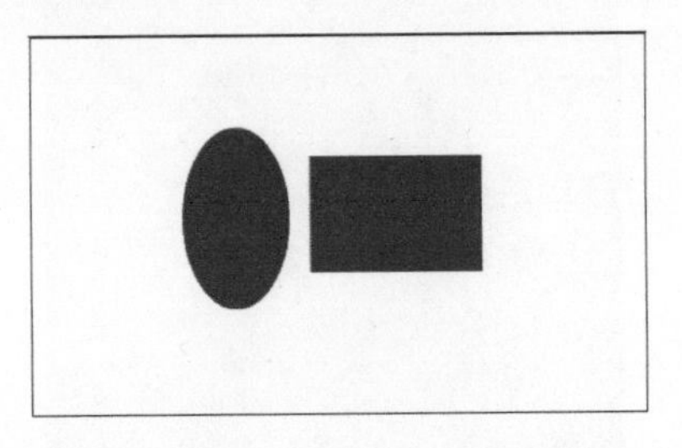

图 2-124 绘制椭圆和矩形

步骤 2 将椭圆拖至矩形的上面，然后用鼠标单击空白处取消对椭圆的选定，如图 2-125 所示。

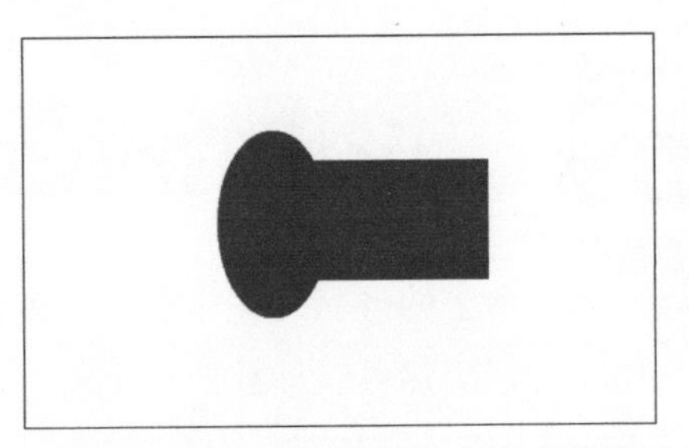

图 2-125 将椭圆拖至矩形上面

步骤 3 用鼠标拖动它们，此时会发现椭圆和矩形已经融合为一个形状，如图 2-126 所示。

> **提示** 融合形状只能连接两个位于同一层且颜色相同的形状，并且这些形状不能有轮廓，最后要取消选择。

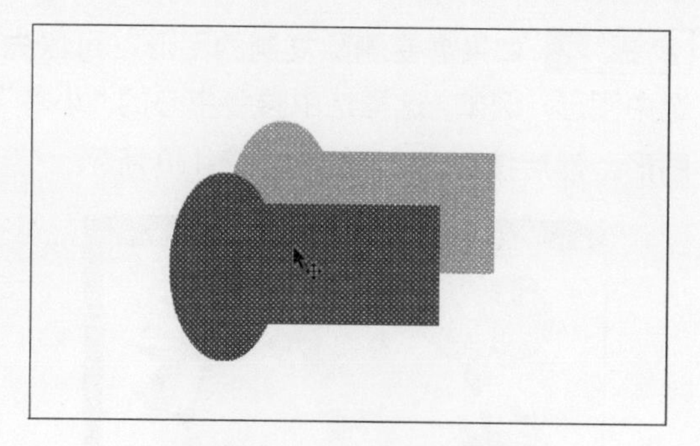

图 2-126 拖曳融合的形状

2.10 实战演练——对象的综合操作

本节将综合运用所学知识，包括对图形对象进行复制、删除、变形和组合等操作，实现一个具体的实例。

对图形对象进行基础操作的过程如下。

步骤 1 打开随书光盘中的“素材 \ch02\ 对象的基础操作 .fla”文档，如图 2-127 所示。

图 2-127 打开素材文件

步骤 2 选取工具栏中的选择工具，并选中“小鸟”图形，如图 2-128 所示。

图 2-128 选中“小鸟”图形

步骤 3 依次选择【编辑】→【复制】菜单命令复制对象，然后选择【编辑】→【粘贴到中心位置】菜单命令，即可将复制的图形粘贴到舞台中心位置，如图 2-129 所示。

图 2-129 复制图形

步骤 4 如果需要删除复制的图形，可以先选中图形，例如，这里选中舞台中心的“小鸟”图形，然后按 Delete 键，如图 2-130 所示。

图 2-130 删除图形

步骤 5 选取工具栏中的选择工具，然后分别选中舞台上的“大象”和“小鸟”图形，如图 2-131 所示。

图 2-131 分别选中“大象”和“小鸟”图形

步骤 6 依次选择【修改】→【组合】菜单命令，即可将选中的两个图形组合成一个图形对象，如图 2-132 所示。

图 2-132 组合图形

步骤 7 选取工具栏中的选择工具，并选择舞台上的“小鱼”图形，如图 2-133 所示。

图 2-133 选择“小鱼”图形

步骤 8 单击工具栏中的【任意变形工具】按钮，对图形对象进行翻转，如图 2-134 所示。

图 2-134 翻转图形

步骤 9 选取工具栏中的【任意变形工具】，并选中舞台上的“小孩”图形，此时选择对象的周围会出现 8 个手柄，如图 2-135 所示。

图 2-135 选中“小孩”图形

步骤 10　单击其附属工具【旋转与倾斜】按钮，如图 2-136 所示。

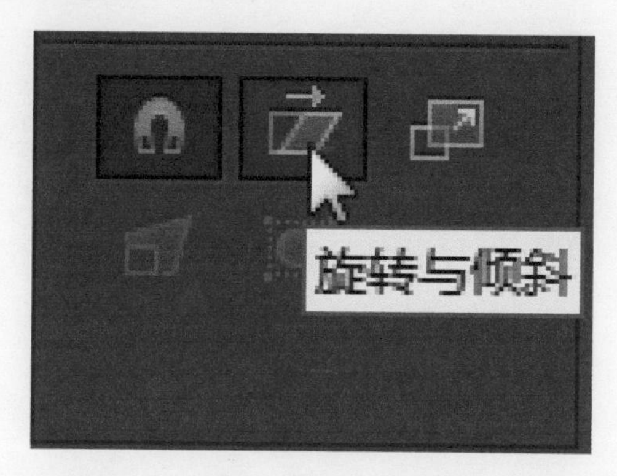

图 2-136　单击【旋转与倾斜】按钮

步骤 11　将鼠标指针放在角部的手柄处时，指针会变成↻形状，此时拖曳即可旋转图形，如图 2-137 所示。

步骤 12　将鼠标指针放在选择对象的手柄连线处，此时指针变成⇅形状，按住鼠标左键进行拖曳，即可倾斜对象，如图 2-138 所示。

图 2-137　旋转图形

图 2-138　倾斜图形

2.11　高手甜点

甜点 1：正确区分【取消组合】选项和【分离】选项。

【取消组合】选项用于将组合的对象分开，将组合元素返回组合之前的状态，它不会分离位图、实例或文字，也不会将文字转换成轮廓。而【分离】选项则用于将组分离成单独的可编辑元素。

甜点 2：使用快捷键提高效率。

大多数对对象进行操作的工具都有快捷键，比如，选择工具的快捷键是 V，任意变形工具的快捷键是 Q，文本工具的快捷键是 T 等，正确使用这些快捷键，可以大大提高用户的工作效率。

使用绘图工具

- **本章导读**

Flash CC 具有强大的绘图工具，灵活运用这些工具可以制作出精美的图画。使用 Flash CC 基本绘图工具可以创建和修改图形，绘制自由形状以及规则的线条或路径，并且可以填充对象，还可以对导入的位图进行适当的处理。

- **本章学习目标（已掌握的在圆圈中打钩）**

◎ 熟悉 Flash 形状的基本元素
◎ 掌握使用线条工具的方法
◎ 掌握使用套索工具的方法
◎ 掌握使用铅笔工具的方法
◎ 掌握使用钢笔工具的方法
◎ 掌握使用椭圆工具的方法
◎ 掌握使用矩形工具的方法
◎ 掌握使用多角星形工具的方法
◎ 掌握使用刷子工具的方法
◎ 掌握实战演练中综合案例的制作方法

- **重点案例效果**

40%

0%

7%

30%

40%

3.1 构成Flash形状的基本元素

任何一个 Flash 形状都有其各自的构成元素，因此在深入学习 Flash CC 之前，需要分析 Flash 形状的基本构成元素。构成 Flash 形状的基本元素包括线条、椭圆、矩形和多角星形等。

3.2 实例1——线条工具的应用

线条工具主要用来绘制直线和斜线，与铅笔工具最大的不同点是线条工具只能绘制不封闭的直线和斜线，由两点确定一条线。

3.2.1 认识线条工具

在 Flash CC 主窗口右侧的工具栏中单击【直线工具】按钮，然后打开【属性】面板就可以设置直线的属性，如图 3-1 所示。

在线条工具的【属性】面板中单击【编辑笔触样式】按钮，即可打开【笔触样式】对话框，如图 3-2 所示。

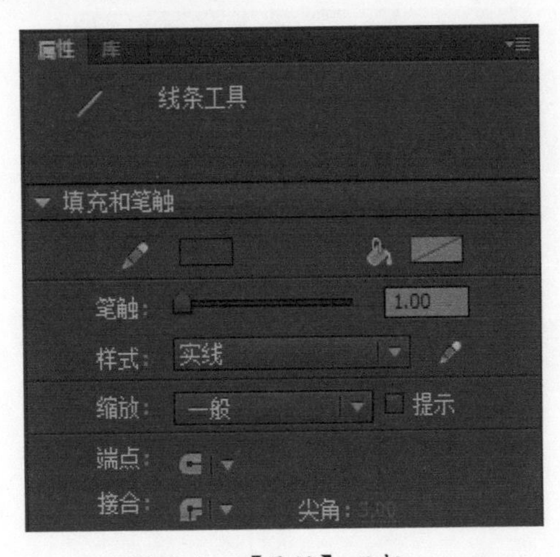

图 3-1 【属性】面板

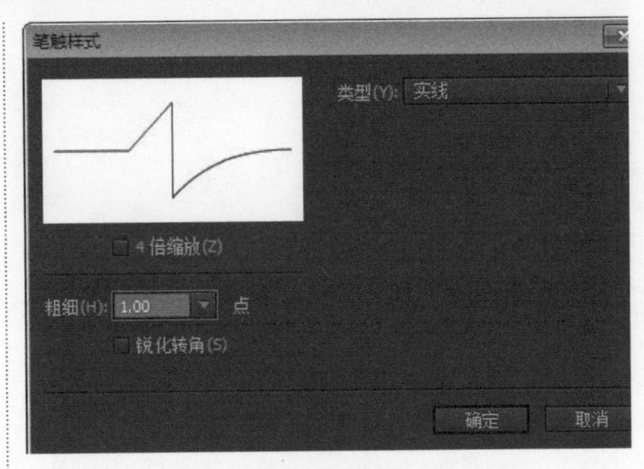

图 3-2 【笔触样式】对话框

在【笔触样式】对话框中各个选项的作用如下。

(1) 类型：单击【类型】下拉按钮，弹出的下拉列表包括 6 种类型的笔触，例如，实线、虚线、点状线等，如图 3-3 所示。

(2) 粗细：用户可以在【粗细】下拉列表框中直接输入数字，也可以单击其下拉按钮，从弹出的下拉列表中选择一种粗细选项即可，如图 3-4 所示。

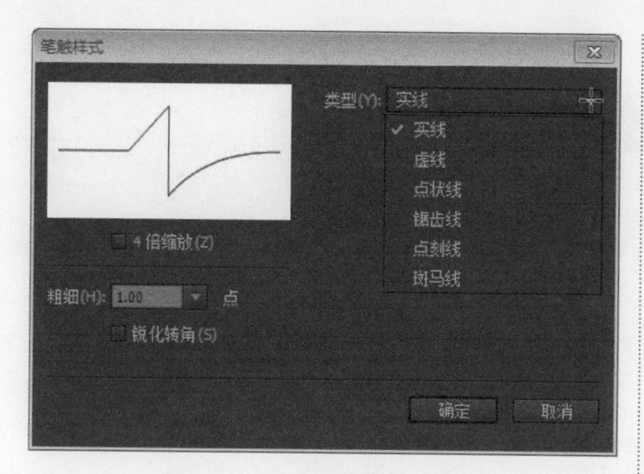

图 3-3 【类型】下拉列表

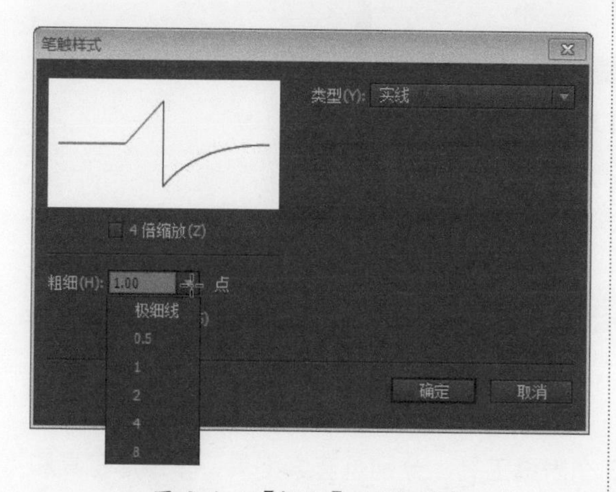

图 3-4 【粗细】下拉列表

(3) 锐化转角：在【笔触样式】对话框中选中该复选框，则在画锐角笔触的地方不使用预设的圆角，而改用尖角。

3.2.2 应用实例

在 Flash CC 中绘制线条的具体操作如下。

步骤 1 启动 Flash CC，并新建一个空白的 Flash 文档，如图 3-5 所示。

步骤 2 在工具栏中单击【线条工具】按钮 （或按快捷键 N），如图 3-6 所示。

步骤 3 将鼠标指针移动到舞台上的起点位置，然后按住鼠标左键拖动，出现直线后释放鼠标即可，如图 3-7 所示。

图 3-5 新建 Flash 文档

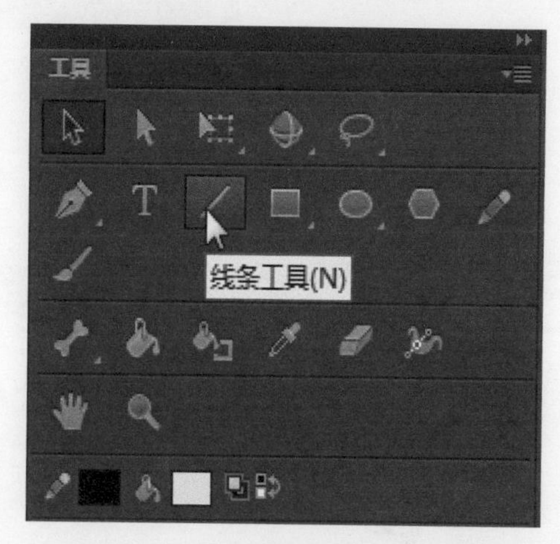

图 3-6 单击【线条工具】按钮

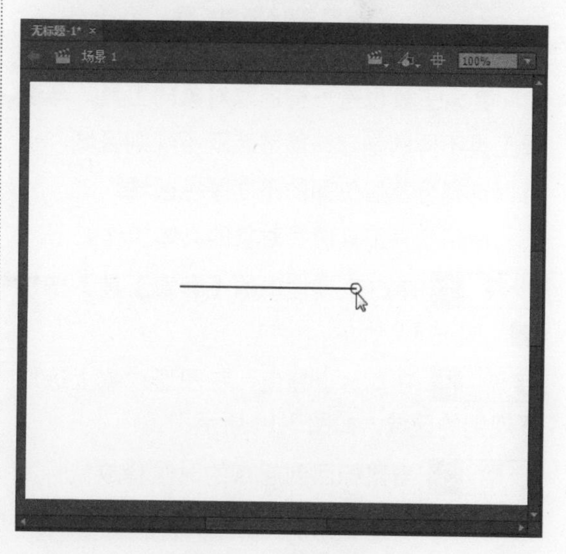

图 3-7 绘制线条

按 Shift 键可以拖动绘制出水平、垂直和 45° 方向的直线，如图 3-8 所示。

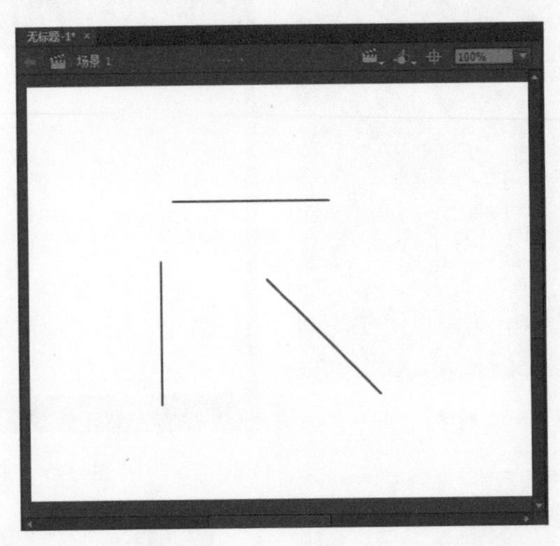

图 3-8　绘制水平、垂直和 45° 方向的直线

3.3 实例2——套索工具的应用

套索工具是一种比较灵活的选取工具，用户可以通过它手动绘制所需选取的范围。单击【套索工具】按钮后，其下拉菜单包括 3 个附属工具，分别是套索工具、多边形工具和魔术棒工具。

3.3.1 认识套索工具

套索工具也是一种选取对象的工具，与选择工具不同的是它既能够选取不规则区域，也可以选择分离后位图的不同颜色区域。

使用套索工具选择对象的具体操作如下。

步骤 1 单击工具栏中的【套索工具】按钮，如图 3-9 所示。

步骤 2 在舞台上拖曳，在图形对象上选取不规则的区域，如图 3-10 所示。

步骤 3 当鼠标回到起点的时候释放鼠标，即可选择不规则形状所包含的区域，如图 3-11 所示。

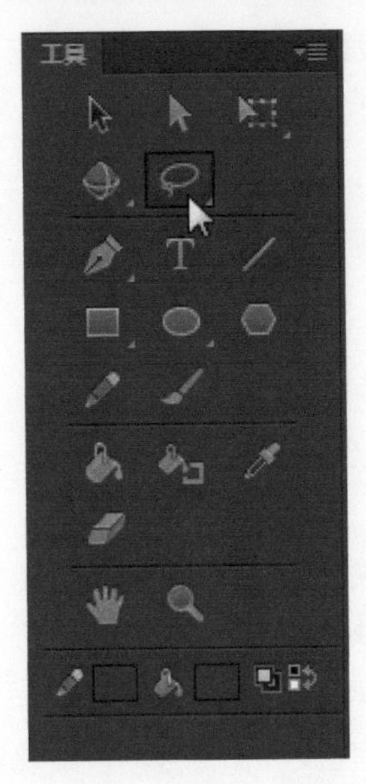

图 3-9　单击【套索工具】按钮

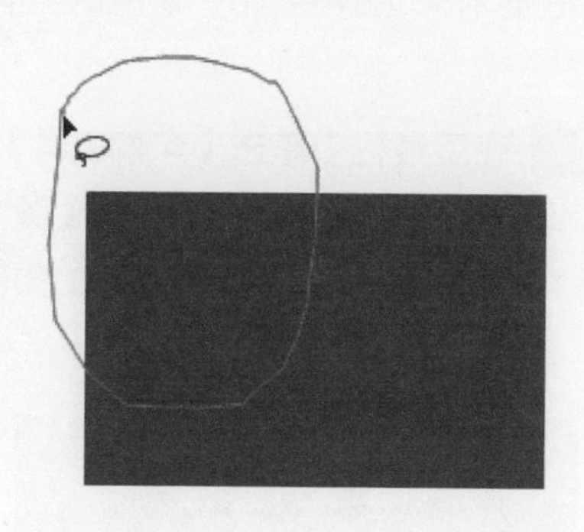

图 3-10　使用套索工具进行选取

图 3-11　选取不规则区域

3.3.2 魔术棒工具的应用实例

使用魔术棒选取某个区域的具体操作如下。

步骤 1 打开随书光盘中的“素材\ch03\绘图工具.fla”文档，如图 3-12 所示。

图 3-12　打开素材文件

步骤 2 选择位图后按 Ctrl + B 组合键将舞台上的位图分离，然后单击舞台的空白处取消对此图的选定，如图 3-13 所示。

图 3-13　分离位图

步骤 3 在工具栏中单击【套索工具】按钮（或按快捷键 L），然后从弹出的附属工具列表中单击【魔术棒】按钮，如图 3-14 所示。

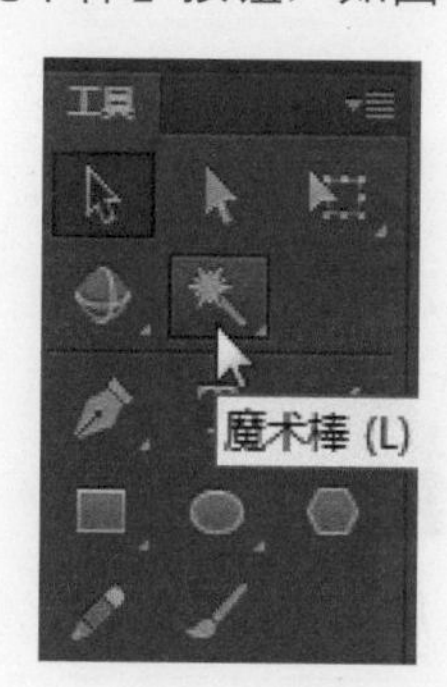

图 3-14　单击【魔术棒】按钮

步骤 4 单击并选中黄色背景，按 Delete 键即可删除选中的区域，如图 3-15 所示。

图 3-15　删除选中的黄色区域

用多边形工具选择一个多边形区域的具体操作如下。

步骤 1 在工具栏中单击【套索工具】按钮，然后从出现的附属工具列表中单击【多边形工具】按钮，如图 3-16 所示。

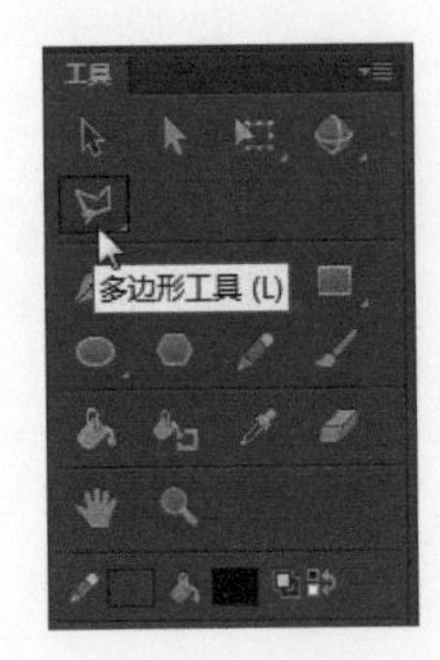

图 3-16 单击【多边形工具】按钮

步骤 2 单击、释放及拖曳鼠标即可以产生一条边，重复此操作可以添加前后相连的边，如图 3-17 所示。

图 3-17 绘制多边形

步骤 3 当鼠标回到起点时双击，即可选择多边形包围的区域，如图 3-18 所示。

图 3-18 选择多边形包围的区域

使用魔术棒选择位图中颜色的具体操作如下。

步骤 1 在工具栏中单击【套索工具】按钮，然后在出现的附属工具列表中单击【魔术棒】按钮，即可打开魔术棒【属性】面板，如图 3-19 所示。

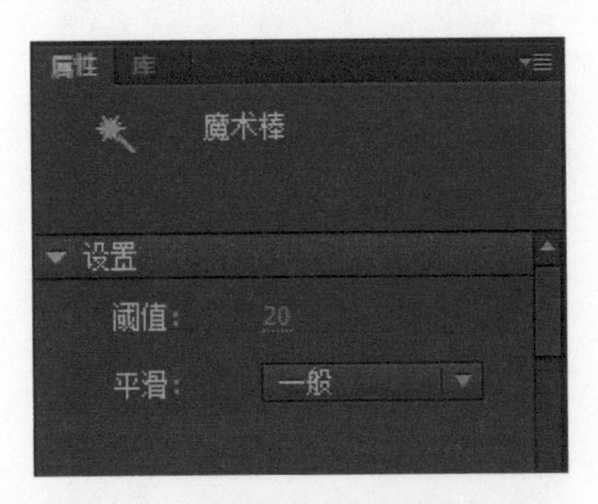

图 3-19 魔术棒【属性】面板

步骤 2 根据需要设置各项参数。

步骤 3 单击位图中要分离的一种颜色，在设置的【阈值】范围内的所有像素都将被选取。例如，设置【阈值】为“20”，那么要分离的颜色如图 3-20 所示。

图 3-20 分离选中的颜色

3.4 实例3——铅笔工具的应用

使用铅笔工具不但可以直接绘制不封闭的直线、竖线和曲线，而且可以绘制各种规则和不规则的封闭形状。

3.4.1 认识铅笔工具

选取铅笔工具后，在工具栏下方会出现附属工具铅笔模式，通过它可以选择所绘笔触的模式。可供选择的模式有如下 3 种。

(1) 伸直：用于形状识别。如果绘制出近似的正方形、圆、直线或曲线，Flash 将根据它的判断将该对象调整成规则的几何形状。

(2) 平滑：用于对有锯齿的笔触进行平滑处理。

(3) 墨水：用于较随意地绘制各类线条，这种模式不对笔触进行任何修改。

铅笔工具【属性】面板中各部分的作用如下。

(1) 打开铅笔工具【属性】面板，展开【填充和笔触】选项组，然后单击【笔触颜色】按钮，此时可从出现的调色板上选择除渐变以外的任何颜色（因为渐变不能用作笔触颜色）。

(2) 单击【样式】下拉按钮，从弹出的下拉列表中选择一种笔触样式，包括实线、虚线、点状线及锯齿线等，如图 3-21 所示。

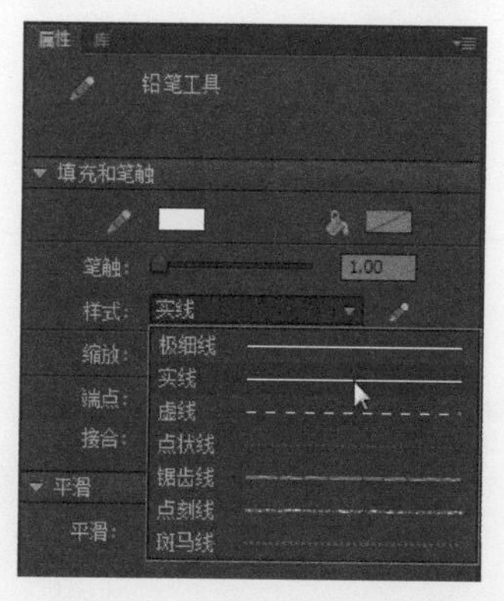

图 3-21　打开【样式】下拉列表

(3) 单击【端点】下拉按钮，从弹出的下拉列表中选择一种设定路径终点的样式，如图 3-22 所示。

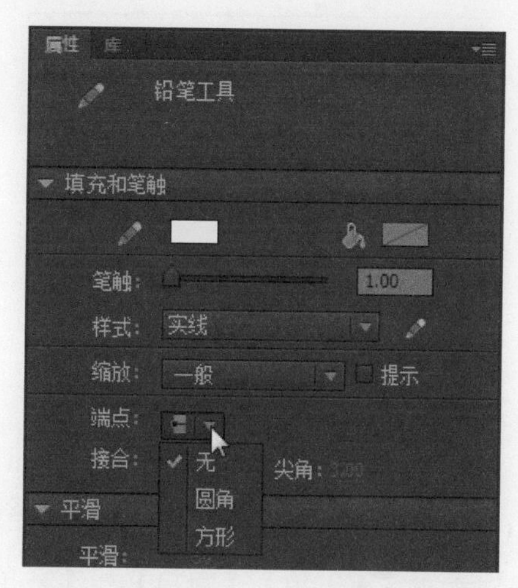

图 3-22　打开【端点】下拉列表

☆ 选择【无】选项后，绘制的直线如图 3-23 所示。

图 3-23　无效果

☆ 选择【圆角】选项后，绘制的直线如图 3-24 所示。

图 3-24　圆角效果

☆ 选择【方形】选项后，绘制的直线如图 3-25 所示。

图 3-25　方形效果

(4) 单击【接合】下拉按钮，此时弹出的下拉列表包含【尖角】【圆角】和【斜角】3 种选项，如图 3-26 所示。

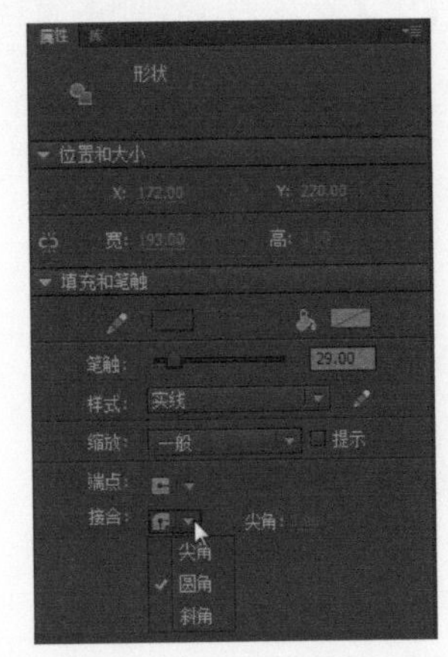

图 3-26　打开【接合】下拉列表

☆ 选择【尖角】选项后，接合的直线如图 3-27 所示。

图 3-27　尖角效果

☆ 选择【圆角】选项后，接合的直线如图 3-28 所示。

图 3-28　圆角效果

☆ 选择【斜角】选项后，接合的直线如图 3-29 所示。

图 3-29　斜角效果

3.4.2 应用实例

使用铅笔工具创建各类线条的具体操作如下。

步骤 1 在工具栏中单击【铅笔工具】按钮（或按快捷键 Y），如图 3-30 所示。

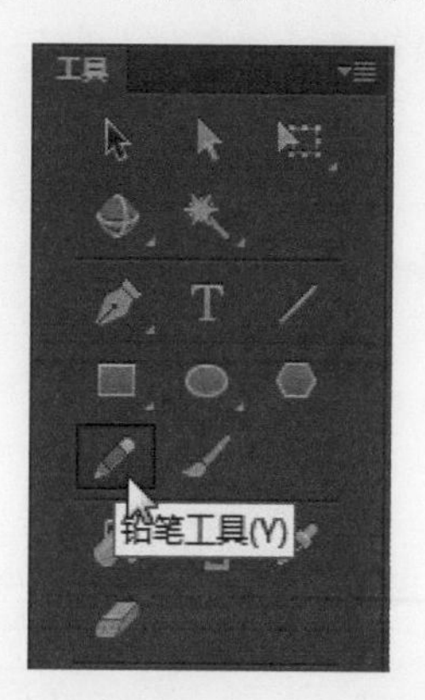

图 3-30 单击【铅笔工具】按钮

步骤 2 在铅笔工具【属性】面板中设置笔触颜色、宽度及样式，如图 3-31 所示。

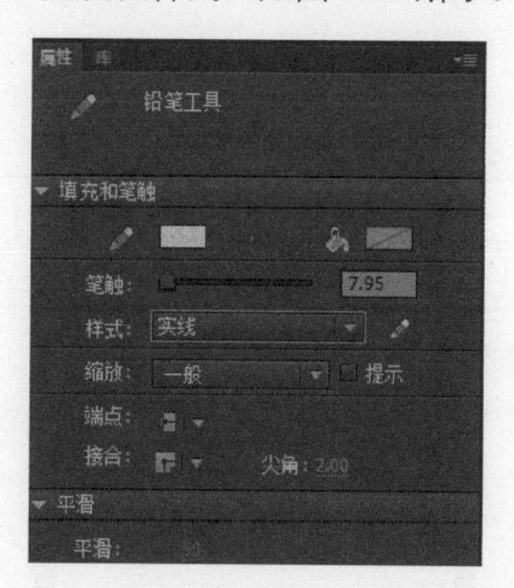

图 3-31 设置笔触颜色、宽度及样式

步骤 3 在出现的铅笔模式附属工具中选择铅笔模式，并在不同的铅笔模式下拖曳鼠标创建形状，如图 3-32 ～图 3-34 所示。

图 3-32 伸直模式

图 3-33 平滑模式

图 3-34 墨水模式

3.5 实例4——钢笔工具的应用

钢笔工具用于手动绘制路径，可以创建直线或曲线段，并可以根据需要调整直线段的角度和长度以及曲线段的斜率，因此，钢笔工具是 Flash CC 中一种比较灵活的形状创建工具。

3.5.1 认识钢笔工具

选取钢笔工具，在舞台上单击鼠标确定节点位置来创建路径，路径由贝塞尔曲线构成。钢笔工具既可用来添加路径点编辑路径，也可以删除路径点使路径变得平滑。

使用钢笔工具绘制直线的具体操作如下。

步骤 1 单击【钢笔工具】按钮（或按快捷键 P），如图 3-35 所示。

图 3-35 单击【钢笔工具】按钮

步骤 2 在舞台上单击确定一个锚记点，接着单击第 2 个点即可画一条直线，继续重复相同的操作，添加相连的线段，如图 3-36 所示。

图 3-36 使用钢笔工具绘制直线

提示 直线路径上或直线和曲线路径接合处的锚记点被称为转角点，转角点以小方形表示。使用部分选取工具可以选中锚记点，未被选择的锚记点是空心的，被选中后则是实心的。

使用钢笔工具绘制曲线的具体操作如下。

步骤 1 单击【钢笔工具】按钮，然后在舞台上单击，确定第 1 个锚记点。

步骤 2 在第 1 个点的右侧单击另一个点，并向右下方拖曳绘出一段曲线，然后松开鼠标，如图 3-37 所示。

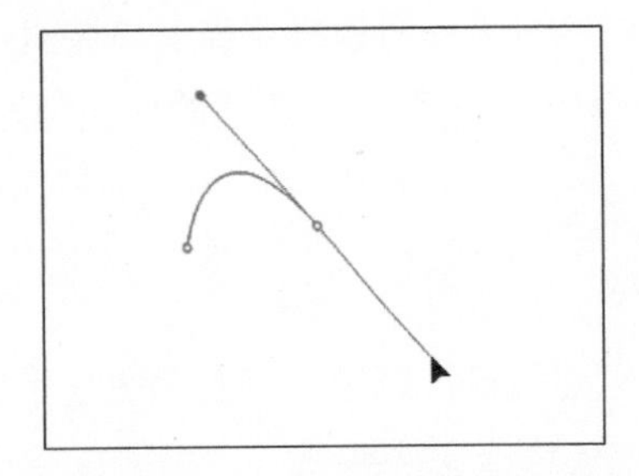

图 3-37 拖曳鼠标绘制曲线

步骤 3 将鼠标指针再向右移，在第 3 个点处按下鼠标左键并向右上方拖曳绘出一条曲线，重复用这种方法继续增加路径点，如图 3-38 所示。

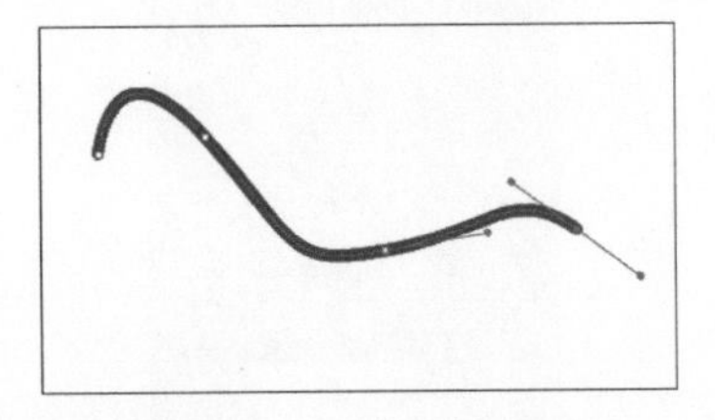

图 3-38 曲线绘制效果

提示 当用钢笔工具单击并拖曳时，需注意曲线点上有延伸出去的切线，这是贝塞尔曲线特有的手柄，拖曳它可以控制曲线的弯曲程度。

下面介绍通过钢笔工具编辑曲线的方法。

1. 删除路径点

在工具栏中单击【删除锚点工具】按钮 ，然后单击路径点即可删除此路径点，如图 3-39 和图 3-40 所示。

图 3-39 选中路径点

图 3-40 删除路径点

添加路径点

将鼠指针移至一条路径上，当鼠标指针变成钢笔形状时单击，即可给这条路径添加一个路径点，如图 3-41 和图 3-42 所示。

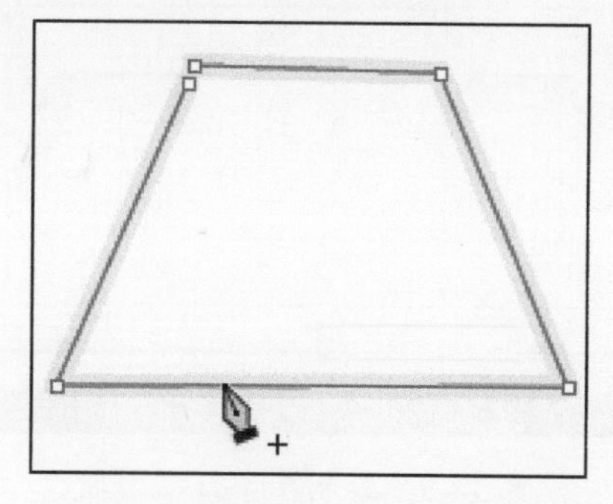

图 3-41　选择添加路径点的位置

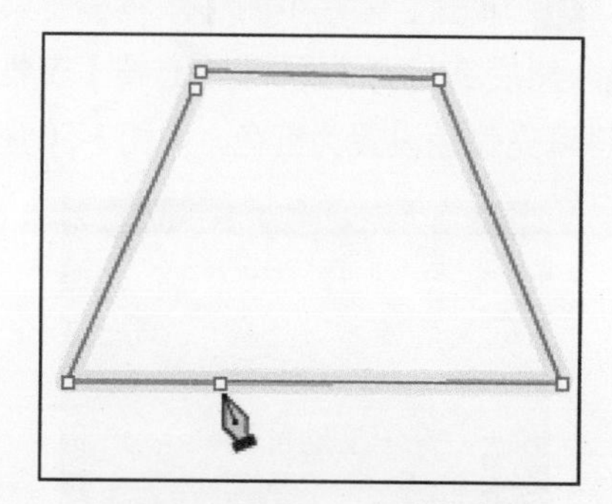

图 3-42　添加路径点

封闭路径

将鼠标指针指向第 1 个锚记点，此时钢笔头的旁边出现一个小圆圈，如图 3-43 所示，单击第 1 个锚记点即可完成封闭路径的操作，如图 3-44 所示。

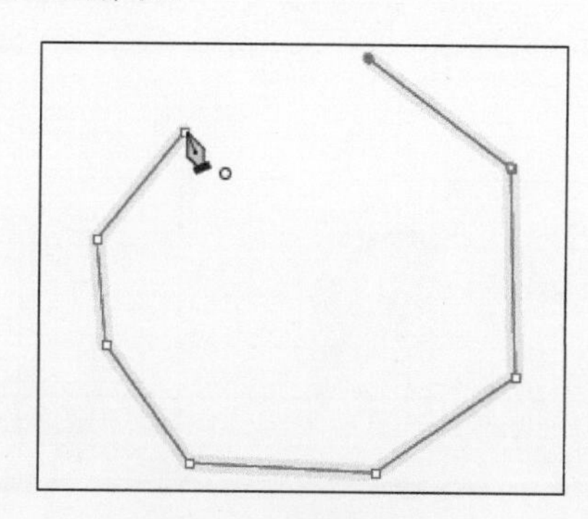

图 3-43　钢笔头形状

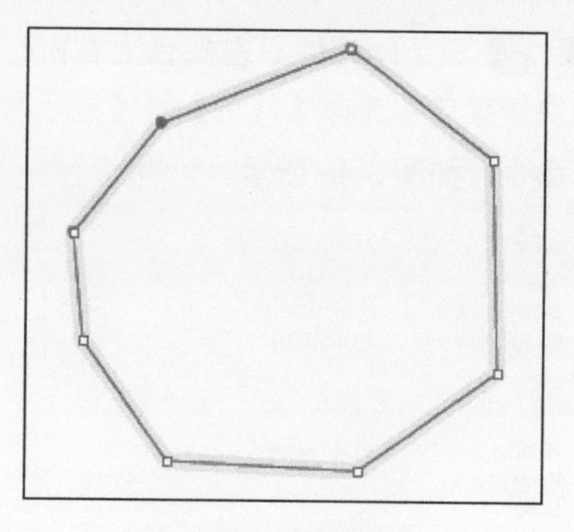

图 3-44　封闭路径

结束路径

要结束路径，可采用以下某一种方法。

(1)　将鼠标指针放置到第 1 个锚记点上，单击或拖曳即可闭合路径。

(2)　按住 Ctrl 键，在路径外单击。

(3)　单击工具栏中的其他工具。

(4)　在结束时双击鼠标，或单击任一个转角点。

3.5.2　应用实例

下面通过具体的实例来介绍钢笔工具在 Flash 中的应用。使用钢笔工具绘制红心的具体操作如下。

步骤 1 启动 Flash CC，创建一个新的 Flash 空白文档，最后将该文档保存为“红心 .fla”文档，如图 3-45 所示。

图 3-45　新建 Flash 文档

步骤 2 显示网格线。在舞台上右击，从弹出的快捷菜单中选择【网格】→【显示网格】菜单命令，如图 3-46 所示。

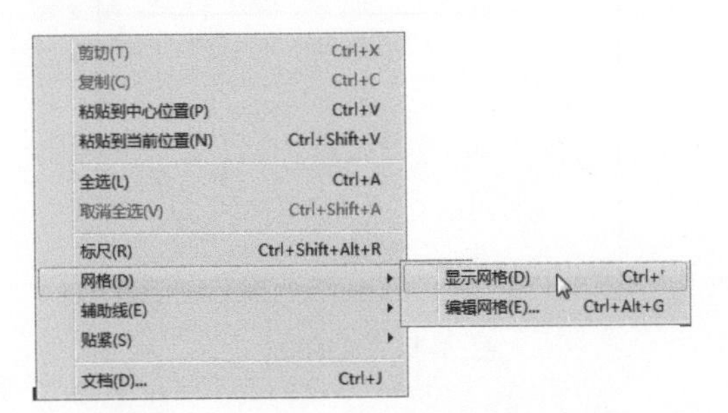

图 3-46 选择【显示网格】菜单命令

步骤 3 在舞台区域内显示网格线，如图 3-47 所示。

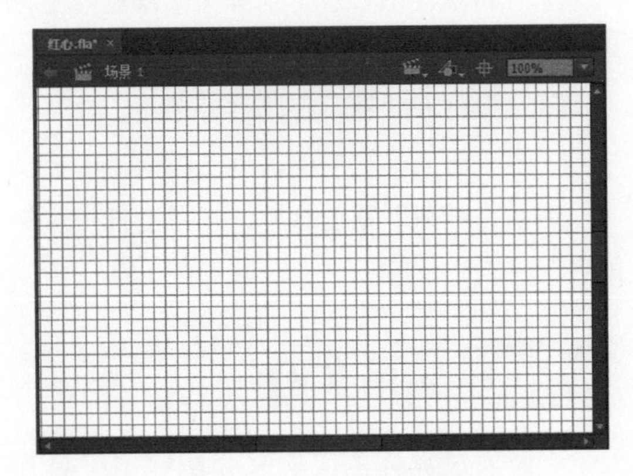

图 3-47 显示网格线

步骤 4 显示标尺。依次选择【视图】→【标尺】菜单命令，即可显示标尺，然后将“水平标尺”和“垂直标尺”拖到舞台上，形成辅助线，如图 3-48 所示。

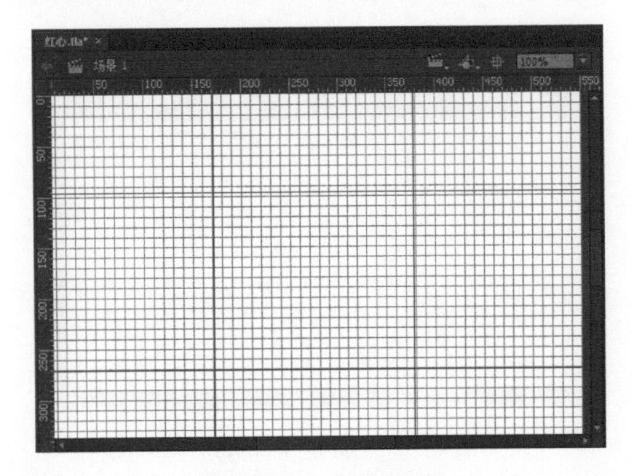

图 3-48 显示标尺

步骤 5 在工具栏中单击【钢笔工具】按钮（或按快捷键 P），然后在舞台上绘出半个红心的形状（注意线条要连贯），如图 3-49 所示。

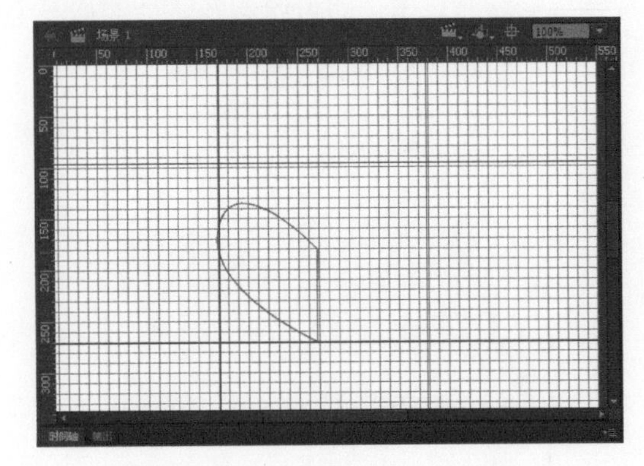

图 3-49 绘制半个红心形状

步骤 6 单击工具栏中的【颜料桶工具】按钮，然后在打开的颜料桶工具【属性】面板中将填充颜色设置为红色，如图 3-50 所示。

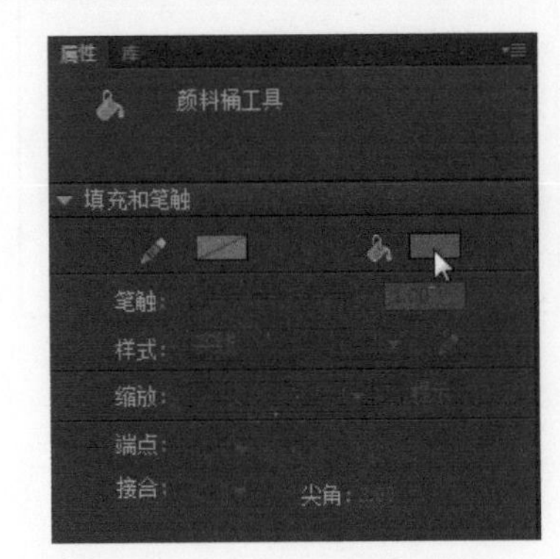

图 3-50 【属性】面板

步骤 7 在半个红心形状内单击鼠标，即可将其填充为红色，如图 3-51 所示。

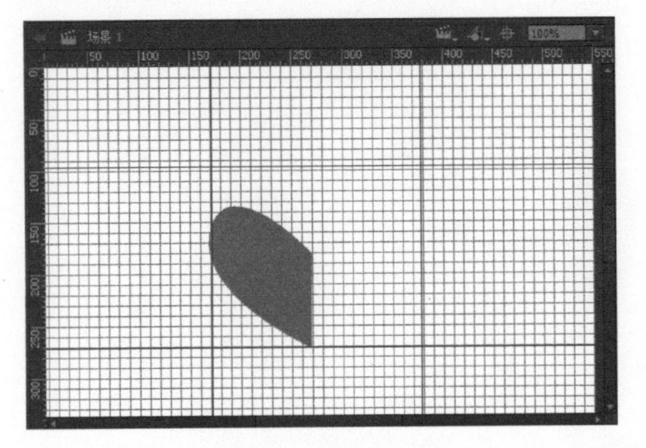

图 3-51 填充颜色

步骤 8 在工具栏中单击【选择工具】按钮，并选中半个红心形状，然后利用 Ctrl + C 和 Ctrl+ V 组合键再复制一个红心形状，如图 3-52 所示。

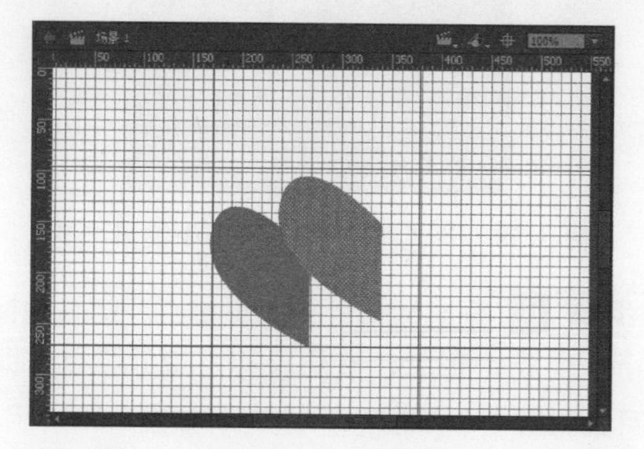

图 3-52　复制形状

步骤 9 选中复制的半个红心形状，然后依次选择【修改】→【变形】→【水平翻转】菜单命令，即可将选择的对象水平翻转，如图 3-53 所示。

步骤 10 使用选择工具调整两个形状的位置，使其组合成一个红心形状，最终的显示效果如图 3-54 所示。

图 3-53　水平翻转对象

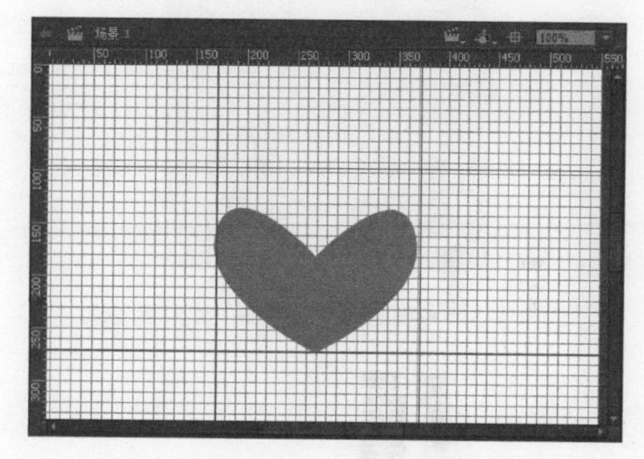

图 3-54　红心效果

3.6 实例5——椭圆和基本椭圆工具的应用

椭圆工具和基本椭圆工具属于几何形状绘制工具，既可用于创建各种比例的椭圆，也可以绘制各种比例的圆形，操作起来比较简单。

3.6.1 认识椭圆工具

椭圆工具和基本椭圆工具可以用来创建椭圆、圆形、扇形、饼形和圆环形。在创建形状时，可以在椭圆【属性】面板中设置边线以及填充色。

椭圆工具和基本椭圆工具的不同点如下。

(1)　椭圆工具绘制后的图形是形状，只能使用编辑工具进行修改，如图 3-55 所示。

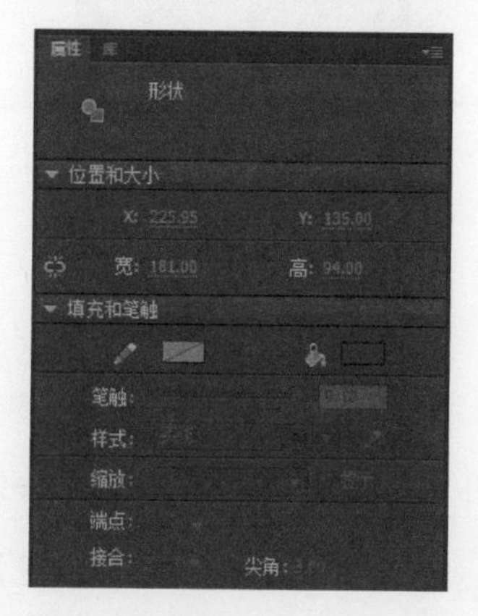

图 3-55　椭圆【属性】面板

(2) 使用基本椭圆工具绘制的图形，可以在【属性】面板中修改其基本属性，包括宽度、样式和端点等，如图 3-56 所示。

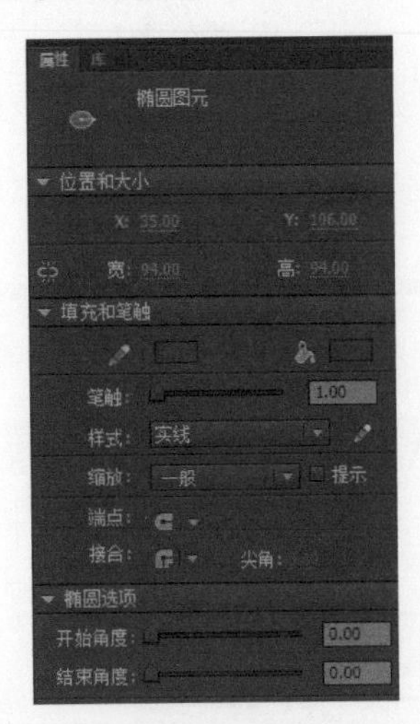

图 3-56 椭圆图元【属性】面板

3.6.2 应用实例

在了解完椭圆工具和基本椭圆工具的相关知识以后，就可以具体地应用这两个工具了。使用椭圆工具创建椭圆的具体操作如下。

步骤 1 单击工具栏中的【椭圆工具】按钮（或按快捷键 O），如图 3-57 所示。

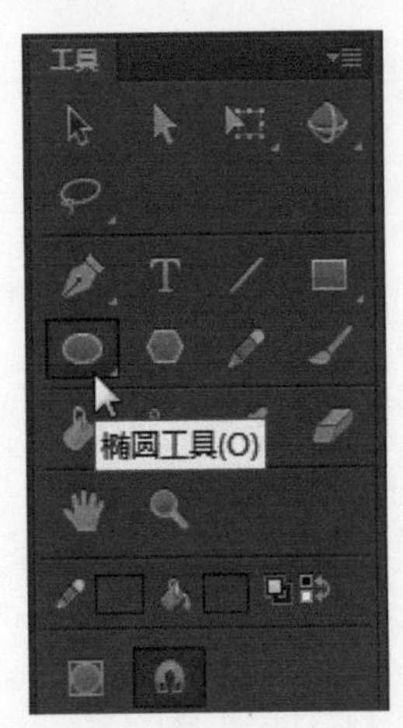

图 3-57 单击【椭圆工具】按钮

步骤 2 在打开的椭圆工具【属性】面板中设置笔触的颜色、大小及填充色，如图3-58 所示。

图 3-58 设置笔触颜色、大小及填充色

步骤 3 将鼠标指针移到舞台上，此时鼠标指针变成-¦-形状，按住鼠标左键并拖曳，即可绘制出一个椭圆的基本样式，如图 3-59 所示。

图 3-59 绘制椭圆

提示 如果用户需要用椭圆工具绘制圆，则需在拖曳鼠标的过程中按住 Shift 键即可。

使用基本椭圆工具绘制图形的具体操作如下。

步骤 1 单击工具栏中的【基本椭圆工具】按钮，如图 3-60 所示。

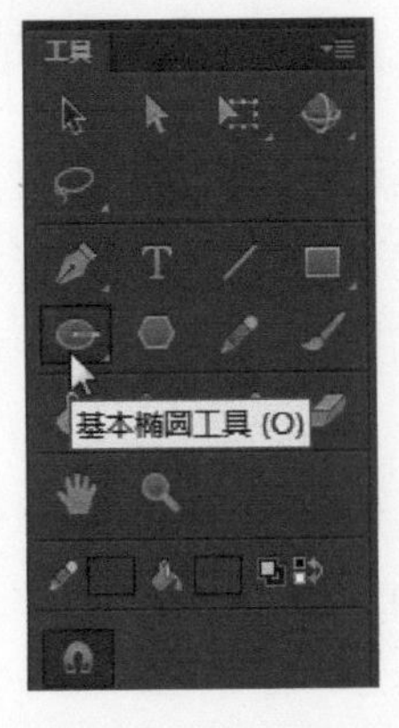

图 3-60 单击【基本椭圆工具】按钮

步骤 2 在打开的基本椭圆工具【属性】面板中设置笔触的颜色、大小及填充色，如图3-61所示。

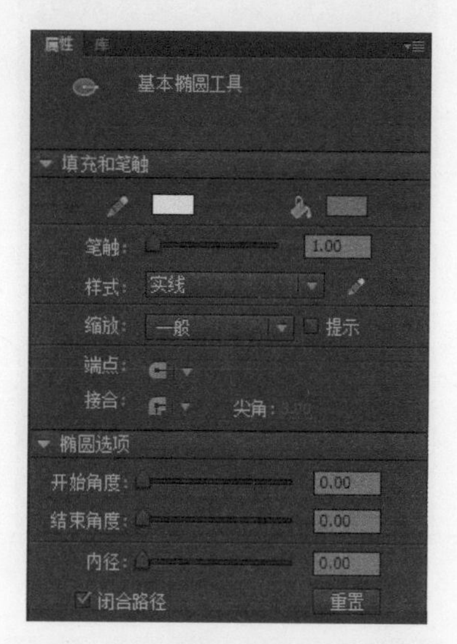

图 3-61　基本椭圆工具【属性】面板

步骤 3 将鼠标指针移到舞台上，按住鼠标左键并拖曳，即可看到椭圆的一个基本样式，当椭圆的大小和形状达到要求后释放鼠标即可，如图3-62所示。

步骤 4 使用选择工具选中绘制的椭圆，然后展开【属性】面板中的【椭圆选项】选项组，并在该选项组内将【开始角度】设置为“30”，【内径】设置为“15”，如图3-63所示。

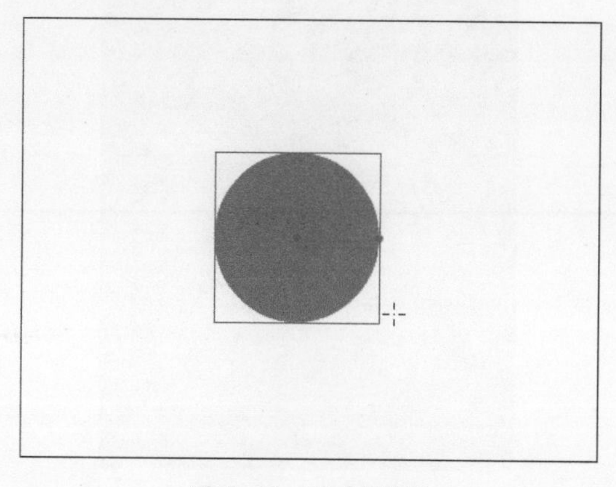

图 3-62　绘制椭圆

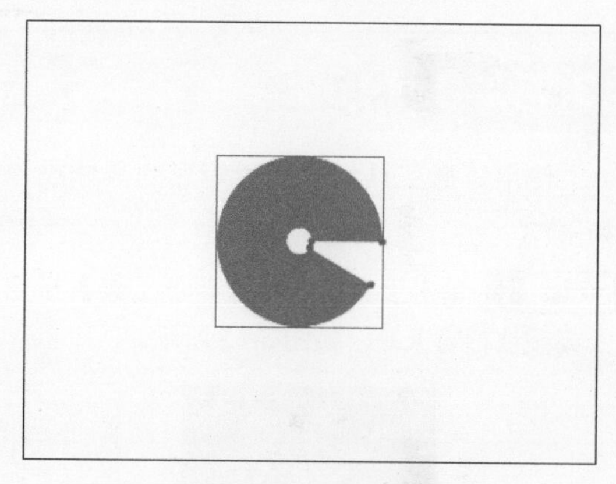

图 3-63　修改椭圆

3.7 实例6——矩形和基本矩形工具的应用

矩形工具和基本矩形工具的操作方法与使用椭圆工具的方法相似，它们也属于几何形状绘制工具，常用于创建各种比例的矩形和正方形。

3.7.1 认识矩形工具

矩形工具的用法与椭圆工具的用法相似，所不同的是：在矩形工具【属性】面板中包括一个控制矩形边角半径的设置选项，输入一个边角半径的数值，就能绘制出相应的圆角矩形，如图3-64所示。

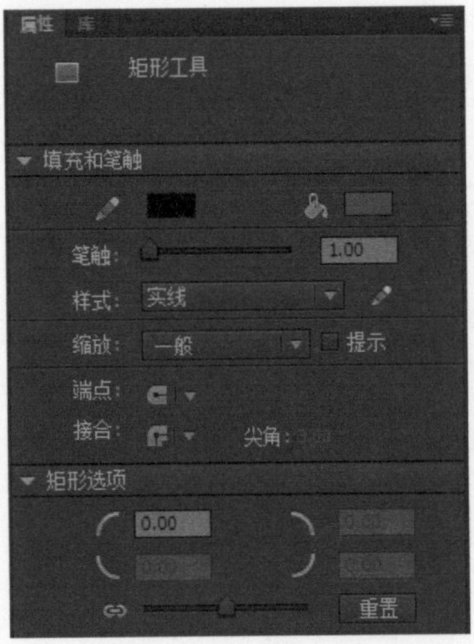

图 3-64　矩形工具【属性】面板

3.7.2 应用实例

使用矩形工具创建圆角矩形的具体操作如下。

步骤 1 单击工具栏中的【矩形工具】按钮（或按快捷键 R），如图 3-65 所示。

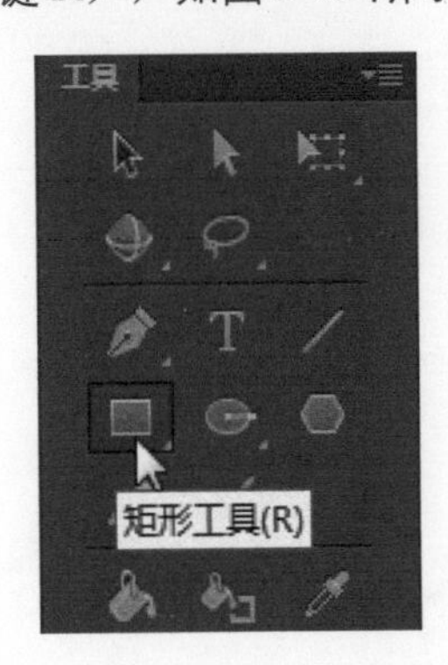

图 3-65　单击【矩形工具】按钮

步骤 2 在矩形工具【属性】面板中设置笔触的颜色、大小及填充色。如果希望绘制的矩形只有轮廓没有填充，可将【填充颜色】设置为白色，如图 3-66 所示。

步骤 3 在矩形工具【属性】面板中设置矩形边角半径的大小，如图 3-67 所示。

步骤 4 将鼠标指针移到舞台上，按住鼠标左键并拖曳，即可看到矩形的一个基本样式，在矩形的大小和形状达到要求后释放鼠标即可，如图 3-68 所示。

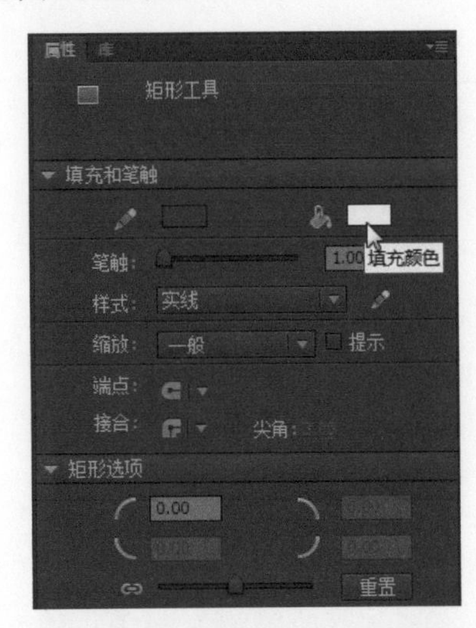

图 3-66　设置笔触颜色、大小及填充色

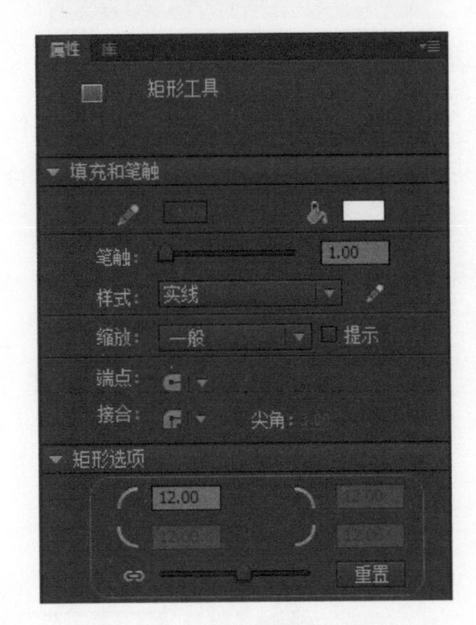

图 3-67　设置矩形边角半径

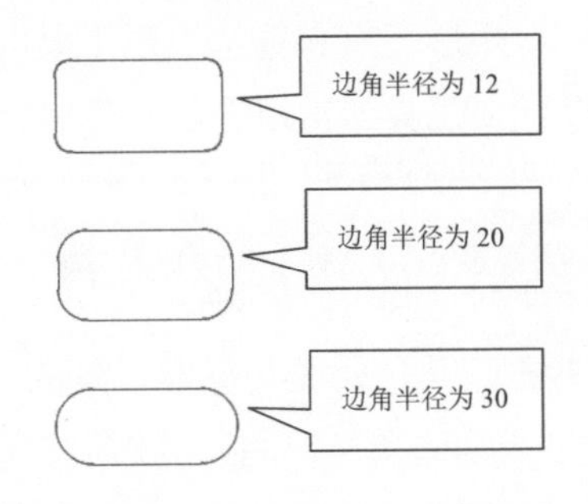

图 3-68　绘制不同边角大小的矩形

3.8 实例7——多角星形工具的应用

多角星形工具也是几何形状绘制工具，用于创建各种比例的多边形和星形。

3.8.1 认识多角星形工具

多角星形工具的操作方法与椭圆工具相似，在多角星形工具【属性】面板中可以设置多角星形的笔触颜色、大小以及填充颜色等，如图 3-69 所示。单击面板中的【选项】按钮，即可打开【工具设置】对话框，从中可以设置多边形的样式（如多边形或星形）、边数和星形顶点大小，如图 3-70 所示。

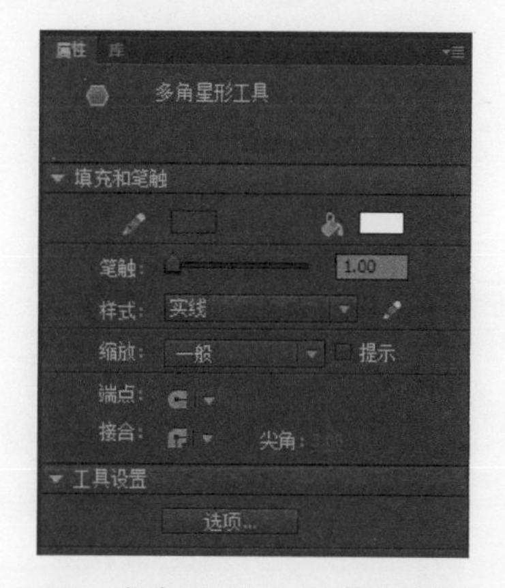

图 3-69 多角星形工具【属性】面板

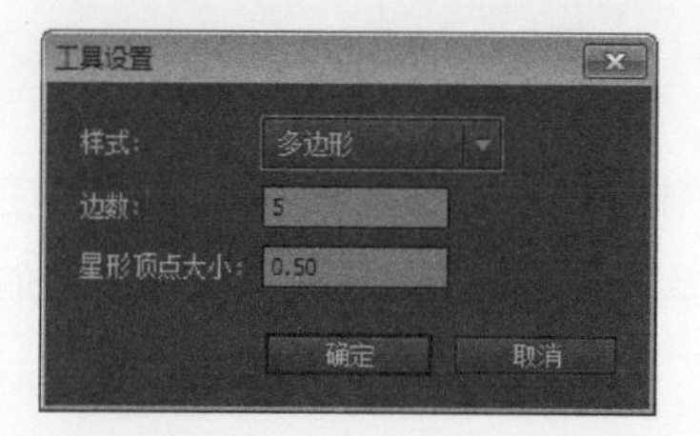

图 3-70 【工具设置】对话框

3.8.2 应用实例

在了解了多角星形工具以后，就可以使用多角星形工具来创建多边形和星形，具体的操作如下。

步骤 1 单击工具栏中的【多角星形工具】按钮，如图 3-71 所示。

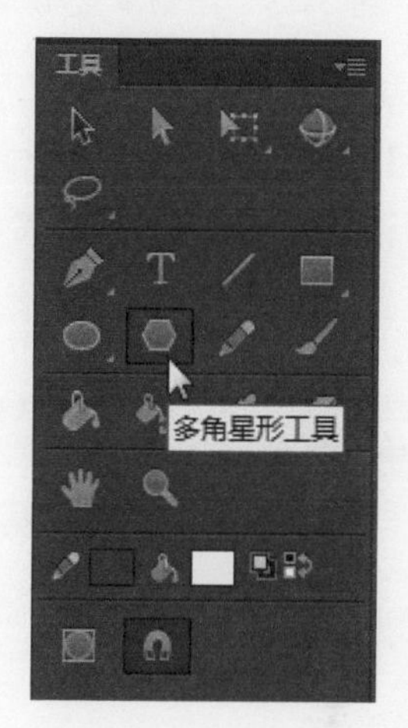

图 3-71 单击【多角星形工具】按钮

步骤 2 在多角星形工具【属性】面板中设置笔触的颜色、大小和填充颜色，如图 3-72 所示。

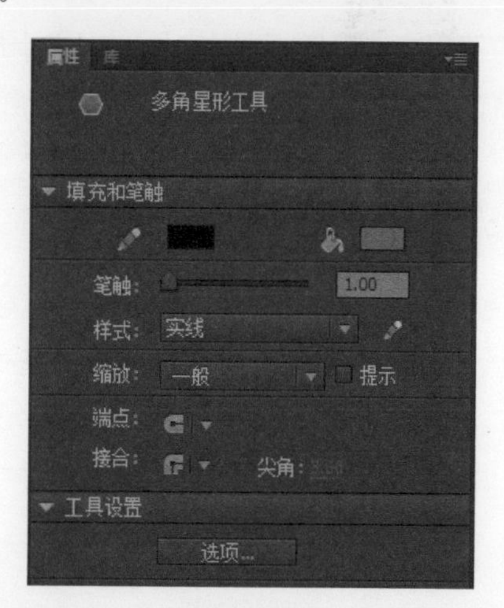

图 3-72 多角星形工具【属性】面板

步骤 3 将鼠标指针移到舞台上，此时鼠标指针变成-¦-形状，按住鼠标左键并拖曳，即可绘制一个多边形，如图 3-73 所示。

图 3-73　绘制多边形

步骤 4　单击多角星形工具【属性】面板中的【选项】按钮，打开【工具设置】对话框，然后在该对话框中将【样式】设置为【星形】，【边数】设置为“5”，【星形顶点大小】设置为“0.50”，如图 3-74 所示。

步骤 5　单击【确定】按钮，然后在舞台上拖曳鼠标，即可绘制一个星形的基本样式，当星形的形状和大小达到要求后释放鼠标即可，如图 3-75 所示。

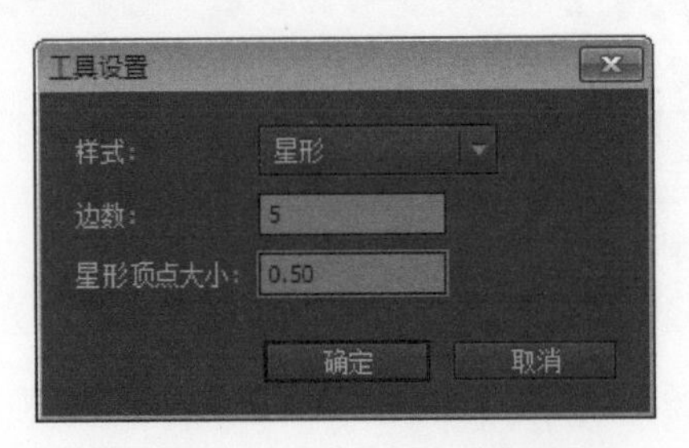

图 3-74　【工具设置】对话框

图 3-75　绘制星形后的效果

3.9 实例8——刷子工具的应用

使用刷子工具可以绘制出类似钢笔、毛笔和水彩笔的封闭形状。刷子工具和铅笔工具的使用方法相似。不同的是，使用刷子工具绘制的是一个封闭的填充形状，可设置填充颜色，而使用铅笔工具绘制的是笔触。

3.9.1 认识刷子工具

使用刷子工具可以模拟水彩笔的笔触。刷子工具绘制出来的是填色区块，而铅笔工具绘制的是线。依次选择【视图】→【预览模式】→【轮廓】菜单命令，即可清楚地发现它们的不同之处，如图 3-76 所示。

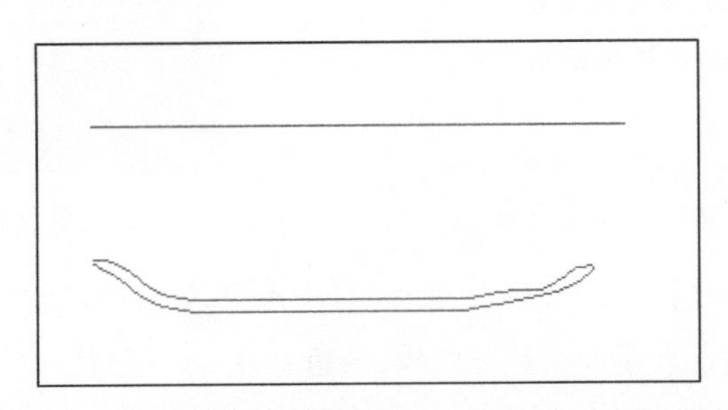

图 3-76　分别使用刷子工具和铅笔工具进行绘制

在工具栏中单击【刷子工具】按钮后，在其下方会出现 5 个附属工具，如图 3-77 所示。

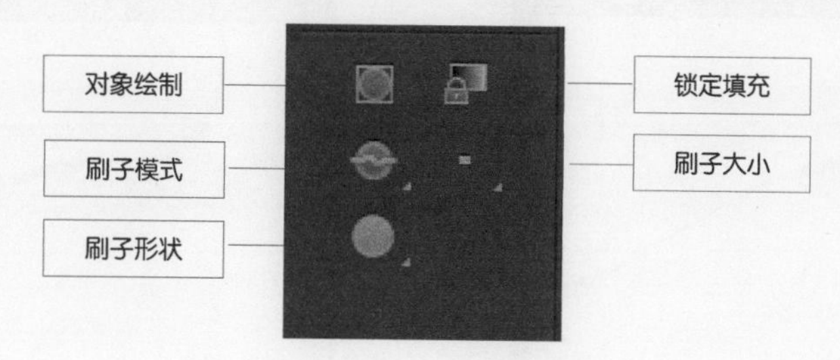

图 3-77　5 个附属工具

(1)　对象绘制：该附属工具用于绘制图形对象。

(2)　刷子模式：该附属工具在绘制时有 5 种可供选择的刷子模式，包括标准绘画、颜料填充、后面绘画、颜料选择和内部绘画。

(3)　刷子大小：该附属工具用于设置刷子的大小。

(4)　刷子形状：该附属工具用于控制刷子的形状，可创建出各种各样的效果。

(5)　锁定填充：该附属工具可以控制刷子在具有渐变的区域涂色。若打开此功能，整个舞台就成了一个大型渐变，而每个笔触只是显示所在区域的一部分渐变。若关闭此功能，每个笔触都将显示整个渐变。

3.9.2　应用实例

使用刷子工具制作飞舞的彩带的具体操作如下。

步骤 1　启动 Flash CC，创建一个新的 Flash 空白文档，最后将该文档保存为“飞舞的彩带.fla”文档，如图 3-78 所示。

图 3-78　新建 Flash 文档

步骤 2　单击工具栏中的【刷子工具】按钮，然后在其附属工具中选择刷子的大小以及形状，并设置【刷子模式】为“标准绘画”，如图 3-79 所示。

图 3-79　设置刷子大小、形状及模式

步骤 3　在刷子工具【属性】面板中，将第 1 条彩带的填充颜色设置为“#FF00FF”，然后将【平滑】选项组中的笔触平滑度设置为“100”，如图 3-80 所示。

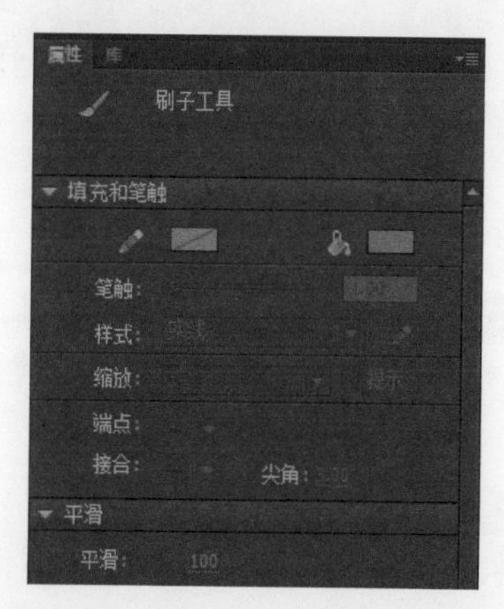

图 3-80　刷子工具【属性】面板

步骤 4　将鼠标指针移到舞台上，按住鼠标左键并拖曳鼠标绘制第 1 条彩带，效果如图 3-81 所示。

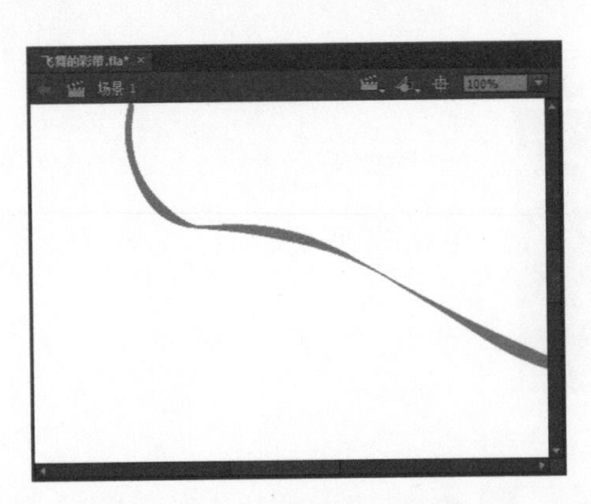

图 3-81　绘制第 1 条彩带

图 3-82　绘制第 2 条彩带

步骤 5 设置第 2 条彩带的填充颜色为“#0000FF”，改变刷子的形状为，然后在舞台上拖曳绘制第 2 条彩带，如图 3-82 所示。

步骤 6 重复上述操作，改变刷子的大小、形状以及填充颜色，绘制其余的彩带，最终的显示效果如图 3-83 所示。

步骤 7 至此，飞舞的彩带就制作完成了，按 Ctrl + S 组合键进行保存即可。

图 3-83　绘制其余的彩带

3.10 实战演练1——制作漂亮的大礼包

Flash CC 中绘图工具的功能非常强大，本节将综合运用绘图工具来制作漂亮的大礼包。制作漂亮大礼包的具体操作如下。

步骤 1 启动 Flash CC，创建一个新的 Flash 空白文档，并将该文档保存为“漂亮的大礼包 .fla”文档，如图 3-84 所示。

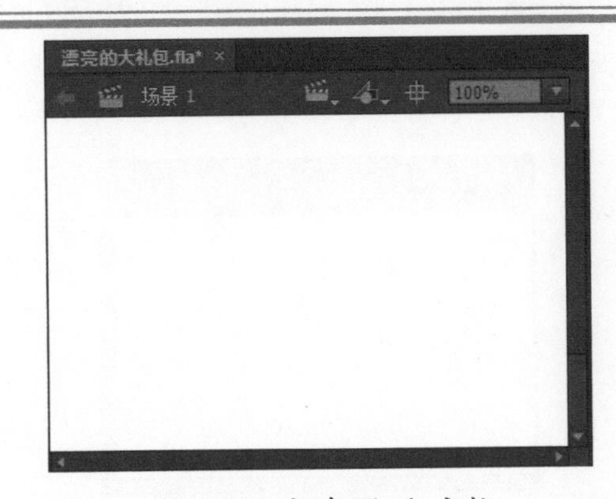

图 3-84　新建 Flash 文档

步骤 2 单击工具栏中的【线条工具】按钮，并选中附属工具中的【贴紧至对象】按钮，然后在舞台上绘制盒子形状，如图 3-85 所示。

> **提示**
> 绘制直线时，按 Shift 键可以绘制垂直或水平的直线。

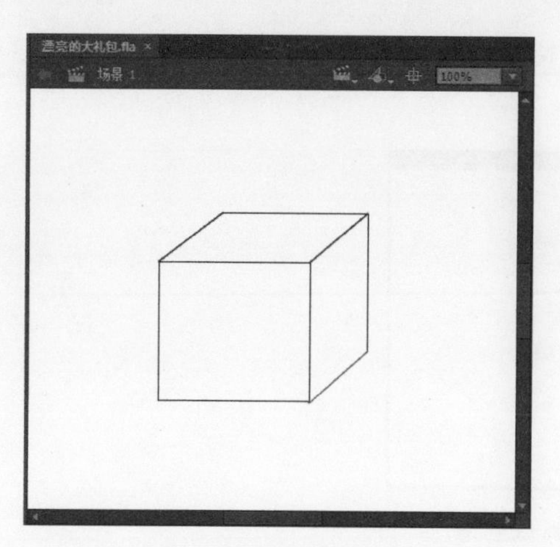

图 3-85 绘制盒子

步骤 3 单击工具栏中的【椭圆工具】按钮，然后绘制盒子上方的小花，如图3-86所示。

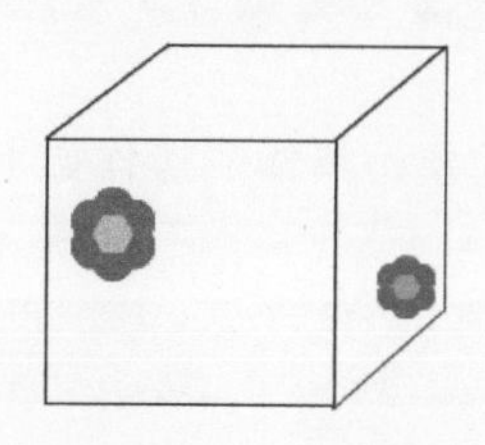

图 3-86 绘制小花

步骤 4 单击时间轴下方的【新建图层】按钮，新建“图层2”，如图3-87所示。

图 3-87 新建“图层2”

步骤 5 单击工具栏中的【钢笔工具】按钮，绘制盒子上方的蝴蝶结，并结合部分选取工具和转换锚点工具进行调整，如图3-88所示。

步骤 6 单击工具栏中的【椭圆工具】按钮，然后在蝴蝶结上绘制圆作为修饰，并调整圆的位置，如图3-89所示。

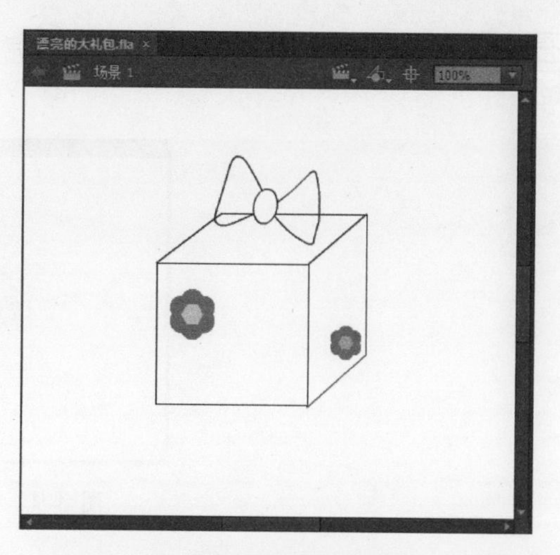

图 3-88 绘制蝴蝶结

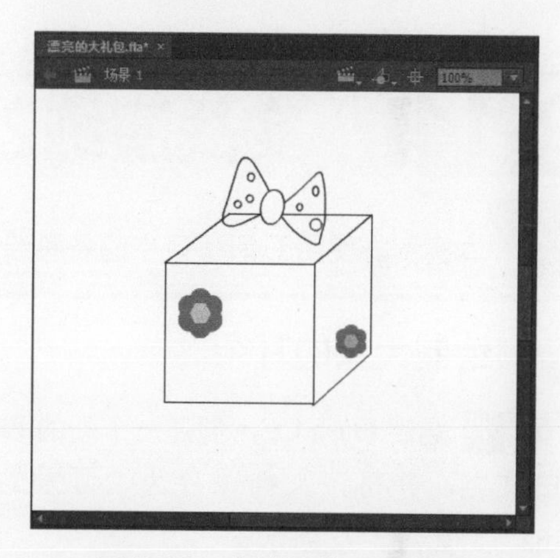

图 3-89 在蝴蝶结上绘制圆

步骤 7 单击工具栏中的【铅笔工具】按钮，然后绘制蝴蝶结的彩带，并结合选择工具进行调整，如图3-90所示。

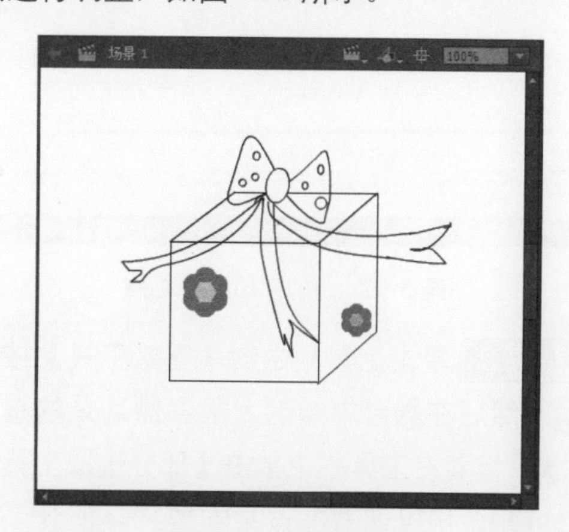

图 3-90 绘制彩带

步骤 8 至此，一个漂亮的大礼包就制作完成了，按 Ctrl+Enter 组合键测试查看，效果如图 3-91 所示。

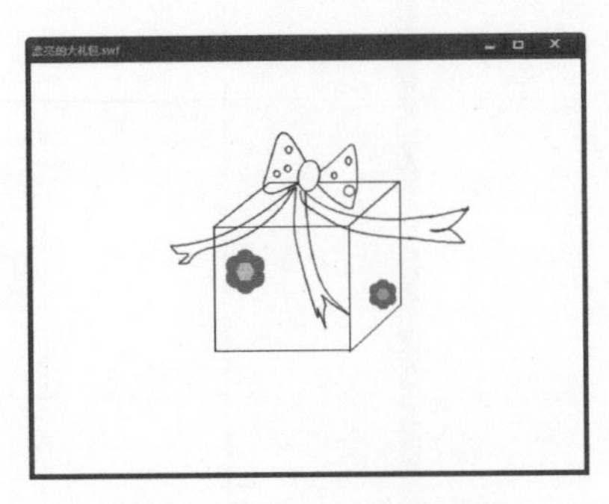

图 3-91 进行测试查看

3.11 实战演练2——制作可爱的大象

本实例将使用 Flash CC 中的各种绘图工具制作可爱的大象，具体的操作如下。

1. 绘制大象的耳朵

步骤 1 启动 Flash CC，创建一个新的 Flash 空白文档，并将该文档保存为“可爱的大象 .fla”，如图 3-92 所示。

图 3-92 新建 Flash 文档

步骤 2 单击工具栏中的【钢笔工具】按钮，然后在舞台中绘制大象左侧耳朵的基本形状，接着在工具栏中单击【部分选取工具】按钮，用以调节节点来完善耳朵形状，如图 3-93 所示。

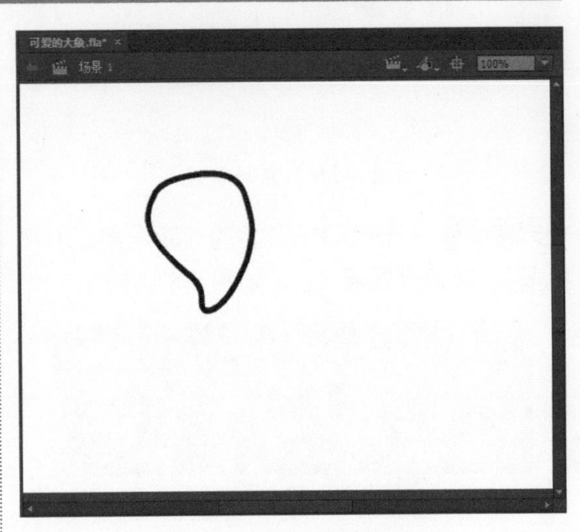

图 3-93 绘制大象左侧耳朵

步骤 3 单击工具栏中的【颜料桶工具】按钮，然后在打开的颜料桶工具【属性】面板中将填充颜色设置为“#999999”，如图 3-94 所示。

步骤 4 将鼠标指针移至大象耳朵基本形状内，并单击，即可为耳朵形状添加定义后的填充颜色，如图 3-95 所示。

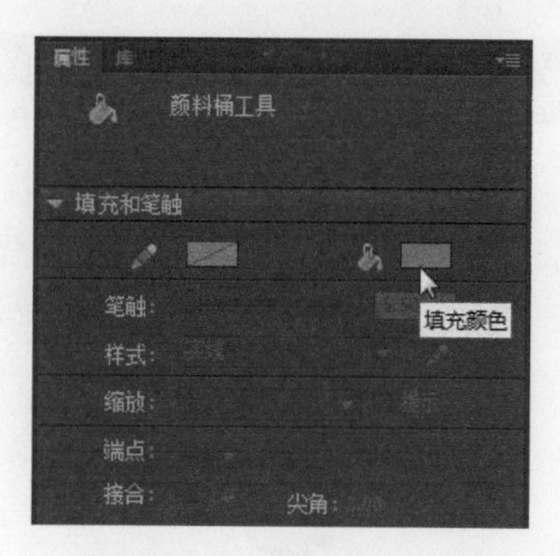

图 3-94　设置填充颜色

图 3-95　为大象耳朵添加填充颜色

步骤 5 使用选择工具选中绘制的形状，然后利用 Ctrl + C 和 Ctrl + V 组合键复制出一个相同的形状，如图 3-96 所示。

图 3-96　复制形状

步骤 6 选中复制的形状，依次选择【修改】→【变形】→【水平翻转】菜单命令，即可将选中的形状水平翻转，如图 3-97 所示。

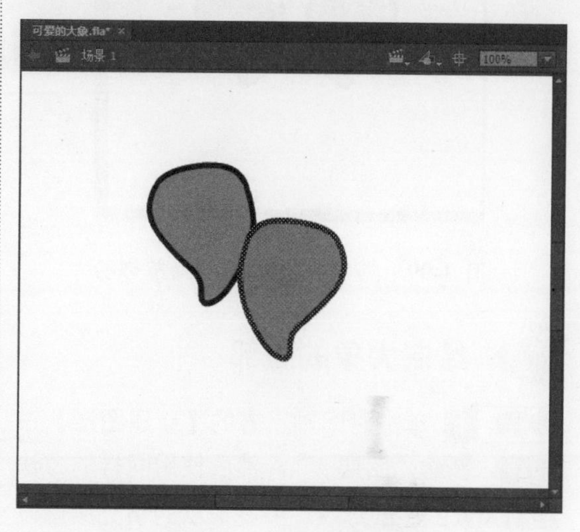

图 3-97　水平翻转形状

步骤 7 选取工具栏中的选择工具，然后调整舞台上的两个形状的位置，如图 3-98 所示。

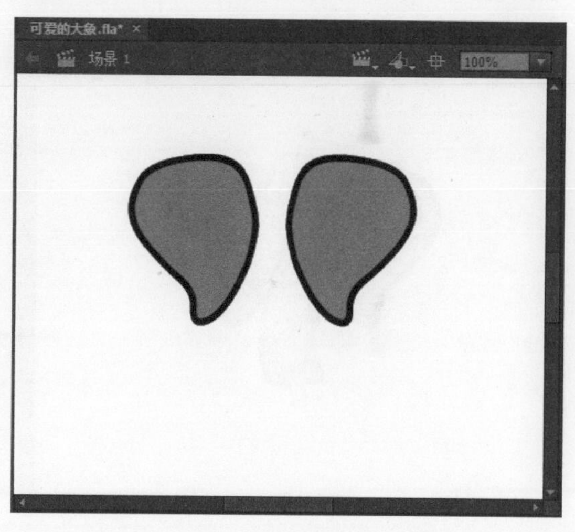

图 3-98　调整形状位置

步骤 8 单击时间轴下方的【新建图层】按钮，新建“图层 2”，然后在工具栏中单击【铅笔工具】按钮，并在舞台中绘制大象耳朵上的细节部分，接着使用部分选取工具来调节节点，以完善细节形状，如图 3-99 所示。

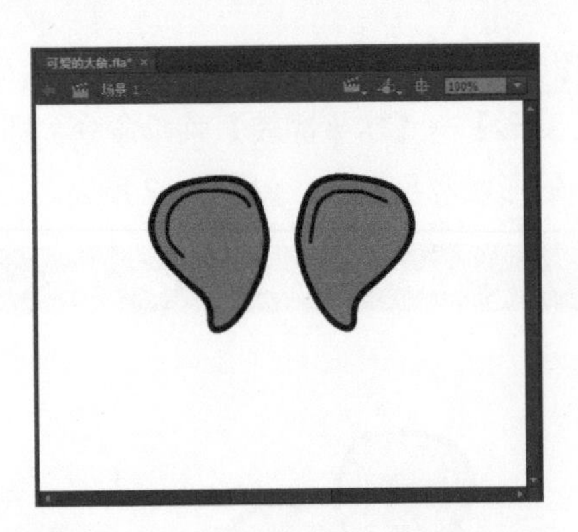

图 3-99　绘制大象耳朵的细节部分

 绘制大象的脸部

步骤 1 单击时间轴下方的【新建图层】按钮，新建“图层 3”，然后使用同样的方法绘制大象的脸部形状，并将形状的填充颜色设置为“#999999”（灰色），接着单击【颜料桶工具】按钮，为脸部形状添加定义后的填充色，如图 3-100 所示。

图 3-100　绘制大象的脸部形状

步骤 2 单击时间轴下方的【新建图层】按钮，新建“图层 4”，然后使用铅笔工具在舞台中绘制大象脸部的细节部分，接着使用部分选取工具来调节节点，以完善细节形状，如图 3-101 所示。

图 3-101　绘制大象脸部的细节部分

步骤 3 单击时间轴下方的【新建图层】按钮，新建“图层 5”，然后使用椭圆工具在舞台中绘制大象的眼睛形状，接着使用部分选取工具调节节点来完善眼睛形状，如图 3-102 所示。

图 3-102　绘制大象的眼睛形状

步骤 4 单击工具栏中的【颜料桶工具】按钮，然后在打开的颜料桶工具【属性】面板中，将眼睛形状的填充颜色设置为“#FFFFFF”（白色），此时将鼠标指针移到眼睛形状内单击，即可为其添加自定义的填充色，如图 3-103 所示。

图 3-103 自定义眼睛形状的填充颜色

步骤 5 单击时间轴下方的【新建图层】按钮，新建“图层 6”，然后使用铅笔工具在舞台中绘制大象眼睛的细节形状，如图 3-104 所示。

步骤 6 按 Ctrl+Enter 组合键测试查看，效果如图 3-105 所示。至此，一个可爱的大象就制作完成了。

图 3-104 绘制眼睛的细节部分

图 3-105 进行测试查看

3.12 实战演练3——制作卡通螃蟹

本实例将利用 Flash CC 绘图工具中的线条工具和椭圆工具来绘制卡通螃蟹，具体的操作如下。

步骤 1 启动 Flash CC，创建一个新的 Flash 空白文档，并将该文档保存为“制作卡通螃蟹.fla”，如图 3-106 所示。

步骤 2 在【时间轴】面板中，双击“图层 1”，使其处于编辑状态，将该图层重命名为“背景层”，然后单击该面板下方的【新建图层】按钮，即可新建一个“图层 2”，如图 3-107 所示。

步骤 3 单击工具栏中的【椭圆工具】按钮，在其【属性】面板中，将【笔触颜色】设置为黑色，【填充颜色】设置为“无”，【笔触大小】设置为“2”，如图 3-108 所示。

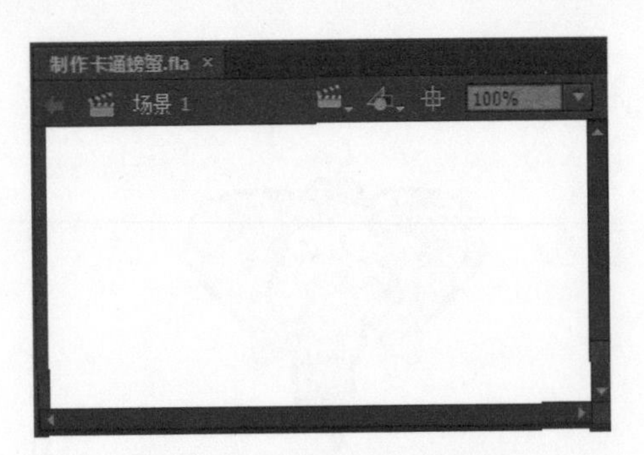

图 3-106　新建 Flash 文档

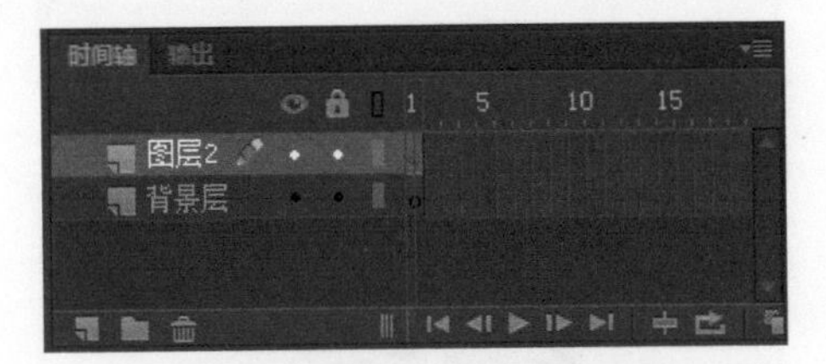

图 3-107　新建图层

图 3-108　设置椭圆工具的属性

步骤 4 按住鼠标左键在舞台上绘制一个椭圆，如图 3-109 所示。

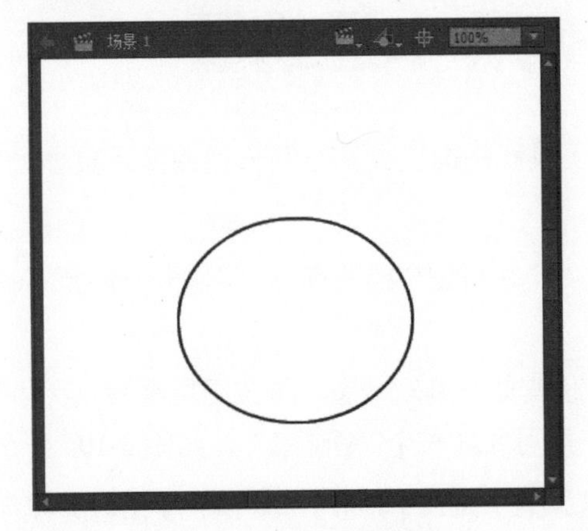

图 3-109　绘制椭圆

步骤 5 锁定“图层 2”，并新建一个图层，然后使用椭圆工具绘制螃蟹的左蟹钳轮廓 1，接着使用任意变形工具对椭圆进行旋转并调整其大小，如图 3-110 所示。

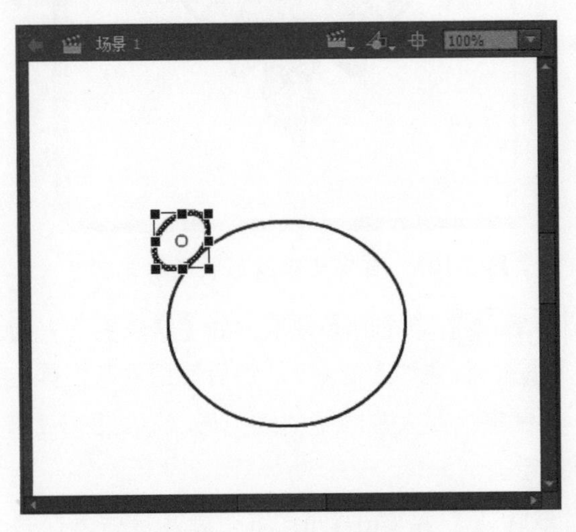

图 3-110　绘制左蟹钳轮廓 1

步骤 6 使用椭圆工具绘制螃蟹的左蟹钳轮廓 2，然后使用任意变形工具对椭圆进行旋转并调整大小，如图 3-111 所示。

图 3-111　绘制左蟹钳轮廓 2

步骤 7 使用线条工具在绘制的左蟹钳轮廓 2 中绘制两条直线，如图 3-112 所示。

步骤 8 使用选择工具选中绘制的线条并删除多余的线条，从而绘制一个开口形状，作为左蟹钳的细节部分，如图 3-113 所示。

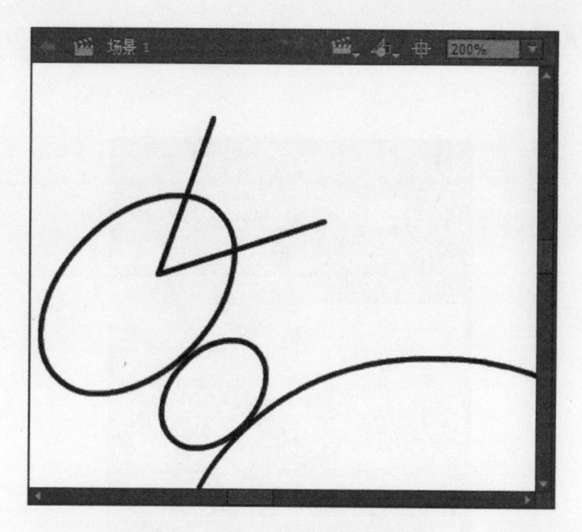

图 3-112 绘制两条直线

图 3-113 删除多余的线条

步骤 9 按照相同的方法绘制螃蟹的右蟹钳轮廓，完成后的效果如图 3-114 所示。

图 3-114 绘制右蟹钳

步骤 10 将“图层 2”解除锁定，然后在该图层中使用钢笔工具和任意变形工具绘制螃蟹的左脚，效果如图 3-115 所示。

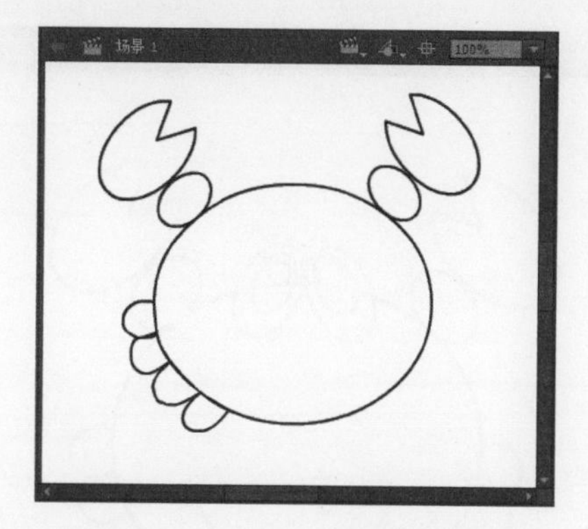

图 3-115 绘制螃蟹的左脚

步骤 11 按照相同的方法绘制螃蟹的右脚，完成后的效果如图 3-116 所示。

图 3-116 绘制螃蟹的右脚

步骤 12 新建“图层 3”，然后使用椭圆工具和任意变形工具绘制螃蟹的眼部轮廓，如图 3-117 所示。

图 3-117 绘制螃蟹的眼部轮廓

步骤 13 使用钢笔工具绘制螃蟹的嘴，然后使用选择工具对绘制的嘴部位进行调整，效果如图 3-118 所示。

图 3-118 绘制螃蟹的嘴

步骤 14 选择工具栏中的颜料桶工具，在其【属性】面板中，将【填充颜色】设置为“#FF0000”，对螃蟹的身体部位和蟹钳部分进行填充，如图 3-119 所示。

图 3-119 填充颜色

步骤 15 按 Ctrl+Shift+F9 组合键打开【颜色】面板，将【颜色类型】设置为【线性渐变】，然后将左侧的颜色色块设置为“#FFFFFF”，右侧的颜色色块设置为“#FF9835”，如图 3-120 所示。

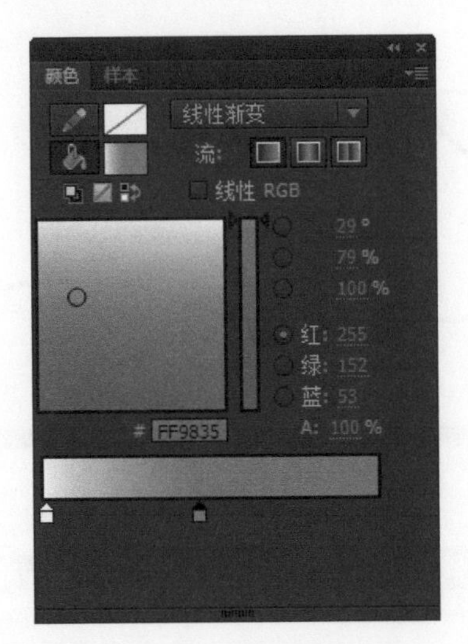

图 3-120 设置颜色参数

步骤 16 使用颜料桶工具对左侧的脚进行填充，如图 3-121 所示。

图 3-121 填充左侧的脚

步骤 17 在【颜色】面板中，将左、右颜色色块的位置进行对调，然后使用颜料桶工具对右侧的脚进行填充，如图 3-122 所示。

步骤 18 选择颜料桶工具，对眼睛部位进行填充，填充效果如图 3-123 所示。

图 3-122　填充右侧的脚

图 3-123　填充眼睛

步骤 19 选中“背景层”图层，按 Ctrl+R 组合键打开【导入】对话框，在其中选择需要导入的图片文件，将图片导入舞台中，并调整图片的大小，如图 3-124 所示。

步骤 20 将“背景层”图层锁定，选中绘制的卡通螃蟹，然后使用任意变形工具将其适当地缩小，并调整位置，如图 3-125 所示。

图 3-124　导入背景图片

图 3-125　调整卡通螃蟹的大小和位置

步骤 21 选中绘制的卡通螃蟹，按 Ctrl+C 组合键复制选择的对象，按 Ctrl+V 组合键粘贴对象，然后使用任意变形工具将其等比例缩小，并在舞台中调整其位置，如图 3-126 所示。

步骤 22 选中复制后的卡通螃蟹，然后使用颜料桶工具调整其颜色，最终的效果如图 3-127 所示。

图 3-126　调整复制后对象的大小和位置

图 3-127　完成后的效果

3.13 实战演练4——绘制可爱的蘑菇

本实例主要使用钢笔工具和椭圆工具来绘制卡通蘑菇，具体的操作如下。

步骤 1 启动 Flash CC，创建一个新的 Flash 空白文档，并将该文档保存为“绘制可爱蘑菇.fla”，如图 3-128 所示。

图 3-128 新建 Flash 文档

步骤 2 单击工具栏中的【钢笔工具】按钮，并单击其附属工具中的【对象绘制】按钮，然后在舞台上绘制图形，效果如图 3-129 所示。

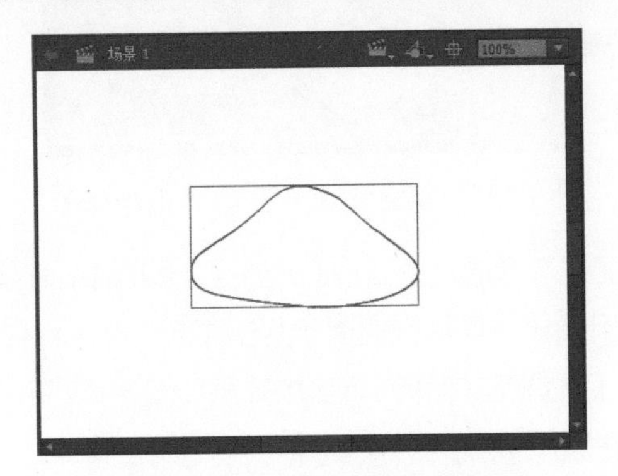

图 3-129 绘制并调整图形

步骤 3 使用选择工具选择绘制的图形，然后依次选择【窗口】→【颜色】菜单命令，即可打开【颜色】面板，在其中将【笔触颜色】设置为“无”，【填充颜色】设置为【线性渐变】，接着在渐变条上双击左侧色块，从弹出的调色板中单击【颜色选择器】按钮，如图 3-130 所示。

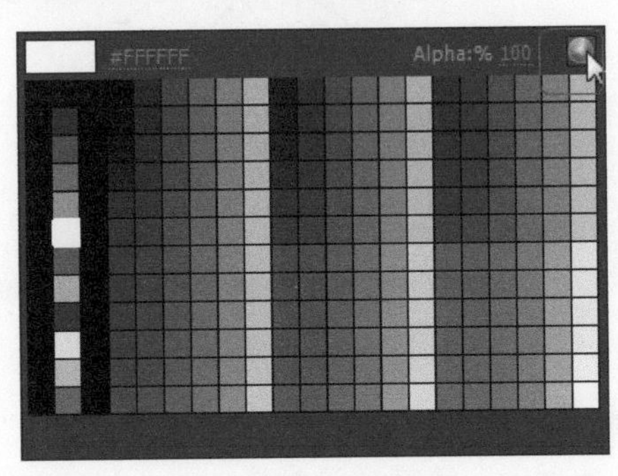

图 3-130 调色板

步骤 4 打开【颜色选择器】对话框，在其中将【红】、【绿】、【蓝】分别设置为“255”“184”“2”，如图 3-131 所示。

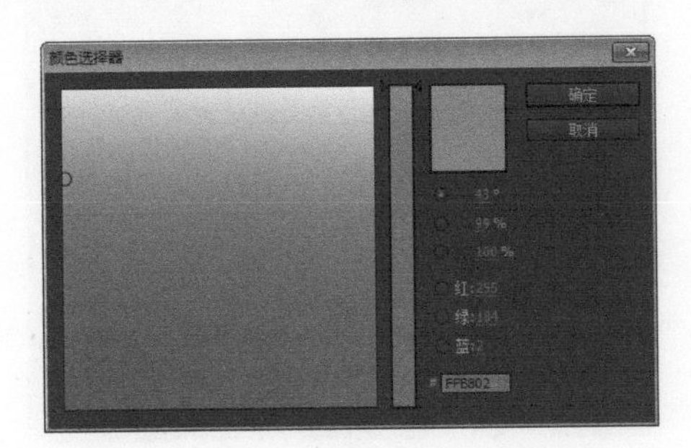

图 3-131 设置左侧色块的颜色

步骤 5 单击【确定】按钮，返回到【颜色】面板中，双击右侧色块，从弹出的【颜色】面板中选择红色，如图 3-132 所示。

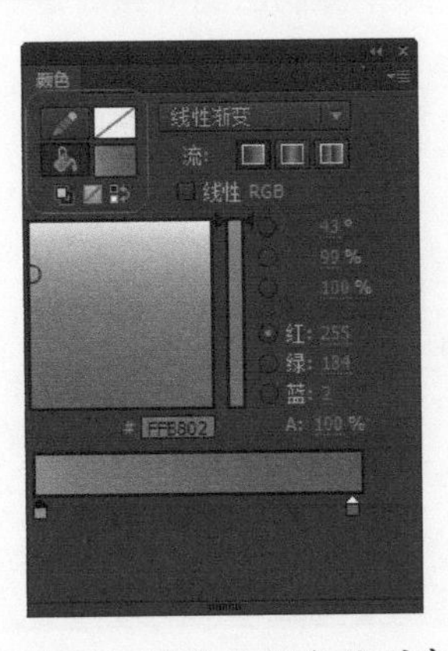

图 3-132 设置右侧色块的颜色

步骤 6 设置颜色后的图形效果如图 3-133 所示。

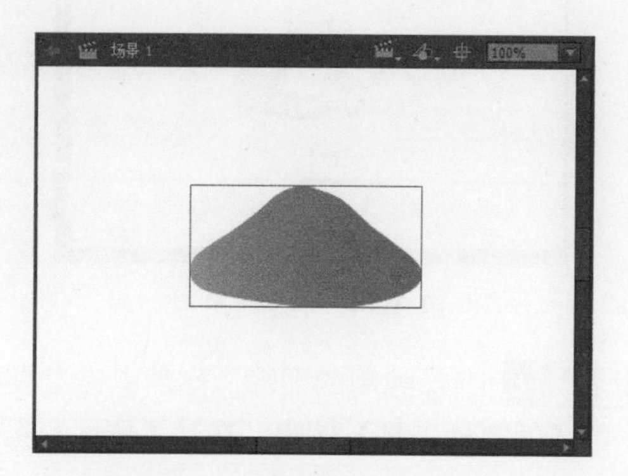

图 3-133 设置颜色后的效果

步骤 7 单击【时间轴】面板下方的【新建图层】按钮，即可新建“图层 2”，如图 3-134 所示。

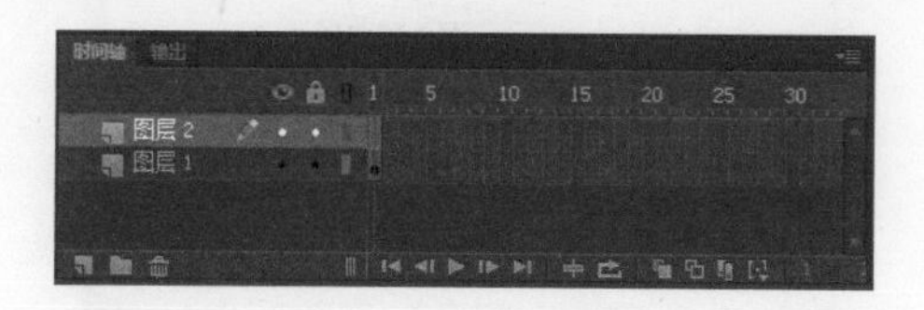

图 3-134 新建“图层 2”

步骤 8 使用钢笔工具在舞台上绘制图形，并用选择工具进行适当的调整，效果如图 3-135 所示。

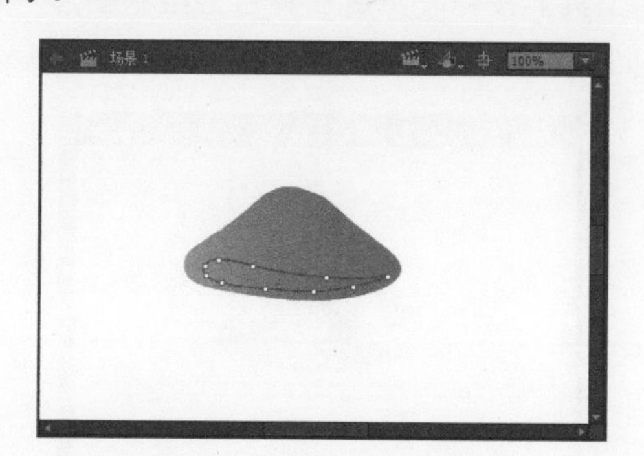

图 3-135 绘制图形并调整

步骤 9 使用选择工具选中绘制的图形，然后按 Ctrl+Shift+F9 组合键打开【颜色】面板，在其中将【笔触颜色】设置为“无”，将【填充颜色】设置为【线性渐变】，接着将左、右色块的颜色分别设置为“#FFFF19”“#FF9F00”，如图 3-136 所示。

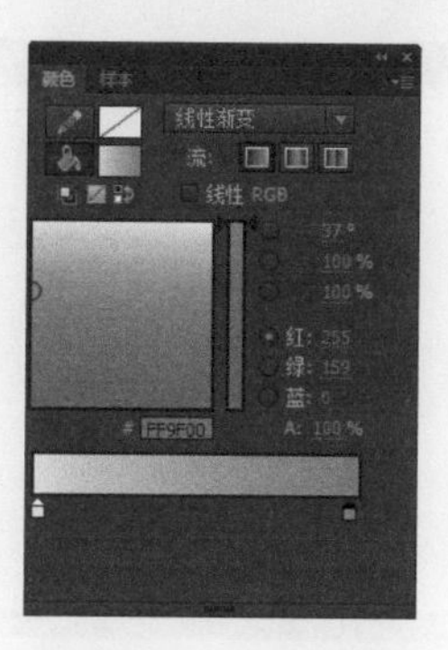

图 3-136 设置颜色

步骤 10 设置颜色后的图形效果如图 3-137 所示。

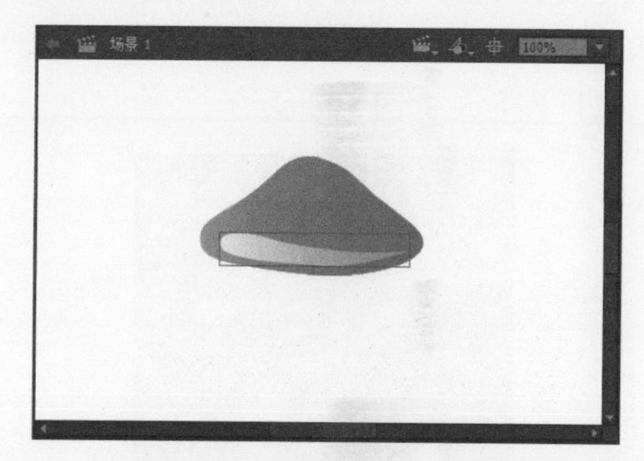

图 3-137 设置颜色后的效果

步骤 11 确认绘制的图形处于选中状态，单击工具栏中的【渐变变形工具】按钮，将鼠标移至右上角，然后按住 Shift 键的同时向右旋转 90°，如图 3-138 所示。

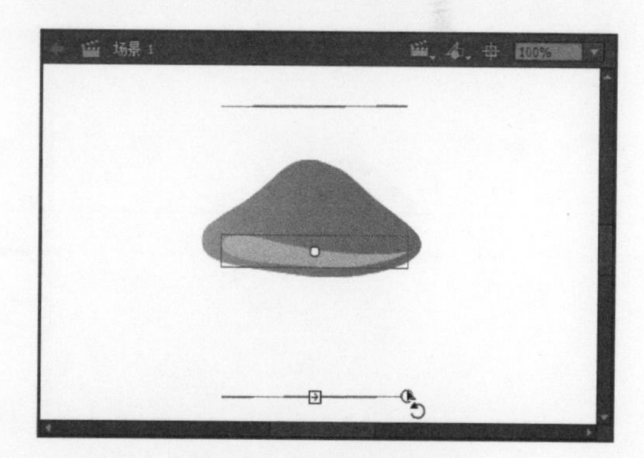

图 3-138 旋转渐变色

步骤 12 将鼠标移至图标上，当鼠标指针变成双箭头形状时，按住鼠标左键并向上拖动，从而调整渐变颜色，效果如图 3-139 所示。

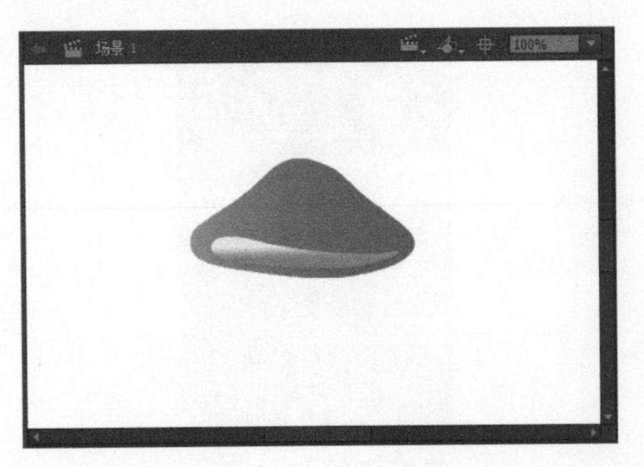

图 3-139　调整渐变颜色

步骤 13 新建“图层3”，单击工具栏中的【椭圆工具】按钮，在其【属性】面板中将【笔触颜色】设置为“无”，将【填充颜色】设置为“#FFFF99”，如图 3-140 所示。

图 3-140　设置椭圆工具的属性

步骤 14 按住鼠标左键在舞台上绘制椭圆，如图 3-141 所示。

图 3-141　绘制椭圆

步骤 15 单击工具栏中的【钢笔工具】按钮，然后在舞台上绘制图形，如图 3-142 所示。

图 3-142　绘制图形

步骤 16 选择绘制的图形，然后单击工具栏中的【颜料桶工具】按钮，在其【属性】面板中，将【填充颜色】设置为“#FFFF99”，将【笔触颜色】设置为“无”，效果如图 3-143 所示。

图 3-143　填充效果

步骤 17 新建“图层4”，单击工具栏中的【钢笔工具】按钮，然后在舞台上绘制图形，如图 3-144 所示。

图 3-144　绘制图形

步骤 18 选择绘制的图形，在其【属性】面板中将【笔触颜色】设置为“无”，【填充颜色】设置为“#FFFFFF”，然后将 Alpha 值设置为“35%”，如图 3-145 所示。

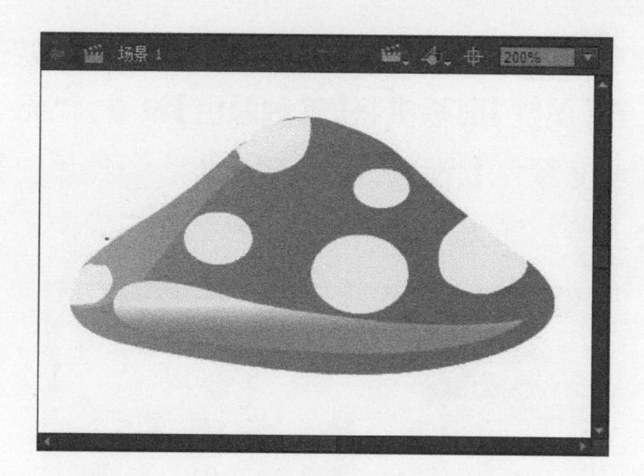

图 3-145　设置图形的填充颜色

步骤 19　新建“图层 5”，使用钢笔工具绘制蘑菇的根部形状，然后使用选择工具进行适当的调整，效果如图 3-146 所示。

图 3-146　绘制图形并调整

步骤 20　选择绘制的图形，按 Ctrl+Shift+F9 组合键打开【颜色】面板，在其中将【填充颜色】设置为【线性渐变】，将左侧色块设置为“#FFF5B8”，将右侧色块设置为“#FFEC54”，最后将【笔触颜色】设置为“无”，如图 3-147 所示。

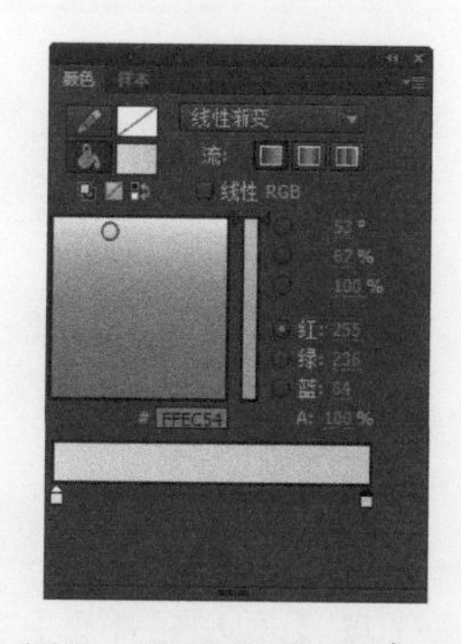

图 3-147　设置图形的填充颜色

步骤 21　单击工具栏中的【颜料桶工具】按钮，然后单击舞台上选择的图形，即可为其填充设置的颜色，效果如图 3-148 所示。

图 3-148　填充效果

步骤 22　新建“图层 6”，然后使用钢笔工具在舞台上绘制图形，如图 3-149 所示。

图 3-149　绘制图形

步骤 23　选中绘制的图形，按 Ctrl+Shift+F9 组合键打开【颜色】面板，在其中将【填充颜色】设置为“#FFEFB9”，将 Alpha 设置为“80%”，然后将【笔触颜色】设置为“无”，效果如图 3-150 所示。

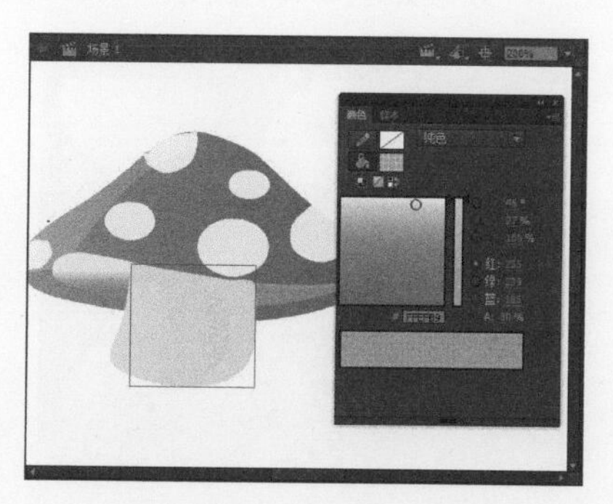

图 3-150　设置填充效果

步骤 24 新建“图层 7”，然后单击工具栏中的【椭圆工具】按钮，并在舞台上绘制两个无笔触颜色的黑色椭圆和白色椭圆，效果如图 3-151 所示。

图 3-151　绘制椭圆

步骤 25 选择绘制的椭圆，然后在按住 Alt 键的同时向右拖曳，即可复制选择的椭圆，效果如图 3-152 所示。

图 3-152　复制椭圆

步骤 26 单击工具栏中的【钢笔工具】按钮，在其【属性】面板中将【笔触颜色】设置为“黑色”，【笔触】设置为“2”，然后在舞台上绘制图形，效果如图 3-153 所示。

图 3-153　绘制图形

步骤 27 单击工具栏中的【椭圆工具】按钮，在其【属性】面板中将【笔触颜色】设置为“无”，【填充颜色】设置为“#FF99CC”，然后在舞台上绘制椭圆，效果如图 3-154 所示。

图 3-154　绘制椭圆

步骤 28 单击【时间轴】面板下方的【新建图层】按钮，新建“图层 8”，然后将“图层 8”拖至“图层 1”的下方，如图 3-155 所示。

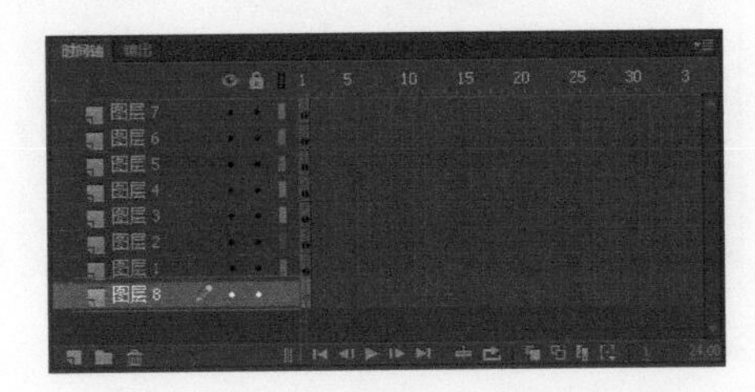

图 3-155　新建图层并调整位置

步骤 29 在 Flash CC 主窗口中，依次选择【文件】→【导入】→【导入到舞台】菜单命令，如图 3-156 所示。

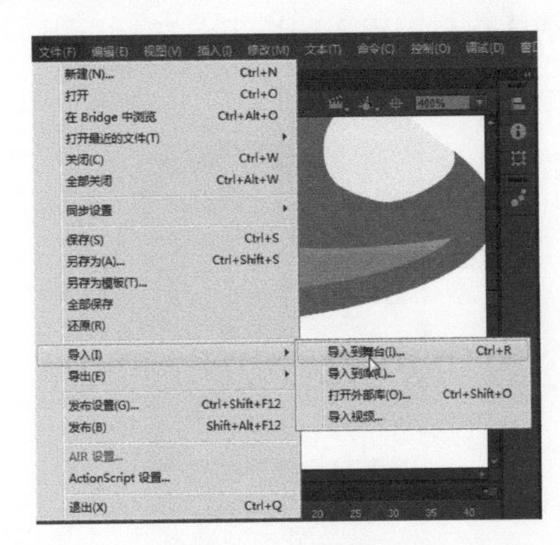

图 3-156　选择【导入到舞台】菜单命令

步骤 30 打开【导入】对话框，在其中选择需要导入的素材图片，如图 3-157 所示。

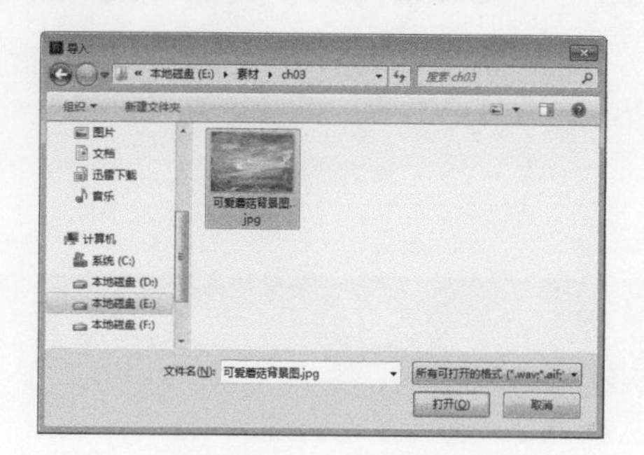

图 3-157 选择图片

步骤 31 单击【打开】按钮，即可将其导入舞台，然后在其【属性】面板中将【大小】设置为 550 像素 × 400 像素，使图片与舞台对齐，效果如图 3-158 所示。

图 3-158 导入图片并调整大小及位置

步骤 32 锁定“图层 8”，然后使用任意变形工具选择整个蘑菇形状，进行适当的缩小并调整其位置，效果如图 3-159 所示。

图 3-159 调整图形大小和位置

步骤 33 使用选择工具选择舞台上的蘑菇图形，按 Ctrl+C 组合键复制选择的对象，然后按 Ctrl+V 组合键粘贴对象，接着使用任意变形工具对复制的对象进行适当的缩小并调整位置，效果如图 3-160 所示。

图 3-160 复制并调整对象

步骤 34 在舞台中调整复制后的蘑菇对象的颜色，完成后的效果如图 3-161 所示。

图 3-161 调整复制对象的颜色

步骤 35 至此，就完成了可爱蘑菇的制作，按 Ctrl+Enter 组合键进行测试，测试效果如图 3-162 所示。

图 3-162 测试效果

3.14 实战演练5——制作动画场景背景效果

本节具体介绍使用 Flash 的绘图工具来制作动画场景背景效果，具体的操作如下。

 绘制图形

步骤 1 启动 Flash CC，创建一个新的 Flash 空白文档，并将该文档保存为“制作动画场景背景效果 .fla”，如图 3-163 所示。

图 3-163 新建 Flash 文档

步骤 2 单击工具栏中的【矩形工具】按钮，然后在舞台上绘制一个比舞台略大的矩形，如图 3-164 所示。

图 3-164 绘制矩形

步骤 3 选中【时间轴】面板中的“图层 1”，然后双击“图层 1”名称，使其处于编辑状态，再将此图层重命名为“天空”，如图 3-165 所示。

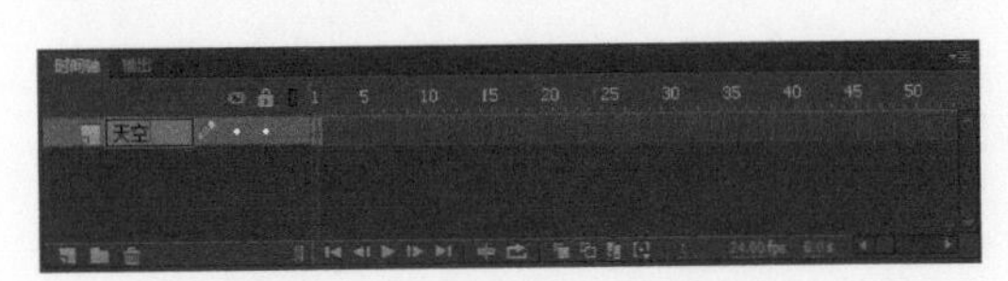

图 3-165 重命名“图层 1”

步骤 4 单击【时间轴】面板中的【新建图层】按钮，新建“图层 2”，并将其重命名为“白云”，如图 3-166 所示。

图 3-166 新建并重命名“图层 2”

步骤 5 单击工具栏中的【椭圆工具】按钮，然后在舞台上进行叠加绘制椭圆，如图 3-167 所示。

图 3-167 绘制叠加的椭圆

步骤 6 使用选择工具选中多余的线条，按 Delete 键删除，即可绘制出白云的效果，如图 3-168 所示。

图 3-168 删除多余的线条

步骤 7 按照同样的操作，在舞台上继续绘制白云，如图 3-169 所示。

图 3-169 绘制其余的白云

步骤 8 新建“图层 3”，并重命名为“远山”，然后单击【时间轴】面板上的【锁定或解除锁定所有图层】按钮，将“天空”图层和“白云”图层锁定，接着使用钢笔工具在舞台上绘制远山图形，并结合【转换锚记点工具】进行调整，如图 3-170 所示。

步骤 9 在“远山”图层和“白云”图层之间新建一个图层，并重命名为“土地”，然后使用钢笔工具在舞台上绘制土地图形，如图 3-171 所示。

图 3-170 绘制远山

图 3-171 绘制土地形状

步骤 10 单击工具栏中的【椭圆工具】按钮，然后在舞台上绘制土地上的细节图形，如图 3-172 所示。

图 3-172 绘制土地上的细节图形

步骤 11 新建“图层 5”，并重命名为“草丛”，然后使用画笔工具在舞台上绘制草丛图形，接着结合部分选取工具调整草丛图形，如图 3-173 所示。

图 3-173 绘制草丛

2. 为图形填充颜色

步骤 1 选中“天空”图层，单击【颜色】按钮，即可打开【颜色】面板，然后在该对话框中单击【颜色类型】下拉按钮，从弹出的下拉列表中选择【线性渐变】选项，如图 3-174 所示。

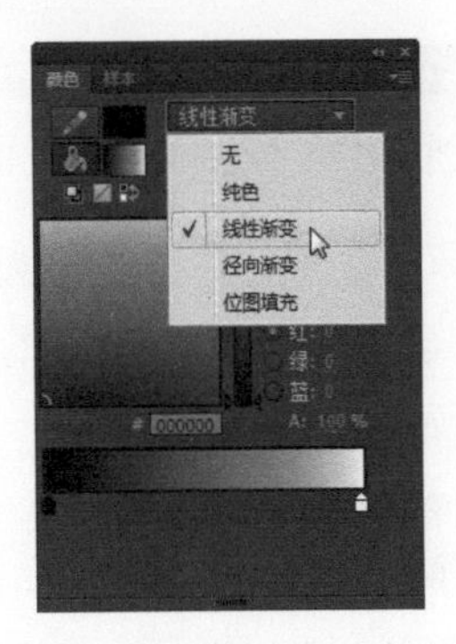

图 3-174 选择【线性渐变】选项

步骤 2 在【颜色】面板中，设置颜色为从蓝色到白色的渐变，如图 3-175 所示。

步骤 3 单击工具栏中的【颜料桶工具】按钮，然后对选中的“天空”图层进行填充，并使用【渐变变形工具】对其进行调整，最后使用选择工具删除天空的笔触颜色，如图 3-176 所示。

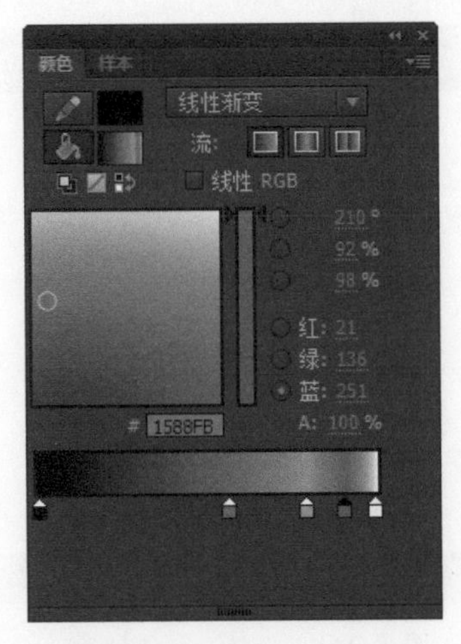

图 3-175 设置填充颜色

图 3-176 对“天空”图层进行填充

步骤 4 选中“白云”图层，然后使用颜料桶工具将其填充为白色，最后使用选择工具删除白云的笔触颜色，如图 3-177 所示。

图 3-177 对“白云”图层进行填充

步骤 5 选中"远山"图层，然后使用颜料桶工具将其填充为自定义的颜色，接着使用选择工具删除远山的笔触颜色，如图 3-178 所示。

图 3-178 对"远山"图层进行填充

步骤 6 选中"土地"图层，然后使用颜料桶工具将其填充为土黄色，并为土地上的细节图形填充自定义颜色，接着使用选择工具删除其笔触颜色，如图 3-179 所示。

图 3-179 对"土地"图层进行填充

步骤 7 选中"草丛"图层，然后使用颜料桶工具为其填充颜色，并使用选择工具删除其笔触颜色，如图 3-180 所示。

图 3-180 对"草丛"图层进行填充

步骤 8 至此，动画场景背景效果就制作完成了。按 Ctrl+Enter 组合键可进行测试查看，如图 3-181 所示。

图 3-181 最终效果

3.15 高手甜点

甜点 1：灵活使用钢笔工具。

钢笔工具又叫贝塞尔曲线工具，是 Flash CC 中常用的重要工具，用户可以使用钢笔工具创建直线或曲线段，然后使用【部分选取工具】、【转换锚点工具】、【添加锚点工具】和【删除锚点工具】来调整绘制的图形。

甜点 2：在使用刷子工具时，为什么在改变舞台的显示比例之后，刷子大小会发生反比例改变？

事实上，在 Flash CC 主窗口中的刷子大小并没有改变，看上去发生反比例改变，只是一个错觉。这是因为刷子工具的笔触粗细并不随着舞台的缩放比例而改变，也就是说，不管舞台怎么改变，刷子的大小并不会改变。刷子之所以看上去变大或变小，是缩放参照物衬托的结果。如果将舞台放大，则刷子就会显得比较小；如果将舞台缩小，则刷子就会显得比较大。

第2篇

核心技术

使用文本工具

● 本章导读

在 Flash CC 中，用户可以使用文本工具为文档的标题、标签或者其他的文本内容添加文本。一般情况下，应在文本工具【属性】面板中设置好字符的属性之后，再绘制文本框并输入文本。本章将详细学习文字的使用方法和技巧。

● 本章学习目标（已掌握的在圆圈中打钩）

◎ 熟悉文本类型

◎ 掌握使用文本工具的方法

◎ 掌握输入传统文本的方法

◎ 掌握设置文本属性的方法

◎ 掌握对文字整体变形的方法

◎ 掌握对文字局部变形的方法

◎ 掌握制作书籍插页的方法

◎ 掌握制作旋转花纹文字的方法

◎ 掌握制作渐出文字的方法

◎ 掌握制作打字效果的方法

● 重点案例效果

4.1 认识文本工具

在 Flash CC 中，用户可以使用文本工具为文档的标题、标签或者其他的文本内容添加文本。

4.1.1 文本类型

在工具栏中单击【文本工具】按钮，即可在舞台上输入文本。在【属性】面板中可以看出，Flash 文本字段的类型可分为三种，分别是静态文本、动态文本和输入文本，如图 4-1 所示。

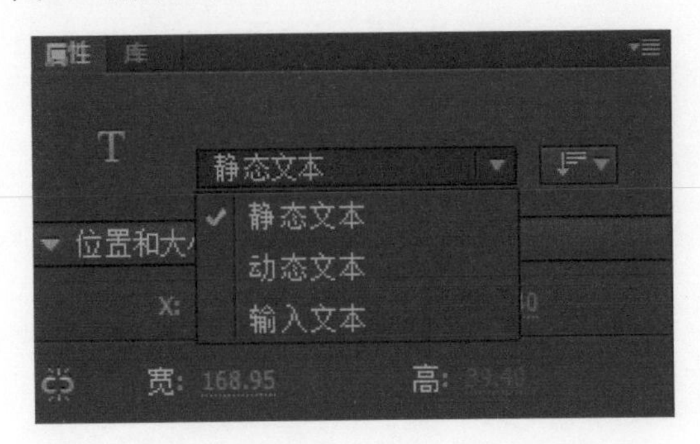

图 4-1 文本工具【属性】面板

静态文本

静态文本是默认的文本类型，其在影片播放过程中不会发生任何改变（默认为静态文本类型），如图 4-2 所示。

图 4-2 静态文本效果

2. 动态文本

动态文本是指在影片播放过程中可以更新的、动态变化的文本，如天气预报、股票的显示信息等。与创建静态文本不同，创建动态文本时须在【属性】面板的【文本类型】下拉列表中选择【动态文本】选项。而在输入文本之后，通常使用 ActionScript 脚本语言对动态文本进行编辑和控制，如图 4-3 所示。

图 4-3 动态文本效果

3. 输入文本

输入文本是指在影片播放过程中可以即时输入的文本，如用 Flash 制作的留言簿、用户注册和用户登录等，如图 4-4 所示。

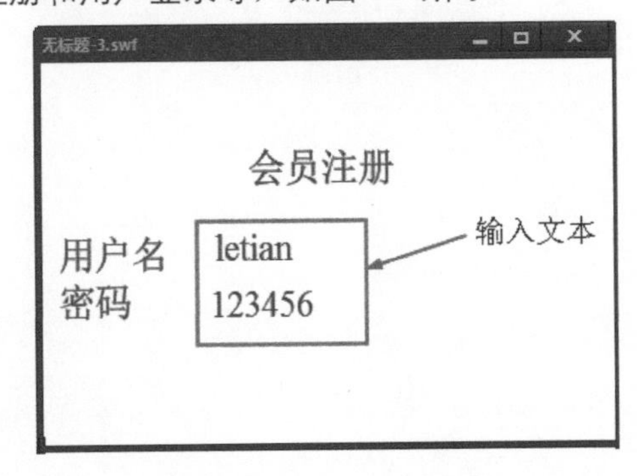

图 4-4 输入文本效果

4.1.2 实例 1——利用文本工具输入文字

要在 Flash CC 中创建文本，可以使用工具栏中的文本工具，然后在绘制出的文本框中输入文字，具体的操作如下。

步骤 1　启动 Flash CC，新建一个 Flash 空白文档，然后单击工具栏中的【文本工具】按钮 T，如图 4-5 所示。

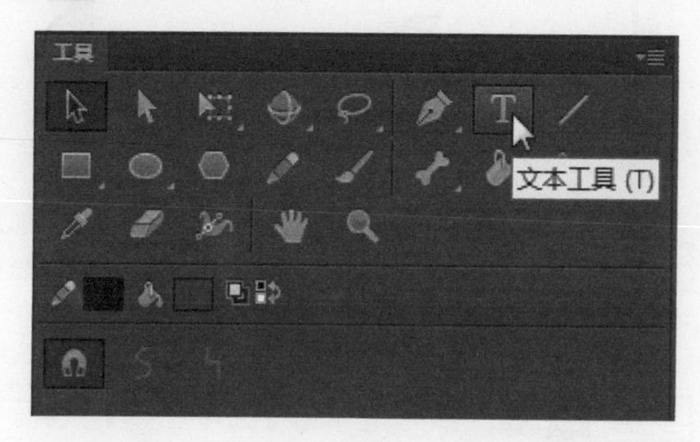

图 4-5　单击【文本工具】按钮

步骤 2　打开文本工具【属性】面板，单击【文本类型】下拉按钮，从弹出的下拉列表中选择【静态文本】选项，如图 4-6 所示。

步骤 3　在【属性】面板中单击【改变文本方向】按钮，从弹出的下拉列表中选择选择【垂直】选项，如图 4-7 所示。

步骤 4　在舞台上按住鼠标左键并拖曳出一个垂直的文本框，然后在文本框中输入垂直方向的文字，如图 4-8 所示。

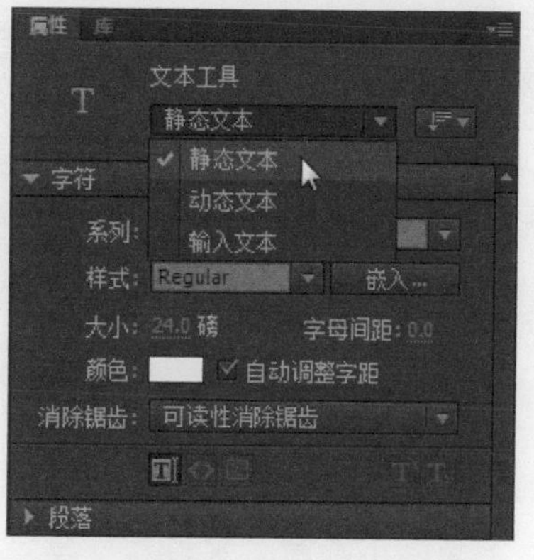

图 4-6　选择【静态文本】选项

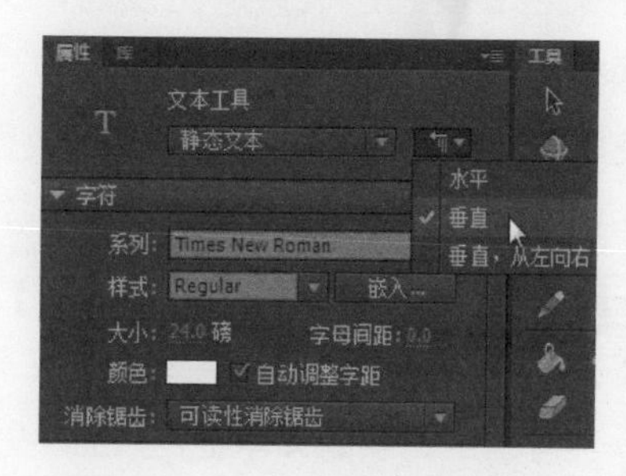

图 4-7　选择【垂直】选项

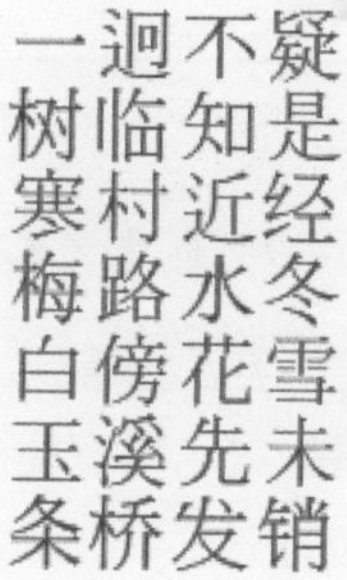

疑是经冬雪未销
不知近水花先发
迥临村路傍溪桥
一树寒梅白玉条

图 4-8　绘制文本框并输入文字

4.2 传统文本

选中工具栏中的文本工具，在舞台上输入文本，然后分别设置文本类型为静态文本、动态文本和输入文本，以区别 3 种文本类型。

4.2.1 实例 2——文本输入状态

文本输入状态是指输入文字时文本输入框的状态。文本输入状态包括以下两种。

(1) 默认状态：当在文本框中输入文字时，文本框会随着文字的增加而延长，如果需要换行，可以按 Enter 键。

(2) 固定宽度：可以通过拖曳控制柄（文本框右上角的小圆圈）来设置文字宽度，当输入的文字长度超过设置的宽度时，文字会自动换行。

使用自动换行和拖曳控制柄进行换行的具体操作如下。

步骤 1 在工具栏中单击【文本工具】按钮，然后将文本类型设置为静态文本，并在舞台上创建一个有固定宽度的文本框，如图 4-9 所示。

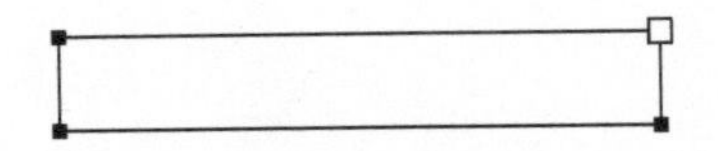

图 4-9　创建文本框

步骤 2 输入文字后会看到，当输入的文字长度超过所设置的文本框宽度时，文字会自动换行，如图 4-10 所示。

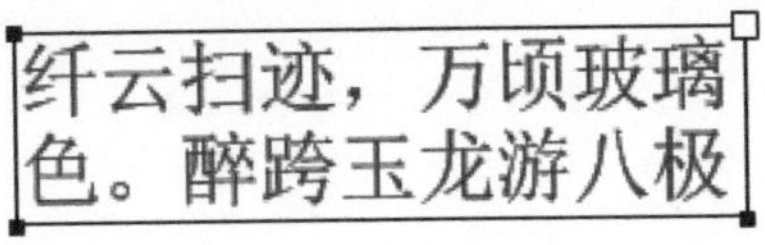

纤云扫迹，万顷玻璃
色。醉跨玉龙游八极

图 4-10　文字自动换行

步骤 3 双击文本框右上角的小方块，可以切换文本输入状态，如图 4-11 所示。

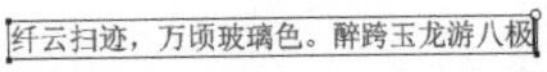

纤云扫迹，万顷玻璃色。醉跨玉龙游八极

图 4-11　切换文本输入状态

4.2.2 实例 3——霓虹灯文字

制作霓虹灯文字的具体操作如下。

步骤 1 启动 Flash CC，然后依次选择【文件】→【新建】菜单命令，即可创建一个新的 Flash 空白文档，最后将该文档保存为“霓虹灯文字 .fla”，如图 4-12 所示。

图 4-12　新建 Flash 文档

步骤 2 在工具栏中单击【文本工具】按钮，然后在打开的文本工具【属性】面板中设置文本的各项参数，如图 4-13 所示。

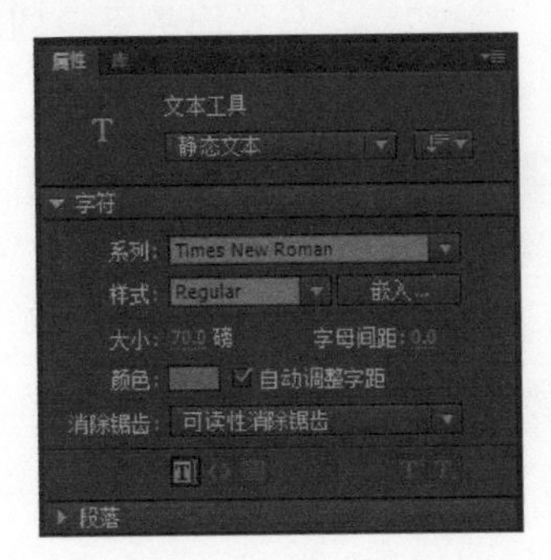

图 4-13　设置文本的各项参数

步骤 3 在舞台上拖曳出一个文本框，并输入文字“霓虹灯文字”，如图 4-14 所示。

图 4-14　绘制文本框并输入文字

步骤 4 选中输入的文字，然后依次选择【修改】→【分离】菜单命令，即可将文字分离，如图 4-15 所示。

图 4-15　分离效果

步骤 5 再次选择【修改】→【分离】菜单命令，将文字分离成图形，如图 4-16 所示。

图 4-16　将文字分离成图形

步骤 6 单击工具栏中的【墨水瓶工具】按钮，设置笔触的颜色为“#0000FF”，然后使用墨水瓶工具为文字图形填充边框，如图 4-17 所示。

图 4-17　添加文字边框

步骤 7 选择文字图形，按 Delete 键删除文字图形，只留下文字的边框，如图 4-18 所示。

图 4-18　文字的边框

步骤 8 选择文字边框图形，然后依次选择【修改】→【形状】→【将线条转换为填充】菜单命令，即可将文字边框转换为填充图形，如图 4-19 所示。

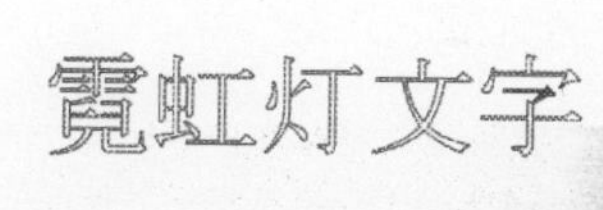

图 4-19　将文字边框转换为填充图形

步骤 9 依次选择【修改】→【形状】→【柔化填充边缘】菜单命令，即可打开【柔化填充边缘】对话框，然后在其中设置【距离】为“2 像素”，【步长数】为“2”，【方向】为“扩展”，如图 4-20 所示。

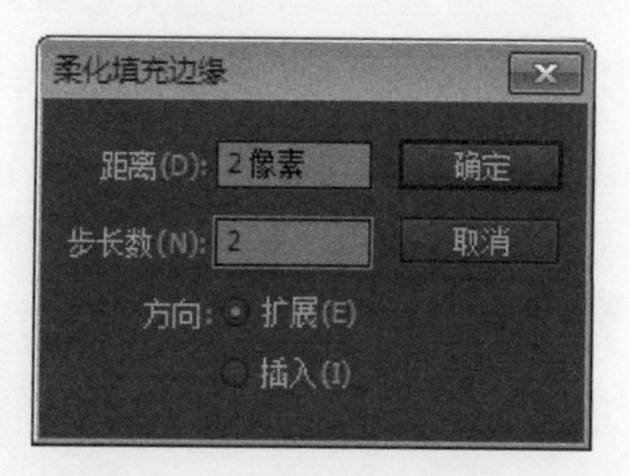

图 4-20　【柔化填充边缘】对话框

步骤 10 单击【确定】按钮，效果如图 4-21 所示。

图 4-21　设置效果

步骤 11 单击工具栏中的【颜料桶工具】按钮，然后将填充颜色设置为七彩的线性渐变色，如图 4-22 所示。

步骤 12 单击舞台上的文字，即可将文字设置为霓虹灯效果，如图 4-23 所示。至此，完成了霓虹灯文字的制作。

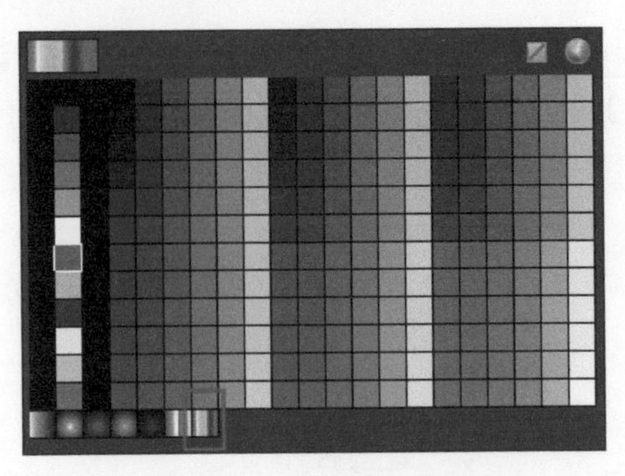

图 4-22　设置填充颜色

图 4-23　霓虹灯文字效果

4.3 设置传统文本属性

在 Flash CC 中，可以通过文本工具【属性】面板设置文字的外观，包括大小、字体、字距及上下标，还有段落的设置、文字类型的选择等。

4.3.1 实例 4——设置传统文本的字符属性

单击【文本工具】按钮，打开文本工具【属性】面板，在其中可以设置文本类型。当文本类型为静态文本时，不能输入实例名称，单击【改变文本方向】按钮可以改变文本的方向；当文本类型为动态文本和输入文本时，可以输入实例名称，但此时却没有【改变文本方向】按钮来改变文本方向。

设置文本字符属性的具体操作如下。

步骤 1 单击工具栏中的【文本工具】按钮，然后在打开的文本工具【属性】面板中设置文本类型为【静态文本】，如图 4-24 所示。

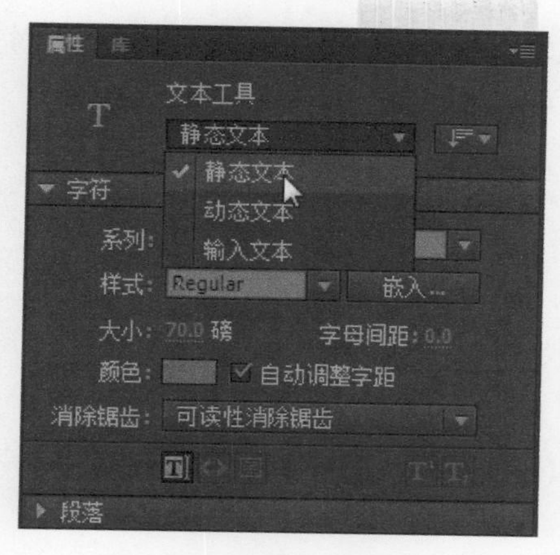

图 4-24 设置文本类型

步骤 2 在舞台上绘制一个文本框，并输入文本内容，如图 4-25 所示。

静态文本

图 4-25 绘制文本框并输入文本

步骤 3 选中文本，然后在文本工具【属性】面板中，设置字符的【大小】为“30”、字符的【系列】为“隶书”，如图 4-26 所示。

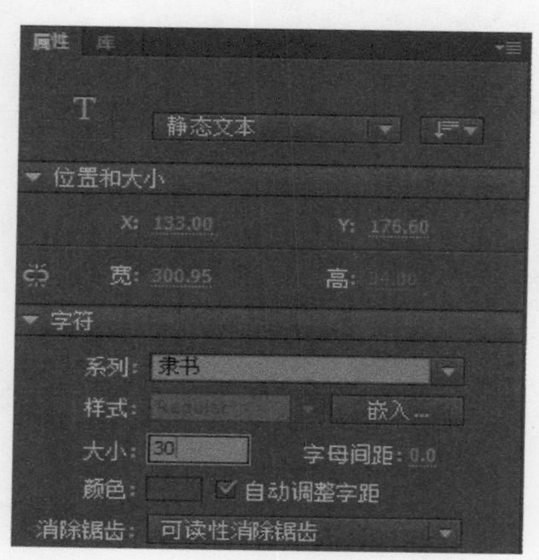

图 4-26 设置字符的大小和系列

步骤 4 将选中的文本设置为图 4-27 所示的效果。

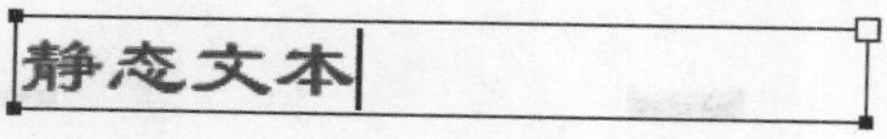

静态文本

图 4-27 字体最终效果

步骤 5 在【字符】选项组中，设置【字母间距】为“14”，然后单击【文本（填充）颜色】按钮，从弹出的色块中选择红色，如图 4-28 所示。

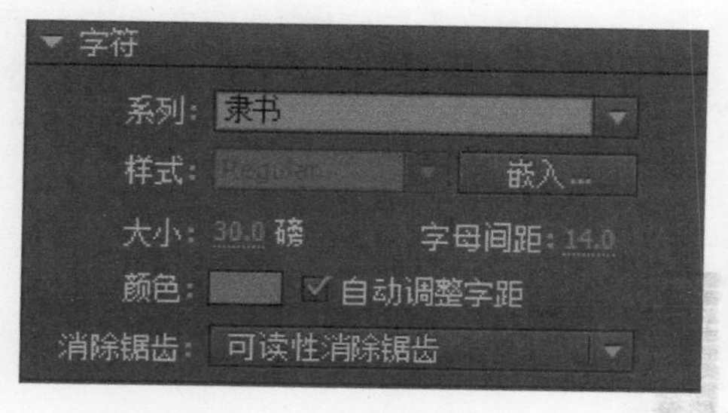

图 4-28 设置文本的颜色和间距

步骤 6 更改文本的颜色和字母的间距，效果如图 4-29 所示。

静 态 文 本

图 4-29 文本颜色和间距效果

提示 在【属性】面板的【字符】选项组中，单击T按钮可以切换为上标，单击T按钮可以切换为下标。

4.3.2 实例 5——设置传统文本的段落属性

在【属性】面板的【段落】选项组中，可以设置段落的格式、对齐方式、边距、缩进和间距等效果，如图 4-30 所示。

属性 库
文本工具
静态文本
字符
段落
格式:
间距: 0.0 像素 2.0 点
边距: 0.0 像素 0.0 像素
行为:

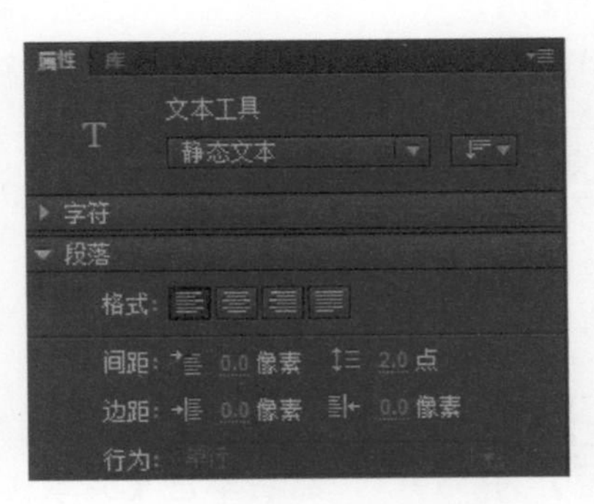

图 4-30 【段落】选项组

各段落格式按钮的具体作用如下。

(1) 【左对齐】按钮：使文字左对齐，如图 4-31 所示。

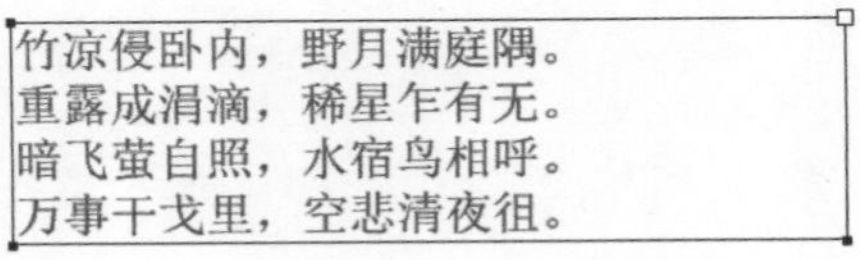

竹凉侵卧内，野月满庭隅。
重露成涓滴，稀星乍有无。
暗飞萤自照，水宿鸟相呼。
万事干戈里，空悲清夜徂。

图 4-31 文本左对齐效果

(2) 【居中对齐】按钮：使文字居中对齐，如图 4-32 所示。

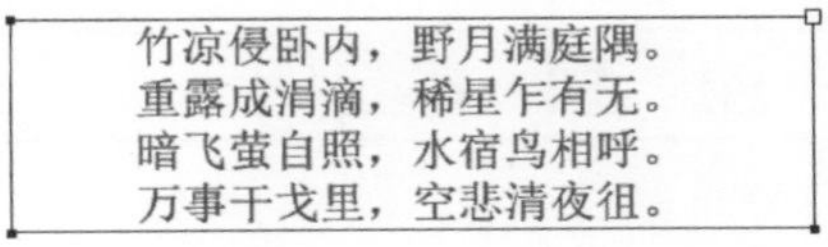

竹凉侵卧内，野月满庭隅。
重露成涓滴，稀星乍有无。
暗飞萤自照，水宿鸟相呼。
万事干戈里，空悲清夜徂。

图 4-32 文本居中对齐效果

(3) 【右对齐】按钮：使文字右对齐，如图 4-33 所示。

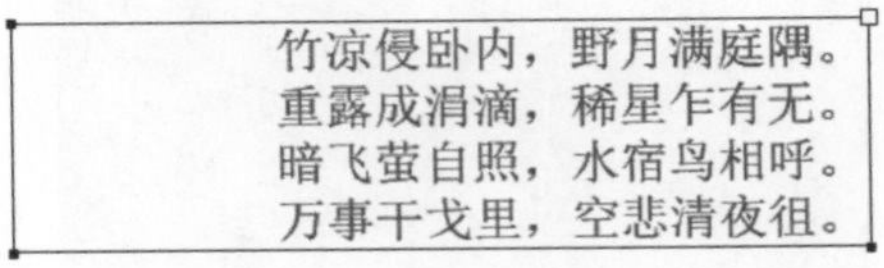

竹凉侵卧内，野月满庭隅。
重露成涓滴，稀星乍有无。
暗飞萤自照，水宿鸟相呼。
万事干戈里，空悲清夜徂。

图 4-33 文本右对齐效果

(4) 【两端对齐】按钮：使文字两端对齐，如图 4-34 所示。

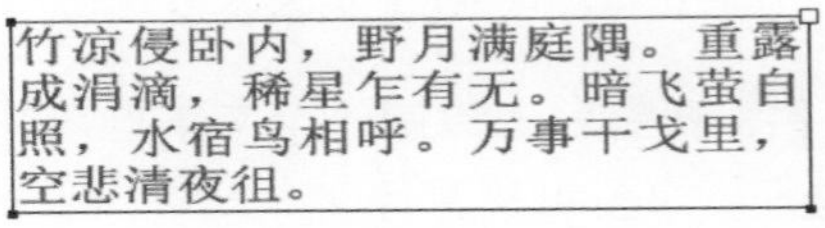

竹凉侵卧内，野月满庭隅。重露
成涓滴，稀星乍有无。暗飞萤自
照，水宿鸟相呼。万事干戈里，
空悲清夜徂。

图 4-34 文本两端对齐效果

通过调整段落格式下方的【边距】和【间距】，可以编辑文本段落格式，如图 4-35 所示。

段落
格式:
间距: 0.0 像素 2.0 点
边距: 0.0 像素 0.0 像素
行为: 单行

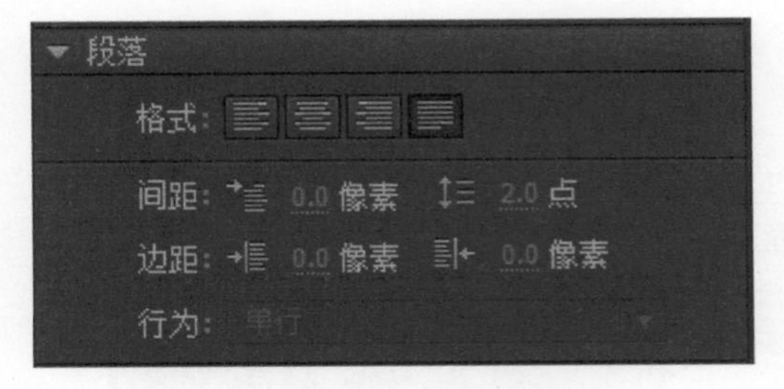

图 4-35 【段落】选项组

4.4 实例6——对文字进行整体变形

用户可以使用对其他对象进行变形的方式来改变文本块。可以缩放、旋转、倾斜和翻转文本块以产生不同的效果。

对文字进行整体变形的具体操作如下。

步骤 1 单击工具栏中的【选择工具】按钮，然后单击文本框，此时文本块的周围会出现蓝色边框，表示文本框已被选中，如图 4-36 所示。

步骤 2 单击工具栏中的【任意变形工具】按钮，文本的四周会出现调整手柄，并显示出文本的中心点。对手柄进行拖曳，可以调整文本的大小、倾斜度和旋转角度等，如图 4-37 所示。

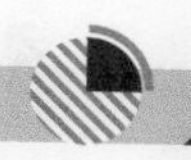

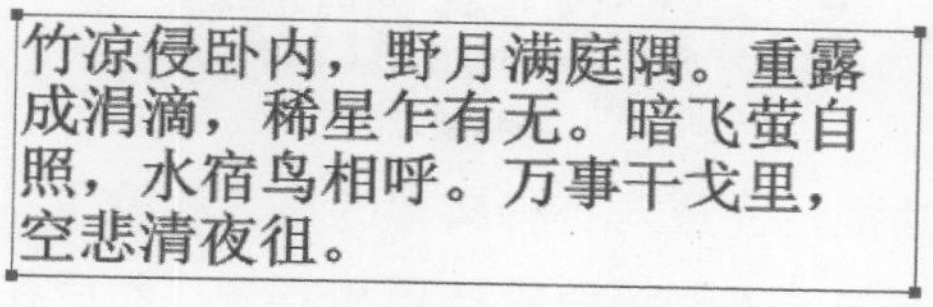

竹凉侵卧内，野月满庭隅。重露
成涓滴，稀星乍有无。暗飞萤自
照，水宿鸟相呼。万事干戈里，
空悲清夜徂。

图 4-36　选中文本框

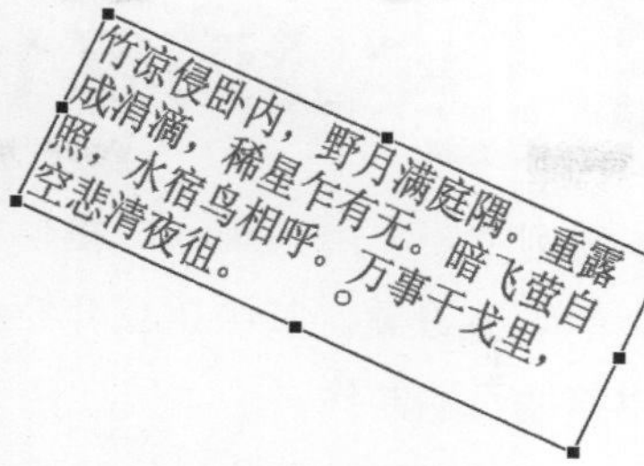

竹凉侵卧内，野月满庭隅。重露
成涓滴，稀星乍有无。暗飞萤自
照，水宿鸟相呼。万事干戈里，
空悲清夜徂。

图 4-37　拖曳调整手柄

4.5 实例7——对文字进行局部变形

要对文字的局部进行变形，首先要分离文字，使其转换成元件，然后就可以对这些转换过的字符做各种变形处理。

对文字进行局部变形的具体操作如下。

步骤 1 使用选择工具选中需要变形的文字，如图 4-38 所示。

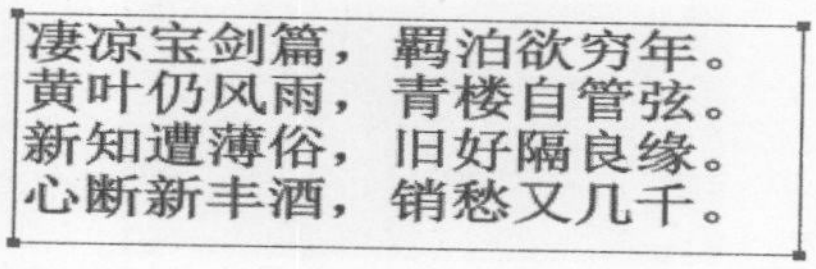

凄凉宝剑篇，羁泊欲穷年。
黄叶仍风雨，青楼自管弦。
新知遭薄俗，旧好隔良缘。
心断新丰酒，销愁又几千。

图 4-38　选中文本

步骤 2 依次选择【修改】→【分离】菜单命令，即可将文字分离，如图 4-39 所示。

凄凉宝剑篇，羁泊欲穷年。
黄叶仍风雨，青楼自管弦。
新知遭薄俗，旧好隔良缘。
心断新丰酒，销愁又几千。

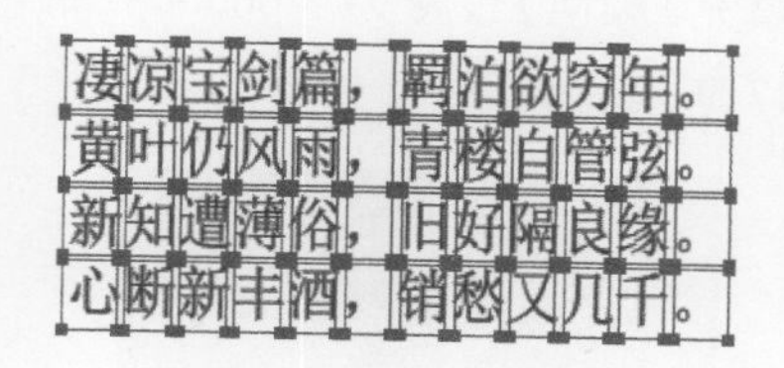

图 4-39　分离文字

步骤 3 选择任意变形工具，取消对文字的选择，然后拖曳鼠标单独地改变某一个或一组文字的位置，也可以单独地改变其他的字符属性，如图 4-40 所示。

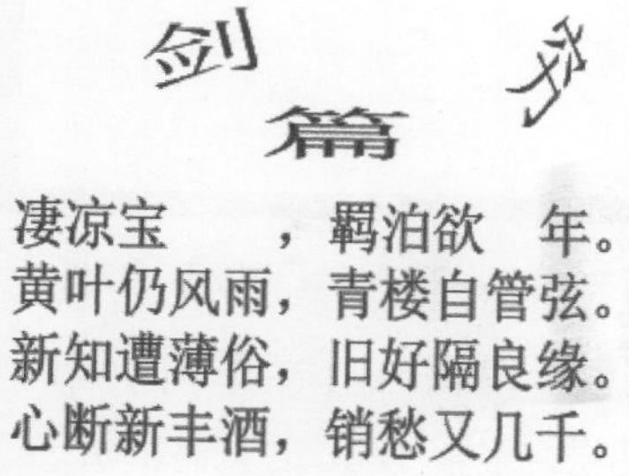

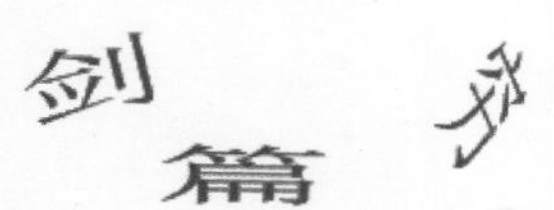

剑
穷
篇
凄凉宝　，羁泊欲　年。
黄叶仍风雨，青楼自管弦。
新知遭薄俗，旧好隔良缘。
心断新丰酒，销愁又几千。

图 4-40　对文字进行局部变形

步骤 4 如果对分离后的文字再进行一次分离操作，就可以把文字变成位图。对于打散成位图的文字，可以按照位图的编辑方式进行编辑，如图 4-41 所示。

剑
穷
篇
凄凉宝　，羁泊欲　年。
黄叶仍风雨，青楼自管弦。
新知遭薄俗，旧好隔良缘。
心断新丰酒，销愁又几千。

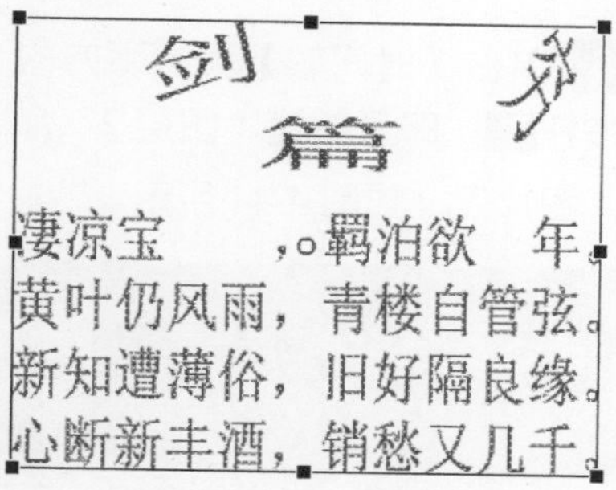

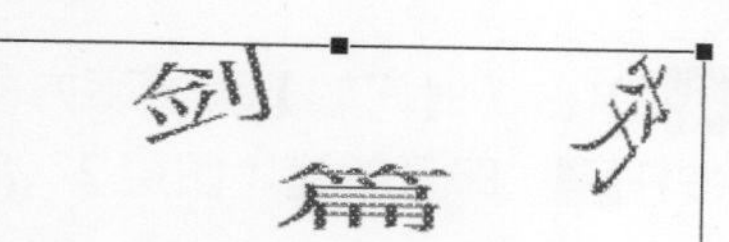

图 4-41　将文字变成位图

4.6 实战演练1——制作书籍插页

本实例主要利用 Flash CC 提供的文本功能，完成对各种文本的输入和编辑，以及对文本颜色的填充设置。其中重点介绍各种文本的输入、编辑的技巧和方法，然后在此基础上完成书籍插页的制作。

制作书籍插页的具体操作如下。

 新建文档和图层

步骤 1 启动 Flash CC，然后依次选择【文件】→【新建】菜单命令，即可创建一个新的 Flash 空白文档，最后将该文档保存为“书籍插页制作 .fla”，如图 4-42 所示。

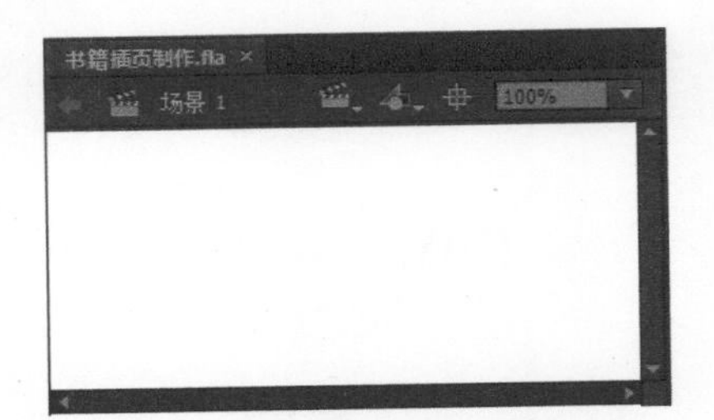

图 4-42 新建 Flash 文档

步骤 2 在【时间轴】面板中，选中“图层 1”，并双击图层名称，使其处于编辑状态，然后将其重命名为“文本”，如图 4-43 所示。

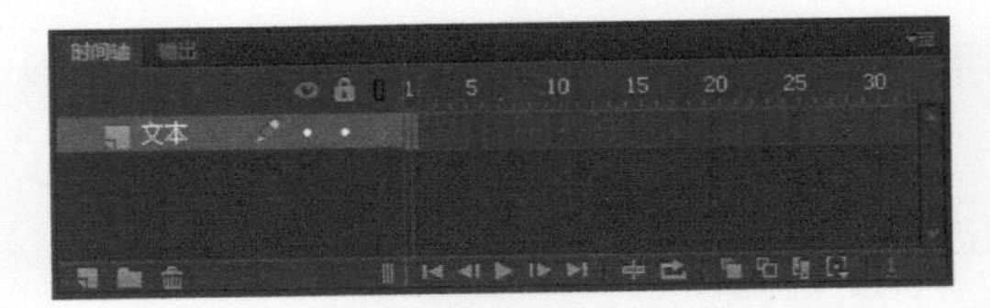

图 4-43 对“图层 1”进行重命名

步骤 3 单击【时间轴】面板下方的【新建图层】按钮，即可新建“图层 2”，将其重命名为“图片”，如图 4-44 所示。

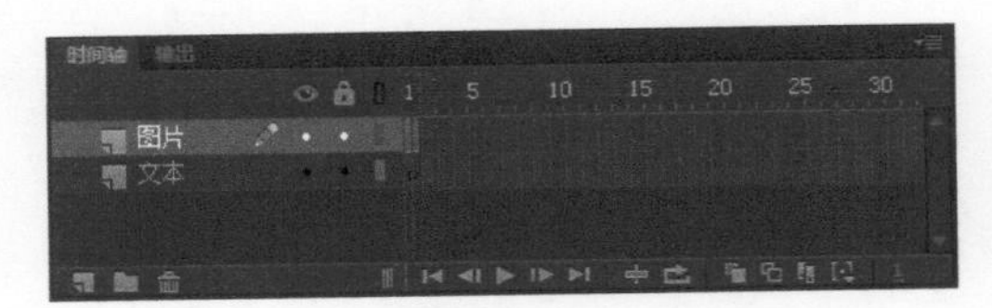

图 4-44 新建“图片”图层

步骤 4 按照上述操作，新建“图层 3”和“图层 4”，然后分别重命名为“页码”和“装饰文本”，如图 4-45 所示。

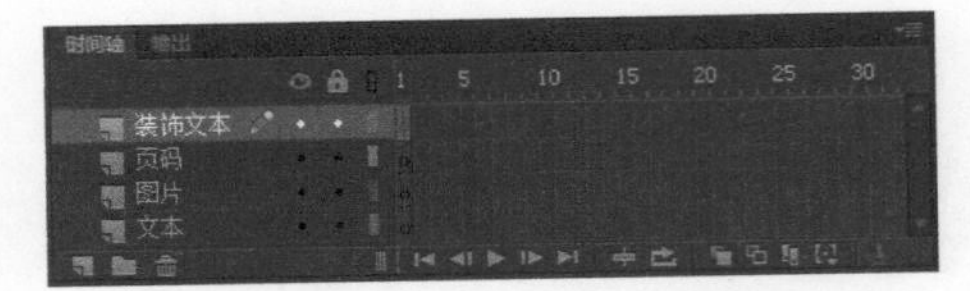

图 4-45 新建“页码”和“装饰文本”图层

 输入文本

步骤 1 单击工具栏中的【文本工具】按钮，然后在打开的文本工具【属性】面板中将文本类型设置为【静态文本】，如图 4-46 所示。

图 4-46 设置文本类型

步骤 2 展开【字符】选项卡，在其中将【系列】设置为“宋体”，【大小】设置为“8.0 磅”，【文本（填充）颜色】设置为“#000000（黑色）”，如图 4-47 所示。

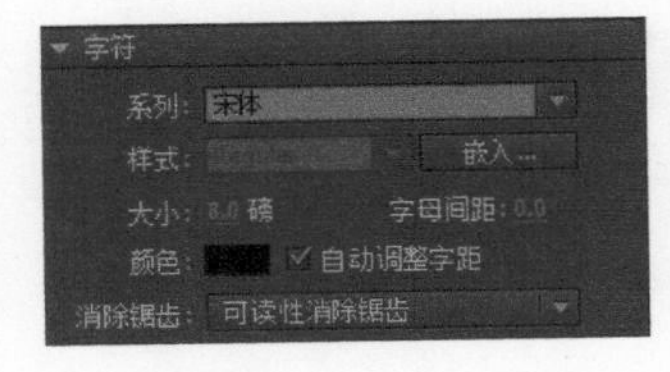

图 4-47 设置字符属性

步骤 3 单击“文本”图层，然后在舞台上绘制文本框并输入相应的文本内容，如图 4-48 所示

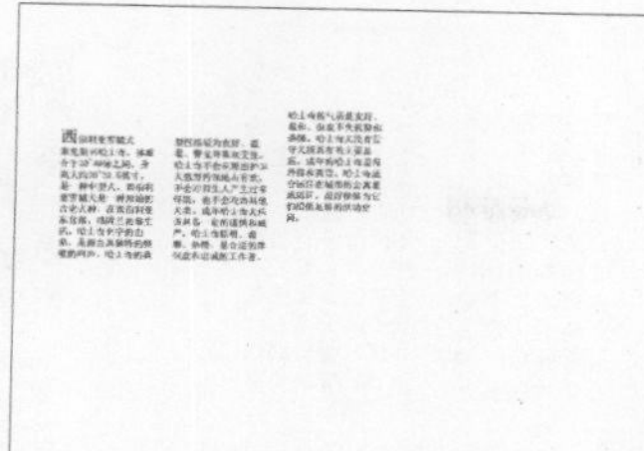

图 4-48 输入文本

提示 文本首字“西”的字体大小设置为“25磅”。

步骤 4 选中舞台上需要修改字体颜色的文本，然后在【属性】面板的【字符】选项组中将文本颜色设置为“#FF0000”（红色），效果如图 4-49 所示。

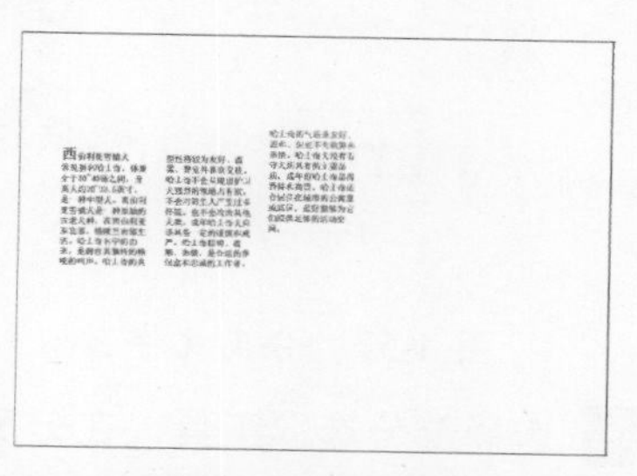

图 4-49 将选中的字体颜色设置为红色

步骤 5 单击“图片”图层，依次选择【文件】→【导入】→【导入到舞台】菜单命令，即可打开【导入】对话框，然后在该对话框中选择需要导入的图片，如图 4-50 所示。

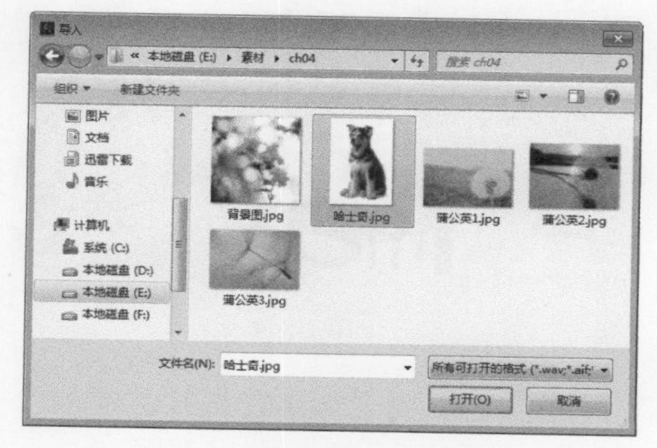

图 4-50 选择需要导入的图片

步骤 6 单击【打开】按钮，即可将选中的图片导入舞台中，然后使用任意变形工具调整图片的尺寸和位置，如图 4-51 所示。

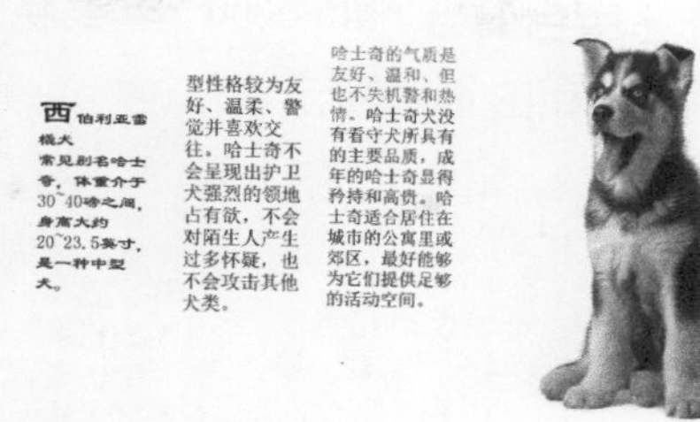

图 4-51 导入并调整图片

3. 设置页码

步骤 1 单击工具栏中的【文本工具】按钮，然后在打开的文本工具【属性】面板中设置字符【系列】为“宋体”，【大小】为“20”，【文本（填充）颜色】为“#000000”（黑色），如图 4-52 所示。

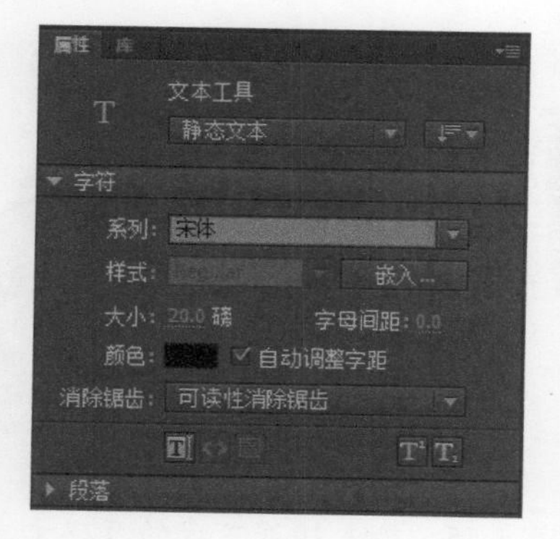

图 4-52 设置字符属性

步骤 2 单击“页码”图层，然后在舞台的左上角绘制文本框，并输入文本，如图 4-53 所示。

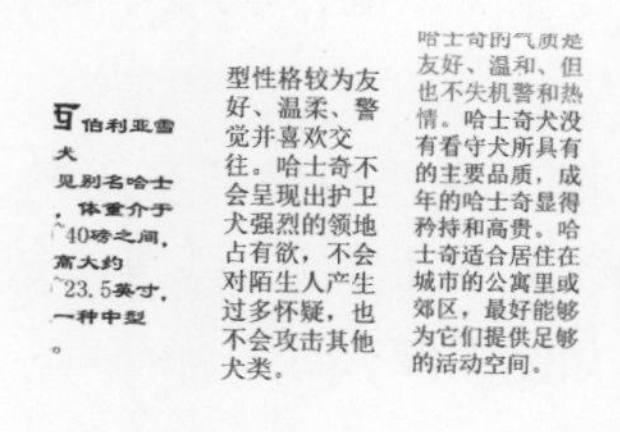

图 4-53 绘制文本框并输入文本

步骤 3 选择输入的数字“6”，然后在【字符】选项组中将【大小】设置为“25”，【文本（填充）颜色】为“#FF0000”（红色），设置后的效果如图 4-54 所示。

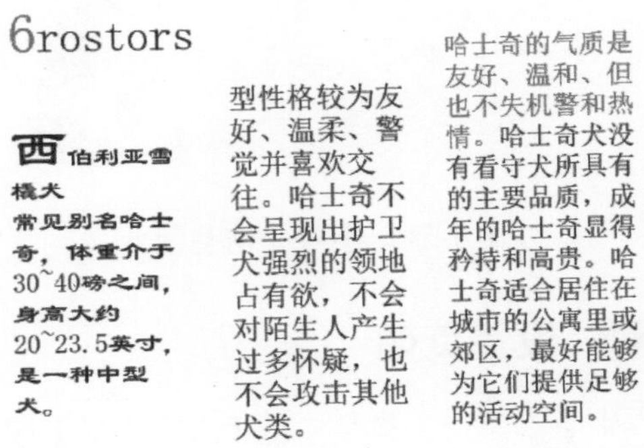

6rostors

西伯利亚雪橇犬
常见别名哈士奇，体重介于30~40磅之间，身高大约20~23.5英寸，是一种中型犬。

型性格较为友好、温柔、警觉并喜欢交往。哈士奇不会呈现出护卫犬强烈的领地占有欲，不会对陌生人产生过多怀疑，也不会攻击其他犬类。

哈士奇的气质是友好、温和、但也不失机警和热情。哈士奇犬没有看守犬所具有的主要品质，成年的哈士奇显得矜持和高贵。哈士奇适合居住在城市的公寓里或郊区，最好能够为它们提供足够的活动空间。

图 4-54 设置数字“6”的大小和颜色

步骤 4 按照上述操作，输入插页下方的页码文本，如图 4-55 所示。

图 4-55 输入插页下方的页码文本

变形文字

步骤 1 单击“装饰文本”图层，然后使用文本工具在舞台上绘制文本框并输入文本，如图 4-56 所示。

步骤 2 使用选择工具选中需要变形的文字，然后选择【修改】→【分离】菜单命令，即可将文字分离，如图 4-57 所示。

6rostors

Animal
SiberianHusky
Friendly
Noble

图 4-56 输入文本

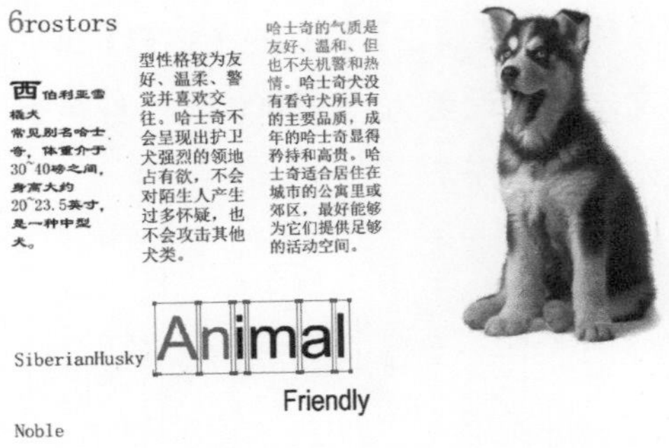

6rostors

Animal
SiberianHusky
Friendly
Noble

图 4-57 分离文字

步骤 3 选择部分选取工具，在分离的文字外单击，取消对文字的选择，然后拖曳鼠标来单独地改变某一个或一组文字的位置，单独地改变其他的字符属性，如图 4-58 所示。至此，完成了书籍插页的制作。

图 4-58 对文字进行局部变形

4.7 实战演练2——制作旋转花纹文字效果

本实例主要通过创建的文件及图形来添加传统补间动画，从而达到花纹文字旋转效果，具体的操作如下。

步骤 1 启动 Flash CC，然后依次选择【文件】→【新建】菜单命令，即可创建一个新的 Flash 空白文档，最后将该文档保存为“花纹旋转文字 .fla”，如图 4-59 所示。

图 4-59　新建 Flash 文档

步骤 2 按 Ctrl+R 组合键打开【导入】对话框，在其中选择需要导入的图片文件，单击【打开】按钮，即可将其导入舞台中，然后将舞台和图片的大小都设置为 380 像素 ×380 像素，如图 4-60 所示。

图 4-60　导入图片并设置尺寸

步骤 3 按Ctrl+F8 组合键打开【创建新元件】对话框，在其中新建一个名为“花朵”的图形元件，如图 4-61 所示。

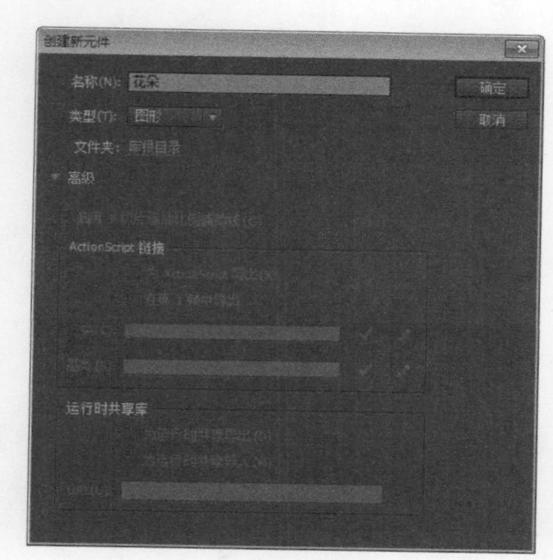

图 4-61　新建图形元件

步骤 4 单击【确定】按钮，即可进入该元件的编辑模式，使用椭圆工具在其中绘制一个圆形和一个椭圆形，在绘制椭圆时按住 Q 键，将其中心调整到下面的圆的中心处，如图 4-62 所示。

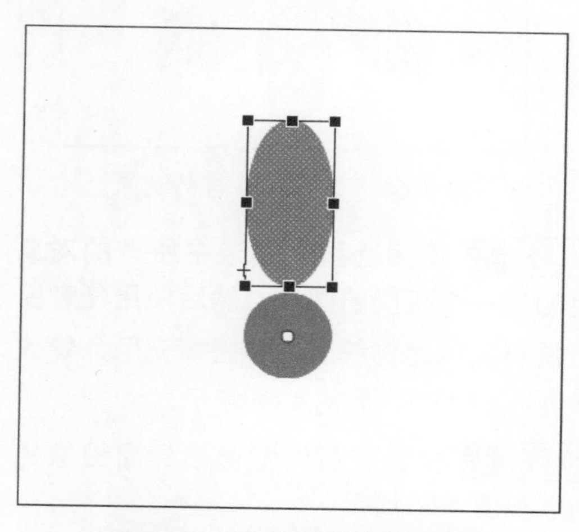

图 4-62　绘制圆形和椭圆形

步骤 5 按 Ctrl+T 组合键打开【变形】面板，在其中将旋转参数设置为 45°，然后单击【重置选取和变形】按钮，如图 4-63 所示。

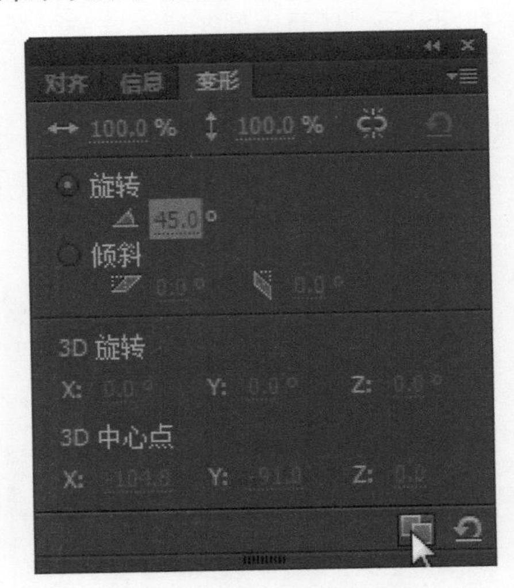

图 4-63　设置旋转参数值

步骤 6 多次单击【重置选取和变形】按钮，即可在舞台中变形出一个花朵的形状，如图 4-64 所示。

图 4-64　复制对象后的效果

步骤 7 使用选择工具选中所有的对象，复制出一个相同的图像，然后使用任意变形工具将其同比例缩小，并将填充颜色修改为“#FFCCCC”，如图 4-65 所示。

步骤 8 将调整后的图像移到原图像的中心，如图 4-66 所示。

图 4-65　复制图形并修改颜色及大小

图 4-66　将修改后的图像移到原图像的中心

步骤 9 按照相同的方法，再复制出一个图形，并调整好大小和颜色，花朵最终效果如图 4-67 所示。

图 4-67　花朵最终效果

步骤 10 按 Ctrl+F8 组合键打开【创建新元件】对话框，在其中新建一个名为“变换

颜色的花朵”的影片剪辑元件，如图 4-68 所示。

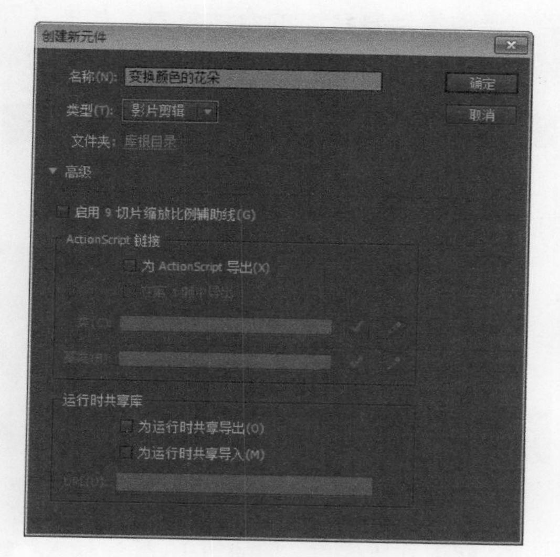

图 4-68　新建影片剪辑元件

步骤 11 单击【确定】按钮，进入影片剪辑元件的编辑模式，然后将【库】面板中的“花朵”图形元件拖到舞台中的合适位置，如图 4-69 所示。

图 4-69　将“花朵”图形元件拖到舞台中

步骤 12 在“图层 1”的第 5 帧处插入关键帧，选中此帧上的元件，然后在【属性】面板中将【色彩效果】选项组中的【样式】设置为“高级”，并设置其参数，如图 4-70 所示。

步骤 13 在“图层 1”的第 10 帧处插入关键帧，选中此帧上的元件，然后在【属性】面板的【色彩效果】选项组中设置高级样式的参数，如图 4-71 所示。

图 4-70　设置高级样式参数

图 4-71　设置高级样式参数

步骤 14 在“图层 1”的第 15 帧处插入关键帧，选中此帧上的元件，然后在【属性】面板的【色彩效果】选项组中设置高级样式的参数，如图 4-72 所示。

图 4-72　设置高级样式参数

步骤 15 在“图层 1”的第 20 帧处插入关键帧，选中此帧上的元件，然后在【属性】面板中将【色彩效果】选项组中的【样式】设置为“无”，如图 4-73 所示。

图 4-73　将色彩样式设置为“无”

步骤 16 分别在“图层 1”的第 1 ～ 5 帧、第 5 ～ 10 帧、第 10 ～ 15 帧和第 15 ～ 20 帧中创建传统补间动画，如图 4-74 所示。

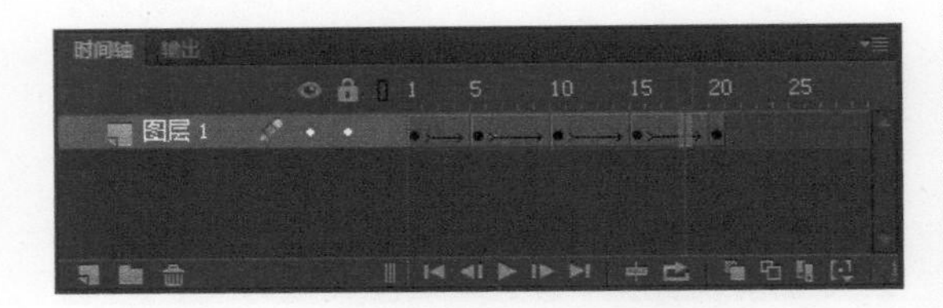

图 4-74　创建传统补间动画

步骤 17 按 Ctrl+F8 组合键打开【创建新元件】对话框，在其中新建一个名为“旋转的花朵”的影片剪辑元件，如图 4-75 所示。

图 4-75　新建影片剪辑元件

步骤 18 单击【确定】按钮，进入该元件的编辑模式，将【库】面板中的“旋转的花朵”元件拖到舞台中的合适位置，如图 4-76 所示。

图 4-76　将“旋转的花朵”元件拖到舞台中

步骤 19 在“图层 1”的第 10 帧处插入关键帧，并选中该帧上的元件，然后按 Ctrl+T 组合键打开【变形】面板，在其中将旋转值设置为 180°，如图 4-77 所示。

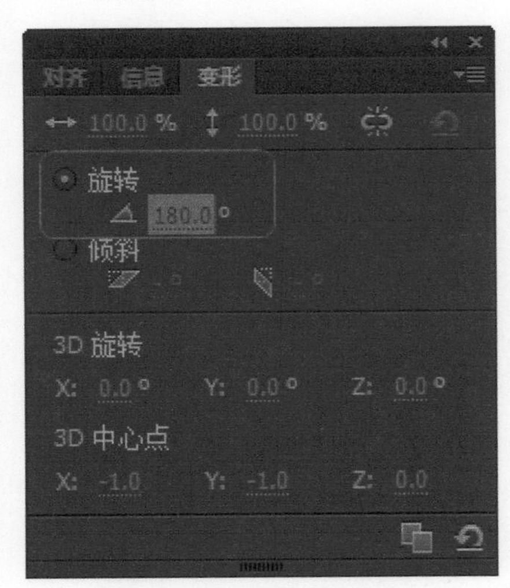

图 4-77　设置旋转值

步骤 20 在“图层 1”的第 20 帧处插入关键帧，并选中该帧上的元件，然后在【变形】面板中，将旋转值设置为 -1°，如图 4-78 所示。

步骤 21 在“图层 1”的第 1 ～ 10 帧中创建传统补间动画，如图 4-79 所示。

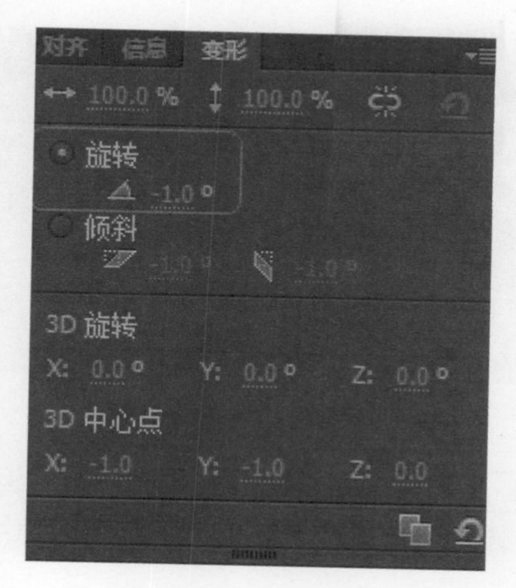

图 4-78　设置旋转值

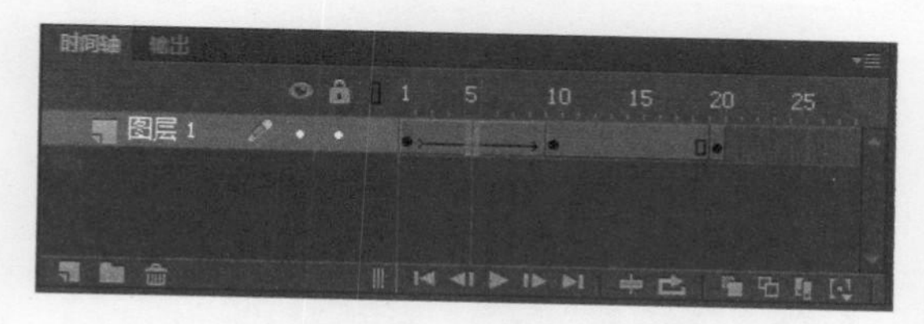

图 4-79　创建传统补间

步骤 22 按 Ctrl+F8 组合键打开【创建新元件】对话框，在其中新建一个名为“似”的图形元件，如图 4-80 所示。

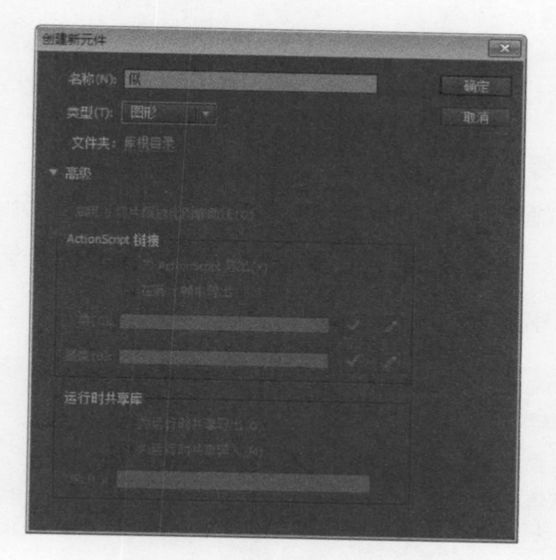

图 4-80　新建图形元件

步骤 23 单击【确定】按钮，进入该元件的编辑模式，单击工具栏中的【文本工具】按钮，然后在其【属性】面板中，将【系列】设置为“华文隶书”，【大小】为“55 磅”，【颜色】为“FF9999”最后在舞台上绘制文本框并输入文本“似”，如图 4-81 所示。

图 4-81　输入文本

步骤 24 选中输入的文本，按 Ctrl+B 组合键将其打散，然后单击工具栏中的【墨水瓶工具】按钮，在其【属性】面板中将【笔触颜色】设置为“#FFFFFF”，此时用鼠标单击文字边框，即可为文字添加描边，如图 4-82 所示。

图 4-82　为文字添加描边

步骤 25 依次类推，创建“水”“流”“年”三个图形元件，在元件编辑模式中进行相同的操作，如图 4-83 所示。

步骤 26 按 Ctrl+F8 组合键打开【创建新元件】对话框，在其中新建一个名为“文字动画”的影片剪辑元件，如图 4-84 所示。

图 4-83　创建其他文字

图 4-84　新建影片剪辑元件

步骤 27 单击【确定】按钮，进入该元件的编辑模式，在“图层 1”的第 19 帧处插入关键帧，然后将【库】面板中的“似”图形元件拖到舞台中的合适位置，如图 4-85 所示。

图 4-85　将“似”图形元件拖到舞台中

步骤 28 在“图层 1”的第 25 帧处插入关键帧，并选中第 19 帧上的元件，在其【属性】面板中将 Alpha 值设置为“0%”，如图 4-86 所示。

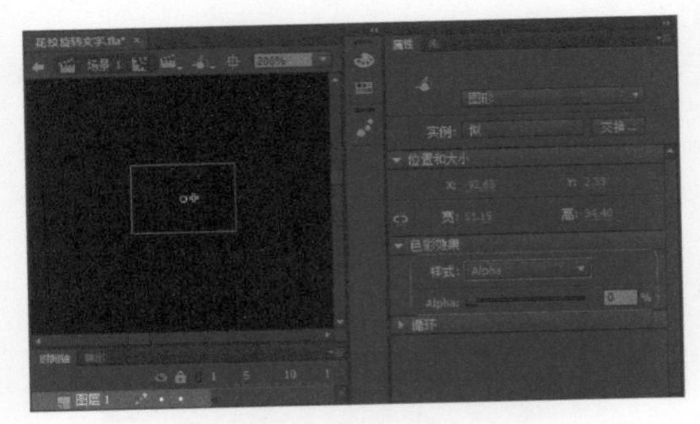

图 4-86　设置 Alpha 值

步骤 29 新建一个图层，将【库】面板中的“旋转的花朵”影片剪辑元件拖到舞台中，如图 4-87 所示。

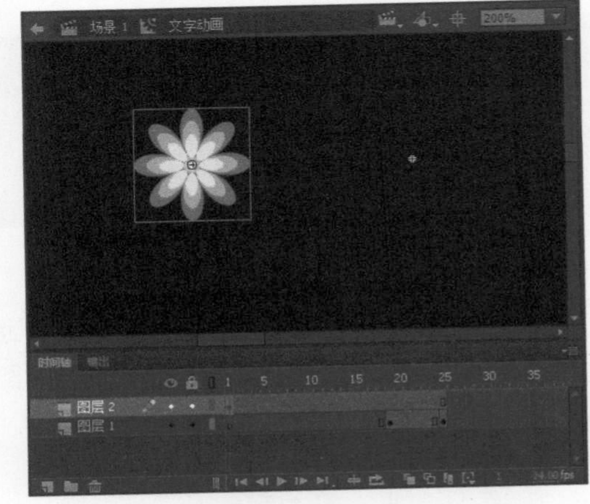

图 4-87　将“旋转的花朵”元件拖到舞台中

步骤 30 分别在“图层 2”的第 20 帧、第 25 帧处插入关键帧，并选中第 25 帧上的元件，然后在其【属性】面板中将 Alpha 值设置为“0%”，如图 4-88 所示。

图 4-88　设置 Alpha 值

步骤 31 分别在“图层 1”和“图层 2”的第 19～25 帧、第 20～25 帧中创建传统补间动画，如图 4-89 所示。

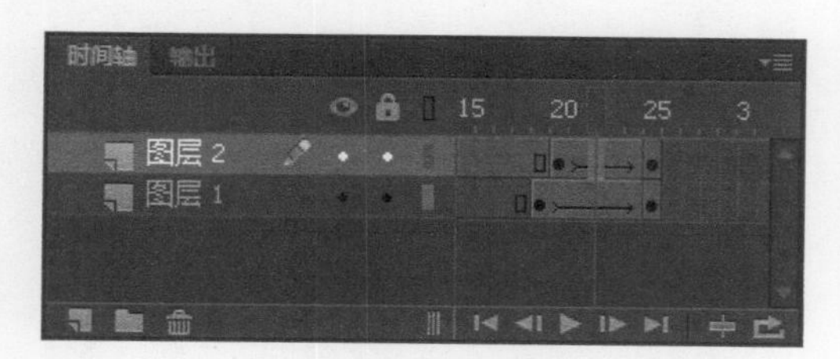

图 4-89　创建传统补间动画

步骤 32 同时选中“图层 1”和“图层 2”并右击，从弹出的快捷菜单中选择【复制图层】菜单命令，即可复制“图层 1”和“图层 2”中的内容，如图 4-90 所示。

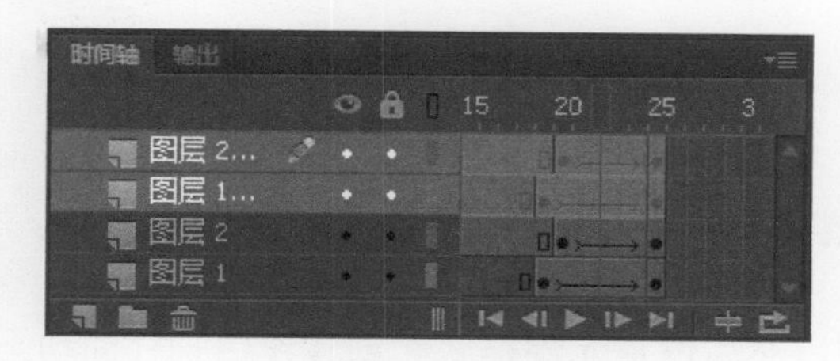

图 4-90　复制图层

步骤 33 选中复制后的两个图层的第 1～25 帧，按住鼠标将其拖至第 30 帧，如图 4-91 所示。

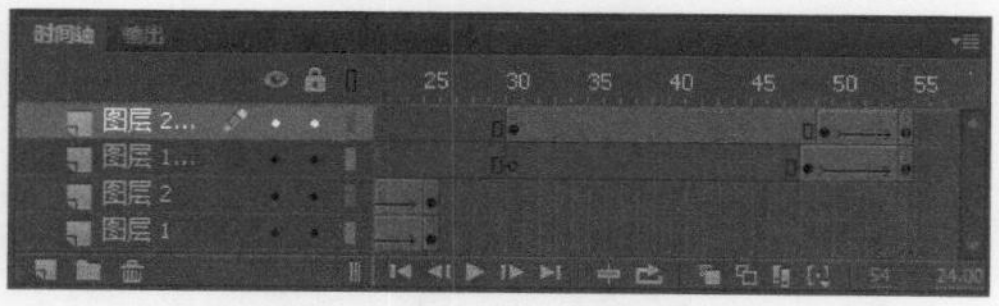

图 4-91　调整关键帧的位置

步骤 34 选择“图层 1 复制”第 48 帧上的元件并右击，从弹出的快捷菜单中选择【交换元件】菜单命令，即可打开【交换元件】对话框，在其中选择“水”图形元件，如图 4-92 所示。

步骤 35 单击【确定】按钮，即可将第 48 帧的“似”元件替换成“水”元件，使用相同的方法将第 54 帧的元件进行替换，如图 4-93 所示。

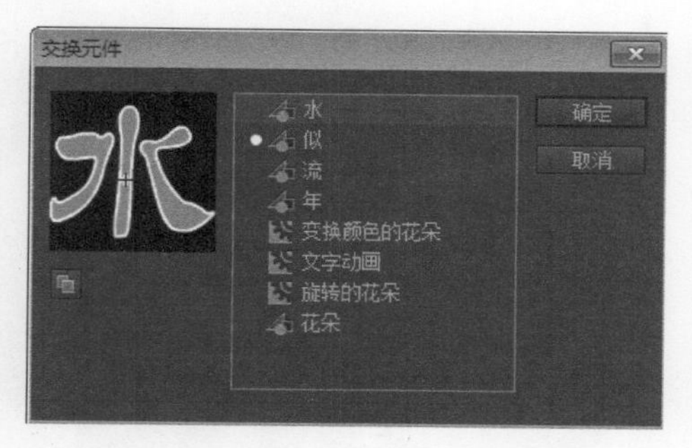

图 4-92　【交换元件】对话框

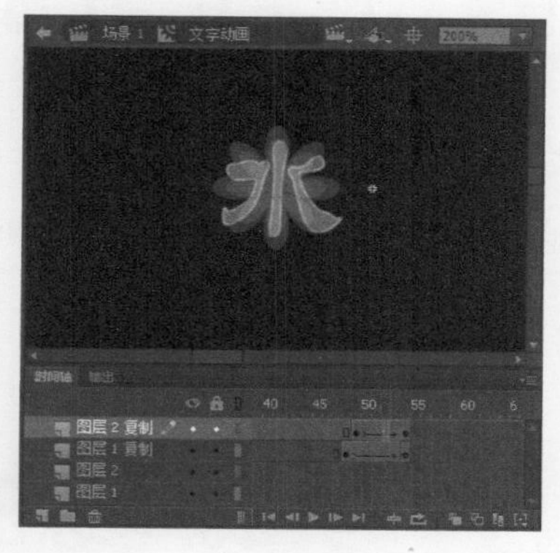

图 4-93　交换元件并调整位置

步骤 36 依次类推，复制其他图层并进行相应设置，然后将所有图层延长至 125 帧，如图 4-94 所示。

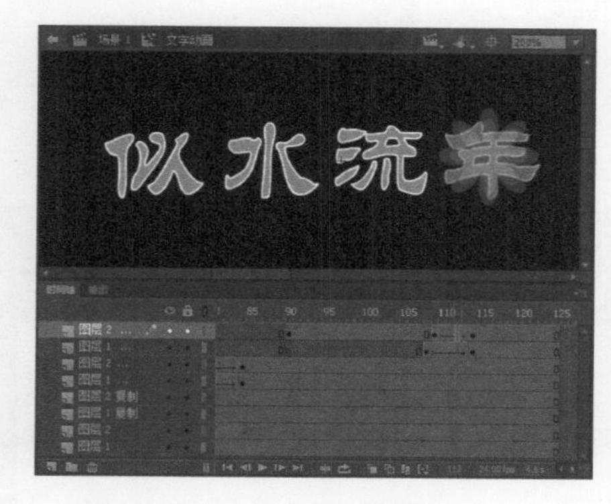

图 4-94　复制并设置其他图层

步骤 37 返回到场景 1 中，新建一个图层，然后将【库】面板中的“文字动画”元件拖到舞台中的合适位置，如图 4-95 所示。

图 4-95　将“文字动画”元件拖到舞台中

步骤 38 按 Ctrl+Enter 组合键，即可测试旋转花纹文字的播放效果，如图 4-96 所示。

图 4-96　测试效果

4.8 实战演练3——制作渐出文字

本实例主要通过将输入的文字转换为元件，然后设置元件样式和创建作传统补间动画动画来完成渐出文字效果的制作。制作渐出文字的具体操作如下。

步骤 1 启动 Flash CC，然后依次选择【文件】→【新建】菜单命令，即可创建一个新的 Flash 空白文档，最后将该文档保存为“渐出文字效果 .fla”，如图 4-97 所示。

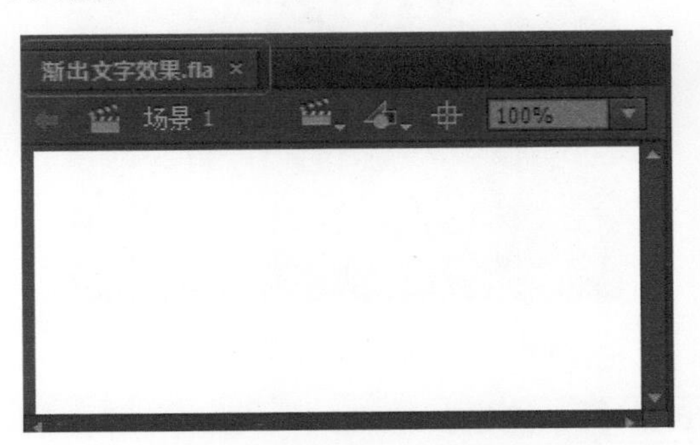

图 4-97　新建 Flash 文档

步骤 2 依次选择【文件】→【导入】→【导入到库】菜单命令，即可打开【导入】对话框，在其中选择需要导入的素材文件，如图 4-98 所示。

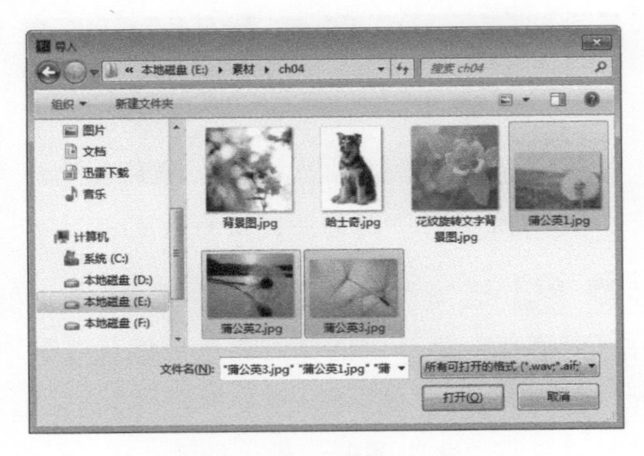

图 4-98　选择图片

步骤 3 单击【打开】按钮，即可将其导入【库】面板中，在该面板中将“蒲公英 1.jpg”素材文件拖到舞台中，将图片和舞台

的大小都设置为480像素×321像素，然后按Ctrl+K组合键打开【对齐】面板，在其中分别单击【水平中齐】和【垂直中齐】按钮，并勾选【与舞台对齐】复选框，如图4-99所示。

图4-99　设置图片的对齐方式

步骤 4 选中舞台上的图片，按快捷键F8打开【转换为元件】对话框，在【名称】文本框中输入“图片1”，并将【类型】设置为“图形”，如图4-100所示。

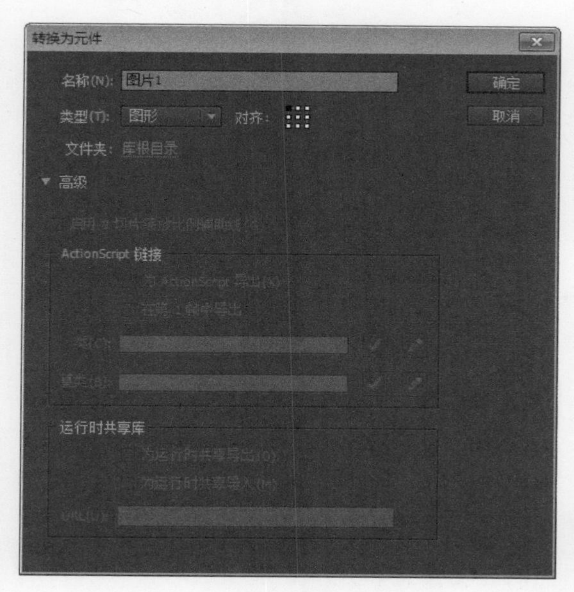

图4-100　新建图形元件

步骤 5 单击【确定】按钮，即可将其转换为元件。选中“图片1”元件，在其【属性】面板中将Alpha值设置为“0%”，如图4-101所示。

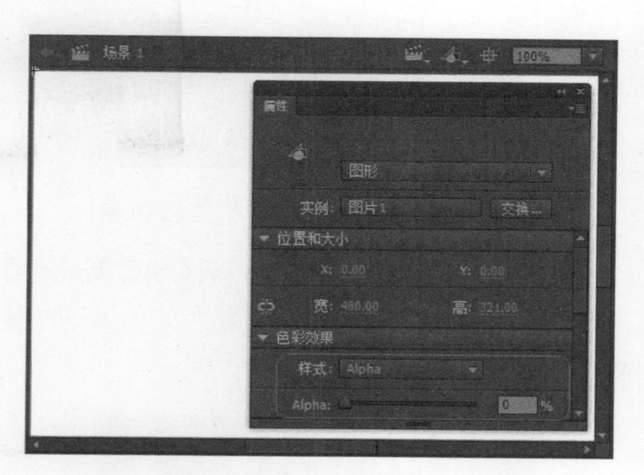

图4-101　设置Alpha值

步骤 6 在“图层1”的第20帧处插入关键帧，并选中该帧上的元件，在其【属性】面板中将【样式】设置为“无”，如图4-102所示。

图4-102　插入关键帧并设置样式

步骤 7 选择“图层1”第1～10帧中的任意一帧并右击，从弹出的快捷菜单中选择【创建传统补间动画】菜单命令，即可创建传统补间动画动画，如图4-103所示。

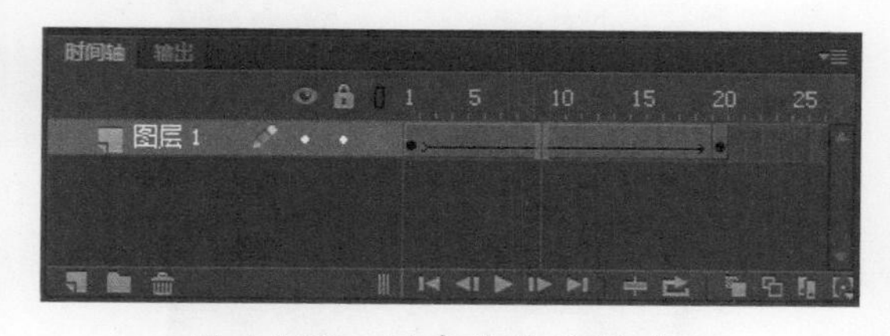

图4-103　创建传统补间动画

步骤 8 在“图层1”的第51帧处插入关键帧，然后新建“图层2”，如图4-104所示。

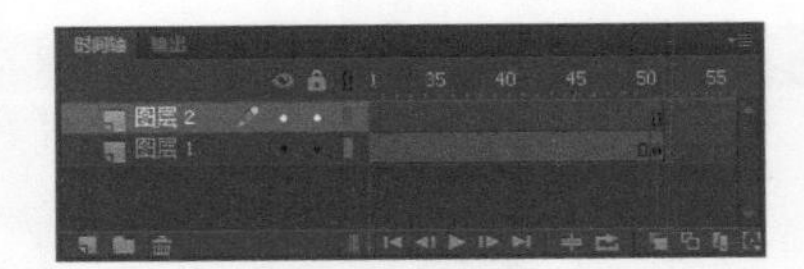

图 4-104　插入关键帧并新建图层

步骤 9 按Ctrl+F8组合键打开【创建新元件】对话框，在其中新建一个名为“文字 1”的图形元件，如图 4-105 所示。

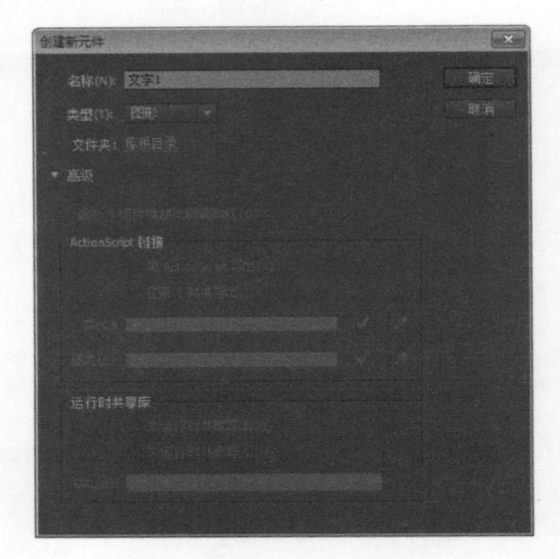

图 4-105　新建图形元件

步骤 10 单击【确定】按钮，进入该元件的编辑模式，单击工具栏中的【文本工具】按钮，然后在其【属性】面板中将【系列】设置为“华文中宋”，将【大小】设置为“40.0 磅”，将【颜色】设置为白色，并在【位置和大小】选项组内将 X 和 Y 都设为“0.00”，如图 4-106 所示。

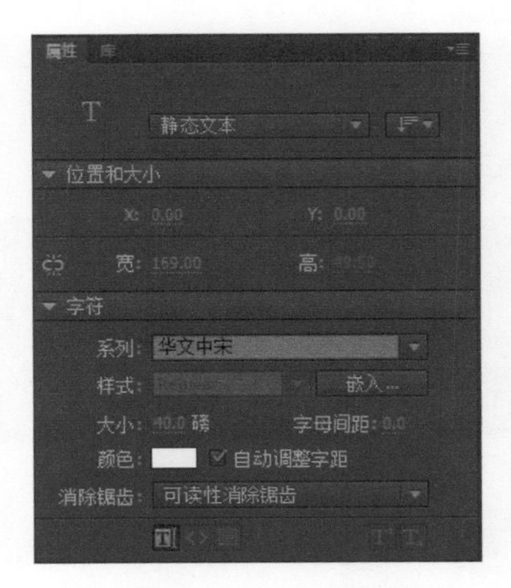

图 4-106　设置文本的属性

步骤 11 按住鼠标左键并拖动，在舞台上绘制文本框并输入文本“在人生的”，如图 4-107 所示。

图 4-107　输入文字

步骤 12 按 Ctrl+F8 组合键打开【创建新元件】对话框，在其中新建一个名为“文字 2”的图形元件，如图 4-108 所示。

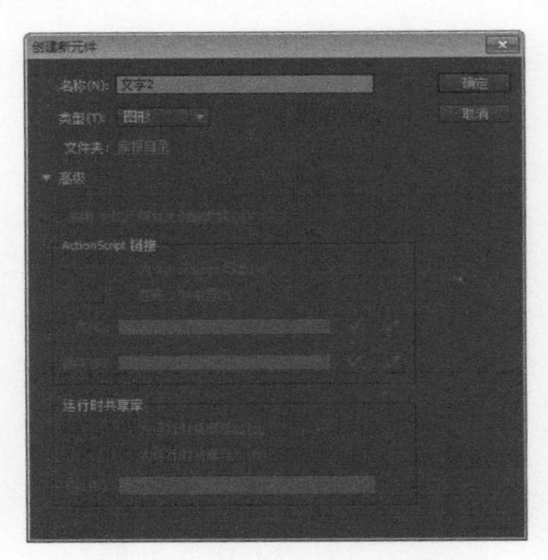

图 4-108　新建图形元件

步骤 13 单击【确定】按钮，进入该元件的编辑模式，选择文本工具，在其【属性】面板中将【系列】设置为“黑体”，【大小】设置为“55.0 磅”，【颜色】设置为“#FF6600”，然后在【位置和大小】选项组内将 X 和 Y 都设置为“0.00”，如图 4-109 所示。

步骤 14 在舞台上绘制文本框并输入文本“路上”，如图 4-110 所示。

步骤 15 返回到场景 1 中，选中“图层 2”的第 1 帧，然后将【库】面板中的“文字 1”

元件拖到舞台中的合适位置，然后在其【属性】面板中将 Alpha 值设置为“0%”，如图 4-111 所示。

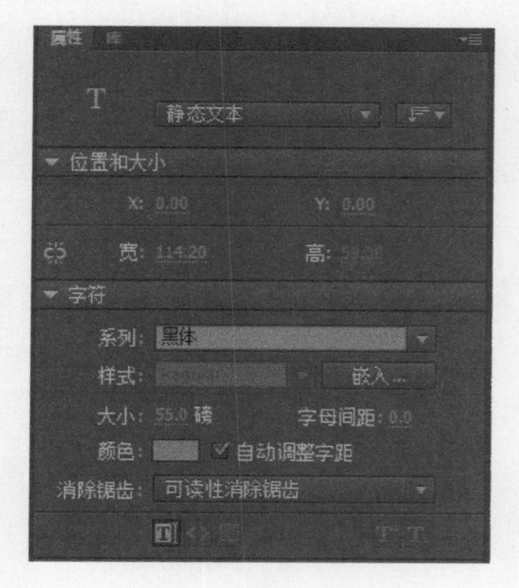

图 4-109　设置文本的属性

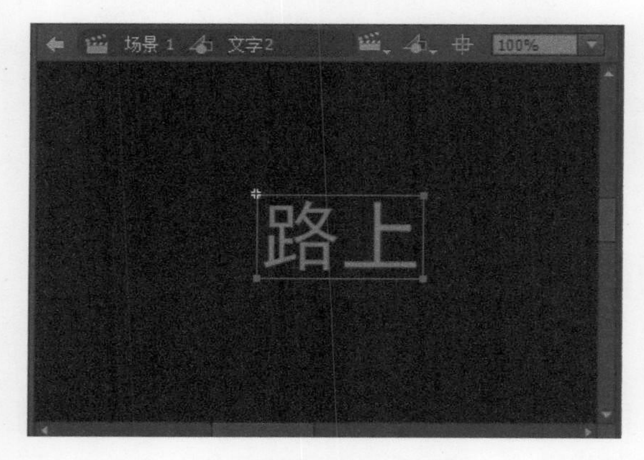

图 4-110　输入文字

图 4-111　将“文字 1”元件拖到舞台中并设置 Alpha 值

步骤 16 在“图层 2”的第 20 帧处插入关键帧，并选中该帧上的元件，调整其位置，然后在【属性】面板中将【样式】设置为“无”，如图 4-112 所示。

图 4-112　插入关键帧并调整元件位置

步骤 17 选择“图层 2”第 1 ～ 20 帧中的任意一帧并右击，从弹出的快捷菜单中选择【创建传统补间动画】菜单命令，即可创建传统补间动画动画，如图 4-113 所示。

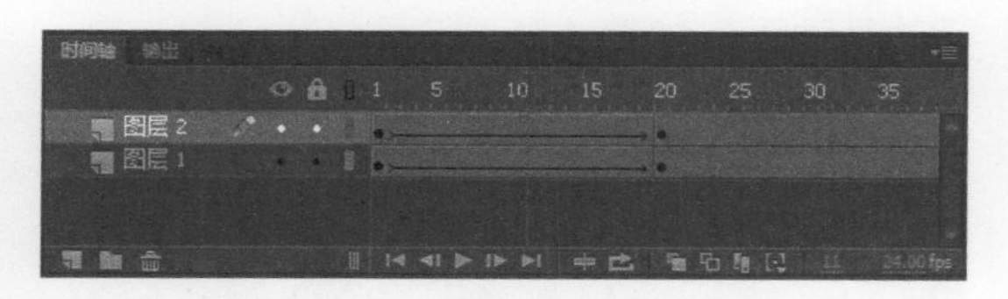

图 4-113　创建传统补间动画动画

步骤 18 新建“图层 3”，将【库】面板中的“文本 2”元件拖到舞台中的合适位置，然后在其【属性】面板中将 Alpha 值设置为“0%”，如图 4-114 所示。

图 4-114　将“文本 2”元件拖到舞台中并设置 Alpha 值

步骤 19 在“图层 3”的第 40 帧处插入关键帧，选中该帧上的元件，调整其位置，然后在其【属性】面板中将【样式】设置为“无”，如图 4-115 所示。

图 4-115　插入关键帧并调整元件的位置

步骤 20 选择“图层 3”的第 1 ～ 40 帧中的任意一帧并右击，从弹出的快捷菜单中选择【创建传统补间动画】菜单命令，即可创建传统补间动画动画，如图 4-116 所示。

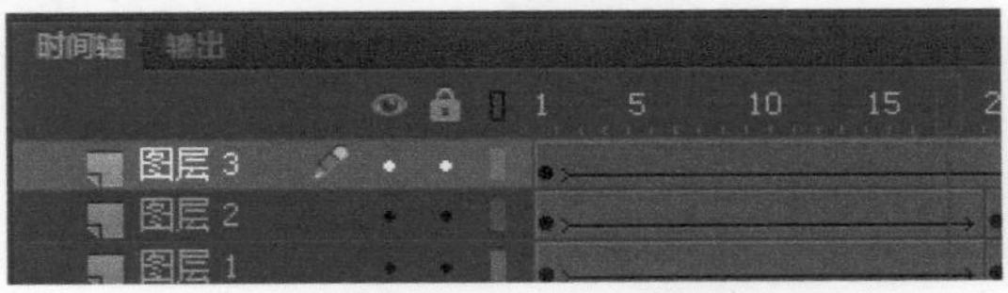

图 4-116　创建传统补间动画

步骤 21 在“图层 1”的第 52 帧处按快捷键 F7 插入空白关键帧，然后将【库】面板中的“蒲公英 2.jpg”素材文件拖到舞台中，并在【对齐】面板中分别单击【水平中齐】和【垂直中齐】按钮，勾选【与舞台对齐】复选框，如图 4-117 所示。

图 4-117　将“蒲公英 2.jpg”素材文件拖到舞台中

步骤 22 在“图层 1”的第 130 帧处按快捷键 F5 插入帧，如图 4-118 所示。

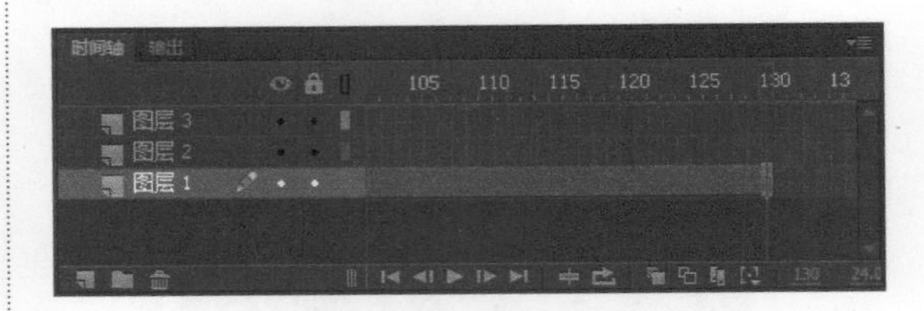

图 4-118　插入帧

步骤 23 按 Ctrl+F8 组合键打开【创建新元件】对话框，在其中新建一个名为“矩形”的图形元件，如图 4-119 所示。

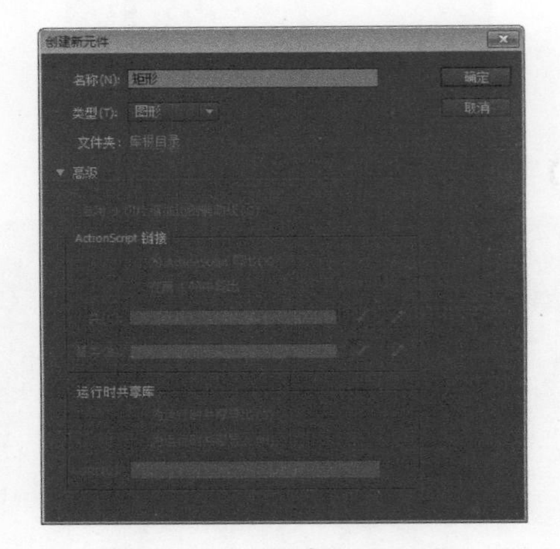

图 4-119　新建图形元件

步骤 24 单击【确定】按钮，进入该元件的编辑模式，使用矩形工具在舞台上绘制一个无笔触颜色的矩形，并将其【大小】设置为 480 像素 ×35 像素，如图 4-120 所示。

图 4-120　绘制矩形

步骤 25 选中绘制的矩形，按 Ctrl+K 组合键打开【对齐】面板，在其中分别单击【水平中齐】和【垂直中齐】按钮，如图 4-21 所示。

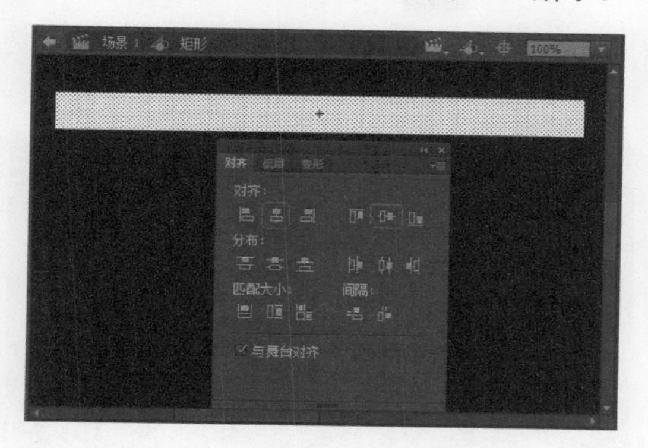

图 4-121 设置矩形的对齐方式

步骤 26 按 Ctrl+F8 组合键打开【创建新元件】对话框，在其中新建一个名为“矩形效果”的影片剪辑元件，如图 4-122 所示。

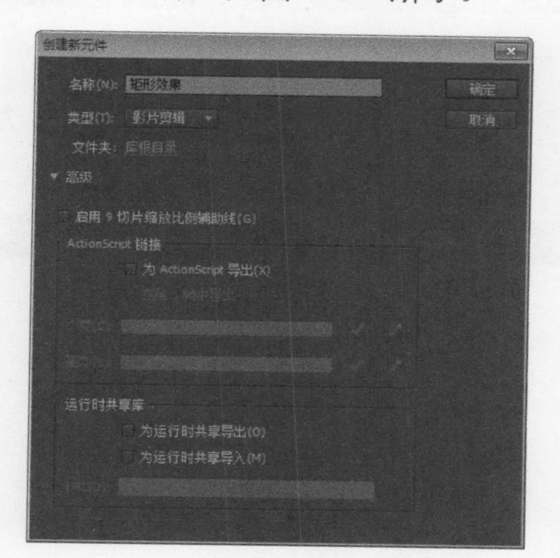

图 4-122 新建影片剪辑元件

步骤 27 单击【确定】按钮，进入影片剪辑元件的编辑模式，将【库】面板中的“矩形”元件拖到舞台中，然后在其【属性】面板中将 X 和 Y 分别设置为“0.00”和“-134.00”，如图 4-123 所示。

步骤 28 在“图层 1”的第 10 帧处插入关键帧，并选中该帧上的元件，然后在其【属性】面板中将【高】设置为“15.00”，将 Alpha 值设置为“0%”，如图 4-124 所示。

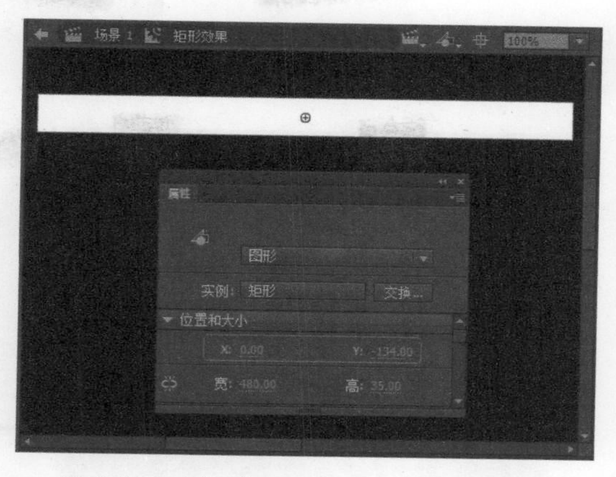

图 4-123 将“矩形”元件拖到舞台中

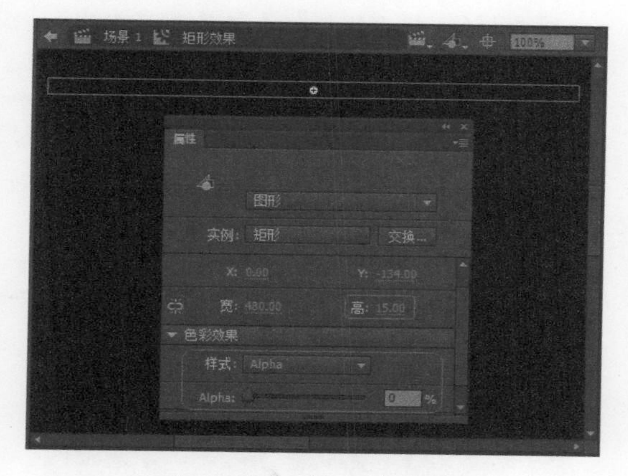

图 4-124 设置关键帧

步骤 29 在“图层 1”图层的第 1 ～ 10 帧中创建传统补间动画动画，如图 4-125 所示。

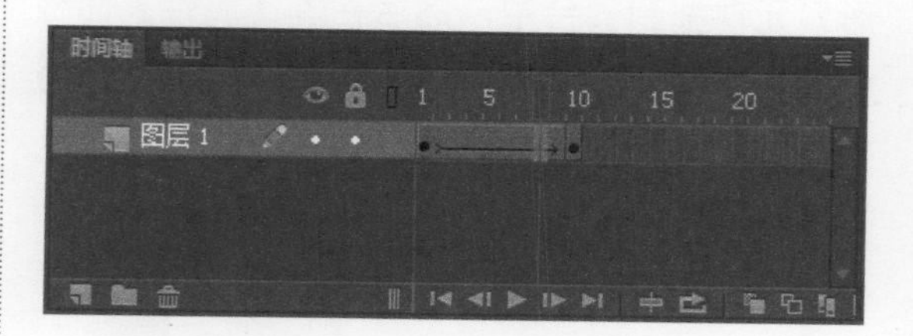

图 4-125 创建传统补间动画动画

步骤 30 新建“图层 2”，将【库】面板中的“矩形”元件拖到舞台中，然后在其【属性】面板中将【高】设置为“70.00”，将 X 和 Y 分别设置为“0.00”和“-81.5”，如图 4-126 所示。

步骤 31 在“图层 2”的第 5 帧和第 15 帧处插入关键帧，并选中第 15 帧上的元件，在【属性】面板中将【高】设置为“40.00”，将 Alpha 值设置为“0%”，然后在第 5 ～ 15 帧中创建传统补间动画动画，如图 4-127 所示。

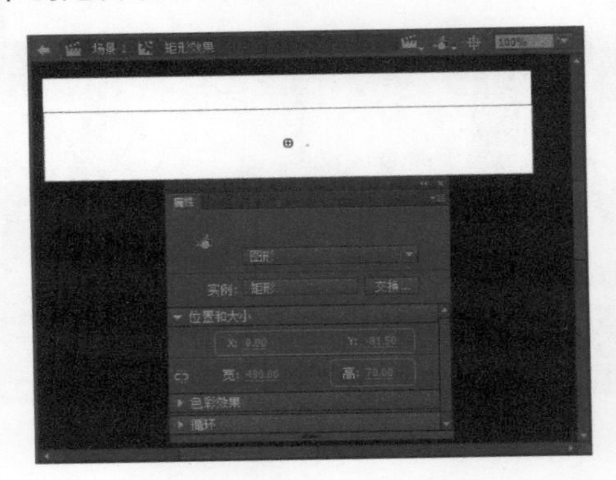

图 4-126　将“矩形”元件拖到舞台中

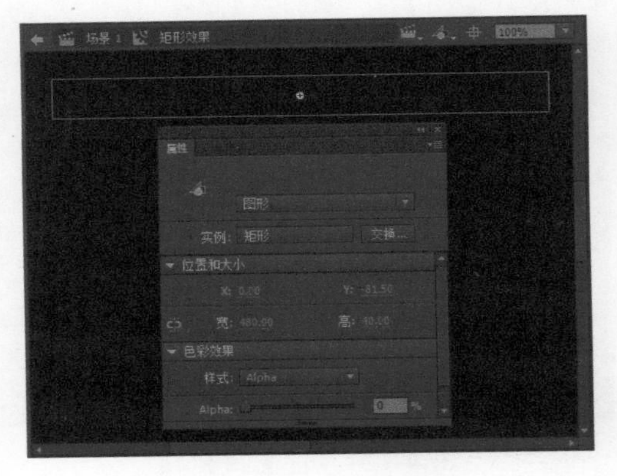

图 4-127　设置元件属性

步骤 32 新建“图层 3”，将【库】面板中的“矩形”元件拖到舞台中，然后在其【属性】面板中将【高】设置为“100.00”，将 X 和 Y 分别设置为“0.00”和“3.50”，如图 4-128 所示。

图 4-128　将“矩形”元件拖到舞台中

步骤 33 在“图层 3”的第 10 帧和第 20 帧处插入关键帧，并选中第 20 帧上的元件，在其【属性】面板中，将【高】设置为“60.00”，将 Alpha 值设置为“0%”，然后在第 10 ～ 15 帧中创建传统补间动画动画，效果如图 4-129 所示。

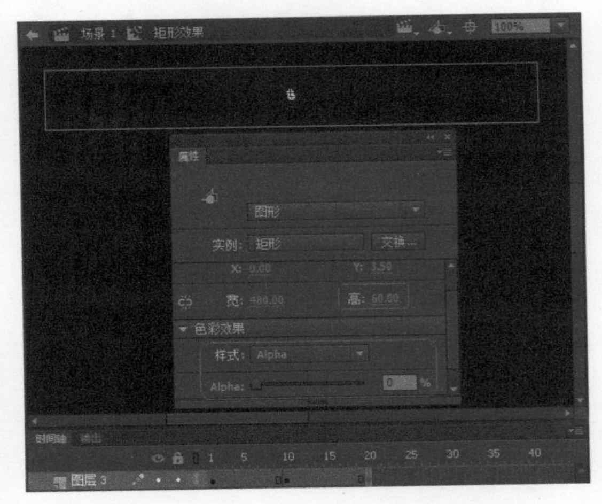

图 4-129　设置元件属性并创建传统补间动画

步骤 34 依次类推，设置其他图层中的动画，完成后的效果如图 4-130 所示。

图 4-130　完成后的效果

步骤 35 返回到场景 1 中，新建“图层 4”，在该图层的第 52 帧处插入关键帧，然后将【库】面板中的“矩形效果”元件拖到舞台中的合适位置，如图 4-131 所示。

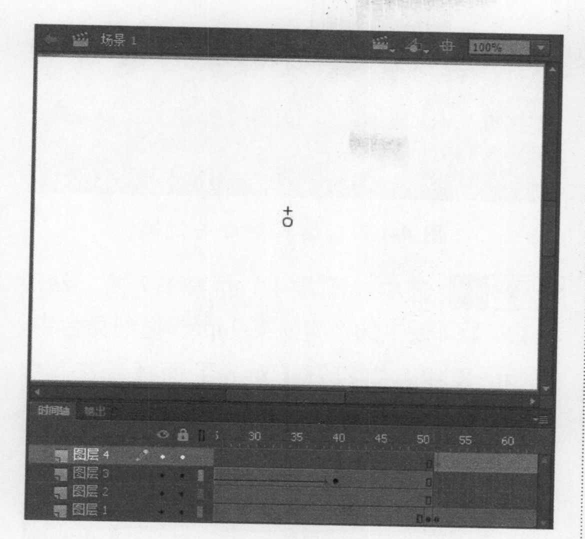

图 4-131 将“矩形效果”元件拖到舞台中

步骤 36 按 Ctrl+F8 组合键打开【创建新元件】对话框，在其中新建一个名为“文字 3”的图形元件，如图 4-132 所示。

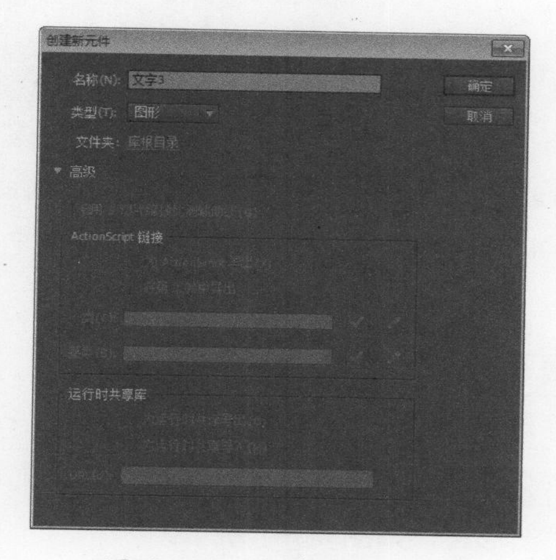

图 4-132 新建图形元件

步骤 37 单击【确定】按钮，进入该元件的编辑模式，单击工具栏中的【文本工具】按钮，在其【属性】面板中，将【系列】设置为“华文中宋”，【大小】设置为“40.0 磅 "，【颜色】设置为“#FBDE2E”，最后将【X】和【Y】均设置为“0.00”，效果如图 4-133 所示。

步骤 38 选中输入的“得意”文本，在【属性】面板中将【大小】设置为“55.0 磅”，【颜色】设置为“#FF0099”，如图 4-134 所示。

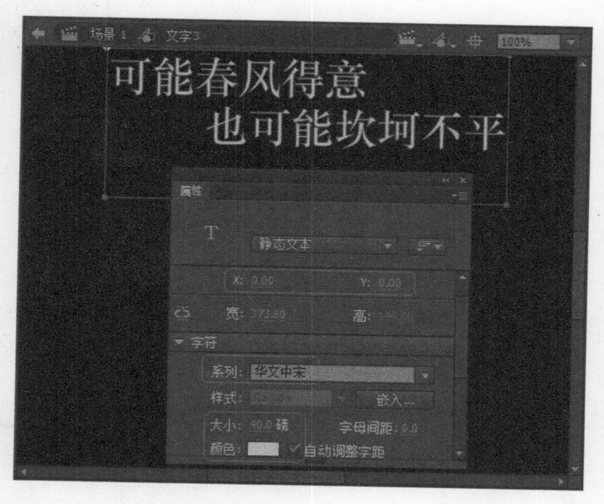

图 4-133 输入并设置文字

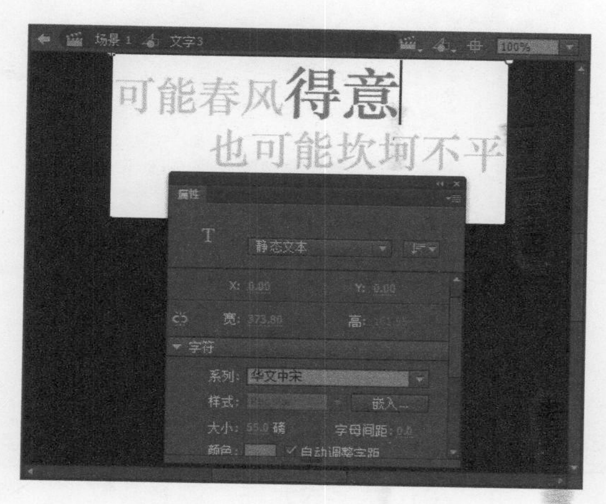

图 4-134 设置文本“得意”

步骤 39 按照相同的方法设置文本“不平”，效果如图 4-135 所示。

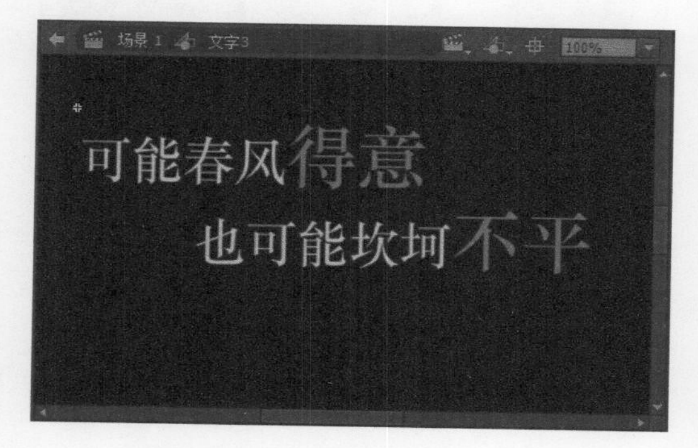

图 4-135 设置文本“不平”

步骤 40 返回到场景 1 中，新建“图层 5”，在该图层的第 85 帧处插入关键帧，如图 4-136 所示。

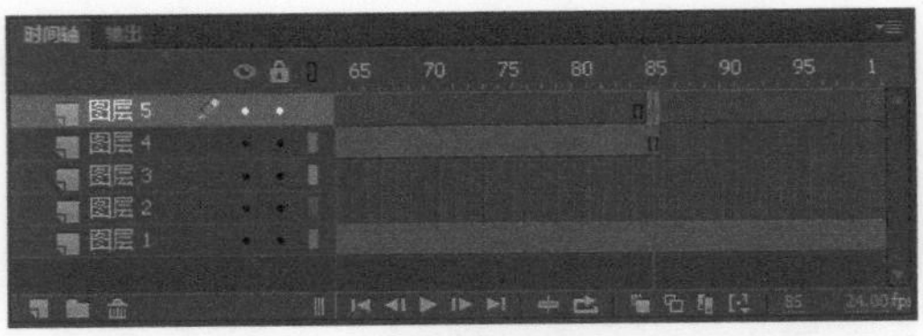

图 4-136 新建图层并插入关键帧

步骤 41 将【库】面板中的“文字 3”元件拖到舞台中的合适位置，在【属性】面板中将 Alpha 值设置为“0%”，如图 4-137 所示。

图 4-137 将“文字 3”元件拖到舞台中并设置 Alpha 值

步骤 42 在“图层 5”的第 100 帧处插入关键帧，并选中该帧上的元件，调整其位置，然后在【属性】面板中将【样式】设置为“无”，如图 4-138 所示。

图 4-138 设置关键帧

步骤 43 分别在“图层 5”和“图层 1”的第 117 帧处按快捷键 F7 插入空白关键帧，如图 4-139 所示。

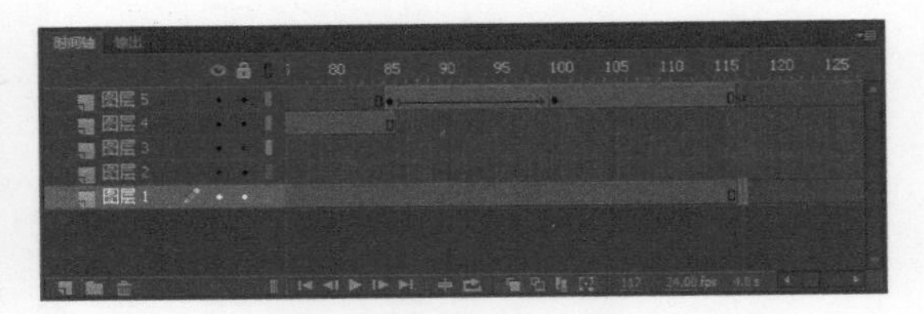

图 4-139 插入空白关键帧

步骤 44 选中“图层 1”的第 117 帧，然后将【库】面板中的“蒲公英 3.jpg”拖到舞台中，按 Ctrl+K 组合键打开【对齐】面板，在其中分别单击【水平中齐】和【垂直中齐】按钮，如图 4-140 所示。

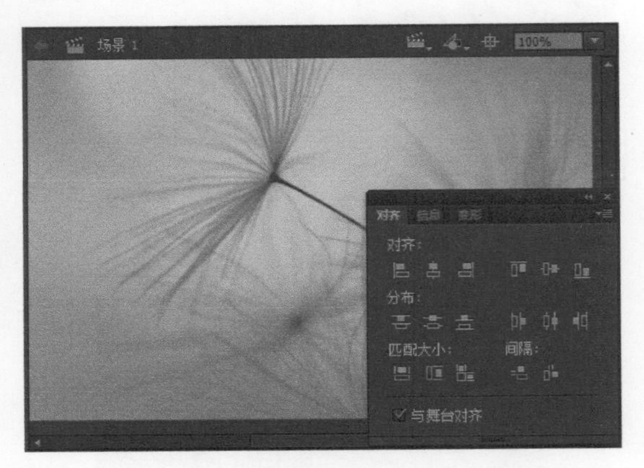

图 4-140 将“蒲公英 3.jpg”拖到舞台中并设置对齐方式

步骤 45 确认素材图片处于选中状态，按快捷键 F8 打开【转换为元件】对话框，在【名称】文本框中输入“图片 3”，并将【类型】设置为“图形”，如图 4-141 所示。

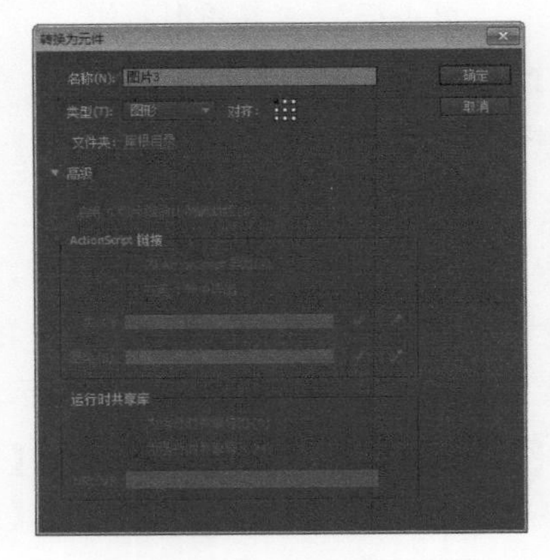

图 4-141 转换为图形元件

步骤 46 单击【确定】按钮，将其转换为元件，选中该元件，在其【属性】面板中将 Alpha 值设置为“30%”，如图 4-142 所示。

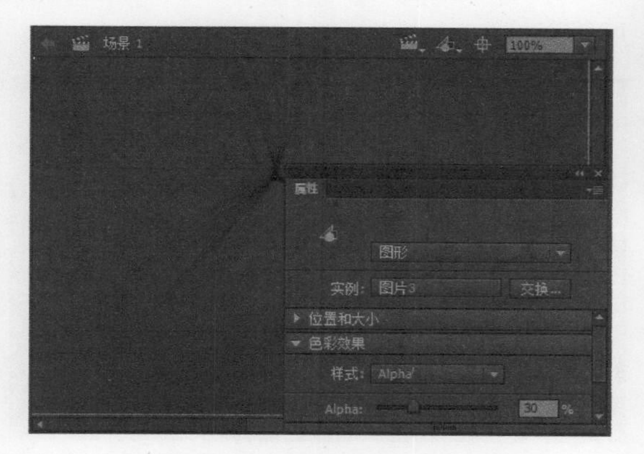

图 4-142　设置元件的 Alpha 值

步骤 47 在“图层 1”的第 140 帧处插入关键帧，并选中该帧上的元件，在其【属性】面板中将【样式】设置为“无”，如图 4-143 所示。

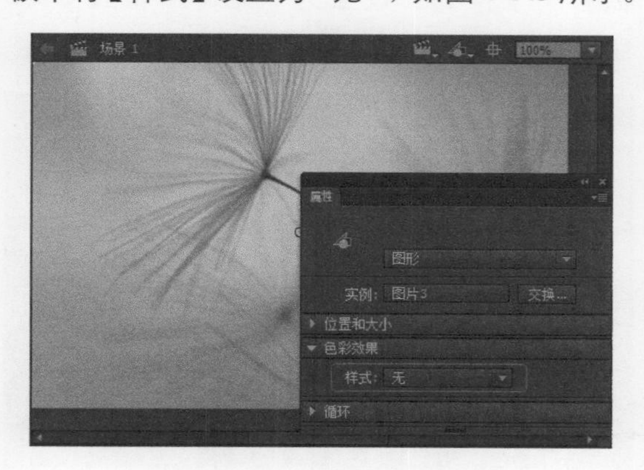

图 4-143　设置关键帧

步骤 48 选中“图层 1”的第 117~140 帧中的任意一帧并右击，从弹出的快捷菜单中选择【创建传统补间动画】菜单命令，即可创建传统补间动画，如图 4-144 所示。

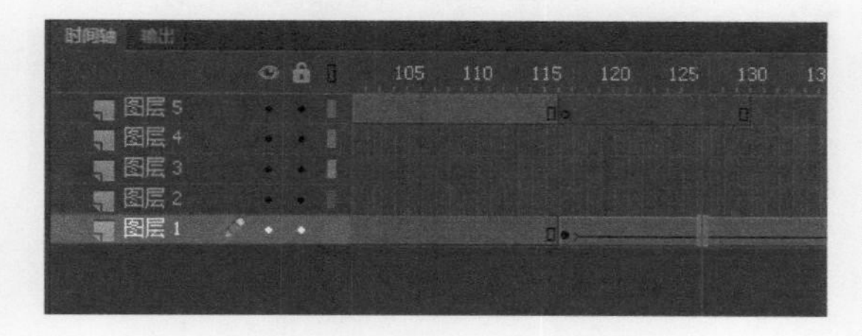

图 4-144　创建传统补间动画动画

步骤 49 在“图层 1”的第 180 帧处插入关键帧，如图 4-145 所示。

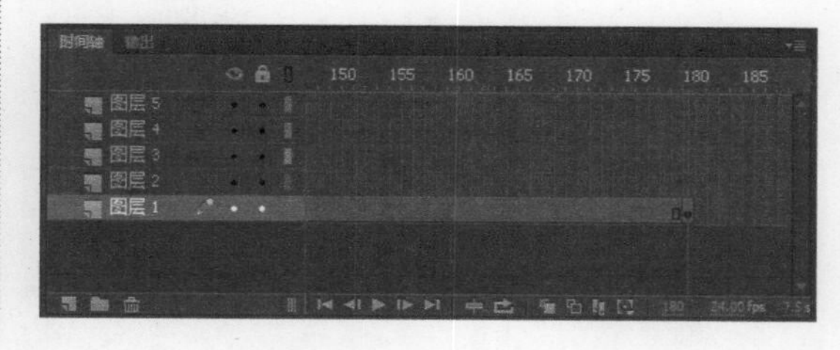

图 4-145　插入关键帧

步骤 50 按 Ctrl+F8 组合键打开【创建新元件】对话框，在其中新建一个名为“文字 4”的图形元件，如图 4-146 所示。

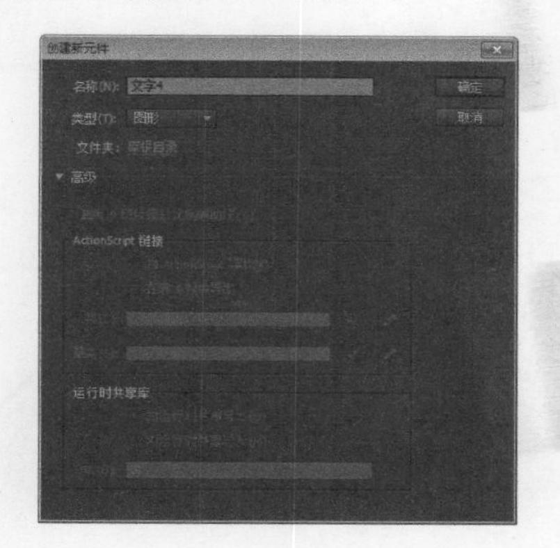

图 4-146　新建图形元件

步骤 51 单击【确定】按钮，即可进入该元件的编辑模式，单击工具栏中的【文本工具】按钮，然后在其【属性】面板中将【系列】设置为“幼圆”、【大小】设置为“30.0 磅”、【颜色】设置为白色，【字母间距】设置为“10.0”，如图 4-147 所示。

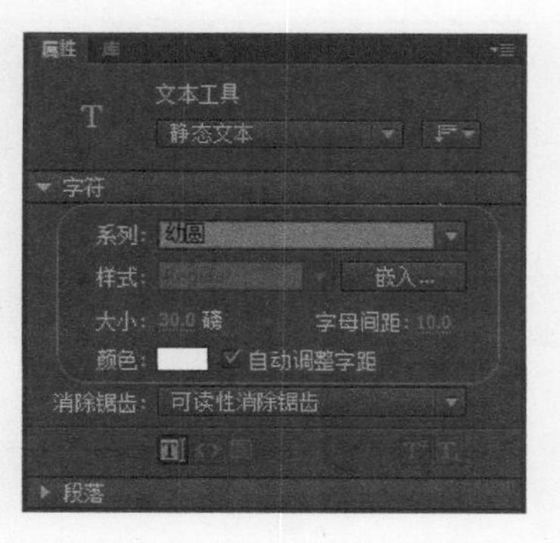

图 4-147　设置文本的属性

步骤 52 在舞台上绘制文本框并输入文本“无论如何，我们都要坚强、勇敢地走下去”，选中输入的文本，在【属性】面板中将【X】和【Y】都设置为“0.00”，效果如图 4-148 所示。

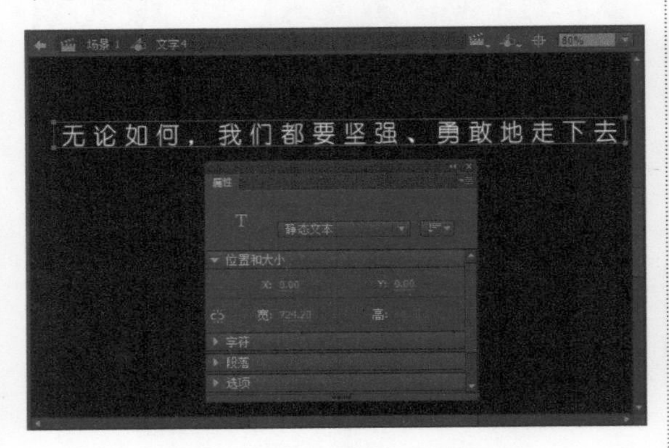

图 4-148　输入文本

步骤 53 将文本【坚强】的颜色更改为“#FFFF00”，将文本【勇敢】的颜色更改为“#FF00FF”，效果如图 4-149 所示。

图 4-149　更改文字颜色

步骤 54 返回到场景 1 中，新建“图层 6”，在该图层的第 140 帧处插入关键帧，如图 4-150 所示。

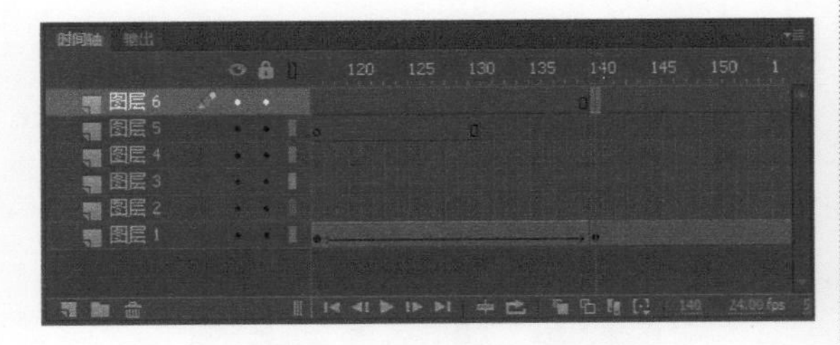

图 4-150　插入关键帧

步骤 55 将【库】面板中的“文字 4”元件拖到舞台中，并调整其位置，然后在【属性】面板中将 Alpha 设置为“0%”，如图 4-151 所示。

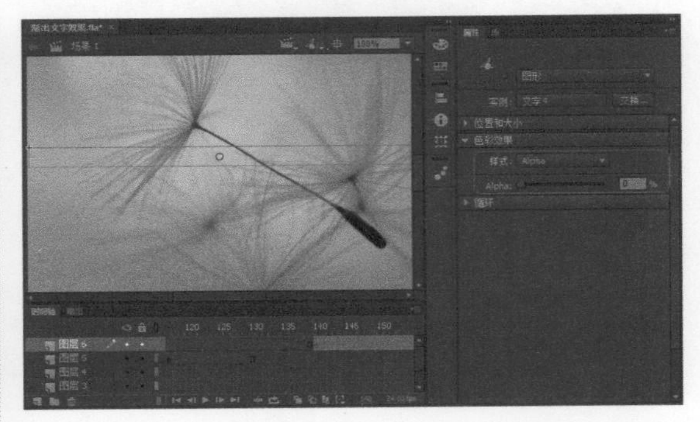

图 4-151　将“文字 4”元件拖到舞台中

步骤 56 在“图层 6”的第 165 帧处插入关键帧，并选中该帧上的元件，在【属性】面板中将【样式】设置为“无”，如图 4-152 所示。

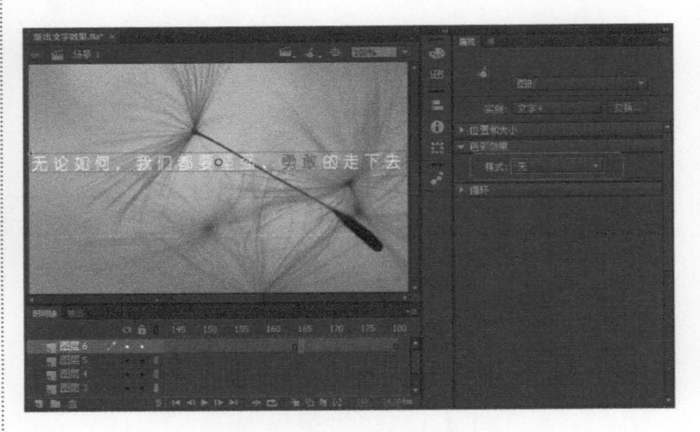

图 4-152　设置关键帧

步骤 57 在“图层 6”的第 140~165 帧中创建传统补间动画动画，如图 4-153 所示。

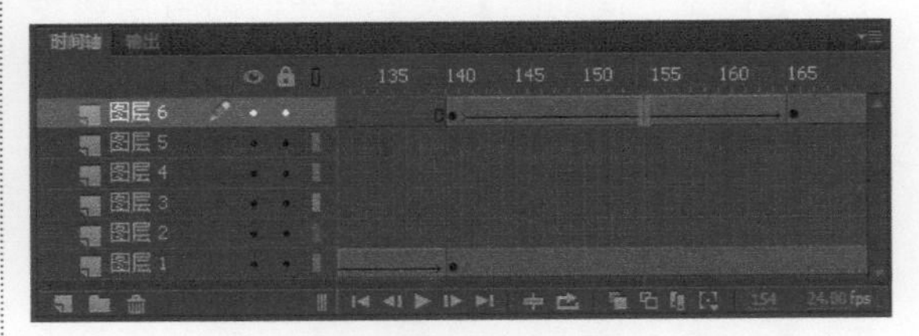

图 4-153　创建传统补间动画动画

步骤 58 至此，就完成了渐出文字动画的制作，按 Ctrl+Enter 组合键进行测试，测试效果如图 4-154 所示。

图 4-154　测试效果

4.9 实战演练4——制作打字效果

本实例主要通过插入关键帧和空白关键帧来制作光标闪烁效果，然后将输入的文字分离，并把不同帧上的不同对象进行删除来实现打字效果。制作打字效果的具体操作如下。

步骤 1 启动 Flash CC，然后依次选择【文件】→【新建】菜单命令，即可创建一个新的 Flash 空白文档，最后将该文档保存为“打字效果 .fla”，如图 4-155 所示。

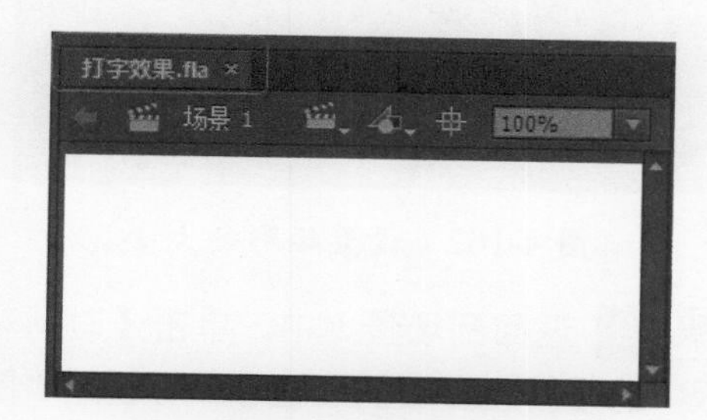

图 4-155　新建 Flash 文档

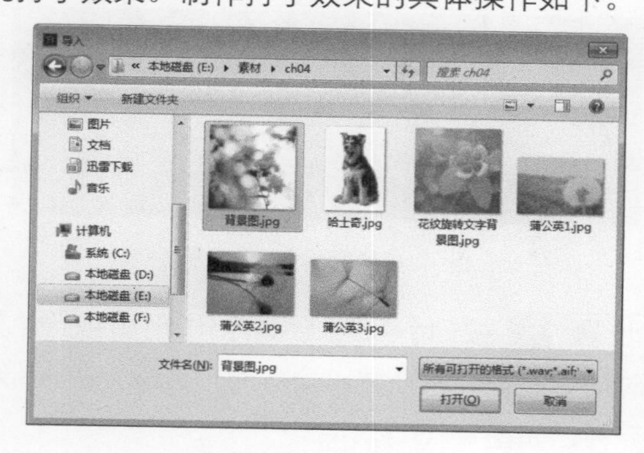

图 4-156　选择图片

步骤 2 按 Ctrl+R 组合键打开【导入】对话框，在其中选择需要导入的素材图片，如图 4-156 所示。

步骤 3 单击【打开】按钮，即可将其导入舞台中，然后在【属性】面板中将图片和舞台的【大小】都设置为 396 像素 ×396 像素，如图 4-157 所示。

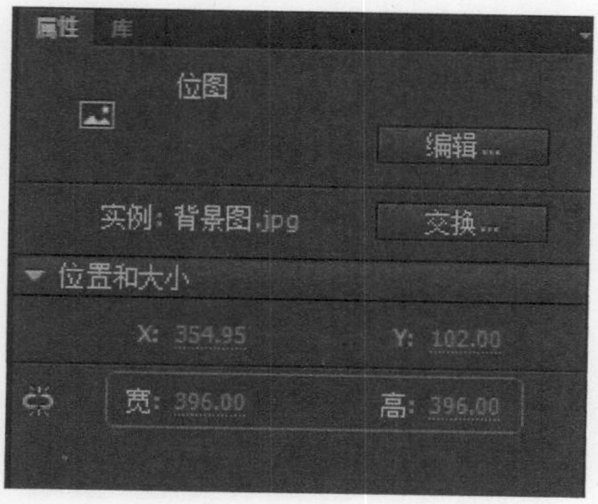

图 4-157　设置图片的大小

步骤 4 确认图片仍处于选中状态，按Ctrl+K组合键打开【对齐】面板，在其中单击【水平中齐】和【垂直中齐】按钮，并勾选【与舞台对齐】复选框，效果如图4-158所示。

图 4-158　设置图片的对齐方式

步骤 5 在“图层 1”的第45帧处按快捷键F6插入关键帧，如图4-159所示。

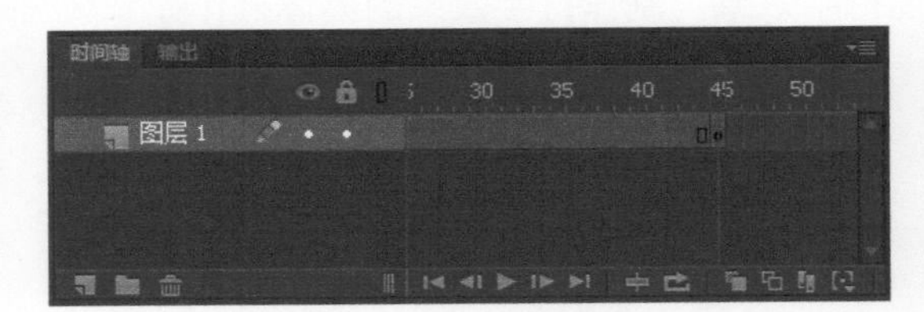

图 4-159　插入关键帧

步骤 6 按Ctrl+F8组合键打开【创建新元件】对话框，在其中新建一个名为“光标”的图形元件，如图4-160所示。

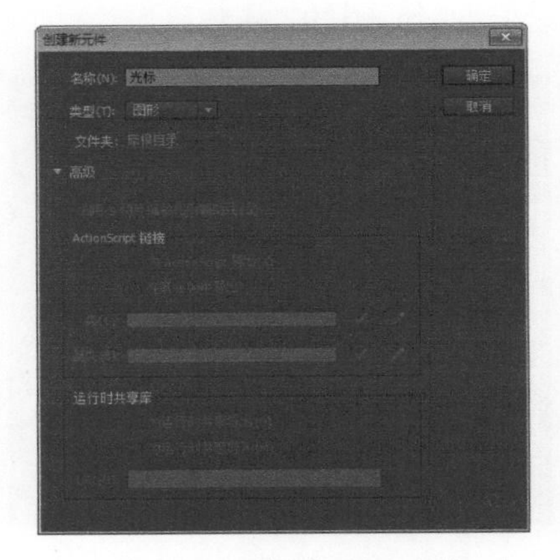

图 4-160　新建图形元件

步骤 7 单击【确定】按钮，进入该元件的编辑模式，在【属性】面板中将舞台颜色设置为黑色，然后选择矩形工具，在舞台上绘制一个无笔触颜色的矩形，如图4-161所示。

图 4-161　绘制矩形

步骤 8 选中绘制的矩形，在【属性】面板中将【宽】设置为“32.50”，【高】设置为“3.50”，如图4-162所示。

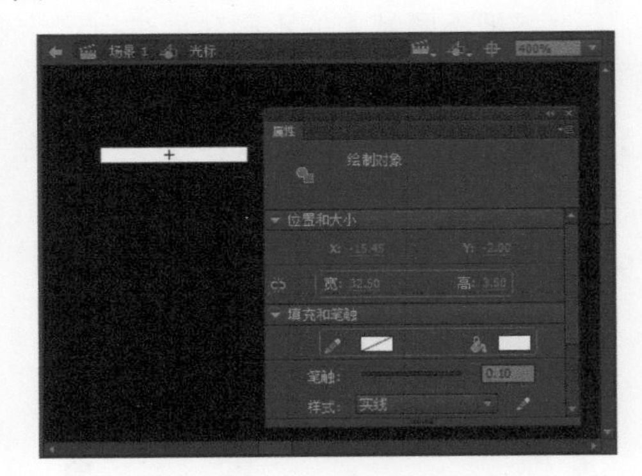

图 4-162　设置矩形的大小

步骤 9 返回到场景1中，单击【时间轴】面板中的【新建图层】按钮，即可新建“图层2”，然后将其重命名为“光标1”，如图4-163所示。

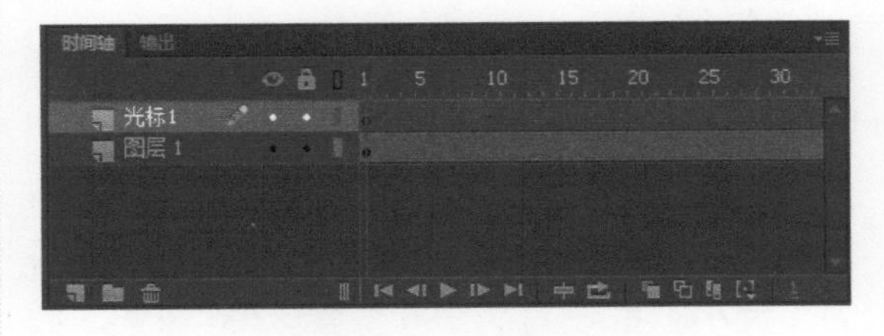

图 4-163　新建图层

步骤 10 选中"光标1"图层的第1帧，将【库】面板中的"光标"元件拖到舞台中，并调整其位置，如图4-164所示。

图4-164　将"光标"元件拖到舞台中

步骤 11 在"光标1"图层的第2帧处按快捷键F7插入空白关键帧，如图4-165所示。

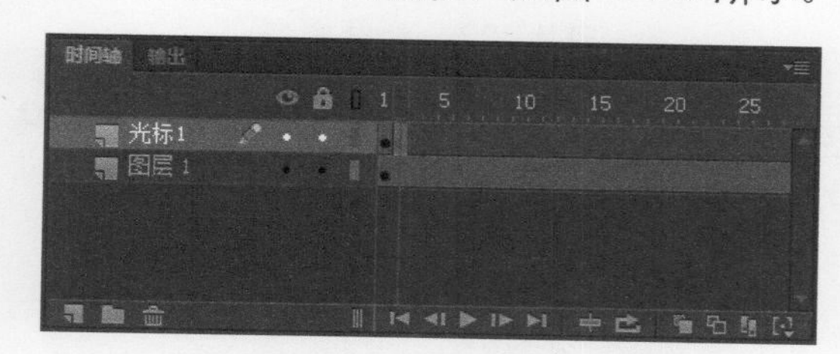

图4-165　插入空白关键帧

步骤 12 在"光标1"图层的第4帧处插入关键帧，然后将【库】面板中的"光标"元件拖到舞台中的合适位置，如图4-166所示。

图4-166　插入关键帧并添加元件

步骤 13 在"光标1"图层的第5帧处按快捷键F7插入空白关键帧，如图4-167所示。

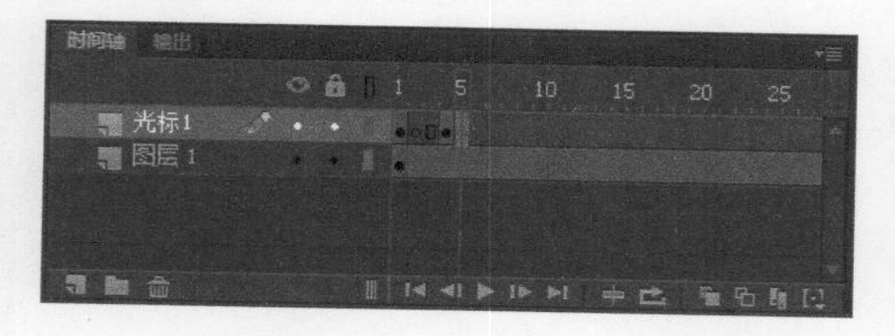

图4-167　插入空白关键帧

步骤 14 在"光标1"图层的第7帧处插入关键帧，然后将【库】面板中的"光标"元件拖到舞台中的合适位置，如图4-168所示。

图4-168　插入关键帧并添加元件

步骤 15 新建"图层3"，选择文本工具，然后在其【属性】面板中将【系列】设置为"方正姚体"，【大小】设置为"40.0磅"，【颜色】设置为"#6633CC"，如图4-169所示。

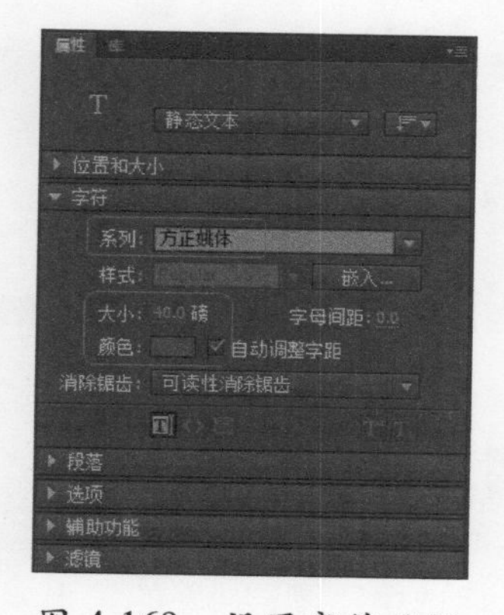

图4-169　设置字符属性

步骤 16 在舞台上绘制文本框并输入相应的文本，效果如图 4-170 所示。

图 4-170 输入文字

步骤 17 选中该图层中的文字并右击，从弹出的快捷菜单中选择【分离】菜单命令，即可将文字分离，如图 4-171 所示。

图 4-171 分离文字

步骤 18 新建“图层 4”，选中“图层 3”中的第二行文本内容，按 Ctrl+X 组合键进行剪切，然后选中“图层 4”的第 1 帧，依次选择【编辑】→【粘贴到当前位置】菜单命令，即可将文本粘贴到“图层 4”中，如图 4-172 所示。

图 4-172 粘贴文字

步骤 19 在“图层 3”的第 8 帧处按快捷键 F6 插入关键帧，如图 4-173 所示。

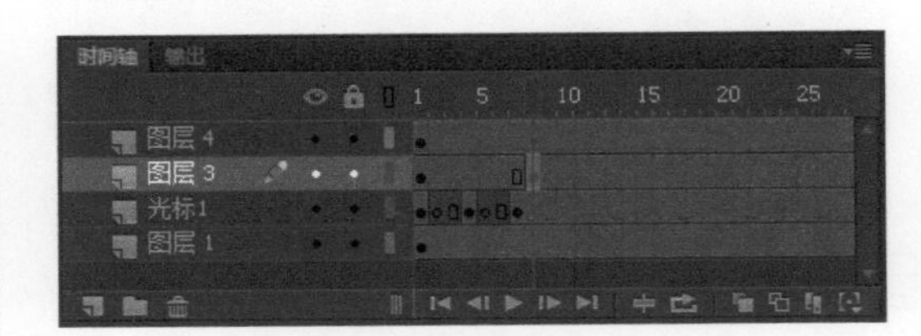

图 4-173 插入关键帧

步骤 20 选中“图层 3”中第 1 帧上的所有对象，然后依次选择【编辑】→【清除】菜单命令，如图 4-174 所示。

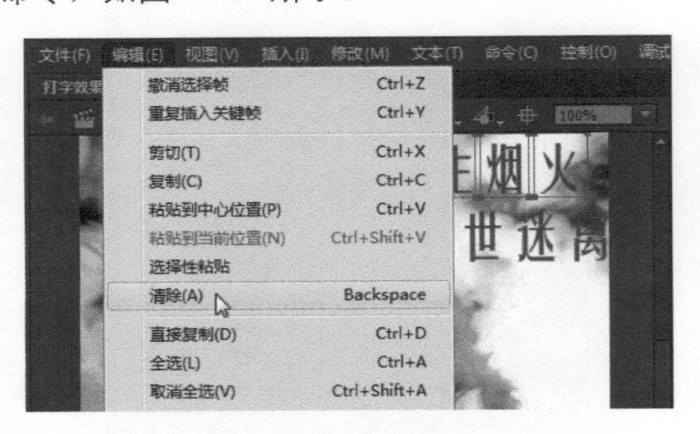

图 4-174 选择【清除】菜单命令

步骤 21 选中“图层 3”的第 8 ～ 15 帧并右击，从弹出的快捷菜单中选择【转换为关键帧】菜单命令，如图 4-175 所示。

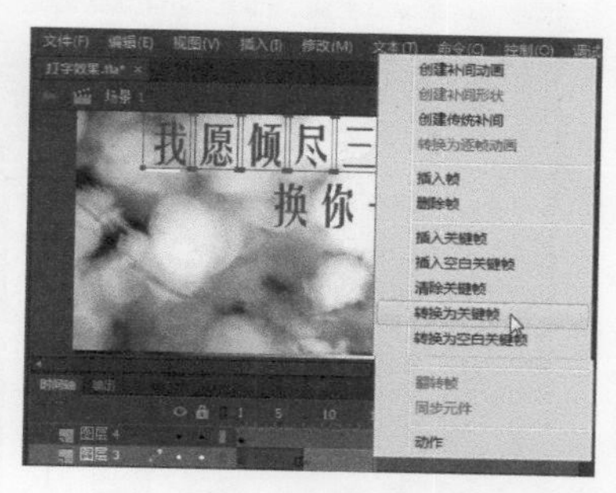

图 4-175 选择【转换为关键帧】菜单命令

步骤 22 选中“图层 3”的第 8 帧，将该帧上的文字“我”留下，然后将其余文字删除，如图 4-176 所示。

图 4-176 删除多余的文字对象

步骤 23 在“光标 1”图层的第 8 帧处插入关键帧，并调整该帧上对象的位置，如图 4-177 所示。

图 4-177 插入关键帧并调整对象的位置

步骤 24 在“光标 1”图层的第 9 帧处插入关键帧，并调整该帧上对象的位置，如图 4-178 所示。

图 4-178 插入关键帧并调整对象的位置

步骤 25 依次类推，在“光标 1”图层的第 10 ～ 15 帧处插入关键帧，并调整各关键帧上对象的位置，完成后的效果如图 4-179 所示。

图 4-179 插入关键帧并调整对象的位置

步骤 26 按照上述方法，将“图层 3”中的对象依次删除，删除后的效果如图 4-180 所示。

图 4-180　删除对象

步骤 27 在“光标 1”图层的第 22 帧处插入关键帧，如图 4-181 所示。

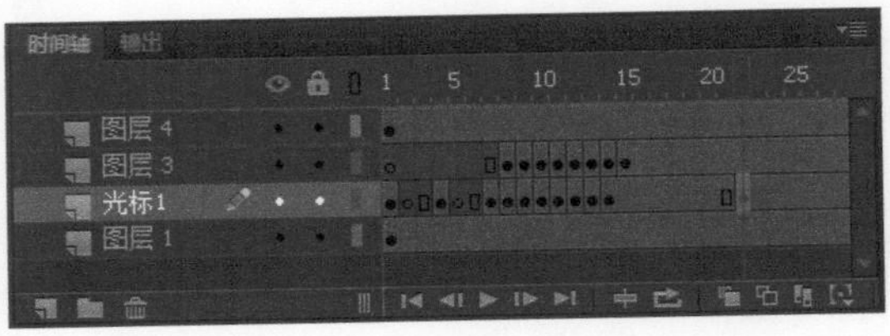

图 4-181　插入关键帧

步骤 28 将“光标 1”图层的第 15 帧上的对象全部删除，如图 4-182 所示。

图 4-182　删除第 15 帧上的对象

步骤 29 使用相同的方法设置第 2 行文字的动画效果，完成后的效果如图 4-183 所示。

图 4-183　制作其他文字的动画效果

步骤 30 新建“图层 5”，在该图层的第 45 帧处插入关键帧，然后按快捷键 F9 打开【动作】面板，在其中输入相关代码，如图 4-184 所示。

图 4-184　输入代码

步骤 31 为了更明显地看出打字的动画效果，可以将“光标”元件中的矩形颜色修改为黑色，在【库】面板中双击“光标”元件，进入该元件的编辑模式，选中矩形，在其【属性】面板中将颜色设置为黑色，如图 4-185 所示。

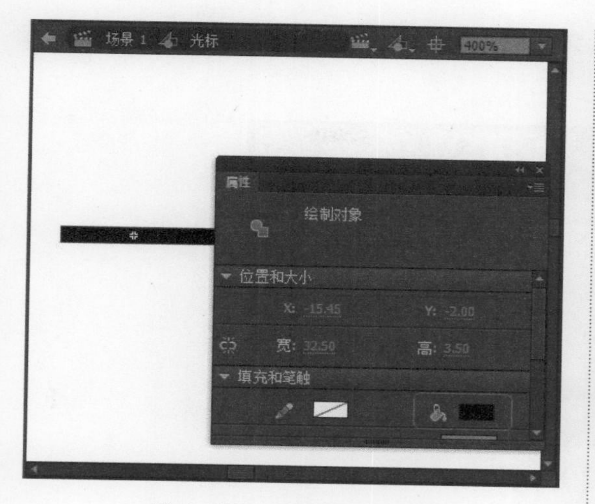

图 4-185　设置矩形颜色

步骤 32　返回到场景 1 中，按 Ctrl+Enter 组合键进行测试，测试效果如图 4-186 所示。

图 4-186　测试效果

4.10　高手甜点

甜点 1：在 Flash CC 中消除文字锯齿。

在 Flash CC 中直接输入的文字能以圆滑的方式显示。选中文字，然后依次选择【视图】→【预览模式】→【消除文字锯齿】菜单命令即可，如图 4-187 所示。

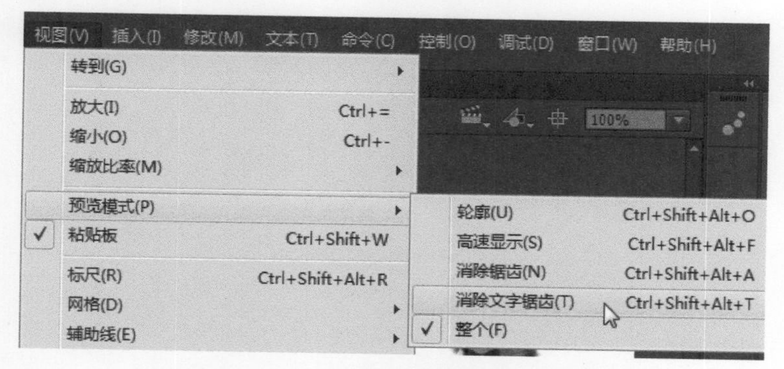

图 4-187　选择【消除文字锯齿】菜单命令

甜点 2：通过菜单设置文本属性。

除了在文本工具的【属性】面板中设置字体系列、大小、样式和颜色以外，还可以在 Flash

CC 主窗口的【文本】菜单中进行设置，单击【文本】菜单，从弹出的下拉菜单中进行相关的设置即可，如图 4-188 所示。

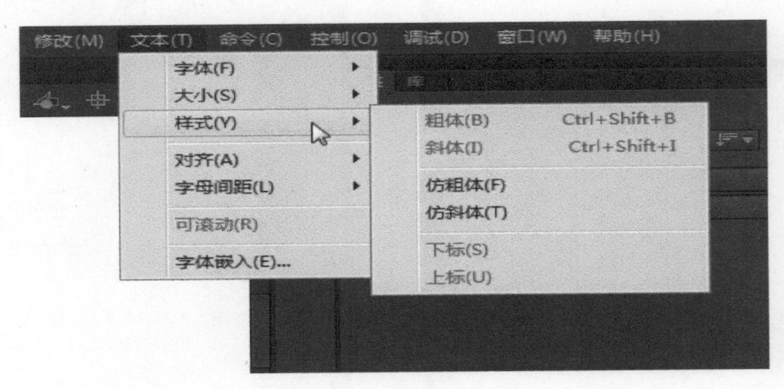

图 4-188 【文本】菜单

使用颜色工具

● **本章导读**

图形绘制完成后，需要使用颜色工具对其进行颜色填充，这样就可以增强图形的视觉效果，从而看起来更加美观。本章将为用户详细介绍各种颜色工具的使用和相关技巧。

● **本章学习目标（已掌握的在圆圈中打钩）**

◎ 掌握使用颜色工具的方法
◎ 掌握使用墨水瓶工具的方法
◎ 掌握使用颜料桶工具的方法
◎ 掌握使用滴管工具的方法
◎ 掌握使用橡皮擦工具的方法
◎ 熟悉位图和矢量图的区别
◎ 掌握制作漂亮大礼包的方法
◎ 掌握制作互动媒体按钮的方法
◎ 掌握绘制彩虹的方法
◎ 掌握制作卡通仙人球的方法

● **重点案例效果**

40%
0%
7%
30%
40%

5.1 实例1——颜色工具的应用

Flash CC 的颜色工具是多个纯色的集合。在颜色工具中，可以设置笔触颜色、填充色的色彩模式和填充效果。

5.1.1 笔触颜色和填充色

本小节主要介绍笔触颜色和填充色的使用。

(1) 笔触颜色可用来设置笔触的颜色

单击【笔触颜色】按钮，然后在弹出的调色板中选择一种固定颜色即可，如图 5-1 所示。

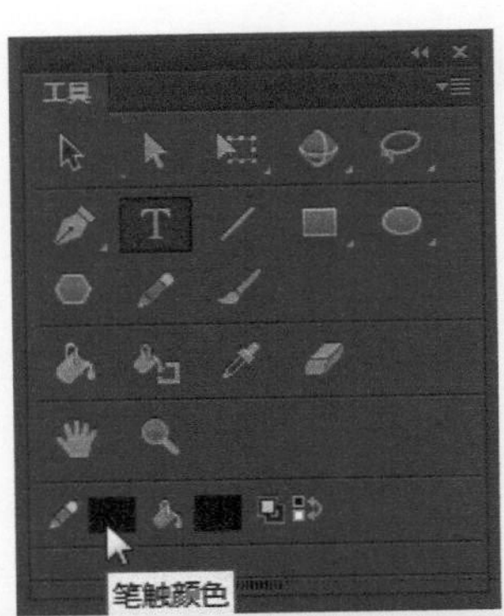

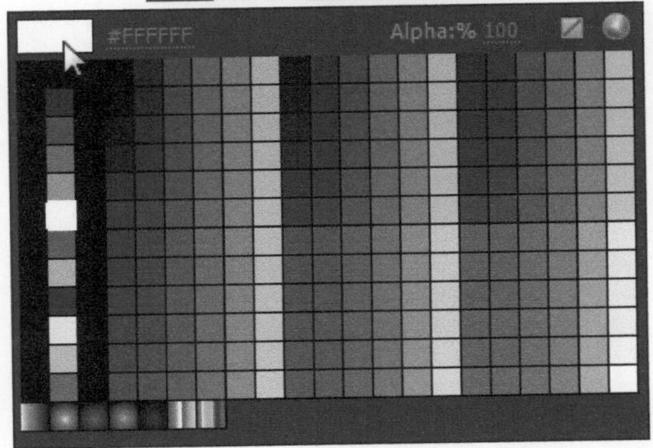

图 5-1 选择笔触颜色

提示 笔触颜色只能为一种固定颜色，不能选择渐变色。

(2) 填充色可以用来设置填充的颜色

单击【填充颜色】按钮，然后在弹出的调色板中不仅可以选择一种固定颜色，也可以在底部的可用渐变色上选择一种预设的渐变色，如图 5-2 所示。

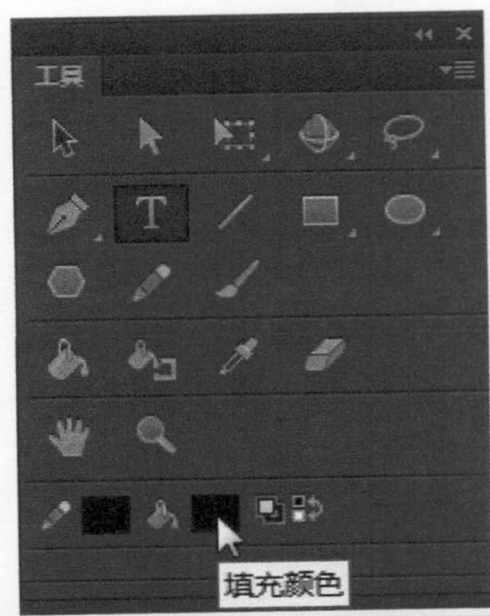

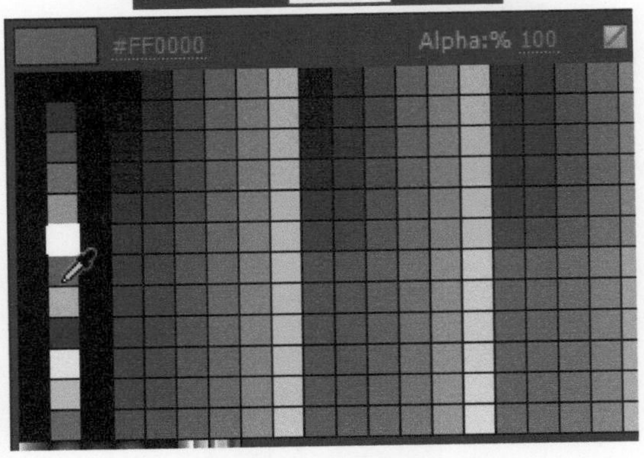

图 5-2 选择填充颜色

(3) 选择【窗口】→【颜色】菜单命令，在弹出的【颜色】面板中，单击按钮，可以将边框指定为黑色，填充指定为白色；单击按钮，可以将边框（当选中按钮时）或填充色（当选中按钮时）设置成无色；单击按钮，可以交换边框与填充的颜色值，如图 5-3 所示。

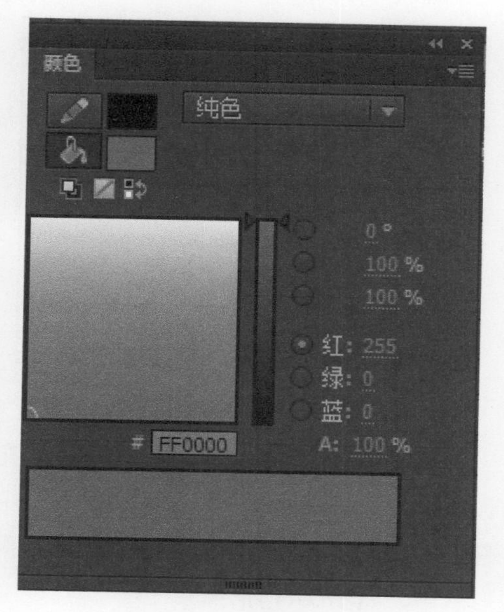

图 5-3 【颜色】面板

5.1.2 颜色的设置

使用上面的颜色工具只能初步地选择颜色，如果需要自定义颜色，就需要使用相关的面板。

1. 【样本】面板

在 Flash CC 主窗口中，依次选择【窗口】→【样本】菜单命令，即可打开【样本】面板，如图 5-4 所示。

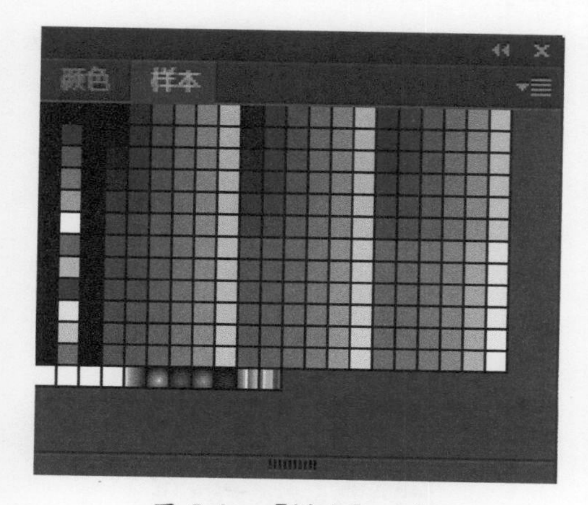

图 5-4 【样本】面板

2. 【颜色】面板

在 Flash CC 主窗口中，依次选择【窗口】→【颜色】菜单命令，即可打开【颜色】面板，如图 5-5 所示。

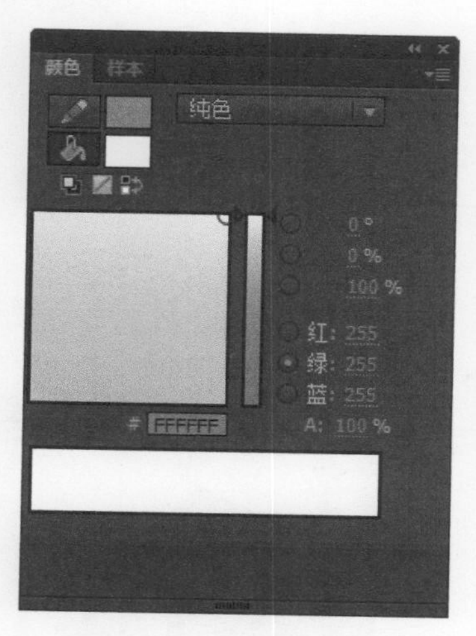

图 5-5 【颜色】面板

3. 填充效果

在【颜色】面板中可以设置不同的填充效果，单击【颜色类型】下拉按钮，从弹出的下拉列表中选择其中的一种颜色填充模式即可，如图 5-6 所示。

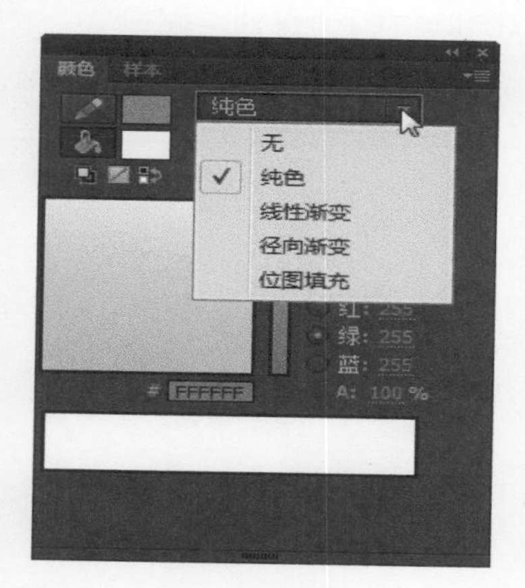

图 5-6 【颜色类型】下拉列表

(1) 无：没有填充颜色，即只显示边框或轮廓，如图 5-7 所示。

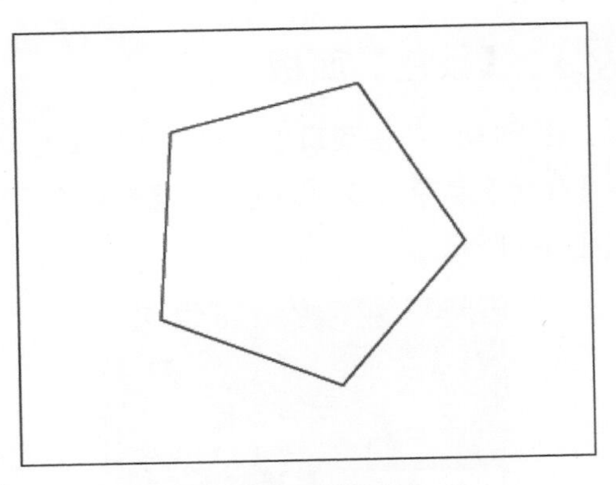

图 5-7　无填充色

(2)　纯色：例如红色、黄色和绿色等颜色，如图 5-8 所示。

图 5-8　填充为红色

(3)　线性渐变：一种特殊的填充方式，颜色可以从上往下（或者从一侧到另一侧）渐变成另一种颜色，如图 5-9 所示。

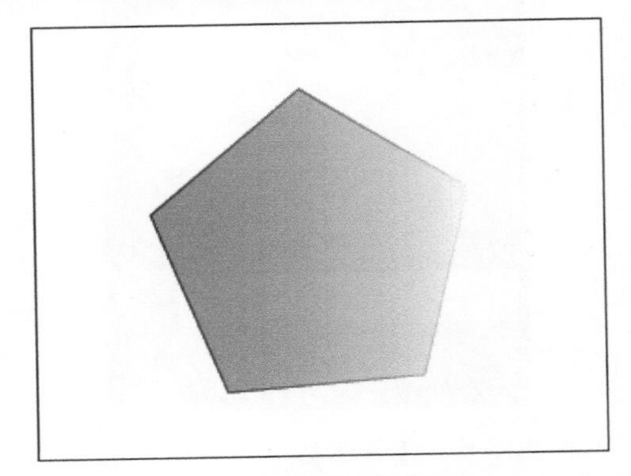

图 5-9　渐变填充

(4)　径向渐变：与线性渐变类似，所不同的是从内向外呈放射状渐变，如图 5-10 所示。

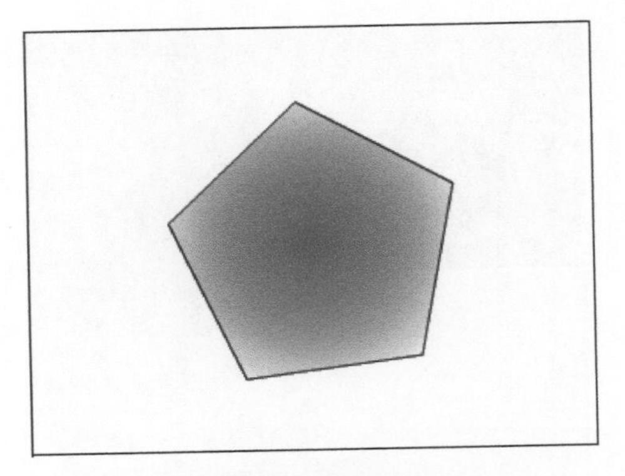

图 5-10　径向渐变

(5)　位图填充：用导入的位图进行填充。可以根据自己的需要从【库】面板的图标中选择任意一个位图进行填充，甚至可以将它平铺在形状中，如图 5-11 所示。

图 5-11　位图填充

在用颜料桶工具为对象填充颜色或改变已有的填充时，当在颜色工具的填充色中选择一种颜色或者渐变色时，【颜色】面板将切换为编辑渐变色【颜色】面板，如图 5-12 所示。

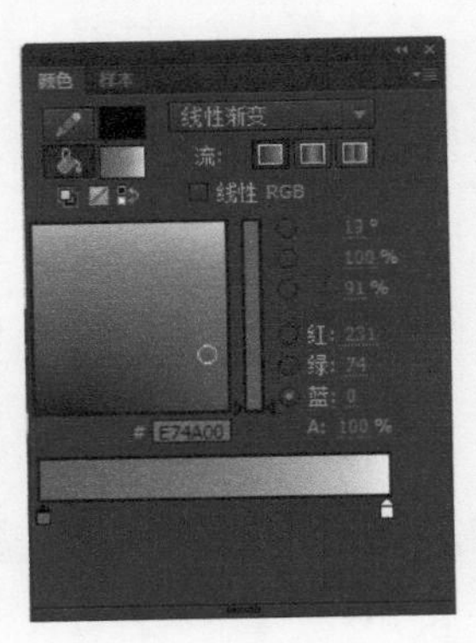

图 5-12　编辑渐变色【颜色】面板

在编辑渐变颜色时，既可以在两种颜色之间过渡，也可在多种颜色之间过渡。若要在多种颜色之间过渡，就需要增加颜色的数量。用鼠标在色彩滑动区上单击，即可增加一个颜色滑块，如图 5-13 所示。

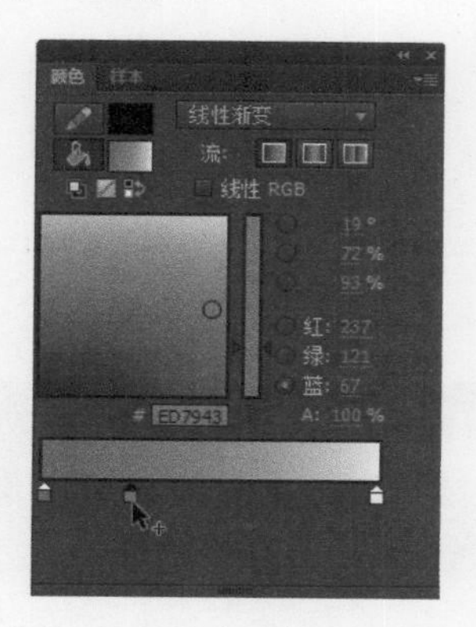

图 5-13　增加颜色滑块

提示　将颜色滑块左右拖曳可以调整颜色，如果拖曳出滑动区，即删除一种色彩。

如果需要改变某种色彩显示的颜色，可以先选中它，这时颜色滑块上面的三角形部分会变成黑色，然后单击该三角形，即可弹出一个调色板，从中可以选择一种颜色，如图 5-14 所示。

设置完成后，若想保存颜色样品，在【颜色】面板中单击右上角的按钮，从弹出的下拉列表中选择【添加样本】选项，如图 5-15 所示。

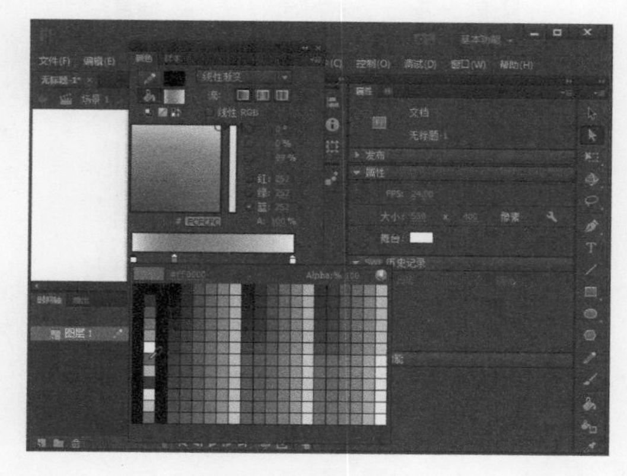

图 5-14　从弹出的调色板中选择一种颜色

图 5-15　选择【添加样本】选项

5.2 实例2——墨水瓶工具的应用

众所周知，对直线或形状轮廓只能应用纯色，而不能应用渐变或位图。使用墨水瓶工具可以在不选择形状轮廓的情况下，实现一次更改多个对象的笔触属性。

5.2.1 认识墨水瓶工具

墨水瓶工具主要用于创建形状边缘的轮廓或修改形状边缘的笔触，并且可以在墨水瓶【属性】面板中设置轮廓的颜色、宽度和样式，如图 5-16 所示。

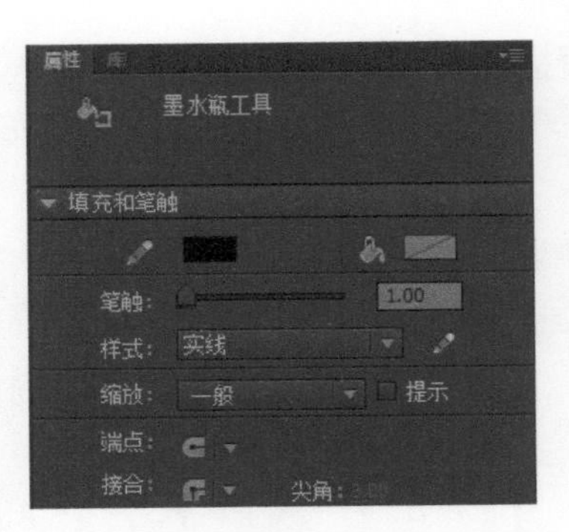

图 5-16　墨水瓶工具【属性】面板

若要添加轮廓设置，可以先在铅笔工具中设置笔触属性，再使用墨水瓶工具。

5.2.2 应用墨水瓶工具

使用墨水瓶工具添加或者改变笔触或轮廓的具体操作如下。

步骤 1 打开随书光盘中的“素材\ch05\汽车.fla”文档，如图 5-17 所示。

图 5-17　打开素材文档

步骤 2 单击工具栏中的【墨水瓶工具】按钮（或按快捷键 S），然后将鼠标指针移到舞台上，此时鼠标指针会变成图 5-18 所示的形状。

步骤 3 在打开的墨水瓶工具【属性】面板中，设置笔触颜色和大小，如图 5-19 所示。

步骤 4 单击舞台上的对象，即可为其添加轮廓，如图 5-20 所示。

图 5-18　鼠标指针形状

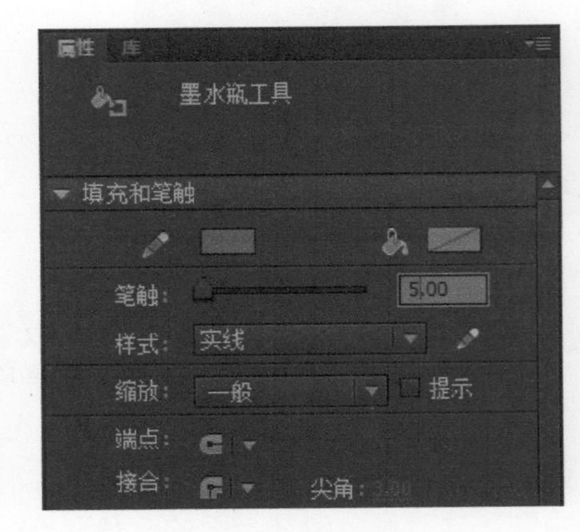

图 5-19　设置笔触颜色和大小

图 5-20　添加轮廓

提示　使用墨水瓶工具也可以改变框线的属性。如果一次要改变数条线段，可以按住 Shift 键并将它们同时选中，再使用墨水瓶工具点选其中的任何一条线段。

5.3 实例3——颜料桶工具的应用

Flash CC 中的形状对象以及文本对象都具有填充属性。对于开放的路径对象来说，虽然具有填充属性，却不能填上颜色，因此开放的路径对象无法显示填充。对于封闭的路径对象来说，如矩形、椭圆形、多边形、封闭曲线对象以及文本对象等都可以应用填充属性，使用颜料桶工具对它们进行填充操作。

5.3.1 认识颜料桶工具

单击工具栏中的【颜料桶工具】按钮，在工具栏下方会出现两个附属工具，分别是【间隔大小】工具和【锁定填充】工具，如图 5-21 所示。

图 5-21　附属工具

1. 【间隔大小】工具

单击附属工具中的【间隔大小】按钮，在弹出的下拉列表中有 4 种模式可供选择。

(1) 不封闭空隙：不允许有空隙，只限于封闭区域。

(2) 封闭小空隙：允许有小空隙。

(3) 封闭中等空隙：允许有中等空隙。

(4) 封闭大空隙：允许有大空隙。

2. 【锁定填充】工具

这是颜料桶工具的另一个附属工具，它可以控制渐变的填充方式。当打开此功能时，所有使用渐变的填充看上去就像舞台上整个大型渐变形状的一部分；当关闭此功能时，每个填充都清晰可辨而且显示出整个渐变。

5.3.2 应用颜料桶工具

编辑线性渐变填充的具体操作如下。

步骤 1 使用矩形工具在舞台上绘制一个矩形，如图 5-22 所示。

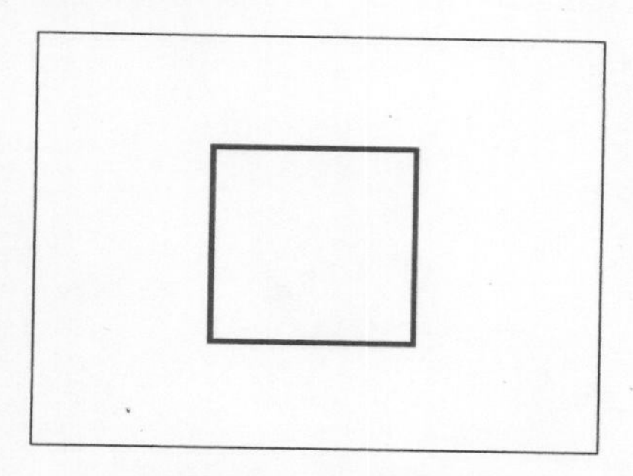

图 5-22　绘制矩形

步骤 2 单击工具栏中的【颜料桶工具】按钮（或按快捷键 K），然后在出现的附属工具中选择需要的间隔模式，将鼠标指针移到舞台区域，此时鼠标指针会变成图 5-23 所示的形状。

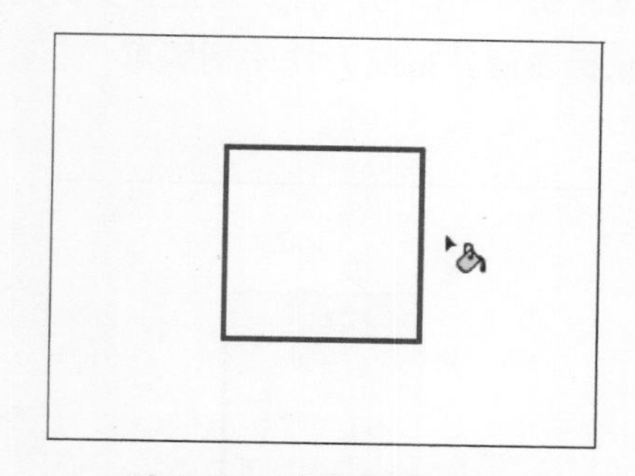

图 5-23　鼠标指针形状

步骤 3 用颜料桶工具在填充区内部单击以改变它的属性，或者在轮廓内单击以添加填充。

使用线性渐变进行填充时，可以按住鼠标左键并拖曳以改变填充的角度，如图 5-24 所示。

图 5-24　线性渐变

步骤 4 单击工具栏中的【渐变变形工具】按钮，然后将鼠标指针移到已做线性渐变填充的形状上，此时它会变成一个小型渐变元件，如图 5-25 所示。

图 5-25　渐变元件

步骤 5 在线性渐变区域的任意处单击会出现编辑手柄，利用手柄可以对渐变进行调整。若要移动渐变的中心点，按住鼠标左键并拖曳中心手柄即可；若要旋转渐变，按住鼠标左键并拖曳圆圈手柄即可；若要调整渐变的大小，按住鼠标左键并拖曳方块手柄即可，如图 5-26 所示。

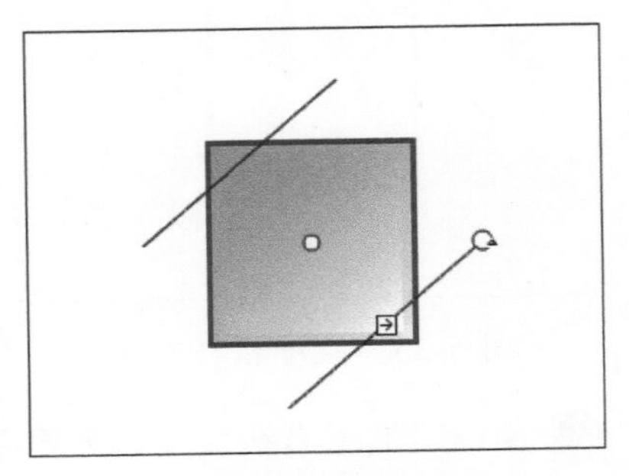

图 5-26　编辑手柄

编辑径向渐变填充的具体操作如下。

步骤 1 单击工具栏中的【颜料桶工具】按钮，然后在【颜色】面板中将【颜色类型】设置为“径向渐变”，如图 5-27 所示。

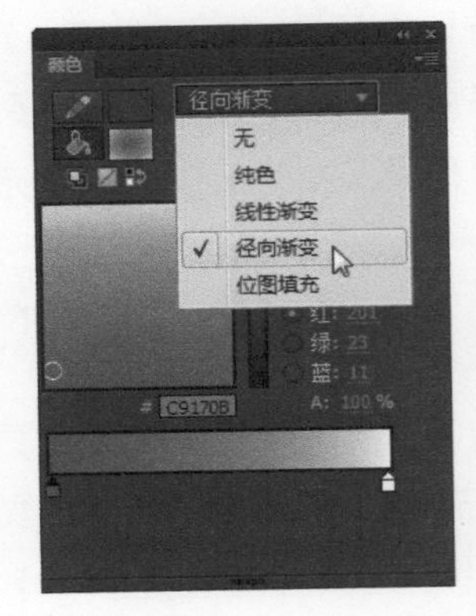

图 5-27　选择【径向渐变】选项

步骤 2 将鼠标指针移到舞台上，并单击矩形的内部，即可为图形填充颜色，如图 5-28 所示。

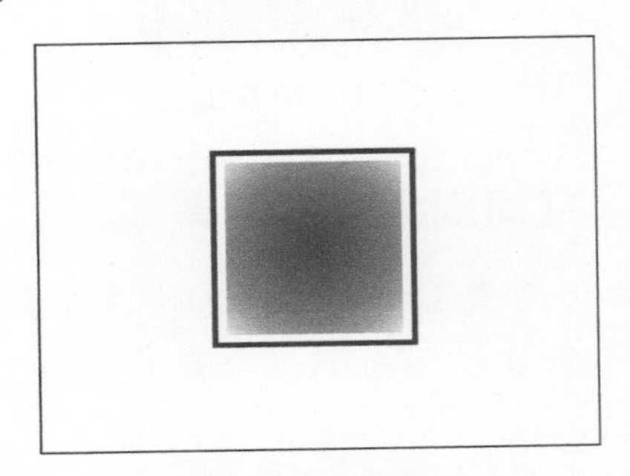

图 5-28　径向渐变填充

步骤 3 单击工具栏中的【渐变变形工具】按钮，然后单击填充的区域，渐变将处于可编辑状态，如图 5-29 所示。

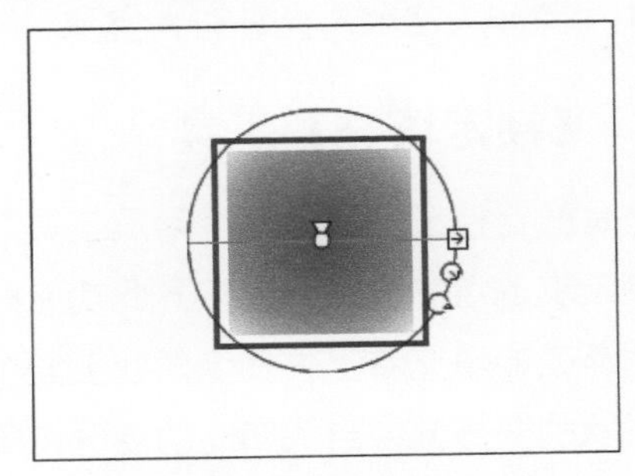

图 5-29　编辑手柄

若要移动渐变的中心点，按住鼠标左键并拖曳带十字的中心手柄即可；若要改变渐变，按住鼠标左键并拖曳带箭头的小方形手柄即可；若要调整渐变的大小，按住鼠标左键并拖曳带箭头的小圆圈手柄即可；若要旋转渐变，按住鼠标左键并拖曳小圆圈手柄即可，如图 5-30 所示。

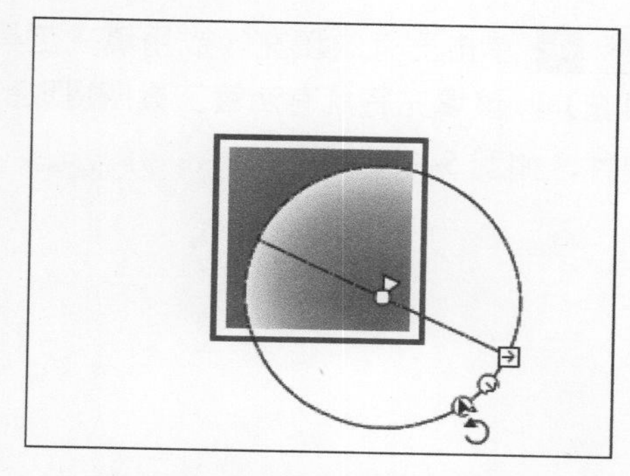

图 5-30　编辑径向渐变填充

提示 不能编辑组合类的填充，除非将它们分离成形状命令。

5.4 实例4——滴管工具的应用

滴管工具是关于颜色的工具，应用滴管工具可以获取需要的颜色，另外还可以对位图进行属性采样。

使用滴管工具复制填充的属性并将它用于另一个对象的具体操作如下。

步骤 1 打开随书光盘中的“素材 \ch02\ 复制对象 .fla”文档，如图 5-31 所示。

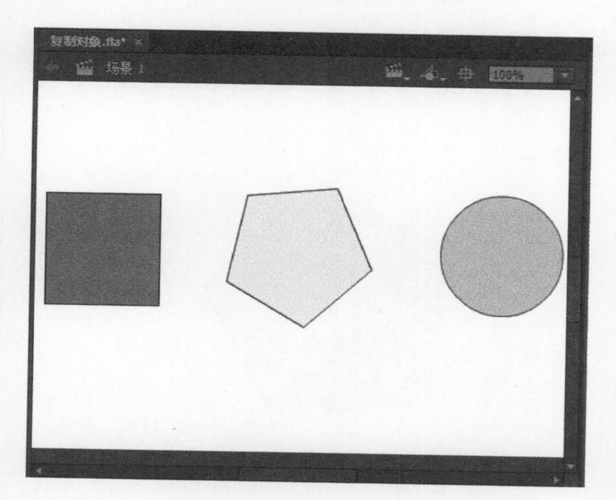

图 5-31　打开素材文档

步骤 2 单击工具栏中的【滴管工具】按钮（或按快捷键 I），然后将鼠标指针放在想复制其属性的填充（包括渐变和分离的位图）上，如图 5-32 所示。

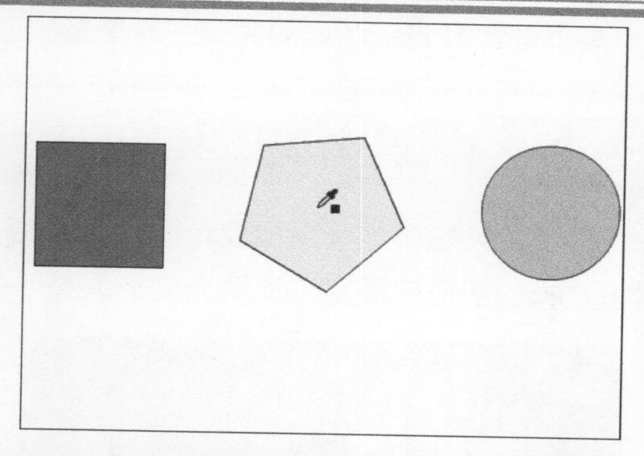

图 5-32　将鼠标指针放到复制其属性的填充上

步骤 3 单击填充，即可将形状信息采集到填充工具中，如图 5-33 所示。

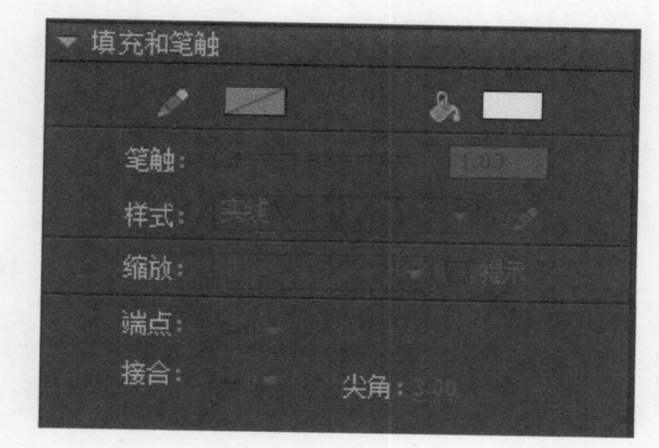

图 5-33　将复制的信息采集到填充工具中

步骤 4 单击已有的填充（或用填充工具拖出填充），该填充将具有滴管工具所提取的填充属性，如图 5-34 所示。

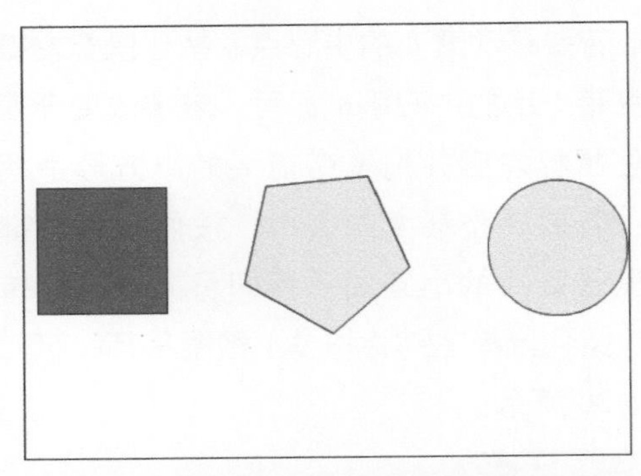

图 5-34 将滴管工具提取的填充属性复制到圆形中

5.5 实例5——渐变变形工具的应用

在 Flash CC 中制作影片时，常会进行颜色的填充和调整，因此，熟练地使用渐变变形工具也是学习 Flash CC 的关键。渐变变形工具主要用于对填充颜色进行各种方式的变形处理。

5.5.1 认识渐变工具

单击工具栏中的【渐变变形工具】按钮，然后选择需要进行填充变形处理的图形对象，此时被选择的图形四周将出现填充变形调整手柄，如图 5-35 所示。

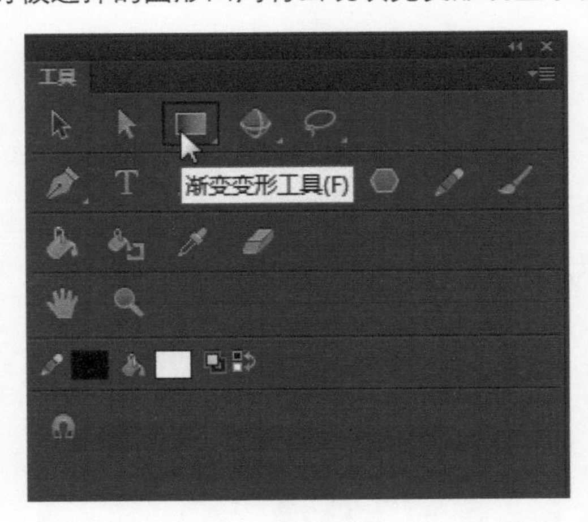

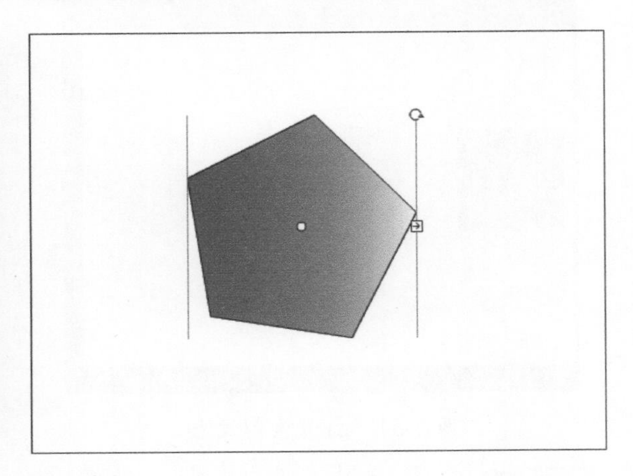

图 5-35 调整手柄

通过调整手柄对选择的对象进行填充色的变形处理，具体处理方式可根据鼠标显示的不同形状来进行。处理后，即可看到填充颜色的变化效果。填充变形工具并不需要进行任何属性设置，直接使用即可。

5.5.2 应用渐变变形工具

使用渐变变形工具的具体操作如下。

步骤 1 单击工具栏中的【颜料桶工具】按钮，然后将填充颜色设置为黑白径向渐变色，如图 5-36 所示。

步骤 2 使用椭圆工具在舞台上绘制一个无填充色的椭圆，如图 5-37 所示。

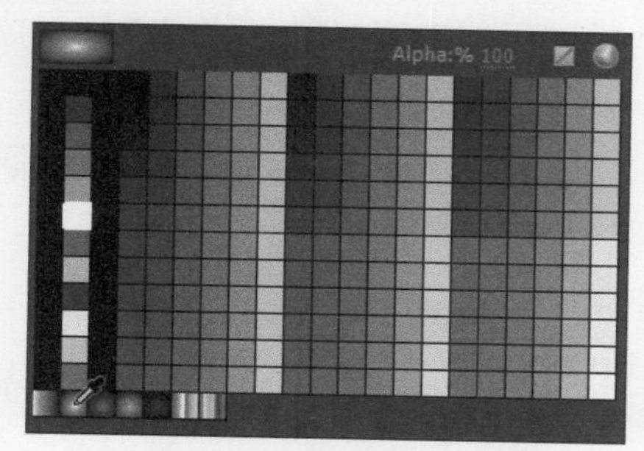

图 5-36 选择黑白径向渐变色

图 5-37 绘制椭圆

步骤 3 单击工具栏中的【任意变形工具】按钮，然后在舞台的椭圆填充区域内单击鼠标，此时在椭圆的周围会出现一个渐变圆圈，如图 5-38 所示。

步骤 4 拖动控制点，填充色会随之发生变化，如图 5-39 所示。

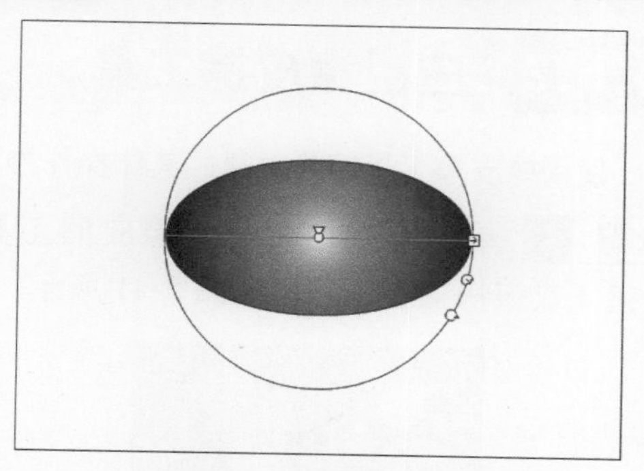

图 5-38 出现渐变圆圈

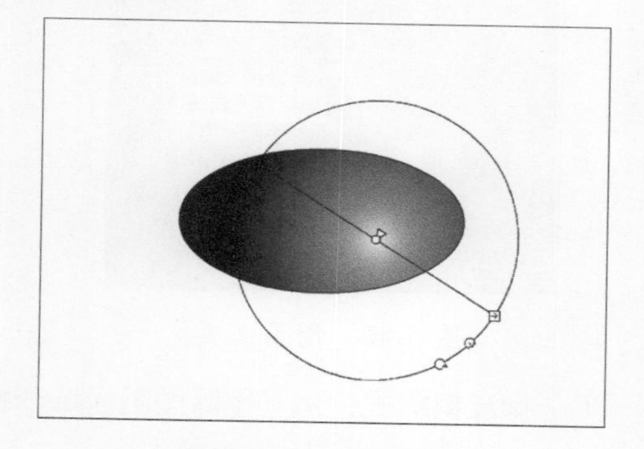

图 5-39 拖动控制点

下面来具体介绍渐变圆圈的 4 个控制点的使用方法。

(1) 圆形控制点：用鼠标拖曳位于图形中心位置的圆形控制点，可以移动填充中心的位置。

(2) 方形控制点：用鼠标拖曳位于圆周上的方形控制点，可以调整渐变圆的长宽比。

(3) 渐变圆大小控制点：用鼠标拖曳位于圆周上的渐变圆大小控制点，可以调整渐变圆的大小。

(4) 渐变圆方向控制点：用鼠标拖曳位于圆周上的渐变圆方向控制点，可以调整渐变圆的倾斜方向。

5.6 实例6——橡皮擦工具的应用

橡皮擦工具的作用是删除形状中的填充或笔触，它的使用方法和绘图工具相似。在使用的过程中，可以通过橡皮擦的 3 个附属工具来进行相应的操作。

5.6.1 认识橡皮擦工具

橡皮擦工具具有擦除作用，使用它可以完整或部分地擦除笔触、填充及形状。单击工具栏中的【橡皮擦】工具，在工具栏下方会出现 3 个附属工具，分别是橡皮擦模式、水龙头和橡皮擦形状，如图 5-40 所示。

图 5-40 附属工具

(1) 橡皮擦模式：用于擦除图画区域，包括 5 个选项。

☆ 标准擦除：擦除同一层上的笔触和填充。

☆ 擦除填色：只擦除填充，不影响笔触。

☆ 擦除线条：只擦除笔触，不影响填充。

☆ 擦除所选填充：只擦除当前选定的填充，不影响笔触（不论笔触是否被选中）。在以这种模式使用橡皮擦工具之前，应先选择要擦除的填充。

☆ 内部擦除：只擦除橡皮擦笔触开始处的填充。如果从空白点开始擦除，则不会擦除任何内容。以这种模式使用橡皮擦并不影响笔触。

(2) 水龙头：可以直接清除所选取的区域，使用时只需单击笔触或填充区域，就可以擦除笔触或填充区域。

提示 橡皮擦的作用等同于用选择工具选中以后按 Delete 键。要一次删除舞台上的所有对象，只需双击橡皮擦工具。

(3) 橡皮擦形状：用于设置橡皮擦的形状以进行精确的擦除。

5.6.2 应用橡皮擦工具

使用橡皮擦工具擦除对象的具体操作如下。

步骤 1 单击工具栏中的【橡皮擦工具】按钮（或按快捷键 E），如图 5-41 所示。

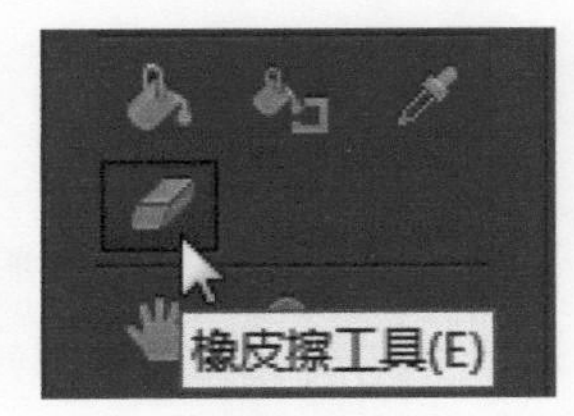

图 5-41 单击【橡皮擦工具】按钮

步骤 2 在工具栏下方出现的附属工具中单击【橡皮擦模式】按钮，如图 5-42 所示。

图 5-42 单击【橡皮擦模式】按钮

步骤 3 选择橡皮擦的形状后，将光标移到舞台区域，此时它将变成设置的橡皮擦样式，如图 5-43 所示。

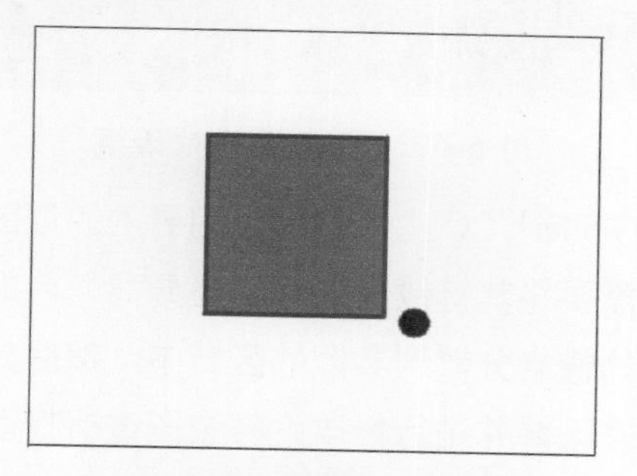

图 5-43　橡皮擦样式

步骤 4 按住鼠标左键并拖曳，即可将选中的区域擦除，如图 5-44 所示。

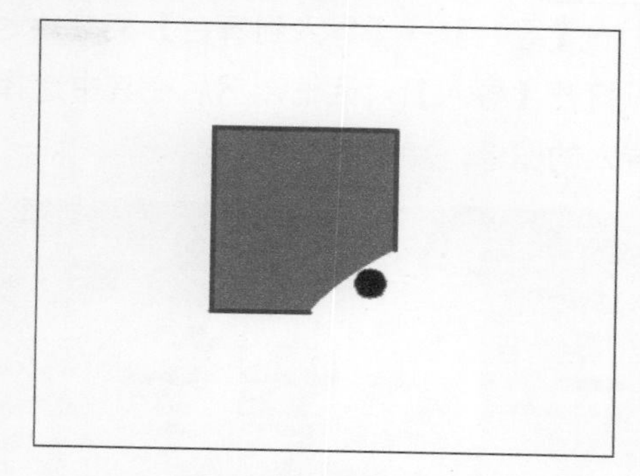

图 5-44　擦除效果

5.7 位图与矢量图

Flash 动画中要使用许多图片素材作为背景或元件等，从而使动画的整体效果更加丰满。这些图片主要分为矢量图和位图两类。区分位图和矢量图的方法很简单，只需用选择工具选择图形，矢量图中的图形以点的形式显示，而位图的周围会出现一个灰色边框。

5.7.1 实例 7——使用位图

位图图像由排列成网格的点组成，每个点称为一个“像素”，计算机的屏幕就是一个大的像素网格。位图是用点来描绘的图形，图形中的每个点可以独立显示不同的色彩。如 JPG、BMP 等格式的图形为位图，如图 5-45 所示。

图 5-45　位图

在位图中，图像是由网格中的每个像素的位置和颜色值决定的。因为组成位图的基本单位是像素，所以在对位图进行缩放操作时会改变其显示质量，尤其是在对位图进行放大处理时，会使点与点之间的距离增大，导致图片模糊甚至变形，出现马赛克现象，如图 5-46 所示。

图 5-46　放大位图

将位图导入舞台中的具体操作如下。

步骤 1 在 Flash CC 主窗口中，依次选择【文件】→【导入】→【导入到舞台】菜单命令，即可打开【导入】对话框，然后在其中选择需要导入的图像，如图 5-47 所示。

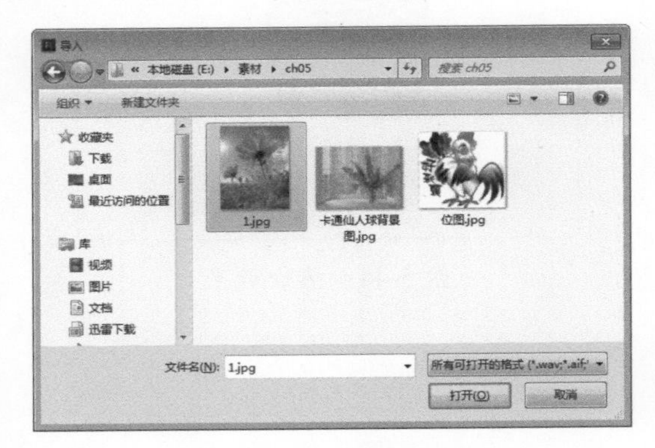

图 5-47 【导入】对话框

步骤 2 单击【打开】按钮，即可将图像导入舞台和【库】面板中，如图 5-48 所示。通过【导入到舞台】菜单命令导入位图的同时，其实也将其存放到了该文档的【库】面板中。

图 5-48 导入图像

如果导入图像的文件名是以图像序列中的某一个数字结尾，且该序列中的文件位于相同文件夹中，则 Flash CC 会自动地将其识别为图像序列，并弹出提示对话框提示是否导入序列中的所有图像，如图 5-49 所示。若单击【是】按钮，则 Flash CC 将导入这个图像序列中的所有图片；若单击【否】按钮，则只导入选定的文件。

图 5-49 弹出提示对话框

在 Flash CC 主窗口中使用导入的位图时，一般需要将其打散（又可称为分离），即将图像中的像素分散到离散的区域中，然后分别选择这些区域并进行修改。将位图进行打散的具体操作如下。

步骤 1 在 Flash CC 主窗口中，将需要导入的位图导入舞台中，如图 5-50 所示。

图 5-50 将位图导入舞台中

步骤 2 使用选择工具选中导入的位图，然后依次选择【修改】→【分离】菜单命令（或按 Ctrl+B 组合键），即可将位图打散，如图 5-51 所示。

图 5-51 打散位图

提示 将位图打散之后，其【属性】面板中的名称将由“位图”变成“形状”，这代表此图片不再是位图，而是具有矢量图形特性的形状。

5.7.2 实例 8——使用矢量图

矢量图是用矢量化元素描绘的图形，由矢量线条和填充色块组成，如 EPS 和 WMF 等格式的图形为矢量图。

矢量图的文件大小由图形的复杂程度决定，与图形的尺寸和色彩无关，所以在编辑矢量图形时，修改的是描述其形状的线条和曲线的属性，这些与分辨率无关，并且对矢量图进行移动、调整大小、更改形状和更改颜色等操作时，不会影响图形的显示效果。

在 Flash CC 中，使用工具栏中的工具绘制的都是矢量图。在一般模式下绘制图形时，上面的图形会将下面图形的重叠部分覆盖，使用选择工具将上面的部分移开后，下面的图形重叠的部分将被剪切掉，如图 5-52 和图 5-53 所示。

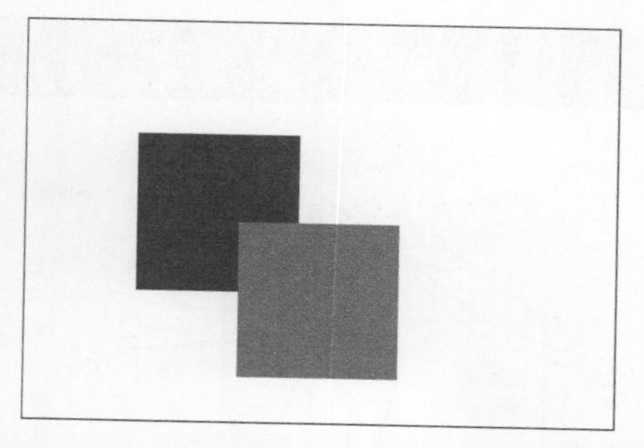

图 5-52 绘制两个互相覆盖的矢量矩形

图 5-53 重叠的部分被剪切

矢量图形的基本形状绘制完成之后，可能还需要调整一些细节的地方，这时可以用工具栏中的选择工具直接拖动图形边缘来调整，可以用部分选取工具移动路径上锚记点的位置来改变图形形状，可以用钢笔工具添加和删除线条上的锚记点，来调整曲线的曲率。

5.8 实战演练1——为漂亮的大礼包填充颜色

使用工具栏中的工具仅仅绘制图形后，这些图形看起来还很单调，此时需要为绘制的图形填充颜色，从而可以看到更加形象生动的图形效果。

为漂亮的大礼包填充颜色的具体操作如下。

步骤 1 打开随书光盘中的“结果 \ch03\ 漂亮的大礼包 .fla”文档，如图 5-54 所示。

步骤 2 单击工具栏中的【颜料桶工具】按钮，并将【填充颜色】设置为“#FF33CC”，然后在礼包盒上单击，为其填充选定的颜色，如图 5-55 所示。

步骤 3 在颜料桶工具【属性】面板中设置【填充颜色】为“红色”，然后单击蝴蝶结形状，将其填充为红色，如图 5-56 所示。

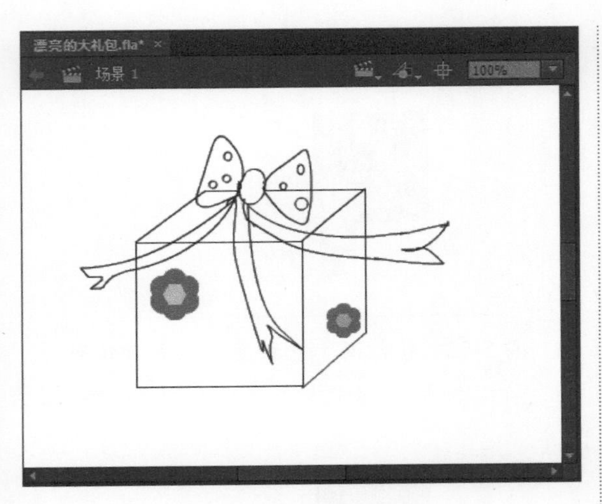

图 5-54　打开文档

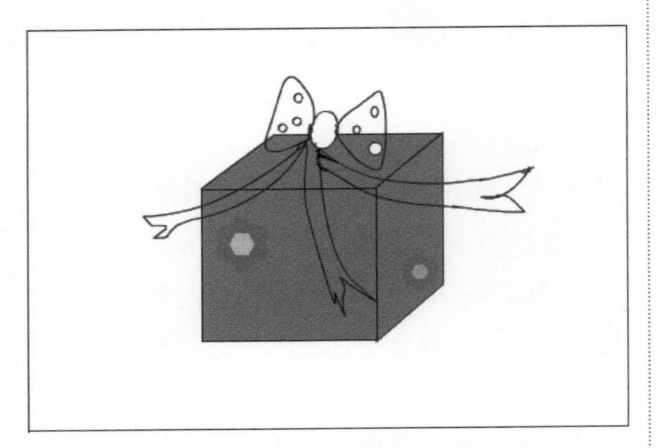

图 5-55　为礼包盒填充颜色

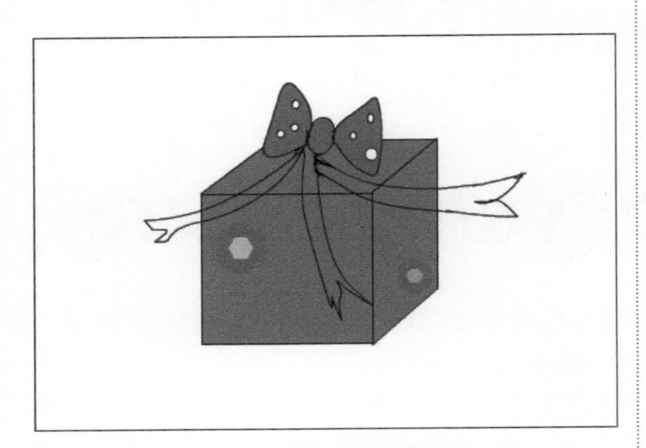

图 5-56　为蝴蝶结填充颜色

步骤 4 在颜料桶工具【属性】面板中设置【填充颜色】为“藏青色”，为蝴蝶结上的细节部分填充藏青色，如图 5-57 所示。

图 5-57　为蝴蝶结上的细节部分填充颜色

步骤 5 分别为蝴蝶结的彩带设置填充颜色，然后单击彩带，为其填充设置的颜色，如图 5-58 所示。

图 5-58　为彩带填充颜色

步骤 6 单击工具栏中的选择工具，选中蝴蝶结及彩带上的线条，然后按 Delete 键删除，如图 5-59 所示。至此，就完成了漂亮大礼包的颜色填充。

图 5-59　删除多余的线条

5.9 实战演练2——制作互动媒体按钮

使用 Flash CC 中的绘图和填充工具可以制作一个互动多媒体按钮的效果，具体的操作如下。

步骤 1 启动 Flash CC，然后依次选择【文件】→【新建】菜单命令，即可创建一个新的 Flash 空白文档，并将该文档保存为“互动多媒体按钮 .fla”，如图 5-60 所示。

图 5-60　新建 Flash 文档

步骤 2 单击工具栏中的【椭圆工具】按钮，然后在【颜色】面板中将【笔触颜色】设置为“无”，填充颜色的【颜色类型】设置为“径向渐变”，并选择一种渐变颜色，如图 5-61 所示。

图 5-61　【颜色】面板

步骤 3 将光标移至舞台，然后按 Shift 键绘制一个圆，如图 5-62 所示。

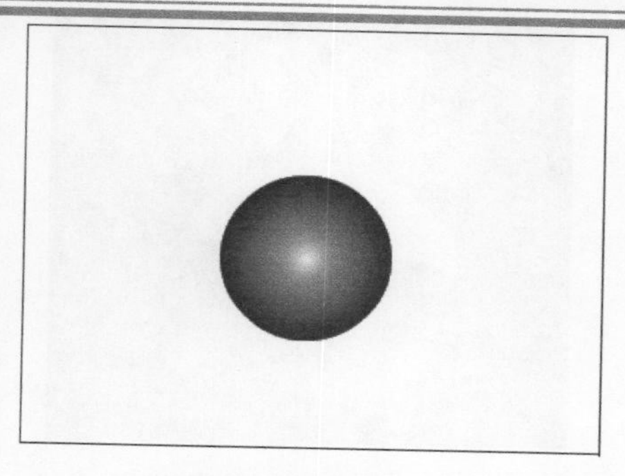

图 5-62　绘制圆形

步骤 4 新建“图层 2”，然后复制上面绘制的圆形并粘贴到“图层 2”中，使用钢笔工具绘制一条曲线，如图 5-63 所示。

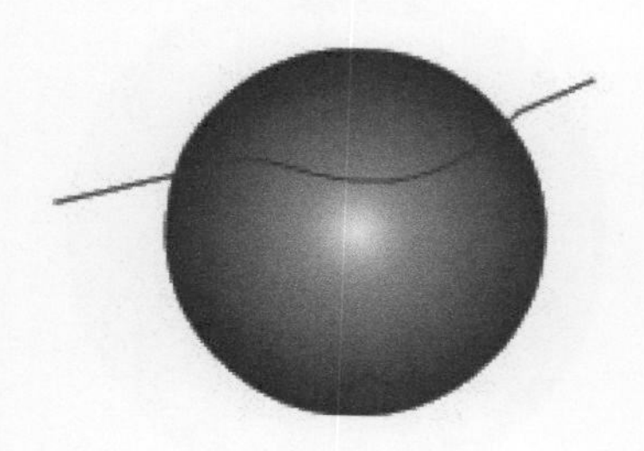

图 5-63　绘制曲线

步骤 5 删掉线条及下半部分图形，如图 5-64 所示。

图 5-64　删掉线条及下半部分

步骤 6 选中上半部分形状，然后使用任意变形工具按住 Shift 键等比例缩小一点点，接着进行填充，选择白色到透明的渐变填充，如图 5-65 所示。

图 5-65　对上半部分形状进行填充

步骤 7 使用渐变变形工具将填充调整为上面为白色，下面为透明，然后将做好的高光效果加在圆形上，如图 5-66 所示。

图 5-66　将做好的高光效果加在圆形上

步骤 8 新建“图层 3”，使用相同的方法绘制下部分的反光效果，如图 5-67 所示。

步骤 9 在“图层 1”和“图层 2”之间新建“图层 4”，然后使用钢笔工具绘制一个三角形，选择径向渐变填充，如图 5-68 所示。

步骤 10 选中绘制的三角形，并右击鼠标，从弹出快捷菜单中选择【转换为元件】命令，打开【转换为元件】对话框，在该对话框中将【类型】设置为【影片剪辑】，如图 5-69 所示，接着单击【确定】按钮，即可将其转换为元件。

图 5-67　绘制反光效果

图 5-68　绘制三角形并填充为径向渐变

图 5-69　【转换为元件】对话框

步骤 11 选中要转换为元件的三角形，然后在【属性】面板中选择【滤镜】选项组，单击【添加滤镜】按钮，从弹出的下拉列表中选择【发光】选项，如图 5-70 所示。

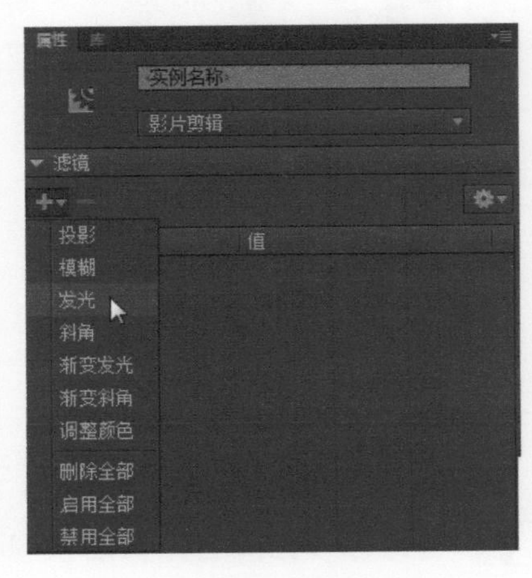

图 5-70　选择【发光】选项

步骤 12 弹出发光【属性】面板，然后按照图 5-71 所示设置各项参数。

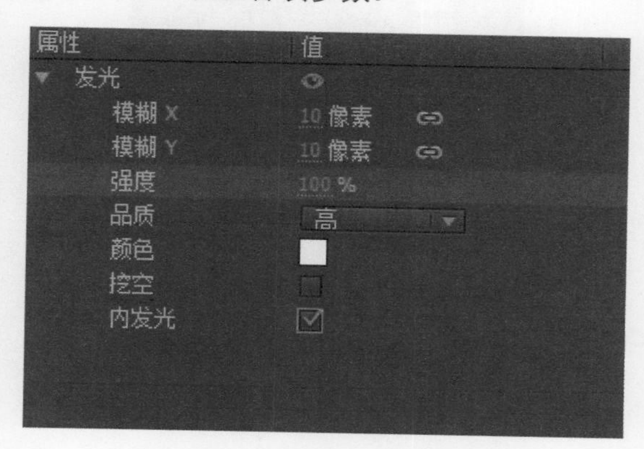

图 5-71 设置发光的各项参数

步骤 13 为选中的三角形添加内发光的滤镜效果，如图 5-72 所示。

步骤 14 将绘制的三角形和圆形进行组合，如图 5-73 所示。至此，就完成了互动多媒体按钮的制作。

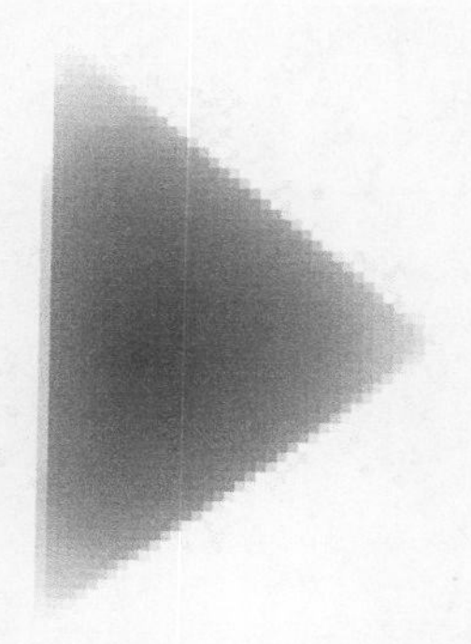

图 5-72 设置内发光滤镜后的效果

图 5-73 最终效果

5.10 实战演练3——绘制彩虹

本实例主要介绍使用变形工具、颜料桶工具、钢笔工具和选择工具等来绘制彩虹效果，具体的操作如下。

步骤 1 启动 Flash CC，然后依次选择【文件】→【新建】菜单命令，即可创建一个新的 Flash 空白文档，并将该文档保存为“绘制彩虹 .fla”，如图 5-74 所示。

步骤 2 在【属性】面板中将舞台的颜色设置为“#0099FF”，【大小】设置为 1024 像素 × 570 像素，如图 5-75 所示。

步骤 3 使用矩形工具在舞台上绘制一个无笔触颜色、填充颜色任意的矩形，如图 5-76 所示。

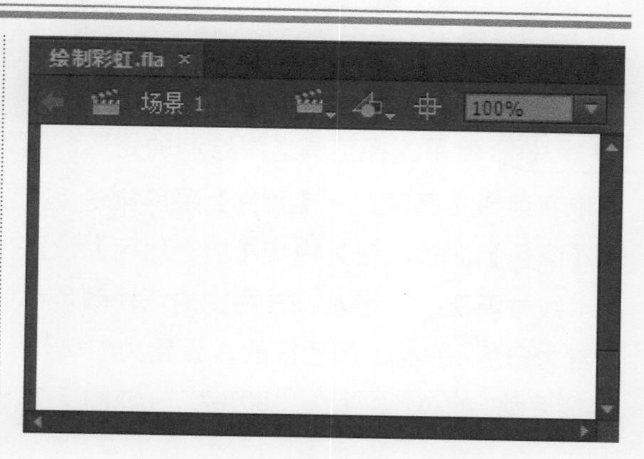

图 5-74 新建 Flash 文档

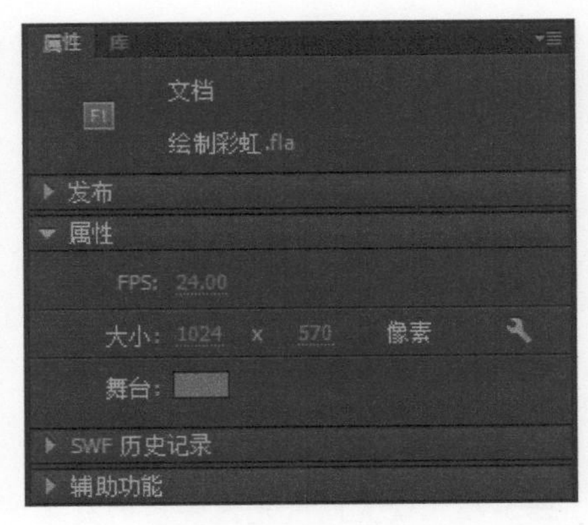

图 5-75 设置场景大小和颜色

图 5-76 绘制矩形

步骤 4 选择工具栏中的任意变形工具，然后按住 Ctrl 键的同时调整绘制的矩形，效果如图 5-77 所示。

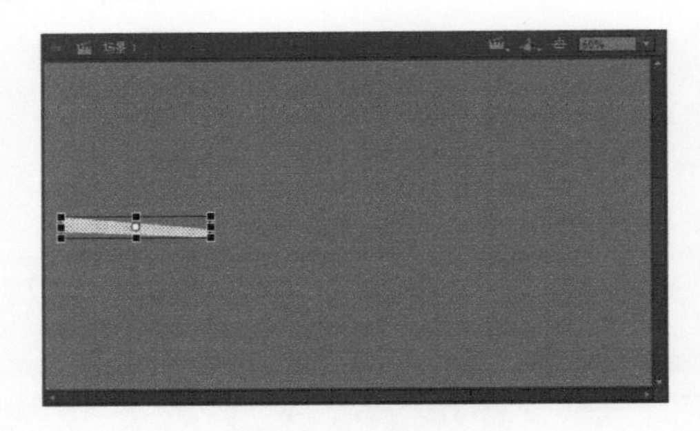
图 5-77 调整矩形

步骤 5 使用选择工具选中绘制的矩形，然后依次选择【窗口】→【颜色】菜单命令，打开【颜色】面板，在其中将【填充颜色】设置为“线性渐变”，将左、右两侧的色块颜色都设置为白色，并将左侧色块的 A 设置为“0%”，右侧色块的 A 设置为“80%”，如图 5-78 所示。

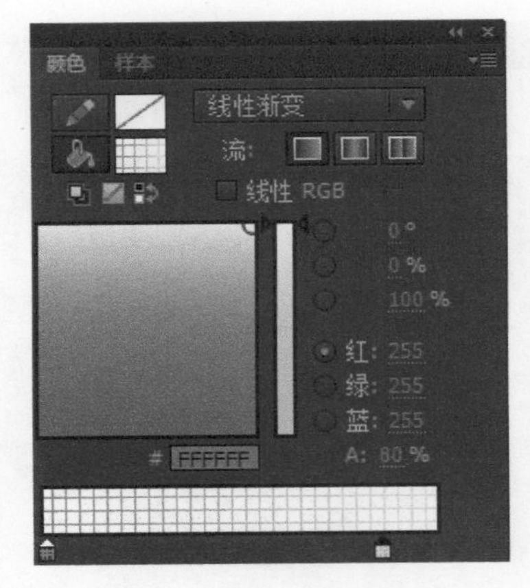

图 5-78 设置线性渐变颜色

步骤 6 颜色调整完成后的效果如图 5-79 所示。

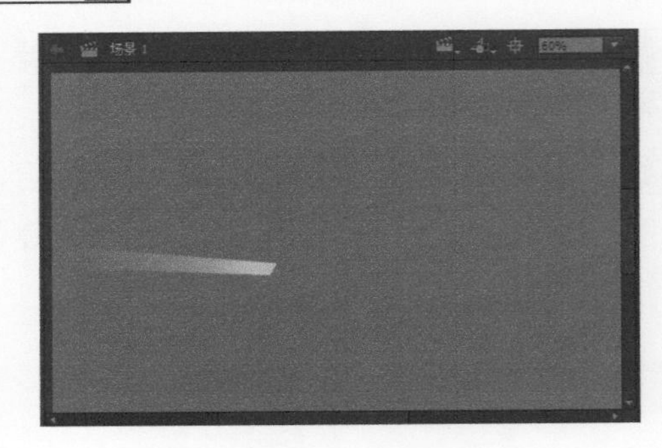
图 5-79 改变矩形的颜色

步骤 7 使用任意变形工具选中绘制的矩形，然后将图形的中心点移到图 5-80 所示的位置。

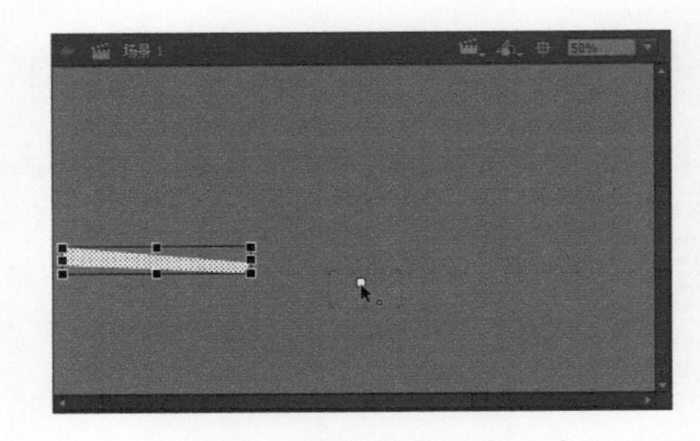
图 5-80 调整图形的中心点

步骤 8 依次选择【窗口】→【变形】菜单命令，打开【变形】面板，在其中将【缩放宽度】和【缩放高度】都设置为“96%”，将【旋转】设置为“15%”，然后单击【重置选区和变形】按钮，如图 5-81 所示。

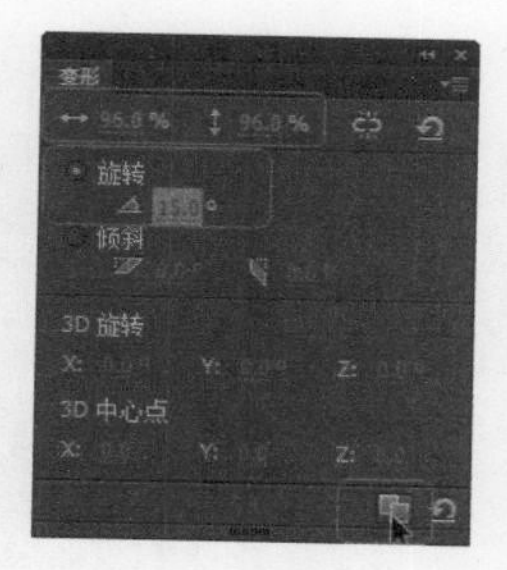

图 5-81 设置图形的变形

步骤 9 单击【重置选区和变形】按钮多次，即可对图形进行复制旋转调整，完成后的效果如图 5-82 所示。

图 5-82 对绘制的图形进行多次变形

步骤 10 新建“图层2”，单击工具栏中的【钢笔工具】按钮，在其【属性】面板中将【笔触大小】设置为“5”，然后在舞台上绘制图形，如图 5-83 所示。

图 5-83 绘制图形

步骤 11 选中绘制的图形，依次选择【窗口】→【颜色】菜单命令，打开【颜色】面板，在其中将【笔触颜色】设置为“红色”，并将 A 设置为“50%”，然后将【填充颜色】设置为“红色”，完成后的效果如图 5-84 所示。

图 5-84 设置图形的笔触颜色和填充颜色

步骤 12 新建“图层 3”，然后使用钢笔工具在舞台上绘制图形，如图 5-85 所示。

图 5-85 绘制图形

步骤 13 选中绘制的图形，依次选择【窗口】→【颜色】菜单命令，打开【颜色】面板，在其中将【笔触颜色】设置为“黄色”，并将 A 设置为“50%”，然后将【填充颜色】设置为“黄色”，完成后的效果如图 5-86 所示。

图 5-86 设置填充颜色

步骤 14 按照相同的方法新建图层，并绘制图形，颜色分别填充为绿色（#00FF00）、青色（#00FFFF）、紫色（#660099）和粉色（#FF66FF），完成后的效果如图 5-87 所示。

步骤 15 新建图层，然后使用椭圆工具在舞台上绘制多个重叠的椭圆，如图 5-88 所示。

图 5-87 绘制其他图形并填充不同的颜色

图 5-88 绘制多个重叠的椭圆

步骤 16 使用选择工具选中多余的线条，然后按 Delete 键将其删除，形成云彩的形状，如图 5-89 所示。

图 5-89 删除多余的线条

步骤 17 选中绘制的图形，依次选择【窗口】→【颜色】菜单命令，打开【颜色】面板，在其中将【笔触颜色】和【填充颜色】都设置为“白色”，并将【笔触颜色】下方的 A 值设置为“50%”，如图 5-90 所示。

步骤 18 填充颜色后的效果如图 5-91 所示。

步骤 19 按照相同的方法绘制多个云彩形状并填充颜色，完成后的效果如图 5-92 所示。

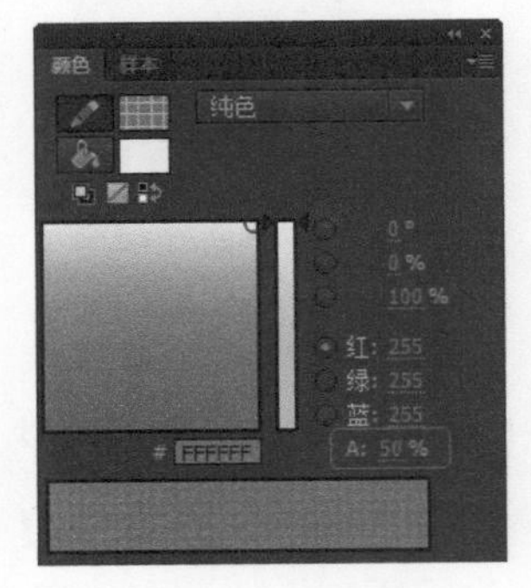

图 5-90 设置填充颜色

图 5-91 填充效果

图 5-92 绘制多个云彩形状

步骤 20 按 Ctrl+Enter 组合键进行测试，测试效果如图 5-93 所示。

图 5-93 测试效果

5.11 实战演练4——制作卡通仙人球

本实例将为读者介绍卡通仙人球的制作方法及颜色设置，具体的操作方法如下。

步骤 1 启动 Flash CC，然后依次选择【文件】→【新建】菜单命令，即可创建一个新的 Flash 空白文档，并将该文档保存为“卡通仙人球 .fla”，如图 5-94 所示。

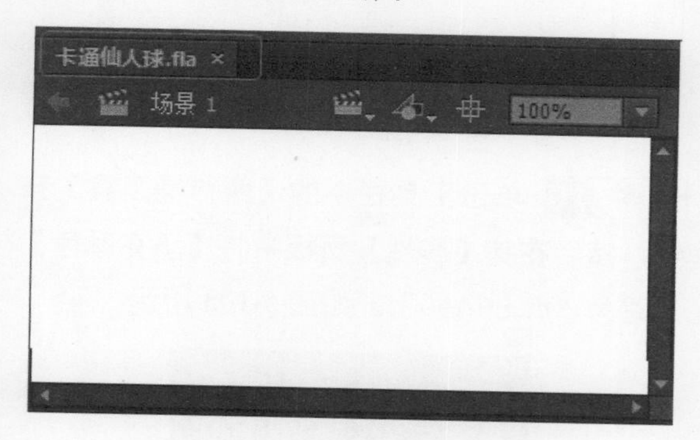

图 5-94 新建 Flash 文档

步骤 2 进入 Flash 主窗口后，在【属性】面板中将舞台大小设置为 500 像素 × 375 像素，如图 5-95 所示。

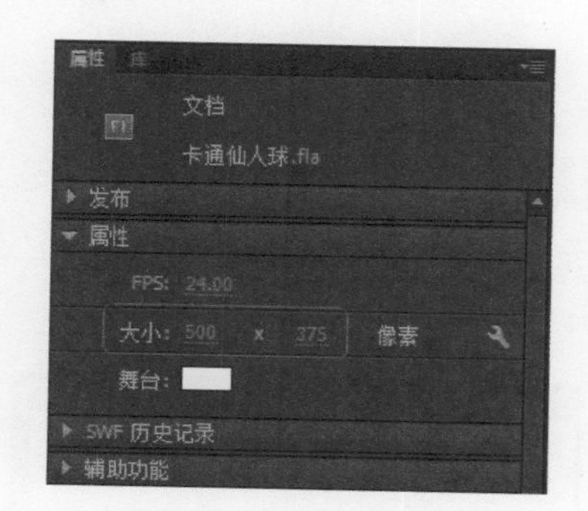

图 5-95 设置舞台大小

步骤 3 单击工具栏中的【矩形工具】按钮，然后在其【属性】面板中将【笔触颜色】设置为“#743827”，【笔触】设置为“8”，【填充颜色】设置为“#CE6A66”，如图 5-96 所示。

步骤 4 单击【时间轴】面板下方的【新建图层】按钮，即可新建“图层 2”，然后在舞台中绘制一个矩形，如图 5-97 所示。

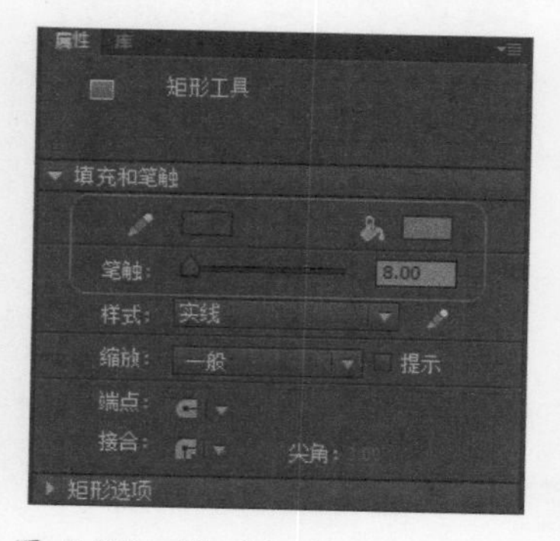

图 5-96 设置矩形工具的属性

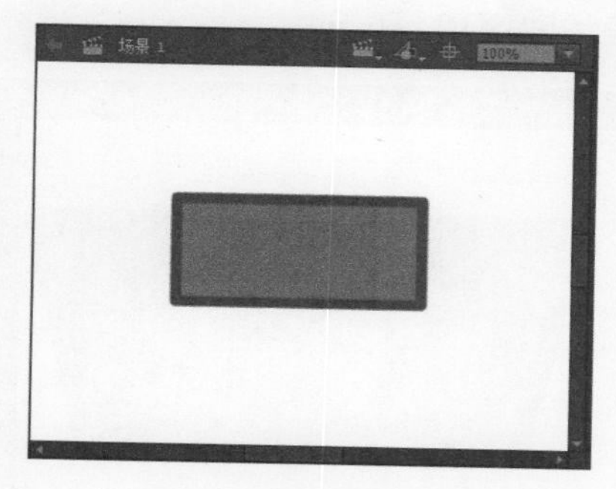

图 5-97 绘制矩形

步骤 5 单击工具栏中的【任意变形工具】按钮，然后按住 Ctrl 键调整矩形的控制点，调整后的矩形效果如图 5-98 所示。

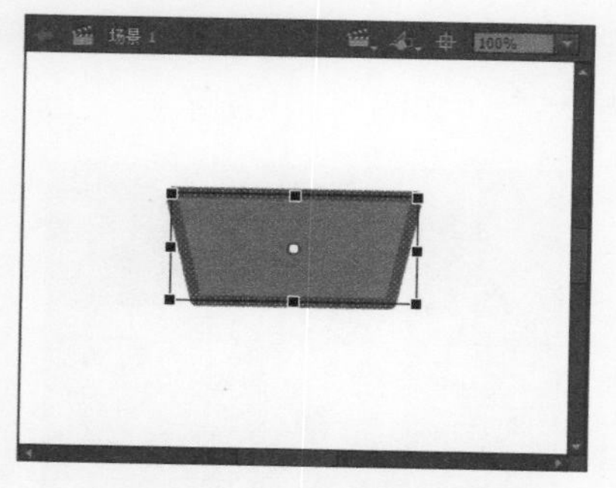

图 5-98 调整矩形形状

步骤 6 新建“图层 3”，然后单击工具栏中的【矩形工具】按钮，在其【属性】面板中

将【笔触颜色】设置为“无”，【填充颜色】设置为“#AD5656”，如图 5-99 所示。

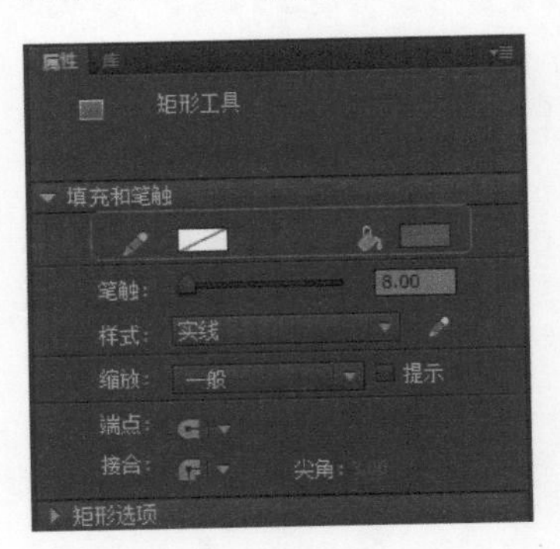

图 5-99　设置矩形工具的属性

步骤 7　在舞台上绘制一个矩形，然后使用任意变形工具对绘制的矩形进行调整，调整后的效果如图 5-100 所示。

图 5-100　绘制并调整矩形

步骤 8　新建“图层 4”，然后单击工具栏中的【钢笔工具】按钮，在其【属性】面板中将【笔触颜色】设置为“#743824”，【笔触】设置为“5”，如图 5-101 所示。

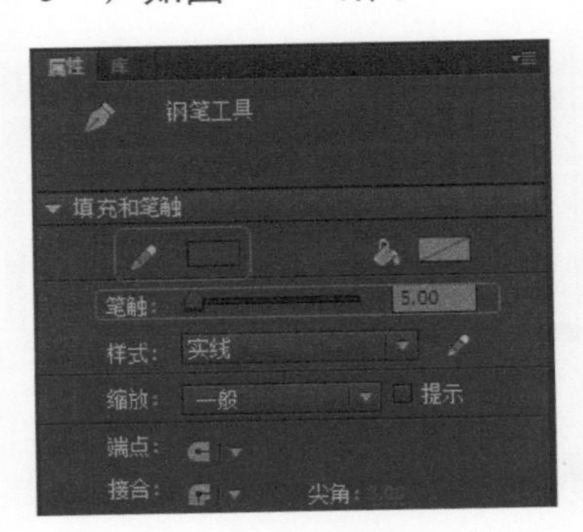

图 5-101　设置钢笔工具的属性

步骤 9　设置完成后，在舞台上绘制图形，如图 5-102 所示。

图 5-102　绘制图形

步骤 10　单击工具栏中的【颜料桶工具】按钮，然后在其【属性】面板中将【填充颜色】设置为“#CE6A66”，如图 5-103 所示。

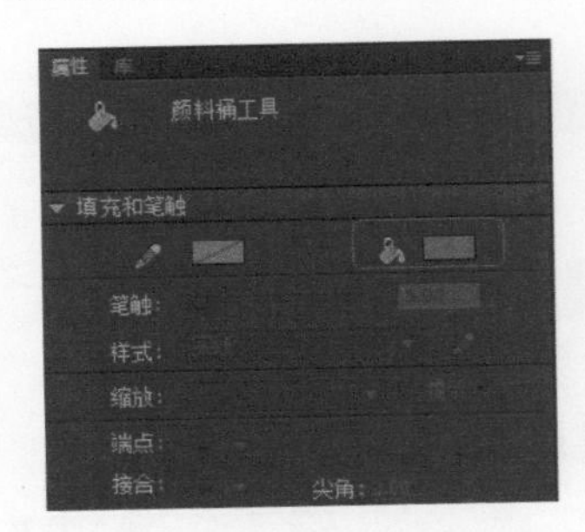

图 5-103　设置填充颜色

步骤 11　颜色设置完成后，单击钢笔工具绘制的图形，即可为其填充设置的颜色，效果如图 5-104 所示。

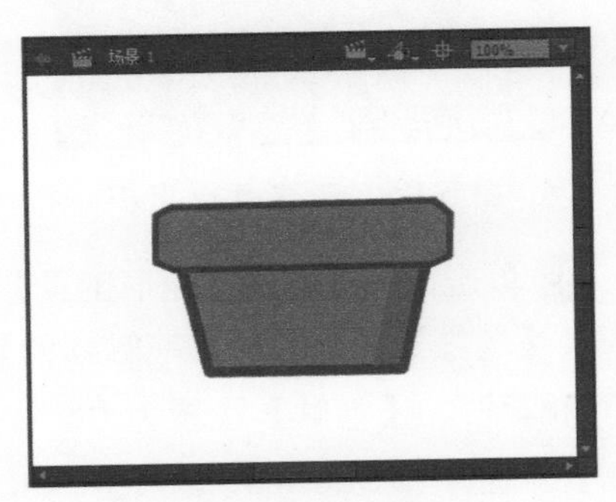

图 5-104　填充效果

步骤 12　新建“图层 5”，然后单击工具栏中的【钢笔工具】按钮，在其【属性】面板中

将【笔触】设置为“0.1”，然后绘制图形，并填充颜色，将【填充颜色】设置为“#AD5656”，完成后的效果如图 5-105 所示。

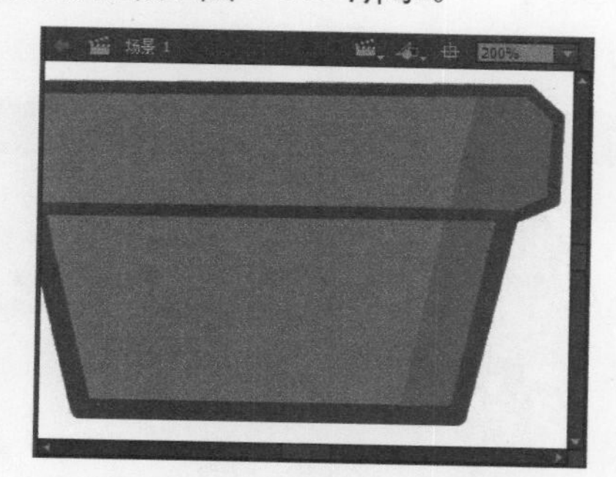

图 5-105 绘制并填充图形

步骤 13 新建“图层 6”，单击工具栏中的【钢笔工具】按钮，在其【属性】面板中将【笔触颜色】设置为“#663300”，【笔触】设置为“5”，然后在舞台上绘制图形，效果如图 5-106 所示。

图 5-106 绘制图形

步骤 14 单击工具栏中的【颜料桶工具】按钮，在其【属性】面板中将【填充颜色】设置为“#669933”，然后单击绘制的图形为其填充颜色，效果如图 5-107 所示。

图 5-107 填充颜色

步骤 15 使用相同的方法，新建“图层 7”，然后单击【钢笔工具】按钮，在【属性】面板中将【笔触颜色】设置为“#348100”，【笔触】设置为“0.1”，然后在舞台上绘制图形，如图 5-108 所示。

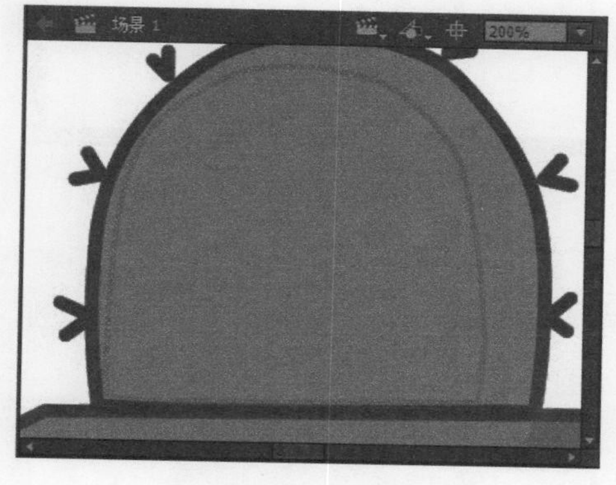

图 5-108 绘制图形

步骤 16 选择颜料桶工具，在其【属性】面板中将【填充颜色】设置为“#348100”，然后在绘制的图形内单击鼠标，即可为其填充颜色，效果如图 5-109 所示。

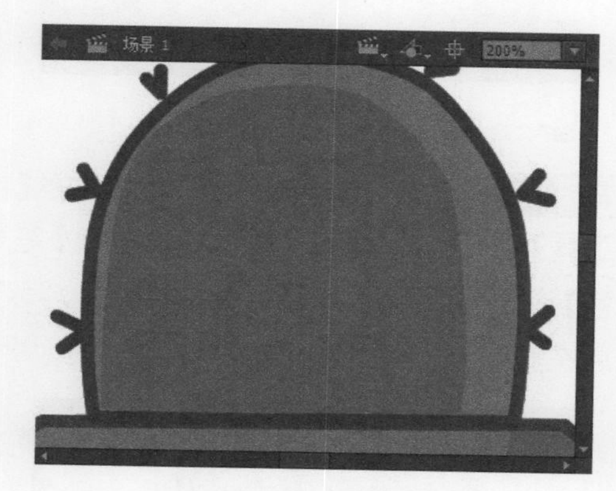

图 5-109 填充颜色

步骤 17 新建“图层 8”，单击工具栏中的【椭圆工具】按钮，然后在其【属性】面板中将【笔触颜色】设置为“无”，【填充颜色】设置为黑色，然后按住 Shift 键的同时在舞台上绘制一个正圆，如图 5-110 所示。

图 5-110　绘制黑色的圆

步骤 18 新建“图层 9”，继续使用椭圆工具在舞台上绘制 3 个不同大小的白色小圆，效果如图 5-111 所示。

图 5-111　绘制白色的圆

步骤 19 新建“图层 10”，单击工具栏中的【钢笔工具】按钮，在其【属性】面板中将【笔触颜色】设置为“#743827”，【笔触】设置为“5”，然后在舞台上绘制图形，如图 5-112 所示。

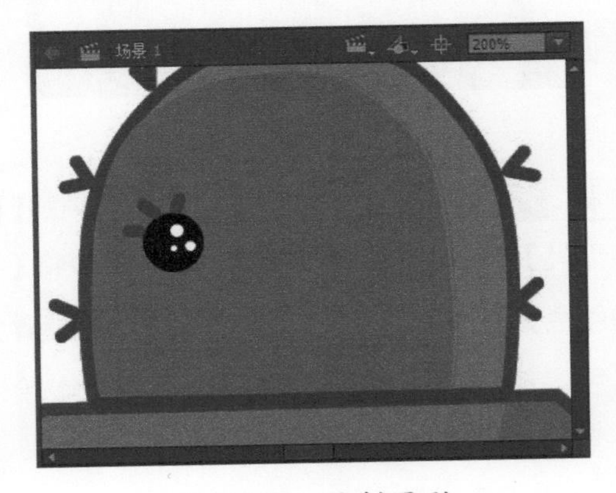

图 5-112　绘制图形

步骤 20 继续使用钢笔工具，在其【属性】面板中将【笔触颜色】设置为“黑色”，【笔触】设置为“0.1”，然后在舞台上绘制图形，如图 5-113 所示。

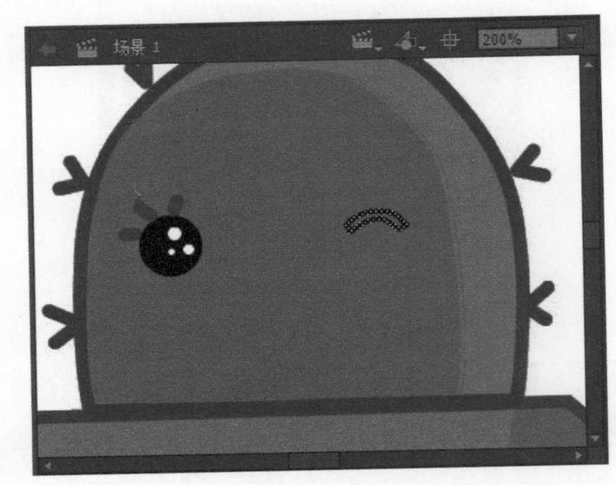

图 5-113　使用钢笔工具绘制图形

步骤 21 单击工具栏中的【颜料桶工具】按钮，在其【属性】面板中将【填充颜色】设置为“黑色”，然后在绘制的图形内单击，即可为其填充颜色，效果如图 5-114 所示。

图 5-114　填充颜色

步骤 22 继续使用钢笔工具为右侧的眼睛绘制上方的睫毛，效果如图 5-115 所示。

步骤 23 新建“图层 11”，单击工具栏中的【钢笔工具】按钮，在【属性】面板中将【笔触颜色】设置为黑色，【笔触】设置为“5”，然后在舞台上绘制曲线，效果如图 5-116 所示。

图 5-115　绘制睫毛

图 5-116　绘制曲线

步骤 24 新建“图层 12”，单击工具栏中【椭圆工具】按钮，然后在其【属性】面板中将【笔触颜色】设置为“无”，【填充颜色】设置为“#FF99CC”，如图 5-117 所示。

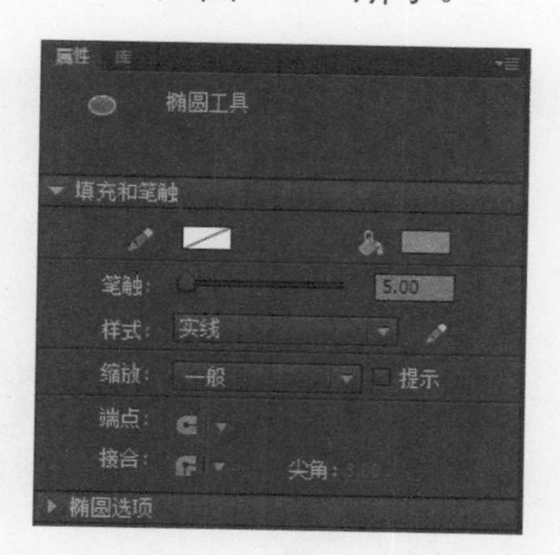

图 5-117　设置椭圆工具的属性

步骤 25 选中“图层 12”的第 1 帧，然后在舞台上绘制两个椭圆，效果如图 5-118 所示。

图 5-118　绘制椭圆

步骤 26 新建“图层 13”，单击工具栏中的【钢笔工具】按钮，然后在其【属性】面板中将【笔触颜色】设置为“#52A801”，【笔触】设置为“无”，如图 5-119 所示。

图 5-119　设置钢笔工具的属性

步骤 27 设置完成后在舞台上绘制图形，效果如图 5-120 所示。

图 5-120　绘制图形

步骤 28 在【时间轴】面板中，将“图层13”移至“图层8”的下方，即可将新绘制的图形移到被遮挡图形的下面，效果如图5-121所示。

图 5-121 调整图层

步骤 29 选中“图层1”的第1帧，按Ctrl+R组合键打开【导入】对话框，在其中选择需要导入的素材图片，如图5-122所示。

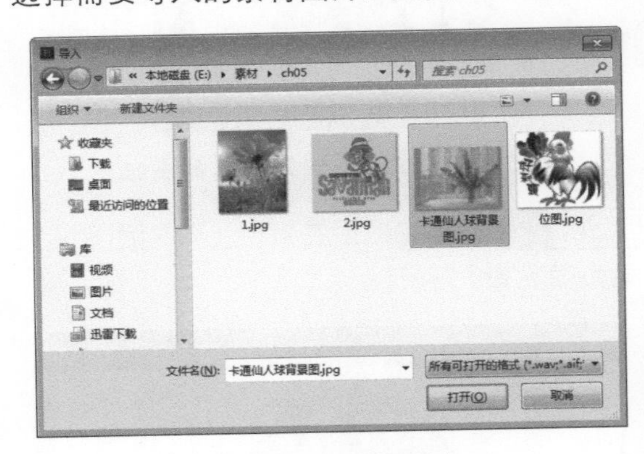

图 5-122 选择图片

步骤 30 单击【打开】按钮，即可将其导入舞台，然后按Ctrl+K组合键打开【对齐】面板，在其中单击【水平中齐】和【垂直中齐】按钮，使图片与舞台对齐，如图5-123所示。

步骤 31 使用任意变形工具选中绘制的图形，然后按住Shift键的同时对绘制的图形等比例缩小，效果如图5-124所示。

图 5-123 导入图片并设置对齐方式

图 5-124 调整图形的大小

步骤 32 至此，就完成了卡通仙人球的制作，按Ctrl+Enter组合键进行测试，测试效果如图5-125所示。

图 5-125 测试效果

5.12 高手甜点

甜点 1：用户若需要保存自定义的渐变颜色，可以在【颜色】面板中单击右上角的按钮 。从弹出的下拉列表中选择【添加样本】选项，如图 5-126 所示。

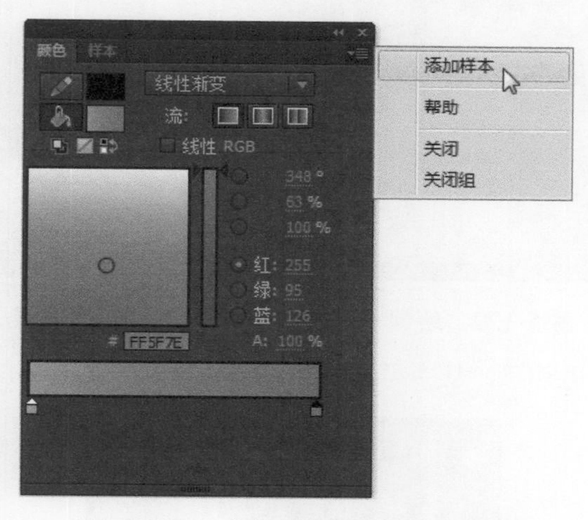

图 5-126 选择【添加样本】选项

甜点 2：在 Flash 中设置透明的渐变

在设置颜色透明的渐变时，需要将填充颜色设置为【线性渐变】或【径向渐变】，然后通过设置 Alpha 值，就可以设置透明度了，具体的操作如下。

步骤 1 在 Flash CC 主窗口中，将舞台的颜色设置为“#FF00CC”，如图 5-127 所示。

步骤 2 单击工具栏中的【椭圆工具】按钮，然后按 Ctrl+Shift+F9 组合键打开【颜色】面板，在其中将【笔触颜色】设置为“无”，【填充颜色】设置为【径向渐变】，接着将左侧色块设置为“#FFFFFF”，右侧色块设置为“#000000”，如图 5-128 所示。

图 5-127 设置舞台颜色

图 5-128 设置填充颜色

步骤 3 按住 Shift 键的同时在舞台上绘制一个正圆，如图 5-129 所示。

步骤 4 选中绘制的圆，然后在【颜色】面板中将左侧色块的 A 值设置为“30%”，如图 5-130 所示。

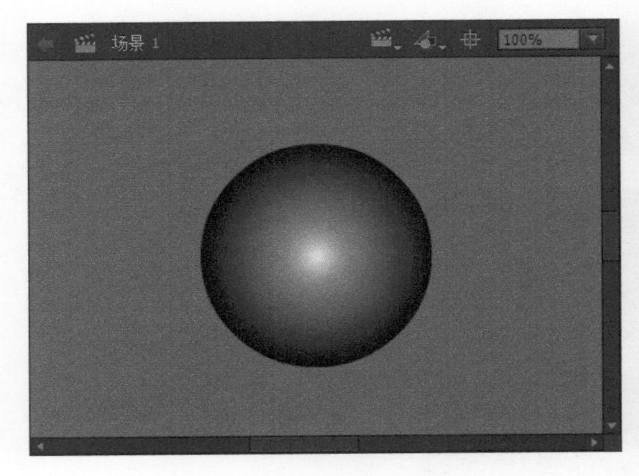

图 5-129　绘制圆

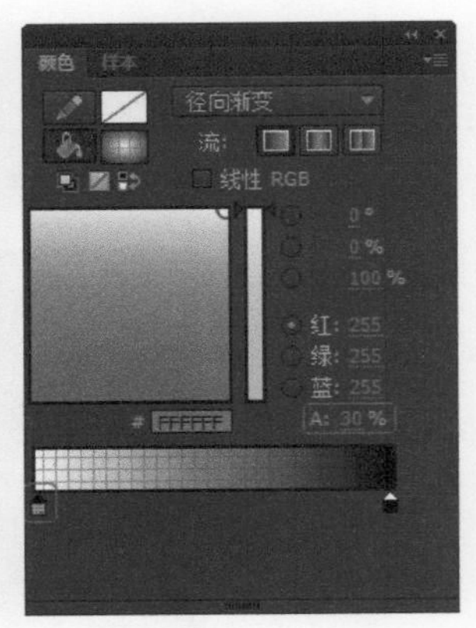

图 5-130　设置左侧色块的透明度

此时，圆的中间变得透明了，从中可以看到背景的颜色，如图 5-131 所示。

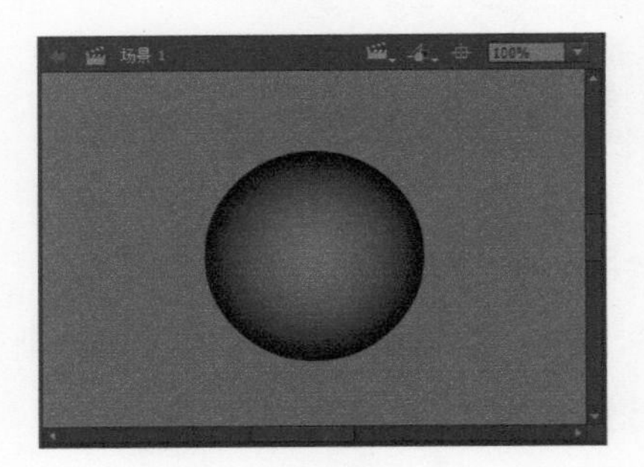

图 5-131　设置的透明效果

甜点 3：使用滴管工具。

在 Flash CC 中，使用滴管工具对文字进行采样填充时，只能更换文字的颜色，而不能更改文字的字体和大小。除此之外，使用滴管工具不仅可以吸取 Flash CC 本身创建的矢量和矢量线条，还能吸取从外部导入的图片作为填充内容，只不过，在吸取位图时，必须先将位图分离，才能吸取图案。

图层与帧的操作及应用

- **本章导读**

使用 Flash 制作动画的关键元素有图层、时间轴和帧，动画的实现基本上就是对这三大元素的编辑。本章首先对时间轴、帧及图层的概念进行阐述，然后对相关操作进行详细演示，从而为读者日后设计动画打下基础。

- **本章学习目标（已掌握的在圆圈中打钩）**

◎ 熟悉制作 Flash CC 动画的基础
◎ 掌握图层的基本操作
◎ 熟悉时间轴和帧的概念
◎ 掌握帧的基本操作
◎ 掌握制作数字倒计时动画的方法
◎ 掌握制作电视多屏幕动画的方法
◎ 掌握制作引导线心形动画的方法
◎ 掌握制作图片切换遮罩效果的方法

- **重点案例效果**

6.1 制作Flash CC动画的基础

在 Flash CC 中可以轻松地创建各种丰富多彩的动画效果，并且只需要通过更改时间轴每一帧的内容，就可以在舞台上制作出移动对象、更改颜色、旋转、淡入淡出或更改形状等特效。

6.1.1 Flash CC 动画简述

Flash CC 之所以能在网上广为流传，主要原因就是采用了流控制技术（即边下载边播放技术），允许用户不用等待整个动画下载完，就可以播放。Flash CC 动画由按时间先后顺序排列的一系列编辑帧组成，在编辑过程中，除了可以添加传统的帧动画变形以外，还支持过渡变形技术，例如移动变形和形状变形。

过渡变形技术只需要制作出动画序列中的第一帧和最后一帧（关键帧），中间的过渡帧可以通过 Flash CC 计算自动生成。这样不但可以大大减少动画制作的工作量，缩减动画文件的尺寸，而且过渡效果非常平滑。对帧序列中关键帧的制作，可以产生不同的动画和交互效果。播放时以时间轴上的帧序列为顺序依次进行。

Flash CC 动画与其他电影动画的基本区别是具有交互性。所谓交互就是通过使用键盘、鼠标等工具，可以在作品的各个部分跳转，使用户参与其中。简单来说，Flash CC 动画通常由几个场景组成，而每个场景则由几个图层组成，每个图层又由许多帧组成。一个帧就是一幅图片，几幅略有变化的图片连续播放，就成了一个简单的动画。

一般情况下，Flash CC 中的动画形式分为逐帧动画、形状补间动画、动作补间动画、遮罩动画和引导路径动画等。要制作精美的动画作品，必须先学会这 5 类基础的动画。

由于一帧帧地制作动画既费时又费力，所以，在制作动画时应用最多的是补间动画。补间动画是一种比较有效的能产生动画效果的方式，同时还能尽量减小文件的大小。因为在补间动画中，Flash CC 只保存帧之间不同的数据，而在逐帧动画中，Flash CC 却要保存每一帧的数据。

Flash CC 可以生成两种类型的补间动画，一种是动作补间动画，另一种是形状补间动画。动作补间动画需要在一个点定义实例的位置、大小及旋转角度等属性，才可以在其他位置改变这些属性，从而由这些变化产生动画；形状补间动画需要在一个点绘制一个图形，在其他点改变图形的形状或绘制其他图形，然后为这些图形之间的帧插值或插图形，从而产生动画效果。

6.1.2 实例 1——动作补间动画的制作

动作补间动画就是在一个关键帧上放置一个元件。然后在另一个关键帧改变这个元件的大小、颜色、位置、透明度等，Flash 根据两者之间帧的值创建动画。

构成动作补间动画的元素是元件，例如影片剪辑、图形元件、按钮、文字、位图、组合等，但不能是形状，若要使用形状，则需把形状“组合”或转换成“元件”之后，才可以创建动作补间动画。

下面以制作一个属性渐变的圆形为例，简单讲述一下动作补间动画的制作，具体的操作如下。

步骤 1 启动 Flash CC，然后依次选择【文件】→【新建】菜单命令，即可创建一个新的 Flash 空白文档，并将该文档保存为“圆的运动轨迹.fla”，如图 6-1 所示。

图 6-1 新建 Flash 文档

步骤 2 使用椭圆工具在舞台的左上角画一个无边框的红色圆形，如图 6-2 所示。

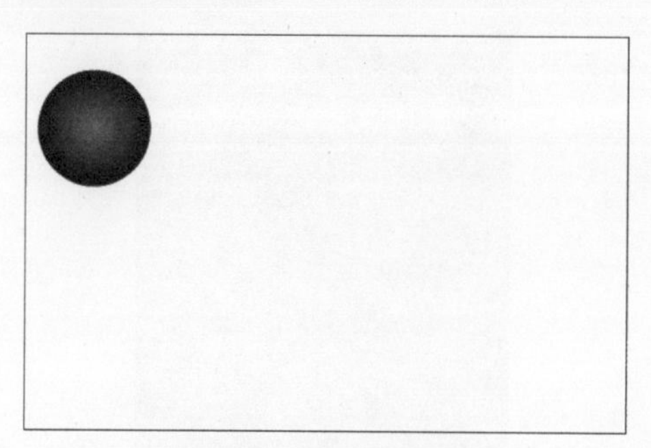

图 6-2 绘制圆形

步骤 3 选中绘制的圆形，然后依次选择【修改】→【转换为元件】菜单命令，打开【转换为元件】对话框，在【名称】文本框中输入该元件的名称，如这里输入“圆”，并设置【类型】为【图形】，如图 6-3 所示，接着单击【确定】按钮，即可将圆形转换为元件。

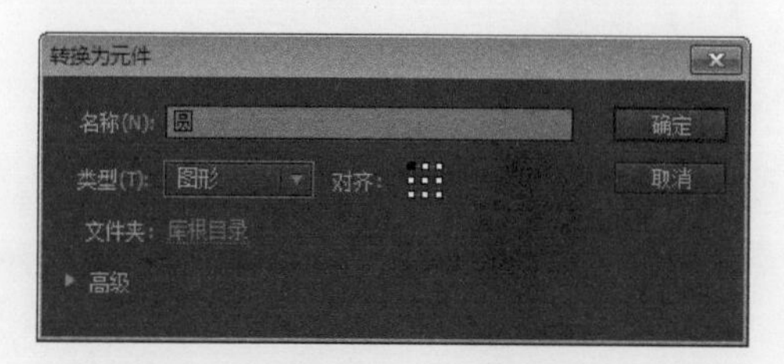

图 6-3 【转换为元件】对话框

步骤 4 依次选择【插入】→【补间动画】菜单命令，然后使用选择工具将圆形拖到舞台的右下角，如图 6-4 所示。

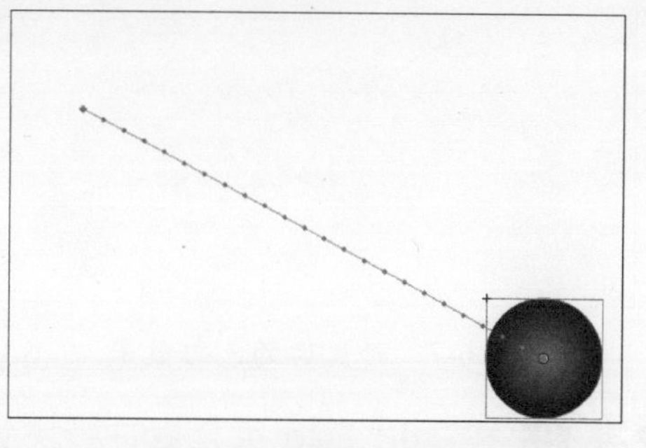

图 6-4 创建补间动画

步骤 5 使用任意变形工具选中右下角的圆形，然后按住 Shift 键的同时拖动鼠标进行等比例的缩小，如图 6-5 所示。

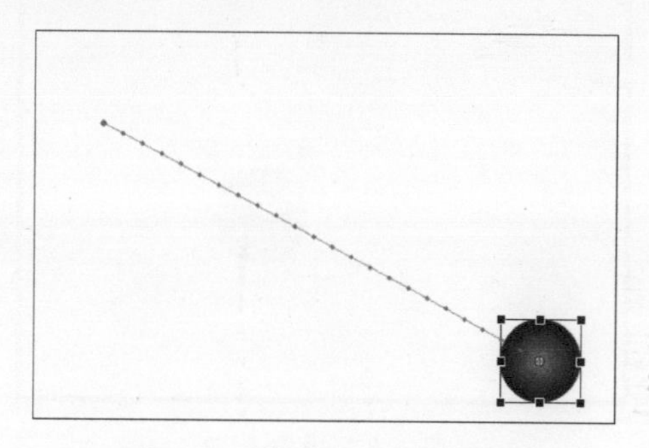

图 6-5 将圆形等比例缩小

步骤 6 在【属性】面板中，展开【色彩效果】选项组，然后单击【样式】下拉按钮，从弹出的下拉列表中选择 Alpha 选项，并将其值设置为“30%”，如图 6-6 所示。

图 6-6 设置色彩

步骤 7 设置后的色彩效果如图 6-7 所示。

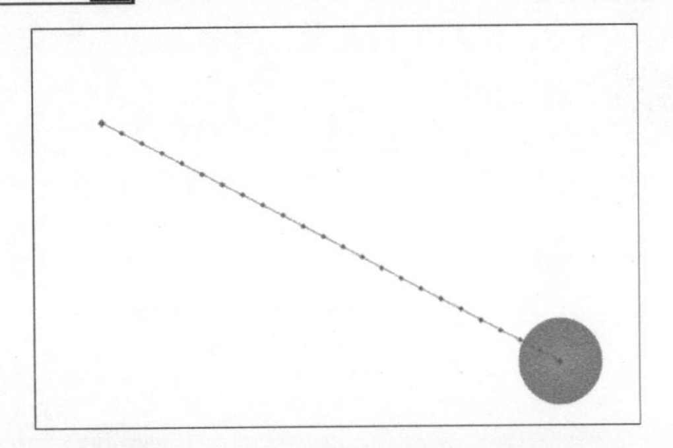

图 6-7　设置后的色彩效果

步骤 8 按 Ctrl + Enter 组合键进行测试，此时即可看到圆形的运动轨迹，如图 6-8 所示。

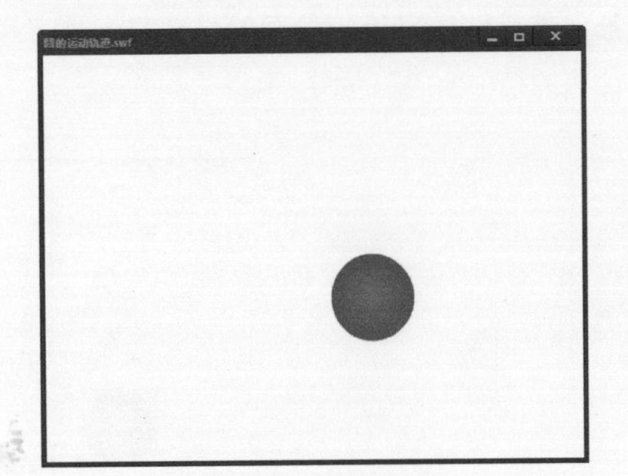

图 6-8　进行测试

6.1.3 实例 2——形状补间动画的制作

形状补间动画适用于图形对象。在两个关键帧之间既可以制作出图形变形效果，让一种形状可以随时间而变化成另一种形状，也可以对形状的位置、大小和颜色进行渐变。形状补间动画是对象从一个形状到另一个形状的渐变，用户只需要设置变化前的图形和最终要变为的图形，中间的渐变过程由 Flash 自动生成。

下面以制作一个矩形变成圆形为例，简单讲述一下形状补间动画的制作，具体的操作如下。

步骤 1 启动 Flash CC，然后依次选择【文件】→【新建】菜单命令，即可创建一个新的 Flash 空白文档，并将该文档保存为“矩形变圆形 .fla”，如图 6-9 所示。

图 6-9　新建 Flash 文档

步骤 2 单击工具栏中的【矩形工具】按钮，然后在打开的矩形工具【属性】面板中，展开【矩形选项】选项组，将矩形的角度设置为“12”，如图 6-10 所示。

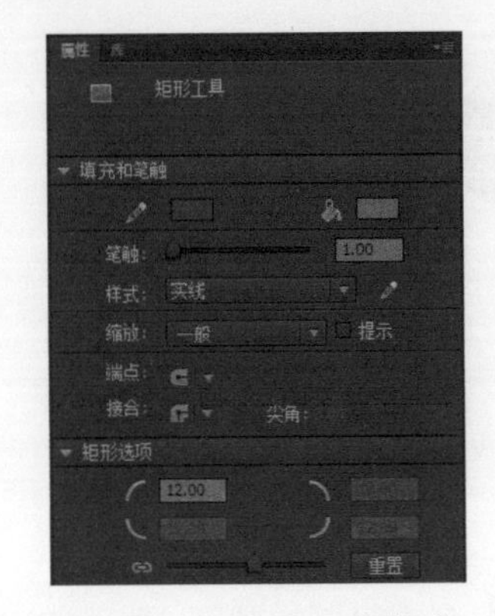

图 6-10　设置矩形角度

步骤 3 将鼠标指针移至舞台，然后拖动绘制一个圆角矩形，如图 6-11 所示。

图 6-11　绘制圆角矩形

步骤 4 选中矩形并右击，从弹出的快捷菜单中选择【转换为元件】菜单命令，打开【转换为元件】对话框，然后在该对话框中设置元件的名称和类型，如图 6-12 所示，接着单击【确定】按钮，即可将其转换为元件。

图 6-12　【转换为元件】对话框

步骤 5 选中第 30 帧并右击，从弹出的快捷菜单中选择【插入空白关键帧】菜单命令，如图 6-13 所示。

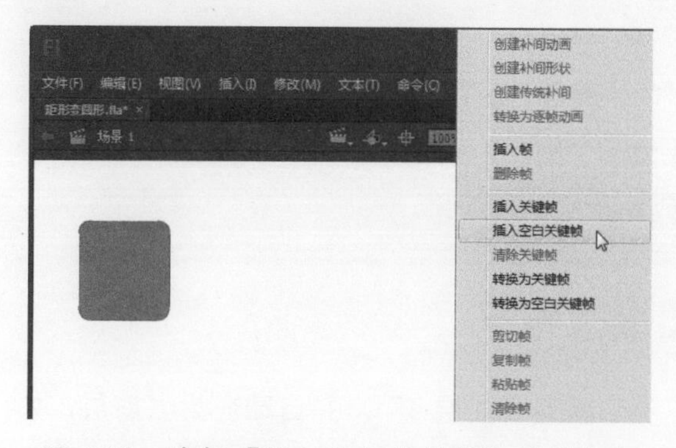

图 6-13　选择【插入空白关键帧】菜单命令

步骤 6 使用椭圆工具在舞台上绘制一个圆形，如图 6-14 所示。

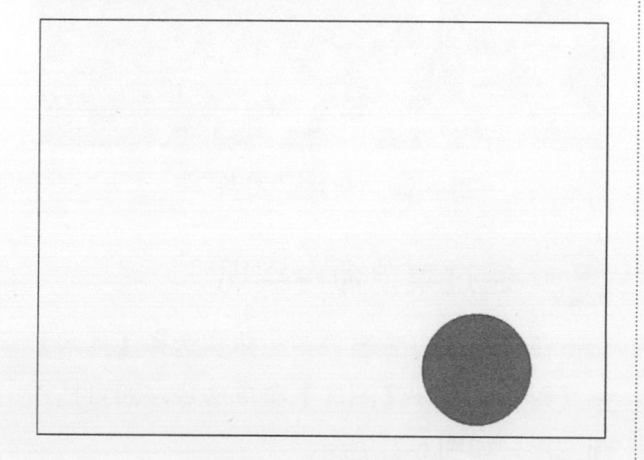

图 6-14　绘制圆形

步骤 7 选择第 1 帧，并选中圆角矩形，然后依次选择【修改】→【分离】菜单命令，即可将圆角矩形分离，如图 6-15 所示。

图 6-15　分离矩形

步骤 8 选中时间轴上第 1 ～ 30 帧中的任意一帧，如这里选择第 15 帧并右击，从弹出的快捷菜单中选择【创建补间形状】菜单命令，如图 6-16 所示。

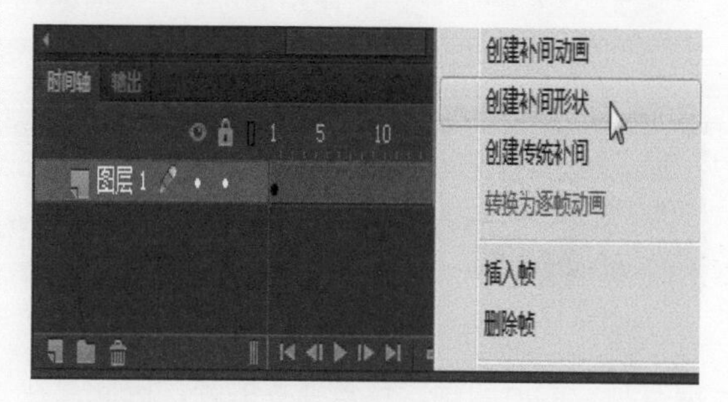

图 6-16　选择【创建补间形状】菜单命令

步骤 9 完成形状补间动画的制作，如图 6-17 所示。

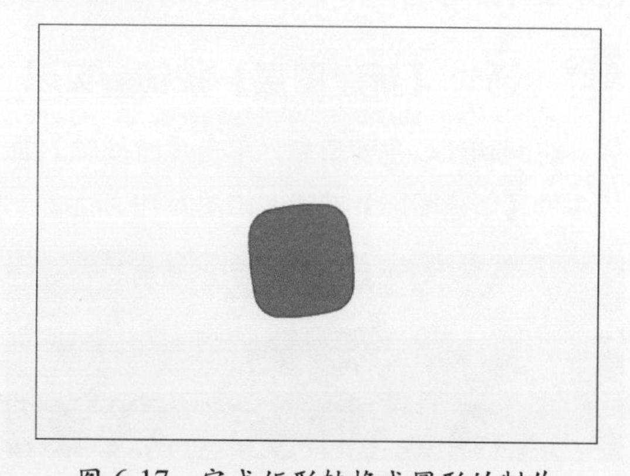

图 6-17　完成矩形转换成圆形的制作

步骤 10 按 Ctrl + Enter 组合键进行测试，即可看到圆角矩形变成圆形的过程，如图 6-18 所示。

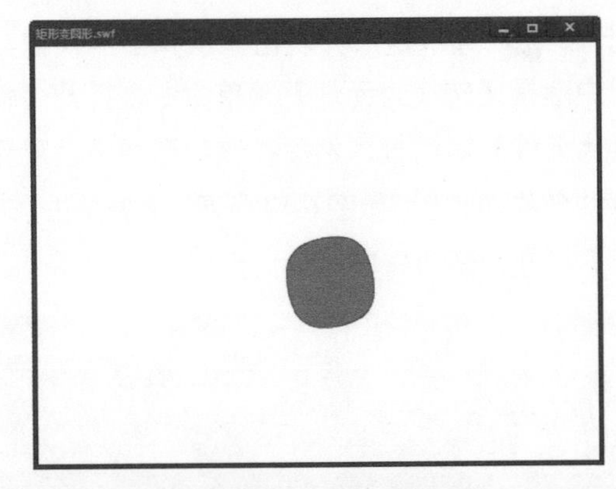

图 6-18 进行测试

6.2 图层的基本操作

在 Flash CC 中制作动画时，往往需要用到多个图层，每个图层分别控制不同的动画效果。因此，要创建效果较好的 Flash 动画，就需要为一个动画创建多个图层，以便在不同的图层中制作不同的效果，通过多个图层的组合形成复杂的动画效果。

6.2.1 实例 3——创建图层和图层文件夹

Flash CC 中的各个图层都是相互独立的，拥有独立的时间轴，包含独立的帧，因此，在一个图层中绘制和编辑对象时，不会影响其他层上的对象。在 Flash CC 中创建图层的方法有以下 3 种。

1. 通过【新建图层】按钮实现

在 Flash CC 主窗口中，单击【时间轴】面板中的【新建图层】按钮，如图 6-19 所示。

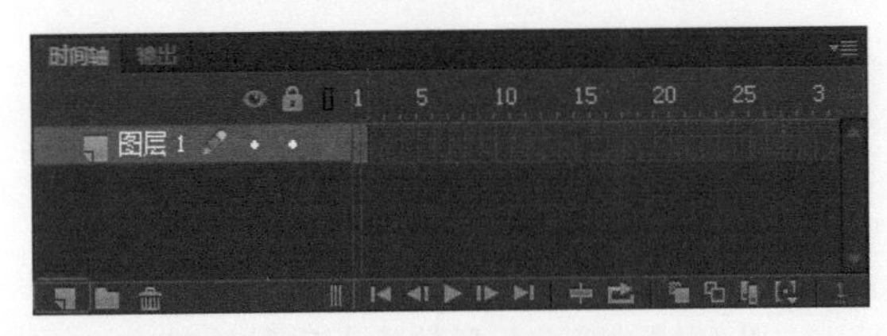

图 6-19 单击【新建图层】按钮

新建“图层 2”，并自动变为当前层，如图 6-20 所示。若不断单击该按钮，则将依次新建图层。

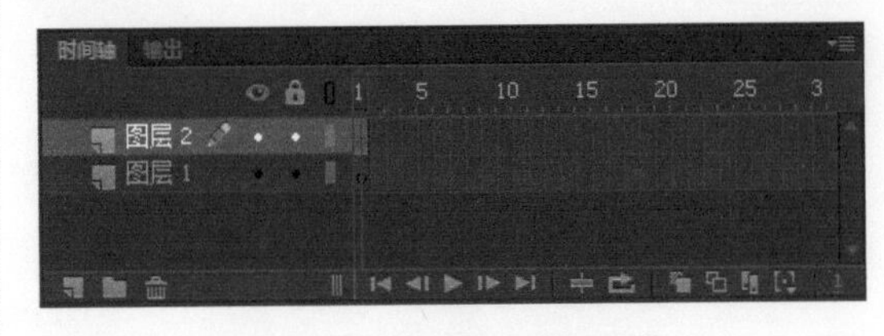

图 6-20 新建“图层 2”

2. 通过菜单命令实现

在 Flash CC 主窗口中，依次选择【插入】→【时间轴】→【图层】菜单命令，即可插入新图层，如图 6-21 所示。

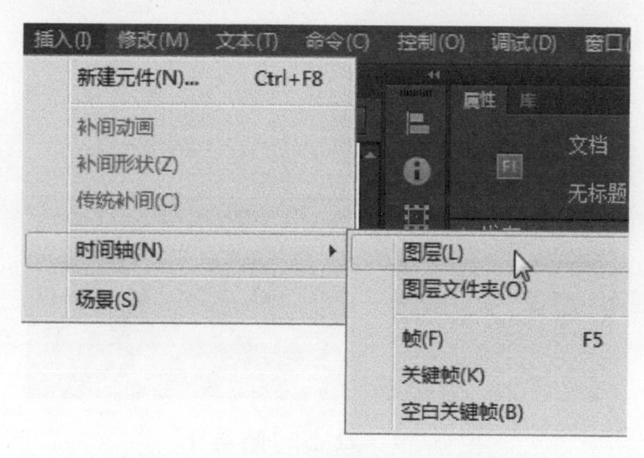

图 6-21 选择【图层】菜单命令

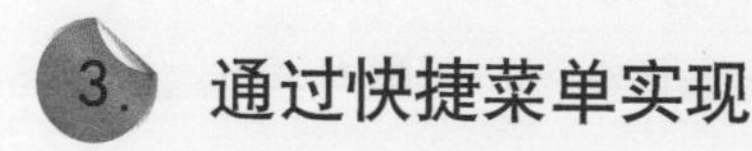

3. 通过快捷菜单实现

右击已有的图层（如“图层 1”），从弹出的快捷菜单中选择【插入图层】菜单命令可新建“图层 2”，如图 6-22 所示。

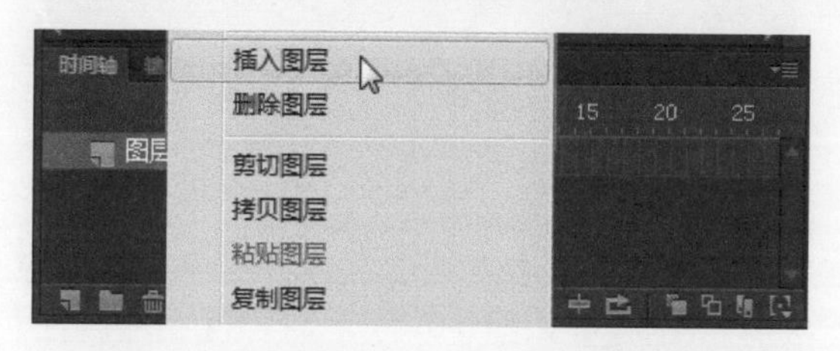

图 6-22 选择【插入图层】菜单命令

当在制作的动画中使用较多的图层时，可以使用图层文件夹来管理各个图层，从而提高动画制作效率。在图层文件夹中可以嵌套其他图层文件夹。

新建图层文件夹有以下几种方法。

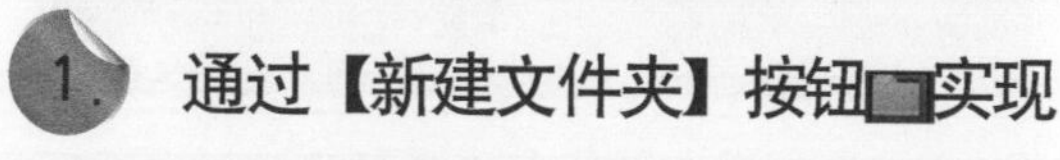

1. 通过【新建文件夹】按钮实现

单击【时间轴】面板中的【新建文件夹】按钮，如图 6-23 所示。

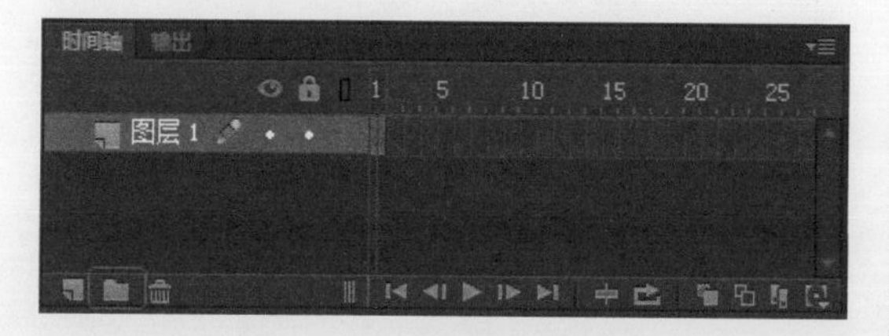

图 6-23 单击【新建文件夹】按钮

此时新文件夹将出现在所选图层的上面，如图 6-24 所示。

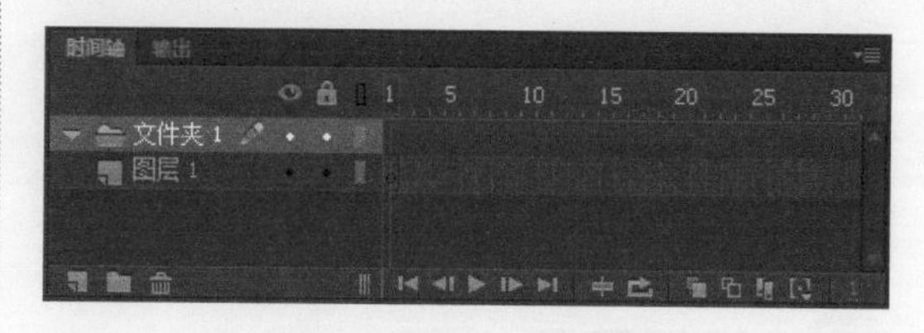

图 6-24 新建“文件夹 1”

2. 通过菜单命令实现

依次选择【插入】→【时间轴】→【图层文件夹】菜单命令，如图 6-25 所示，即可插入一个新的图层文件夹。

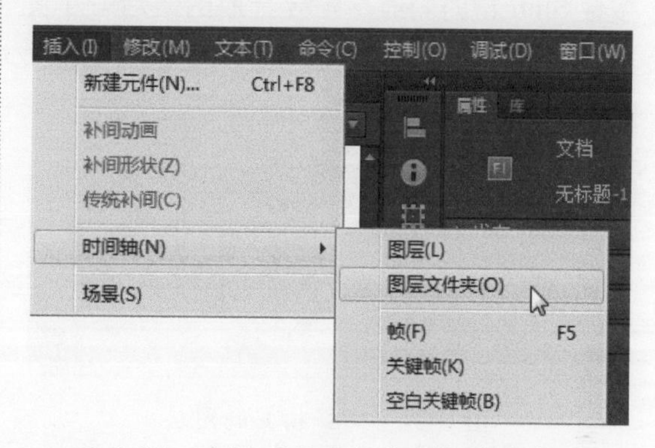

图 6-25 选择【图层文件夹】菜单命令

3. 通过快捷菜单实现

右击已有的图层（如“图层 1”），从弹出的快捷菜单中选择【插入文件夹】菜单命令，如图 6-26 所示，即可插入一个新的文件夹。

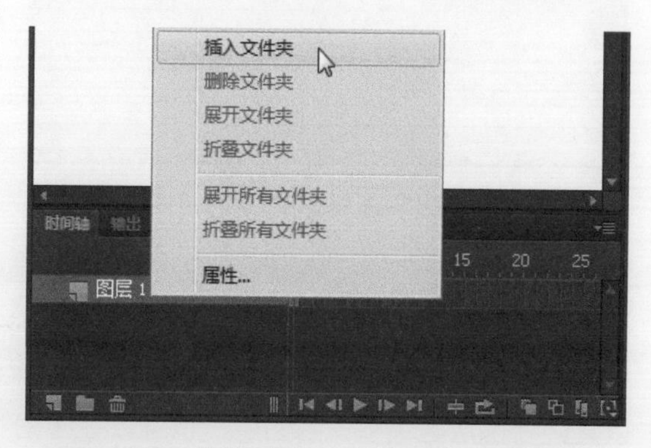

图 6-26 选择【插入文件夹】菜单命令

6.2.2 实例 4——编辑图层

编辑图层就是对图层进行最常见的基础操作，例如选择图层、重命名图层、移动图层、复制图层和删除图层。

1. 选择图层

选择图层包括选择相邻图层和选择不相邻图层。

(1) 选择相邻图层。

在【时间轴】面板中选中第一个图层之后，按住 Shift 键的同时单击要选取的最后一个图层，即可选取两个图层之间的所有相邻图层，如图 6-27 所示。

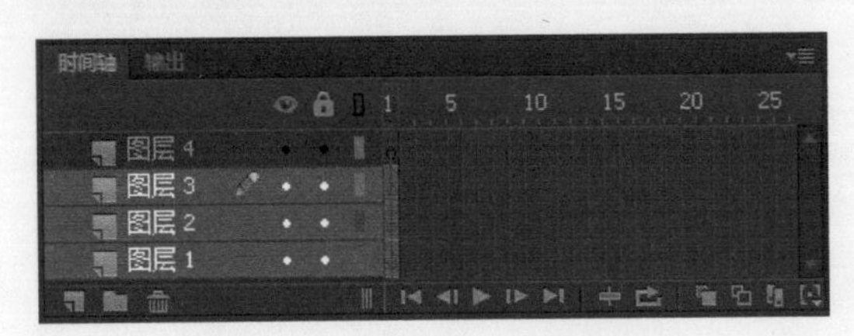

图 6-27 选择相邻的图层

(2) 选择不相邻图层。

在【时间轴】面板中选中任意一个图层之后，按住 Ctrl 键不放的同时依次选择需要选取的图层，如图 6-28 所示。

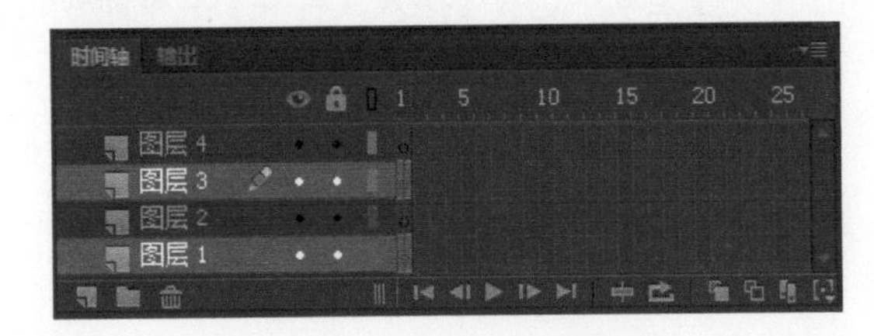

图 6-28 选择不相邻的图层

2. 重命名图层

用户可根据需要对图层进行重命名，既可以直接在图层区中重命名图层，也可以在【图层属性】对话框中重命名图层。

(1) 在图层区中重命名。

在【时间轴】面板中，双击要重命名的图层，即可进入编辑状态，如图 6-29 所示。

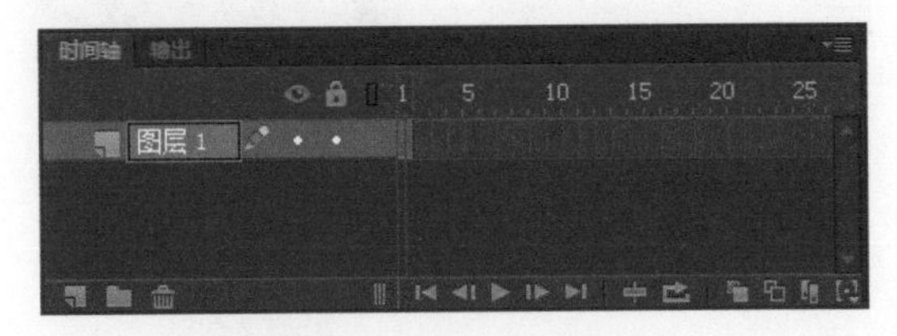

图 6-29 双击“图层 1”

在文本框中输入新的名称之后，按下 Enter 键，即可重新命名该图层，如图 6-30 所示。

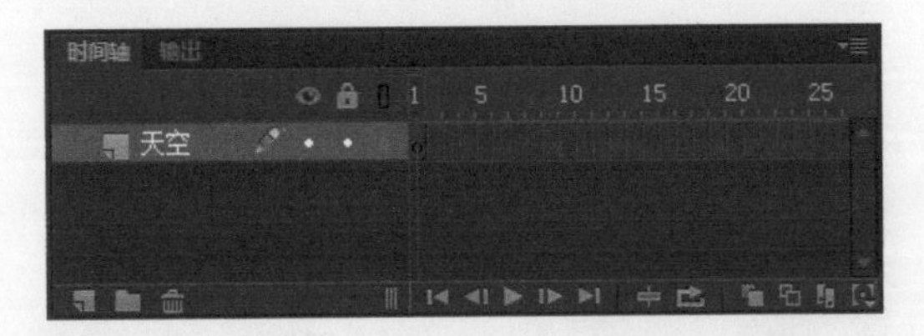

图 6-30 重命名“天空”图层

(2) 在【图层属性】对话框中重命名。

在【时间轴】面板中双击需要重命名的图层前的图标，如图 6-31 所示，打开【图层属性】对话框，然后在【名称】文本框中输入图层的新名称，如图 6-32 所示，接着单击【确定】按钮，即可实现图层的重命名操作。

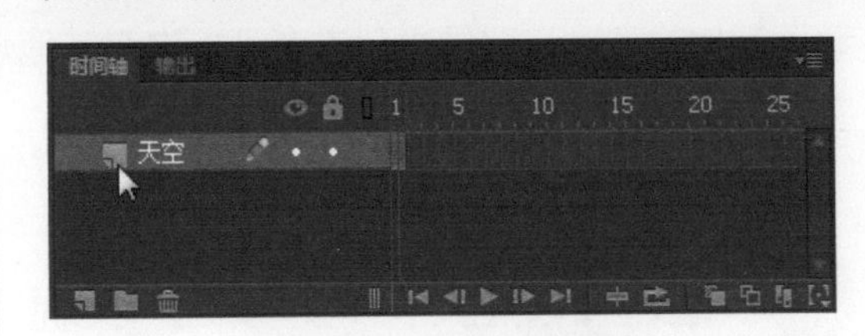

图 6-31 双击图标

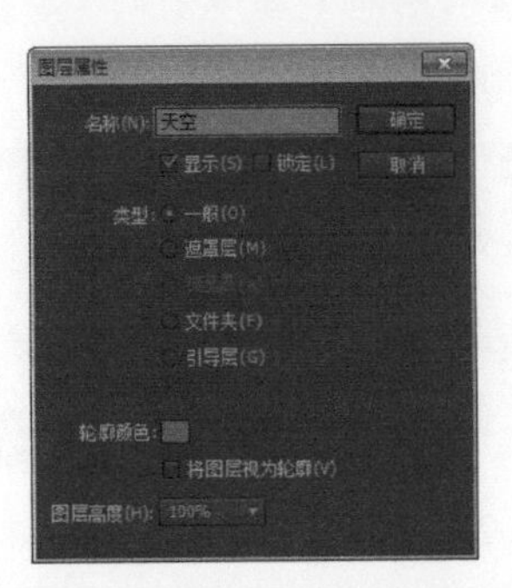

图 6-32 【图层属性】对话框

移动图层

移动图层是指对图层的顺序进行调整，以改变场景中各对象的叠放次序。

在【时间轴】面板中选择要移动的图层之后，按住鼠标左键并进行拖动，此时，图层显示为一条粗横线，如图 6-33 所示。

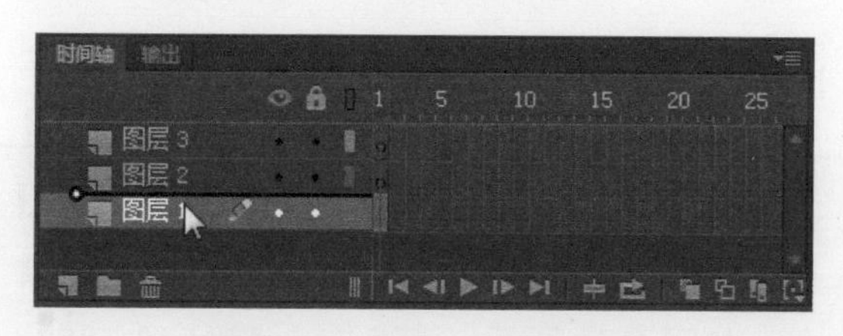

图 6-33　显示一条粗横线

将粗横线拖动到需要放置的位置后释放鼠标，即可完成图层的移动操作，如图 6-34 所示。

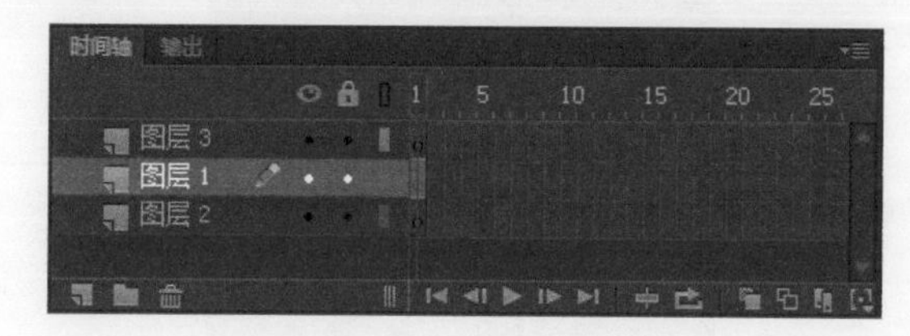

图 6-34　移动图层

复制图层

复制图层就是把某一图层中所有帧的内容复制到另一图层中。在制作动画时，常常需要在新建图层中创建与原有图层中所有帧内容相类似的内容，此时即可将原图层中的所有内容复制到新图层中，然后再进行修改，从而避免重复工作。

在【时间轴】面板中选中图层名称，即可选中该图层中所有帧，然后在选中的帧上右击，从弹出的快捷菜单中选择【复制帧】菜单命令，如图 6-35 所示，接着在目标图层的第 1 帧上右击，从弹出的快捷菜单中选择【粘贴帧】菜单命令，如图 6-36 所示，即可复制图层。

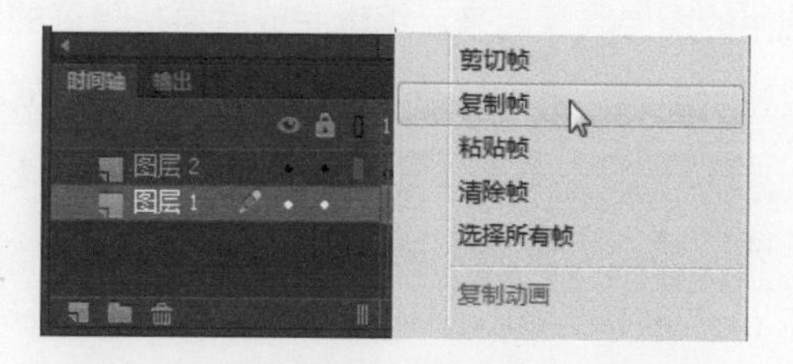

图 6-35　选择【复制帧】菜单命令

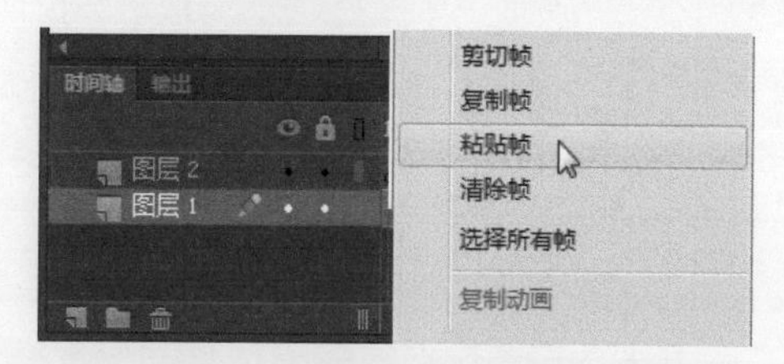

图 6-36　选择【粘贴帧】菜单命令

提示　如果图层的叠放次序不同，则显示和播放的效果也不同，因此，在移动或复制图层时应该注意其显示效果的变化。

删除图层

当不再需要图层中的所有内容时，可以删除该图层。在【时间轴】面板中选择需要删除的图层之后，单击右下方的【删除】按钮，即可将所选图层删除。此外，也可以在选择需要删除的图层之后，按住鼠标左键不放，将其拖动到【删除】按钮上释放鼠标来删除该图层。

6.2.3　实例 5——设置图层的状态与属性

一般情况下，在对图层进行操作时可以依据动画设计的需要，对图层的状态与属性进行一些设置，以方便对动画场景的编辑。

显示与隐藏图层

在制作动画时，有时需要单独对某一个图层进行编辑，为了避免操作错误，可以将其他不使用的图层隐藏起来，编辑完成后再将隐藏的图层显示出来。显示与隐藏图层有以下两种方式。

(1) 选中需要被隐藏的图层，然后单击【显示或隐藏所有图层】图标下方的图标，如图 6-37 所示。

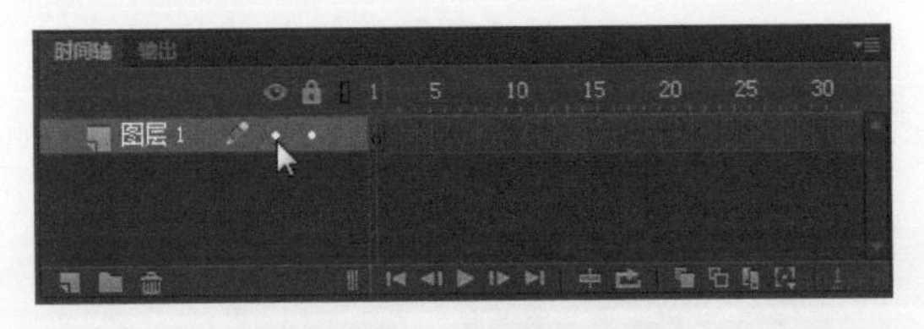

图 6-37 单击图标

当其变为图标时，图标将会变成图标，如图 6-38 所示，图层即被隐藏并且不能对其进行编辑。相反，单击图标，当图标变回图标，图标变成图标时，表示该图层为显示状态，可以对其进行编辑。

图 6-38 图标变成图标

(2) 在制作动画时，若想使不编辑的图层处于隐藏状态，但又能在场景中看到其中图形的位置，可用轮廓模式隐藏图层，具体的操作如下。

步骤 1 在【时间轴】面板中，单击【将所有图层显示为轮廓】图标，如图 6-39 所示。

图 6-39 单击【将所有图层显示为轮廓】图标

步骤 2 该层将以轮廓模式显示，如图 6-40 所示。

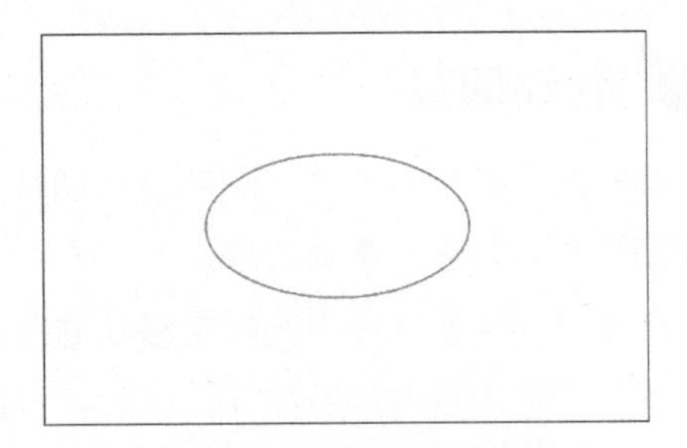

图 6-40 轮廓模式隐藏图层

步骤 3 若轮廓颜色与图形颜色相近而不容易分辨，可以双击该图层中的图标，打开【图层属性】对话框，然后单击【轮廓颜色】后面的按钮，从弹出的调色板中选择一种颜色，如图 6-41 所示，接着单击【确定】按钮，即可修改。

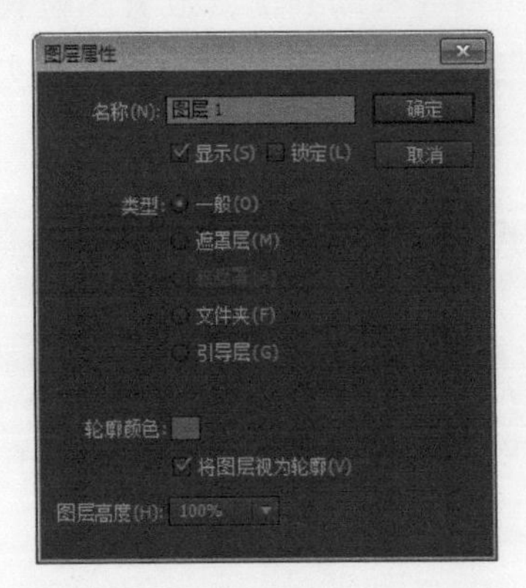

图 6-41 【图层属性】对话框

步骤 4 单击隐藏图层上的【显示】图标，即可显示该层上的图形，如图 6-42 所示。

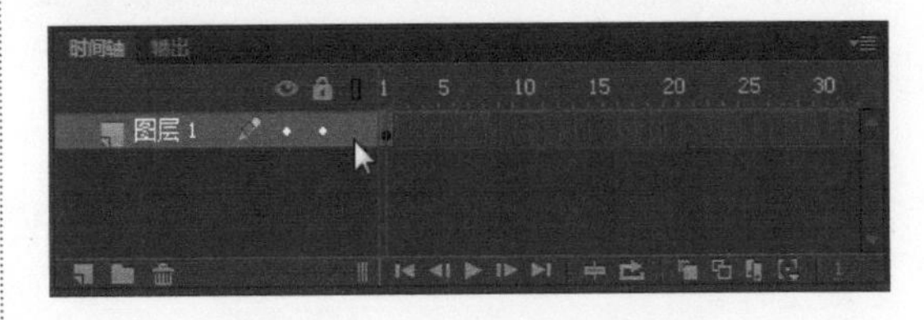

图 6-42 单击【显示】图标

2. 锁定与解锁图层

为了防止误改已编辑好的图层内容，可以锁定该图层。在锁定图层之后可以看到该图层中的内容，但不能对其进行编辑。

选中需要被锁定的图层，然后单击【锁定或解除锁定所有图层】图标下方该图层所对应的图标，如图 6-43 所示，即可将该图层设置为锁定状态，如图 6-44 所示。如果要解除该图层的锁定，只需单击图层中的图标。

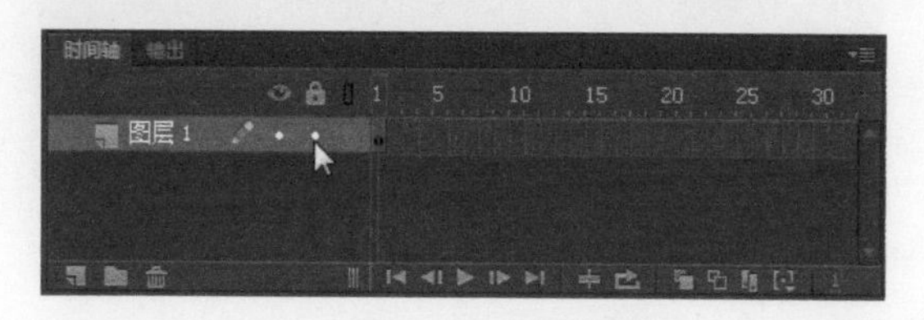

图 6-43　单击图标

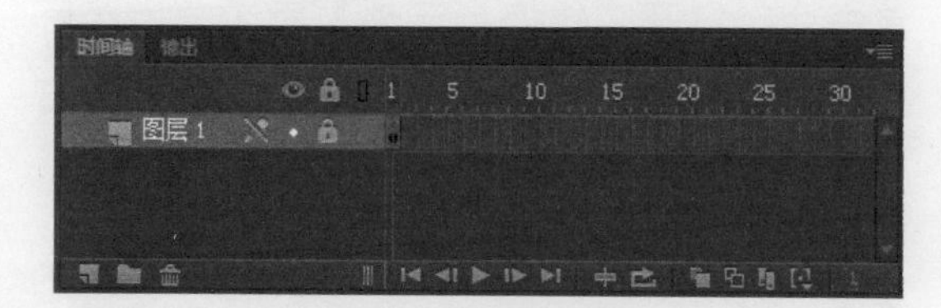

图 6-44　设置为锁定状态

3. 设置图层属性

在【图层属性】对话框中可以对图层的属性进行相关设置，如设置图层名称、显示与锁定、图层类型、对象轮廓的颜色和图层高度等。具体操作是，选中任意图层并右击，从弹出的快捷菜单中选择【属性】菜单命令，即可打开【图层属性】对话框，如图 6-45 所示。

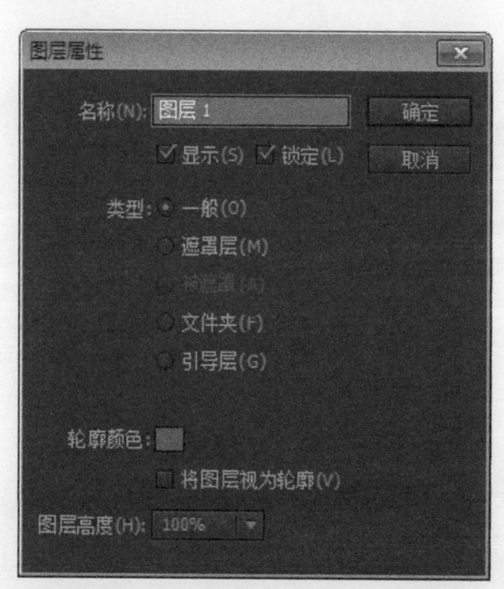

图 6-45　【图层属性】对话框

在【图层属性】对话框中各选项的作用如下。

☆ 【名称】文本框：用来修改图层的名称。

☆ 【显示】复选框：该复选框被选中时，可显示图层；取消选中该复选框时，可隐藏图层。

☆ 【锁定】复选框：该复选框被选中时，可锁定图层；取消选中该复选框时，可解锁图层。

☆ 【一般】单选按钮：选中该单选按钮时，可将图层设置为普通图层。

☆ 【引导层】单选按钮：选中该单选按钮时，可将图层设为引导层。

☆ 【遮罩层】单选按钮：选中该单选按钮可将图层设置为遮罩层。

☆ 【被遮罩】单选按钮：该单选按钮只有在遮罩层下方的图层才可用。选中该单选按钮可使图层与其前面的遮罩层建立链接关系，成为被遮罩层。

☆ 【轮廓颜色】按钮：单击该按钮，在弹出的调色板中选择图层在轮廓模式时显示的颜色。

☆ 【将图层视为轮廓】复选框：该复选框可将图层内容以轮廓模式显示。

6.2.4 实例 6——使用遮罩层

遮罩层不能直接创建，只能将普通图层转换为遮罩层。遮罩动画的制作原理就是通过遮罩层来决定被遮罩层中的显示内容，从而产生动画效果。在动画中使用遮罩层的具体操作如下。

步骤 1 启动 Flash CC，然后依次选择【文件】→【新建】菜单命令，即可创建一个新的 Flash 空白文档，并将该文档保存为“遮罩效果 .fla”，如图 6-46 所示。

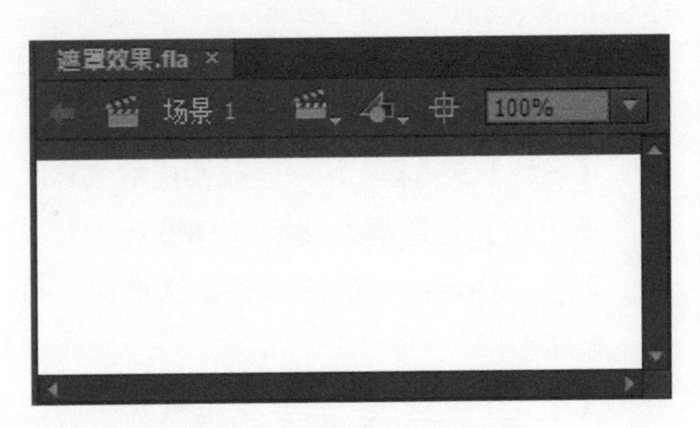

图 6-46 新建 Flash 文档

步骤 2 单击工具栏中的【文本工具】按钮，然后在打开的文本工具【属性】面板中设置文字的字体、字号和颜色，接着在舞台上绘制文本框并输入文本内容“似水流年”，如图 6-47 所示。

图 6-47 输入文本

步骤 3 单击【新建图层】按钮，新建“图层 2”，然后使用椭圆工具在该图层中绘制一个圆，如图 6-48 所示。

图 6-48 新建图层并绘制圆

步骤 4 选中“图层 1”的第 35 帧并右击，从弹出的快捷菜单中选择【插入帧】菜单命令，即可为“图层 1”插入帧，如图 6-49 所示。

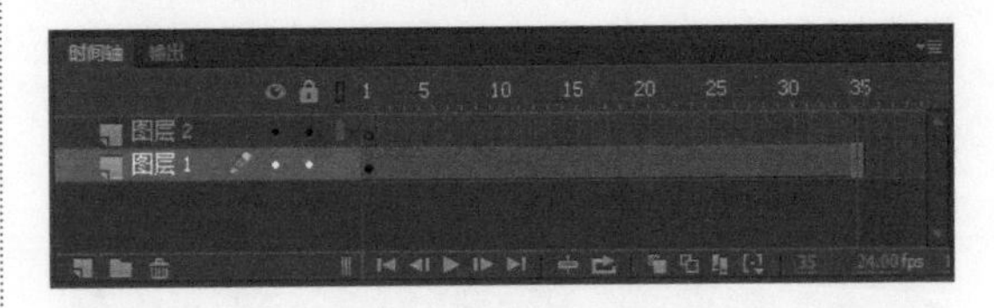

图 6-49 插入帧

步骤 5 选中“图层 2”中的圆形并右击，从弹出的快捷菜单中选择【转换为元件】菜单命令，打开【转换为元件】对话框，然后在该对话框中设置元件的名称和类型，如图 6-50 所示。

图 6-50 【转换为元件】对话框

步骤 6 单击【确定】按钮，即可将其转换为元件，如图 6-51 所示。

图 6-51 转换为元件

步骤 7 依次选择【插入】→【补间动画】菜单命令，然后将“图层 2”中的元件从左侧移至右侧，如图 6-52 所示。

图 6-52　将元件移至右侧

步骤 8　选中“图层 2”并右击，从弹出的快捷菜单中选择【遮罩层】菜单命令，即可将该图层转变成遮罩层，如图 6-53 所示。

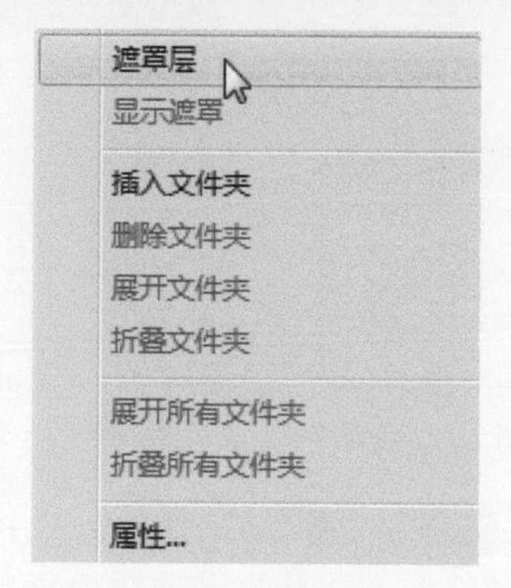

图 6-53　选择【遮罩层】菜单命令

步骤 9　此时，遮罩动画效果就制作完成了，按 Ctrl + Enter 组合键测试动画，如图 6-54 所示。

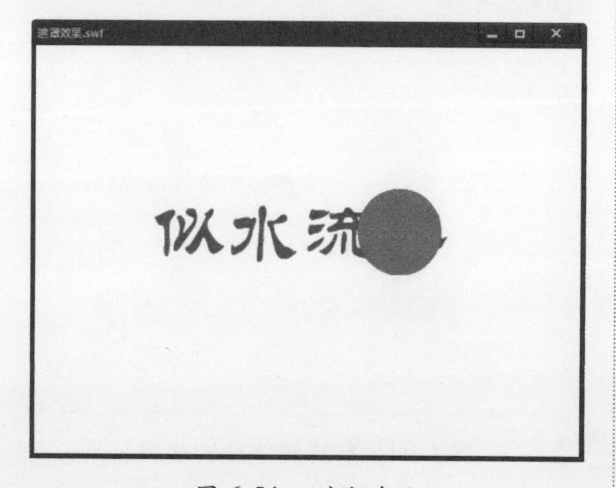

图 6-54　测试动画

6.2.5　实例 7——使用运动引导层

如果在 Flash CC 动画中提供引导图层，那么要运动的物体就可沿着自己设计的路线运动，如沿着一条曲线运动。简单地说，引导动画就是被引导层图像按引导层绘制轨迹运动的动画。

引导层分为普通引导层和运动引导层。普通引导层是在普通图层的基础上建立的，主要用于静态定位。而建立曲线运动或沿一条特定路径运动的动画，便要借助运动引导层。

使用运动引导层来制作一个沿曲线路径运动动画的具体操作如下。

步骤 1　启动 Flash CC，然后依次选择【文件】→【新建】菜单命令，即可创建一个新的 Flash 空白文档，并将该文档保存为“小球沿曲线运动 .fla”，如图 6-55 所示。

图 6-55　新建 Flash 文档

步骤 2　单击工具栏中的【椭圆工具】按钮，然后在打开的椭圆工具【属性】面板中设置填充颜色，接着将鼠标指针移至舞台上绘制一个圆形，如图 6-56 所示。

步骤 3　选中“图层 1”并右击，从弹出的快捷菜单中选择【添加传统运动引导层】菜单命令，即可在“图层 1”上添加一个引导层，如图 6-57 所示。

图 6-56　绘制圆形

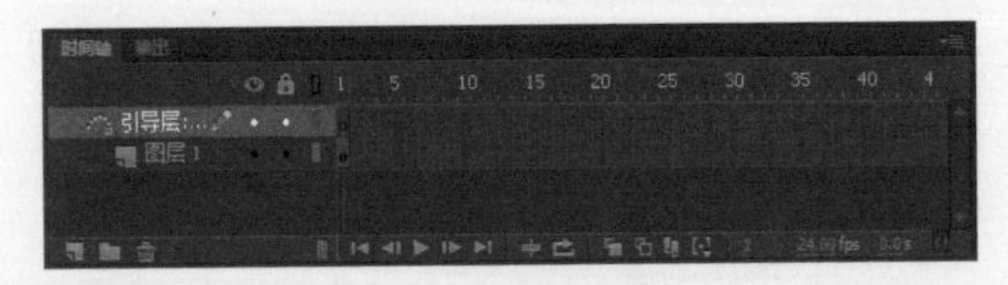

图 6-57　添加引导层

步骤 4 在引导层中使用铅笔工具绘制一条小球运动的平滑曲线，如图 6-58 所示。

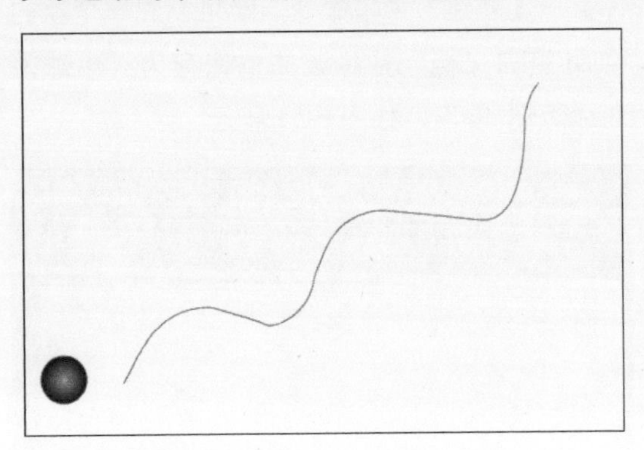

图 6-58　绘制小球的运动路径

步骤 5 分别在“引导层”和“图层 1”的第 40 帧处插入关键帧，如图 6-59 所示。

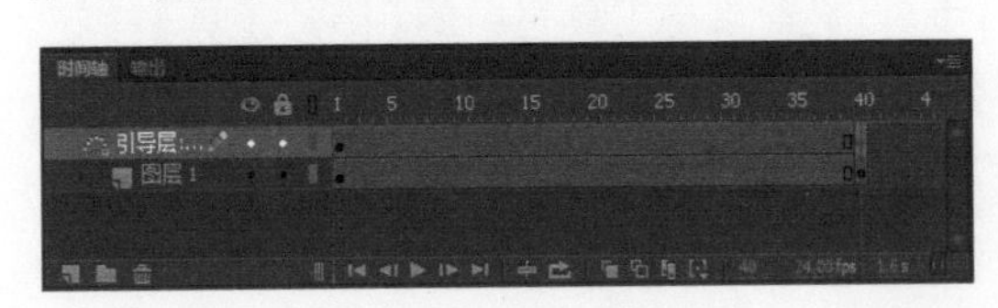

图 6-59　插入关键帧

步骤 6 选中“图层 1”的第 1 帧，然后将圆形放置在引导线的左端（图像的中心位置放在引导线的一端），如图 6-60 所示。

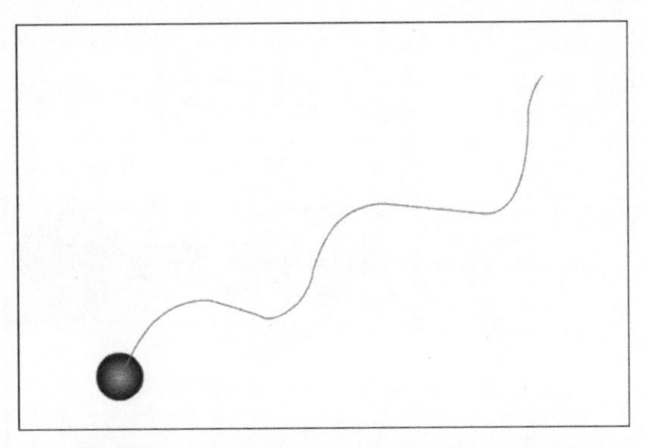

图 6-60　将圆形放置在引导线的左端

步骤 7 选中“图层 1”的第 40 帧，然后将圆形移至引导线的右端，如图 6-61 所示。

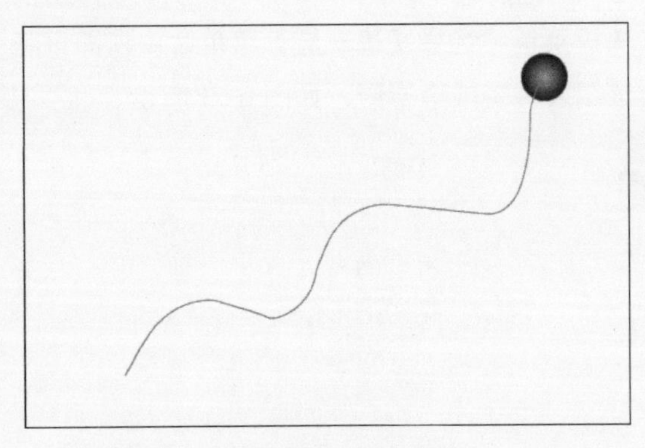

图 6-61　将圆形放置在引导线的右端

步骤 8 选中“图层 1”的第 1 ～ 40 帧中的任意一帧并右击，从弹出的快捷菜单中选择【创建传统补间动画】菜单命令，即可完成使用引导层制作小球沿曲线路径运动的动画，如图 6-62 所示。

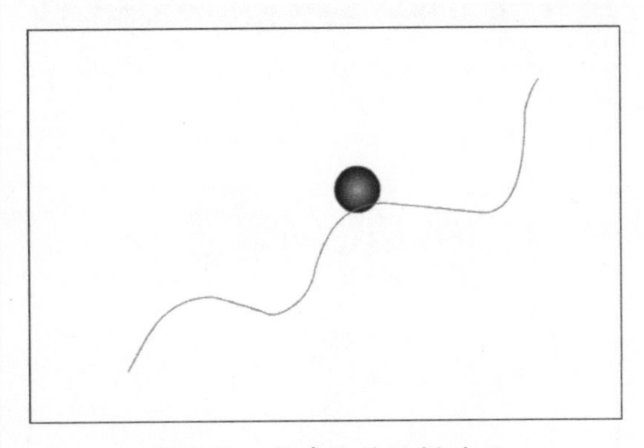

图 6-62　创建传统补间动画

步骤 9　按 Ctrl+Enter 组合键测试动画，即可看到小球沿着设计的曲线路径运动，如图 6-63 所示。

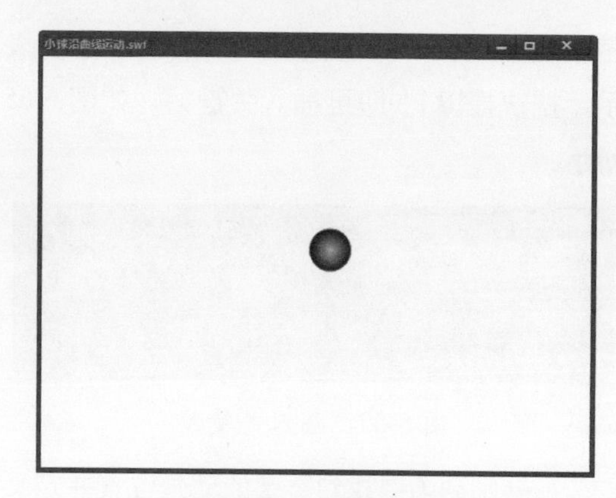

图 6-63　测试动画

6.3 时间轴与帧

在 Flash CC 的【时间轴】面板中，左侧为图层区，右侧是时间轴。时间轴的主要作用就是控制 Flash 动画的播放和编辑 Flash CC 动画。

时间轴用于组织和控制影片内容在一定时间内播放的层数和帧数。在播放 Flash CC 动画时，将按照制作时设置的播放帧频进行播放。帧频在 Flash CC 动画中用来控制动画播放的速度，其单位是 fps（帧 / 秒），表示每秒播放的帧数。标准的运动图像的帧频是 24 帧 / 秒，如电视影像。

帧是动画组成的最基本单位，大量的帧结合在一起就组成了时间轴，播放动画就是依次显示每一帧中的内容。在 Flash CC 动画中，不同帧的前后顺序将关系到这些帧中的内容在影片播放中的出现顺序。

6.3.1 实例 8——帧的分类

帧在 Flash 中有着不同的分类，类型不同表现形式也会有所不同，帧可以分为以下 4 类。

1. 普通帧

普通帧也称为过渡帧，是在时间轴上显示实例对象，但不能对实例对象进行编辑操作的帧。时间轴中的每一个小方格都是一个普通帧，其内容与关键帧的内容完全相同。在动画中增加普通帧可以延长动画的播放时间。普通帧在时间轴上显示为灰色填充的小方格，按快捷键 F5 即可插入普通帧，如图 6-64 所示。

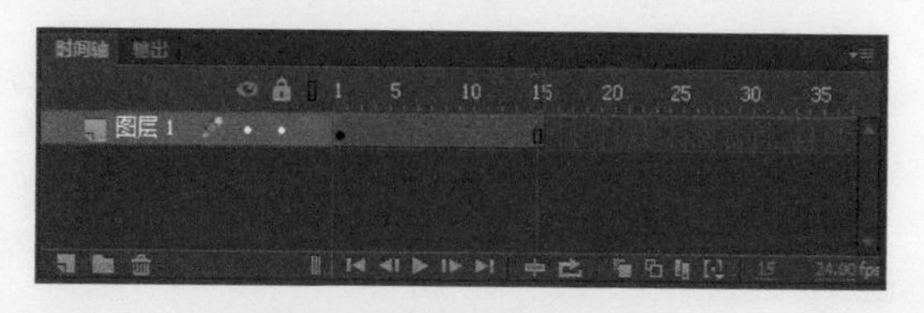

图 6-64　插入普通帧

2. 关键帧

关键帧是带有关键内容的帧，主要用于定义动画的变化环节，是动画中呈现关键性内容或变化的帧。关键帧以一个黑色小圆圈表示，按快捷键 F6 即可插入关键帧，如图 6-65 所示。

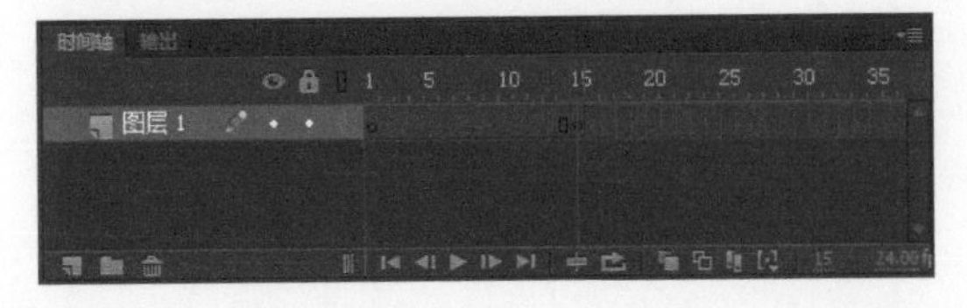

图 6-65　插入关键帧

在补间动画中找到重要的动画位置并定义关键帧，然后让 Flash CC 创建关键帧之间的帧内容，还可以在关键帧之间补间或填充帧，从而生成流畅的动画。因为关键帧可以使用户不用画出每个帧就能够生成连续动画，所以关键帧可以更改补间动画的长度。由于 Flash 文档会保存每一个关键帧中的形状，所以只需要在插图有变化的地方创建关键帧。

提示 普通帧和关键帧的画面相同，它们的区别在于关键帧能在其中对画面进行修改和操作。由于创建的普通帧会显示前一关键帧中的全部内容，所以普通帧一般用于延续关键帧中的画面，从而在动画中得到持续画面的效果。

3. 空白关键帧

空白关键帧中没有内容，主要用于在画面与画面之间形成间隔。空白关键帧是以空心的小圆圈表示。空白关键帧是特殊的关键帧，它没有任何对象存在，用户可以在其上绘制图形，一旦在空白关键帧中创建内容，空白关键帧就会自动转变为关键帧，按快捷键 F7 即可创建空白关键帧，如图 6-66 所示。

图 6-66　插入空白关键帧

新建图层的第 1 帧一般都是空白关键帧，如果在其中绘制图形后，则该空白关键帧将变为关键帧。同理，如果将某关键帧中的对象全部删除，则该关键帧就会转变为空白关键帧。

4. 动作帧

动作帧是指当 Flash 动画播放到该帧时，自动激活某个特定动作的帧。而动作帧上通常都有一个“a”标记，如图 6-67 所示。

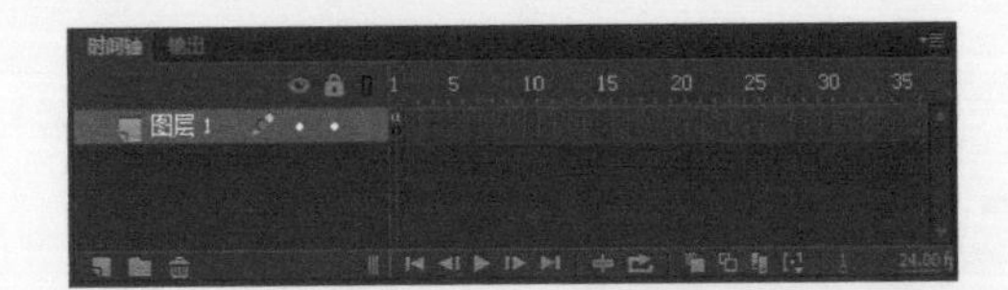

图 6-67　动作帧

6.3.2　实例 9——帧的显示状态

单击【时间轴】面板右上角的按钮，在弹出的下拉列表中选择帧的大小，如图 6-68 所示。该下拉列表中包含很小、小、一般、中等多个选项。通过选择【很小】、【小】、【一般】、【中】、【大】等选项来改变帧格的大小。帧的默认状态是“一般”，其中【大】选项有利于显示声音的波形。

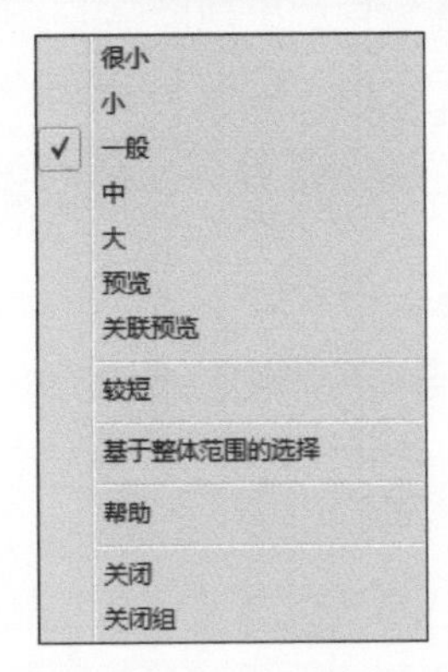

图 6-68　帧的显示状态下拉列表

【预览】选项和【关联预览】选项以缩图形式显示每个关键帧的状态。【预览】选项只显示当前层的物体在各帧的形状，而缩图尺寸

会调整到充满时间轴的帧，这会导致显示的内容的尺寸不同。这些缩图有利于浏览动画和观察动画形状的变化，但会占用较多的屏幕空间，如图 6-69 所示。

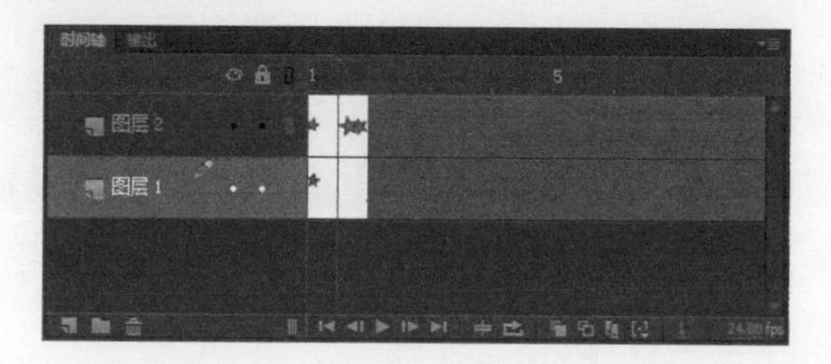

图 6-69　选择【预览】选项

6.3.3 实例 10——插入帧

用户根据需要可在时间轴中插入任意多个帧，这些帧可以是普通帧、关键帧或者空白关键帧。

在时间轴中插入普通帧可以采用以下方法。

(1)　在 Flash CC 主窗口中，依次选择【插入】→【时间轴】→【帧】菜单命令，即可在当前位置插入一个帧。

(2)　在时间轴中需要插入帧的地方右击，从弹出的快捷菜单中选择【插入帧】命令，即可插入一个帧。

(3)　选中时间轴中需要插入帧的位置，按快捷键 F5，即可快速插入帧。

在时间轴中插入关键帧可以采用以下方法。

(1)　在 Flash CC 主窗口中，依次选择【插入】→【时间轴】→【关键帧】菜单命令，即可在当前位置插入一个关键帧。

(2)　在时间轴中需要插入关键帧的地方右击，从弹出的快捷菜单中选择【插入关键帧】命令，即可插入一个关键帧。

(3)　选中时间轴中需要插入关键帧的位置，按快捷键 F6，即可快速插入关键帧。

在时间轴中插入空白关键帧可以通过以下方式实现。

(1)　在 Flash CC 主窗口中，依次选择【插入】→【时间轴】→【空白关键帧】菜单命令，即可在当前位置插入一个空白关键帧。

(2)　在时间轴中需要插入空白关键帧的地方右击，从弹出的快捷菜单中选择【插入空白关键帧】命令，即可插入一个关键帧。

(3)　选中时间轴中需要插入空白关键帧的位置，按快捷键 F7，即可快速插入空白关键帧。

6.3.4 实例 11——帧标签、注释和锚记

帧标签用于标识不同的帧，使用帧标签有助于在时间轴上确认关键帧。当在动作脚本中指定目标帧（如 GOTO）时，帧标签可用来取代帧号码。当添加或移除帧时，帧标签也随着移动，但不管帧号码是否改变。这样即使修改了帧，也不用再修改动作脚本。

帧标签同影片数据是同时输出，所以要避免名称过长，以获得较小的文件体积。设置帧标签只需选中某一帧，在打开的帧【属性】面板的【名称】文本框中输入名称即可。帧标签上通常都有一个小红旗标记，如图 6-70 所示。

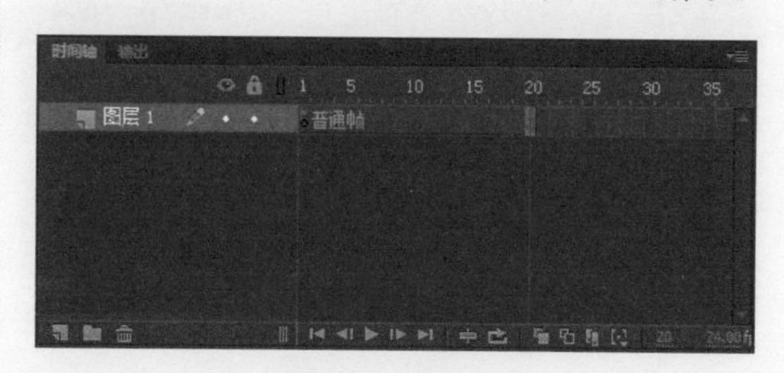

图 6-70　帧标签

帧注释不仅有助于用户对影片的后期操作，而且有助于同一个影片中的团队合作。同帧标签不同的是，帧注释以“//”开头，但不能输出到 .swf 文件中，不随影片一起输出，所以用户可以随心所欲地、尽可能详细地添加

注释，以方便制作者或其他人的阅读。

设置帧注释，只需选中某一帧，在打开的帧【属性】面板的【名称】文本框中输入“//”，然后输入注释内容，按 Enter 键即可添加注释。帧注释上通常都有一个绿色的“//”标记，如图 6-71 所示。

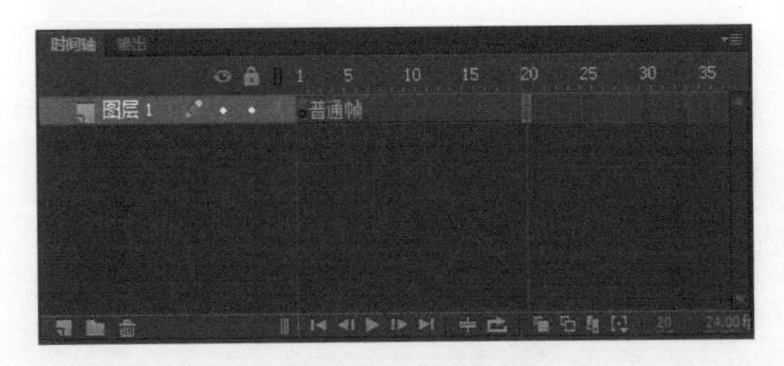

图 6-71　帧注释

锚记可以使影片观看者使用浏览器中的【前进】按钮和【后退】按钮从一个帧跳到另一个帧，或从一个场景跳到另一个场景，从而使 Flash 影片的导航变得简单。Flash 动画在输出时，锚记会包含在 .swf 文件中，因此锚记不能过长，否则会增加文件的大小。

锚记关键帧在时间轴中用锚记图标表示，如果希望 Flash 自动将每个场景的第 1 个关键帧作为命名锚记，可以通过对首选参数的设置来实现。帧锚记上通常都有一个黄色的锚标记，如图 6-72 所示。

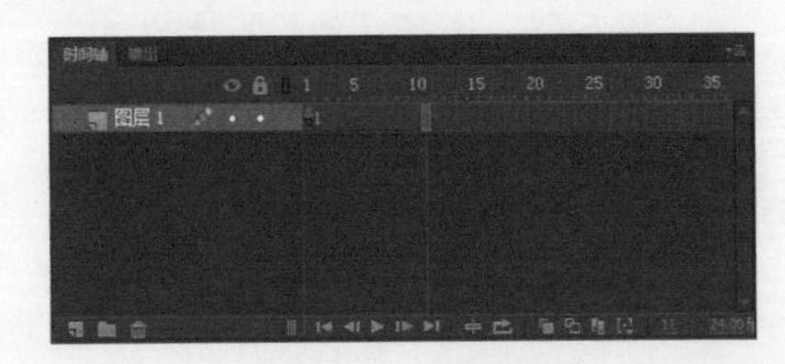

图 6-72　帧锚记

6.4 帧的基本操作

在 Flash CC 中制作动画时，大部分都是对帧进行的操作。通过编辑帧可以确定每个帧中显示的内容、动画的播放状态和时间等。对帧的操作主要包括设置帧频率，插入与清除帧，帧的移动、删除、复制，添加帧标签，以及更改帧的显示方式等。

6.4.1 实例 12——设置帧频率

帧频表示动画播放时每秒钟播放的帧数。帧频决定动画播放的连贯性和平滑性，设置帧频就是设置动画的播放速度。帧频越大，影片播放速度越快；帧频越小，影片播放速度越慢。

设置帧频率的具体操作如下。

步骤 1 在【时间轴】面板的底部状态栏中双击 24.00 fps，或单击文档【属性】面板中的【编辑文档属性】按钮，如图 6-73 所示。

步骤 2 打开【文档设置】对话框，然后在【帧频】文本框中输入自定义的频率，如图 6-74 所示，接着单击【确定】按钮，即可完成帧频的设置。

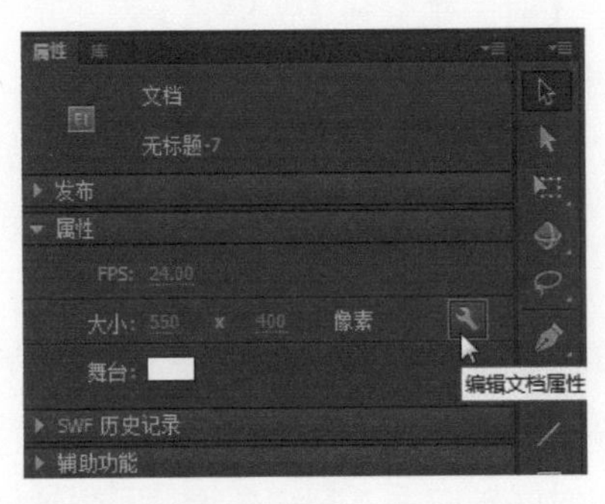

图 6-73　单击【编辑文档属性】按钮

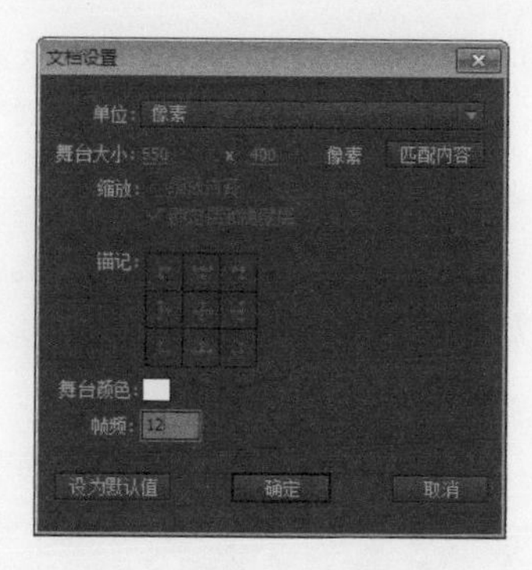

图 6-74　【文档设置】对话框

6.4.2 实例 13——帧的删除和清除

在制作动画时，如果不再需要所创建的帧，可以将其删除。选中需要被删除的帧并右击，从弹出的快捷菜单中选择【删除帧】菜单命令。

如果只是不再需要所创建帧内的所有内容，可以将这些内容清除。

(1) 清除关键帧：可以将当前关键帧转化为空白关键帧。选中需要清除的关键帧并右击，从弹出的快捷菜单中选择【清除关键帧】命令即可。

(2) 清除帧：可以将当前关键帧转化为普通帧。选中需要清除的帧并右击，从弹出的快捷菜单中选择【清除帧】菜单命令即可。

6.4.3 实例 14——帧的选取、复制、粘贴和移动

在 Flash CC 中，对帧的基本操作有选取帧、复制帧、粘贴帧和移动帧等。

1. 选取帧

如果需要对帧进行编辑操作，就要先选取帧。选取帧的方法有以下几种。

(1) 用鼠标直接单击时间轴中某一帧，即可选中该帧。

(2) 按住 Ctrl 键的同时单击要选择的帧，则可以选择不连续的多个帧。

(3) 按住 Shift 键的同时单击要选择的帧，则可以选择连续的多个帧。

2. 复制帧

如果在动画中需要使用多个内容完全相同的帧，那么就可以复制帧。复制帧的方法有以下两种。

(1) 选中要复制的帧，按住 Alt 键的同时，将鼠标指针移动到目标位置再释放，即可将选定帧复制到目标位置。

(2) 选中要复制的帧并右击，从弹出的快捷菜单中选择【复制帧】菜单命令，然后在目标位置右击，从弹出的快捷菜单中选择【粘贴帧】菜单命令，即可将选中的帧复制到目标位置。

3. 粘贴帧

用户可以对复制的帧或帧序列进行粘贴操作，复制帧以后，依次选择【编辑】→【时间轴】→【粘贴帧】菜单命令，或在当前选中的帧或帧序列上右击，从弹出的快捷菜单中选择【粘贴帧】菜单命令，即可实现帧或帧序列的粘贴。

4. 移动帧

移动帧有两种方法：一种是通过拖动方式移动，另一种是通过快捷菜单方式移动。

(1) 第一种方法：选中要移动的帧，按住鼠标左键将其拖动到目标位置后，释放鼠标即可。

(2) 第二种方法：选中需要移动的帧并右击，从弹出的快捷菜单中选择【剪切帧】菜单命令，然后在目标位置右击，从弹出的快捷菜单中选择【粘贴帧】菜单命令，即可将帧移动到目标位置。

6.4.4 实例 15——翻转帧与洋葱皮工具

翻转帧可以颠倒所选帧的播放顺序，即将选中的一组连续关键帧进行逆序排列，把关键帧的顺序按照与原来相反的方向重新排列一遍。翻转帧只能作用于连续的关键帧序列，对单个帧或者非关键帧不起作用。

在 Flash CC 主窗口中，若需要翻转选中的关键帧，可先在时间轴上选中要翻转的帧并右击，然后从弹出的快捷菜单中选择【翻转帧】菜单命令，即可翻转选中帧的播放顺序。

洋葱皮技术也称为设置动画的绘图纸外观。简单地说，就是将动画变化的前后几帧同时显示出来，从而能更加容易地查看动画变化效果。使用洋葱皮工具不能直接修改动画中的对象。

在 Flash CC 中使用洋葱皮工具的具体操作如下。

(1) 在【时间轴】面板的底部状态栏中单击【绘图纸外观】按钮，在时间轴上将出现洋葱皮的起始点和终止点，位于洋葱皮之间的帧将在舞台中由深至浅显示出来，当前帧的颜色最深，如图 6-75 所示。

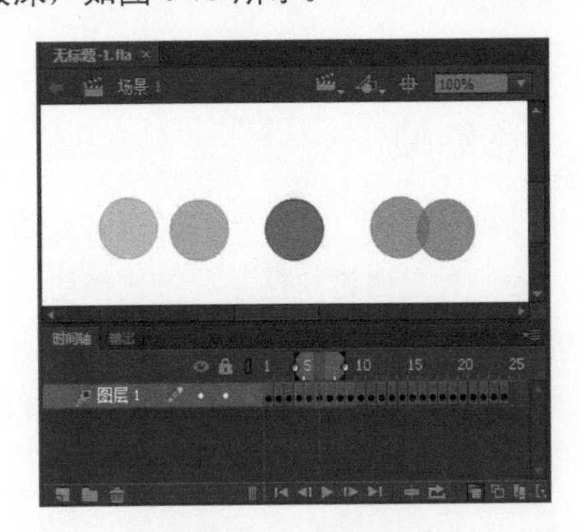

图 6-75　绘图纸外观

(2) 单击【绘图纸外观轮廓】按钮和单击【绘图纸外观】按钮的作用类似，区别在于【绘图纸外观轮廓】按钮只显示对象的轮廓线，如图 6-76 所示。

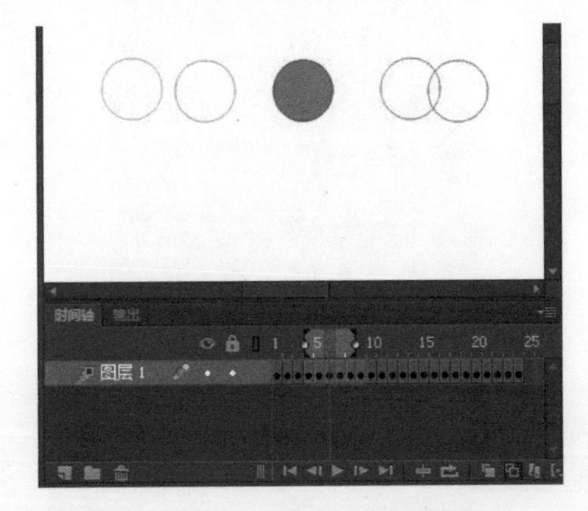

图 6-76　绘图纸外观轮廓

(3) 单击【编辑多个帧】按钮，即可对洋葱皮部分区域中的关键帧进行编辑，如改变对象的大小、颜色和位置等，如图 6-77 所示。

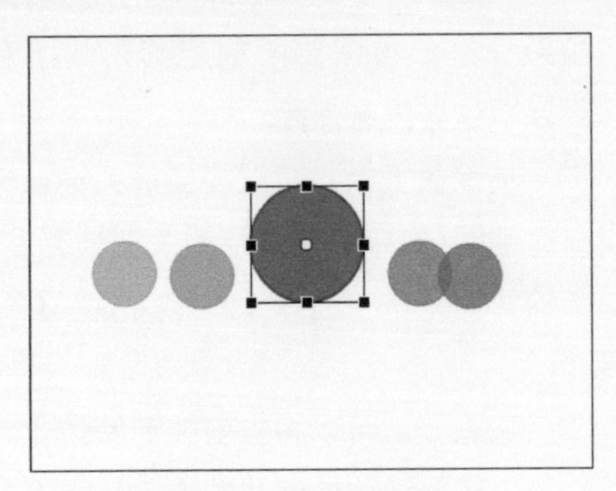

图 6-77　编辑帧

(4) 单击【修改标记】按钮，从弹出的下拉列表中选择对应的选项，即可修改当前洋葱皮的标记，如这里选择【标记范围 5】选项，具体显示效果如图 6-78 所示。

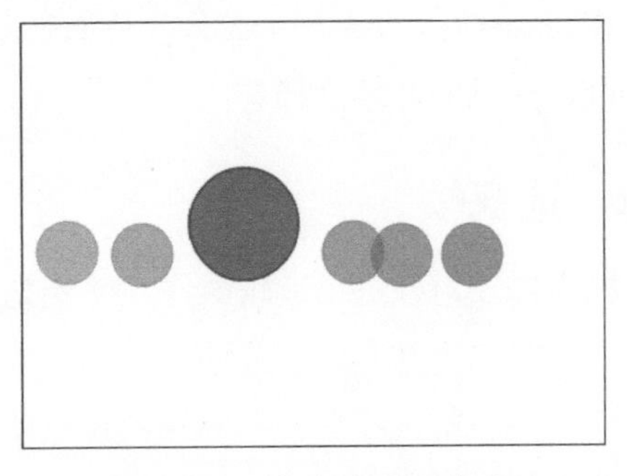

图 6-78　修改绘图纸标记

6.5 实战演练1——制作数字倒计时动画

本实例主要通过在不同的关键帧上设置不同的数字，从而制作出倒计时动画的效果，具体的操作如下。

步骤 1 启动 Flash CC，然后依次选择【文件】→【新建】菜单命令，即可创建一个新的 Flash 空白文档，并将该文档保存为“数字倒计时动画 .fla”，如图 6-79 所示。

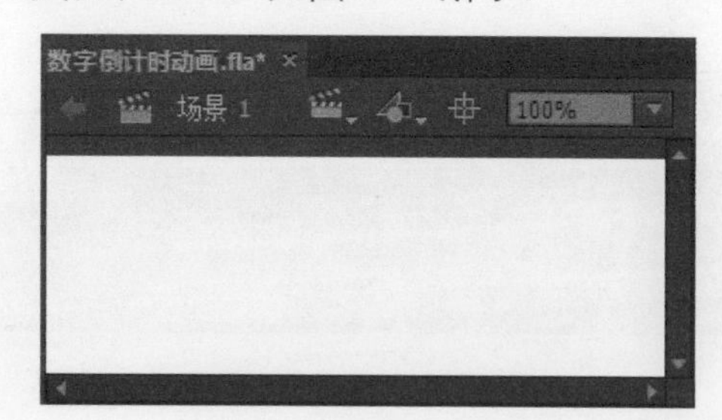

图 6-79　新建 Flash 文档

步骤 2 按 Ctrl+R 组合键打开【导入】对话框，在其中选择需要导入的素材图片，将该图片导入舞台中，然后将图片和舞台的大小都设置为 454 像素 ×381 像素，并将图片调整至舞台的中央，如图 6-80 所示。

图 6-80　导入图片并调整

步骤 3 在“图层 1”的第 21 帧处按快捷键 F5 插入帧，如图 6-81 所示。

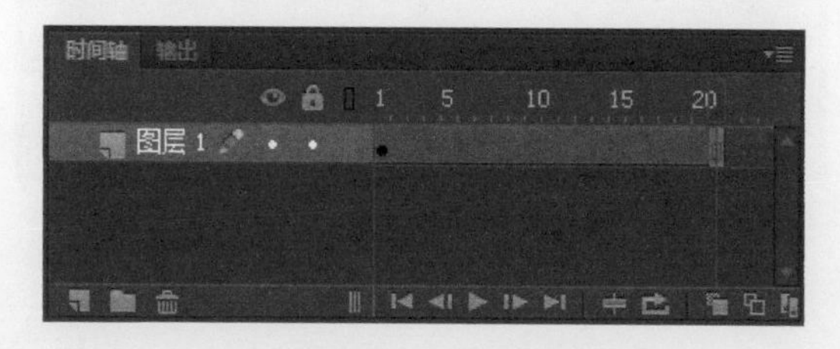

图 6-81　插入帧

步骤 4 将“图层 1”锁定，并新建一个图层，选中新建图层的第 1 帧，然后选择文本工具，在其【属性】面板中的【字符】选项组内，将【系列】设置为“Lucida Handwriting”，【大小】设置为“85”磅，【颜色】设置为“#FF9933”，如图 6-82 所示。

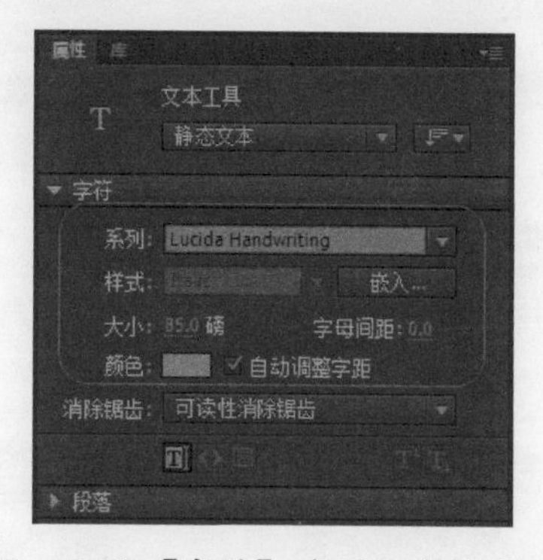

图 6-82　设置【字符】选项组内的各项参数

步骤 5 按住鼠标左键在舞台上绘制一个文本框并输入数字“20”，如图 6-83 所示。

图 6-83　输入数字

步骤 6 使用文本工具再在舞台上绘制一个文本框并输入文本“天”，输入完成后，选中输入的文本，在其【属性】面板中将【大小】

设置为“45”，【颜色】设置为“#00CC33”，效果如图 6-84 所示。

图 6-84 输入文本

步骤 7 在“图层 2”的第 2 帧处插入关键帧，然后使用文本工具选中该帧上的数字，并将其修改为“19”，如图 6-85 所示。

图 6-85 插入关键帧并修改帧上的数字

步骤 8 按照相同的方法，在“图层 2”的第 3 ～ 20 帧处插入关键帧，并修改对应帧上的数字，如图 6-86 所示。

步骤 9 单击【时间轴】面板底部的【帧频率】按钮，使其处于编辑状态，然后在文本框中输入帧频率“1”，如图 6-87 所示。

图 6-86 设置关键帧

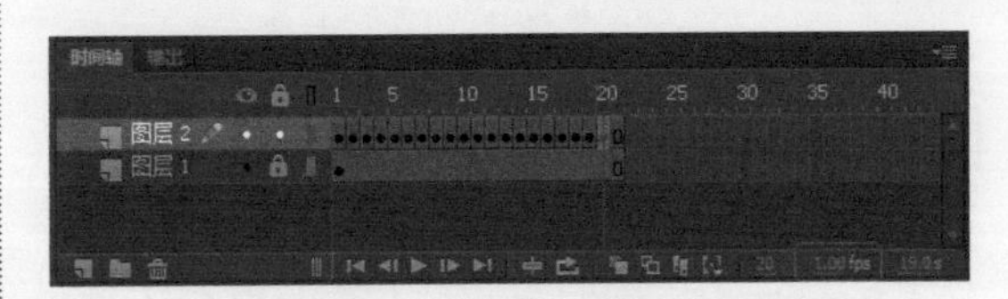
图 6-87 设置帧频率

步骤 10 至此，就完成了数字倒计时动画的制作，按 Ctrl+Enter 组合键，即可测试数字倒计时动画的播放效果，如图 6-88 所示。

图 6-88 测试效果

6.6 实战演练2——制作电视多屏幕动画

本实例主要应用遮罩层对视频进行遮罩，使其呈现多个电视屏幕，从而制作出电视多屏幕动画，具体的操作如下。

步骤 1 启动 Flash CC，然后依次选择【文件】→【新建】菜单命令，即可创建一个新的 Flash 空白文档，并将该文档保存为“电视多屏幕动画 .fla”，如图 6-89 所示。

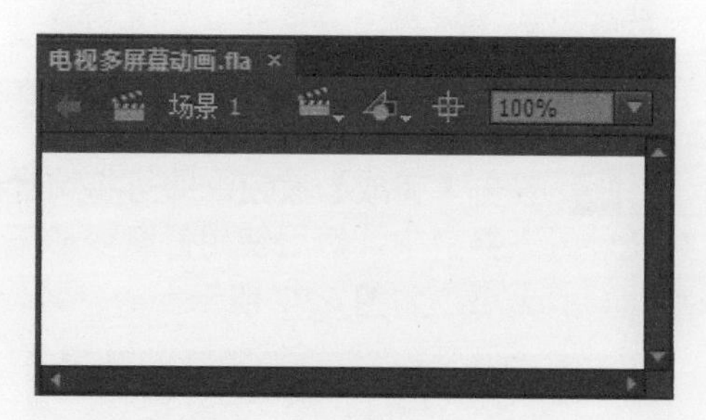

图 6-89　新建 Flash 文档

步骤 2 按 Ctrl+R 组合键打开【导入】对话框，在其中选择需要导入的图片文件，再将该图片导入舞台，然后将舞台和图片的大小都设置为 536 像素 ×383 像素，并将图片对齐舞台中央，如图 6-90 所示。

图 6-90　导入图片

步骤 3 依次选择【插入】→【新建元件】菜单命令，打开【创建新元件】对话框，在其中新建一个名为“电视遮罩”的图形元件，如图 6-91 所示。

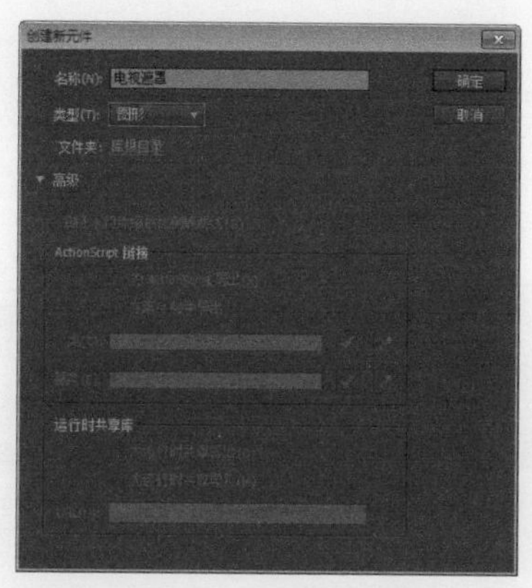

图 6-91　新建图形元件

步骤 4 单击【确定】按钮，进入该元件的编辑模式，使用矩形工具在舞台上绘制一个无笔触颜色的矩形，如图 6-92 所示。

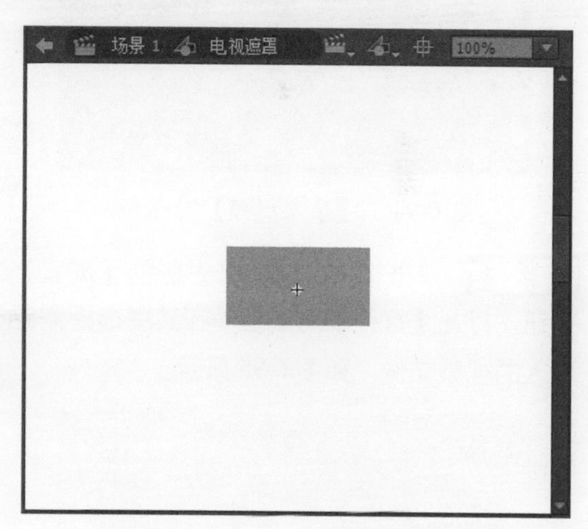

图 6-92　绘制无笔触颜色的矩形

步骤 5 选择绘制的矩形，复制 8 次，并调整好每个矩形的位置，中间留有一定的间隙，如图 6-93 所示。

步骤 6 返回到场景 1 中，新建一个图层，选中新建图层的第 1 帧，然后依次选择【文件】→【导入】→【导入视频】菜单命令，打开【导

入视频】对话框，在其中分别选择【在您计算机上】和【使用播放组件加载外部视频】单选按钮，如图 6-94 所示。

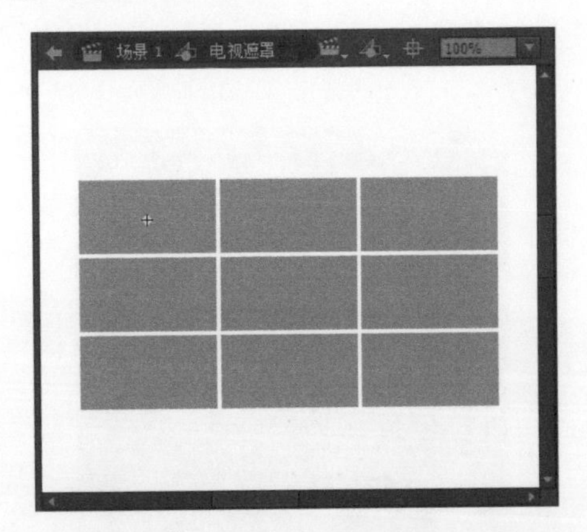

图 6-93　复制矩形

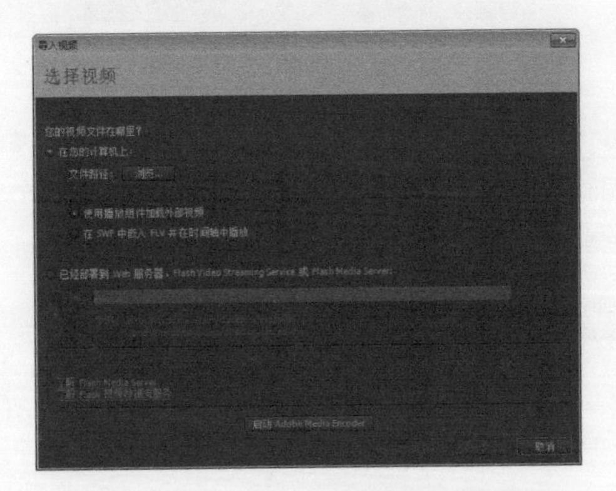

图 6-94　【导入视频】对话框

步骤 7　单击【文件路径】右侧的【浏览】按钮，打开【打开】对话框，在其中选择需要导入的视频文件，如图 6-95 所示。

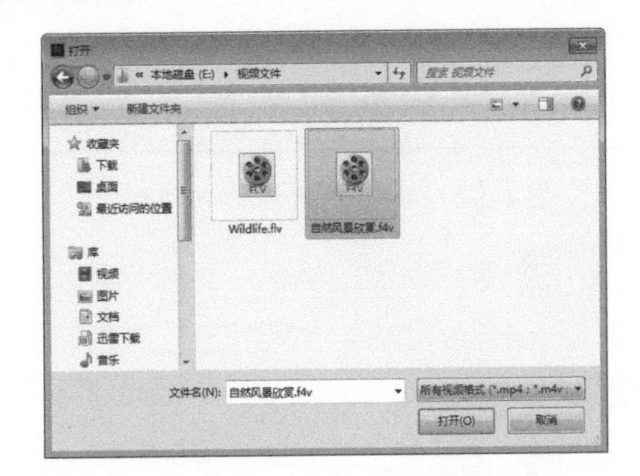

图 6-95　选择导入的视频

步骤 8　单击【打开】按钮，返回到【导入视频】对话框，依次单击【下一步】按钮，进入【完成视频导入】界面，如图 6-96 所示。

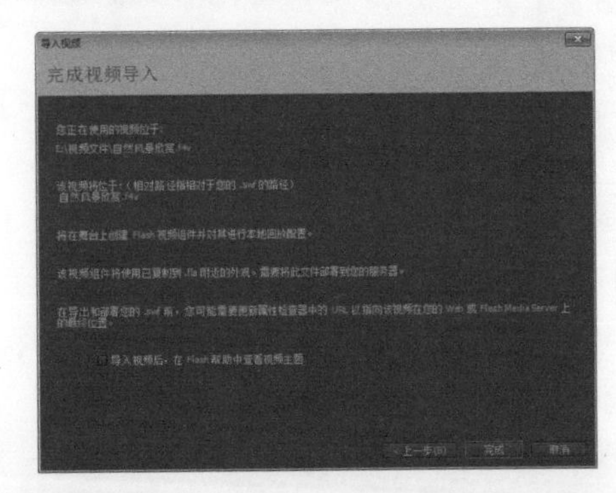

图 6-96　【完成视频导入】界面

步骤 9　单击【完成】按钮，即可将选择的视频文件导入舞台中，然后使用任意变形工具调整视频的大小，如图 6-97 所示。

图 6-97　导入视频

步骤 10　新建一个图层，然后将【库】面板中的“电视遮罩”元件拖到舞台中，并调整大小，使其覆盖导入的视频屏幕部分，如图 6-98 所示。

图 6-98　将“电视遮罩”元件拖到舞台中并调整大小

步骤 11 选择“图层3”并右击，从弹出的快捷菜单中选择【遮罩层】菜单命令，即可创建遮罩层，如图6-99所示。

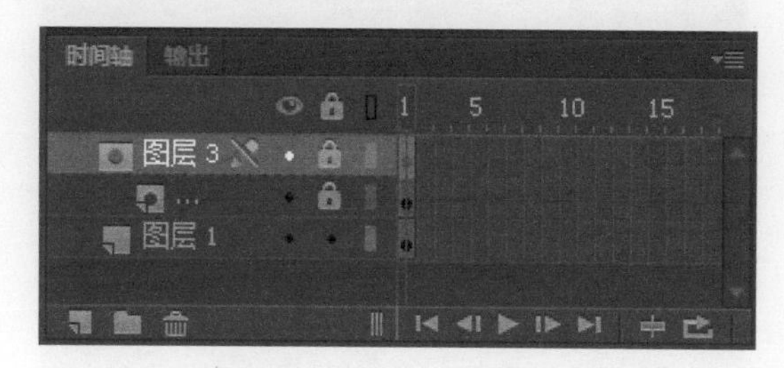

图 6-99 创建遮罩层

步骤 12 至此，就完成了电视多屏幕动画的制作，按Ctrl + Enter组合键，即可测试电视多屏幕动画的播放效果，如图6-100所示。

图 6-100 测试效果

6.7 实战演练3——制作引导线心形动画

本实例主要通过创建传统引导层并绘制引导线来制作心形动画，具体的操作如下。

步骤 1 启动Flash CC，然后依次选择【文件】→【新建】菜单命令，即可创建一个新的Flash空白文档，并将该文档保存为“引导线心形动画.fla”，如图6-101所示。

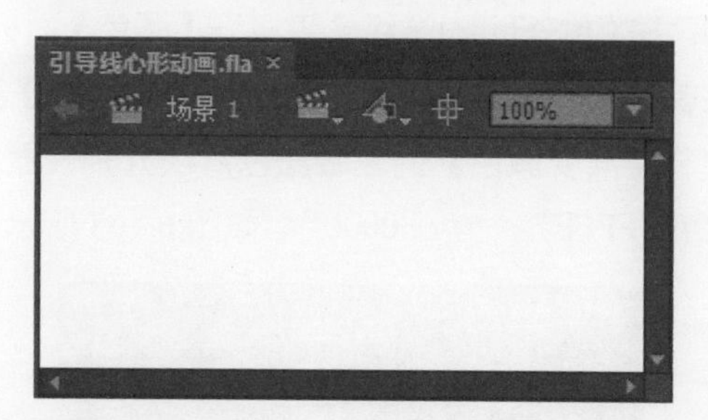

图 6-101 新建Flash文档

步骤 2 将舞台大小设置为510像素×340像素，并将颜色设置为黑色，如图6-102所示。

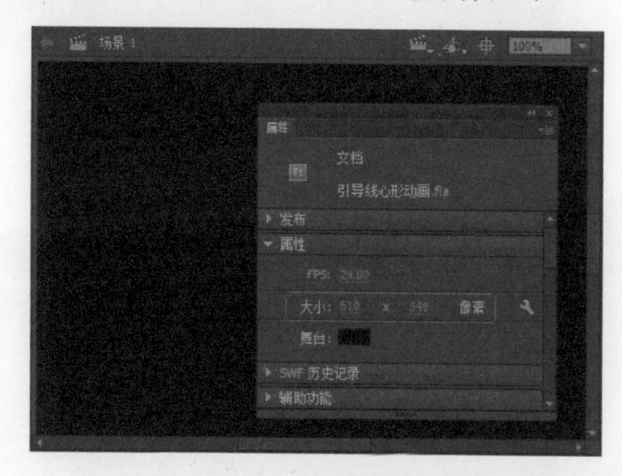

图 6-102 设置舞台属性

步骤 3 依次选择【插入】→【新建元件】菜单命令，打开【创建新元件】对话框，在【名称】文本框中输入“心形”，如图6-103所示。

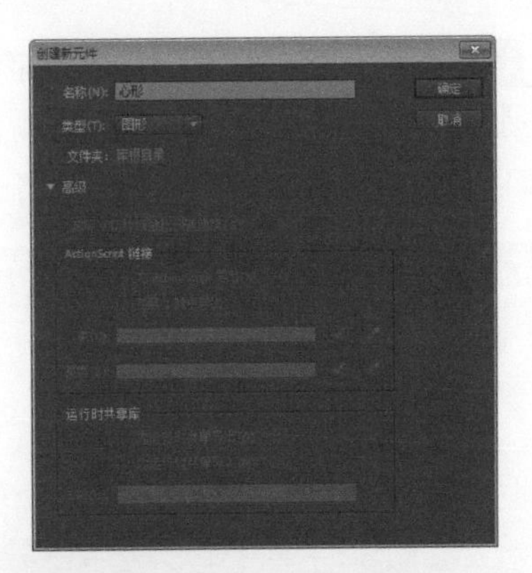

图 6-103　新建图形元件

步骤 4 单击【确定】按钮，进入该元件的编辑模式，单击工具栏中的【椭圆工具】按钮，在其【属性】面板的【填充和笔触】选项组中将【笔触颜色】设置为“无”，【填充颜色】设置为红色，然后在舞台上按住 Shift 键绘制一个红色的圆，如图 6-104 所示。

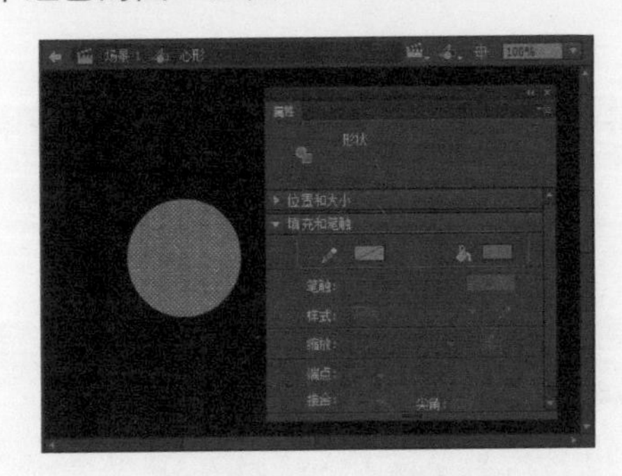

图 6-104　绘制圆形

步骤 5 按住 Alt 键，使用选择工具拖曳绘制的圆，对其进行复制，效果如图 6-105 所示。

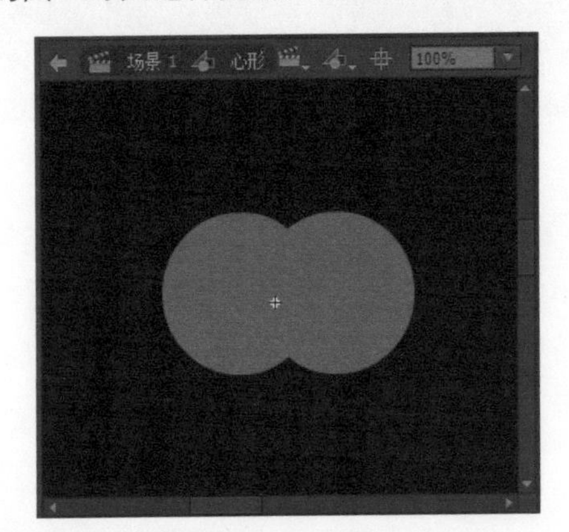

图 6-105　复制圆

步骤 6 使用部分选取工具将两个圆形调整为心形，完成后的效果如图 6-106 所示。

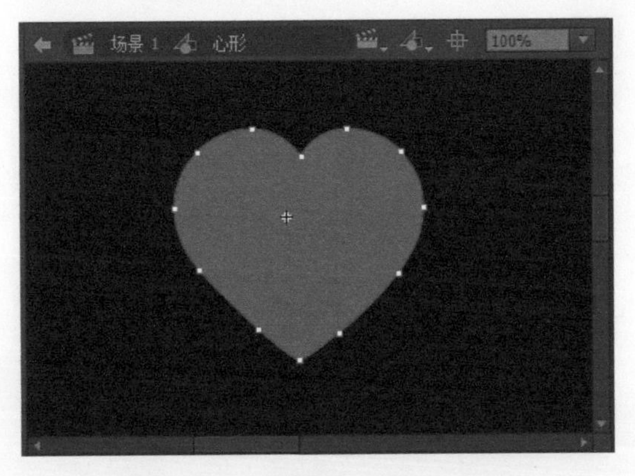

图 6-106　将圆形调整为心形

步骤 7 选中调整后的心形，然后依次选择【修改】→【合并对象】→【联合】菜单命令，即可将两个图形合并在一起，如图 6-107 所示。

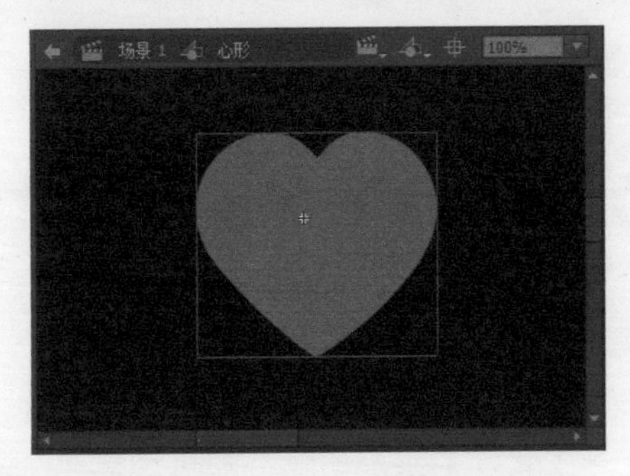

图 6-107　合并图形

步骤 8 单击工具栏中的【颜料桶工具】按钮，按 Ctrl+Shift+F9 组合键打开【颜色】面板，在其中将【填充颜色】设置为【径向渐变】，并将【渐变颜色】的左右颜色滑块分别设置为“#FFFFFF”，“#FF0000”，如图 6-108 所示。

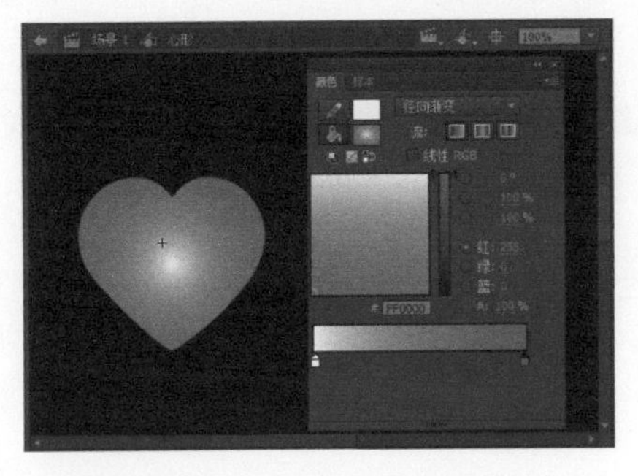

图 6-108　设置图形填充颜色

步骤 9 按 Ctrl+F8 组合键打开【创建新元件】对话框，在【名称】文本框中输入“心形动画”，如图 6-109 所示。

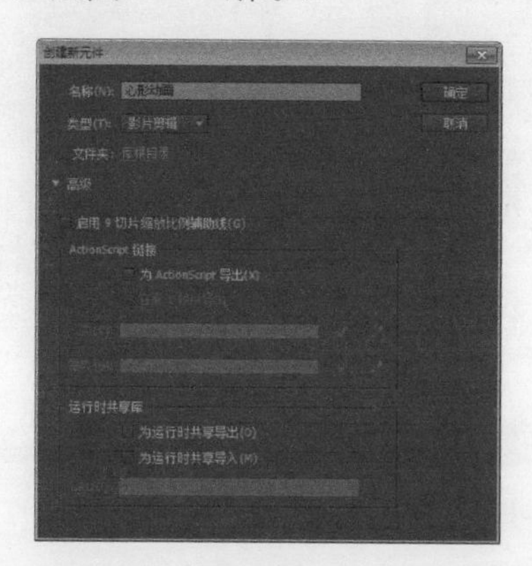

图 6-109　新建影片剪辑元件

步骤 10 单击【确定】按钮，进入该元件的编辑模式，选中“图层 1”并右击，从弹出的快捷菜单中选择【添加传统运动引导层】菜单命令，即可创建引导层，如图 6-110 所示。

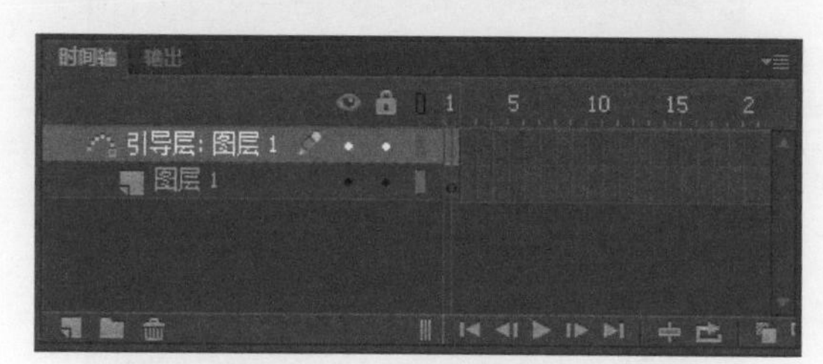

图 6-110　创建引导层

步骤 11 选中“引导层：图层 1”的第 1 帧，然后使用椭圆工具在舞台上绘制一个无填充颜色的圆形，如图 6-111 所示。

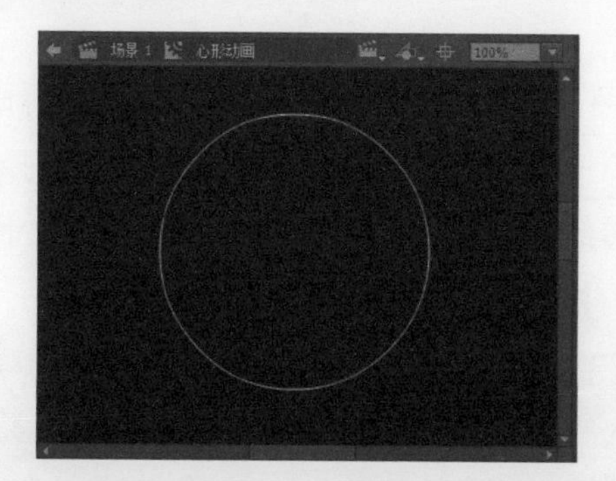

图 6-111　绘制圆

步骤 12 选中绘制的圆，按住 Alt 键进行拖曳复制，然后选中两个圆，依次选择【修改】→【合并对象】→【联合】菜单命令，即可将两个图形合并，如图 6-112 所示。

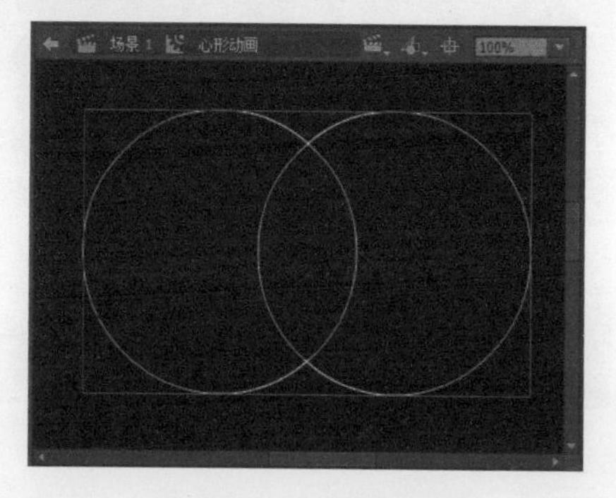

图 6-112　合并图形

步骤 13 选择两个圆相交的线条，然后按 Delete 键将其删除，效果如图 6-113 所示。

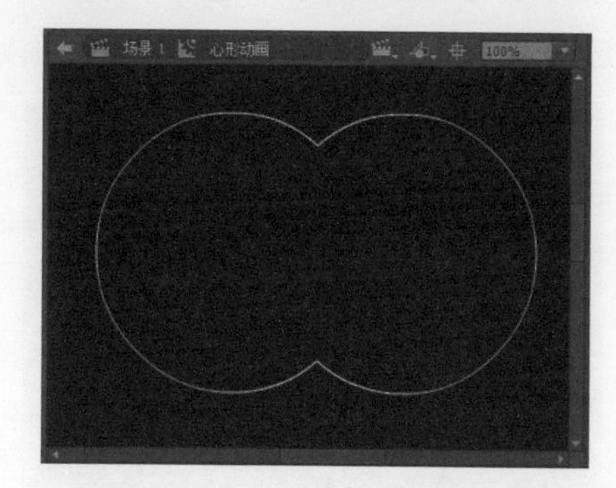

图 6-113　删除多余的线条

步骤 14 使用部分选取工具和选择工具将两个圆形调整为心形，调整后的效果如图 6-114 所示。

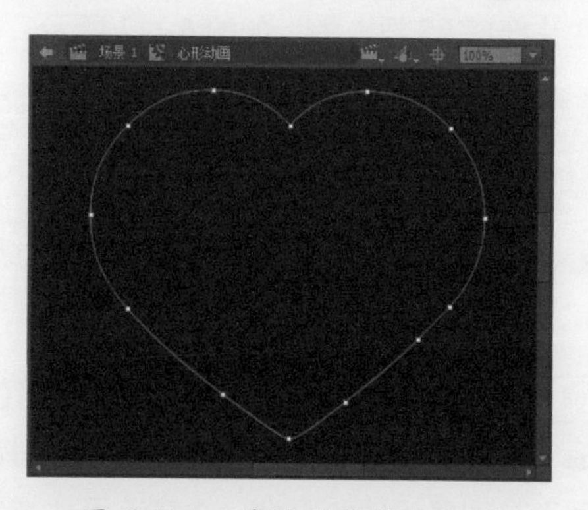

图 6-114　将圆形调整为心形

步骤 15 选中左侧的半边心形，按 Delete 键将其删除，如图 6-115 所示。

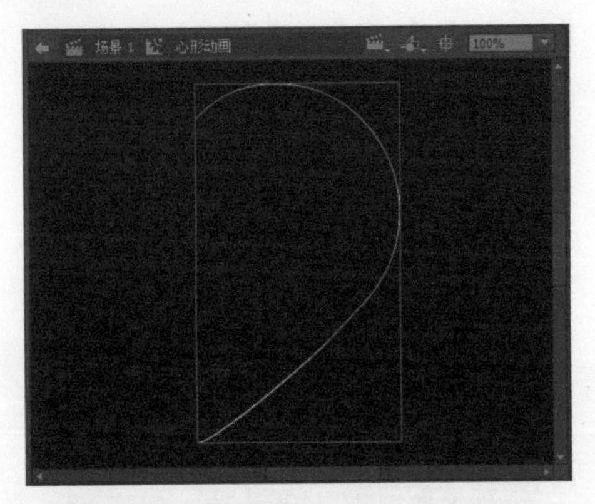

图 6-115 删除左侧的半边心形

步骤 16 选择右侧的半边心形，按 Ctrl+K 组合键打开【对齐】对话框，在其中分别单击【水平中齐】和【垂直中齐】按钮，并选中【与舞台对齐】复选框，如图 6-116 所示。

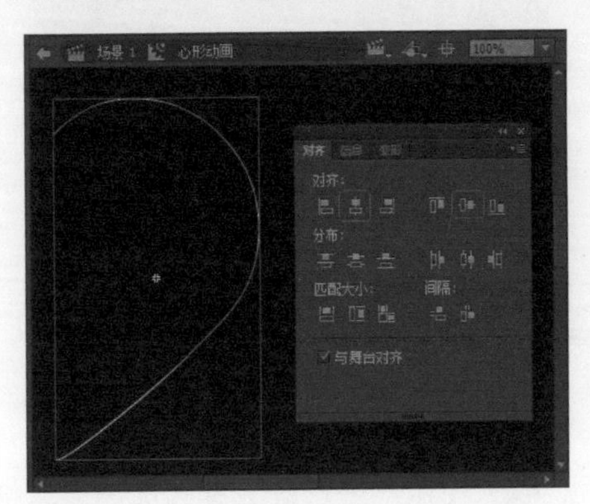

图 6-116 设置右侧半边心形的对齐方式

步骤 17 在“引导层：图层 1”的第 110 帧处按快捷键 F5 插入帧，如图 6-117 所示。

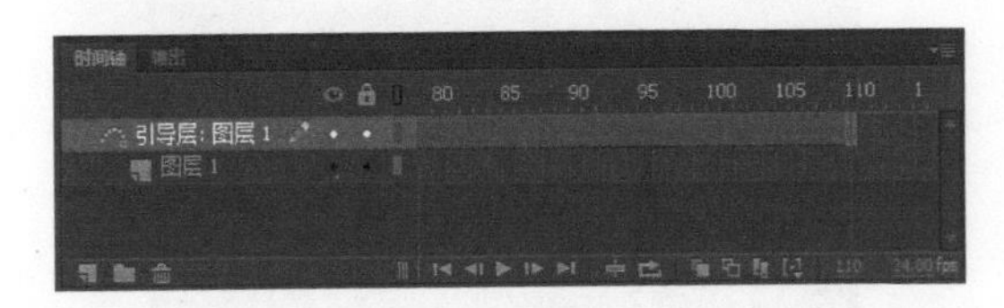

图 6-117 插入帧

步骤 18 选中“图层 1”的第 1 帧，然后将【库】面板中的“心形”元件拖到舞台中，使用任意变形工具调整元件的大小，并将该元件拖到心形的上端起点位置处，如图 6-118 所示。

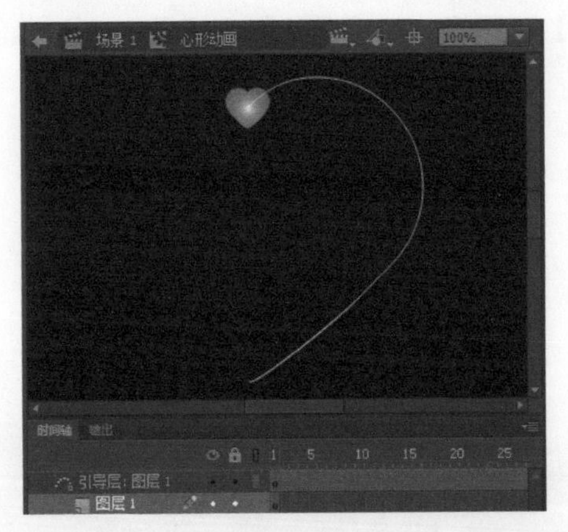

图 6-118 将“心形”元件拖到心形的上端起点位置处

步骤 19 在“图层 1”的第 50 帧处插入关键帧，然后将该帧上的元件拖到心形的下端终点处，如图 6-119 所示。

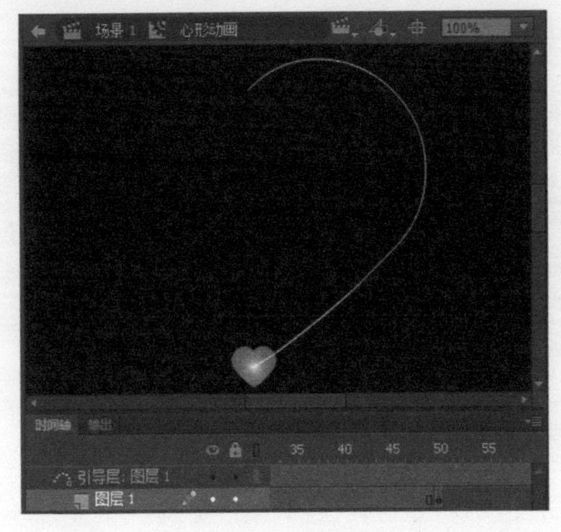

图 6-119 将“心形”元件拖到心形的下端终点处

步骤 20 选中“图层 1”的第 1 ～ 50 帧中的任意一帧并右击，从弹出的快捷菜单中选择【创建传统补间动画】菜单命令，即可创建补间动画，如图 6-120 所示

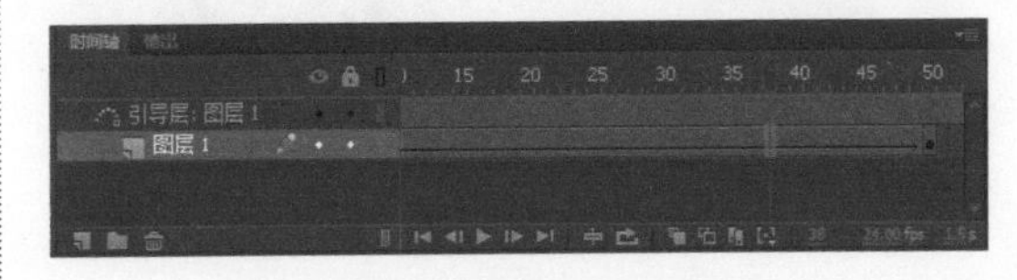

图 6-120 创建传统补间动画

步骤 21 选中“图层 1”的第 1 ～ 50 帧并右击，从弹出的快捷菜单中选择【复制帧】菜单命令，如图 6-121 所示。

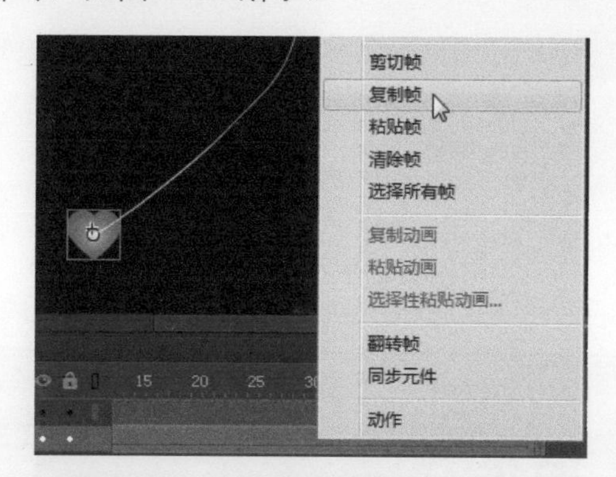

图 6-121　选择【复制帧】菜单命令

步骤 22 选中“图层 1”的第 52 帧并右击，从弹出的快捷菜单中选择【粘贴帧】菜单命令，最终效果如图 6-122 所示。

图 6-122　粘贴帧

步骤 23 在“图层 1”的上方新建 10 个图层，然后选中“图层 1”的所有帧并右击，从弹出的快捷菜单中选择【复制帧】菜单命令，选中“图层 2”的第 5 帧并右击，从弹出的快捷菜单中选择【粘贴帧】菜单命令，即可将“图层 1”的所有帧粘贴到“图层 2”上，如图 6-123 所示。

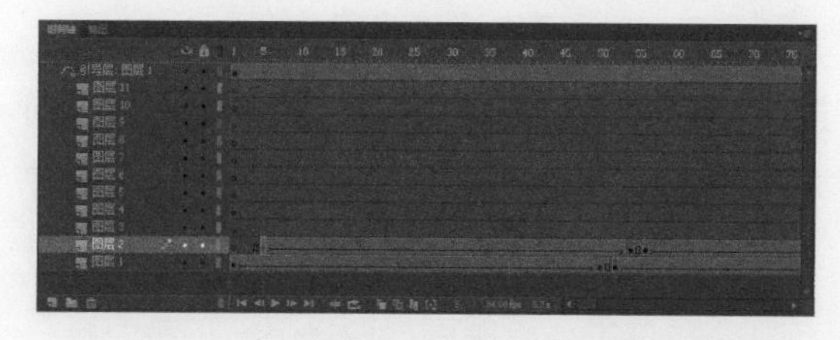

图 6-123　在“图层 2”的第 5 帧处粘贴帧

步骤 24 按照相同的方法，在图层 3 ～ 11 的第 10、15、20、25、30、35、40、45、50 帧上粘贴复制的帧，完成后的效果如图 6-124 所示。

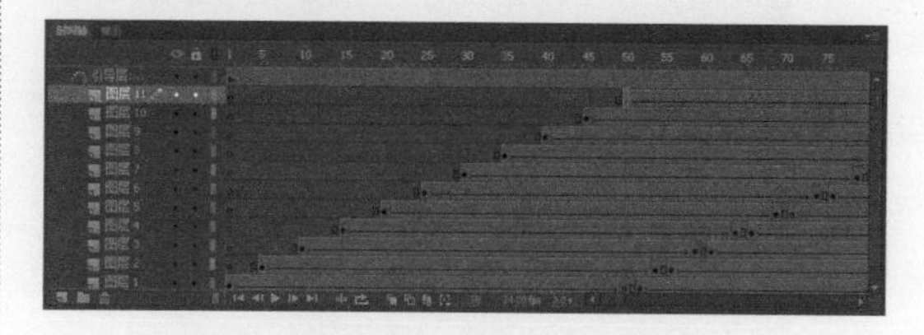

图 6-124　完成后的效果

步骤 25 按 Ctrl+F8 组合键打开【创建新元件】对话框，在【名称】文本框中输入“心形动画 2”，如图 6-125 所示。

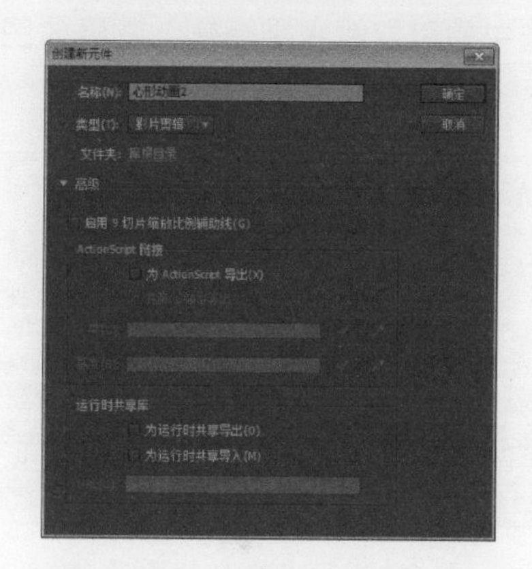

图 6-125　新建影片剪辑元件

步骤 26 单击【确定】按钮，进入该元件的编辑模式，选中“图层 1”并右击，从弹出的快捷菜单中选择【添加传统运动引导层】菜单命令，即可创建引导层，然后在该图层的第 110 帧处插入关键帧，如图 6-126 所示。

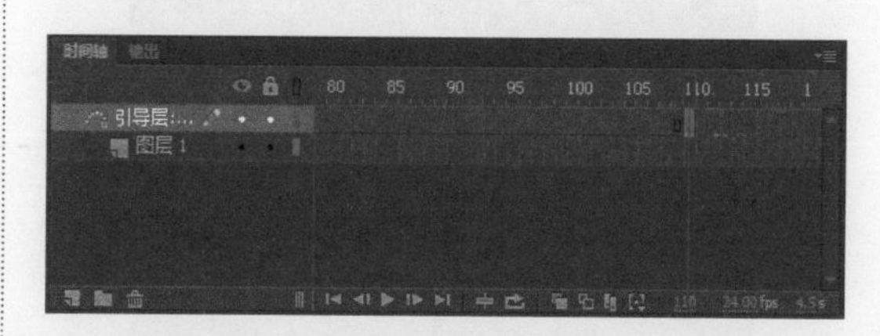

图 6-126　创建引导层并插入关键帧

步骤 27 复制“心形动画”影片剪辑中的引导线，然后在“心形动画 2”影片剪辑中的引导层的第 1 帧处粘贴引导线，如图 6-127 所示。

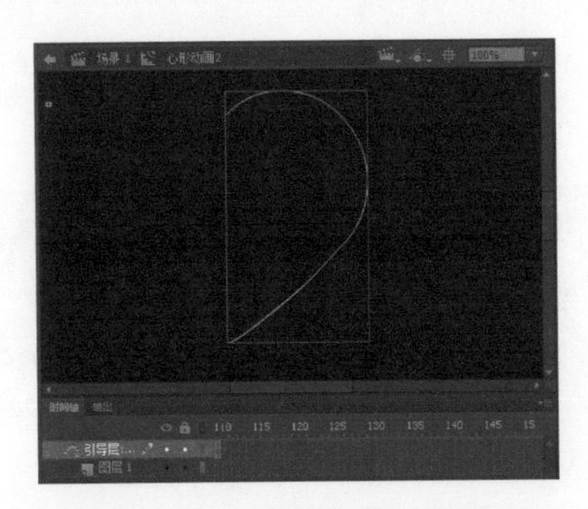

图 6-127　复制粘贴引导线

步骤 28 选中舞台上的引导线，依次选择【修改】→【变形】→【水平翻转】菜单命令，即可将选中的引导线水平翻转，效果如图 6-128 所示。

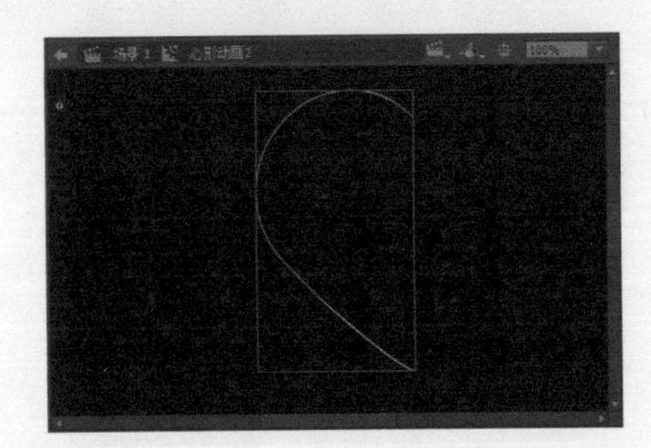

图 6-128　水平翻转引导线

步骤 29 选中“图层 1”的第 1 帧，然后将【库】面板中的“心形”元件拖到舞台中，并调整其大小和位置，使其与心形的上端起始位置重合，如图 6-129 所示。

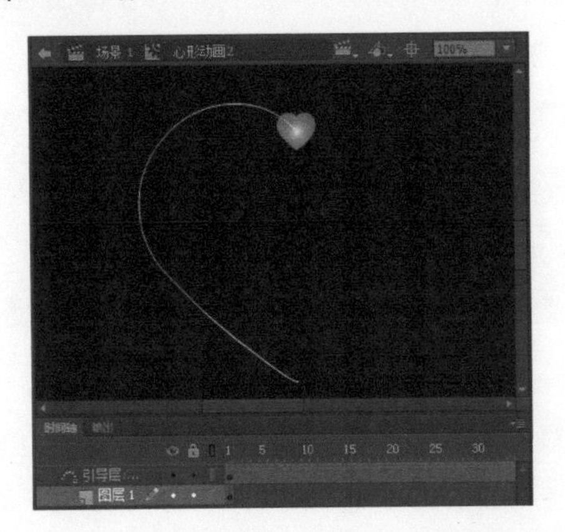

图 6-129　将“心形”元件拖到心形的上端起始位置处

步骤 30 按照前面介绍的方法，插入关键帧，并创建传统补间动画动画，然后新建 10 个图层，复制粘贴帧动画，完成后的效果如图 6-130 所示。

图 6-130　使用相同的方法制作动画

步骤 31 返回到场景 1 中，然后将【库】面板中的“心形动画”和“心形动画 2”元件拖到舞台中，并使其在舞台上重合，如图 6-131 所示。

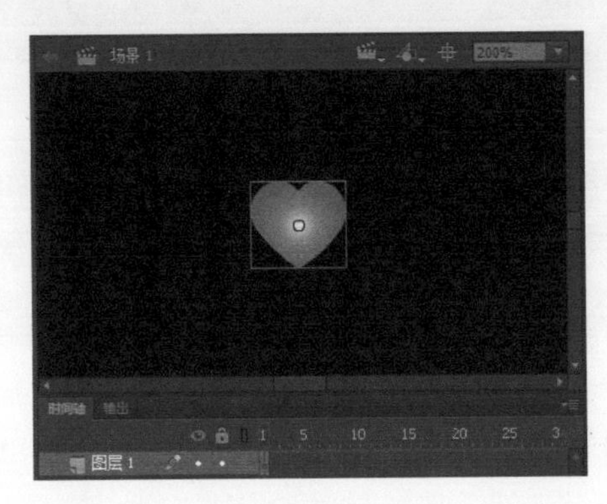

图 6-131　将“心形动画”和“心形动画 2”元件拖到舞台中重合

步骤 32 新建“图层 2”，并将其拖到“图层 1”的下方，然后按 Ctrl+R 组合键打开【导入】对话框，在其中选择需要导入的图片，将其导入舞台中，调整图片的位置，使其与舞台对齐，如图 6-132 所示。

步骤 33 至此，就完成了引导线心形动画的制作，按 Ctrl+Enter 组合键进行测试，测试效果如图 6-133 所示。

图 6-132　导入图片

图 6-133　测试效果

6.8 实战演练4——制作图片切换遮罩效果

本实例主要通过创建遮罩层来制作图片切换遮罩动画，通过对本实例的学习，可以掌握对遮罩层的运用技巧。制作图片切换遮罩效果的具体操作如下。

步骤 1 启动 Flash CC，然后依次选择【文件】→【新建】菜单命令，即可创建一个新的 Flash 空白文档，并将该文档保存为“图片切换遮罩动画 .fla”，如图 6-134 所示。

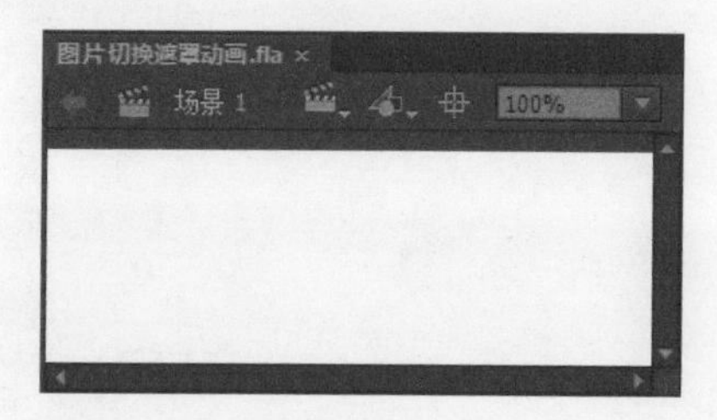

图 6-134　新建 Flash 文档

步骤 2 依次选择【文件】→【导入】→【导入到库】菜单命令，即可打开【导入】对话框，在其中选择需要导入的图片文件，如图 6-135 所示。

步骤 3 单击【打开】按钮，即可将其导入【库】面板中，将该面板中的“01.jpg”素材拖到舞台中，并将舞台和图片的大小都设置为 564 像素 × 376 像素，然后按 Ctrl+K 组合键打开【对齐】面板，在其中分别单击【水平中齐】按钮和【垂直中齐】按钮，并选中【与舞台对齐】复选框，效果如图 6-136 所示。

图 6-135　选择素材图片

图 6-136　将“01.jpg”素材拖到舞台中并设置对齐方式

步骤 4 在“图层 1”的第 195 帧处按快捷键 F5 插入帧，如图 6-137 所示。

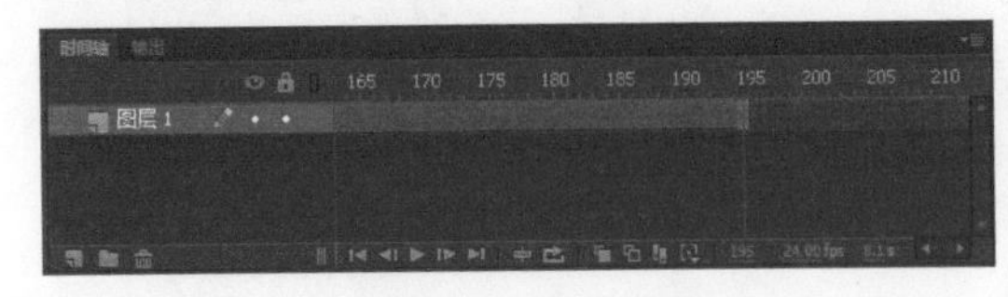

图 6-137　插入帧

步骤 5 新建“图层 2”，在该图层的第 15 帧处插入关键帧，然后将【库】面板中的“02.jpg”素材文件拖到舞台中，并使用相同的方法调整其位置，如图 6-138 所示。

图 6-138　将“02.jpg”素材文件拖到舞台中

步骤 6 依次选择【插入】→【新建元件】菜单命令或按 Ctrl+F8 组合键打开【创建新元件】对话框，在【名称】文本框中输入“矩形”，如图 6-139 所示。

图 6-139　新建图形元件

步骤 7 单击【确定】按钮，进入该元件的编辑模式，使用矩形工具在舞台上绘制一个无笔触颜色的黑色矩形，然后选中绘制的矩形，在【属性】面板中将【宽】设置为 42，【高】设置为 380，如图 6-140 所示。

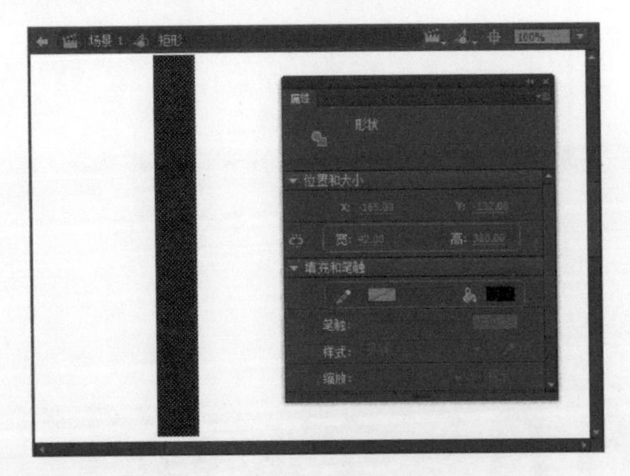

图 6-140　绘制矩形并设置其属性

步骤 8 返回到场景 1，新建“图层 3”，在该图层的第 15 帧处插入关键帧，然后将【库】面板中的“矩形”元件拖到舞台中，并调整位置，如图 6-141 所示。

图 6-141　插入关键帧并拖入矩形元件

步骤 9 在“图层 3”的第 30 帧处插入关键帧，然后使用任意变形工具调整矩形元件的宽度，效果如图 6-142 所示。

步骤 10 选择“图层 3”第 15 ～ 30 帧中的任意一帧并右击，从弹出的快捷菜单中选择【创建传统补间动画】菜单命令，即可创建传统补间动画，然后在该图层的第 31 帧处按快捷键 F7 插入空白关键帧，如图 6-143 所示。

图 6-142　调整元件的宽度

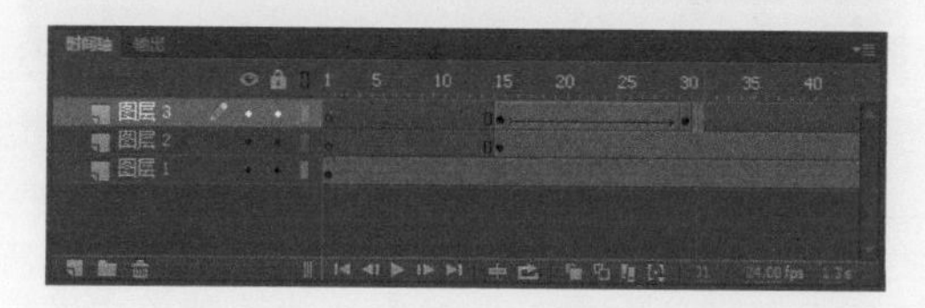

图 6-143　创建传统补间动画

步骤 11 新建“图层 4”，在该图层的第 3 帧处插入关键帧，然后将【库】面板中的“02.jpg”素材文件拖到舞台中，并调整大小和位置，如图 6-144 所示。

图 6-144　将“02.jpg”素材文件拖到舞台中

步骤 12 在“图层 4”的第 30 帧处插入关键帧，并在第 31 帧处插入空白关键帧，如图 6-145 所示。

步骤 13 按 Ctrl+F8 组合键打开【创建新元件】对话框，在【名称】文本框中输入“多个矩形”，如图 6-146 所示。

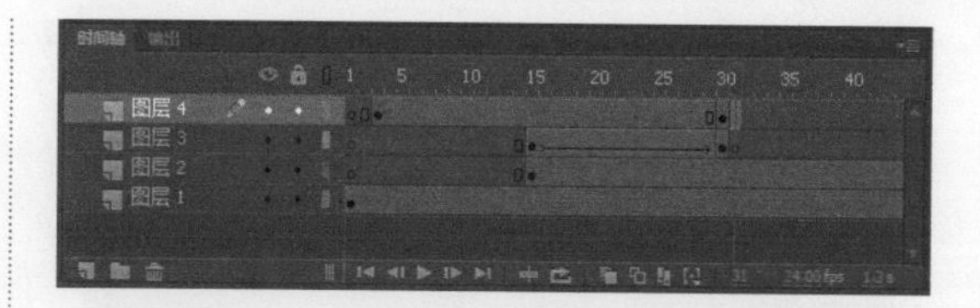

图 6-145　插入关键帧和空白关键帧

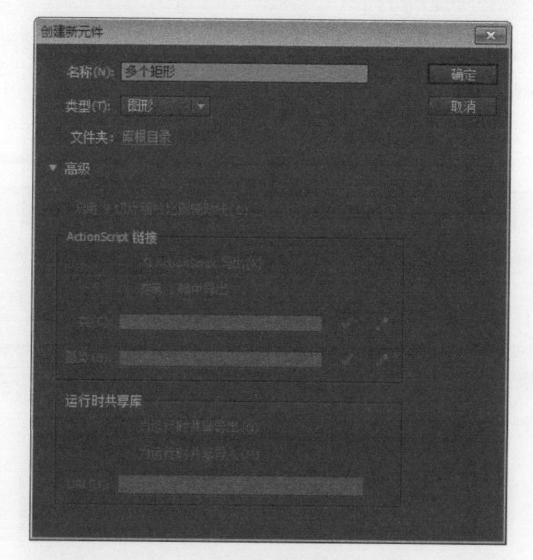

图 6-146　新建图形元件

步骤 14 单击【确定】按钮，进入该元件的编辑模式，使用矩形工具绘制多个矩形，将【宽】分别设置为 9、17、5、82、5，【高】均为 380，并使它们对齐，如图 6-147 所示。

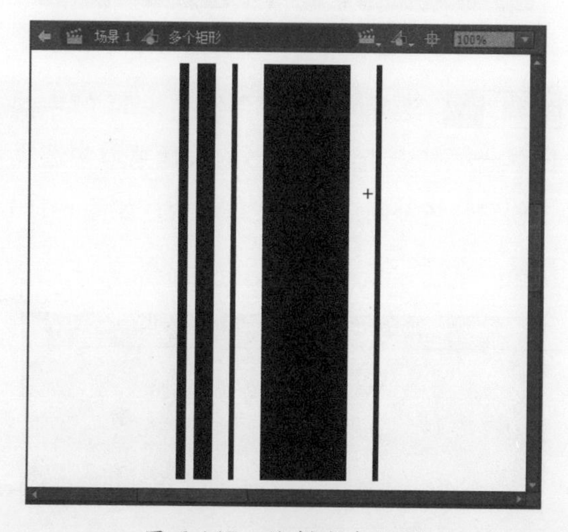

图 6-147　绘制多个矩形

步骤 15 返回到场景 1 中，新建“图层 5”，在该图层的第 3 帧处插入关键帧，然后将【库】

面板中的“多个矩形”元件拖到舞台中，并调整其位置，如图 6-148 所示。

图 6-148　插入关键帧并拖入元件

步骤 16　在“图层 5”的第 15 帧处插入关键帧，并选中该帧上的元件，将其拖到舞台的右侧，如图 6-149 所示。

图 6-149　插入关键帧并调整元件的位置

步骤 17　选择“图层 5”第 3～15 帧中的任意一帧并右击，从弹出的快捷菜单中选择【创建传统补间动画】菜单命令，如图 6-150 所示。

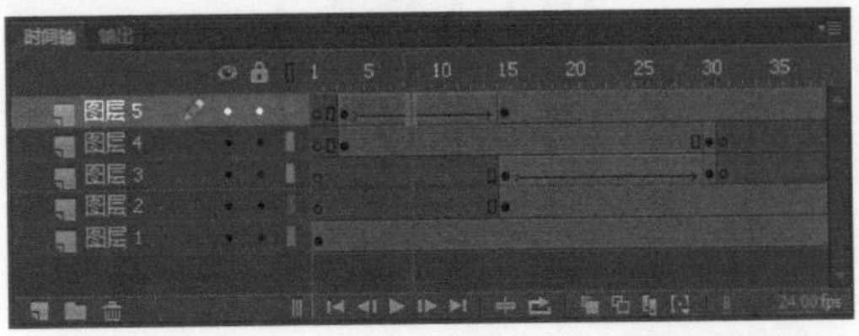

图 6-150　创建传统补间动画动画

步骤 18　在“图层 5”的第 30 帧处插入关键帧，并选中该帧上的元件，然后调整其位置，如图 6-151 所示。

图 6-151　插入关键帧并调整元件位置

步骤 19　选择“图层 5”的第 15～30 帧中的任意一帧并右击，从弹出的快捷菜单中选择【创建传统补间动画】菜单命令，即可创建传统补间动画，如图 6-152 所示。

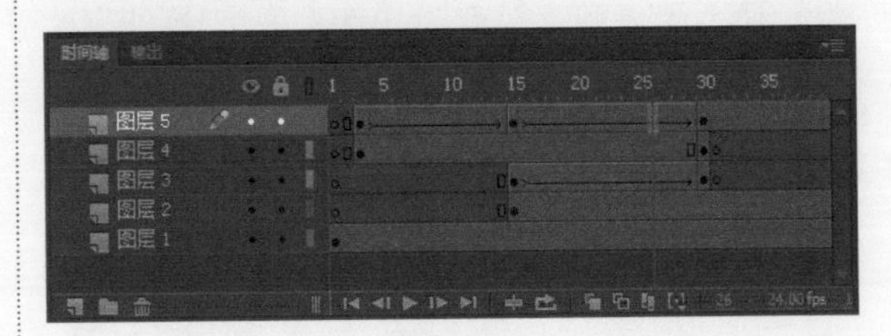

图 6-152　创建传统补间动画动画

步骤 20　在“图层 5”的第 31 帧处按快捷键 F7 插入空白关键帧，然后选中“图层 3”并右击，从弹出的快捷菜单中选择【遮罩层】命令，即可将其设置为遮罩层，按照相同的方法将“图层 5”也设置为遮罩层，完成后的效果如图 6-153 所示。

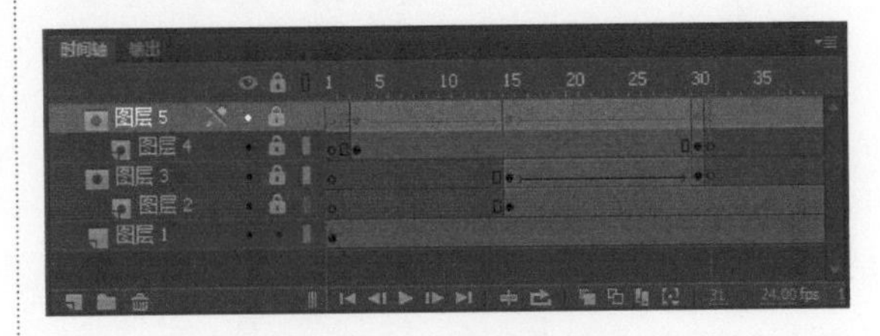

图 6-153　设置遮罩层

步骤 21 新建“图层 6”，在该图层的第 65 帧处插入关键帧，然后将【库】面板中的“03.jpg”素材文件拖到舞台中，使其与舞台对齐，如图 6-154 所示。

图 6-154　将“03.jpg”素材文件拖到舞台中

步骤 22 新建“图层 7”，然后选择“图层 3”的第 15 ～ 30 帧并右击，从弹出的快捷菜单中选择【复制帧】菜单命令，如图 6-155 所示。

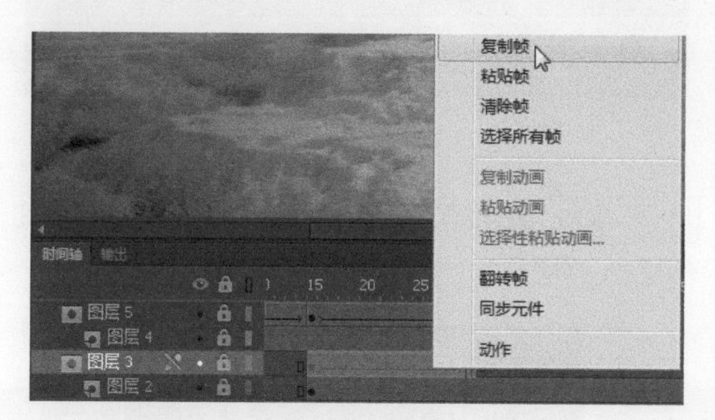

图 6-155　选择【复制帧】菜单命令

步骤 23 选择“图层 7”的第 65 帧并右击，从弹出的快捷菜单中选择【粘贴帧】菜单命令，如图 6-156 所示。

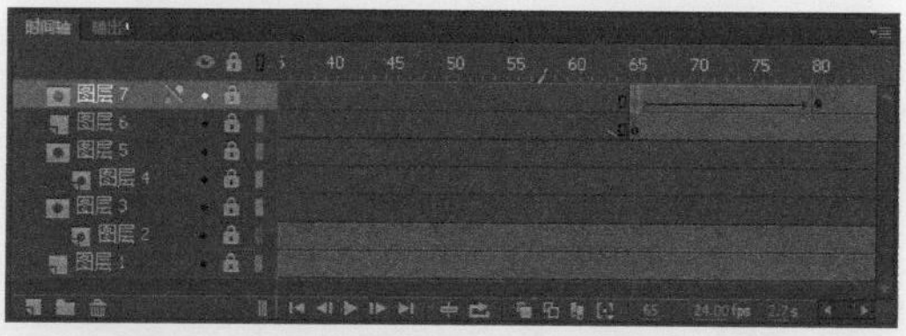

图 6-156　粘贴帧

步骤 24 右击“图层 7”，从弹出的快捷菜单中选择【遮罩层】菜单命令取消勾选，然后新建“图层 8”，在该图层的第 50 帧处插入关键帧，如图 6-157 所示。

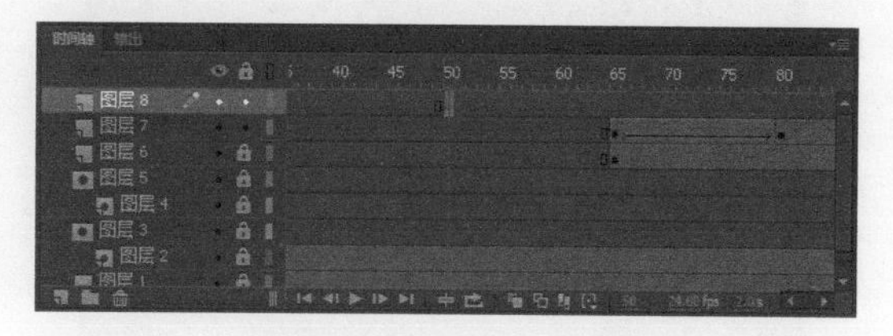

图 6-157　插入关键帧

步骤 25 选中“图层 8”的第 50 帧，然后将【库】面板中的“03.jpg”素材文件拖到舞台中，使图片与舞台对齐，如图 6-158 所示。

图 6-158　将“03.jpg”素材文件拖到舞台中

步骤 26 在“图层 8”的第 80 帧处插入关键帧，然后在第 81 帧处插入空白关键帧，如图 6-159 所示。

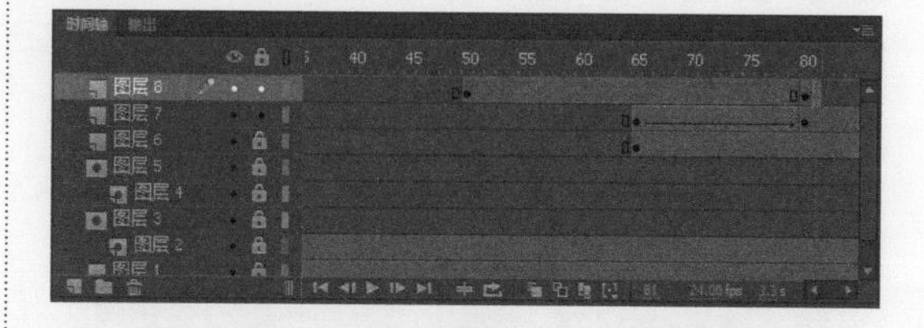

图 6-159　插入关键帧和空白关键帧

步骤 27 新建“图层 9”，在该图层的第 50 帧处插入关键帧，然后将【库】面板中的“多个矩形”元件拖到舞台左侧，如图 6-160 所示。

步骤 28 在“图层 9”的第 65 帧处插入关键帧，并选中该帧上的元件，然后将其移到舞台的右侧，如图 6-161 所示。

图 6-160　将“多个矩形”元件拖到舞台左侧

图 6-161　插入关键帧并调整元件位置

步骤 29 选择“图层 9”第 50 ～ 65 帧中的任意一帧并右击，从弹出的快捷菜单中选择【创建传统补间动画】菜单命令，然后在该图层的第 80 帧处插入关键帧，并调整该帧上元件的位置，如图 6-162 所示。

图 6-162　创建传统补间动画并插入关键帧

步骤 30 选择“图层 9”第 65 ～ 80 帧中的任意一帧，从弹出的快捷菜单中选择【创建传统补间动画】菜单命令，然后在该图层的第 81 帧处插入空白关键帧，如图 6-163 所示。

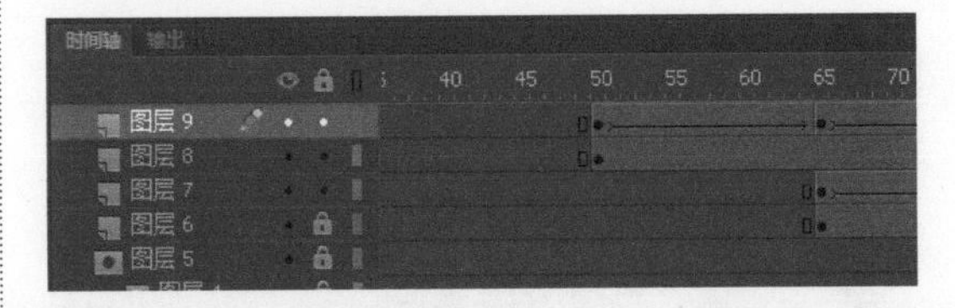

图 6-163　创建传统补间动画并插入空白关键帧

步骤 31 在【时间轴】面板中的“图层 7”和“图层 9”上分别右击，从弹出的快捷菜单中选择【遮罩层】菜单命令，即可将这两个图层都设置为遮罩层，如图 6-164 所示。

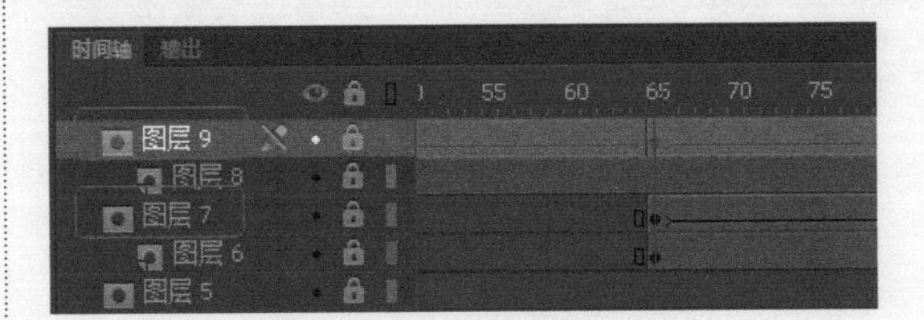

图 6-164　创建遮罩层

步骤 32 按照前面介绍的操作方法，制作其他动画效果，完成后的效果如图 6-165 所示。

图 6-165　制作其他图层的动画效果

步骤 33 至此，图片切换遮罩效果就制作完成了，按 Ctrl+Enter 组合键进行测试，测试效果如图 6-166 所示。

图 6-166　测试效果

6.9 高手甜点

甜点 1：为什么有时候我们不能对图层进行编辑？

当出现这一问题时，要查看需要进行编辑的图层是否处于锁定状态，当图层被锁定时，图标即会变成图标，说明不能对该图层进行编辑。单击该图层后面的图标，即可解除锁定，之后可根据需要对该图层进行编辑。

甜点 2：帧标签、帧注释和帧锚记。

制作者可以通过为帧添加标签注释，从而让帧以不同的方式标识出来，便于查看该帧当前的状态。

帧标签

帧标签通常是在帧上以一个小红旗后跟帧标签名的形式来标记。使用帧标签后，即使对该帧标签进行移动，也不会破坏 ActionScript 的调用。设置帧标签的方法很简单，只需选中某一帧后，在【属性】面板中的【标签】选项组内，输入帧的名称，然后单击【类型】下拉按钮，从弹出的下拉列表中选择【名称】选项即可，如图 6-167 所示。

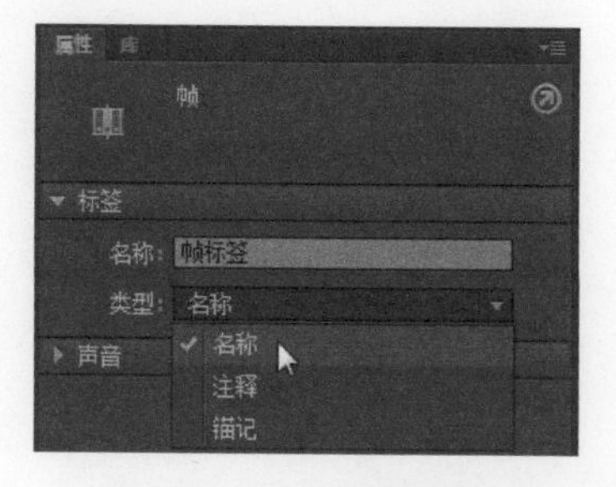

图 6-167　设置帧标签

帧注释

帧注释用来对帧动作进行注释，在帧中以绿色“//”后跟注释内容的形式进行标记，如图 6-168 所示，其长度任意，但不能输出到 .swf 文件中。设置帧注释的方法是，选择要设置的帧，在【属性】面板中的【标签】选项组内，输入注释内容，然后单击【类型】下拉列表，从弹出的下拉列表中选择【注释】选项即可，如图 6-169 所示。

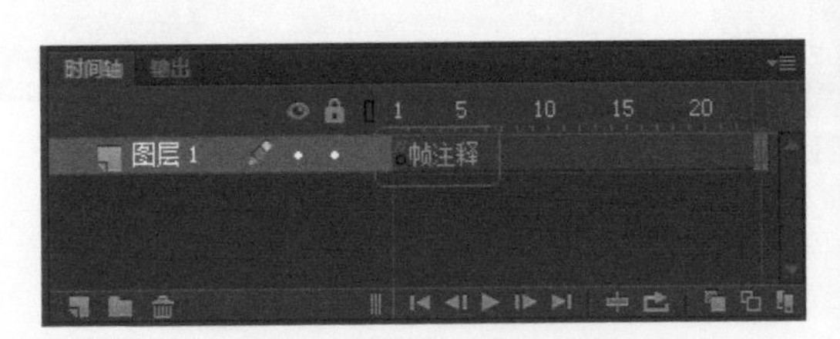

图 6-168　帧注释的表现形式

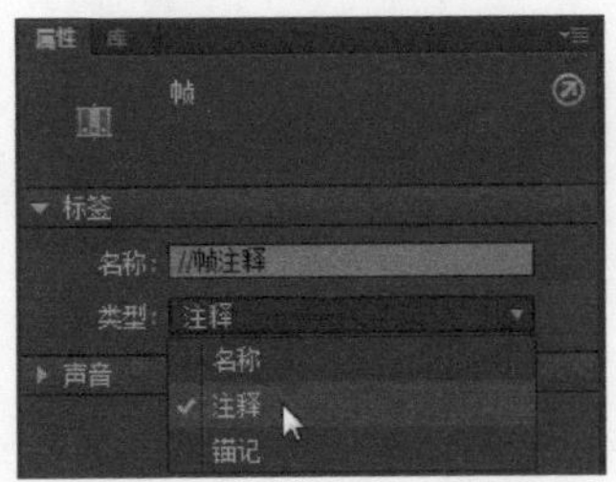

图 6-169　设置帧注释

帧锚记

帧锚记在帧中以黄色锚钉后面跟锚记名称的形式进行标记，如图 6-170 所示。通过它可以在观看影片时，从一个帧跳到另一个帧或从一个场景跳到另一个场景。选择需要设置的帧，打开【属性】面板，在【标签】选项组内的【名称】文本框中输入锚记名称，然后单击【类型】下拉按钮，从弹出的下拉列表中选择【锚记】选项即可，如图 6-171 所示。

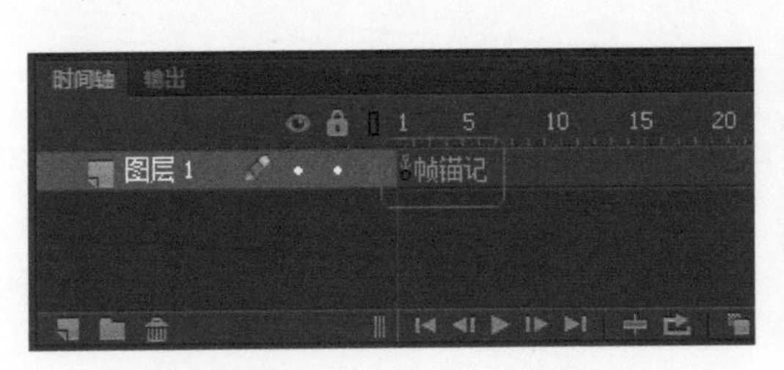

图 6-170　帧注释的表现形式

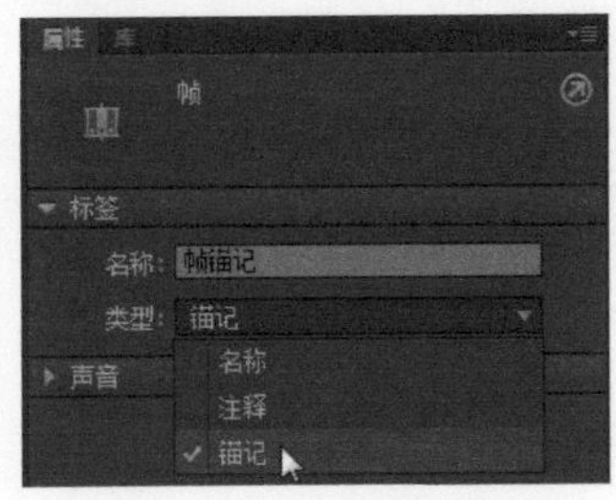

图 6-171　设置帧锚记

第7章 利用元件和库组织动画素材

● **本章导读**

本章主要介绍利用元件和库来组织动画素材的方法，从而方便素材的使用。此外，还为读者介绍了对创建的元件进行改变类型、替换实例和改变颜色等操作以及对实例应用各种滤镜，如投影、模糊、发光等效果的相关内容。

● **本章学习目标（已掌握的在圆圈中打钩）**

◎ 熟悉元件的概述与分类
◎ 掌握创建元件的方法
◎ 掌握使用实例的方法
◎ 掌握使用滤镜的方法
◎ 掌握使用【库】面板的方法
◎ 掌握制作绚丽按钮的方法
◎ 掌握制作旋转风车的方法
◎ 掌握制作冲击特效的方法

● **重点案例效果**

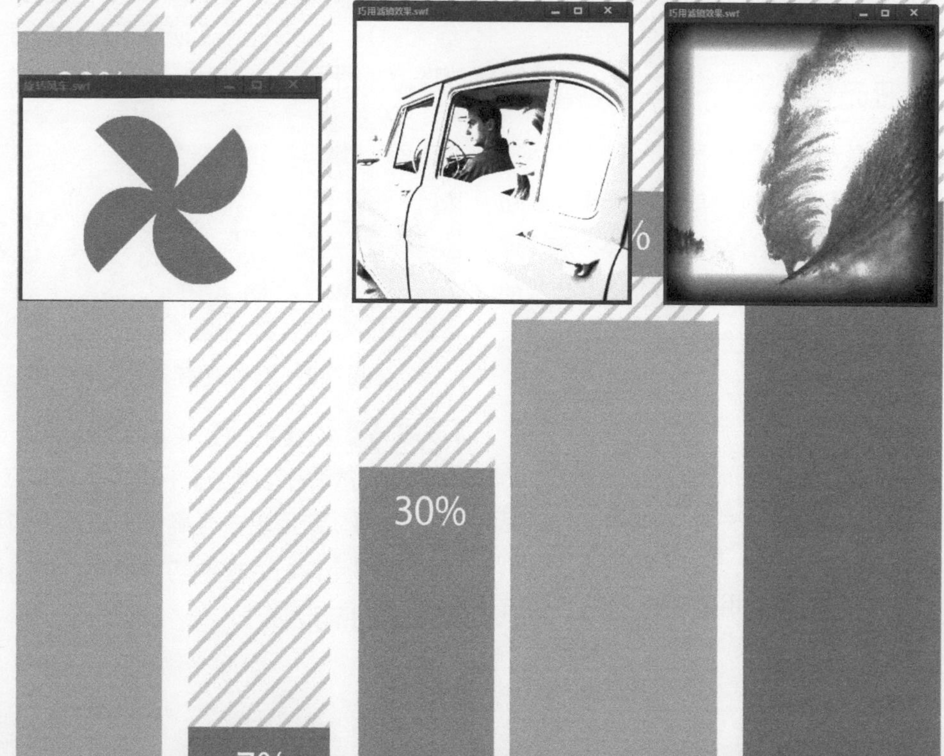

7.1 创建Flash元件

元件是一些可以重复使用的图像、动画和按钮，它们被保存在库中。在影片中，使用元件可以显著地减小文件的尺寸，还可以加快影片的播放，因为一个元件在浏览器上只下载一次。

7.1.1 元件概述与分类

元件是动画中可以反复调用的小部件，一般存放在库中，既可以作为共享资源在文档之间共享，也可以独立于主动画进行播放。简单地说，元件是一个特殊的对象，只需要创建一次，便可在整个文档中重复使用。Flash CC 中的元件类型包括以下 3 种。

1. 图形元件

图形元件可以是矢量图形、图像或声音。图形元件用于创建可重复使用的图形，既可以是静止图片，也可以是用来创建连接到主时间轴的影片剪辑，还可以是由多个帧组成的动画。图形元件是制作动画的基本元件之一，但图形元件不能添加声音控制和交互动作。

2. 按钮元件

按钮元件是创建动画过程中用到的各类按钮，用于响应鼠标的经过、单击等操作。按钮元件包括“弹起”“指针经过”“按下”和“点击”4 个帧，可以定义各种与按钮状态关联的图形，也可以将动作指定给按钮，使按钮在不同状态下具有不同的动作。

3. 影片剪辑元件

影片剪辑元件相当于一个小型的动画。它有自己的时间轴，可独立于主时间轴播放，主要用来制作可以重复使用的动画片段。影片剪辑可以被看作是时间轴内嵌入的帧动画，可以包含交互式控件、声音甚至其他影片剪辑实例。影片剪辑实例也可以放在按钮元件的时间线中，以创建动画按钮。当播放主动画时，影片元件也不停地进行循环播放。

7.1.2 实例 1——创建元件

在制作不同的动画时，使用的元件类型也不同，应该依据元件的功能进行选择。元件类型决定了元件在文档中的作用。用户在创建元件时，既可以从场景中选择若干个对象将其转换为元件，也可以直接创建一个空白元件，再进入编辑区进行编辑。

创建一个空白图形元件的具体操作如下。

步骤 1 在 Flash CC 主窗口中，依次选择【插入】→【新建元件】菜单命令（或按 Ctrl+F8 组合键），即可打开【创建新元件】对话框，如图 7-1 所示。

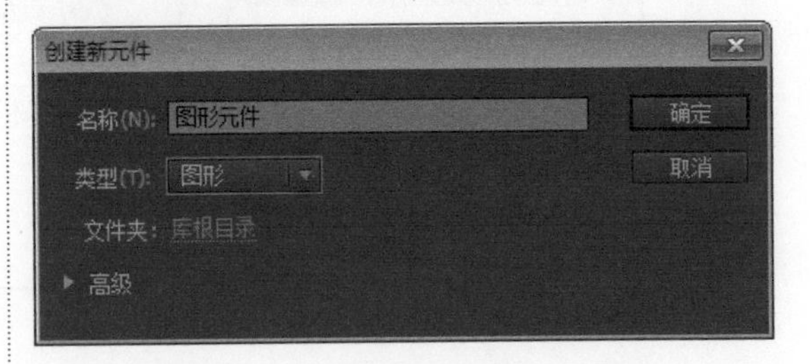

图 7-1 【创建新元件】对话框

步骤 2 在【名称】文本框中输入新建元件的名称，然后在【类型】下拉列表框中选择【图形】选项，最后单击【确定】按钮，即可创建一个图形元件，并自动切换到元件编辑模式，如图 7-2 所示。

图 7-2　切换到元件编辑模式

用户除了可以直接创建新的图形元件以外，还可以选中场景中的某个对象将其转换为元件，具体的操作如下。

步骤 1 在 Flash CC 主窗口中，选中舞台上需要被转换为元件的对象，然后依次选择【修改】→【转换为元件】菜单命令（或按快捷键 F8），即可打开【转换为元件】对话框，如图 7-3 所示。

图 7-3　【转换为元件】对话框

步骤 2 在【名称】文本框中输入元件的名称，然后在【类型】下拉列表框中选择【图形】选项，最后单击【确定】按钮，即可将对象转换成元件，如图 7-4 所示。

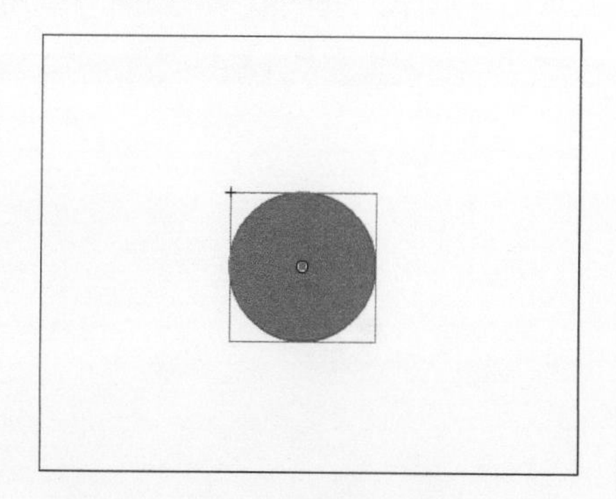

图 7-4　将选中的对象转换为元件

创建影片剪辑元件的具体操作如下。

步骤 1 在 Flash CC 主窗口中，依次选择【插入】→【新建元件】菜单命令，打开【创建新元件】对话框，然后在该对话框的【名称】文本框中输入新建元件的名称，最后在【类型】下拉列表框中选择【影片剪辑】选项，如图 7-5 所示。

图 7-5　【创建新元件】对话框

步骤 2 单击【确定】按钮，即可新建一个影片剪辑元件，并自动切换到元件编辑模式，如图 7-6 所示。

图 7-6　切换到影片剪辑元件编辑模式

步骤 3 依次选择【文件】→【导入】→【导入到舞台】菜单命令，打开【导入】对话框，然后在该对话框中选择需要导入舞台中的图片，如图 7-7 所示。

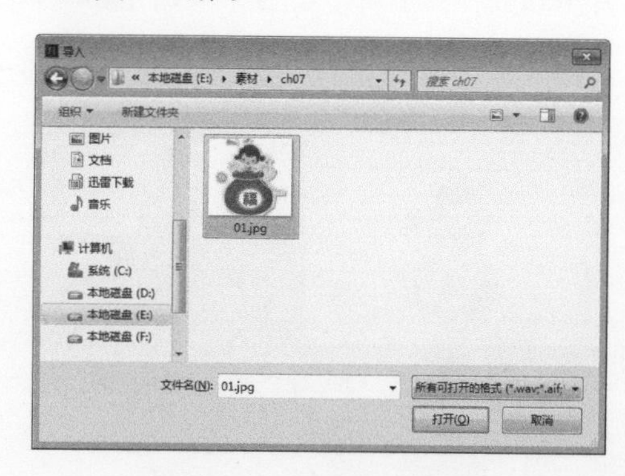

图 7-7　【导入】对话框

步骤 4 单击【打开】按钮，即可将选中的图片导入 Flash CC 中，如图 7-8 所示。

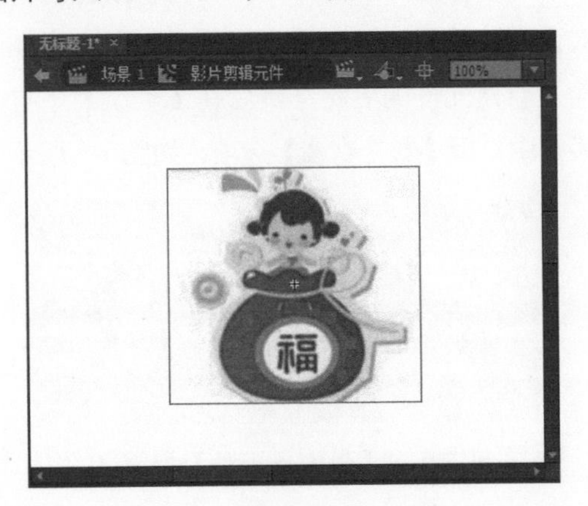

图 7-8 将图片导入舞台中

步骤 5 在时间轴中选择第 1 帧，然后选中第 1 帧中的图形，最后使用任意变形工具将图片缩小，如图 7-9 所示。

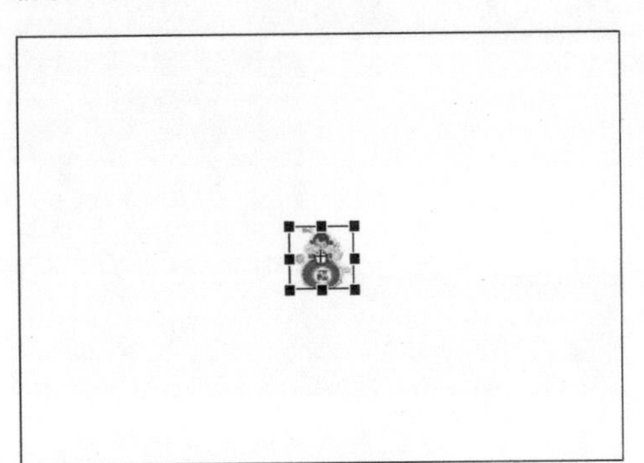

图 7-9 缩小图片

步骤 6 在第 2 ～ 10 帧中分别插入关键帧，然后将这些帧中的图形依次放大，完成对缩放影片剪辑元件的编辑，如图 7-10 所示。

图 7-10 依次放大图片

步骤 7 此时，一个影片剪辑元件就创建完成了，单击窗口上方的“场景 1”，即可退出元件编辑区返回到主场景窗口，如图 7-11 所示。

图 7-11 返回到主场景窗口

步骤 8 依次选择【窗口】→【库】菜单命令，打开【库】面板，然后在其中选择刚才建立的影片剪辑元件并将其拖动到场景中，如图 7-12 所示。

图 7-12 将影片剪辑元件拖到场景中

步骤 9 按 Ctrl + Enter 组合键测试影片，即可看到该影片剪辑元件的效果，如图 7-13 所示。

图 7-13 测试影片

步骤 10 依次选择【文件】→【保存】菜单命令，打开【另存为】对话框，在该对话框中选择文档的保存路径，并将其重命名为“创建影片剪辑元件”，如图 7-14 所示。最后单击【保存】按钮，将该文档保存。

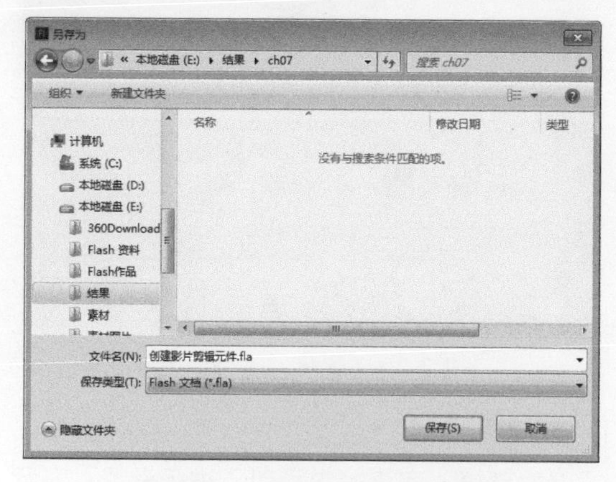

图 7-14　【另存为】对话框

在制作 Flash 动画时，常常需要添加各种按钮，如【开始】按钮、【结束】按钮或【暂停】按钮等，这些按钮都需要通过按钮元件来制作。按钮元件是一种特殊的元件，它具有交互性，包括“弹起”“指针经过”“按下”和“点击”4 个帧，每个帧代表不同的状态。

下面分别介绍这 4 个帧的含义。

☆ 弹起：在该帧中可创建正常情况下按钮的状态。

☆ 指针经过：在该帧中可以创建当鼠标指针移动到按钮上时按钮的状态，必须在该帧中插入关键帧才能创建该按钮元件状态。

☆ 按下：在该帧中可以创建当按下鼠标左键时按钮的状态。如当按钮按下时，比未按下时小一些或其颜色变暗，必须在该帧中插入关键帧才能创建该按钮元件状态。

☆ 点击：在该帧中可以指定在某个范围内单击鼠标时会影响到按钮，用来表示作用范围，可以不进行设置，也可以绘制一个图形来表示激活的范围。

创建按钮元件的具体操作如下。

步骤 1 启动 Flash CC，然后依次选择【文件】→【新建】菜单命令，即可创建一个新的 Flash 空白文档，最后将该文档保存为“创建按钮元件 .fla”，如图 7-15 所示。

图 7-15　新建 Flash 文档

步骤 2 按下 Ctrl + F8 组合键，打开【创建新元件】对话框，然后在该对话框的【名称】文本框中输入新建元件的名称，最后在【类型】下拉列表框中选择【按钮】选项，如图 7-16 所示。

图 7-16　【创建新元件】对话框

步骤 3 单击【确定】按钮，即可创建空白状态按钮元件并自动进入编辑状态，此时可以看到时间轴上有 4 个帧：弹起、指针经过、按下和点击，如图 7-17 所示。

图 7-17　按钮元件编辑窗口

步骤 4 选择时间轴上的“弹起”帧，然后使用椭圆工具在舞台上绘制一个圆形，并输入文字，如图 7-18 所示。

图 7-18 编辑“弹起”帧

步骤 5 单击“指针经过”帧，并按快捷键 F6 插入关键帧，插入的帧中将显示“弹起”帧中的内容，然后对其中的图形进行调整，改变圆形的颜色，如图 7-19 所示。

图 7-19 编辑“指针经过”帧

步骤 6 单击“按下”帧，并按快捷键 F6 插入关键帧，在插入的帧中将显示“指针经过”帧中的内容，对其中的图形进行调整，如图 7-20 所示。

图 7-20 编辑“按下”帧

步骤 7 单击“点击”帧，并按快捷键 F6 插入关键帧，在该帧中可以不进行设置，表示只有当鼠标指针移动到该按钮区域时才能起作用，如图 7-21 所示。

图 7-21 编辑“点击”帧

步骤 8 单击窗口上方的“场景 1”，退出元件编辑窗口返回到场景窗口。此时依次选择【窗口】→【库】菜单命令，打开【库】面板，选中刚才建立的按钮元件并将其拖动到场景中，如图 7-22 所示。

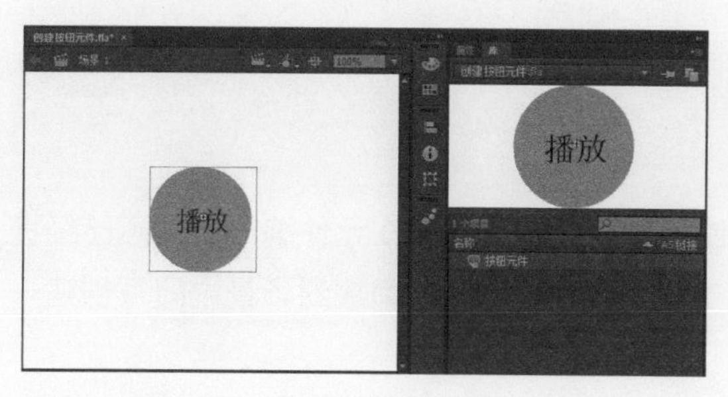

图 7-22　将按钮元件拖到场景中

步骤 9 按 Ctrl + Enter 组合键测试动画，然后将鼠标指针置于按钮上，按下鼠标左键来测试不同状态下的效果，如图 7-23 所示。

图 7-23　测试影片

7.1.3 实例 2——调用其他文档中的元件

在 Flash CC 主窗口中可以打开其他影片中的库，来调用这个库中的元件，从而提高制作影片的效率。调用其他文档中元件的具体操作如下。

步骤 1 在 Flash CC 主窗口中，依次选择【文件】→【导入】→【打开外部库】菜单命令，打开【打开】对话框，然后在该对话框中选择相应的影片文件，如图 7-24 所示。

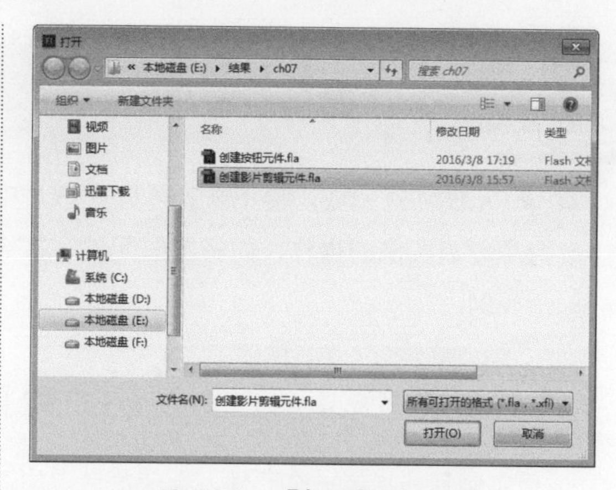

图 7-24　【打开】对话框

步骤 2 单击【打开】按钮，即可出现所选影片的【库】面板，如图 7-25 所示。

图 7-25　所选影片的【库】面板

步骤 3 在【库】面板中选择相应的元件并将其拖曳到舞台中，这时即可将该元件复制到当前影片的库中，如图 7-26 所示。

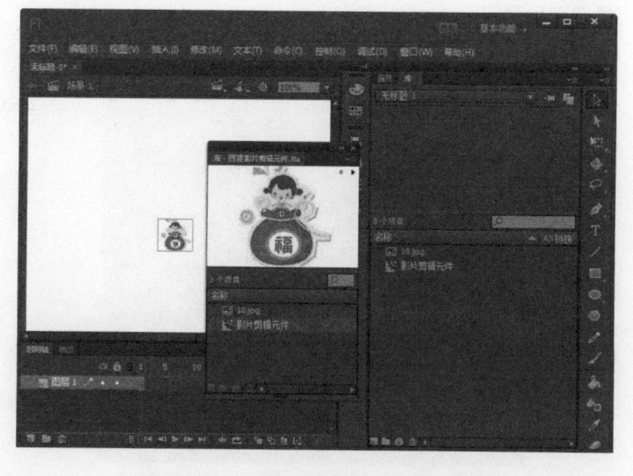

图 7-26　将元件拖到舞台中

7.2 使用实例

元件创建完成，接下来就可以在影片中使用该元件的实例。在元件编辑时实际已经进行了创建实例的操作，如将图形元件、按钮元件和影片剪辑元件拖放到场景中即可创建一个实例。

7.2.1 实例 3——为实例另外指定一个元件

为实例另外指定一个元件，会使舞台上出现一个完全不同的实例，而原来的实例属性不会改变。

为实例另外指定一个元件的具体操作如下。

步骤 1 在 Flash CC 主窗口中，选中舞台中的实例，如图 7-27 所示。

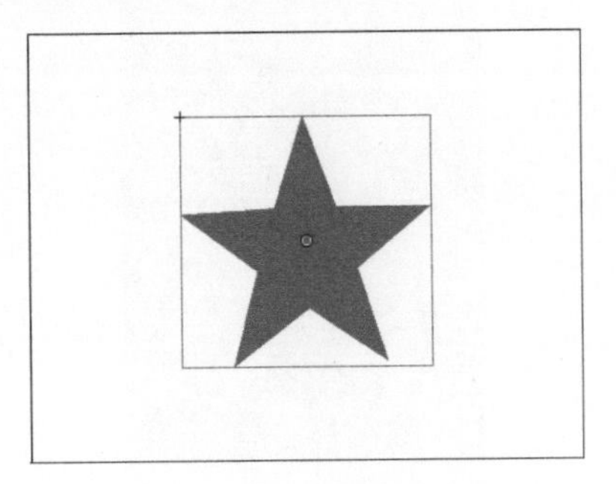

图 7-27 选中实例

步骤 2 依次选择【修改】→【元件】→【交换元件】菜单命令，打开【交换元件】对话框，然后在该对话框中选择要交换的元件，如图 7-28 所示。

图 7-28 【交换元件】对话框

步骤 3 单击【确定】按钮，即可指定另一个元件，如图 7-29 所示。

图 7-29 指定另一个元件

7.2.2 实例 4——改变实例

在 Flash CC 中，实例类型是可以互相转换的，通过改变实例类型可重新定义其在动画中的行为。在【属性】面板的【实例行为】下拉列表中，提供了“按钮”“图形”和“影片剪辑”3 种实例类型，如图 7-30 所示。当改变实例类型之后，其【属性】面板也会进行相应的变化。

当选择【影片剪辑】或【按钮】选项时，会出现【实例】文本框，在其中可以为实例取一个名字，以便在影片中控制这个实例。

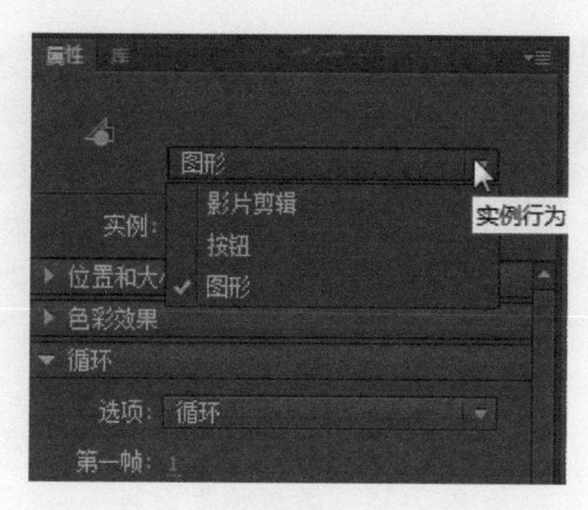

图 7-30　【实例行为】下拉列表

如果选择【图形】选项，则在【循环】选项组中出现【选项】下拉列表框，其中包含【循环】、【播放一次】和【单帧】3 个选项，其具体的含义如下。

☆　循环：将包含在当前实例中的序列动画循环播放，循环的次数同实例所占的帧数相当。

☆　播放一次：播放动画一次。

☆　单帧：显示序列动画的任何一帧。

每个元件实例都可以有自己的色彩效果，在【属性】面板中可以通过设置不同的实例颜色和透明度，来改变实例的色彩。在舞台上选中实例之后，在其【属性】面板的【色彩效果】选项组中，单击【样式】下拉按钮，从弹出的下拉列表中选择相应的颜色设置，如图 7-31 所示。

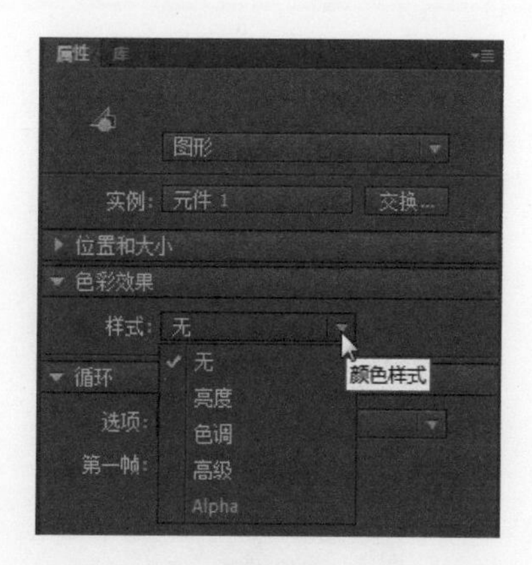

图 7-31　【样式】下拉列表

其中各选项的含义如下。

☆　无：不设置颜色效果。

☆　亮度：用于调整实例的明暗对比度，设置范围为 -100% ～ 100%。可以直接输入数值，也可以拖动右侧的滑块来设置数值，图 7-32 所示为将亮度设置为 50% 的效果，图 7-33 所示为将亮度设置为 -50% 的效果。

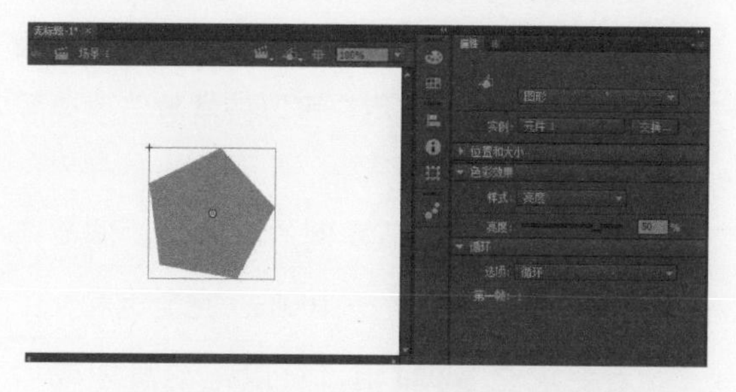

图 7-32　亮度设置为 50% 的效果

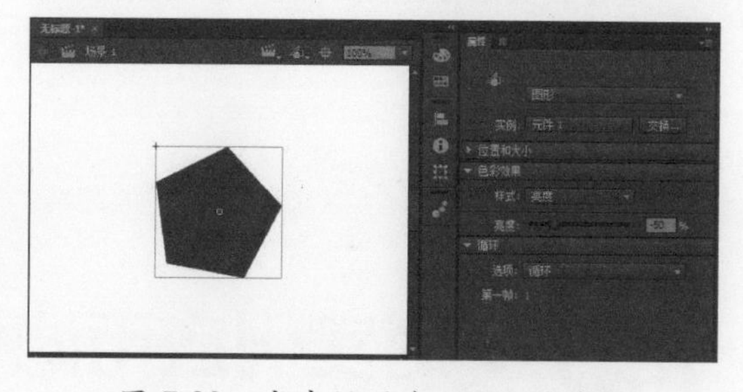

图 7-33　亮度设置为 -50% 的效果

☆　色调：用相同的色相为实例着色，如图 7-34 所示。要设置【色调】百分比（从透明（0%）到完全饱和（100%）），可拖动滑块或直接在后面的文本框中输入数值；如果要选择颜色，则在各自的文本框中输入红、绿和蓝的色值或单击颜色控件后从调色板中选择一种颜色。

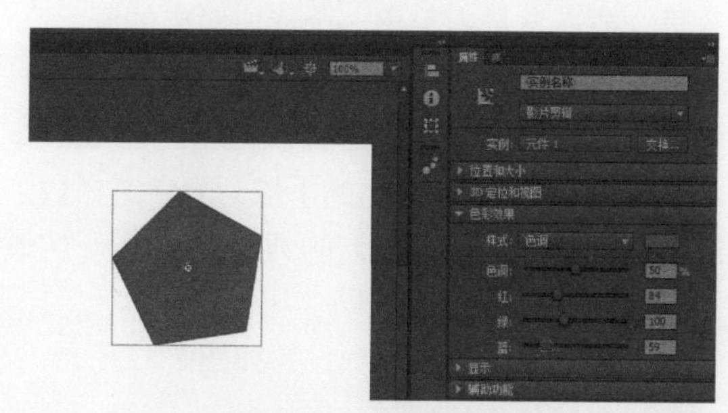

图 7-34　设置色调效果

☆ 高级：分别调节实例的红色、绿色、蓝色和透明度值。对于在位图上创建和制作具有微妙色彩效果的动画，该选项非常适用。在【属性】面板的【色彩效果】选项组中，单击【样式】下拉按钮，从弹出的下拉列表中选择【高级】选项，即可打开高级设置面板，如图 7-35 所示。左侧控件使用户可以按指定百分比改变颜色或透明度的值；右侧控件使用户可以按常数值改变颜色或透明度的值。

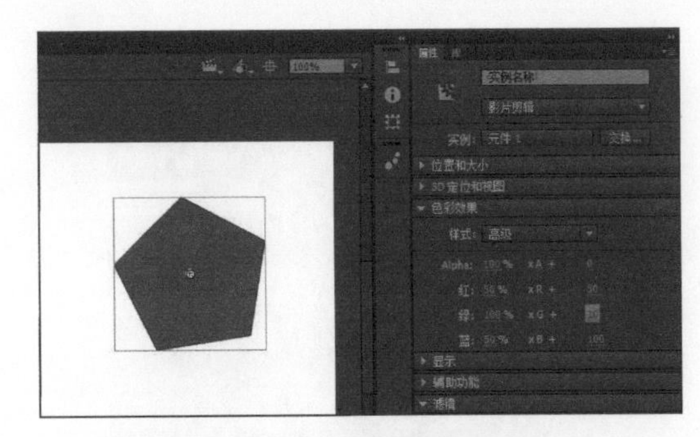

图 7-35　高级设置面板

☆ Alpha：用来调节实例的透明度，调节范围为 0%（透明）～ 100%（完全饱和）。若要调整 Alpha 值，可以拖动滑块或者直接在其后面的文本框中输入数值，如图 7-36 所示。

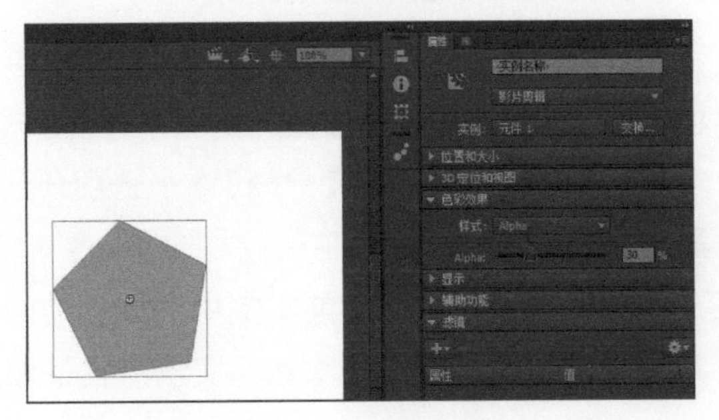

图 7-36　设置透明度

7.3 对实例应用滤镜

在 Flash CC 中表现图形逐渐模糊、逐渐发光及阴影等效果时，不需要制作专门的元件来实现，通过滤镜就可以为文本、按钮和影片剪辑添加投影、模糊、发光等多种特殊的视觉效果。

7.3.1 实例 5——投影滤镜

投影滤镜可以模拟对象向舞台表面投影的效果，或在背景中剪出一个形似对象的洞，来模拟对象的外观。投影滤镜可以模拟对象向一个表面投影的效果。在【滤镜】选项组中单击【添加滤镜】按钮，从弹出的下拉列表中选择【投影】选项，即可在其下方的列表中添加一个投影滤镜。

投影滤镜的各项参数设置如图 7-37 所示。使用投影滤镜后的效果如图 7-38 所示。

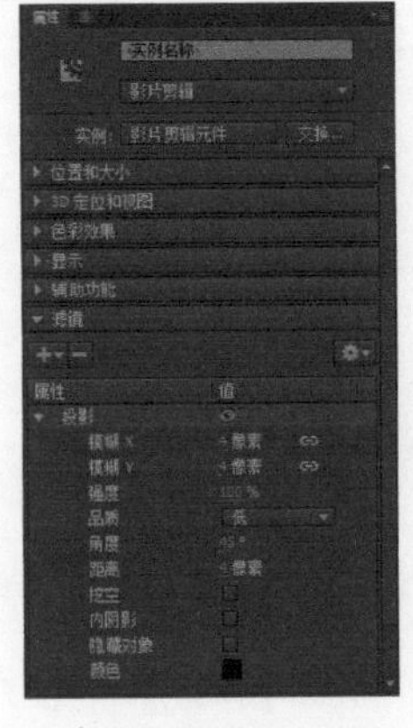

图 7-37　投影滤镜的参数设置

图 7-38　投影滤镜效果

投影滤镜各参数的含义如下。

☆　【模糊 X】和【模糊 Y】：设置投影的宽度和高度。

☆　【强度】：用来设置阴影暗度。数值越大，阴影就越暗。

☆　【品质】：设置投影的质量级别。建议把质量级别设置为“低”，以实现最佳的回放效果。

☆　【角度】：输入一个值来设置阴影的角度。

☆　【距离】：用来设置阴影与对象之间的距离。

☆　【挖空】：即从视觉上隐藏源对象，并在挖空图像上只显示投影。

☆　【内阴影】：若勾选该复选框，则可以在对象边界内应用阴影。

☆　【隐藏对象】：若勾选该复选框，则可以隐藏对象，并只显示其阴影。使用该复选框可以更轻松地创建逼真的阴影。

☆　【颜色】：用来设置阴影的颜色。

提示　在【滤镜】选项组中，单击【添加滤镜】按钮，还可以在弹出的下拉列表中选择其他相应选项，实现删除滤镜、启用滤镜和禁用滤镜的功能。

7.3.2　实例 6——模糊滤镜

模糊滤镜可以柔化对象的边缘和细节，从而制作出对象的模糊效果。展开【属性】面板中的【滤镜】选项组，然后单击其中的【添加滤镜】按钮，从弹出的下拉列表中选择【模糊】选项，即可在其下方的列表中添加一个模糊滤镜，如图 7-39 所示。

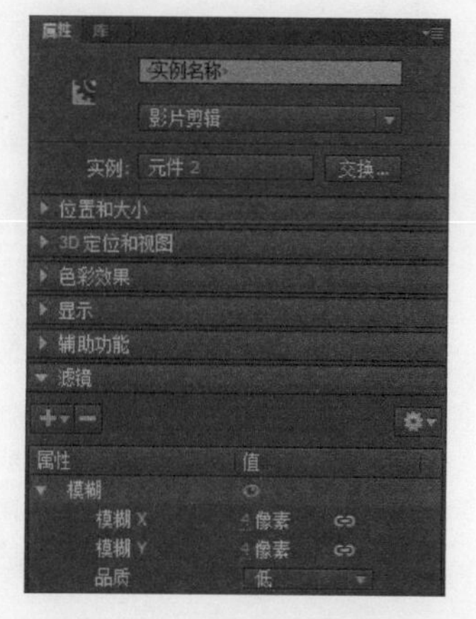

图 7-39　添加模糊滤镜

模糊滤镜各参数的含义如下。

☆　【模糊 X】和【模糊 Y】：设置模糊的宽度和高度。

☆　【品质】：设置模糊的质量级别。推荐设置为“低”，从而可以实现最佳的回放性能。

图 7-40 所示即为对实例应用模糊滤镜的效果。

图 7-40　模糊滤镜效果

7.3.3 实例 7——发光滤镜

发光滤镜可以为对象的整个边缘指定颜色。在【属性】面板的【滤镜】选项组中，单击【添加滤镜】按钮，从弹出的下拉列表中选择【发光】选项，即可在其下方的列表中添加一个发光滤镜，如图 7-41 所示。

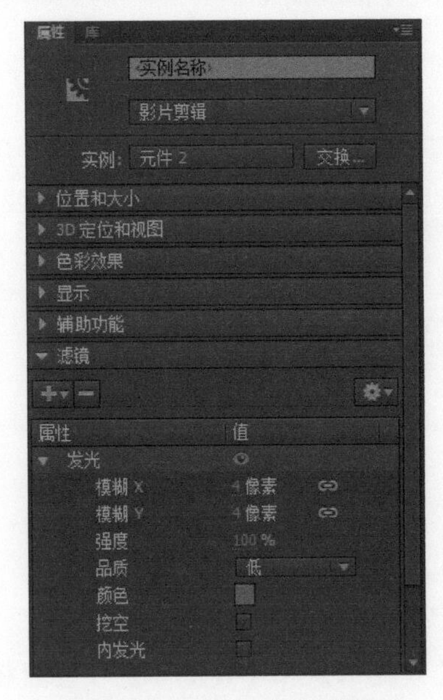

图 7-41 添加发光滤镜

发光滤镜各参数的含义如下。

☆ 【模糊 X】和【模糊 Y】：设置发光的宽度和高度。

☆ 【强度】：设置发光的清晰度。

☆ 【品质】：设置发光的质量级别。建议把质量级别设置为“低”，以实现最佳的回放效果。

☆ 【颜色】：可设置发光颜色。

☆ 【挖空】：若勾选该复选框，则可以从视觉上隐藏对象，并在挖空图像上只显示发光。

☆ 【内发光】：在对象边界内应用发光。

图 7-42 所示即为对实例应用发光滤镜的效果。

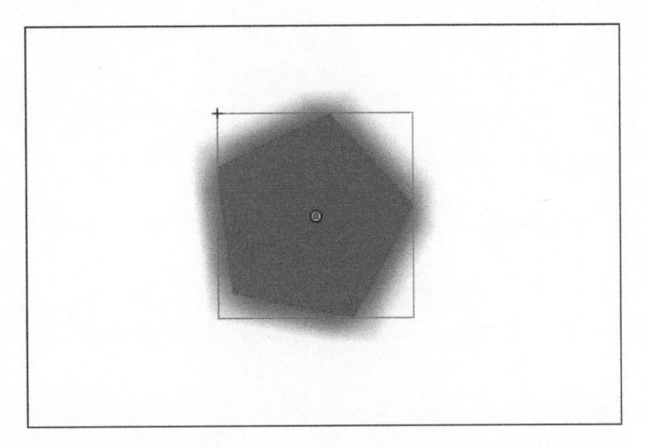

图 7-42 发光滤镜效果

7.3.4 实例 8——斜角滤镜

斜角滤镜可以为对象加亮，从而创建立体效果。在【属性】面板的【滤镜】选项组中，单击【添加滤镜】按钮，从弹出的下拉列表中选择【斜角】选项，即可在其下方的列表中添加一个斜角滤镜，如图 7-43 所示。

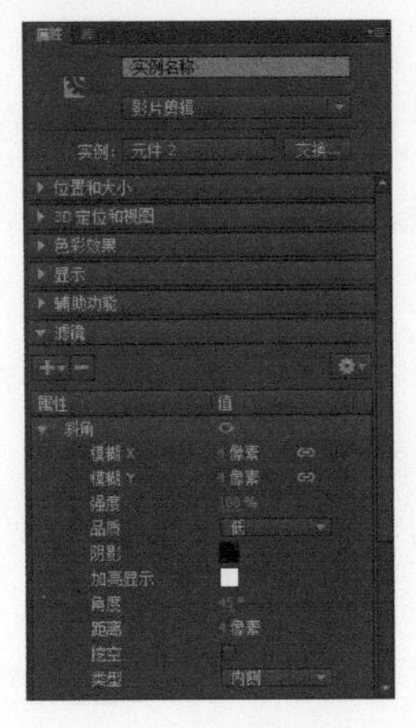

图 7-43 添加斜角滤镜

斜角滤镜各参数的含义如下。

☆ 【模糊 X】和【模糊 Y】：设置斜角的宽度和高度。

☆ 【强度】：设置斜角的不透明度，但不影响其宽度。

☆ 【品质】：设置斜角的质量级别。建议把质量级别设置为“低”，以实现最佳的回放效果。

☆　【阴影】：设置斜角的阴影。

☆　【加亮显示】：加亮斜角的颜色。

☆　【角度】：拖动角度盘或输入数值，更改斜边投下的阴影角度。

☆　【距离】：设置阴影与对象之间的距离。

☆　【挖空】：若勾选该复选框，则可以从视觉上隐藏对象，并在挖空图像上只显示斜角。

☆　【类型】：选择要应用到对象的斜角类型，包括【内斜角】、【外斜角】和【完全斜角】3 个选项。

图 7-44 所示即为对实例应用斜角滤镜的效果。

图 7-44　斜角滤镜效果

7.3.5　实例 9——渐变发光滤镜

渐变发光滤镜可以使发光表面产生带渐变颜色的发光效果。渐变发光要求选择一种颜色作为渐变开始的颜色，所选颜色的 Alpha 值为“0”（透明度为 0），用户不能移动该颜色的位置，但可以改变其颜色。渐变发光滤镜的参数设置如图 7-45 所示。

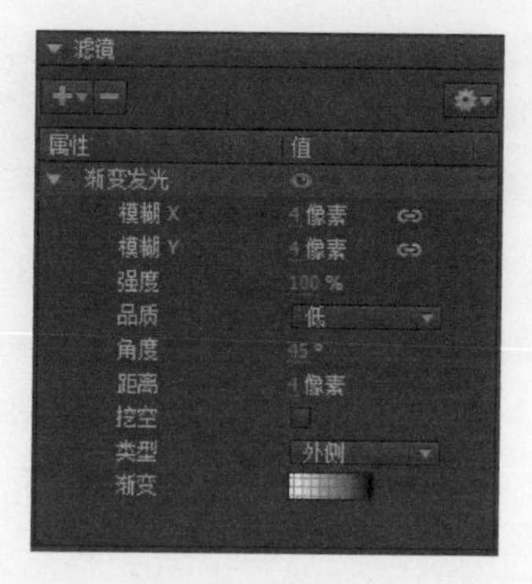

图 7-45　渐变发光滤镜的参数设置

渐变发光滤镜各参数的含义如下。

☆　【模糊 X】和【模糊 Y】：设置渐变发光的宽度和高度。

☆　【强度】：设置渐变发光的不透明度。

☆　【品质】：设置渐变发光的质量级别。

☆　【角度】：设置更改渐变发光所导致的阴影角度。

☆　【距离】：设置阴影与对象之间的距离。

☆　【挖空】：若勾选该复选框，则从视觉上把对象隐藏起来，只显示其投影。

☆　【类型】：设置渐变发光的类型，共有【内侧】、【外侧】和【整个】3 个选项。

☆　【渐变】：用于指定发光的渐变颜色。可以包含两种或多种相互淡入或混合的颜色，最多可添加 15 个颜色指针。滑动这些指针可调整颜色在渐变中的级别和位置。

图 7-46 所示即为对实例应用渐变发光滤镜的效果。

图 7-46　渐变发光滤镜效果

7.3.6 实例 10——渐变斜角滤镜

渐变斜角滤镜可以根据发光面的不同，产生立体渐变效果。在【属性】面板的【滤镜】选项组中，单击【添加滤镜】按钮，从弹出的下拉列表中选择【渐变斜角】选项，即可在其下方的列表中添加一个渐变斜角滤镜，如图 7-47 所示。应用渐变斜角滤镜的效果如图 7-48 所示。

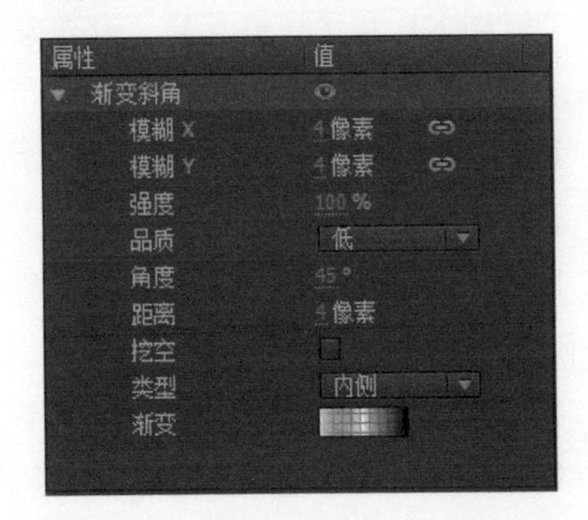

图 7-47 渐变斜角滤镜的参数设置

图 7-48 渐变斜角滤镜效果

> **提示** 渐变发光滤镜和渐变斜角滤镜的各参数含义相同，这里不再赘述。

7.3.7 实例 11——调整颜色滤镜

调整颜色滤镜可以调整对象的对比度、饱和度、色相及亮度等参数。在【属性】面板的【滤镜】选项组中，单击【添加滤镜】按钮，从弹出的下拉列表中选择【调整颜色】选项，即可在其下方的列表中添加一个调整颜色滤镜，如图 7-49 所示。

图 7-49 调整颜色滤镜的参数设置

通过设置【亮度】、【对比度】、【饱和度】和【色相】的值，可调整对象的对应参数值。图 7-50 所示即为对实例应用调整颜色滤镜的效果。

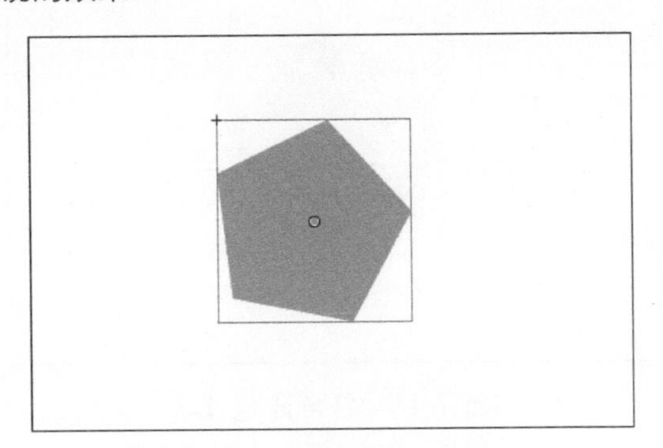

图 7-50 调整颜色滤镜效果

调整颜色滤镜各参数的含义如下。

☆ 亮度：调整对象的亮度，数值范围在 -100 ～ 100。

☆ 对比度：调整图像的加亮、阴影及色调，数值范围在 -100 ～ 100。

☆ 饱和度：调整颜色的强度，数值范围在 -100 ～ 100。

☆ 色相：调整颜色的深浅，数值范围在 -180 ～ 180。

7.4 使用【库】面板

【库】面板中存放着动画作品的所有元素，包括位图图形、声音文件和视频剪辑等。灵活使用【库】面板，合理管理【库】中的元素，无疑对动画制作是极其重要的。

7.4.1 认识【库】面板

在动画制作过程中，【库】面板是使用频率最高的面板之一。依次选择【窗口】→【库】菜单命令或按 Ctrl+L 组合键即可打开【库】面板，如图 7-51 所示。

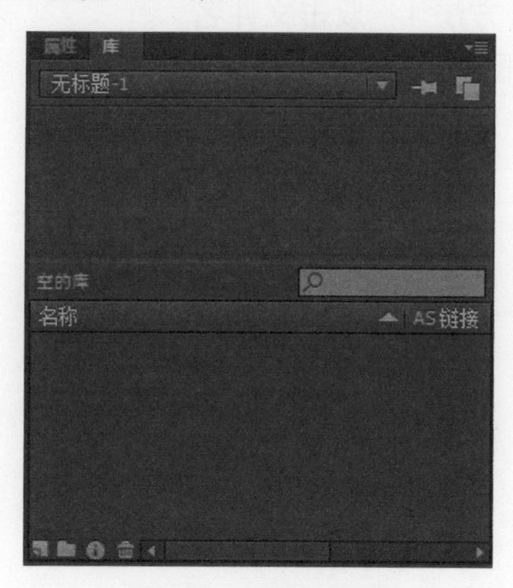

图 7-51　【库】面板

下面来认识一下【库】面板的各组成部分。

(1)　库元素的名称：库元素的名称要与源文件的文件名称对应。

(2)　选项菜单：单击右上角的按钮，即可弹出图 7-52 所示的下拉菜单，从中选择需要执行的命令即可。

(3)　搜索文本框：在搜索文本框中输入要查找的项目关键字，可快速定位到需要查找的项目。

(4)　元件排列顺序按钮：箭头朝上的按钮代表当前的排列是按升序排列的，箭头朝下的按钮代表当前的排列是按降序排列的。

图 7-52　下拉菜单

(5)　【新建元件】按钮：单击该按钮，即可打开【创建新元件】对话框，如图 7-53 所示，在其中设置新建元件的名称及类型，然后单击【确定】按钮即可进入该元件的编辑模式。

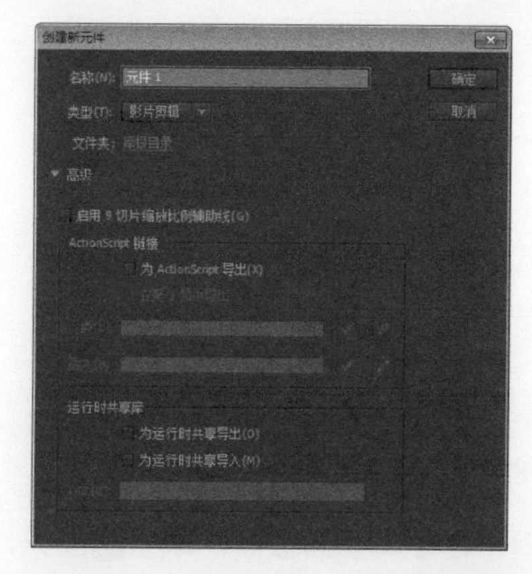

图 7-53　【创建新元件】对话框

(6)　【新建文件夹】按钮：如果在动画制作过程中使用了较多的元件，可以分门别类地建立文件夹以便进行管理。

(7) 【属性】按钮：单击该按钮，即可在打开的【元件属性】对话框中查看所选元件的属性，还可以更改元件名称及类型。

(8) 【删除】按钮：单击该按钮，即可将选择的元件或文件夹删除。

7.4.2 实例 12——库的管理与使用

使用【库】面板可以组织文件夹中的库项目，查看项目在文档中使用的频率、修改日期和类型等，还可按照类型对项目进行升序或降序排列。

1. 创建库元素

常见的库元素类型包括：图形、按钮、影片剪辑、媒体声音、视频、字体和位图等。前面 3 种是在 Flash CC 中产生的元件，后面几种是导入素材后产生的。

创建库元素可通过以下几种方式实现。

(1) 依次选择【插入】→【新建元件】菜单命令或按 Ctrl+F8 组合键，如图 7-54 所示，即可打开【创建新元件】对话框，在其中可以创建一个新元件。

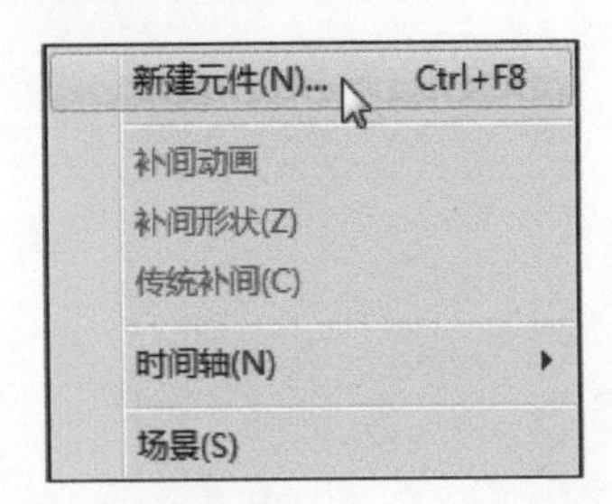

图 7-54 选择【新建元件】菜单命令

(2) 在【库】面板中，单击按钮，从弹出的下拉菜单中选择【新建元件】命令即可。

(3) 单击【库】面板下方的【新建元件】按钮。

(4) 转换为元件。选中舞台上的图像或动画并右击，从弹出的快捷菜单中选择【转换为元件】菜单命令。

除了在 Flash CC 中创建元件以外，还可以导入外部素材。依次选择【文件】→【导入】→【导入到库】菜单命令，即可将外部的视频、声音或位图等素材导入库中。

2. 重命名库元素

【库】面板中的元素名称是可以根据需要修改的，方法很简单，可以通过以下几种方式实现。

方法 1：双击文件名

步骤 1 选中【库】面板中需要重命名的元件，如图 7-55 所示。

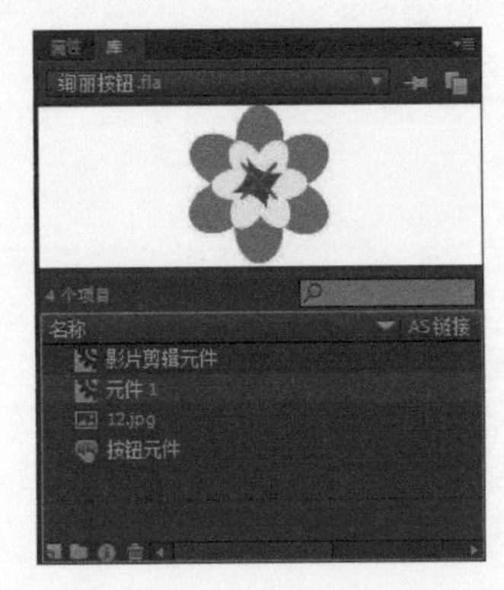

图 7-55 选中需要重命名的元件

步骤 2 双击该影片剪辑元件使其处于编辑状态，然后在文本框中输入新的名称即可，如图 7-56 所示。

图 7-56 元件处于可编辑状态

方法2：在快捷菜单中修改

步骤 1　选中需要重命名的元件并右击，从弹出的快捷菜单中选择【重命名】菜单命令，如图7-57所示。

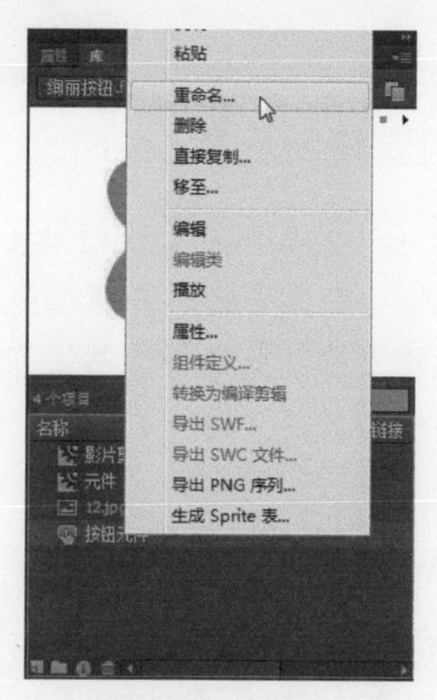

图7-57　选择【重命名】菜单命令

步骤 2　在文本框中输入新的元件名称即可。

方法3：在【元件属性】对话框中修改

步骤 1　选中需要重命名的元件并右击，从弹出的快捷菜单中选择【属性】菜单命令，如图7-58所示。

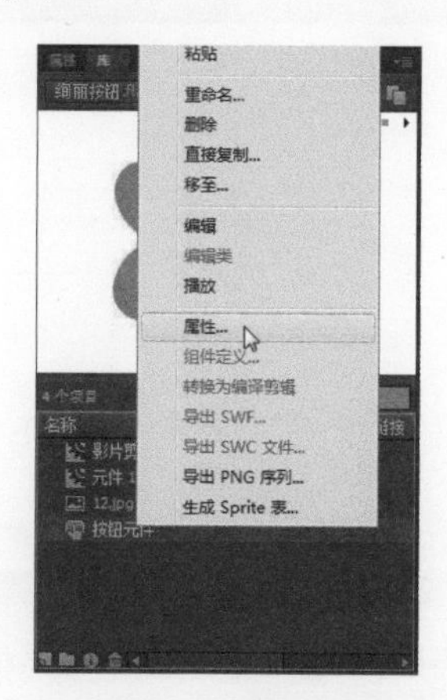

图7-58　选择【属性】菜单命令

步骤 2　打开【元件属性】对话框，如图7-59所示，在【名称】文本框中输入新的元件名称，单击【确定】按钮，即完成元件重命名操作。

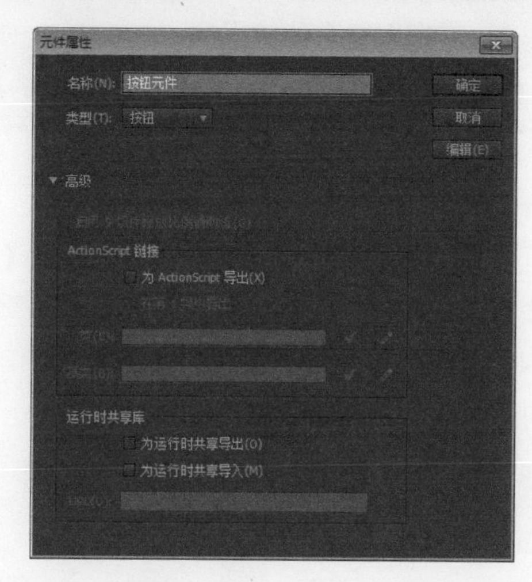

图7-59　【元件属性】对话框

3. 创建库文件夹

单击【库】面板中的【新建文件夹】按钮，即可创建一个文件夹，将元件分别拖曳到不同的文件夹中，以便于管理。

> **提示**　要选中相邻的多个文件，可以先按住Shift键，再分别选中首尾文件；如果要选取不相邻的多个文件，可以先按住Ctrl键，再分别选中需要的文件。

4. 使用库文件

库文件可以反复地出现在影片的不同画面中，它们对整个影片的尺寸影响不大，因此被引用的元件就成为实例。

使用库文件的方法很简单，只需要将选择的库文件拖到舞台中即可。既可以从预览窗口拖，也可以从库文件列表中直接拖。

7.5 实战演练1——制作绚丽按钮

本实例将充分使用 Flash CC 提供的元件和库的功能来完成元件的建立和编辑，从而制作出一个绚丽的按钮。制作绚丽按钮的具体操作如下。

 设置影片属性

步骤 1 启动 Flash CC，然后依次选择【文件】→【新建】菜单命令，即可创建一个新的 Flash 空白文档，最后将该文档保存为“绚丽按钮 .fla”，如图 7-60 所示。

图 7-60　新建 Flash 文档

步骤 2 在 Flash CC 主窗口右侧的【属性】面板中，展开【属性】选项组，然后将舞台的大小设置为 250 像素 ×150 像素，此时，舞台即变小，如图 7-61 所示。

图 7-61　设置舞台的大小

 创建按钮元件

步骤 1 按 Ctrl+ F8 组合键打开【创建新元件】对话框，在【名称】文本框中输入新建元件的名称“按钮元件”，然后在【类型】下拉列表框中选择【按钮】选项，如图 7-62 所示。

图 7-62　【创建新元件】对话框

步骤 2 单击【确定】按钮，即可进入按钮元件的编辑模式，如图 7-63 所示。

图 7-63　进入按钮元件编辑模式

步骤 3 依次选择【文件】→【导入】→【导入到舞台】菜单命令，打开【导入】对话框，然后在该对话框中选择需要导入舞台中的图片，如图 7-64 所示。

图 7-64　【导入】对话框

步骤 4 单击【打开】按钮，将选择的图片导入舞台中，然后使用任意变形工具调整图形的位置和尺寸，如图 7-65 所示。

图 7-65　将图片导入舞台中

3. 创建影片剪辑

步骤 1 按 Ctrl + F8 组合键，打开【创建新元件】对话框，在【名称】文本框中输入新建元件的名称“影片剪辑元件”，然后在【类型】下拉列表框中选择【影片剪辑】选项，如图 7-66 所示。

图 7-66　【创建新元件】对话框

步骤 2 单击【确定】按钮，即进入影片剪辑元件的编辑模式，如图 7-67 所示。

图 7-67　进入影片剪辑元件的编辑模式

步骤 3 将【库】面板中的图片拖到舞台的中央，如图 7-68 所示。

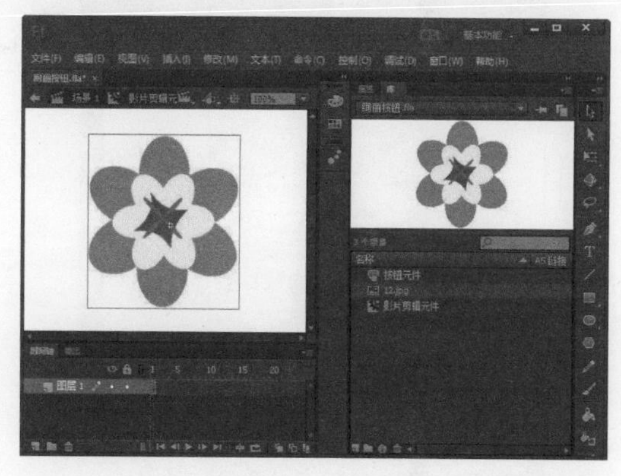

图 7-68　将【库】面板中的图片拖到舞台中

步骤 4 选中“图层 1”的第 16 帧并右击，从弹出的快捷菜单中选择【插入帧】菜单命令，即可将“图层 1”的帧延续到第 16 帧，如图 7-69 所示。

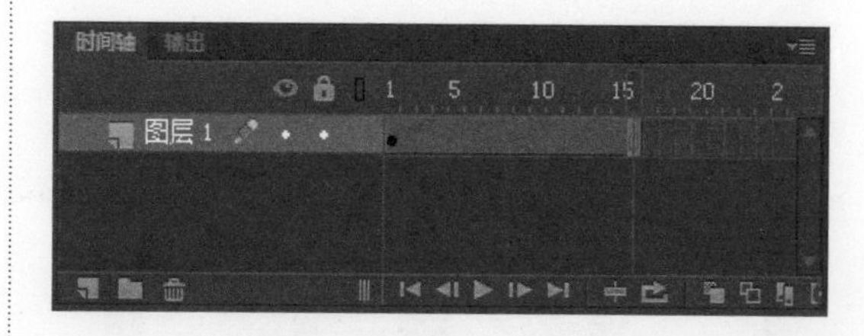

图 7-69　插入普通帧

步骤 5 单击【时间轴】面板中的【新建图层】按钮，即可在“图层 1”的上方增加一个新的“图层 2”，如图 7-70 所示。

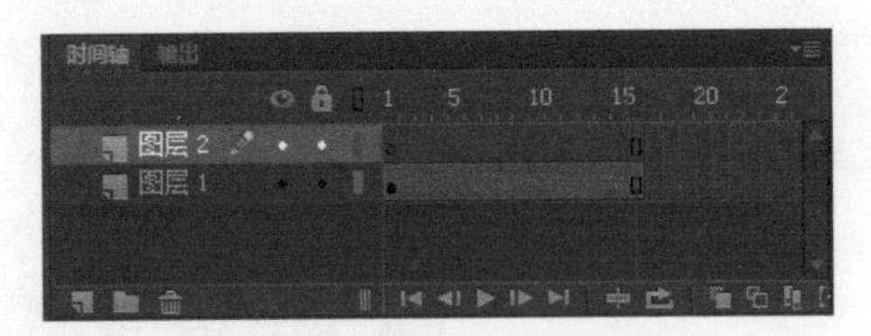

图 7-70　新建“图层 2”

步骤 6 将【库】面板中的图片拖到舞台的中央，并将其转换为元件，然后选中“图层 2”的第 16 帧并右击，从弹出的下拉菜单中选择【插入关键帧】命令，即可在第 16 帧处插入一个关键帧，如图 7-71 所示。

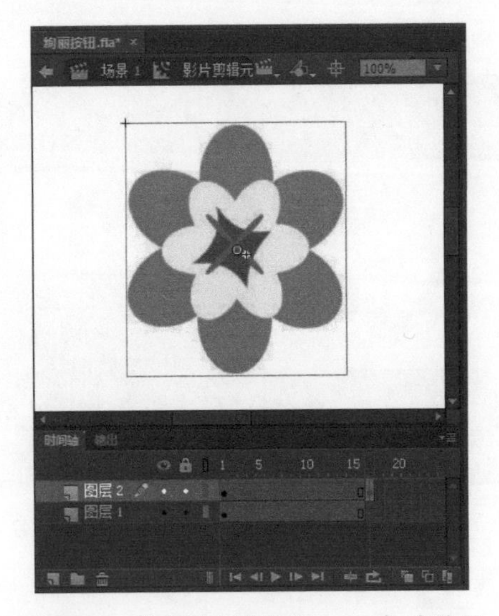

图 7-71　在第 16 帧处插入一个关键帧

步骤 7 选中“图层 2”中的第 15 帧，并使用任意变形工具选中舞台上的元件，然后按住 Shift 键等比例缩小元件，最后将它放置于右下角，如图 7-72 所示。

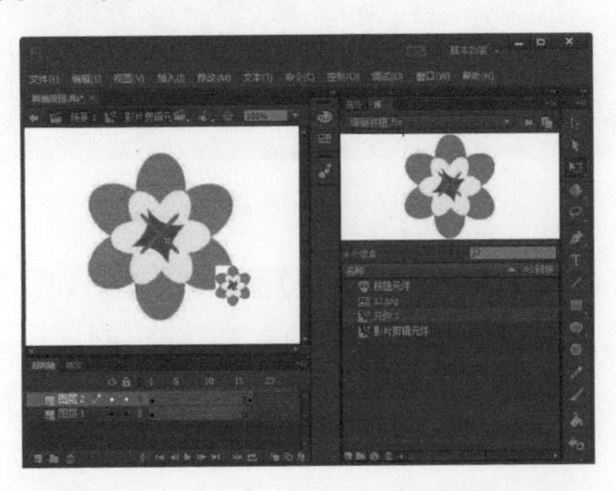

图 7-72　将缩小的元件放置于右下角

步骤 8 单击【属性】面板中的【色彩效果】选项组，然后在【样式】下拉列表中选择【Alpha】选项，并设置 Alpha 值为“30%”，此时图形已经变成半透明的，如图 7-73 所示。

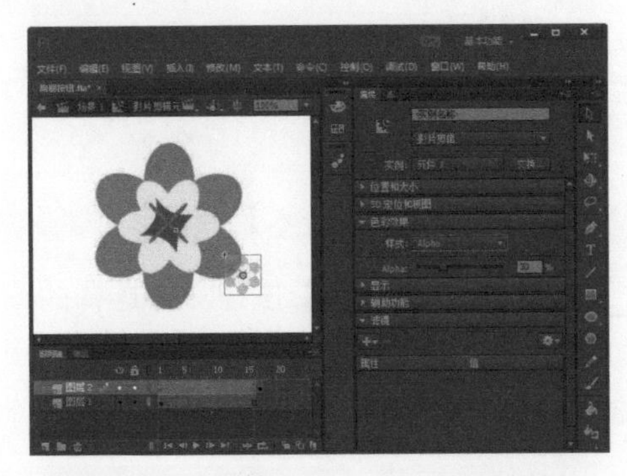

图 7-73　设置右下角元件的透明度

步骤 9 选中“图层 2”中的第 1 帧并右击，从弹出的快捷菜单中选择【创建传统补间动画】菜单命令，这样一段向右下角逐渐移动渐变、颜色渐变和大小渐变的动画就完成了，如图 7-74 所示。

图 7-74　创建传统补间动画

步骤 10 重复以上的步骤，完成向花朵的各个角度逐渐移动渐变、颜色渐变和大小渐变的动画，如图 7-75 所示。

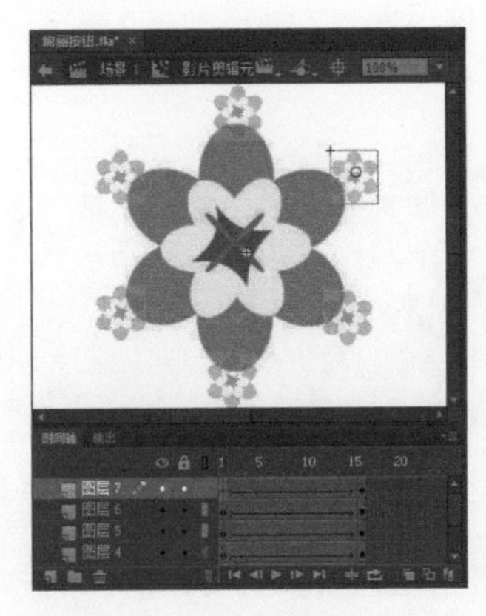

图 7-75　完成其他图层的动画创建

4. 创建绚丽按钮动画

步骤 1 双击【库】面板中的“按钮元件”，进入按钮元件编辑模式，如图 7-76 所示。

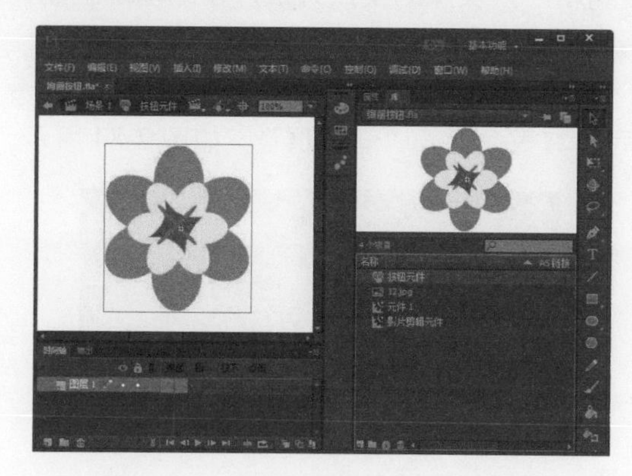

图 7-76　进入按钮元件编辑模式

步骤 2 选中“图层 1”中的“指针经过”帧并右击，从弹出的快捷菜单中选择【插入空白关键帧】菜单命令，即在该帧处插入一个空白关键帧，如图 7-77 所示。

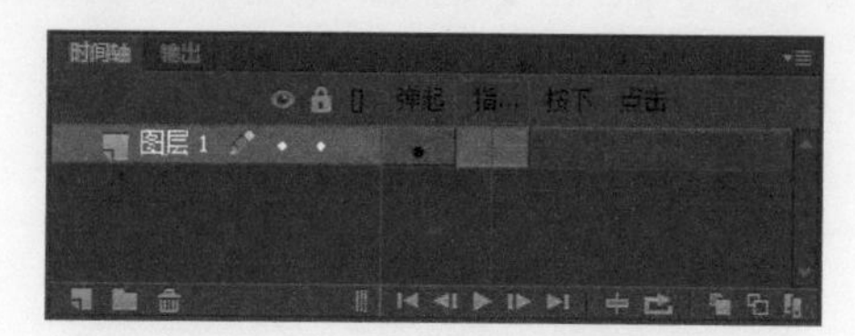

图 7-77　插入空白关键帧

步骤 3 选中“指针经过”帧，然后从【库】面板中将“影片剪辑元件”拖入舞台中，并把它放置于舞台的中央，如图 7-78 所示。

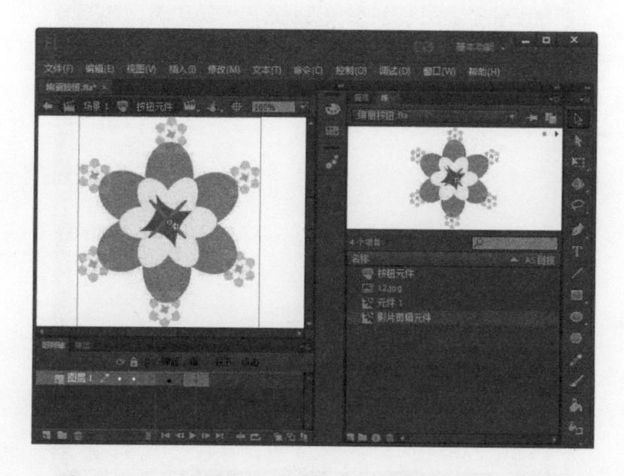

图 7-78　将影片剪辑元件拖到舞台中央

步骤 4 分别在“按下”帧和“点击”帧处插入一个与“弹起”帧相同的关键帧，如图 7-79 所示。

图 7-79　插入关键帧

步骤 5 单击编辑区的【场景 1】按钮，进入主窗口中，然后从【库】面板中拖入刚编辑完的按钮元件，并把它放置于工作区的中央，如图 7-80 所示。

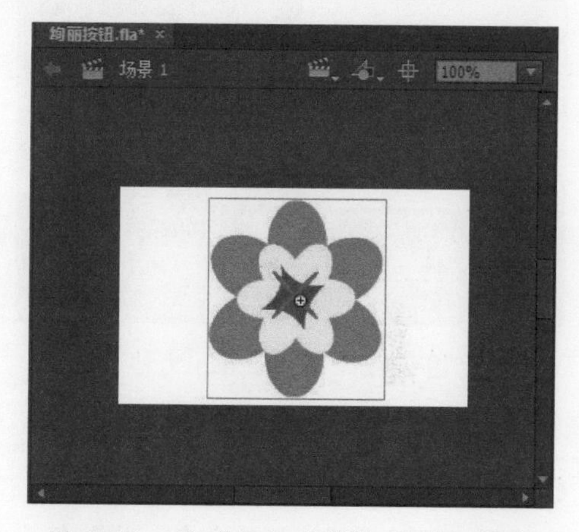

图 7-80　将“按钮元件”拖到场景中

步骤 6 按 Ctrl+ Enter 组合键测试影片，从中可看到按钮元件产生的效果，如图 7-81 所示。

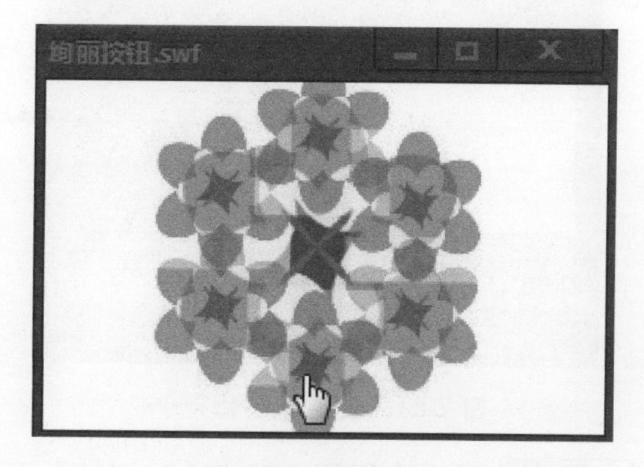

图 7-81　测试影片

7.6 实战演练2——制作旋转风车

本实例重点介绍如何完成对元件的建立和编辑，以及库的使用方法，在此基础上制作一个漂亮的旋转风车。制作旋转风车的具体操作如下。

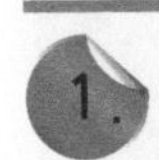

1. 新建文档

步骤 1 启动 Flash CC，然后依次选择【文件】→【新建】菜单命令，即可创建一个新的 Flash 空白文档，最后将该文档保存为“旋转风车 .fla”，如图 7-82 所示。

图 7-82　新建 Flash 文档

步骤 2 在 Flash CC 主窗口右侧的【属性】面板中，单击【属性】选项组，然后将舞台的大小设置为 300 像素 ×200 像素，此时舞台即变小，如图 7-83 所示。

图 7-83　设置舞台的大小

步骤 3 重命名图层。双击【时间轴】面板中的“图层 1”，使其处于编辑状态，然后将其重命名为“背景层”，如图 7-84 所示。

图 7-84　重命名图层

2. 新建图形元件

步骤 1 按 Ctrl + F8 组合键，打开【创建新元件】对话框，在【名称】文本框中输入新建元件的名称“风车”，然后在【类型】下拉列表框中选择【图形】选项，如图 7-85 所示。

图 7-85　【创建新元件】对话框

步骤 2 单击【确定】按钮，即进入图形元件编辑模式，如图 7-86 所示。

图 7-86　进入图形元件编辑模式

步骤 3 单击工具栏中的【椭圆工具】按钮，然后将填充颜色设置为红色，最后在舞台上绘制一个圆形，如图 7-87 所示。

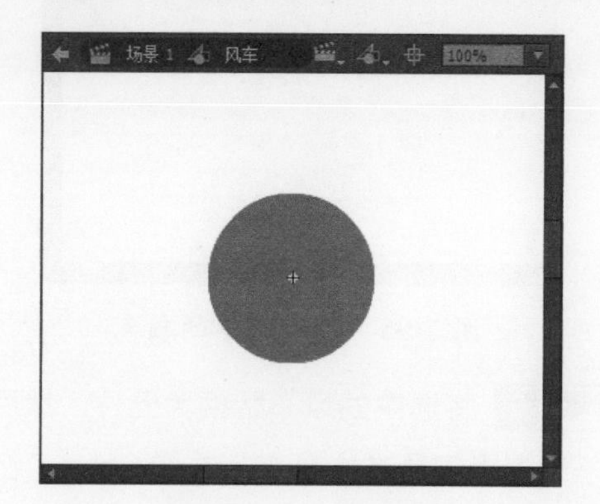

图 7-87 绘制圆形

步骤 4 使用选择工具选择圆形的一半，然后按 Delete 键将其删除，如图 7-88 所示。

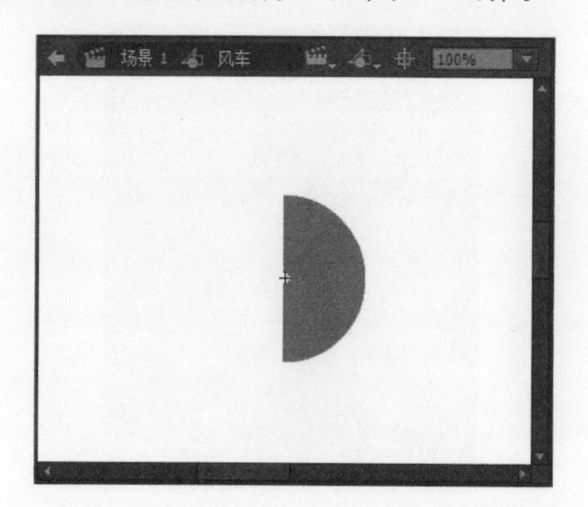

图 7-88 使用选择工具删除圆形的一半

步骤 5 单击【场景 1】按钮，回到主场景中，然后将【库】面板中的“风车”元件拖到舞台，如图 7-89 所示。

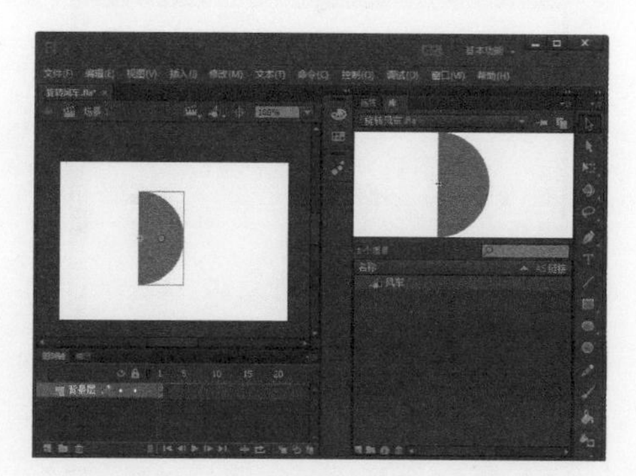

图 7-89 将风车元件拖到舞台中

步骤 6 使用任意变形工具选中绘制的半圆形，并依次选择【窗口】→【变形】菜单命令，打开【变形】面板，然后在【旋转】单选按钮下方的文本框中输入“90”，最后单击右下方的【重置选区和变形】按钮，如图 7-90 所示。

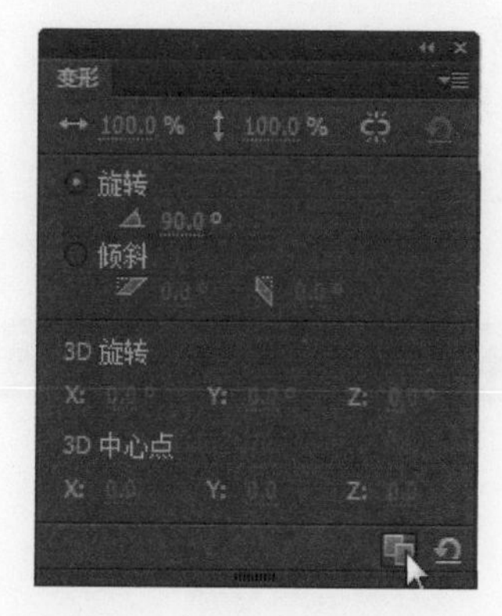

图 7-90 单击【重置选区和变形】按钮

3. 转换元件

步骤 1 重复单击【重置选区和变形】按钮，直到出现风车的形状，然后选中所有的半圆形，如图 7-91 所示。

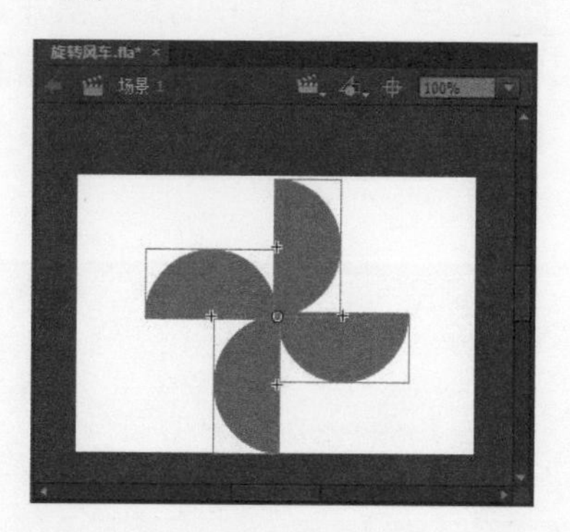

图 7-91 选中风车

步骤 2 按快捷键 F8，打开【转换为元件】对话框，在【名称】文本框中输入“旋转风车”，然后在【类型】下拉列表框中选择【影片剪辑】选项，如图 7-92 所示。最后单击【确定】按钮即可。

图 7-92 【转换为元件】对话框

步骤 3 在【库】面板中双击“旋转风车”元件，进入元件编辑区，选中第 1 帧，然后按 Ctrl + B 组合键两次，将图形打散，如图 7-93 所示。

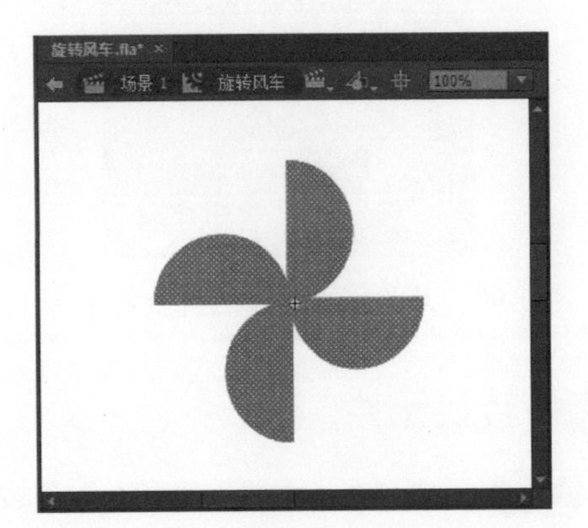

图 7-93 将图形打散

步骤 4 选中“图层 1”中的第 3 帧并右击，从弹出的快捷菜单中选择【插入关键帧】菜单命令，即可在第 3 帧处插入关键帧，如图 7-94 所示。

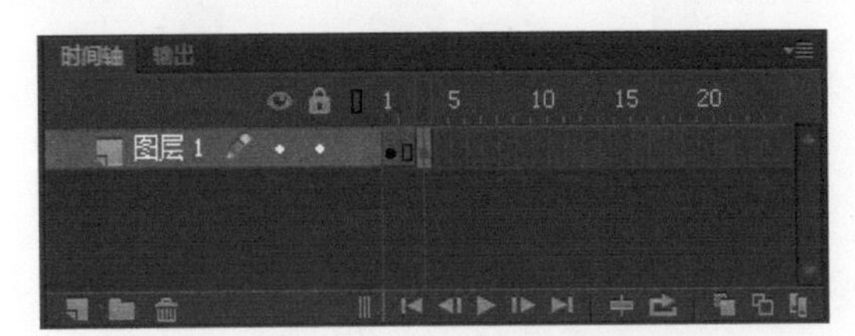

图 7-94 在第 3 帧处插入关键帧

步骤 5 单击工具栏中的【颜料桶工具】按钮，然后在【属性】面板中将填充颜色设置为黄色，此时旋转风车填充为黄色，如图 7-95 所示。

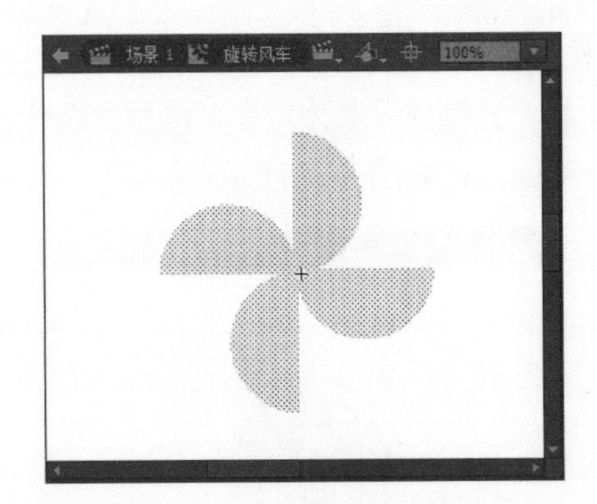

图 7-95 设置风车的颜色

步骤 6 将选中的风车转换为元件，然后使用任意变形工具选中风车，并按 Ctrl + T 组合键打开【变形】面板，最后在【旋转】单选按钮下方的文本框中输入风车旋转的角度“45”，如图 7-96 所示。

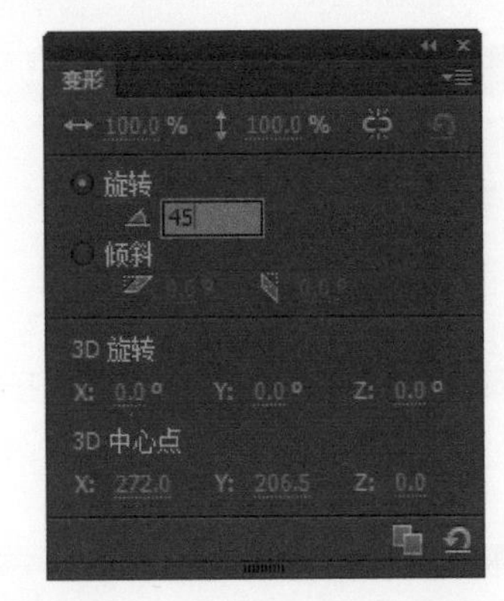

图 7-96 设置风车旋转的角度

步骤 7 按 Enter 键完成输入，即可看到舞台上的风车旋转了 45°，如图 7-97 所示。

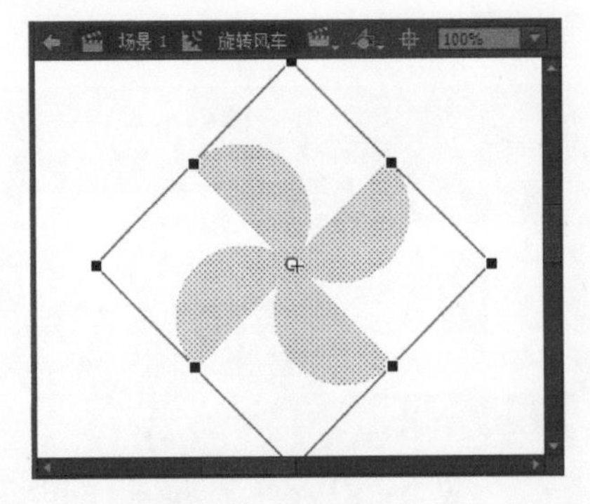

图 7-97 风车旋转了 45°

步骤 8 重复步骤 4 ～ 7 的操作，分别在第 5 帧和第 7 帧处插入关键帧，并分别为旋转风车设置不同的颜色和旋转角度，如图 7-98 所示。

图 7-98　在不同的关键帧处设置风车的颜色和旋转角度

提示

分别在第 4 帧和第 6 帧处插入补间动画，即可在关键帧之间创建补间动画。

步骤 9 按 Ctrl + Enter 组合键测试影片，如图 7-99 所示。至此，就完成了旋转风车的制作。

图 7-99　测试影片

7.7 实战演练3——巧用滤镜效果打造图片冲击特效

本实例将为读者介绍如何利用 Flash CC 中的滤镜功能打造简单、好看的图片视觉特效，具体的操作如下。

步骤 1 启动 Flash CC，然后依次选择【文件】→【新建】菜单命令，即可创建一个新的 Flash 空白文档，最后将该文档保存为“巧用滤镜效果 .fla”，如图 7-100 所示。

图 7-100　新建 Flash 文档

步骤 2 按 Ctrl+ R 组合键打开【导入】对话框，在其中选择需要导入的图片文件，单击【打开】按钮，即可将选择的图片导入舞台中，然后将图片和舞台的尺寸均设置为 339 像素 ×338 像素，如图 7-101 所示。

图 7-101　导入图片并设置图片大小

步骤 3 选中导入的图片并右击，从弹出的快捷菜单中选择【转换为元件】菜单命令，打开【转换为元件】对话框，在该对话框的【名称】文本框中输入“背景图 1”，并将【类型】设置为“影片剪辑”，如图 7-102 所示。

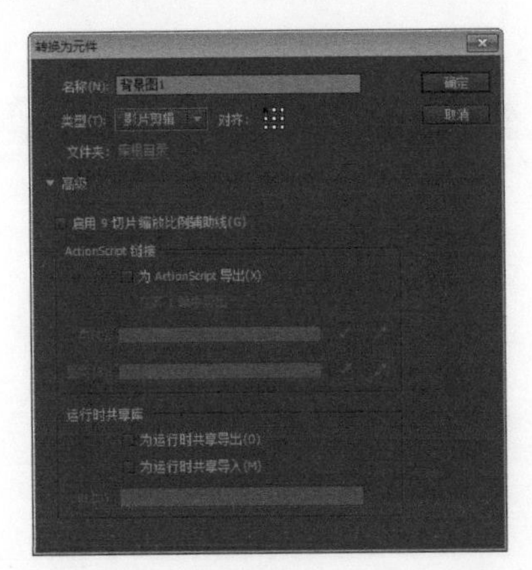

图 7-102 【转换为元件】对话框

步骤 4 分别在“图层 1”的第 20、30、40 帧处插入关键帧，如图 7-103 所示。

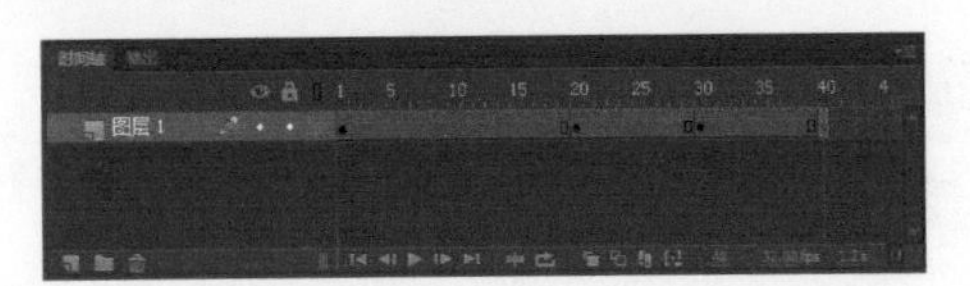

图 7-103 插入关键帧

步骤 5 选中第 30 帧处的元件，在其【属性】面板的【滤镜】选项组内，单击【添加滤镜】按钮，从弹出的下拉列表中选择【调整颜色】选项，如图 7-104 所示。

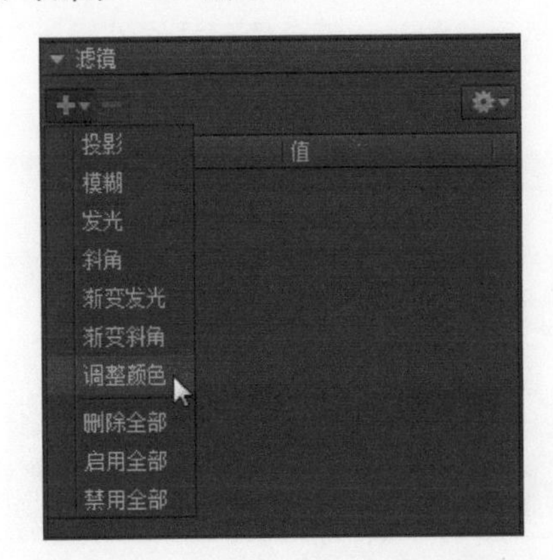

图 7-104 选择【调整颜色】选项

步骤 6 设置调整颜色滤镜的各项参数值，如图 7-105 所示。

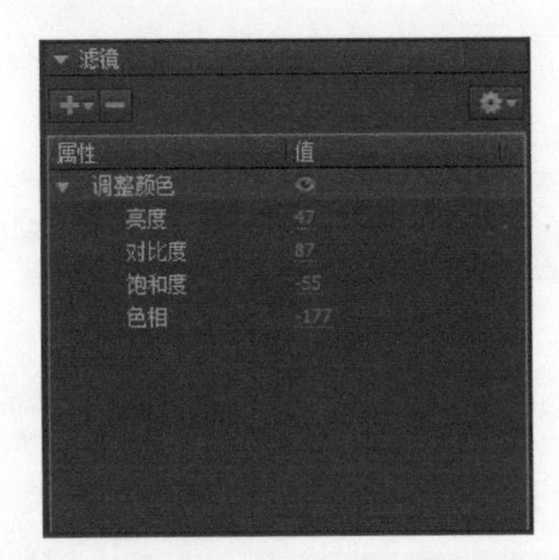

图 7-105 设置调整颜色滤镜的各项参数值

步骤 7 选中“图层 1”的第 21 帧并右击，从弹出的快捷菜单中选择【创建传统补间动画】菜单命令，即可创建传统补间动画，如图 7-106 所示。

图 7-106 创建传统补间动画

步骤 8 选中第 40 帧处的元件，在其【属性】面板的【滤镜】选项组内，单击【添加滤镜】按钮，从弹出的下拉列表中选择【发光】选项，然后按照图 7-107 所示设置各项参数。

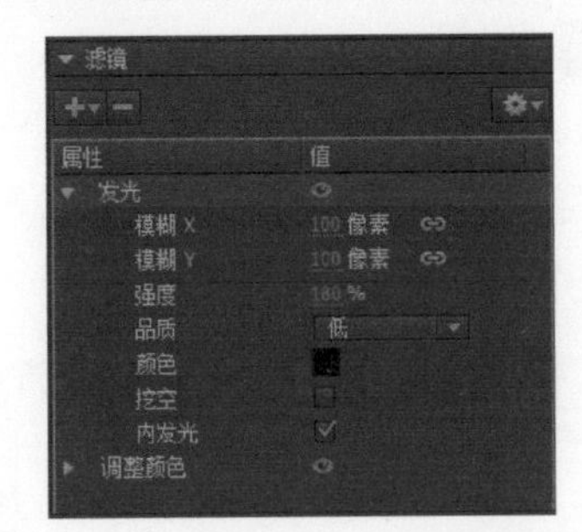

图 7-107 设置发光滤镜的各项参数

步骤 9 选中“图层 1”的第 31 帧并右击，从弹出的快捷菜单中选择【创建传统补间动画】菜单命令，即可创建传统补间动画，如图 7-108 所示。

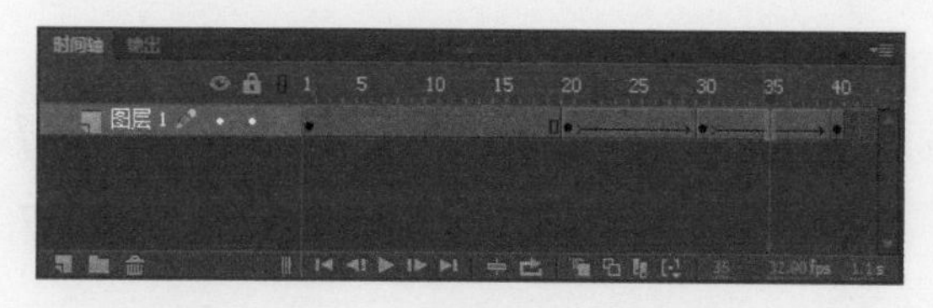

图 7-108　创建传统补间动画

步骤 10 新建一个图层，在该图层的第 35 帧处插入关键帧，此时按 Ctrl+R 组合键打开【导入】对话框，在其中选择一张图片导入舞台中，并设置其大小，如图 7-109 所示。

图 7-109　导入图片并设置大小

步骤 11 选中导入的图片并右击，从弹出的快捷菜单中选择【转换为元件】菜单命令，打开【转换为元件】对话框，在其中的【名称】文本框中输入“背景图 2”，并将【类型】设置为【影片剪辑】，如图 7-110 所示。最后单击【确定】按钮即可。

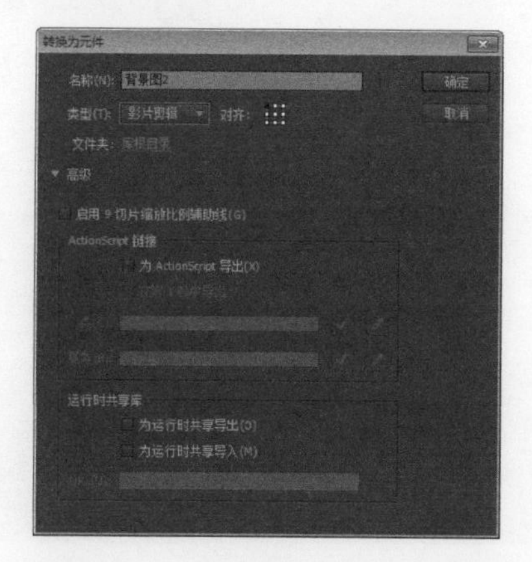

图 7-110　【转换为元件】对话框

步骤 12 选中“图层 2”第 35 帧处的元件，然后在其【属性】面板中设置调整颜色滤镜和发光滤镜，如图 7-111 所示。

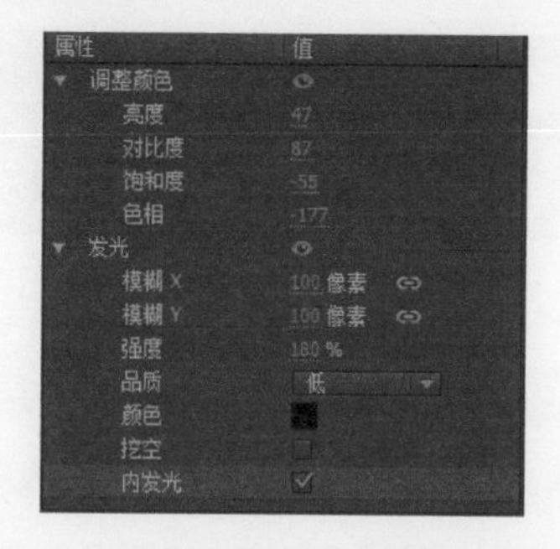

图 7-111　设置调整颜色滤镜和发光滤镜

步骤 13 在“图层 2”的第 45 帧处插入关键帧，并选中该帧上的元件，然后按照图 7-112 所示设置发光滤镜的各项参数（其他参数不变）。

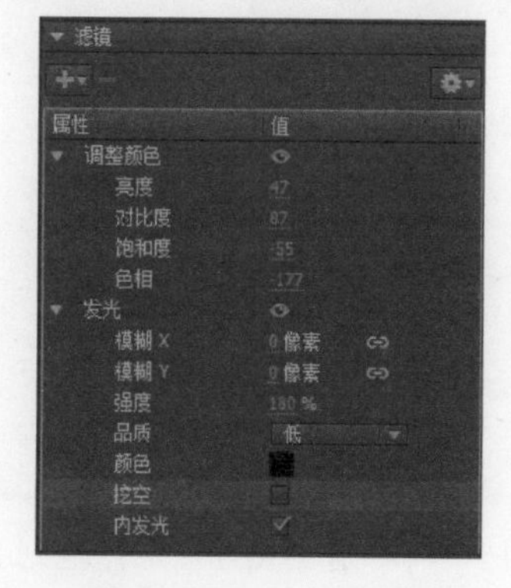

图 7-112　设置第 45 帧处发光滤镜的各项参数

步骤 14 在“图层 2”的第 65 帧处插入关键帧，并选中该帧上的元件，然后按照图 7-113 所示设置调整颜色滤镜的各项参数(其他参数不变)。

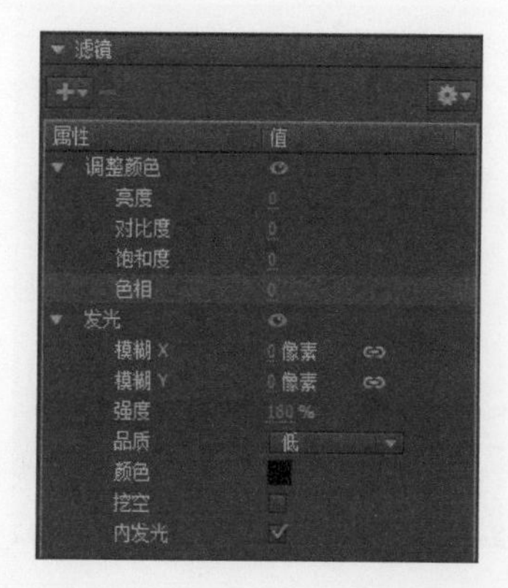

图 7-113　设置调整颜色滤镜的各项参数

步骤 15 分别在“图层 2”的第 35～45 帧、第 45～65 帧创建传统补间动画，并将该图层延长至 85 帧，如图 7-114 所示。

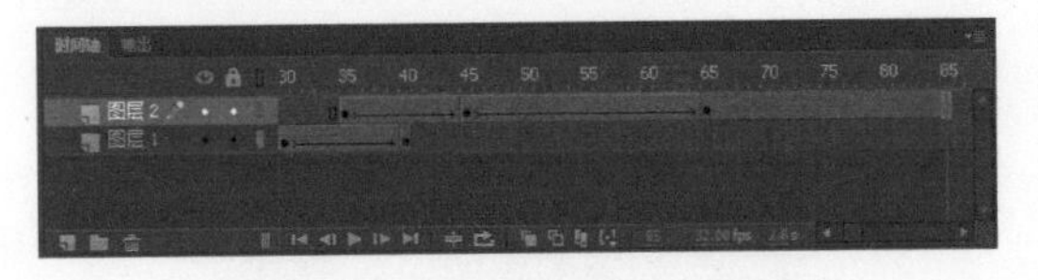

图 7-114　创建传统补间动画

步骤 16 新建一个图层，在该图层的第 65 帧处插入关键帧，然后将【库】面板中的“背景图 1”元件拖到舞台中，如图 7-115 所示。

图 7-115　将“背景图 1”元件拖到舞台中

步骤 17 在“图层 3”的第 80 帧处插入关键帧，然后选中第 65 帧上的元件，在其【属性】面板中将 Alpha 值设置为“0%”，如图 7-116 所示。

图 7-116　设置 Alpha 值

步骤 18 选中“图层 3”的第 66 帧并右击，从弹出的快捷菜单中选择【创建传统补间动画】菜单命令，即可创建传统补间动画，如图 7-117 所示。

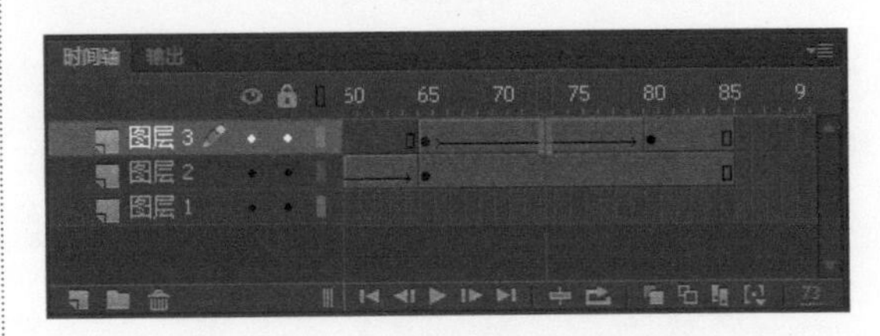

图 7-117　创建传统补间动画

步骤 19 至此，就完成了图片视觉特效的操作，按 Ctrl+Enter 组合键，即可测试图片特效的播放效果，如图 7-118 所示。

图 7-118　测试效果

7.8 高手甜点

甜点 1：将影片剪辑元件转换为按钮元件。

通常情况下，通过更改元件属性的方式，可直接将影片剪辑元件转换为按钮元件。如果转换按钮元件的帧长度超过 4 帧，就会导致按钮状态混乱，所以应该将其控制在 4 帧之内。

甜点 2：快速删除应用的多个滤镜效果。

如果为某个对象同时应用了多个滤镜，要想一次性删除对象应用的所有滤镜，只需在【属性】面板的【滤镜】选项组内，单击【添加滤镜】按钮，从弹出的下拉列表中选择【删除全部】选项即可，如图 7-119 所示。

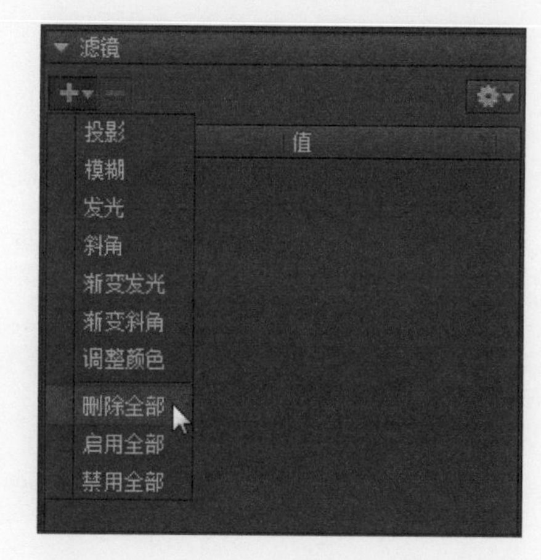

图 7-119　选择【删除全部】选项

为动画添加图片、声音和视频

- **本章导读**

在 Flash CC 中创建影片时，为了使影片的内容表现得更加生动，常常需要添加 3 个重要元素，即外部图片、声音和视频。本章将详细介绍如何在 Flash CC 中为影片添加图片、声音和视频的操作。

- **本章学习目标（已掌握的在圆圈中打钩）**

◎ 熟悉 Flash 支持的图片格式
◎ 掌握使用外部图片的方法
◎ 熟悉 Flash CC 支持的声音类型
◎ 掌握添加声音的方法
◎ 掌握编辑声音的方法
◎ 掌握输出和处理声音的方法
◎ 熟悉 Flash CC 支持的视频类型
◎ 掌握添加视频的方法

- **重点案例效果**

8.1 添加外部图片

Flash CC 中使用的外部图片格式包括矢量格式和位图格式两种。将外部图片导入 Flash 文档的舞台或库中，即可供用户使用。直接导入 Flash 文档中的位图都会自动地添加到该文档的【库】面板中。

8.1.1 实例 1——导入图片

在 Flash CC 中，除了使用绘图工具绘制形状以外，还可以导入外部图片。导入图片的具体操作如下。

步骤 1 在 Flash CC 主窗口中，依次选择【文件】→【导入】→【导入到舞台】（或【导入到库】）菜单命令，如图 8-1 所示。

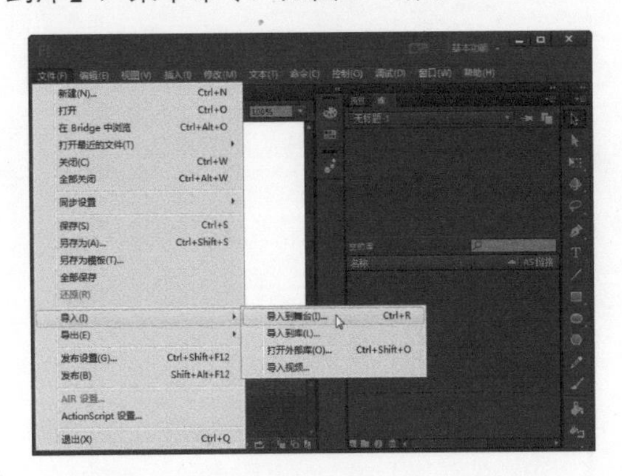

图 8-1　选择【导入到舞台】菜单命令

步骤 2 打开【导入】对话框，在该对话框中选择需要导入舞台中的图片，如图 8-2 所示。

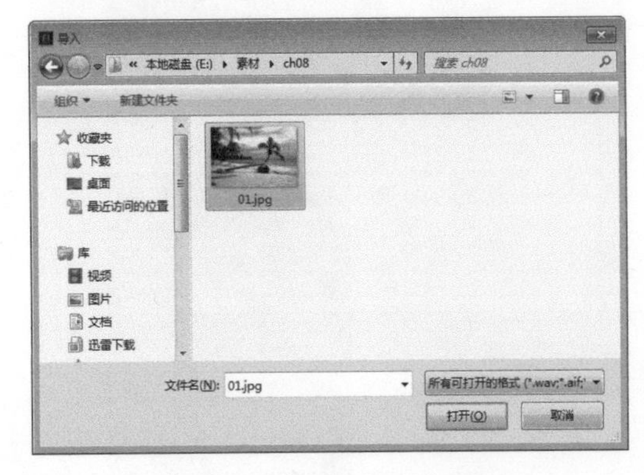

图 8-2　【导入】对话框

步骤 3 单击【打开】按钮，即可将选择的图片导入舞台中，如图 8-3 所示。

图 8-3　将选择的图片导入舞台中

步骤 4 在将图片导入舞台时，如果导入的文件的名字是以数字结尾，并且该文件夹中还有同一序列的其他文件，那么就会出现信息提示对话框，询问是否导入序列中的所有图像，如图 8-4 所示。

图 8-4　信息提示对话框

> **提示** 单击【是】按钮，可将全部序列文件导入【库】面板以及舞台中；如果单击【否】按钮，只导入指定的文件；如果单击【取消】按钮，则取消导入外部图片操作。

8.1.2 实例 2——使用位图填充

使用位图填充的具体操作如下。

步骤 1 在 Flash CC 主窗口中，依次选择【文件】→【导入】→【导入到舞台】菜单命令，打开【导入】对话框，然后在该对话框中选择需要导入 Flash 中的图片，如图 8-5 所示。

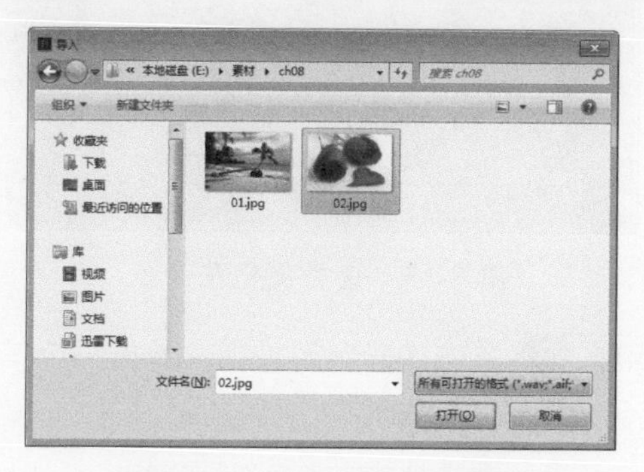

图 8-5　【导入】对话框

步骤 2 单击【打开】按钮，即可将图片导入舞台中，如图 8-6 所示。

图 8-6　将图片导入舞台中

步骤 3 依次选择【窗口】→【颜色】菜单命令，打开【颜色】面板，然后在【颜色类型】下拉列表框中选择【位图填充】选项，如图 8-7 所示。

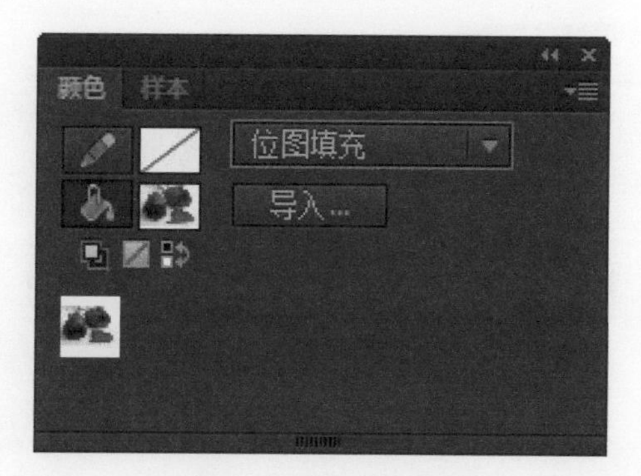

图 8-7　【颜色】面板

步骤 4 选中舞台上的图片，按 Delete 键删除，然后使用椭圆工具在舞台上绘制一个圆形，此时即可看到图片已被导入位图填充，如图 8-8 所示。

图 8-8　导入位图填充

8.1.3 实例 3——使用矢量图形

矢量图是用矢量化元素描绘的图形，由矢量线条和填充色块组成。在 Flash CC 中，使用工具栏中的工具绘制的都是矢量图。

1. 绘制矢量图形

使用工具栏中的工具绘制矢量图形的具体操作如下。

步骤 1 在 Flash CC 主窗口中，单击工具栏中的【多角星形工具】按钮，然后在【属性】面板中将【填充颜色】设置为红色，接着单击【选项】按钮，如图 8-9 所示。

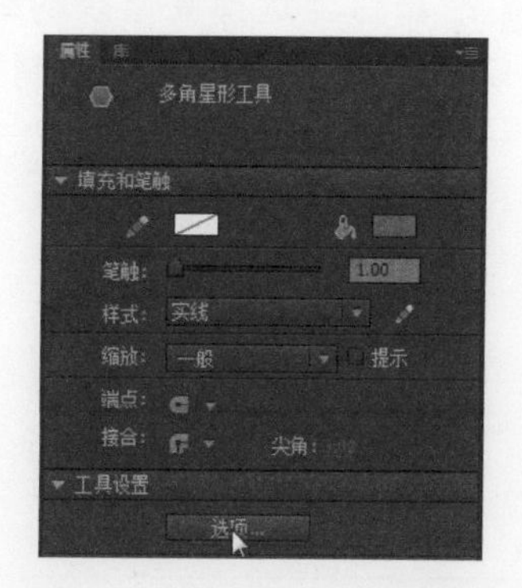

图 8-9　单击【选项】按钮

步骤 2 打开【工具设置】对话框，然后在该对话框的【样式】下拉列表框中选择【星形】选项，如图 8-10 所示。

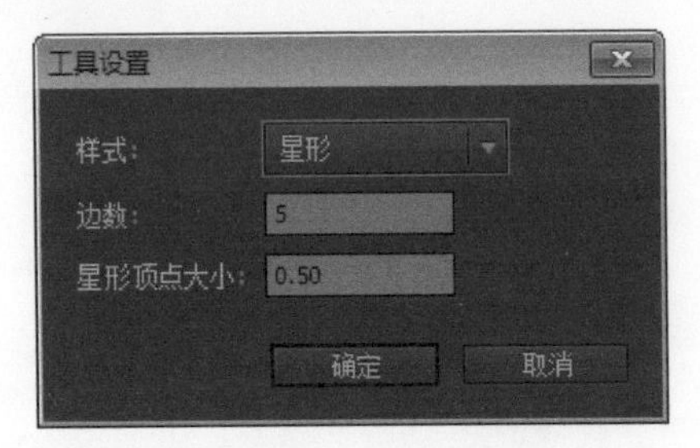

图 8-10 【工具设置】对话框

步骤 3 单击【确定】按钮，然后在舞台上拖动鼠标绘制一个五角星形，绘制的图形即是矢量图形，如图 8-11 所示。

图 8-11 绘制五角星形

2. 优化矢量图形

在创建或导入对象时，可以对其进行优化，删除一些不必要的矢量曲线。优化图形的具体步骤如下。

步骤 1 在舞台上选择要修改的线条或填充。图 8-12 所示是选中钢笔工具绘制的曲线。

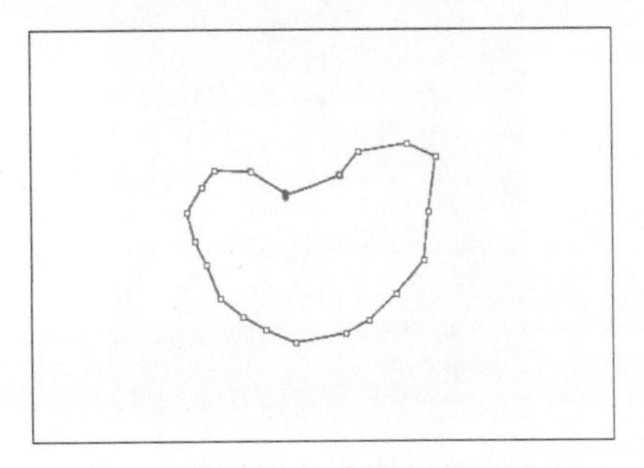

图 8-12 选择曲线

步骤 2 选择【修改】→【形状】→【优化】菜单命令，打开【优化曲线】对话框，然后将【优化强度】设置为“5”，如图 8-13 所示。

图 8-13 设置优化强度值

步骤 3 单击【确定】按钮，弹出一个信息提示对话框，如图 8-14 所示。

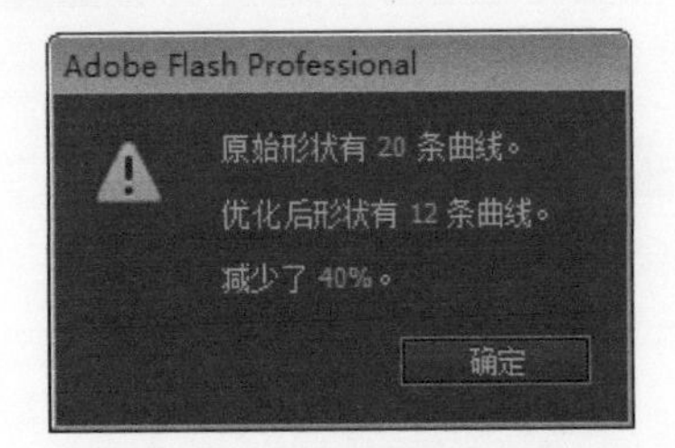

图 8-14 信息提示对话框

步骤 4 单击【确定】按钮，即可进行图形的优化，如图 8-15 所示。

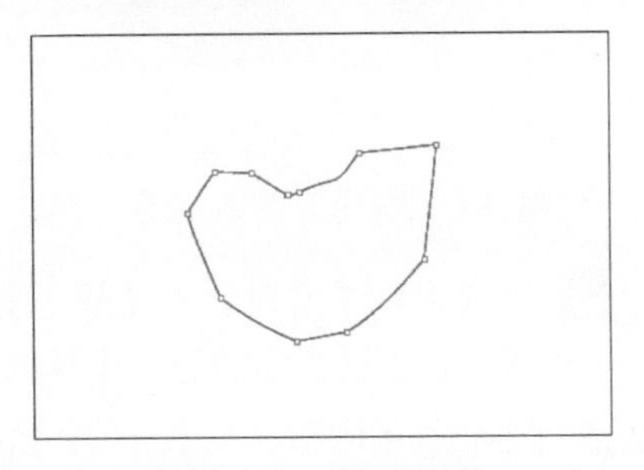

图 8-15 优化效果

提示 如果对优化的结果不满意，则可依次选择【编辑】→【撤销】菜单命令，然后重新进行设置即可。

8.1.4 实例 4——处理位图图像

若对导入舞台中的位图不满意，还可以对其进行相关设置，具体操作如下。

步骤 1 在舞台上选中需要处理的位图图像，然后依次选择【修改】→【分离】菜单命令，即可将位图分离，如图8-16所示。

图8-16 分离位图

步骤 2 单击工具栏中的【套索工具】按钮，从弹出的下拉列表中选择附属工具魔术棒，然后在舞台的空白处单击鼠标，取消选择，再用魔术棒单击背景，可以看到背景的大部分天空已被选中，如图8-17所示。

图8-17 取消选择

步骤 3 在打开的魔术棒【属性】面板中，设置【阈值】为“20”，然后在【平滑】下拉列表框中选择【平滑】选项，如图8-18所示。

图8-18 魔术棒【属性】面板

步骤 4 使用魔术棒单击图片的天空部分，即可看到大部分天空已被选中，如图8-19所示。

图8-19 使用魔术棒选中天空

步骤 5 按Delete键删除选中的部分，没有清除的部分可以用套索工具圈选，然后按Delete键清除，效果如图8-20所示。

图8-20 删除选中的部分

8.2 添加与编辑声音

声音是动画作品中不可缺少的一部分，它不仅可以烘托动画的气氛，而且可以使动画更为生动并且更具有表现力。本节将介绍如何在Flash CC中加入并编辑声音的操作。

8.2.1 Flash CC 支持的声音类型

Flash CC 支持两种声音类型：事件声音和流式声音（音频流）。

(1) 事件声音：必须等动画下载完毕才能开始播放，并且是连续播放，直到接收了明确的停止命令。事件声音不仅可以用作单击按钮的声音，而且也可以作为循环背景音乐。

(2) 流式声音：只要下载了一定的帧数，就可以立即开始播放，而且声音的播放可以与时间轴上的动画保持同步。

在实际设计时，用户可以将同一个声音在某处设置为事件声音，而在另一处设置为流式声音。

8.2.2 实例 5——导入声音

在 Flash CC 中制作动画时，如果需要声音效果，可以从外部导入声音。导入一段声音的具体操作如下。

步骤 1 在 Flash CC 主窗口中，依次选择【文件】→【导入】→【导入到库】菜单命令，打开【导入到库】对话框，然后在该对话框中选择需要导入库中的声音文件，如图 8-21 所示。

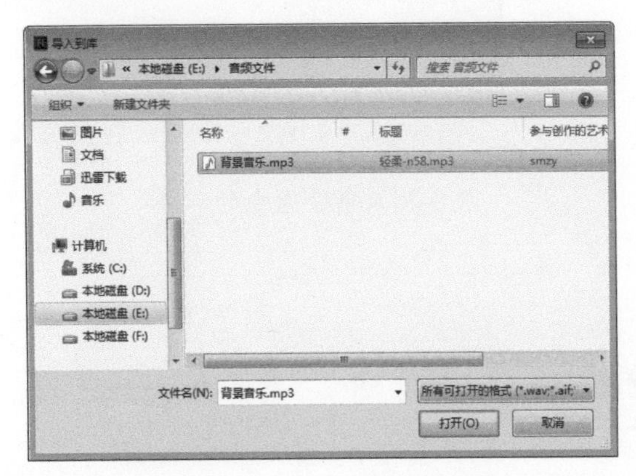

图 8-21 【导入到库】对话框

步骤 2 单击【打开】按钮，即可将声音文件导入库中，如图 8-22 所示。

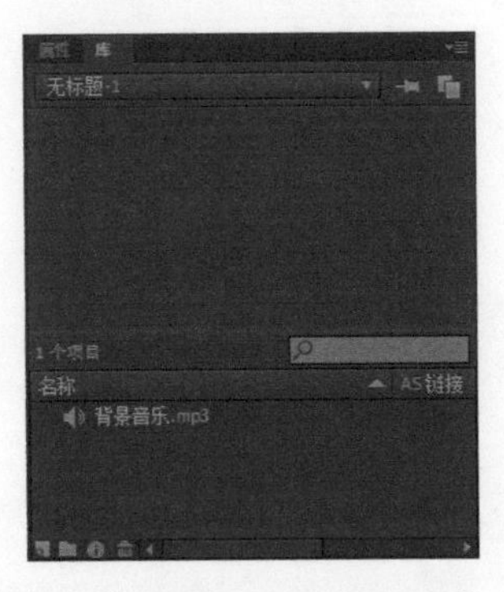

图 8-22 将声音文件导入库中

步骤 3 选择一个图层，将【库】面板中的声音文件拖曳到舞台中，如图 8-23 所示。

图 8-23 将声音文件拖到舞台中

步骤 4 导入的声音最初并不会出现在时间轴上，当在声音图层的后面插入帧时，声音的波形就会出现，此时单击【播放】按钮，即可试听声音效果，如图 8-24 所示。

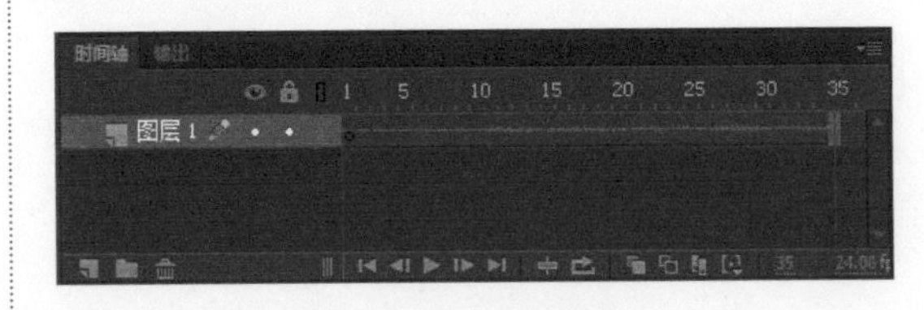

图 8-24 在声音图层后插入帧

8.2.3 实例 6——为影片添加声音

为影片添加声音效果，会使影片表现得更加生动形象，具体的操作如下。

步骤 1 打开随书光盘中的“素材\ch08\影片剪辑元件.fla”影片文件，如图 8-25 所示。

图 8-25　打开素材文件

步骤 2 依次选择【文件】→【导入】→【导入到库】菜单命令，打开【导入到库】对话框，接着在该对话框中选择需要被导入的声音文件，如图 8-26 所示。

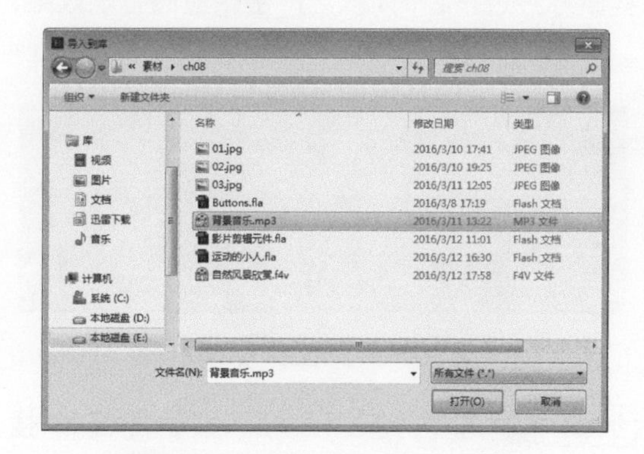

图 8-26　【导入到库】对话框

步骤 3 单击【打开】按钮，即可将选中的声音文件导入库中，如图 8-27 所示。

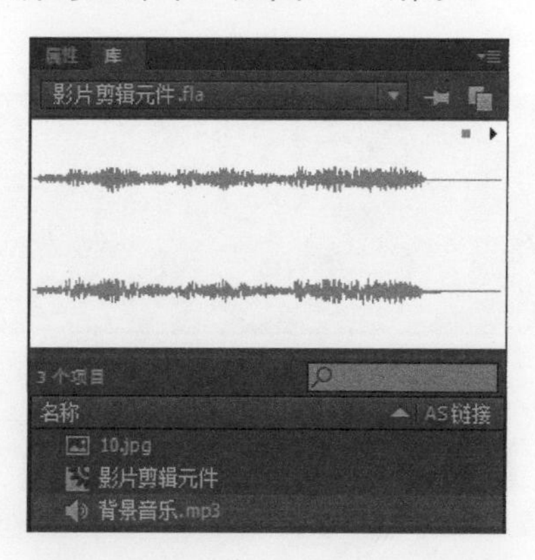

图 8-27　将声音文件导入库中

步骤 4 选中“图层 1”的第 55 帧，按快捷键 F5 插入帧，即可在该图层中看到声音文件的波形，如图 8-28 所示。

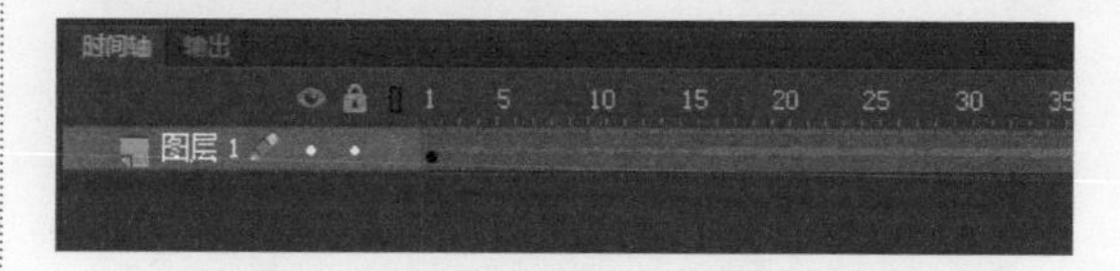

图 8-28　在第 55 帧处插入帧

步骤 5 选中“图层 1”，然后在【属性】面板中进行图 8-29 所示的设置。

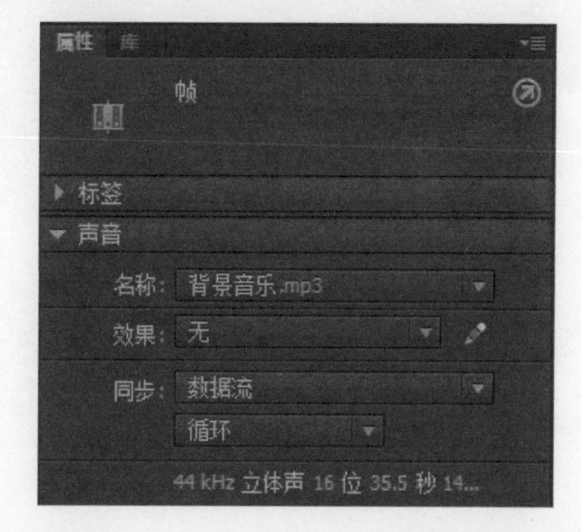

图 8-29　设置【声音】的各项参数

步骤 6 按 Ctrl+ Enter 组合键测试影片，即可看到影片在播放的时候增添了背景音乐。

8.2.4 实例 7——为按钮添加声音

把声音和按钮的不同状态结合起来，从而使按钮的不同动作产生不同的音效。为按钮添加声音的具体操作如下。

步骤 1 打开随书光盘中的“素材\ch08\Buttons.fla”影片文件，如图 8-30 所示。

步骤 2 双击【库】面板中的按钮元件，进入按钮元件编辑模式，如图 8-31 所示。

步骤 3 单击【时间轴】面板中的【新建图层】按钮，新建“图层 2”，然后将其重命名为“Sound”，如图 8-32 所示。

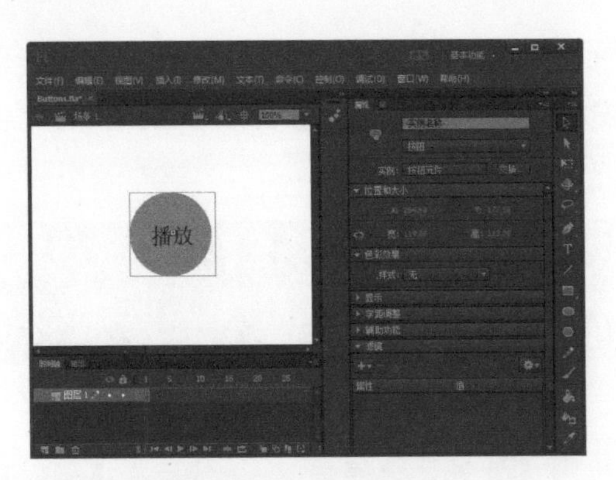

图 8-30 打开素材文件

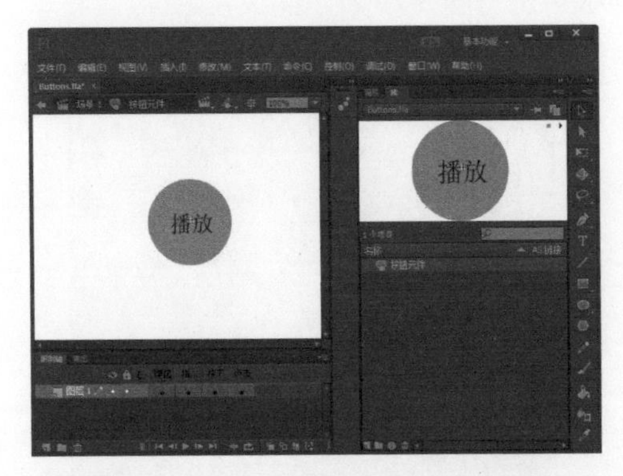

图 8-31 进入按钮元件编辑模式

图 8-32 新建并重命名图层

步骤 4 选中“Sound”图层中的“指针经过”帧，然后按快捷键 F7 插入空白关键帧，如图 8-33 所示。

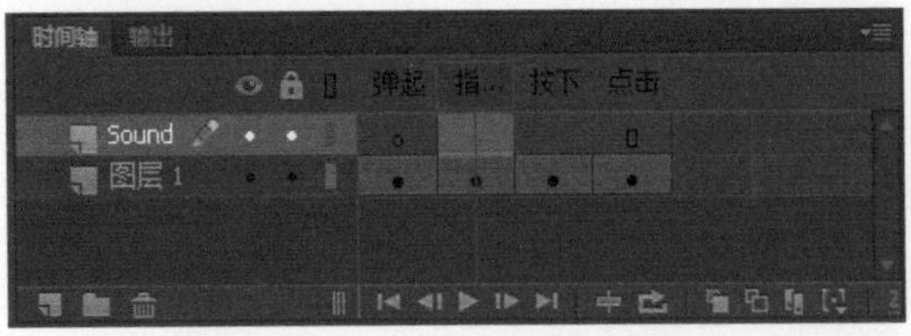

图 8-33 插入空白关键帧

步骤 5 依次选择【文件】→【导入】→【导入到库】菜单命令，打开【导入到库】对话框，然后在该对话框中选择需要导入的声音文件，单击【确定】按钮，即可将其导入【库】面板中，如图 8-34 所示。

图 8-34 将声音文件导入【库】面板中

步骤 6 在【库】面板中，选中“Buttons1.wav”声音文件，然后将其拖曳到舞台上，这样鼠标经过按钮时，就会产生相应的音响效果，如图 8-35 所示。

图 8-35 产生声音波形

步骤 7 选中“按下”帧，按快捷键 F7 插入空白关键帧，然后从【库】面板中将“Button2.wav”声音文件拖曳到舞台上，这样当鼠标按下时，就会产生相应的音响效果，如图 8-36 所示。

图 8-36 产生声音波形

步骤 8 在【属性】面板中，按照图 8-37 所示设置“Buttons1.wav”和“Buttons2.wav”声音文件的各项参数。

图 8-37　设置声音的各项参数

步骤 9　按 Ctrl + Enter 组合键测试影片，此时，鼠标指针经过按钮和单击按钮时，即可听到不同的声音效果。

8.2.5　实例 8——使用【属性】面板设置播放效果和播放类型

在【属性】面板中，可以设置声音实例的播放效果及播放类型，并能对它进行编辑，以产生更多的变化，如图 8-38 所示。

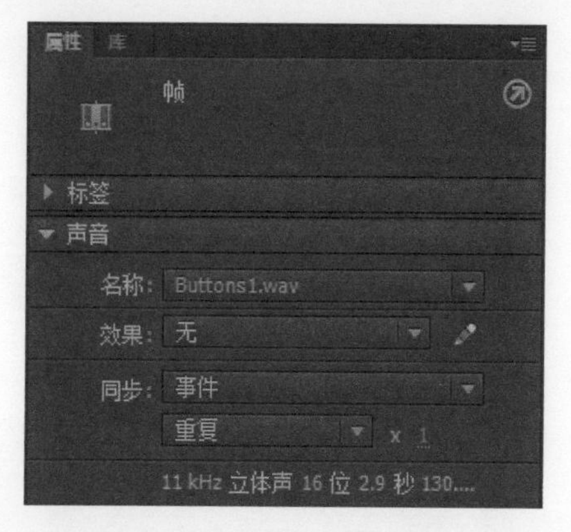

图 8-38　【属性】面板

1. 声音

在【声音】选项组的【名称】下拉列表框中，选择已经导入【库】面板中的声音文件，如图 8-39 所示。

图 8-39　【名称】下拉列表

2. 效果

不仅可以从【声音】选项组的【效果】下拉列表框中选择一种播放效果，如图 8-40 所示，也可以单击右侧的【编辑声音封套】按钮打开【编辑封套】对话框，从中选择播放的效果。

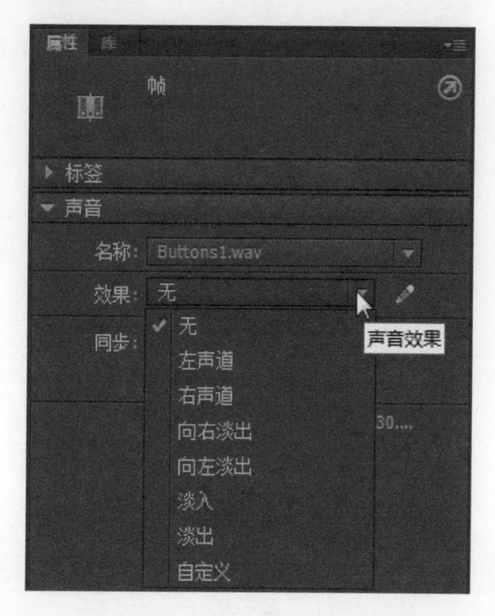

图 8-40　【效果】下拉列表

3. 同步

可以从【声音】选项组的【同步】下拉列表框中选择一个同步声音，如图 8-41 所示。

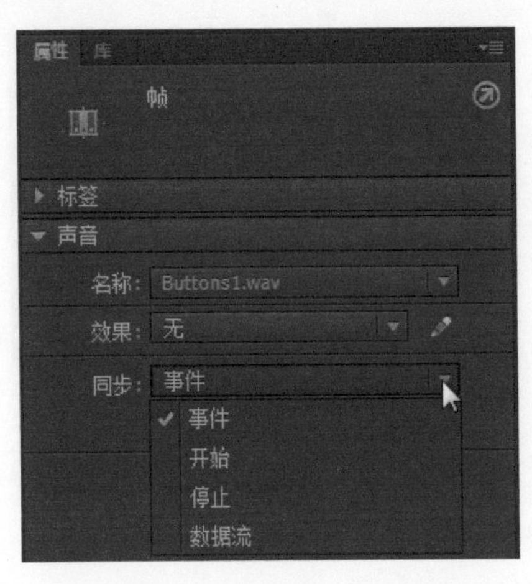

图 8-41 【同步】下拉列表

播放方式

这个选项决定声音实例从开始到结束重复播放的次数。它通常用来创建背景音乐的循环声音，如图 8-42 所示。

图 8-42 播放方式

8.2.6 实例 9——使用声音编辑器编辑声音

在【属性】面板中单击【编辑声音封套】按钮，即可打开【编辑封套】对话框，在该对话框中可以编辑声音效果，如图 8-43 所示。

提示 使用【编辑封套】对话框中的缩放按钮有利于对声音进行微调，从而更精确地编辑声音。

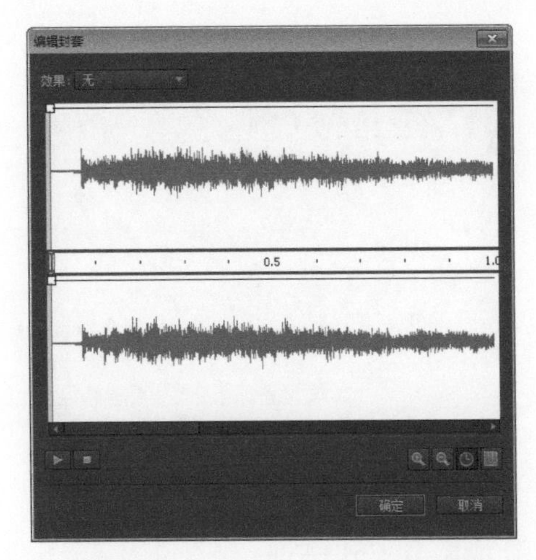

图 8-43 【编辑封套】对话框

8.2.7 实例 10——输出声音

声音在输出前可以在【发布设置】对话框中进行相关设置。

打开【发布设置】对话框的方法如下：依次选择【文件】→【发布设置】菜单命令，打开【发布设置】对话框，然后在 Flash 选项设置界面，对声音的输出进行设置，如图 8-44 所示。

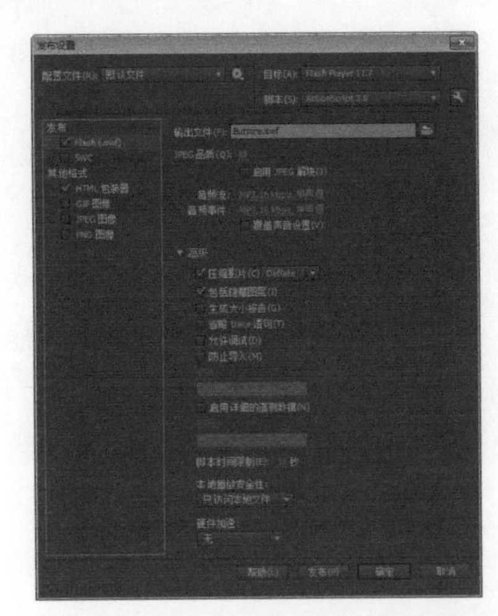

图 8-44 【发布设置】对话框

此外，还需要设置声音输出属性，具体方法是：在【库】面板中选中声音文件并右击，从弹出的快捷菜单中选择【属性】菜单命令，

打开【声音属性】对话框，在该对话框中可对声音进行设置，如图 8-45 所示。

图 8-45　【声音属性】对话框

8.2.8 实例 11——处理声音

本小节的实例主要介绍如何为动画添加背景音乐，具体的操作如下。

步骤 1　打开随书光盘中的“素材 \ch08\ 行走的小人 .fla”影片文件，如图 8-46 所示。

图 8-46　打开素材文件

步骤 2　单击【时间轴】面板中的【新建图层】按钮，新建“图层 2”，然后将其重命名为“Sound”，如图 8-47 所示。

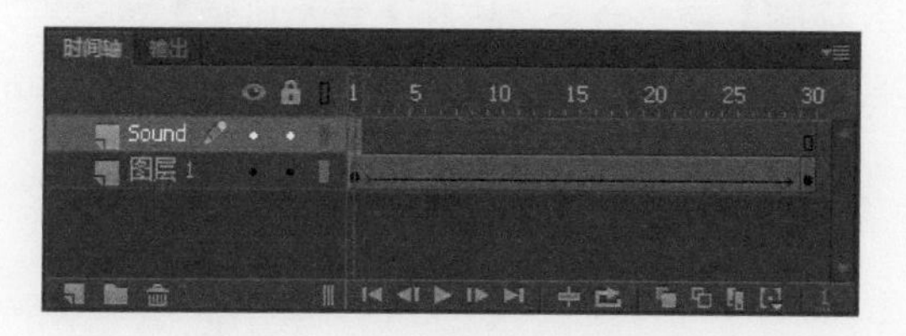

图 8-47　新建图层并重命名

步骤 3　依次选择【文件】→【导入】→【导入到库】菜单命令，打开【导入到库】对话框，然后在该对话框中选择需要导入的声音文件，单击【确定】按钮，即可将所选文件导入【库】面板中，如图 8-48 所示。

图 8-48　将声音文件导入【库】面板中

步骤 4　选中“Sound”图层的第 1 帧，然后在【库】面板中选中导入的声音文件并将其拖曳到舞台中，如图 8-49 所示。

图 8-49　将声音文件拖曳到舞台中

步骤 5　此时在“Sound”图层中会出现声音文件的波形，如图 8-50 所示。

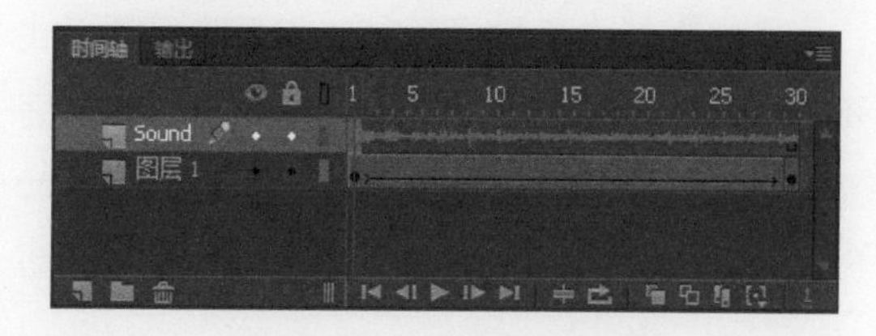

图 8-50　产生声音波形

步骤 6 保持声音图层的选中状态，然后在【属性】面板中，将【同步】设置为【数据流】，播放方式设置为【循环】，如图 8-51 所示。

图 8-51 设置声音

步骤 7 依次选择【控制】→【测试影片】→【测试】菜单命令，即可对影片进行测试，在测试的时候可以听到所添加的声音效果，如图 8-52 所示。

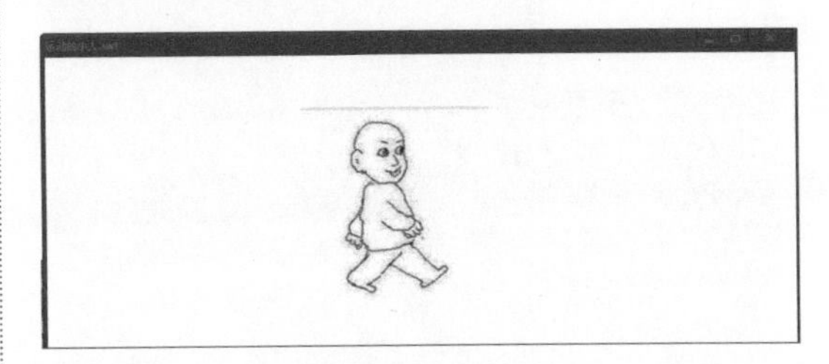

图 8-52 测试影片

8.3 添加视频

在 Flash CC 中，可以将数字视频素材编入基于 Web 的演示中，允许用户将视频和数据、图形、声音和交互式控件等融合在一起。

8.3.1 Flash CC 支持的视频类型

Flash CC 支持的视频类型包括 FLV 和 H.264，添加视频文件的方法：依次选择【文件】→【导入】→【导入视频】菜单命令，打开【导入视频】对话框，从中选择需要导入的视频文件。

8.3.2 实例 12——为影片添加视频

在向影片中添加视频时，如果该视频格式不是 Flash CC 支持的视频格式，就会弹出信息提示对话框，如图 8-53 所示，说明 Adobe Flash Player 不支持该文件，此时可以启动 Adobe Media Encoder，将此文件转换成 Flash CC 所支持的格式。

图 8-53 信息提示对话框

为影片添加视频的具体操作如下。

步骤 1 依次选择【文件】→【导入】→【导入视频】菜单命令，打开【导入视频】对话框，然后单击【文件路径】后的【浏览】按钮，如图 8-54 所示。

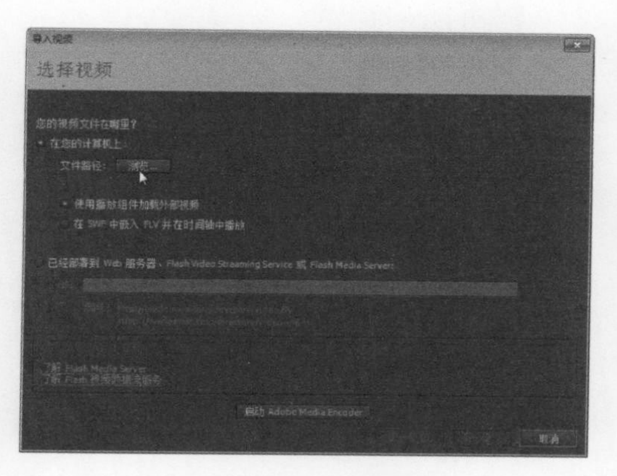

图 8-54　【导入视频】对话框

步骤 2　打开【打开】对话框，在该对话框中选择需要导入的视频，如图 8-55 所示。

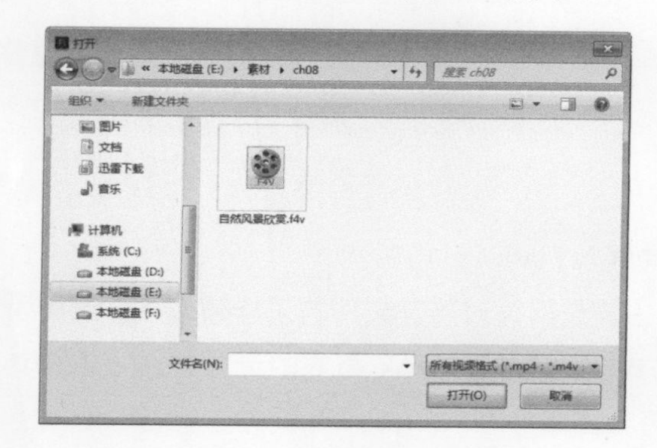

图 8-55　【打开】对话框

步骤 3　单击【打开】按钮，返回到【导入视频】对话框，如图 8-56 所示。

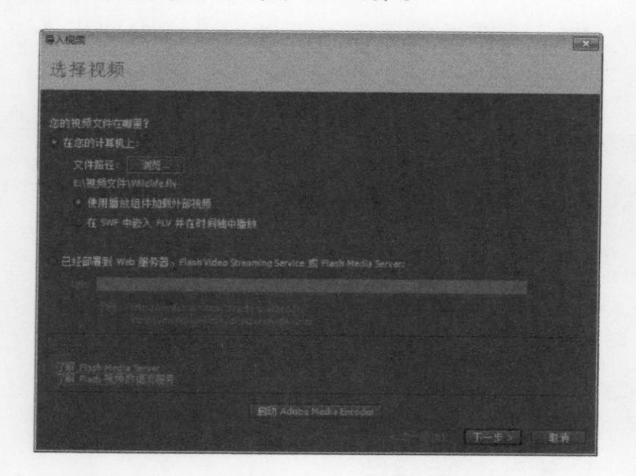

图 8-56　返回到【导入视频】对话框

步骤 4　单击【下一步】按钮，进入【设定外观】界面，如图 8-57 所示。

图 8-57　【设定外观】界面

提示　在【设定外观】界面中，可以改变视频播放控件的外观以及颜色。在【外观】下拉列表框中，可以选择任意一种外观；单击【颜色】后面的按钮，可以选择任意一种颜色。

步骤 5　单击【下一步】按钮，进入【完成视频导入】界面，如图 8-58 所示。

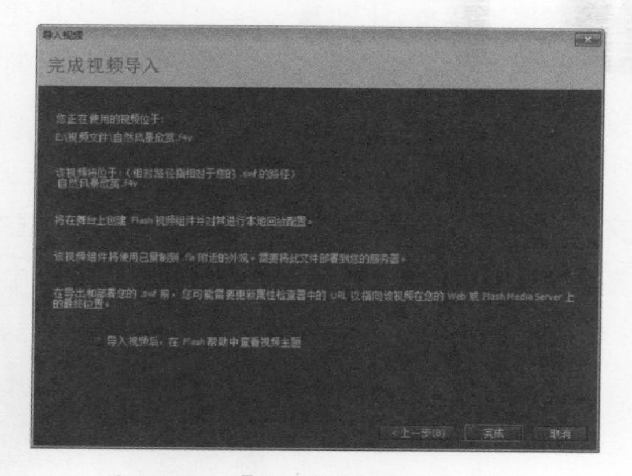

图 8-58　【完成视频导入】界面

步骤 6　单击【完成】按钮，即可将视频导入 Flash CC 中，如图 8-59 所示。

步骤 7　按 Ctrl + Enter 组合键进行测试，即可查看视频的播放效果，如图 8-60 所示。

图 8-59 将视频导入舞台中

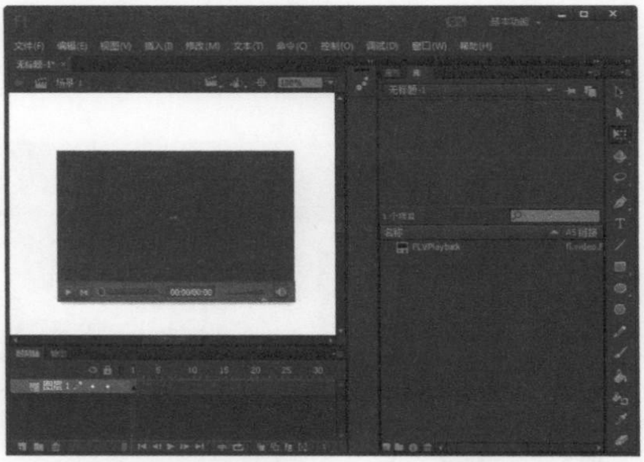

图 8-60 测试视频

8.4 高手甜点

甜点 1：为什么有些 MP3 格式的文件无法正常导入 Flash CC 中？

有些 MP3 格式的文件无法导入 Flash CC 中，主要是因为对声音文件的采样频率不一致而引起的，此时可以使用音频转换软件，将该 MP3 格式文件转换为 WAV 格式的音频文件，或将其采样频率转换为“128kbps，44kHZ”，之后便可将其正常导入 Flash CC 中了。

甜点 2：将位图转换成矢量图形时，如何在【转换位图为矢量图】对话框中对其进行相关设置？

如果要转换为接近原始位图的矢量图形，则需要在【转换位图为矢量图】对话框的【颜色阈值】文本框中输入“10”；在【最小区域】文本框中输入“1”；在【角阈值】下拉列表框中选择【较多转角】选项；在【曲线拟合】下拉列表框中选择【像素】选项，如图 8-61 所示。

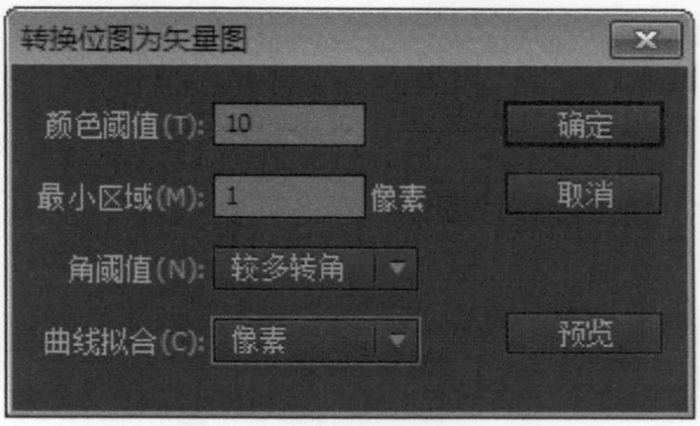

转换位图为矢量图
颜色阈值(T): 10
最小区域(M): 1 像素
角阈值(N): 较多转角
曲线拟合(C): 像素
确定
取消
预览

图 8-61 【转换位图为矢量图】对话框

优化和发布 Flash 动画

本章导读

当 Flash 动画制作完成之后，就可以将其发布出来供其他应用程序使用。本章主要介绍 Flash 动画的优化、输出前的格式设置以及动画的发布。通过本章的学习，用户可以掌握动画文件的优化方法和发布操作。

本章学习目标（已掌握的在圆圈中打钩）

◎ 熟悉 Flash 动画的优化思路
◎ 掌握测试动画的方法
◎ 掌握设置 Flash 输出的方法
◎ 掌握设置 HTML 输出的方法
◎ 掌握设置 GIF 输出的方法
◎ 掌握设置 JPEG 输出的方法
◎ 熟悉设置 PNG 输出的方法
◎ 掌握导出动画的方法
◎ 熟悉预览发布动画的方法

重点案例效果

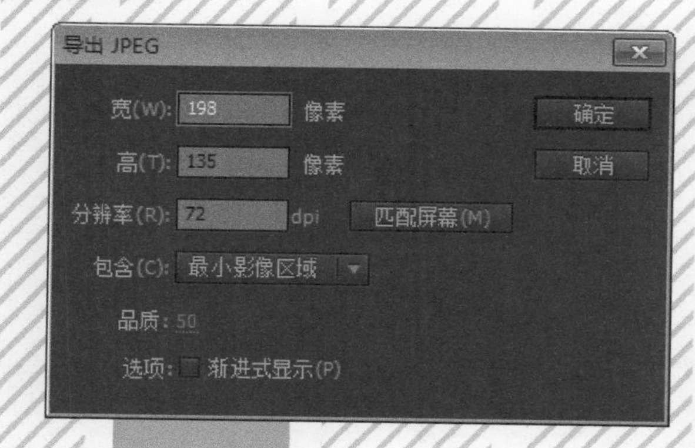

9.1 Flash动画的优化

在输出和发布 Flash 动画之前，还需要对制作的动画进行优化处理，进一步减少文件的容量，从而加快动画的下载速度，这样在发布动画之后才可以顺畅地播放。

9.1.1 实例 1——动画的优化

如果 Flash 动画文件很大，其下载和播放速度就会很慢，并且容易产生停顿。所以，为了流畅地播放动画，就必须最大限度地减小动画文件。对动画文件进行优化，可以从以下 4 个方面入手。

1. 对动画文件进行优化

☆ 在制作动画的过程中，调用素材时最好使用矢量图，尽量避免使用位图，因为位图比矢量图的体积大很多。

☆ 对于多次出现的元素（如文字、图案等），应尽量转换为符号（动态或静态的），因为文件中只保存一次，而实例不用保存即可重复使用，以很好地减少动画的数据量。

☆ 尽量使用渐变动画，因为渐变动画的关键帧要比逐帧动画少，可以大幅度减少文件所占的空间。因此，在复制动画时最好使用补间动画，尽量减少逐帧动画。

☆ 尽量限制每一个关键帧上的变化区域，使交互动作的作用区域尽可能小。

2. 对动画元素进行优化

☆ 将不同的对象分别放置在不同的层上，例如将持续变化的图形放在一个图层上，把固定不变的图形放在另一个图层上，但尽量减少图层。

☆ 尽量避免使用位图图片，因为位图图片不像矢量图形那样可以非常方便地在屏幕上变化或旋转，而且会导致文件过大，应将位图作为背景或静止元素使用。

☆ 绘制线条时，尽量使用实心线条，限制图形中使用特殊线型（如虚线或花边等）的数量，因为实心线条占用的内存较小。

☆ 绘制曲线时，可以在 Flash CC 主窗口中，依次选择【修改】→【形状】→【优化】菜单命令进行优化，尽量减少不必要的折点。

☆ 输出音频尽量多使用 MP3 声音压缩格式，它不但能将声音压缩到最小，同时也可以保持相当好的音频。

☆ 尽量使用矢量线条替换矢量色块，因为矢量线条的数据量相对于矢量色块小很多。

3. 对动画文本进行优化

☆ 使用文本时，最好不要输入太多内容，而且尽量不要将文字打散。

☆ 尽量减少使用字体与字体样式的数量，因为字体的变化越丰富，占用的空间就越多。

☆ 在使用静态文本输入文字时，如果使用了嵌入字体，尽量不要在“文本”面板中选择将所有的字体信息包含到动画中，应该有选择地使用。

4. 对动画色彩进行优化

在使用绘图工具制作对象时，使用渐变颜色的影片文件容量，将比使用单色的影片文件

容量大一些，在制作影片时要慎用渐变色彩，在填充区域时，使用渐变色填充要比实色填充多出 50 个字节，所以要尽可能地使用单色且使用网络安全颜色。

9.1.2 实例 2——动画的测试

在完成动画文件的优化之后，需要对其进行测试后再发布。测试不仅要检测动画影片播放效果是否与预期效果相一致，还要检测影片中片段和场景的过渡转换是否流畅自然。测试动画时应按照元件、场景及完成的影片等分步进行测试，以便更好地发现问题。

动画的测试包括以下两种方式。

(1) 在 Flash CC 主窗口的【时间轴】面板中拖动播放头进行测试，可以实现动画效果的播放、暂停、逐帧前进或倒退等，如图 9-1 所示。

(2) 使用 Flash CC 的专用动画效果测试窗口，如图 9-2 所示。

一般情况下，比较简单的动画用播放控制栏即可进行测试，但如果动画中包含影片剪辑、交互动作或多个场景，就需要运用专门的测试窗口来实现，因为播放控制栏不能完全正常地显示动画效果。

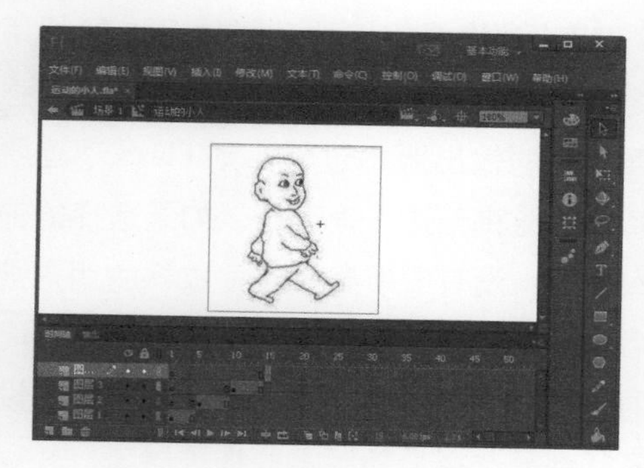

图 9-1 拖动时间轴进行测试

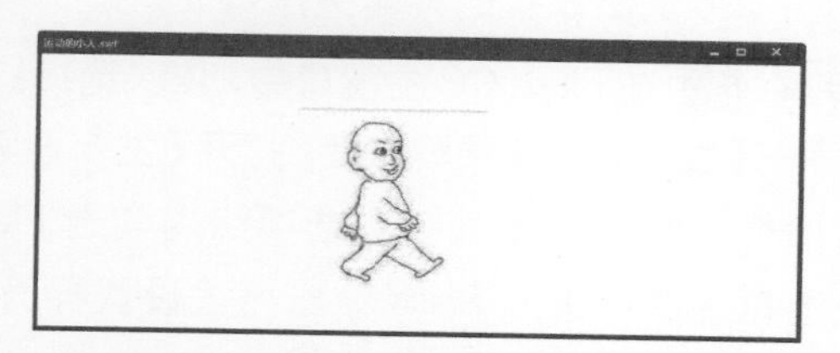

图 9-2 专用动画效果测试窗口

> **提示** 如果依次选择【控制】→【测试场景】菜单命令，则仅能对动画中的当前场景进行测试；如果被测试的动画有多个场景，则不能对其他的场景进行测试。

9.2 输出前的格式设置

在对 Flash CC 中的动画文件进行优化后，还需要为优化过的文件设置格式，为动画的输出发布做好前期准备。在 Flash CC 主窗口中，依次选择【文件】→【发布设置】菜单命令（或按 Ctrl + Shift + F12 组合键），即可打开【发布设置】对话框，如图 9-3 所示。

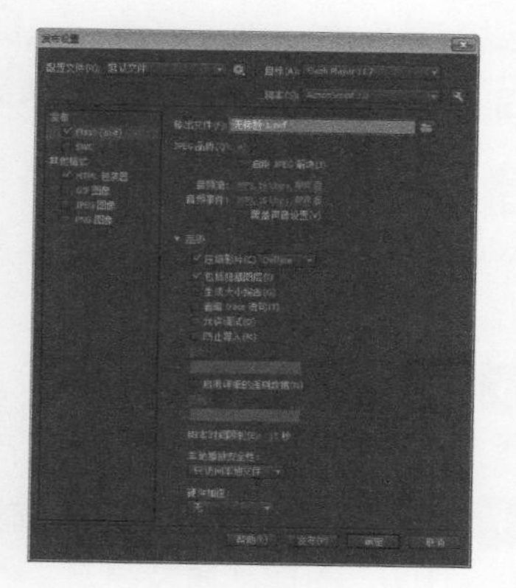

图 9-3 【发布设置】对话框

9.2.1 实例 3——Flash 输出的设置

以 Flash 格式输出的动画作品一般都用于网络动画。因为 Flash 的功能正在不断增强，如果选择的输出版本过低，则 Flash 动画所有的新增功能将无法正确运行。如果选择的输出版本过高，没有安装高版本播放器的用户则不能播放动画，不过这个问题可以通过安装高版本的播放器来解决。因此，在 Flash 输出设置中通常都是选择最新版本的播放器。

Flash 输出设置的具体操作如下。

步骤 1 在 Flash CC 主窗口中，依次选择【文件】→【发布设置】菜单命令，打开【发布设置】对话框，然后在【发布】选项组内勾选 Flash 复选框，即可进入 Flash 输出格式设置界面，如图 9-4 所示。

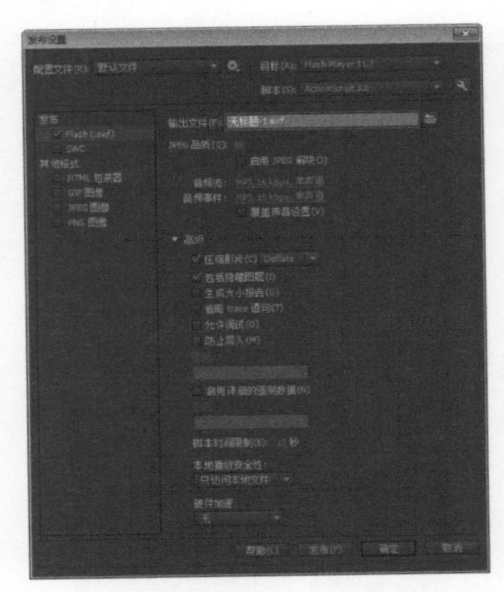

图 9-4　Flash 输出格式设置界面

步骤 2 在【目标】下拉列表中选择将要使用的 Flash 版本，一般选择最新版本的播放器进行输出，如图 9-5 所示。

步骤 3 在【脚本】下拉列表中，用户可以从中选择自己使用的版本，如图 9-6 所示。

步骤 4 在【JPEG 品质】文本框中输入数值，范围为 0 ～ 100，图像品质越高，文件就越大，如图 9-7 所示。

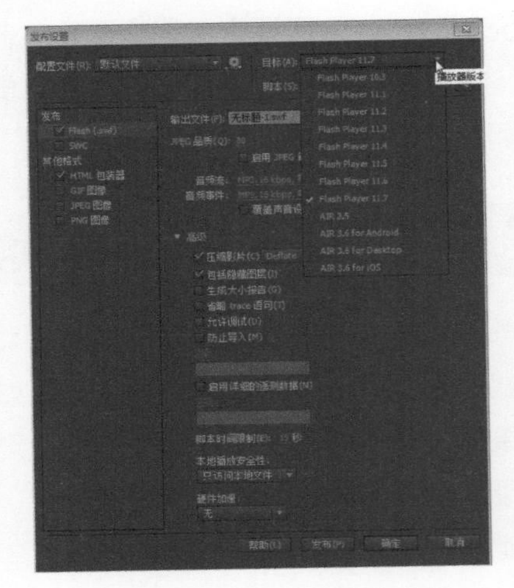

图 9-5　【目标】下拉列表

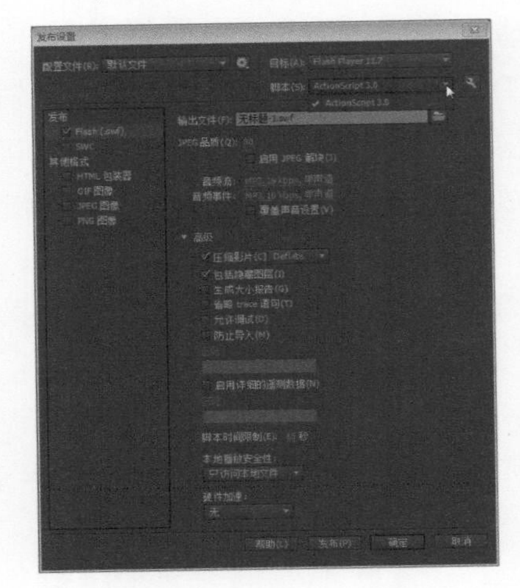

图 9-6　【脚本】下拉列表

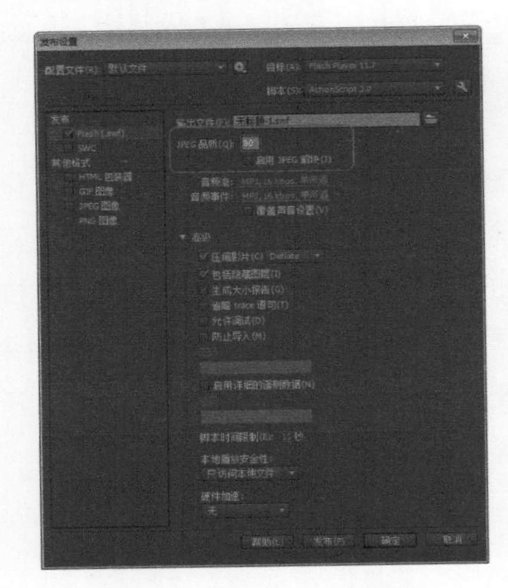

图 9-7　JPEG 品质设置

步骤 5 单击【音频流】或【音频事件】右边的按钮，打开【声音设置】对话框，在该对话框中可以设置影片声音的压缩、比特率和品质，如图 9-8 所示。

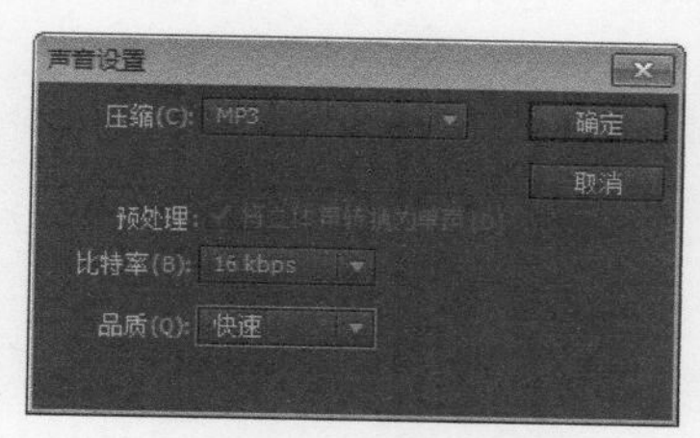

图 9-8　【声音设置】对话框

步骤 6 在【音频事件】下方有一个【覆盖声音设置】复选框，勾选该复选框，将忽略所有的个别音频流/音频事件设置，如图 9-9 所示。

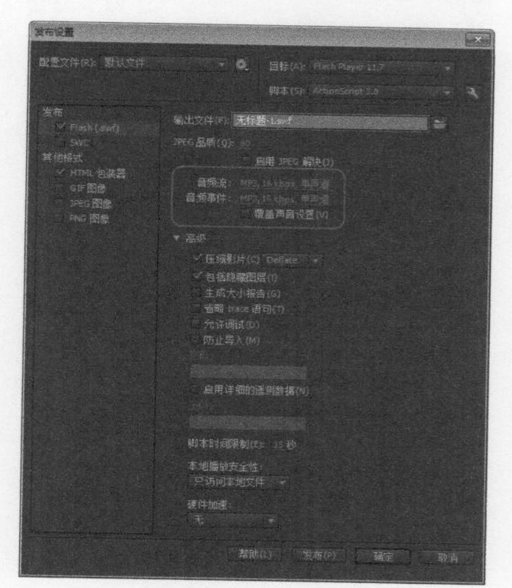

图 9-9　【覆盖声音设置】复选框

步骤 7 在【本地播放安全性】下拉列表中有两个选项，如图 9-10 所示。如果选择【只访问本地文件】选项，则已发布的 SWF 文件可与本地系统的文件和资源交互，但不能与网络上的文件和资源交互。如果选择【只访问网络】选项，则已发布的 SWF 文件可与网络上的文件和资源交互，但不能与本地系统的文件和资源交互。

步骤 8 在【硬件加速】下拉列表中，用户可根据需要从中选择相应的选项来设置硬件加速，如图 9-11 所示。

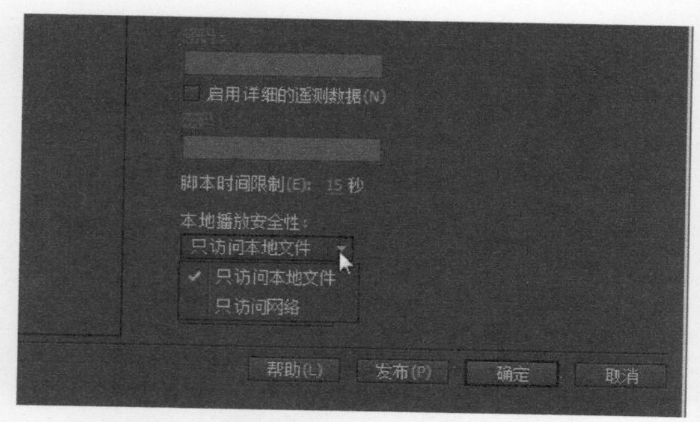

图 9-10　【本地播放安全性】下拉列表

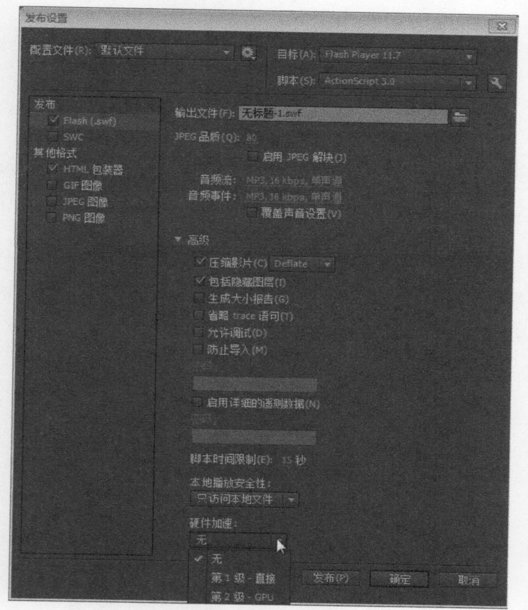

图 9-11　【硬件加速】下拉列表

9.2.2 实例 4——HTML 输出的设置

HTML 格式作品就是带有 SWF 动画的超文本文件，即通常所说的网页。在 HTML 输出格式的设置界面中，可对 Flash 动画在浏览器中播放时需要的参数进行设置。

HTML 输出格式设置的具体操作如下。

步骤 1 在 Flash CC 主窗口中，打开【发布设置】对话框，然后在该对话框中勾选【其他格式】下的【HTM 包装器】复选框，进入 HTML 输出格式的设置界面，如图 9-12 所示。

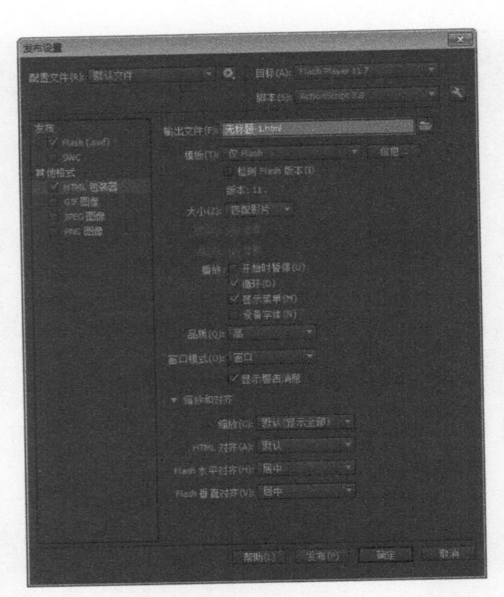

图 9-12 HTML 输出格式设置界面

步骤 2 在【模板】下拉列表中，选择相应的输出模板选项，如图 9-13 所示。选中某个模板选项之后，单击【信息】按钮，打开【HTML 模板信息】对话框，在其中显示所选模板相应的信息。

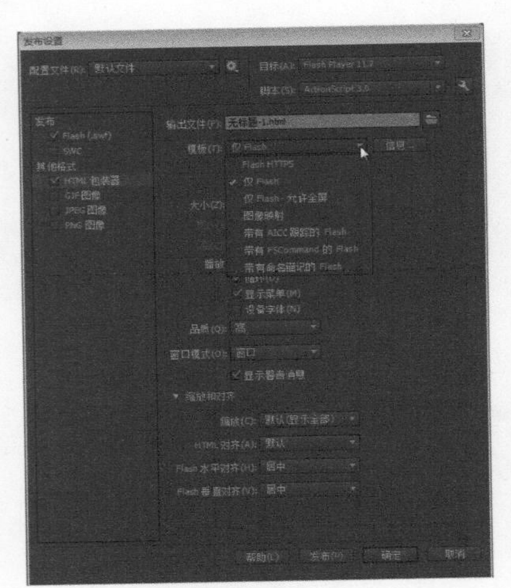

图 9-13 选择模板选项

步骤 3 在【大小】下拉列表中包含 3 个选项，用户可根据需要选择影片在网页中播放的画面尺寸，如图 9-14 所示。

步骤 4 在【播放】选项组中勾选相应的复选框，即可设置影片播放的各种功能，如图 9-15 所示。

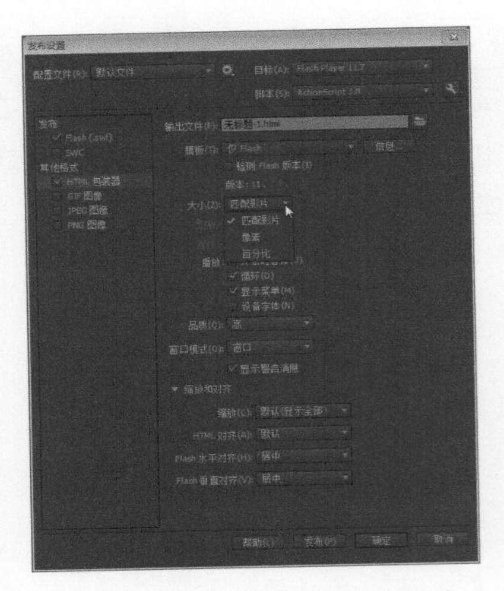

图 9-14 设置播放的画面尺寸

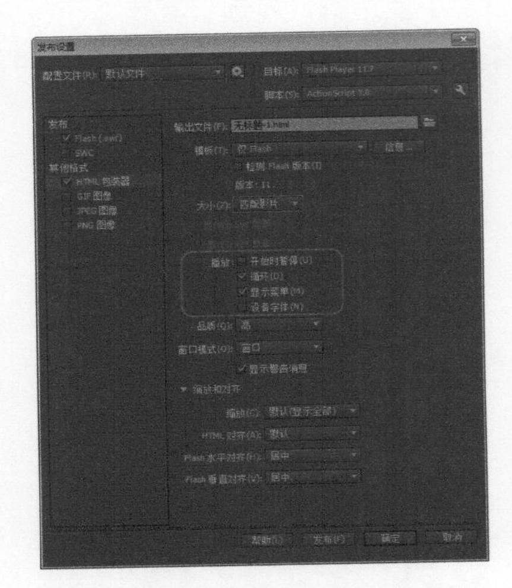

图 9-15 设置影片播放的功能

步骤 5 在【品质】下拉列表中选择相应的选项，可以设置影片中动画图像在播放时的显示质量，如图 9-16 所示。

步骤 6 在【窗口模式】下拉列表中选择相应的选项，可以设置当 Flash 动画中含有透明区域时，动画影片图像在网页窗口中的显示方式，如图 9-17 所示。

步骤 7 在【缩放】下拉列表中选择相应的选项，设置在指定显示尺寸的基础上，将动画影片放在网页表格的指定边界内，如图 9-18 所示。

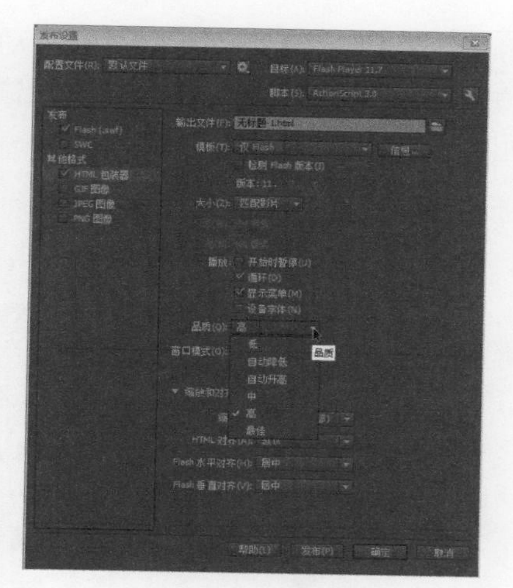

图 9-16　设置品质

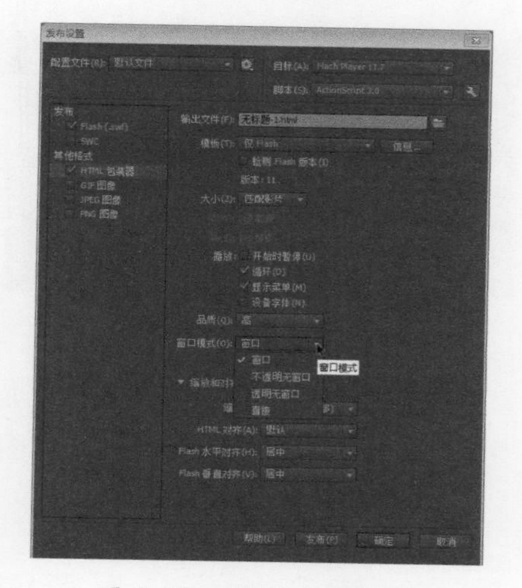

图 9-17　设置窗口模式

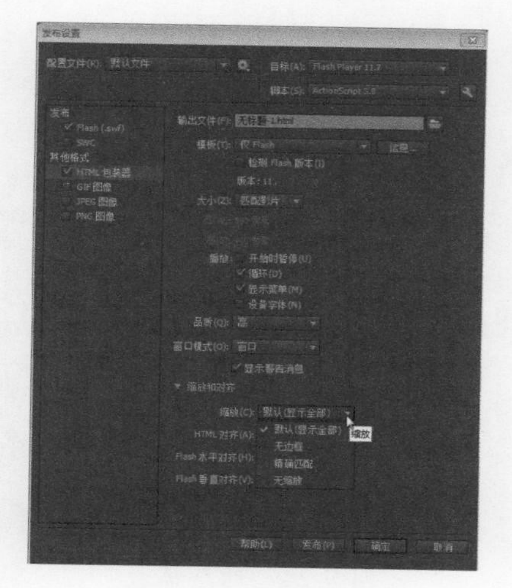

图 9-18　设置缩放

步骤 8 在【HTML 对齐】下拉列表中选择相应的选项，设置 Flash 动画被套入的 HTML 表格中的对齐位置，如图 9-19 所示。

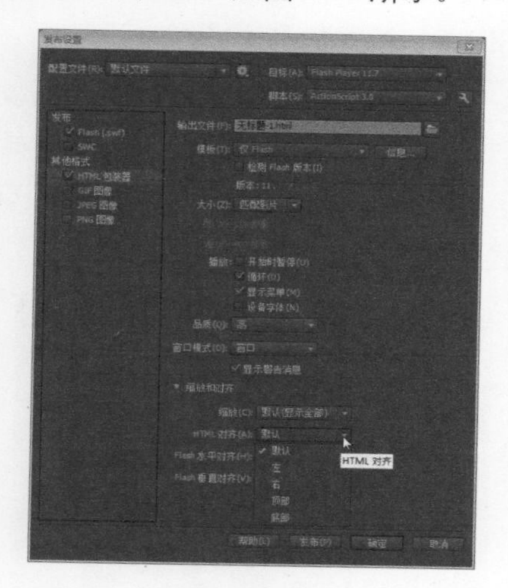

图 9-19　设置 HTML 对齐方式

步骤 9 分别在【Flash 水平对齐】和【Flash 垂直对齐】下拉列表中选择相应的选项，用来设置动画影片在网页窗口中的放置方式，以及在必要时如何裁剪动画影片的边缘，如图 9-20 所示。

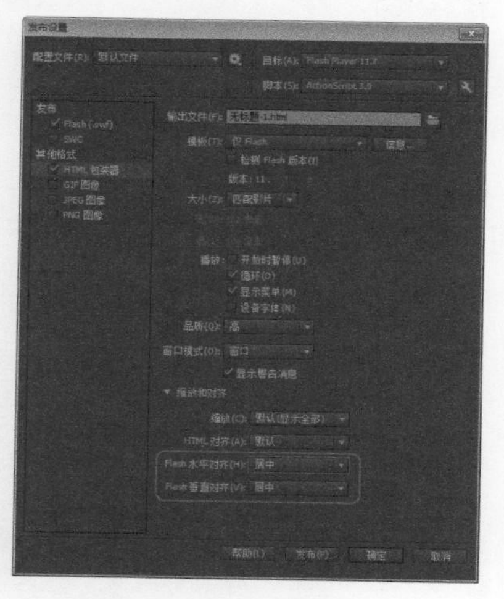

图 9-20　Flash 对齐方式

9.2.3 实例 5——GIF 输出的设置

GIF 格式文件提供了一种简单方法来导出

绘画和简单动画以供网页使用，只是将动画影片发布为 GIF 格式时，影片中的声音和动作将不存在，并且其图形的质量还会发生一些改变。

GIF 输出设置的具体操作如下。

步骤 1 在 Flash CC 主窗口中，打开【发布设置】对话框，然后在该对话框中勾选【其他格式】下的【GIF 图像】复选框，即可进入 GIF 输出格式的设置界面，如图 9-21 所示。

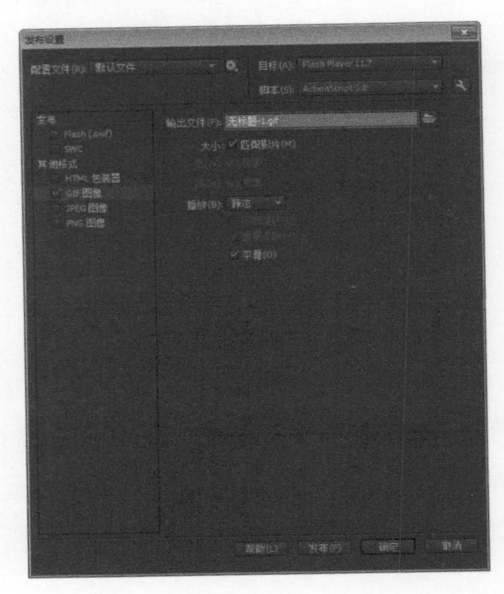

图 9-21　GIF 输出格式的设置界面

如果勾选【匹配电影】复选框，则可保持 Flash 动画原有的大小，如果取消勾选此复选框，可以自定义设置大小，如图 9-22 所示。

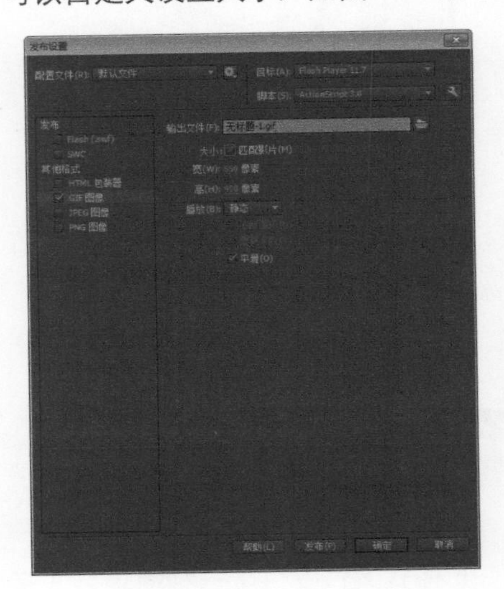

图 9-22　自定义大小

步骤 2 在【播放】下拉列表中设置动画播放的方法。如果选择【静态】选项，则该动画只相当于一张图片，仅保留第 1 帧的内容，则【不断循环】和【重复】单选按钮处于非激活状态，如图 9-23 所示。

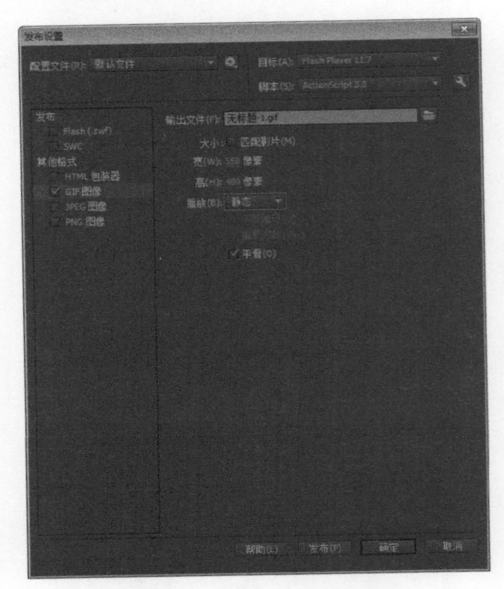

图 9-23　静态播放

如果选择【动画】选项，则【不断循环】和【重复】单选按钮处于激活状态，如图 9-24 所示。

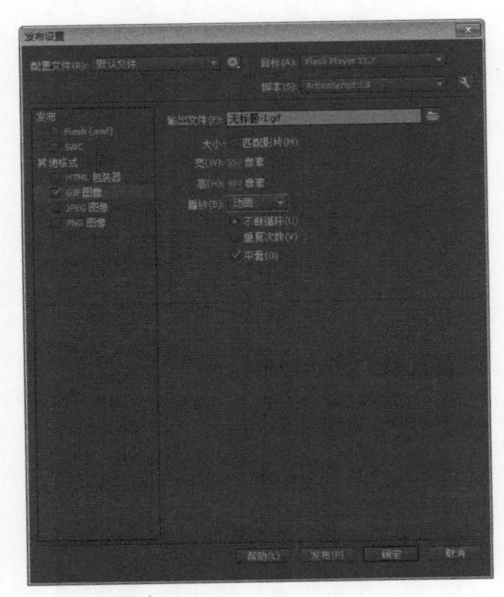

图 9-24　动态播放

> **提示**
> 此时，如果选择【不断循环】单选按钮，则影片将不停地进行循环播放；如果选择【重复】单选按钮，则影片将重复播放，并可以在后面的文本框中设置重复的次数。

步骤 3 在【播放】选项组内，勾选【平滑】复选框，可以柔化图片，但是选择该复选项后，将会增大文件的大小，如图 9-25 所示。

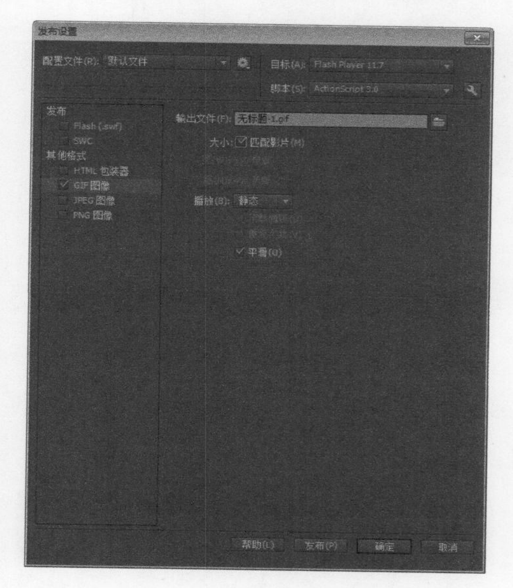

图 9-25　勾选【平滑】复选框

9.2.4 实例 6——JPEG 输出的设置

JPEG 格式使用户可将图像保存为高压缩比的 24 位位图，比较适合显示包含连续色调（如照片、渐变色或嵌入位图）的图像。JPEG 输出设置的具体操作如下。

步骤 1 在 Flash CC 主窗口中，打开【发布设置】对话框，然后在该对话框中勾选【其他格式】下的【JPEG 图像】复选框，即可进入 JPEG 输出格式的设置界面，如图 9-26 所示。

如果勾选【匹配电影】复选框，则可保持 Flash 动画原有的大小，如果不勾选此复选框，则可以自定义设置大小，如图 9-27 所示。

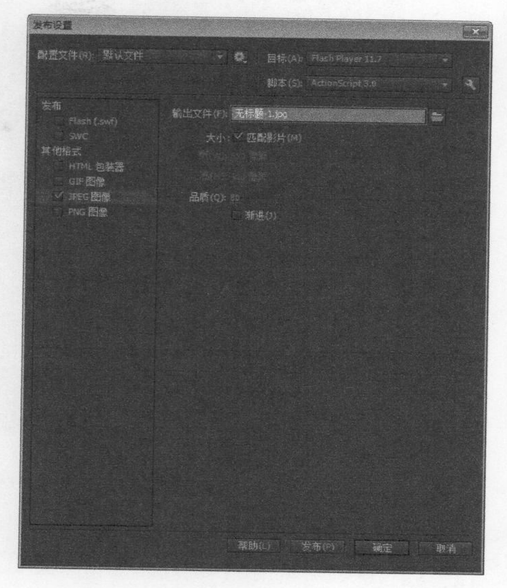

图 9-26　JPEG 输出格式的设置界面

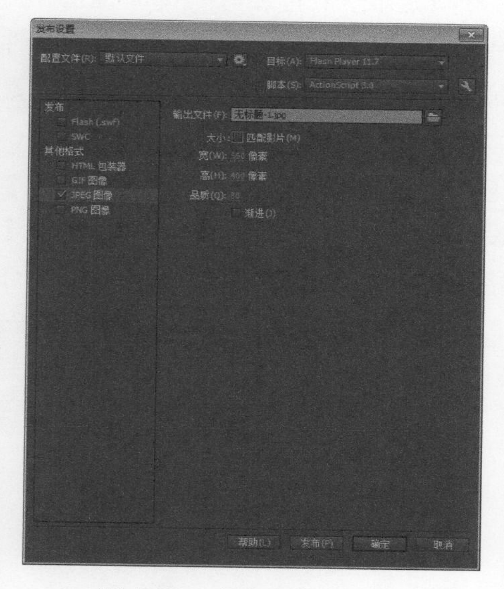

图 9-27　自定义输出大小

步骤 2 在【品质】文本框中输入数值，范围为 0～100，品质越高，文件就越大，如图 9-28 所示。

步骤 3 如果影片需要渐进显示，可以勾选【渐进】复选框，如图 9-29 所示。

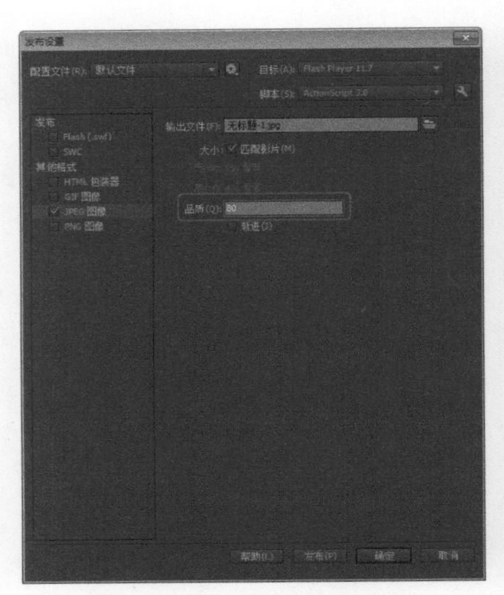

图 9-28　设置品质

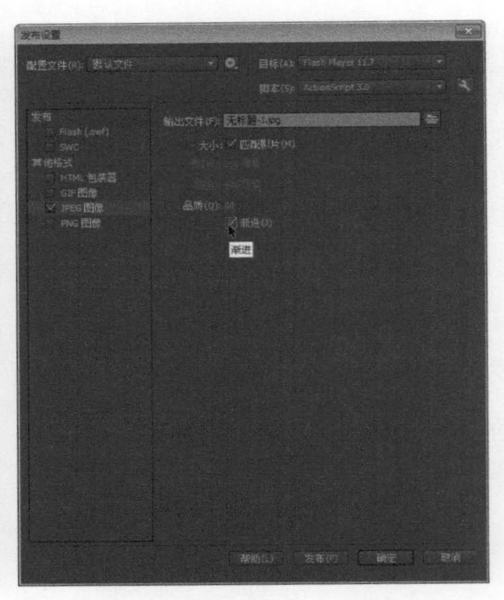

图 9-29　设置影片是否渐进显示

9.2.5　实例 7——PNG 输出的设置

PNG 是唯一支持透明（Alpha 通道）的跨平台位图格式。通常，Flash 会将 SWF 文件中的第 1 帧导出为 PNG 文件。PNG 输出设置的具体操作如下。

步骤 1 在 Flash CC 主窗口中，打开【发布设置】对话框，然后在该对话框中勾选【其他格式】下的【PNG 图像】复选框，即可进入 PNG 输出格式的设置界面，如图 9-30 所示。

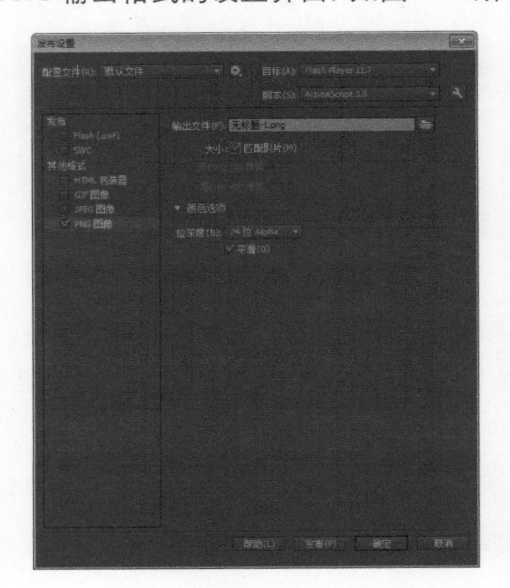

图 9-30　PNG 输出格式的设置界面

如果勾选【匹配电影】复选框，则可保持 Flash 动画原有的大小，如果不勾选此复选框，可以自定义设置大小，如图 9-31 所示。

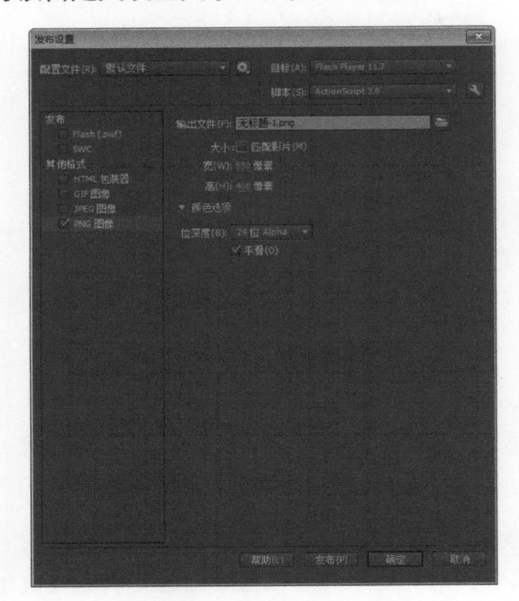

图 9-31　自定义输出大小

步骤 2 在【位深度】下拉列表中设置导出的图像的每个像素位数（位深度越高，文件就越大），如图 9-32 所示。

步骤 3 在【位深度】选项组内勾选【平滑】复选框，可以柔化图片，但是选择该复选项后，将会增大文件的大小，如图 9-33 所示。

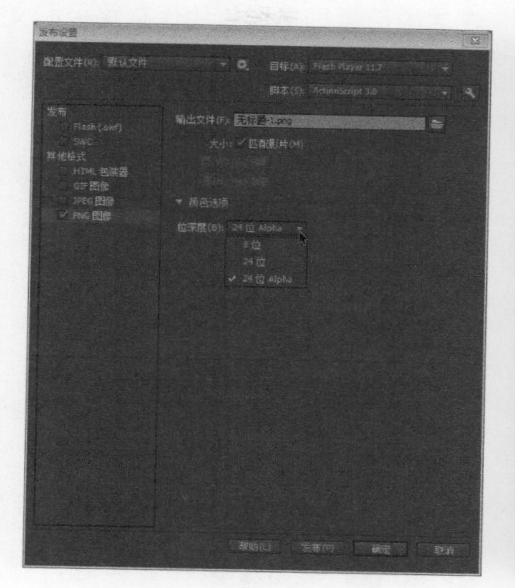

图 9-32　【位深度】下拉列表

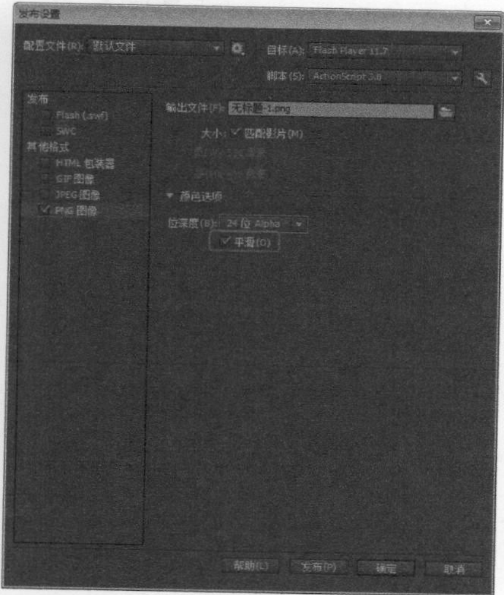

图 9-33　勾选【平滑】复选框

9.3 Flash动画的发布

Flash 动画的发布方法很简单，打开 Flash 动画文档之后，依次选择【文件】→【发布】菜单命令，即可将 Flash 动画发布。

除将 Flash 作品进行发布以供其他应用程序使用之外，还可以在进行过性能测试和优化之后将其导出，作为其他的动画素材来使用（Flash 作品可以影片或图像的形式导出）。

9.3.1 实例 8——导出动画

如果要将动画中的声音、图形或某一个动画片段保存为指定的文件格式，则可利用 Flash CC 的导出功能导出该文件。

1. 导出图像

导出图像的具体操作如下。

步骤 1 在 Flash CC 中打开要导出的 Flash 文件，依次选择【文件】→【导出】→【导出图像】菜单命令，打开【导出图像】对话框。在其中设置导出图像的保存路径、文件名以及保存类型，如图 9-34 所示。

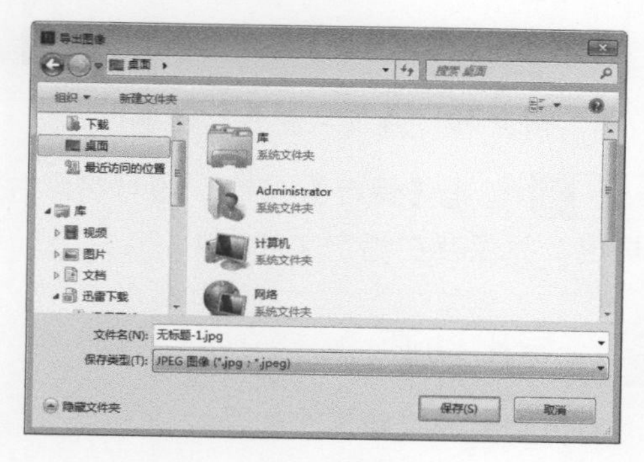

图 9-34　【导出图像】对话框

步骤 2 单击【保存】按钮，打开【导出JPEG】对话框，在该对话框中可根据需要设置相关参数，如图 9-35 所示。最后单击【确定】按钮，即可将图像导出。

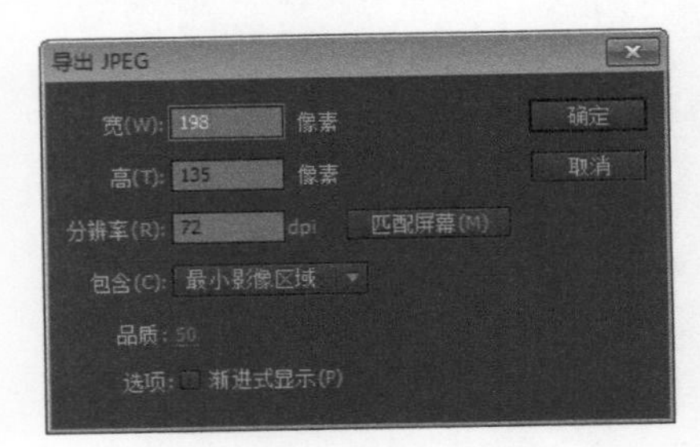

图 9-35 【导出 JPEG】对话框

导出影片

导出影片的具体操作如下。

步骤 1 在 Flash CC 中打开要导出的 Flash 文件，依次选择【文件】→【导出】→【导出影片】菜单命令，打开【导出影片】对话框。在其中设置导出影片的保存路径和文件名，最后在【保存类型】下拉列表中选择【SWF 影片 (*.swf)】选项，如图 9-36 所示。

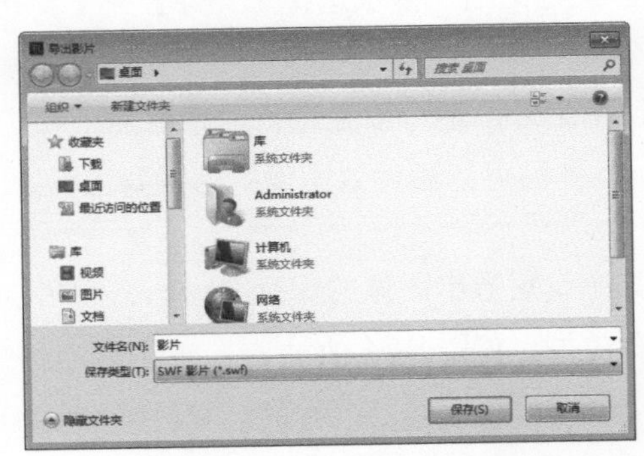

图 9-36 【导出影片】对话框

步骤 2 单击【保存】按钮，即可将影片成功导出，并保存在指定文件夹中。

导出动画

导出动画的具体操作如下。

步骤 1 在 Flash CC 中选择要导出的动画片段，然后依次选择【文件】→【导出】→【导出影片】菜单命令，打开【导出影片】对话框。在其中设置导出影片的保存路径和文件名，最后在【保存类型】下拉列表中选择【GIF 动画 (*.gif)】选项，如图 9-37 所示。

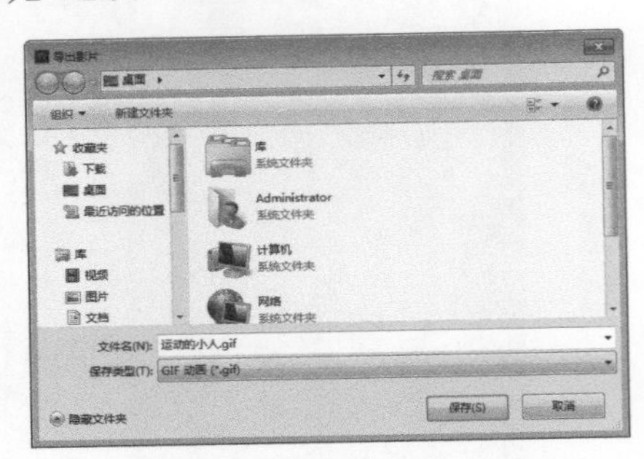

图 9-37 【导出影片】对话框

步骤 2 单击【保存】按钮，打开【导出GIF】对话框，在该对话框中可以设置导出动画的各项参数，如图 9-38 所示。

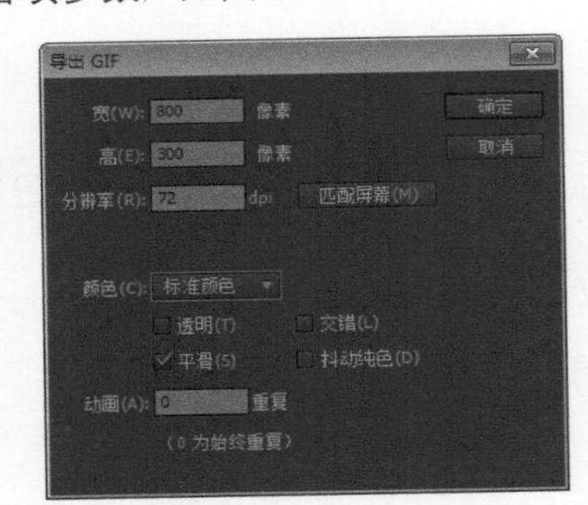

图 9-38 【导出 GIF】对话框

步骤 3 单击【确定】按钮，即可将动画成功导出，并保存在指定文件夹中。

9.3.2 实例 9——预览发布动画

Flash 动画的发布方法很简单，在 Flash 中选择需要发布的 Flash 文档，然后依次选择【文件】→【发布】菜单命令（或按 Shift+Alt+F12 组合键），即可将其发布在保存的文件夹中，如图 9-39 所示。双击发布的文件（后缀名

为 .html），即可在 IE 浏览器中预览发布效果，如图 9-40 所示。

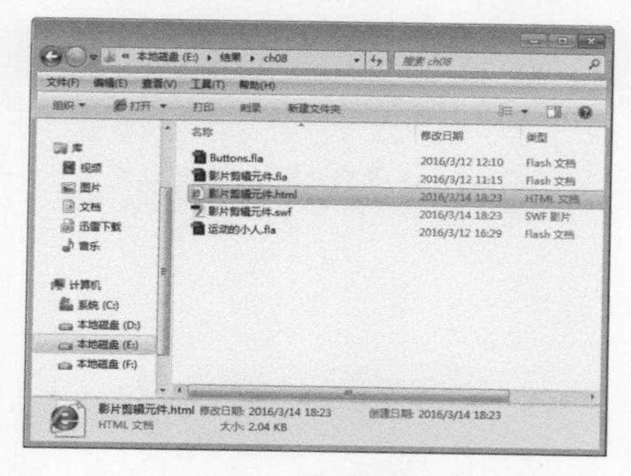

图 9-39　发布到保存的文件夹中

图 9-40　预览发布效果

9.4 高手甜点

甜点 1：如何通过处理“帧”来优化影片？

相对于逐帧动画，使用补间动画更能减小文件的体积。应尽量避免使用连续的关键帧，删除多余的关键帧和空白关键帧，因为空白关键帧也会增大文件的体积。

甜点 2：JPEG 格式使用户可将图像保存为高压缩比的 24 位位图，比较适合显示包含连续色调（如照片、渐变色或嵌入位图）的图像。PNG 格式是唯一支持透明度（Alpha 通道）的跨平台位图格式。在 Flash 中，一般会将影片的第 1 帧导出为 PNG 格式文件。

第 3 篇

高级应用

第10章 动画角色的设置与运动

● **本章导读**

本章主要为读者介绍动画角色的含义、如何创建动画角色，以及在动画设计过程中不同角色（人、动物、自然景物等）的运动规律等，有利于读者对动画角色的设计基础理念有所了解，从而制作出更加精美的动画。

● **本章学习目标（已掌握的在圆圈中打钩）**

◎ 熟悉 Flash CC 动画角色的概述
◎ 掌握创建动画角色的方法
◎ 掌握人的运动规律
◎ 掌握不同动物的运动规律
◎ 掌握不同自然景物的运动规律

● **重点案例效果**

40%

0%

30%

7%

40%

10.1 创建Flash 动画角色

在 Flash 中创建动画时，必须熟练掌握创造运动的各种技巧和规律，才能更好地发挥动画艺术的表现力。一部 Flash 动画作品除了有优秀的剧本、台本外，角色的视觉设计也很关键，如果角色设计得比较粗糙或了无新意，无疑将会使动画的效果大打折扣。因此，要想制作出比较有表现力的 Flash 动画作品，必须在角色外型设计方面有突出表现。

10.1.1 动画角色概述

动画角色是指可以在舞台上进行表演的实体，可以分为人物、动物，以及被拟人化的植物、物品等。由于人本身所具有的表演能力及其活动的丰富多样，因此，动画片中多以人或动物作为故事的主角，如图 10-1 所示。

图 10-1　人作为角色

而随着动画的发展，动画设计师们开始尝试着将人类的思维和语言能力赋予动物，所以以动物为题材的动画也越来越多，图 10-2 所示即为以动物作为动画角色创作的动画。

图 10-2　动物作为角色

此外，还可以将植物、物品等本身不能动的事物，经过拟人化后，作为创建动画角色的素材。要使植物、物品具有表演能力，通常在设计该类角色时，需要为其添加上一些人类所拥有的器官（如嘴巴、手和脚等），如图 10-3 所示。动画角色依据分饰的角色不同可以分为反派和正派两种角色。一般来讲，反派角色都是一群卑鄙恶毒的、令人厌恶的、性情癫狂和充满邪恶的家伙。因此，在设计这类角色时通常要将其丑化，如刻画其形体庞大或在其眼神中可看出极为狡猾、凶残等，如图 10-4 所示。

图 10-3　具有五官的水果

图 10-4　恶魔角色

相反，作为能够征服那些恶魔的英雄的正派角色，因为他们能够打败恶魔而显得十分伟大，所以这类角色就要画得非常英俊、漂亮，如图 10-5 所示。

图 10-5　英雄角色

10.1.2 实例 1——创建动画角色

在 Flash CC 中，创建动画角色有两种方法：一种是按照动画脚本的描述，直接在 Flash CC 中进行绘制；另一种是手绘出角色后，通过扫描、导入，转换成可以编辑填充的矢量图形。这两种方法制作出来的角色效果差异很大，直接在 Flash CC 中进行绘制或复制绘制的图形，比使用位图转换功能制作出来的角色更加精细。

在创建角色时，需要先在稿纸上设计出可能涉及的各个角色雏形，分别画出角色正面、半侧面、侧面和背面等典型的造型，将这些造型作为角色绘制的参考或扫描到 Flash CC 中进行复制绘制。若按照角色的位图转换产生方式，也可以经过徒手复制后直接扫描到 Flash CC 中，再将其转换为矢量图形。

下面介绍将位图转换为创建角色的方法，具体的操作如下。

步骤 1 使用绘图铅笔在稿纸上绘制一个小牛的图片，使用扫描仪将图片采用黑白颜色的方式扫描到硬盘中，图片格式设置为 JPEG，将文件命名为“小牛 .jpg”，如图 10-6 所示。

图 10-6　手绘稿

步骤 2 在 Flash CC 主窗口中，依次选择【文件】→【新建】菜单命令，即可创建一个新的 Flash 空白文档，最后将该文档保存为“创建动画角色 .fla”，如图 10-7 所示。

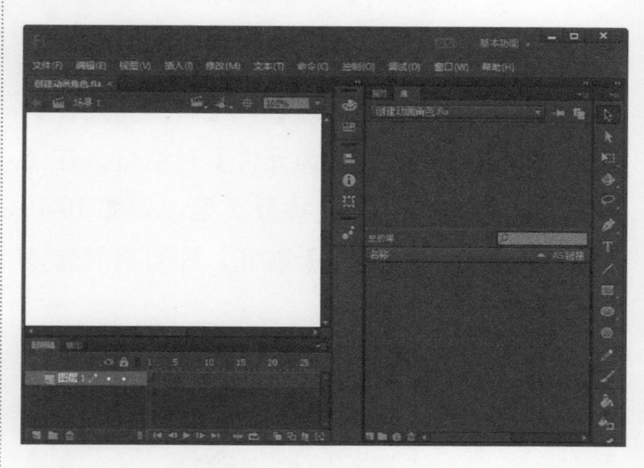

图 10-7　新建 Flash 文档

步骤 3 依次选择【文件】→【导入】→【导入到舞台】菜单命令，打开【导入】对话框，然后在该对话框中选择事先准备好的名为“小牛”的图片，如图 10-8 所示。

步骤 4 单击【打开】按钮，即可将选中的图片导入 Flash 中，如图 10-9 所示。

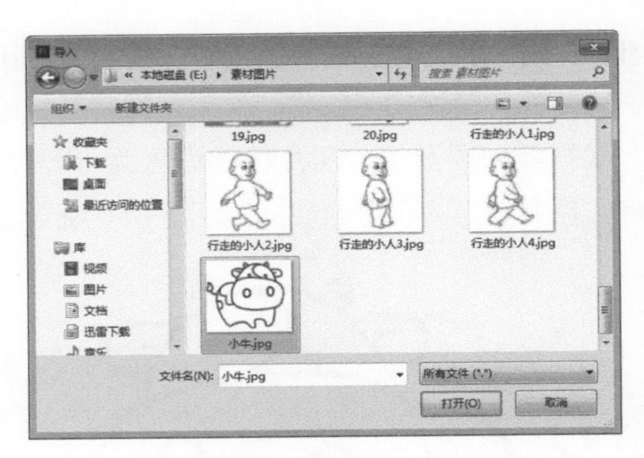

图 10-8 【导入】对话框

图 10-9 将图片导入 Flash 中

步骤 5 使用选择工具选中导入的位图图片，然后依次选择【修改】→【转换为元件】菜单命令，打开【转换为元件】对话框，在该对话框中设置元件的名称及类型，如图 10-10 所示。最后单击【确定】按钮，即可将其转换为元件。

图 10-10 【转换为元件】对话框

步骤 6 双击舞台中的图形进入该元件的编辑模式，然后依次选择【修改】→【位图】→【转换位图为矢量图】菜单命令，打开【转换位图为矢量图】对话框，如图 10-11 所示。

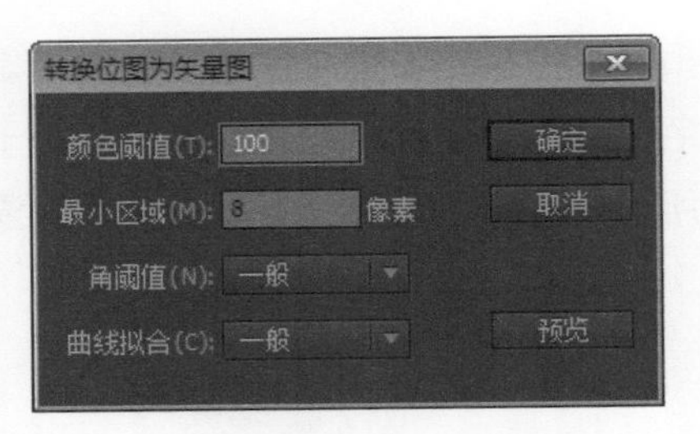

图 10-11 【转换位图为矢量图】对话框

步骤 7 在设置好各项参数之后，单击【确定】按钮，即可对位图进行转换，图 10-12 所示即为转换后的效果。

图 10-12 转换为矢量图

提示 将位图转换成矢量图之后，根据参数中颜色阈值的不同，转换后的线条可能会有所损失，所以转换前封闭的线条在转换后可能会断开。此时，使用选择工具和笔刷工具调整没有封闭好的轮廓将其封闭。

步骤 8 选择填充工具，将转换后的图填充为彩色图形，最后的显示效果如图 10-13 所示。

图 10-13 填充角色

直接在 Flash CC 中进行角色创建，比起上述方法更为常用。在创建角色的过程中应该灵活运用该软件，如在制作角色某个动作的元件时，或许这个元件中角色的某个状态正好与另一个元件中的相同，为了减少工作量，完全可以将不同元件中的图形进行复制和粘贴。

Flash 动画中的角色不同于传统动画中的角色，在 Flash 动画中应该把角色的不同部位独立出来，制作成单独的元件，如果角色需要完成某个复杂的动作，则可以把这些分离出来的元件协同起来。

10.2 人的运动规律

在进行艺术创作时，要想更好地发挥动画艺术的表现力，动画创作者必须熟练掌握创造运动的各种技巧和规律。其中，动画中角色动作的灵魂是原画。因此，原画创作是决定动画片质量好坏最重要的一道工序。

所谓原画是指动画创作中一个场景动作的起始点与终点的画面，以线条稿的模式画在纸上。阴影与分色的层次线也在进行该步骤时画进去。而原画的职责是按照剧情和导演的意图，完成动画镜头中所有角色的动作设计，画出不同动作和表情的关键动态画面。

简单地说，原画是指物体在运动过程中的关键动作。在计算机设计中也称为关键帧，原画是相对于动画而言的。在绘制原画时，动作是主题，关键动作存在于整个动作之间，是为动作而服务的，不能将这些关键姿势（原画）孤立开来。

10.2.1 实例 2——人的走动

在动画片角色中，人的动作（包括人的角色动作）表现最多。所以，研究和掌握人体动作的一些基本规律，就显得非常重要。人的动作虽然十分复杂，但并不是不可捉摸的。由于人的活动受到人体骨骼、肌肉、关节等的限制，日常生活中的一些动作，虽然有年龄、性别、形体等方面的差异，但基本规律是相似的。

人与其他动物在动作上最明显的区别是人的直立行走，但要画好人的走路动作，却是一门并不容易的基本功。

人走动时，左右两脚交替向前的同时带动躯干向前运动。为了能够保持身体的平衡，配合两条腿的屈伸、跨步，上肢的双臂在移动到与两腿相交时，身体的高度就升高，整个身体就会呈现出波浪形的运动。此外，在走动的过程中，跨步的那条腿从离开地面到朝前伸展落地之间，膝关节必然成弯曲状，脚踝与地面成弧形运动线。这条弧形运动线的高低幅度与走路时的神态和情绪有着很大的关系。

脚的局部变化在走路过程中非常重要，处理好脚跟、脚掌、脚趾及脚踝的关系会使走路更加生动。除了正常的走姿，不同年龄、不同场合和不同的情节，会有不同的走路姿势。常见的走路方式有昂首阔步地走、蹑手蹑脚地走、垂头丧气地走、踮着脚走、跃步等。

在动画镜头中，通常有两种形式表现走的过程，一种是直接向前走，另一种是原地循环走。前者走动时，背景不动，角色按照既定的方向直接走，甚至可以走出画面。后者走动时，角色在画面上的位置不变，背景向后拉动，从而产生向前走的效果。

只有掌握了运动规律，才可使动画的制作事半功倍。画一套循环走动规律的动画可以反复使用，用来表现角色长时间的走动，如图 10-14 所示。

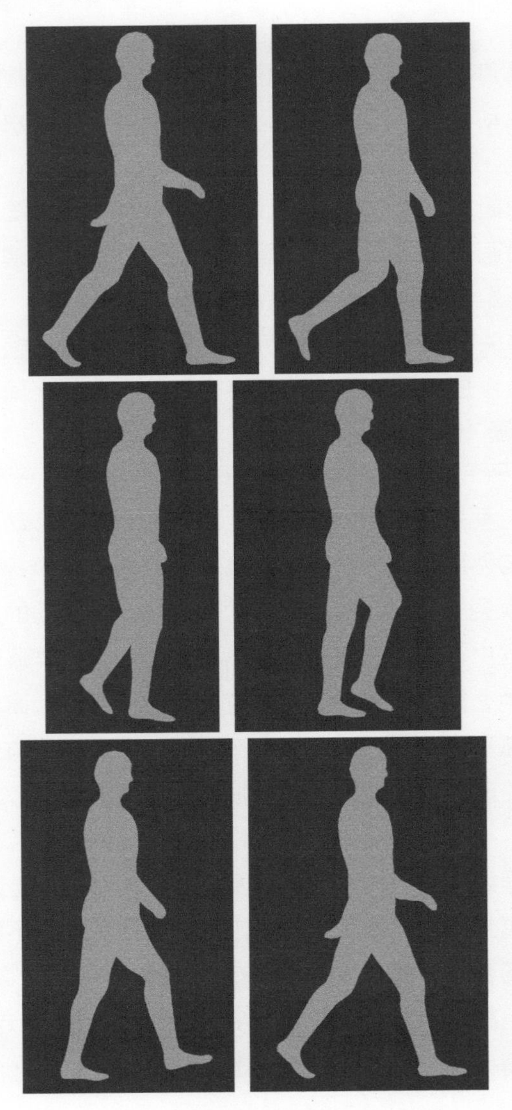

图 10-14　人物走路时的不同动作

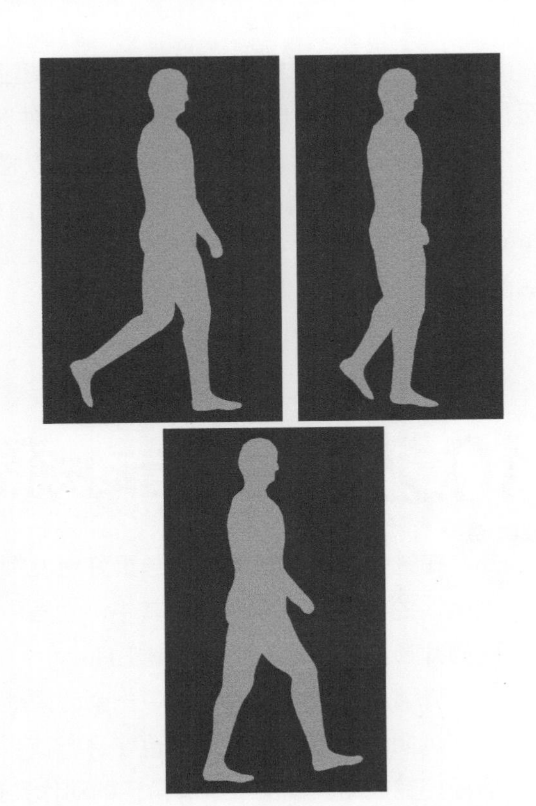

图 10-14　人物走路时的不同动作（续）

上述即为人走路动作的基本规律。当了解了走路动作中间过程的复杂变化之后，就明白了如何画好人物走路动作的中间画。但人的走路动作复杂多变，在特定情况下，角色的走路动作受环境和情绪的影响。比如，情绪轻松地走路、心情沉重地踱步、身负重物地走路以及上下楼梯、翻山越岭等。在表示这些动作时，就要在运用走路基本规律的同时，与人物姿态的变化、脚步的幅度、走路的运动速度和节奏等密切结合起来，才能达到预期的效果。

现在以人的行走为例，讲述制作人物行走动画的具体操作。

步骤 1 启动 Flash CC，然后依次选择【文件】→【新建】菜单命令，即可创建一个新的 Flash 空白文档，最后将该文档保存为“行走 .fla”，如图 10-15 所示。

图 10-15　新建 Flash 文档

步骤 2　依次选择【插入】→【新建元件】菜单命令，打开【创建新元件】对话框，然后在【名称】文本框中输入新建元件的名称“蓝天”，并在【类型】下拉列表中选择【图形】选项，如图 10-16 所示。

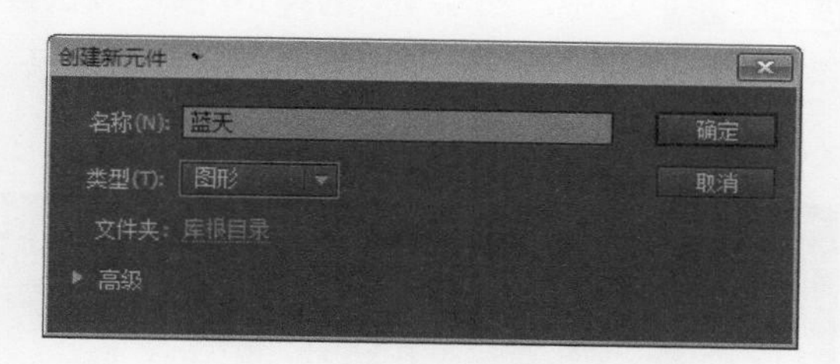

图 10-16　【创建新元件】对话框

步骤 3　单击【确定】按钮，即进入该元件的编辑模式，然后使用矩形工具在舞台上绘制一个无边框、线性渐变填充、大小为 550 像素 ×400 像素的矩形，如图 10-17 所示。

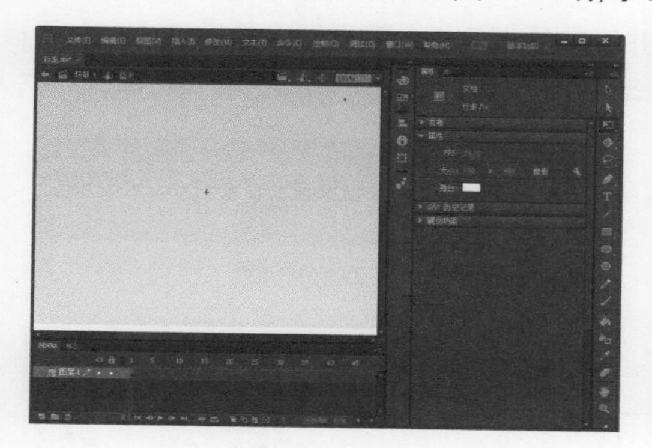

图 10-17　绘制矩形

步骤 4　依次选择【插入】→【新建元件】菜单命令，打开【创建新元件】对话框，在【名称】文本框中输入新建元件的名称“土地”，并在【类型】下拉列表中选择【图形】选项，如图 10-18 所示。

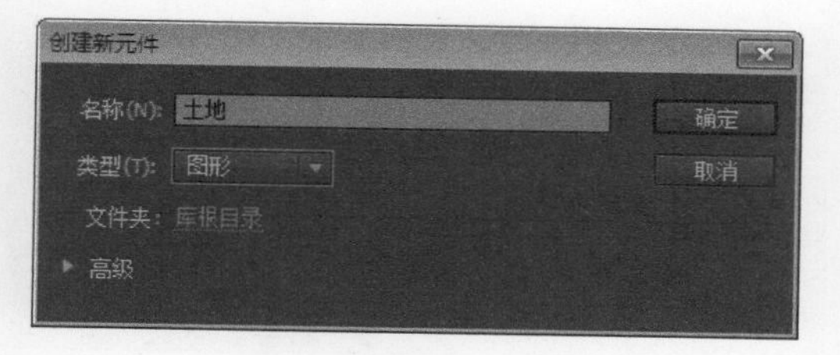

图 10-18　【创建新元件】对话框

步骤 5　单击【确定】按钮，即进入该元件的编辑模式，然后使用矩形工具和钢笔工具绘制一个地面的图形，如图 10-19 所示。

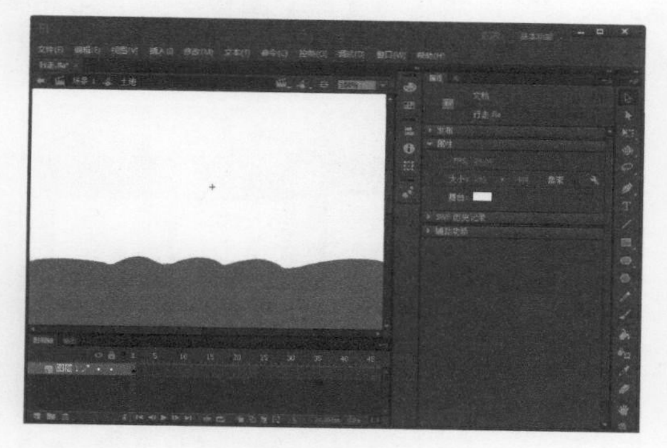

图 10-19　绘制地面

步骤 6　在舞台上逐个绘制正在行走的人并将其转换为图形元件，并分别命名为元件 1 ～ 9，如图 10-20 所示。

图 10-20　元件 9 中行走的动作

步骤 7　依次选择【插入】→【新建元件】菜单命令，打开【创建新元件】对话框，在【名称】文本框中输入新建元件的名称“行人”，并在【类型】下拉列表中选择【影片剪辑】选项，如图 10-21 所示。

图 10-21 【创建新元件】对话框

步骤 8 单击【确定】按钮，即进入该元件的编辑模式，选中第 1 帧之后，按快捷键 F6 插入关键帧，然后将【库】面板中的“元件 1”拖到舞台中，如图 10-22 所示。

图 10-22 将“元件 1”拖到舞台中

步骤 9 选中“图层 1”的第 3 帧，按快捷键 F7 插入空白关键帧，然后将【库】面板中的“元件 2”拖到舞台中，如图 10-23 所示。

图 10-23 将“元件 2”拖到舞台中

步骤 10 分别在第 5、7、9、11、13、15、17 帧处插入空白关键帧，并将元件 3 ～ 9 从【库】面板中拖到相应帧中，如图 10-24 所示。

图 10-24 插入空白关键帧并拖入相应的动作

步骤 11 选中“图层 1”的第 18 帧，按快捷键 F5 插入帧，即可让 17 帧中的内容延长一帧，如图 10-25 所示。

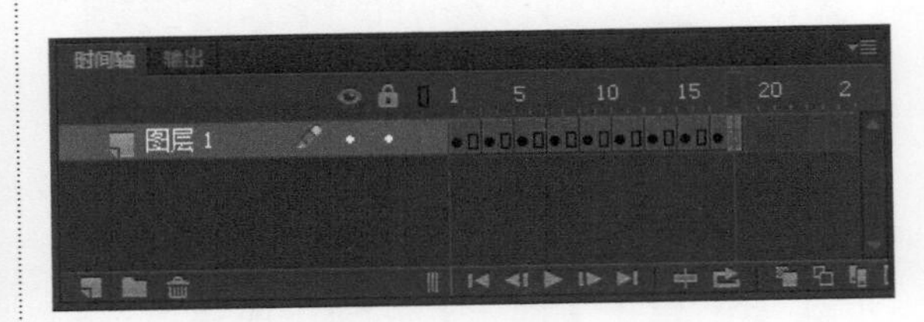

图 10-25 插入帧

步骤 12 单击【场景 1】按钮，返回到主场景中，然后双击“图层 1”使其处于编辑状态，并将其重命名为“蓝天”，最后将【库】面板中的“蓝天”元件拖到场景中，如图 10-26 所示。

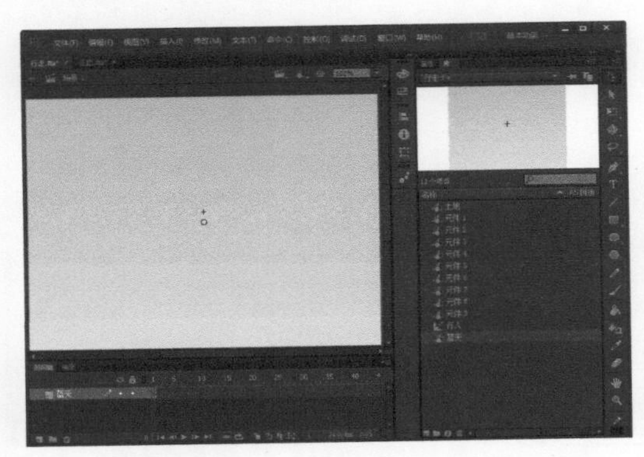

图 10-26 将“蓝天”元件拖到场景中

步骤 13 单击【时间轴】面板中的【新建图层】按钮，即可在“蓝天”图层上插入一个新图层，将其重命名为“土地”，然后将【库】面板中的“土地”元件拖到场景中，如图 10-27 所示。

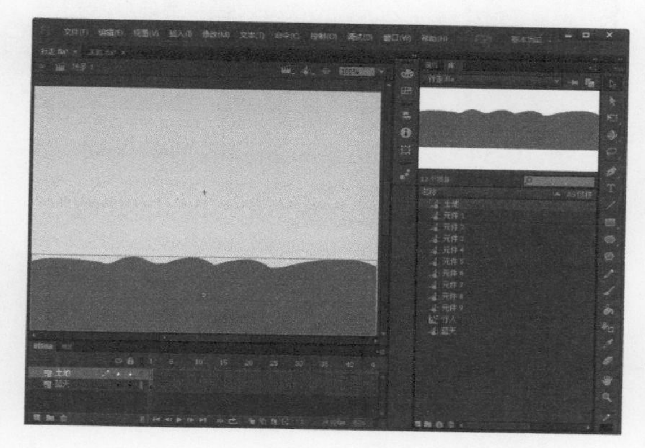

图 10-27　将“土地”元件拖到场景中

步骤 14 选中“蓝天”图层中的第 45 帧，按快捷键 F5 插入帧，即可将第 1 帧中的内容延迟至第 45 帧，如图 10-28 所示。

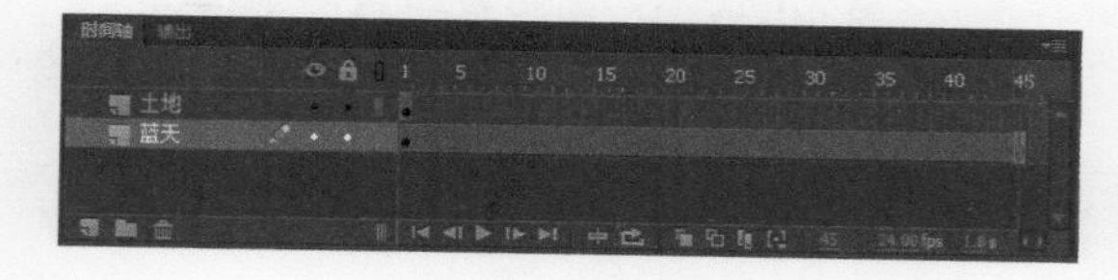

图 10-28　插入帧

步骤 15 选中“土地”图层中的第 45 帧，按快捷键 F6 插入关键帧，如图 10-29 所示。

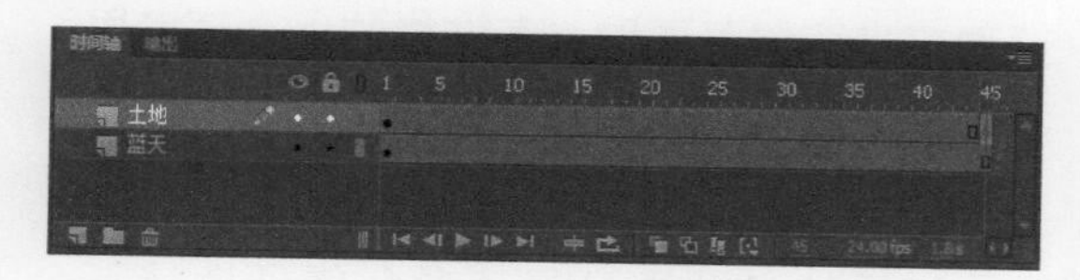

图 10-29　插入关键帧

步骤 16 选中“土地”图层中第 1 ～ 45 帧中的任意一帧并右击，从弹出的快捷菜单中选择【创建传统补间动画】菜单命令，即可创建传统补间动画，如图 10-30 所示。

步骤 17 单击【新建图层】按钮，即可在“土地”图层上插入一个新图层“图层 3”，选中该图层的第 1 帧，然后将【库】面板中的“行人”拖到场景中，如图 10-31 所示。

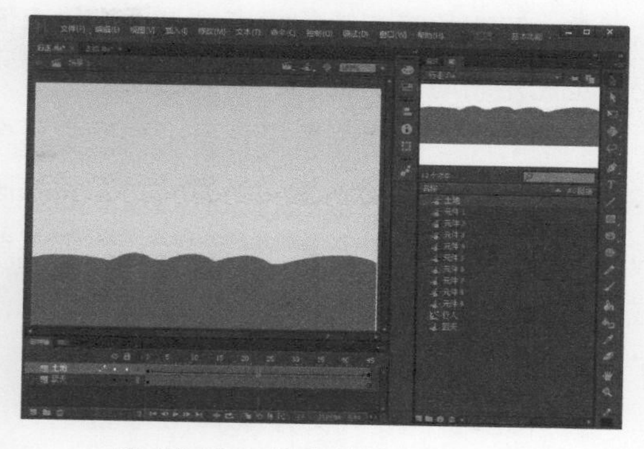

图 10-30　创建传统补间动画

图 10-31　将“行人”拖到场景中

步骤 18 按 Ctrl+ Enter 组合键测试影片，即可在测试窗口预览动画效果，如图 10-32 所示。

图 10-32　测试影片

10.2.2 实例 3——人的跑步

跑步的动作与走路的动作类似，在跨步前有挤压动作及跨步伸展动作，动作弧度及轨迹较大，另有腾空动画。人在奔跑时的基本规律是：身体重心向前倾，手臂成弯曲状，两手自然握拳，双脚的跨步动作幅度较大，头的高低变化也比走路动作大。

人物的跑步动作一般来说是 1 秒产生两个完整步，制作时以“一拍一”方式，即每张画面只出现一次，描写 1 秒中的跑步动作要绘制成半秒完成一个完整步，另外的半秒画面重复前面的画面即可。

在奔跑时，几乎没有双脚同时着地的过程，而是完全依靠单脚支撑躯干的重量。在处理急速奔跑的动作时，双脚离开地面的过程可以处理为一到两格的画面，以增加速度感，如图 10-33 所示。

图 10-33　人物的跑步规律

以上所述只是人在奔跑时的一般规律。但是，在奔跑时由于目的、情绪、神态的不同以及角色的性别、年龄、身份、体型上的差异，奔跑时的姿态、节奏、速度以及动作的中间过程，都会有所差别。这些都需要原动画人员在实践中去正确掌握。

人物跑步动画的制作方法与人物走路动画的制作方法一样，这里不再赘述。跑步动画的时间轴如图 10-34 所示，具体的动画效果如图 10-35 所示。

图 10-34　人物跑步动画的时间轴显示

图 10-35　人物跑步动画效果

10.2.3　实例 4——人的转身

人的吃饭、睡觉、走路等许多动作，在不同环境中的表现各不相同，比如一个阅读姿势，在一个天气晴朗的早上，一个少女或一个男孩捧着书坐在树荫下看。在这样的一个环境里，表述出来的是一种姿态非常优美的感觉，排除了一切的喧嚣，给人以美的享受。

如果转身动画只是让角色僵硬地转一个面，则欠缺了生动性。人类的各种组合动作，一般都是从头部运动开始的。比如要与某人交谈时，发言者必须先抬头看着对方。

同样，转身动画要使角色转过身子，必须先使角色的头部转动，头部的转动之后肩部开始转动，肩部的转动带动了手臂和腰部的转动，腰部的转动又带动腿部转动。腿部的动作必然

是先抬起一条腿转动之后踏在地上，再转动另一条腿。设计者必须注意这些转身的肢体动作的先后顺序，如图 10-36 所示。

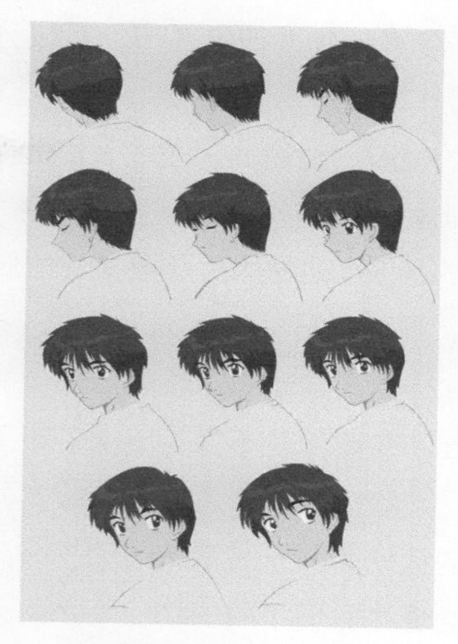

图 10-36　人物的转身

10.3 不同动物的运动规律

动物包括四足类、飞行类、水生类和昆虫类。由于各类动物在形体结构上差异很大，因此它们的运动规律也完全不一样，甚至同一类动物由于形体大小的不同，在运动过程中动作也不一样。

10.3.1 实例 5——四足类动物的运动

四足类动物虽然有很多种类，但具有一些共同的特征。一般来说，分析动物的结构和运动的简便方法就是将动物的运动与人的运动进行对照，寻找其共同点。

人类属哺乳动物，与其他四足哺乳动物在解剖上非常相似。把握动物的动态，应该以人的动态为基础。试着想象一下，人四肢着地爬行时的姿态与四足动物有很多相似之处。动物的肢体在行进时，类似于人用四肢行走的状态。大多数四足动物行走与人类的爬行有很多相似之处。

正是因为四足动物以“手指”（相当于动物的后足）触地行进，所以稳定性比人要好，单个的肢体在行进时触地时间不用像人类那么长，也会有灵活和轻盈的特点（体形格外庞大的四足动物大象、犀牛等除外）。

在研究动物的运动规律时，应当先对人与各类动物四肢关节作比较。因为各类动物的基本动作是：走、跑、跳、跃、飞、游等，特别是动物走路的动作，与人走路的动作有相似之处（双脚交替运动和四肢交替运动）。但由于动物大多是用脚趾走路（人是用脚掌着地），因此，各部位的关节运动也就产生了差异。

人与各类动物的四肢关节，可以分成如下部分。

☆ 人的上肢（动物的前肢或飞禽的翅膀）：肩、肘、腕、指。

☆ 人的下肢（动物的后肢或飞禽的脚）：股、膝、踝、趾。

在进行了人与动物四肢关节部位的比较之后，再画动物动作就不容易出现差错了。

四足类动物可以分为爪类和蹄类两种。尽管它们的运动属同一种基本运动规律范畴，但是要准确表达它们不同的动作特点，无论是在设计原画时，还是在画动作中间过程时，都应注意体现它们的差异。

☆ 爪类动物：一般属食肉类动物。身上长有较长的兽毛，脚上有尖利的爪子，脚底生有富有弹性的肌肉。性情比较暴烈。身体肌肉柔韧、表层皮毛松软，能跑善跳、动作灵活、姿态多变。例如：狮、虎、豹、狼、狐、熊、狗、猫等。

☆ 蹄类动物：一般属食草类动物。脚上长有坚硬的脚壳（蹄），有的头上还生有一对角。性情比较温和。身体肌肉结实，动作刚健、竖直，形体变化较小，能奔善跑。例如：马、羊、牛、鹿、羚羊等。

四足类动物大部分属于四条腿走路的“蹄行”动物（即用脚趾部位走路）。它的基本动作规律，可以分解成如下 6 点。

☆ 四条腿两分、两合，左右交替成一个完步（俗称后脚踢前脚）。

☆ 前腿抬起时，腕关节向后弯曲；后腿抬起时，踝关节朝前弯曲。

☆ 走步时由于腿关节的屈伸运动，身体稍有高低起伏。

☆ 走步时，为了配合腿部的运动、保持身体重心的平衡，头部会略有上下点动，一般是在跨出的前脚即将落地时，头开始朝下运动。

☆ 爪类动物因皮毛松软柔和，关节运动的轮廓不十分明显。蹄类动物的关节运动就比较明显，轮廓清晰，显得硬直。

☆ 四足类动物在走路动作的运动过程中，应注意脚趾落地、离地时所产生的高低弧度。

四足类动物在追逐捕食目标或逃避猛兽追捕时，快速奔跑运动的基本规律如图 10-37 所示，可以分解如下。

图 10-37　四足类动物快速奔跑运动的基本规律

☆ 动物奔跑动作基本规律，与走步时四条腿的交替分合相似，如图 10-38 所示。但跑得越快，四条腿的交替分合就越不明显。有时会变成前后各两条腿同时屈伸，四脚离地时只差一到两格。

☆ 奔跑过程中，身体的伸展（拉长）和收缩（缩短）姿态变化明显（尤其是爪类动物）。

☆ 在快速奔跑过程中，四条腿有时呈腾空跳跃状态，身体上下起伏的弧度较大。但在极度快速奔跑的情况下，身体起伏的弧度又会减少。

☆ 奔跑的动作速度。一般，快跑中间需画 11 ～ 13 张动画（如拍两格张数减半），快速奔跑为 8 ～ 11 张动画拍一格，特别快速飞奔为 5 ～ 7 张动画拍一格。

图 10-38　动物的奔跑规律

四足类动物出现跳和扑动作的一些情况为：如鹿、羊、马等蹄类动物在遇到障碍物或沟壑时，常常需要跳跃；爪类动物，如狮、虎、猫等，除了善于跳跃之外，还经常运用身体的屈伸、猛烈扑跳动作捕捉猎物。四足类动物跳跃和扑跳动作的运动规律与奔跑动作比较类似，不同之处在于扑跳前一般有个准备动作阶段，身体和四肢紧缩，头和颈部压低或贴近地面，两眼盯住前方目标。跃起时爆发力超强，速度很快，身体和四肢迅速伸展、腾空，成弧形抛物线扑向猎物。前足着地时，身体及后肢产生一股前冲力，后脚着地的位置有时会超过前脚的位置。如连续扑跳，身体又再次形成紧缩，继而又是一次快速伸展、扑跳动作。

上述四足类动物动作规律的分析和技法，是原动画人员必须掌握的基本知识。

10.3.2　实例 6——飞行类动物的运动

飞行类动物一般指鸟类。鸟类多用两条腿站立，而且是用脚趾支撑。鸟在飞翔时，双翅重复着上下扇动的动作，而且向下扇动的时间短，力量大，以获得向上的提升力；而翅膀向上扇动是为了将翅膀恢复到原始位置，整个过程时间长，力量弱，翅膀呈现的状态也不一样。因此，鸟类向下扇动翅膀是飞行的主体动作，而向上扇动翅膀是从属动作。

为了便于在动画工作中掌握鸟类的动作规律，可以将其分为阔翼类和雀类两种。

1. 阔翼类

如鹰、雁、天鹅、海鸥、鹤等，它们属于飞禽和涉禽，一般翅膀长而宽，颈部较长而灵活。海鸥的飞行规律如图 10-39 所示。阔翼类飞行动作的特点有以下几点。

☆　以飞翔为主，飞行时翅膀上下扇动变化较多，动作柔和优美。

☆　由于翅膀宽大，飞行时空气对翅膀产生升力和推力（还有阻力），托起身体上升和前进。扇翅动作一般比较缓慢，翅膀下扇时展得略开，动作有力；抬起时比较收拢，动作柔和。

☆　飞行过程中飞到一定高度后，用力扇动几下翅膀，就可以利用上升的气流展翅飞翔。

☆　动作通常偏缓慢，走路动作与家禽相似，涉禽类腿脚细长，常踏草涉水步行觅食，能飞善走，提腿跨步屈伸，幅度大而明显。

☆　翅膀上下扇动的中间过程须按曲线运动的要求来画。

图 10-39　海鸥的飞行规律

2. 雀类

如麻雀、画眉、山雀、蜂鸟，它们一般身体短小，翅翼不大，嘴小脖子短，动作轻盈灵活，飞行速度快。雀类的飞行规律如图 10-40 所示。雀类飞行动作的特定有以下几点。

☆ 动作快而急促，常伴有短暂的停顿，琐碎而不稳定。

☆ 飞行速度快，翅膀扇动的频率较高，往往不容易看清翅膀的动作过程（在动画片中，一般用流线虚影来表示翅扇的快速）飞行中形体变化甚少。

☆ 由于体小身轻，飞行过程中常常是夹翅飞窜。小鸟的身体有时还可以短时间停在空中，急速地扇动双翅，寻找目标。

☆ 很少用双脚交替行走，常常是用双脚跳跃前进。

图 10-40 雀类的飞行规律

10.3.3 实例 7——水生类动物的运动

水生动物即在水中生活的动物。大多数水生动物是在生物进化过程中未曾脱离水中生活的一级水生动物，但也包括像鲸鱼和水生昆虫之类由陆生动物转化成的二级水生动物，后者有的并不靠水中的溶解氧来呼吸。可将水生动物按照栖息场所分为海洋动物和淡水动物两种。

水生动物中除了最常见的鱼以外，还有：腔肠动物，如海葵、海蜇、珊瑚虫；软体动物，如乌贼、章鱼；甲壳动物，如虾、蟹；其他动物，如海豚（哺乳动物）、龟（爬行动物）等。

不同生物的运动方法也不太一样，如表 10-1 所示。

表 10-1 不同生物的运动特点

动物名称	运动特点
海生	肌肉伸缩爬行，慢
梭子鱼	速度快
乌贼、章鱼	利用水的反推力迅速后退
贝类	自己不动
深水鱼	游动起来像闪烁的星星

 1. 鱼的运动规律

从表 10-1 可以看出，水生生物运动起来形状不一。鱼在水中游泳时是全身的肌肉运动，这是鱼类运动最普遍、最重要的方式，即鱼类利用躯干和尾部的交替收缩，使身体左右扭动击动水流，鱼借助击水所产生的反作用力，将身体推向前进（如，鳗鲡、带鱼的游泳就是典型的这种运动方式）。

鱼在运动时，鳍的作用必不可少。鳍是鱼类特有的运动器官，在胸鳍、腹鳍、背鳍、臀鳍和尾鳍中，尾鳍对鱼运动的作用较大。它不仅可结合肌肉的活动使身体保持平衡，而且还能像舵一样控制着鱼的游泳方向。同时，鱼尾鳍也是配合全身肌肉运动推进鱼体前进的动力之一。在自然界中，有极少数鱼完全依靠背鳍运动，如海马的向前移动就完全依靠背鳍的摆动来完成。

此外，鱼在运动时还要用鳃孔排水，即利用呼吸时由鳃孔喷出来的水流来运动。仔细观察可发现，鱼在静止时胸鳍不停地运动，其原因之一是用来抵消由鳃孔排水所引起的推进作用，以保证鱼能停留在某一个位置上。利用鳃孔排水的作用力辅助鱼运动的现象，一般在鱼体快速

前进时或鱼由静止状态转为运动状态时比较明显。

简单地说，鱼在运动时是利用鳍和尾巴摆动在水里游行的，在动画制作中，鱼尾部摆动速度比鱼鳍快。

2. 海豚的运动规律

海豚在运动时是靠尾鳍、胸鳍和背鳍运动的，在动画制作中，尾鳍运动要比胸鳍和背鳍明显，如图 10-41 所示。

图 10-41　海豚的运动规律

10.4 不同自然景物的运动规律

自然界的一切物体都在运动，绝对不动的物体是没有的，而且运动形式多种多样。自然界的各种现象，如风、雨、雷、电、雪、水、火等，这些现象的运动规律虽然不一样，但都可以利用动画、拟人化以及其他的物体来表现。

10.4.1 实例 8——风和水类景物的运动

1. 风的运动

风的运动形式表现为以下几种。

☆ 运动线的表现。

风本来是无形的，要表现它，只有依靠别的物体的漂移、运动，如被风吹起的落叶、纸屑等。图 10-42 所示即为利用在空中飘动的落叶来表现风吹效果。这种动画在设计时一般先设计好物体的运动线，确定被风吹起的物体动作的转折点之后，再逐张绘制中间画。

图 10-42　利用运动线表现风的运动规律

☆ 曲线运动的表现。

曲线运动表现最明显的有头发、飘带、裙摆、围巾、飘扬的红旗等一端固定的柔软物体，如图 10-43 所示。

图 10-43 利用运动曲线表现风的运动规律

☆ 流线的表现。

动画影片中的龙卷风、较大的风吹起的纸屑、沙土等物，以及风冲击较大物体时的情景，一般可采取流线表现的方式，如图 10-44 所示。

图 10-44 利用流线表现风的运动规律

☆ 声音的表现。

较大的风还会有声音，所以在动画中根据风的大小，往往还需要加上一些必要的风声特效。

2. 水的运动

在动画设计中，水的变化比较复杂，归纳起来大概有聚合、分离、推进、S 形变化、曲线变化、扩散变化及波浪变化等几种。要在动画中表现水的运动，可以通过以下几种形式。

☆ 水圈。

一件物体坠落到水中就会产生水圈纹，在制作水圈效果时，可在时间轴上插入多个图层，水圈效果每隔几帧出现一次，效果会更逼真。

☆ 微波。

一个物体在水中前进，如小船行驶，就会在水面上产生水纹微波，在表现这种微波时，需要注意水纹应逐渐向物体外侧扩散；水纹逐渐向物体相反方向拉长、分离、消失；水纹动作速度不宜太快，物体尾部呈现曲线形波纹，并逐渐向后消失。

☆ 水花。

一盆水或较重的物体投入水中时，水面溅起的水花，或是生物跃出海面（水面）所激起的水花，一般需要 5 ～ 10 帧画面。

☆ 浪花。

江河湖海中浪花的运动在风力或其他力作用下会产生许多变化，一般，从浪花的形成到消失，一个循环有 8 帧画面即可。

10.4.2 实例 9——火和云类景物的运动

1. 火的运动

火是很泛的概念，基本包含发光（光子的产生）和产热（如氧化、核反应所致）两大元素。在生活中，火被认为是物质发生某些变化时的表现。而在动画创作中火也是常常需要表现的一种动画现象。

火也可以分为：小火苗（如蜡烛燃烧、火柴燃烧等）、较大的火（如柴火燃烧等）、熊熊大火（如篝火等）等几种。

火由内焰、中焰和外焰组成，火焰温度由内向外依次增高。无论火有多大，它在燃烧的过程中都会受到气流强弱的影响而显现出不规则的运动。但无论怎么运动，总有一个基本运动的规律：扩张、收缩、摇晃、上升、下收、分离和消失。火焰的速度在底部时最快，越往上越慢，直到消失。火焰的形状常常是根据火势的大小和风向发生变化的。

在动画中，常见的火苗运动有以下三种。

☆ 小火苗的运动。

火柴在燃烧时的火苗比较容易制作，火焰部分根据风向会有微小的变化，如图 10-45 所示。

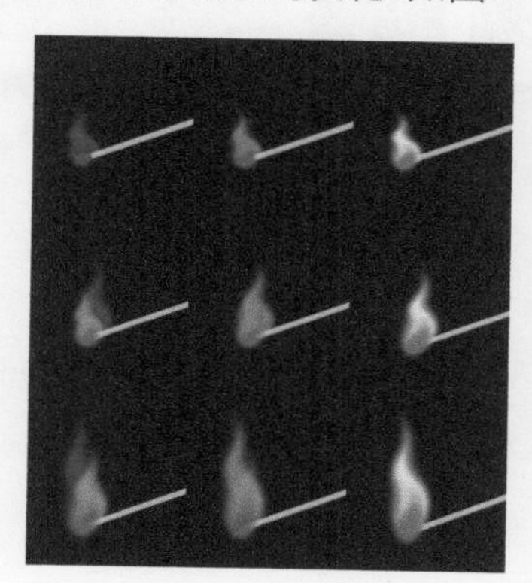

图 10-45 小火苗的运动

☆ 较大火的运动。

火焰较大时，上方的外焰变化非常多，所以制作起来比较困难一些。大火焰的动画效果如图 10-46 所示。

图 10-46 较大火的运动

☆ 熊熊大火的运动。

熊熊大火的燃烧制作比较大火的燃烧制作更为复杂，熊熊大火的动画效果如图 10-47 所示。

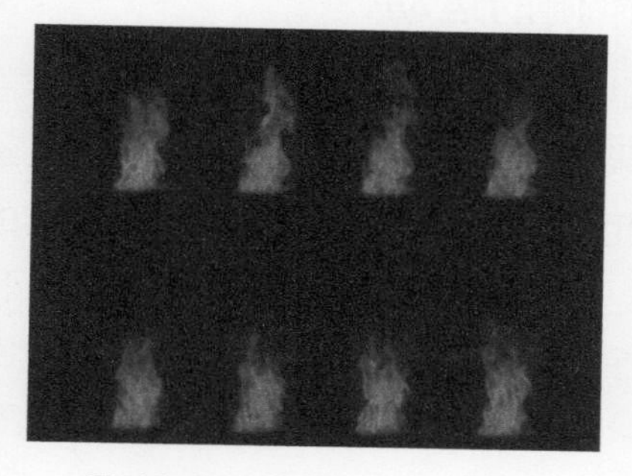

图 10-47 熊熊大火的运动

2. 云的运动

云的运动，最大的特点就是变幻莫测。如果在动画设计中有天空，自然就要有云，比如在空中飞动的筋斗云。

在具体的动画设计过程中，云的变化基本也就是左右移动、前后移动（随着地球的公转自转而进行变化）。另外，云在变化时的形状比较多，可以有不同类型的云，如图 10-48 所示。

图 10-48 不同类型的云

10.4.3 实例 10——雨和雪类景物的运动

1. 雨的运动

由于人眼的视觉残留原理，雨的降落给人的视觉感觉就成了直线形。为了丰富下雨时的真实效果，制作下雨动画时一般要画三层画面：第一层画面用于表现大雨点，第二层画面用于表现较粗的直线，第三层画面表现细而密的直线。当把这三个画面重合在一起时，画面就会变得丰富。这三层画面表现的元素不同，则下雨的速度也应有所不同。

在制作动画时，雨也会因为风向原因导致雨点降落方向不同。此外，也可将雨分为不同的类型，如细雨、大雨、滂沱大雨等，如图 10-49 所示。

图 10-49　各种不同效果的雨

2. 雪的运动

雪的下落速度相对雨而言缓慢很多，为了丰富雪的动画画面，也需要绘制三层画面用于表现不同的雪花：第一层画面用于表现大雪花，第二层画面用于表现中等大小的雪花，第三层用于表现小雪花。雪花的飘落路径是曲线，一般先设置好下雪路径再绘制雪花形状。大部分雪花飘落的效果是用 ActionScript 命令来完成的。

下雪效果也有许多不同的类型，如图 10-50 所示。

图 10-50　各种不同效果的雪

10.4.4 实例 11——雷电和爆炸的运动

雷电是伴有闪电和雷鸣的一种雄伟壮观而又有点令人生畏的自然现象。雷电一般产生于对流发展旺盛的积雨云中，因此常伴有强烈的阵风和暴雨，有时还伴有冰雹和龙卷风。

雷电的类型一般分为以下 5 种。

☆ 枝状闪电：曲折开叉的普通闪电。

☆ 带状闪电：带状闪电的通道如被风吹向两边，以致看起来有几条平行的闪电。

☆ 叉状闪电：闪电的两枝看起来同时到达地面。

☆ 片状闪电：闪电在云中阴阳电荷之间闪烁，使全地区的天空一片光亮。

☆ 云间闪电：未到达地面的闪电，也就是同一云层之中或两个云层之间的闪电。有时候，这种横行的闪电会行走一段距离，在风暴的许多公里外降落地面，这就叫作“晴天霹雳”。

在动画设计中表现雷电有两种方法：一种是不出现闪光带的亮光，另一种是出现闪光带的。在动画中，亮光表示雷电的方法是在该画面上罩上一层透明的白色光。

绘制闪电时，闪电的形状也是千变万化的，可以绘制成树枝状的，也可以绘制成图案状的，还可以直接利用雷电的图片来进行效果制作，如图 10-51 所示。

图 10-51　不同类型的雷

雷电常会伴有打雷，打雷时必然会有声音，所以在制作雷电动画时，还要加入这些雷电的相应音效，这样整个动画效果才会更加逼真。

10.5 高手甜点

甜点 1： 在制作人走路的动画时，为什么步伐节奏和平时看到的步伐节奏不一样，并且时快时慢？

出现这种情况的主要原因是在绘制动画角色时，角色本身出现了问题（如本来应该是左脚向前迈步，在绘制时却做成了右脚向前迈步）；还有可能是在制作影片时在时间轴上出现的错误，一般情况下，制作人在正常行走时，每隔一帧便可插入下一帧中的内容。

甜点 2：巧用历史记录。

在创建动画角色的运动时，往往会对执行的操作不满意，这时就可以通过【编辑】菜单中的【撤销】与【重复】命令来撤销或重复，也可以通过【历史记录】对话框来查看。

默认情况下，【历史记录】对话框中的最大步骤数是100，如果需要更改最大步骤数，可以在【首选参数】对话框中的【常规】选项卡下，重新设置“撤销”的层级数，其值可以取 2 ～ 300 的任意整数，如图 10-52 所示。

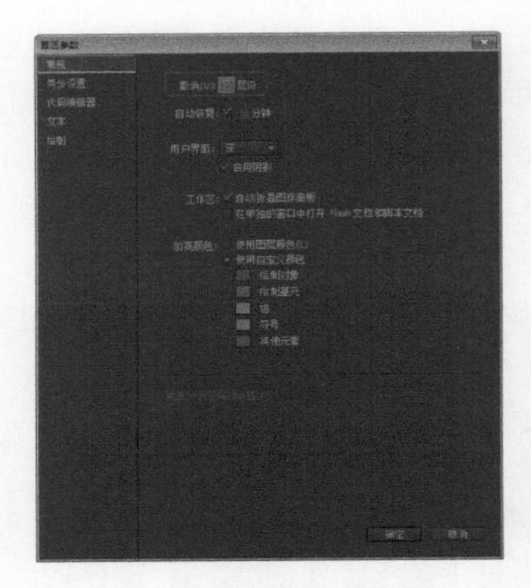

图 10-52 【首选参数】对话框

第11章 合成 Flash 动画

- **本章导读**

本章首先介绍传统动画的制作流程、Flash 动画的原理和制作 Flash 动画的操作流程，其次，对 Flash 动画的创作规划进行讲解。在此基础上，通过实例（包括帧动画、动作补间动画、形状补间动画以及遮罩动画）的具体操作，详细介绍 Flash CC 动画合成的过程。

- **本章学习目标（已掌握的在圆圈中打钩）**

◎ 熟悉传统动画的制作流程
◎ 熟悉 Flash 动画的原理
◎ 掌握制作 Flash 动画的流程
◎ 掌握 Flash 动画规划的方法
◎ 掌握制作逐帧动画的方法
◎ 掌握制作补间动画的方法
◎ 掌握制作遮罩动画的方法
◎ 掌握制作动画预设的方法

- **重点案例效果**

11.1 传统动画与Flash动画制作流程

传统动画的制作较为复杂，分为前期、中期和后期，常用于表现一些动作复杂又无规律的物体动态。Flash 动画相比传统动画来说制作更为简单，通常只由一个人完成，而且周期短、成本低、动画不失真。因此，深受广大动画制作爱好者的喜欢。

11.1.1 传统动画制作流程

传统动画片是用画笔画出一张张各自不动的但连接起来又是逐渐变化的静态画面，然后经过摄影机、摄像机或计算机的逐格拍摄或扫描之后，以一定的速度连续放映，从而使得画面在荧屏里像活动起来一样，便形成了动画。

传统的动画制作，尤其是大型动画片的创作，是一项集体性劳动。像《猫和老鼠》《聪明的一休》《奥特曼》《天线宝宝》《樱桃小丸子》《蜡笔小新》《葫芦娃》和《大头儿子和小头爸爸》等动画片都属于传统动画。图 11-1 所示即为人们所熟知的国产动画《大头儿子和小头爸爸》的剧照。

图 11-1　《大头儿子和小头爸爸》剧照

传统动画分为以下三个阶段：

 前期设计

前期设计工作在动画制作中占据着举足轻重的位置。因为好的创意和好的剧本，是制作出引人入胜动画的基础。前期设计主要包括如下 4 个部分。

☆　剧本。

创作影片的第一步都是创作剧本，在动画影片中最重要的是用画面表现视觉动作，是由视觉创作来激发人们的想象，所以，要尽可能避免复杂的对话。在这一点上，动画影片与传统电影有很大的不同。

☆　故事板。

导演将剧本分成若干片断，这些片段组成了故事板，将剧本描述的动作描述出来。每一个片段由一系列的场景组成，每个场景一般被限定在某一地点和一组人物内，而场景又可以分为一系列被视为图片单位的镜头，由此构造出一部动画片的整体结构。故事板在绘制各个分镜头的同时，对内容的动作、道白的时间、摄影指示、画面连接等都要有详细的说明。

☆　摄制表。

导演编制出整个影片制作的进度规划表，以指导动画创作集体各方人员统一协调地工作。

☆　音响和设计。

设计工作是在故事板的基础上，确定背景、前景及道具的形式和形状，完成场景环境和背景图的设计、制作。对人物或其他角色进行造型设计，并绘制出每个造型的几个不同角度的标准页，以供其他动画人员参考。

 中期绘图

中期绘图是传统动画制作的核心部分，不仅因为它是整个动画制作过程中最耗时的环

节，还因为所绘制画面的质量直接影响动画的视觉效果，从而影响到整个动画的质量。中期绘图主要包括以下 4 个部分。

☆　原画创作。

原画是由动画设计师绘制出动画的一些关键画面。通常，一个设计师只负责一个固定的人物或其他角色。

☆　中间插画制作。

中间插画是指两个重要位置或框架图之间的过渡画面。在各原画之间内插的连续动作的画，要符合指定的动作时间，使之能表现得接近自然动作。

☆　誉清和描线。

前几个阶段完成的动画设计均是钢笔绘制的草图。在草图完成之后，使用特制的静电复印机将草图誉印到醋酸胶片上，再用手工给誉印在胶片上的画面线条进行描墨。

☆　后期着色。

由于动画片通常都是彩色的，所以需要将描线后的胶片进行上色，从而使得画面在以后的拍摄和放映过程中呈彩色显示。

3. 后期制作

在传统动画中分别制作的动画成品原动画图纸，连同背景摄影表、设计稿一起汇总在校对动作室进行检查和顺序安排，例如成品数量是否齐全，角色各部位的颜色是否正确，画框内的元素是否完整，背景之间的前后关系交切线是否吻合，在校对师检验合格之后，送往摄影室进行逐格拍摄技术处理。

摄影师严格按照拍摄表上规定的数据与具体指示操作，若有技术表现方面的建议，未经导演批准也绝不可以擅自处理。

☆　检查。

检查是拍摄阶段的第一步。在每一个镜头的每一幅画面全部着色完毕之后，在实际拍摄之前，动画设计师需要对每一个场景中的各个动作进行详细的检查。

☆　拍摄。

动画的拍摄往往需要使用中间有几层玻璃层、顶部有一部摄像机的专用摄像台。拍摄时将背景放在最下一层，中间各层旋转不同的角色或前景等。拍摄中可移动各层产生动画效果，还可利用摄像机的移动、变焦、旋转等变化和淡入等特技功能，生成多种动画特技效果。

☆　编辑。

编辑是后期制作的一部分，主要是完成动画各片段的连接、排序及剪辑等工作。这一部分工作都是与设备和机器有关的工作，包括剪辑、录音合成等技术。这些工作是在导演的统一支配下由专业人员来进行的。工作的质量完全决定于导演前期规划是否准确。例如：校对拍摄要依据摄影表与设计稿提供的信息来源操作。剪辑与录音要依据详细的画面分镜头以及镜头设计进行等，动画导演必须亲临后期制作现场并加以指导，才能保证影片的质量。

☆　录音。

在编辑完成之后，编辑人员和导演开始选择音响效果以配合动画的动作。在所有的音响效果选定并能很好地与动作同步之后，编辑和导演一起对音乐进行复制。再把声音对话、音乐、音响都混合到一个声道上，最后记录在胶片或录像带上。

☆　剪辑。

在动画拍摄完成之后，在剪辑这个动画影片的最后创作阶段，镜头最终连贯合成。并同时把声音、画面、特效、字幕等集成一部合乎逻辑、流畅的作品。

虽然传统动画的制作过程中，有一整套制作体系来对其进行保障，但还是有难以克服的缺点，比如分工太细、设备要求高等。

11.1.2 Flash 动画的原理

当人们观看电影、电视或动画片时，会感到画面中的人物和场景是连续、流畅、自然的。但仔细查看某一段电影胶片，则会发现画面其实并不是连续的。动画和电影正是利用人眼视觉残留特性，它是人眼的一种生理机能，是指客观事物对眼睛的刺激停止后，它的影像还会在眼睛的视网膜上存在一刹那停滞。视像在眼前消失后，它在视网膜上停留的时间大约是 0.1s。

Flash 动画的制作就是基于视觉暂留的原理，特别是 Flash 中的逐帧动画，与传统动画的核心制作几乎一样，同样是通过一系列连贯动作的图形快速放映而形成。当前一帧播放后，其影像仍残留在人的视网膜上，这样让观赏者产生了连续动作的视觉感受。在起始动作与结束动作之间的过渡帧越多，动画的效果就越流畅。

11.1.3 制作 Flash 动画的操作流程

Flash 是一种交互式动画设计工具，可以将音乐、声效、动画方便地融合在一起，以制作出高品质的动画。它所制作出来的 Flash 动画强调交互性，就是让观众在一定程度上参与动画进行，如当动画进行到某个画面时，可以让观众选择动画的运行。

Flash 动画的优点如下。

☆ 操作简单，硬件要求低。

☆ 功能强大，集绘制图形、动画编辑、特效处理、音效处理于一体。

☆ 简化动画制作难度，元件可反复使用。

☆ 操控性强，可以掌控动画片的制作。

☆ 在工作室内的多台计算机之间可以方便地互相调用所需要元件，随时监控动画进展，直观地看到动画效果。

Flash 动画虽然有很多优点，但是也存在缺点，主要有以下两点。

☆ 制作较为复杂的动画时，特别是制作逐帧动画很费精力和时间。

☆ 矢量图的过渡色生硬单一，很难绘制出色彩丰富、柔和的图像。

虽然 Flash 动画没有丰富的颜色，但 Flash 有新的视觉效果，比传统的动画更加灵巧，更加“酷”。不可否认，它已经成为一种新时代的艺术表现形式，同时用 Flash 制作动画会大幅度降低制作成本，减少人力和物力的消耗，从而提高工作效率。

因此，不难看出，利用 Flash 制作动画将对我国动画事业产生举足轻重的作用。只要不断地努力与创新，将 Flash 动画制作与传统动画制作完美结合起来，必定能创造出高质量的动画作品，从而提高动画的制作水平。

11.1.4 对 Flash 动画创作进行规划

创作规划也被称作整体规划，它在整个 Flash 动画创作中尤为重要。正所谓“运筹帷幄，决胜千里”，在开始动手制作之前，对所要做的事有一个全盘的考量，做起来才会胸有成竹。若在动画制作前没有一个整体的框架，制作起来则会没有目标，甚至会偏离主题，特别是多人合作时，创作规划更是不可或缺。

Flash动画作品无论是静态的还是动态的，前期制作中的整体规划都是非常重要的，它可以使制作的 Flash 动画更加合理、精美，同时也能反映一个 Flash 动画设计师的制作水平。因此，Flash 动画的创作规划，对于创造优秀的动画作品是不可或缺的。

11.2 实现Flash CC动画合成

在 Flash CC 中可以创建不同类型的 Flash 动画，包括逐帧动画、补间动画和遮罩动画，熟练掌握这 3 种基本动画的应用，是制作优秀 Flash 作品的基本前提。

11.2.1 实例 1——逐帧动画

逐帧动画又称为帧帧动画，是最基本的动画方式，其制作方式与传统动画的制作方式相同。逐帧动画通常由多个连续关键帧组成，用户可在各关键帧中分别绘制表现对象连续且流畅动作的图形。各帧中图形均相互独立，修改某一帧中的图形并不会影响其他帧中的图形内容。

下面以制作跳动的乒乓球动画为例，具体介绍逐帧动画的制作方法。

步骤 1 启动 Flash CC，然后依次选择【文件】→【新建】菜单命令，即可创建一个新的 Flash 空白文档，最后将该文档保存为“跳动的乒乓球 .fla”，如图 11-2 所示。

图 11-2　新建 Flash 文档

步骤 2 在【属性】面板中，将舞台大小设置为 200 像素 ×200 像素，然后将舞台颜色设置为“#0066FF”，如图 11-3 所示。

步骤 3 为了确定乒乓球跳动的位置，需要给舞台建立一个参照系。依次选择【视图】→【网格】→【显示网格线】菜单命令，即可在舞台上显示出网格线，如图 11-4 所示。

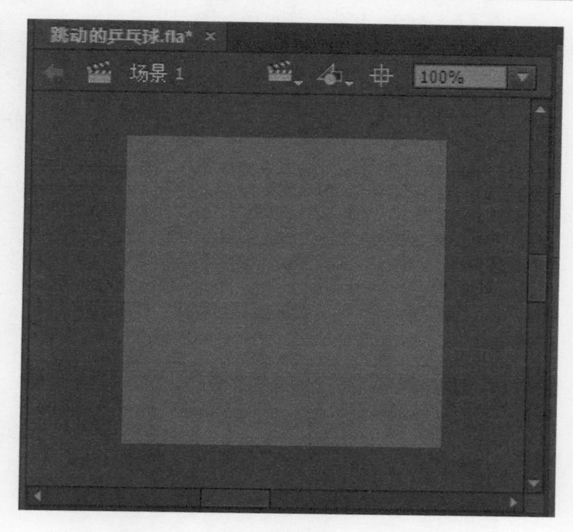

图 11-3　设置舞台大小和颜色

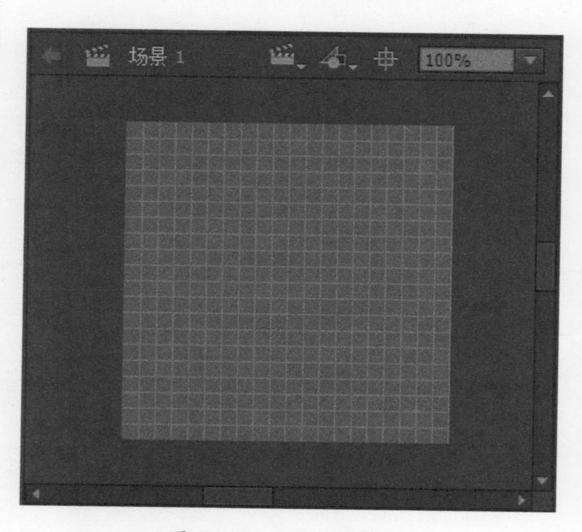

图 11-4　显示网格线

步骤 4 编辑网格线。右击舞台，从弹出的快捷菜单中依次选择【网格】→【编辑网格】菜单命令，打开【网格】对话框，然后在该对话框中将网格大小设置为 20 像素 ×20 像素，如图 11-5 所示。

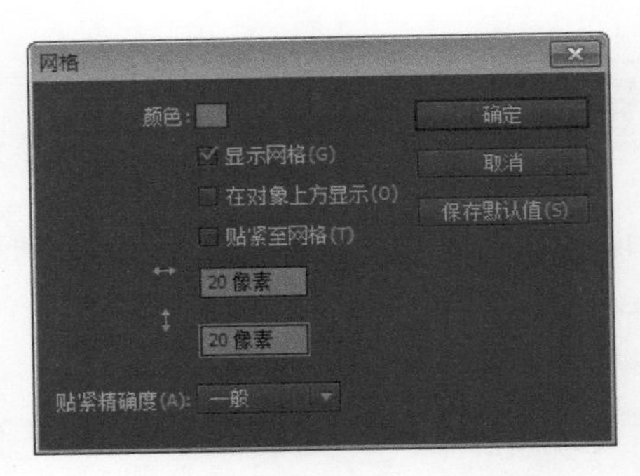

图 11-5　【网格】对话框

步骤 5 单击【确定】按钮，即可返回主窗口中查看设置的效果，如图 11-6 所示。

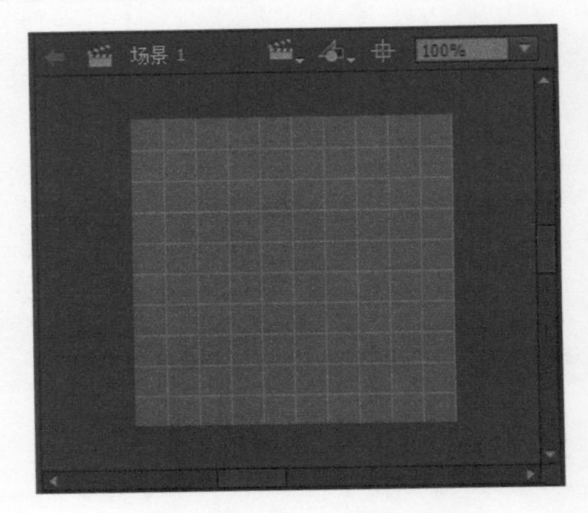

图 11-6　查看网格效果

步骤 6 选取工具栏中的椭圆工具，将笔触颜色设置为“无”，填充颜色设置为“径向渐变”，并选择一种渐变颜色，然后在舞台上的第 10 格处绘制一个圆（从底部算起第 10 格），如图 11-7 所示。

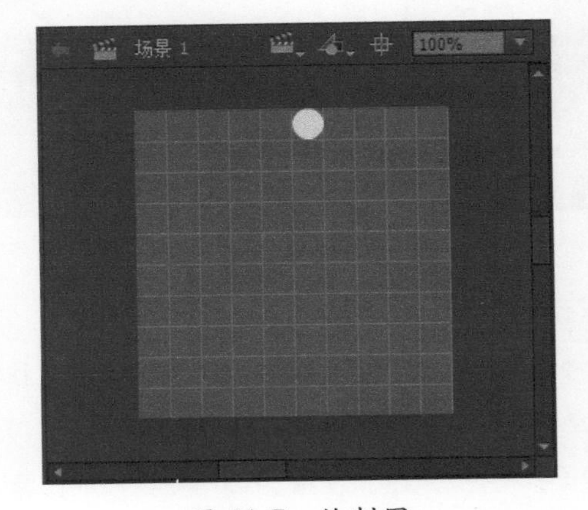

图 11-7　绘制圆

步骤 7 选中“图层 1”上的第 2 帧，按快捷键 F6 插入关键帧，然后将乒乓球拖到第 1 格，表现乒乓球落地的情景，如图 11-8 所示。

图 11-8　插入关键帧并确定乒乓球的跳动位置

步骤 8 乒乓球落地后会反弹，选中“图层 1”上的第 3 帧，按快捷键 F6 插入关键帧，然后将乒乓球拖到第 8 格，如图 11-9 所示。

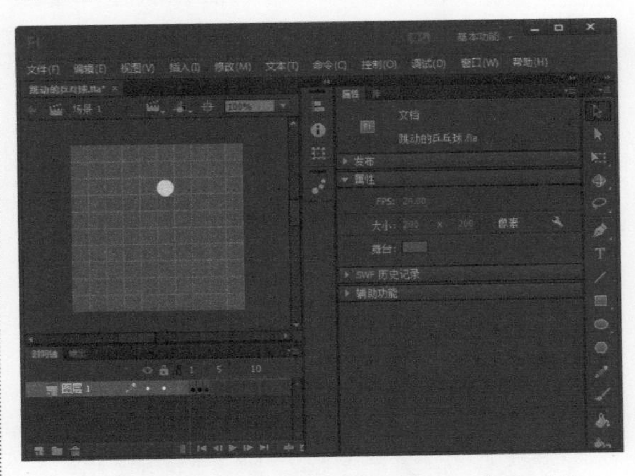

图 11-9　插入关键帧并确定乒乓球的跳动位置

步骤 9 按照上述操作，在第 4 ～ 12 帧处插入关键帧，其中第 2、4、6、8、10、12 帧乒乓球位于地面（底部第 1 格），第 1、3、5、7、9、11、13 帧乒乓球分别位于第 10、8、6、4、2、1 格，如图 11-10 所示。

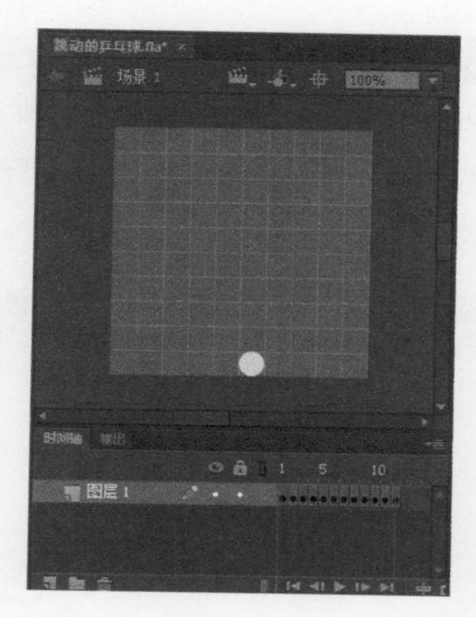

图 11-10　完成其他关键帧的操作

步骤 10　设置播放速度。双击【时间轴】面板下方的“帧频率”，使其处于编辑状态，然后在文本框中输入“4”，如图 11-11 所示。

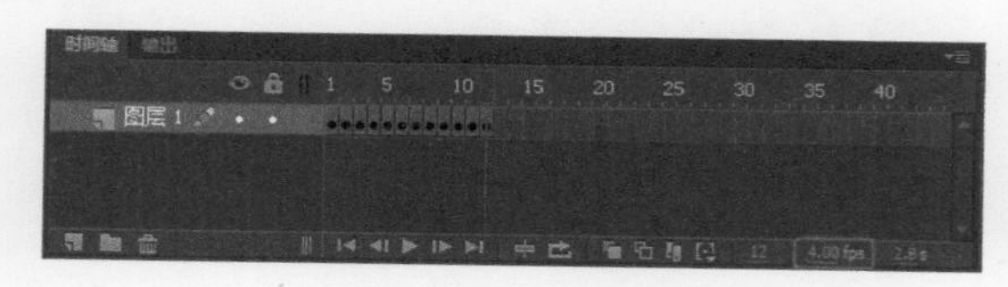

图 11-11　设置帧频率

步骤 11　按 Ctrl + Enter 组合键测试动画，在测试窗口预览乒乓球的跳动效果，如图 11-12 所示。

图 11-12　测试动画

11.2.2　实例 2——补间动画

逐帧动画制作起来费时费力，因此，在 Flash 中制作动画应用最多的还是补间动画。在 Flash CC 中，补间动画可以分为两类：形状补间动画和动作补间动画。

1. 形状补间动画

形状补间动画是指通过计算两个关键帧中图形的形状差别，而自动添加变化过程的一种动画类型，常用于表现图形对象形状之间的颜色、形状、大小、位置等的自然过渡。形状补间动画使用的元素多为矢量图形，如果使用的是图形元件、按钮或文字，则必须先将其“打散”才能创建形状补间动画。

制作形状补间动画的具体操作如下。

步骤 1　启动 Flash CC，然后依次选择【文件】→【新建】菜单命令，即可创建一个新的 Flash 空白文档，最后将该文档保存为“形状补间动画 .fla”，如图 11-13 所示。

图 11-13　新建 Flash 文档

步骤 2　选中“图层 1”的第 1 帧，然后使用椭圆工具在舞台上绘制 5 个圆形，并调整各个圆形之间的位置，如图 11-14 所示。

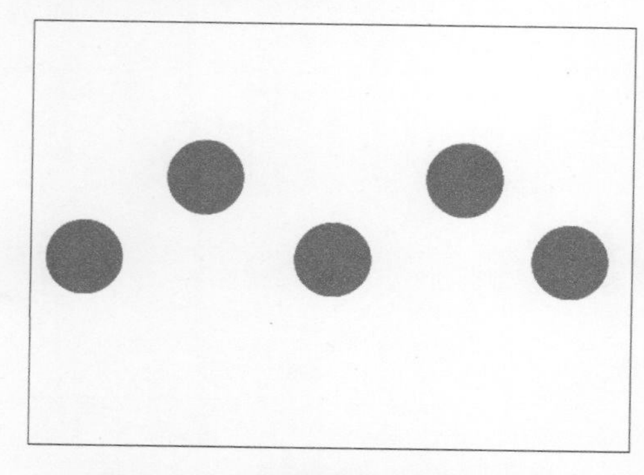

图 11-14　绘制圆形并调整位置

步骤 3 选中第 50 帧，按快捷键 F6 插入关键帧，如图 11-15 所示。

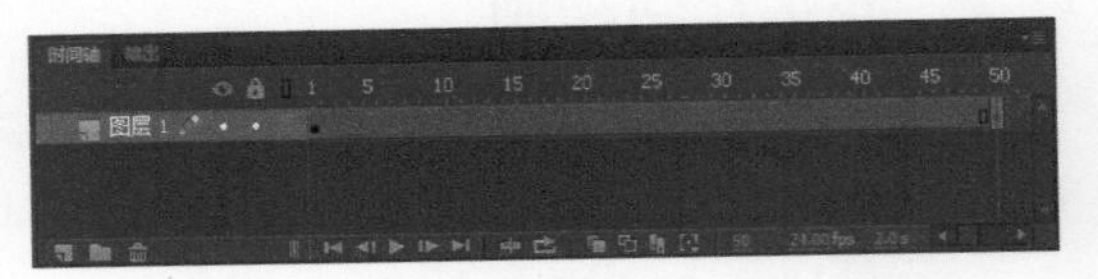

图 11-15　在第 50 帧处插入关键帧

步骤 4 选中第 30 帧，然后使用文本工具在绘制的圆中输入文字，最后将圆形删除，如图 11-16 所示。

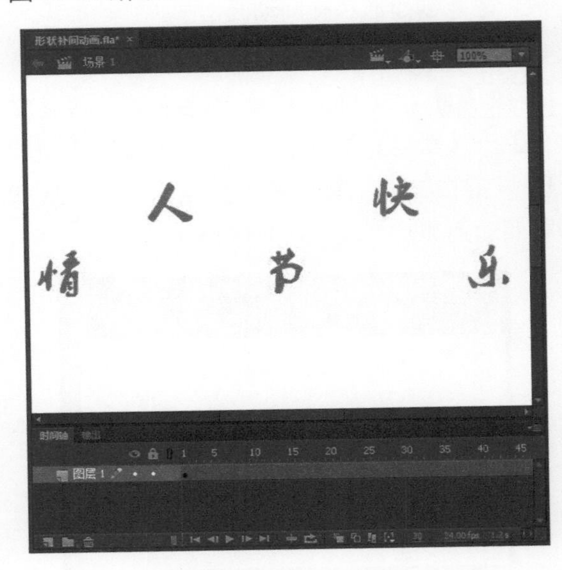

图 11-16　输入文字

步骤 5 依次选中输入的文字，然后按 Ctrl + B 组合键，即可将文字“打散”，如图 11-17 所示。

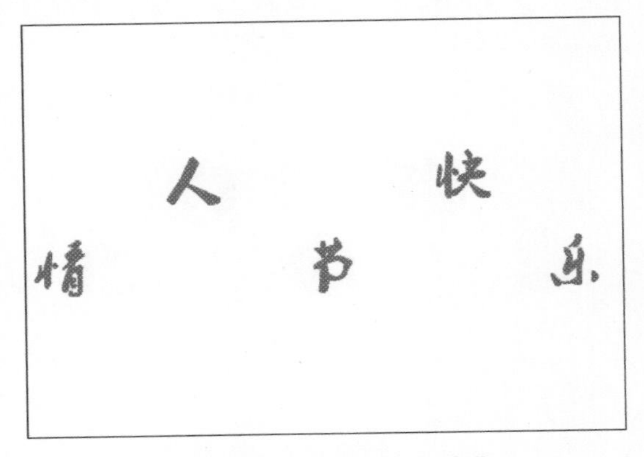

图 11-17　将文字“打散”

步骤 6 选中第 1 ～ 50 帧中的任意一帧并右击，从弹出的快捷菜单中选择【创建补间形状】菜单命令，即可创建形状补间动画，如图 11-18 所示。

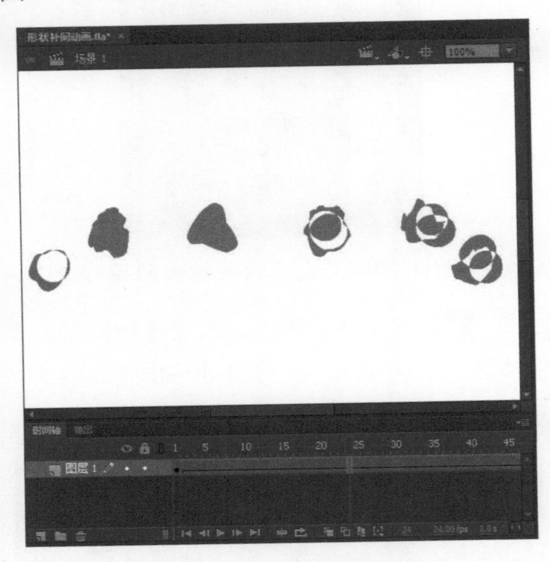

图 11-18　创建形状补间动画

步骤 7 按 Ctrl + Enter 组合键测试影片，在测试窗口即可看到动画由图片渐变成文字的显示效果，如图 11-19 所示。

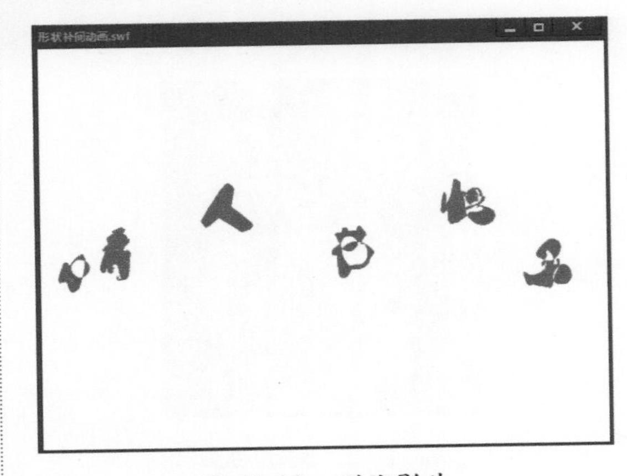

图 11-19　测试影片

 2. 动作补间动画

动作补间动画只由一个开始关键帧和一个结束关键帧组成，且在关键帧上放置的对象必须为元件，在两个关键帧之间设置创建补间动

画，Flash 软件将自动生成中间的动画。

制作动作补间动画的具体操作如下。

步骤 1 启动 Flash CC，然后依次选择【文件】→【新建】菜单命令，即可创建一个新的 Flash 空白文档，最后将该文档保存为“动作补间动画 .fla”，如图 11-20 所示。

图 11-20 新建 Flash 文档

步骤 2 按 Ctrl + F8 组合键打开【创建新元件】对话框，然后在该对话框中设置新建元件的名称和类型，如图 11-21 所示。

图 11-21 【创建新元件】对话框

步骤 3 单击【确定】按钮，即进入影片剪辑元件的编辑模式，如图 11-22 所示。

图 11-22 进入影片剪辑元件编辑模式

步骤 4 选取工具栏中的椭圆工具，设置笔触颜色为“无”，填充颜色为“线性渐变”，然后选择一种渐变颜色，最后在舞台上绘制一个椭圆，如图 11-23 所示。

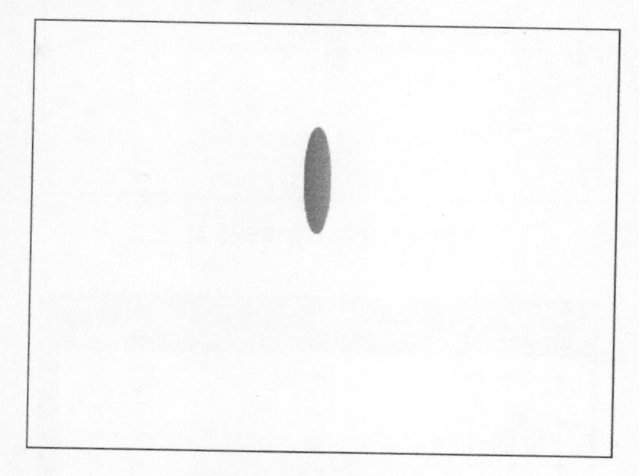

图 11-23 绘制椭圆

步骤 5 选择任意变形工具，将椭圆的中心点往下移动，然后依次选择【窗口】→【变形】菜单命令，即可打开【变形】面板，如图 11-24 所示。

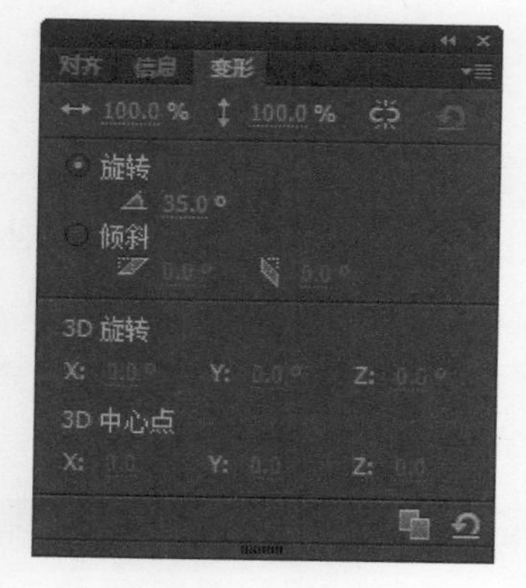

图 11-24 【变形】面板

步骤 6 选中【旋转】单选按钮，并输入旋转角度值“35.0”，然后重复单击【重制选区和变形】按钮，即可得到花朵的形状，如图 11-25 所示。

步骤 7 选中“图层 1”的第 10 帧，按快捷键 F6 插入关键帧，然后使用任意变形工具等比例缩小花朵并调整其位置，如图 11-26 所示。

图 11-25　变形效果

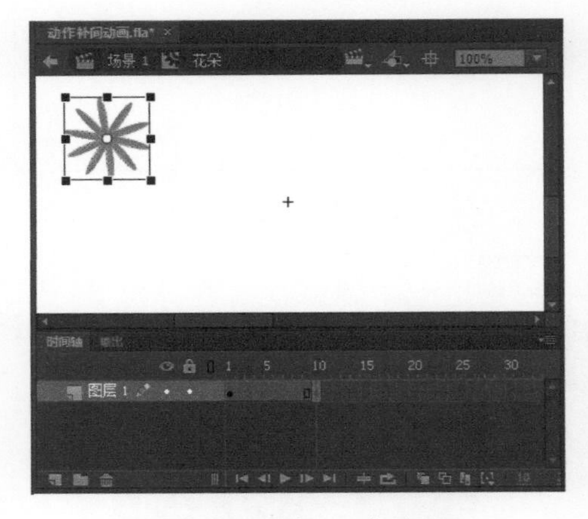

图 11-26　插入关键帧

步骤 8 选中第 1 ～ 10 帧的任意一帧并右击，从弹出的快捷菜单中选择【创建补间动画】菜单命令，然后在【属性】面板中将【旋转】次数设置为“1”，【方向】设置为“顺时针”，如图 11-27 所示。

图 11-27　创建补间动画

步骤 9 在“图层 1”的第 20 帧处插入关键帧，然后使用任意变形工具将花朵整体调小，如图 11-28 所示。

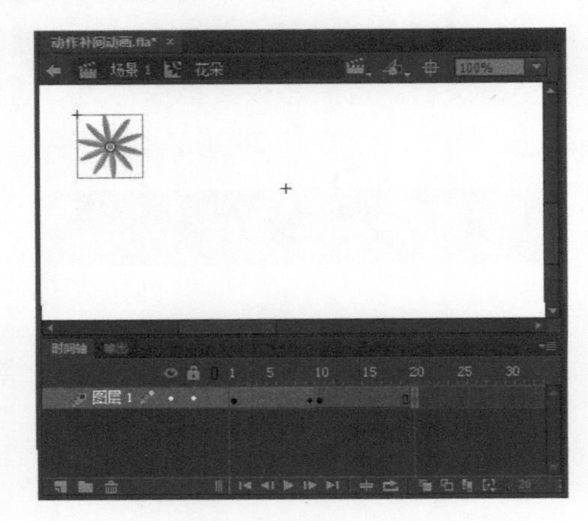

图 11-28　在第 20 帧处插入关键帧

步骤 10 选中第 10 ～ 20 帧的任意一帧并右击，从弹出的快捷菜单中选择【创建补间动画】菜单命令，然后在【属性】面板中将【旋转】次数设置为“1”，【方向】设置为“顺时针”，如图 11-29 所示。

图 11-29　创建补间动画

步骤 11 分别单击第 1 ～ 10 帧和第 10 ～ 20 帧中间的位置，然后单击右侧【属性】面板中的【色彩效果】选项组，将【样式】设置为“Alpha”，透明度调为“50”，如图 11-30 所示。

步骤 12 单击【场景 1】按钮，返回到主场景中，然后将【库】面板中的“花朵”元件拖到场景中，并调整其大小和位置，如图 11-31 所示。

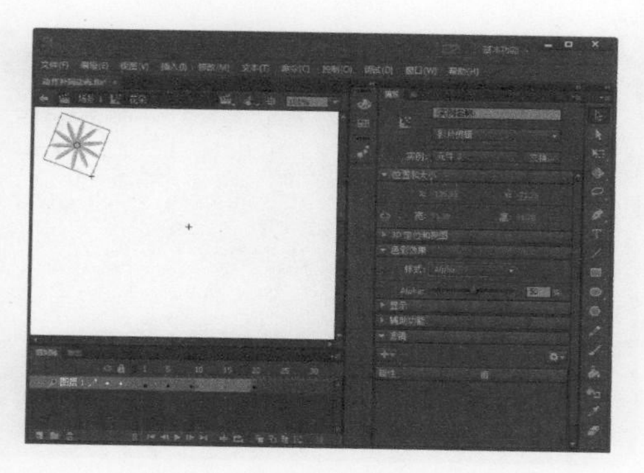

图 11-30　设置样式及透明度

图 11-31　将“花朵”元件拖到场景中

步骤 13 按 Ctrl + Enter 组合键进行测试，在测试窗口预览花朵的动画效果，如图 11-32 所示。

图 11-32　测试影片

11.2.3 实例 3——遮罩动画

在 Flash CC 中，很多效果丰富的动画都是通过遮罩动画来实现的。遮罩动画是通过遮罩层创建的，由遮罩层来决定被遮罩层中的显示内容，从而产生动画效果。在遮罩层中可以使用多种动画形式，比如可以在遮罩层和被遮罩层中使用形状补间动画、动作补间动画及引导路径动画等。

制作简单遮罩动画的具体操作如下。

步骤 1 启动 Flash CC，然后依次选择【文件】→【新建】菜单命令，即可创建一个新的 Flash 空白文档，最后将该文档保存为“遮罩动画 .fla”，如图 11-33 所示。

图 11-33　新建 Flash 文档

步骤 2 依次选择【文件】→【导入】→【导入到舞台】菜单命令，打开【导入】对话框，然后在对话框中选择导入舞台上的图片，最后单击【打开】按钮，即可将图片导入舞台中，如图 11-34 所示。

图 11-34　导入图片

步骤 3 选中图片，然后在【属性】面板中，分别将宽和高设置成与舞台一样大，即 550 像素 ×400 像素，如图 11-35 所示。

图 11-35　设置图片的尺寸

步骤 4 取消对图片的选择，然后将舞台的背景颜色设置为黑色，如图 11-36 所示。

图 11-36　设置舞台的背景颜色

步骤 5 单击【时间轴】面板中的【新建图层】按钮，在“图层 1”上新插入“图层 2”，然后使用椭圆工具在该图层绘制一个椭圆形，如图 11-37 所示。

图 11-37　新建图层

步骤 6 分别在“图层 1”和“图层 2”的第 50 帧处插入普通帧，这样可以延长动画的播放时间，如图 11-38 所示。

图 11-38　插入帧

步骤 7 选中“图层 2”的第 50 帧，按快捷键 F6 插入关键帧，然后将椭圆形拖到图片的右上角，并使用任意变形工具将椭圆整体变大，如图 11-39 所示。

图 11-39　插入关键帧

步骤 8 选中“图层 2”的第 1 ～ 50 帧中的任意帧并右击，从弹出的快捷菜单中选择【创建传统补间动画】菜单命令，即可创建传统补间动画，如图 11-40 所示。

图 11-40　创建传统补间动画

步骤 9 右击“图层 2”，从弹出的快捷菜单中选择【遮罩层】菜单命令，即可完成遮罩动画的制作，如图 11-41 所示。

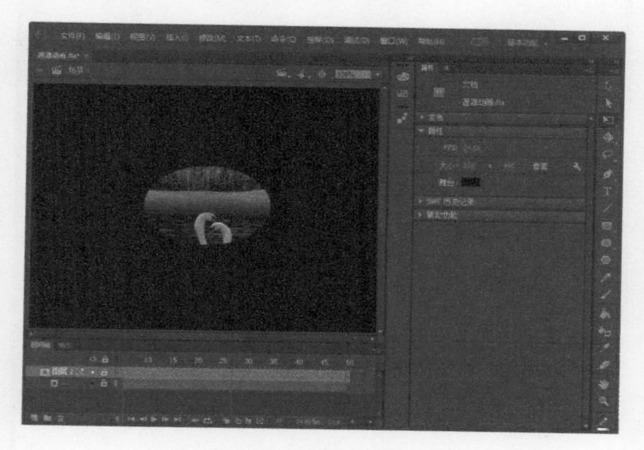

图 11-41　创建遮罩动画

步骤 10 按 Ctrl + Enter 组合键进行测试，在测试窗口预览遮罩动画的效果，如图 11-42 所示。

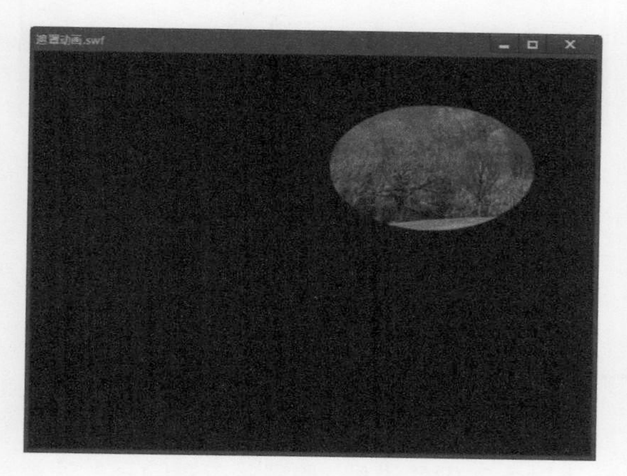

图 11-42　测试遮罩动画

11.2.4 实例 4——动画预设

动画预设是 Flash 中预配置的补间动画，可以将其直接应用于舞台上的对象（元件实例或文本字段），以实现指定的动画效果，无须用户自己设计动画效果。

应用动画预设效果的具体操作如下。

步骤 1 打开随书光盘中的“素材 \ch11\ 气球 .fla”文档，如图 11-43 所示。

图 11-43　打开素材文件

步骤 2 选中场景中的气球元件，然后依次选择【窗口】→【动画预设】菜单命令，即可打开【动画预设】面板，如图 11-44 所示。

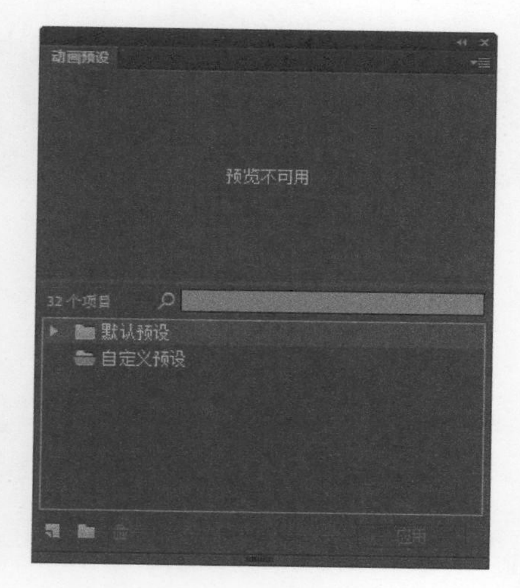

图 11-44　【动画预设】面板

步骤 3 展开该面板中的【默认预设】选项，即可打开 Flash 中预配置的各种动画效果，从动画效果列表选择其中一种（这里选择【2D 放大】选项），如图 11-45 所示。

步骤 4 单击【应用】按钮，即可返回到主窗口中，如图 11-46 所示。

步骤 5 按 Ctrl + Enter 组合键进行测试，在测试窗口预览 2D 放大动画效果，如图 11-47 所示。

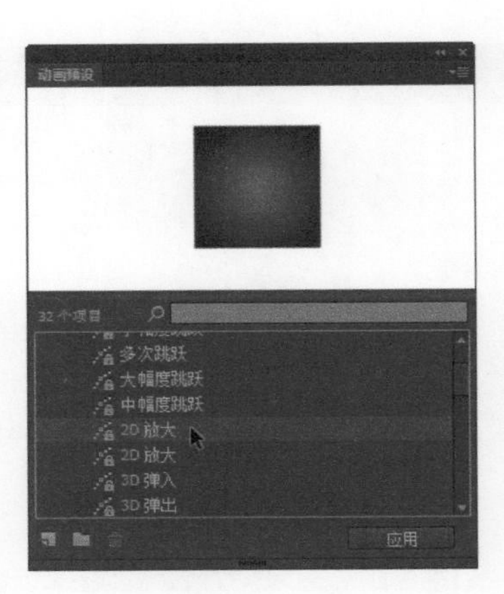

图 11-45　选择【2D 放大】选项

图 11-46　应用预设动画效果

图 11-47　测试动画

11.3 实战演练1——制作散点遮罩动画

本实例主要介绍散点遮罩动画的制作方法，通过本实例的讲解，加深对遮罩动画的理解。制作散点遮罩动画的具体操作如下。

步骤 1 启动 Flash CC，然后依次选择【文件】→【新建】菜单命令，即可创建一个新的 Flash 空白文档，最后将该文档保存为“散点遮罩动画效果 .fla”，如图 11-48 所示。

图 11-48　新建 Flash 文档

步骤 2 依次选择【文件】→【导入】→【导入到库】菜单命令，即可打开【导入到库】对话框，在其中选择需要导入的素材图片，如图 11-49 所示。

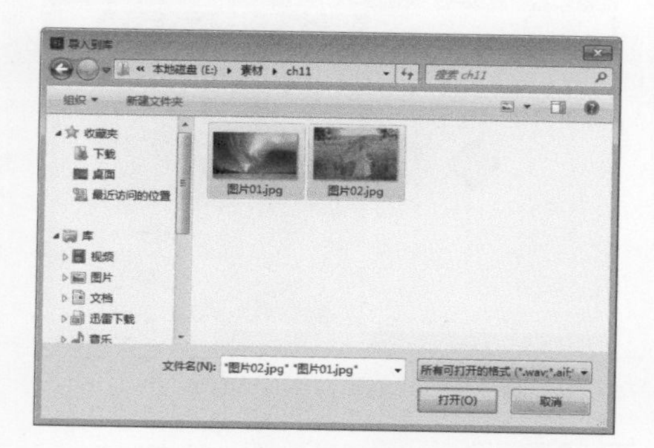

图 11-49　选择素材图片

步骤 3 单击【打开】按钮，即可将其导入【库】面板中，然后将该面板中的“图片 01.jpg”素材文件拖到舞台中，将舞台和图片大小都设置为 578 像素 ×325 像素，按 Ctrl+K 组合键打开【对齐】面板，在其中分别单击【水平中齐】和【垂直中齐】按钮，并勾选【与舞台对齐】复选框，如图 11-50 所示。

图 11-50　将“图片 01.jpg”拖到舞台中并调整对齐方式

步骤 4 在“图层 1”的第 65 帧处插入帧，如图 11-51 所示。

图 11-51　插入帧

步骤 5 新建“图层 2”，然后将【库】面板中的“图片 02.jpg”素材文件拖到舞台中，并按照相同的方法调整其位置，如图 11-52 所示。

图 11-52　将“图片 02.jpg”素材文件拖到舞台中

步骤 6 按 Ctrl+F8 组合键打开【创建新元件】对话框，在其中新建一个名为“菱形”的影片剪辑元件，如图 11-53 所示。

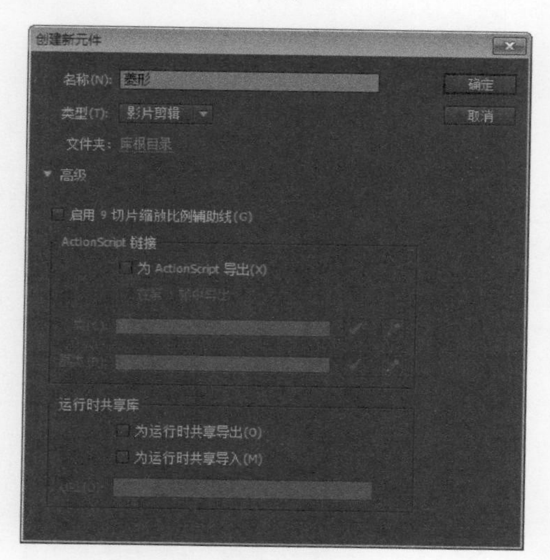

图 11-53　新建影片剪辑元件

步骤 7 单击【确定】按钮，即可进入该元件的编辑模式，选择工具栏中的多角星形工具，在其【属性】面板中将【笔触颜色】设置为黑色，【填充颜色】设置为灰色，【笔触】设置为 1，如图 11-54 所示。

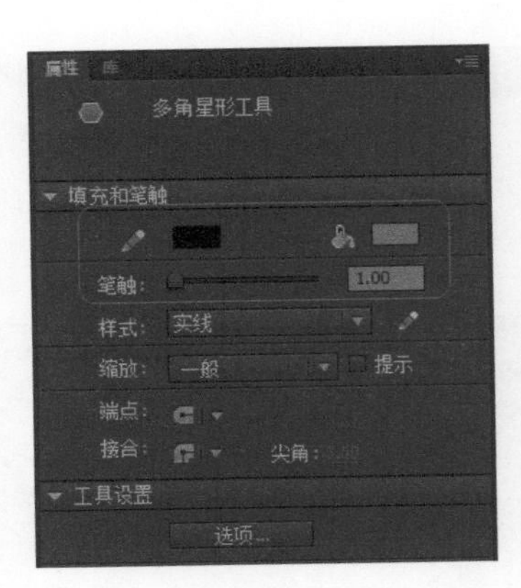

图 11-54 【属性】面板

步骤 8 在【属性】面板的【工具设置】选项组内，单击【选项】按钮，打开【工具设置】对话框，在其中将【边数】设置为“4”，如图 11-55 所示。

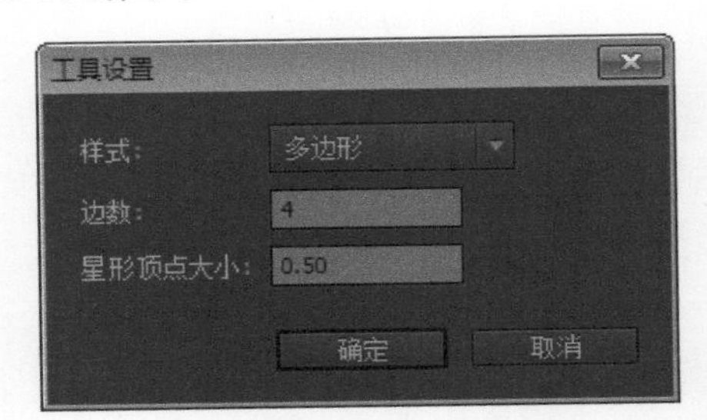

图 11-55 【工具设置】对话框

步骤 9 单击【确定】按钮，在舞台上绘制一个菱形，选中绘制的菱形，在【属性】面板中将【宽】和【高】都设置为“10”，如图 11-56 所示。

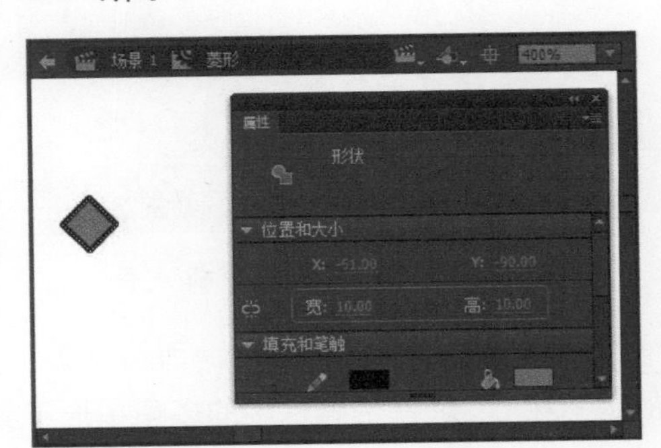

图 11-56 绘制菱形并设置大小

步骤 10 此时，菱形仍处于选中状态，按 Ctrl+K 组合键打开【对齐】面板，在其中分别单击【水平中齐】和【垂直中齐】按钮，并勾选【与舞台对齐】复选框，即可将菱形调整到舞台的中心位置，如图 11-57 所示。

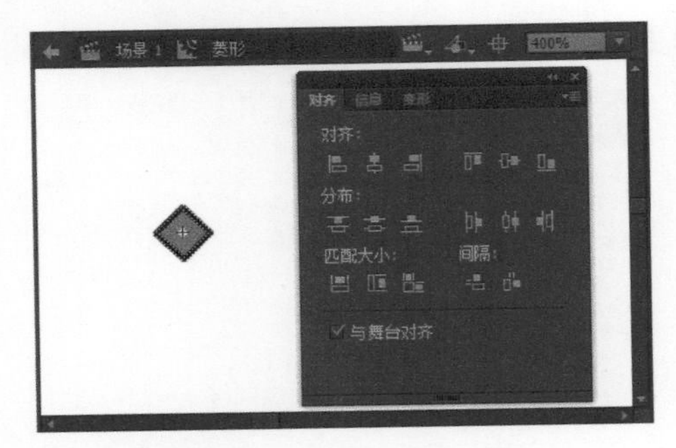

图 11-57 设置图形对齐方式

步骤 11 分别在“图层 1”的第 10 帧和第 55 帧处插入关键帧，并选中第 55 帧上的菱形，在其【属性】面板中将【宽】和【高】都设置为“110”，并按照相同的方法将其调整至舞台的中心位置，如图 11-58 所示。

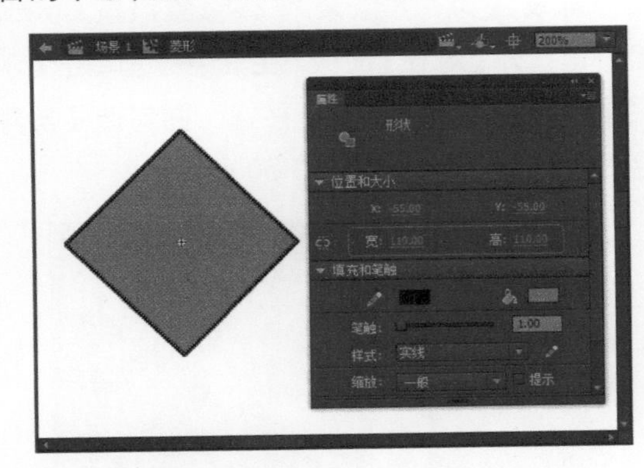

图 11-58 插入关键帧并设置菱形大小

步骤 12 选择“图层 1”的第 10 ～ 55 帧中的任意一帧并右击，从弹出的快捷菜单中选择【创建补间形状】菜单命令，创建补间形状动画，然后在该图层的第 65 帧处插入帧，如图 11-59 所示。

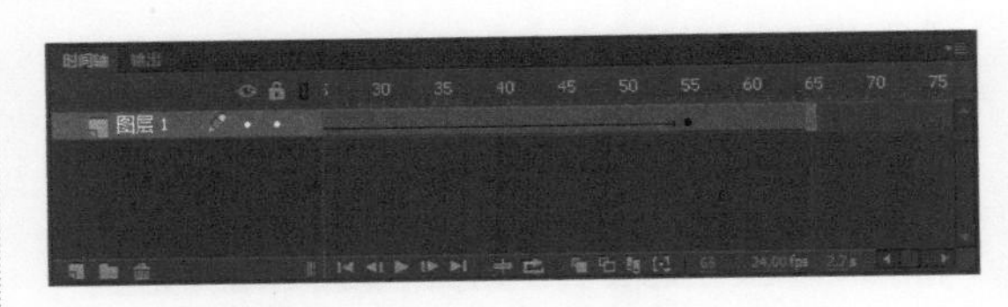

图 11-59 创建补间形状并插入帧

步骤 13 按 Ctrl+F8 组合键打开【创建新元件】对话框，在其中新建一个名为“多个菱形”的影片剪辑元件，如图 11-60 所示。

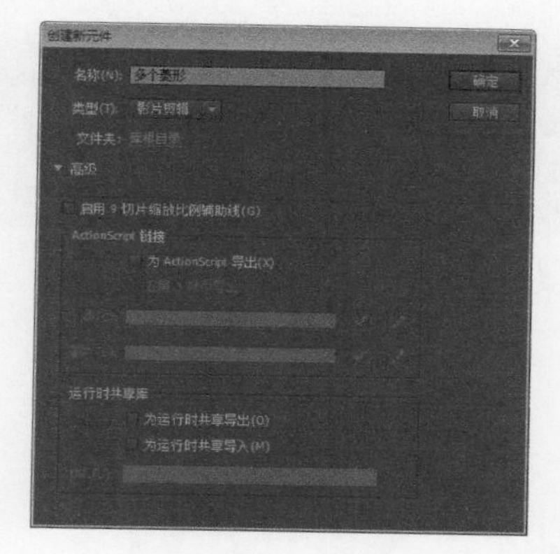

图 11-60　新建影片剪辑元件

步骤 14 单击【确定】按钮，进入该元件的编辑模式，然后将【库】面板中的“菱形”元件拖到舞台中的合适位置，如图 11-61 所示。

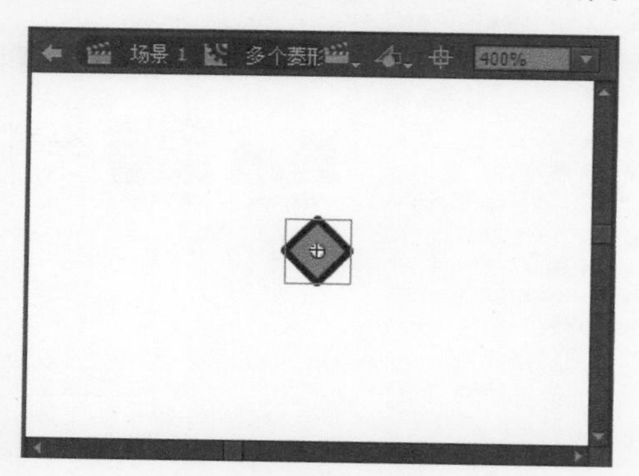

图 11-61　将“菱形”元件拖到舞台中

步骤 15 在舞台中复制多个菱形对象，并调整至合适的位置，如图 11-62 所示。

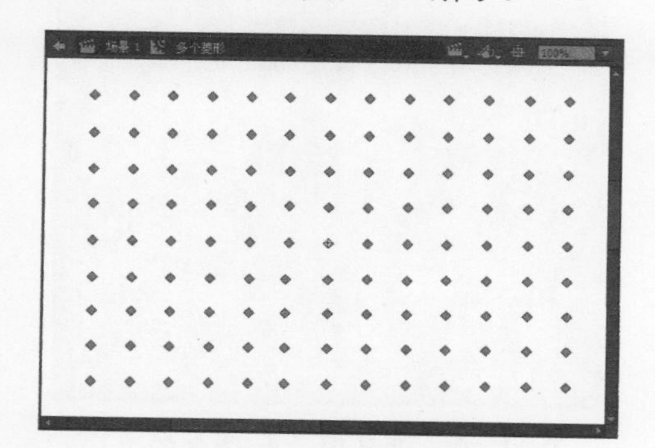

图 11-62　复制多个菱形

步骤 16 在“图层 1”的第 65 帧处按快捷键 F5 插入帧，如图 11-63 所示。

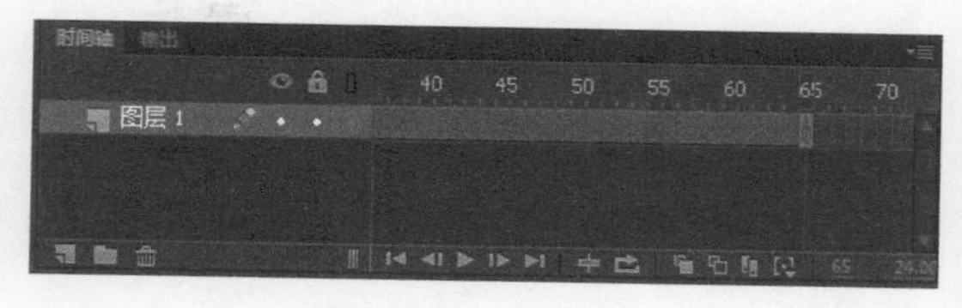

图 11-63　插入帧

步骤 17 返回到场景 1 中，新建“图层 3”，然后将【库】面板中的“多个菱形”元件拖到舞台中的合适位置，如图 11-64 所示。

图 11-64　将“多个菱形”元件拖到舞台中

步骤 18 选中“图层 3”并右击，从弹出的快捷菜单中选择【遮罩层】菜单命令，即可创建遮罩层，如图 11-65 所示。

图 11-65　创建遮罩层

步骤 19 至此，散点遮罩动画就制作完成了，按 Ctrl+Enter 组合键进行测试，测试效果如图 11-66 所示。

图 11-66　测试效果

11.4 实战演练2——制作太阳动画

本实例创建的动画属于逐帧动画，通过插入关键帧及绘制图形来完成太阳动画的制作，具体的操作如下。

步骤 1 启动 Flash CC，然后依次选择【文件】→【新建】菜单命令，即可创建一个新的 Flash 空白文档，最后将该文档保存为“太阳动画 .fla”，如图 11-67 所示。

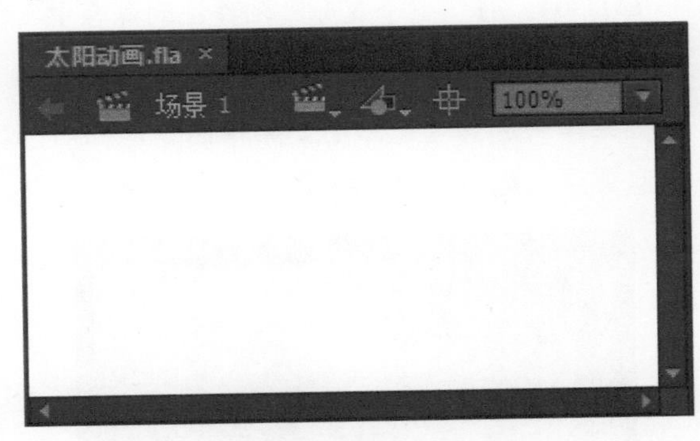

图 11-67　新建 Flash 文档

步骤 2 依次选择【文件】→【导入】→【导入到库】菜单命令，打开【导入到库】对话框，在其中选择需要导入的动画背景图片，如图 11-68 所示。

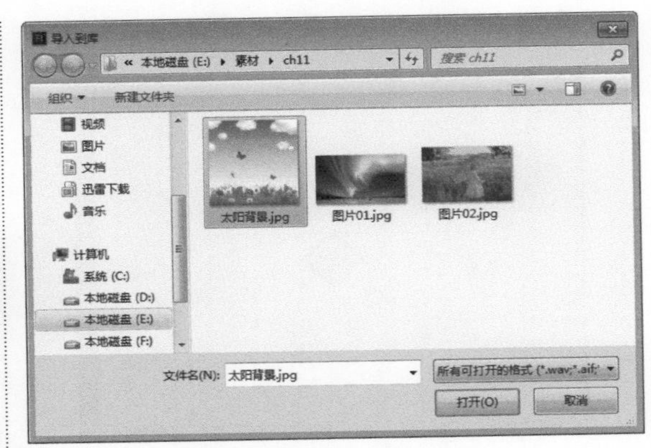

图 11-68　选择图片

步骤 3 单击【打开】按钮，即可将其导入【库】面板中，从该面板中将图片拖到舞台中，然后将图片和舞台的大小都设置为 486 像素 ×486 像素，如图 11-69 所示。

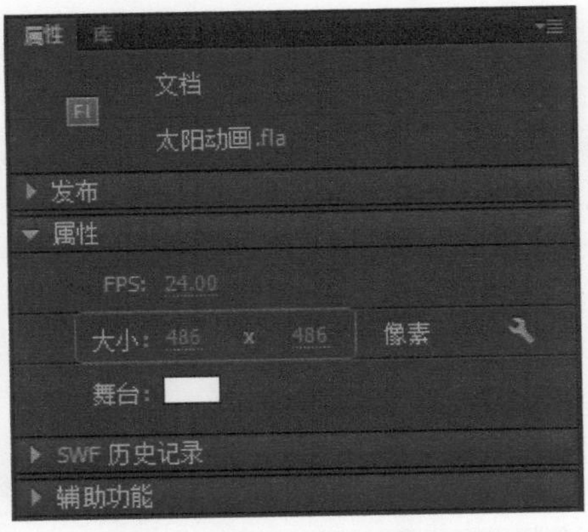

图 11-69　设置图片和舞台的大小

步骤 4 按 Ctrl+K 组合键打开【对齐】面板，在其中分别单击【水平中齐】和【垂直中齐】按钮，并勾选【与舞台对齐】复选框，效果如图 11-70 所示。

图 11-70　设置图片对齐方式

步骤 5 将“图层 1”重命名为“背景”，并锁定该图层，然后在该图层的第 13 帧处插入帧，如图 11-71 所示。

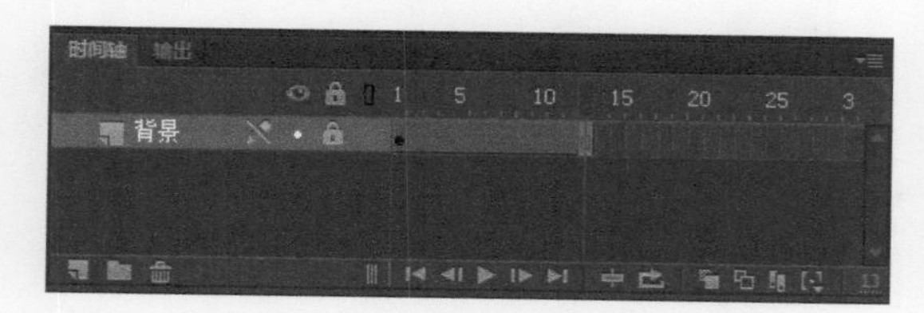

图 11-71　锁定图层并插入帧

步骤 6 新建“图层 2”，并重命名为“太阳”，选择工具栏中的椭圆工具，在其【属性】面板中将【笔触颜色】设置为“#FF9900”，【填充颜色】设置为“#FFE005”，如图 11-72 所示。

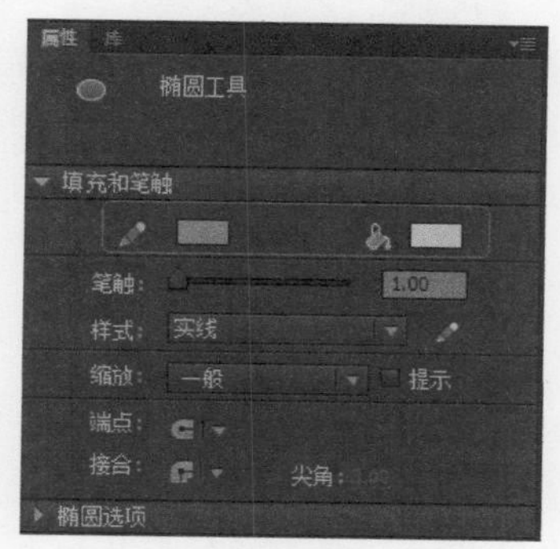

图 11-72　设置椭圆工具的属性

步骤 7 按住 Shift 键的同时在舞台上绘制一个正圆，如图 11-73 所示。

图 11-73　绘制圆

步骤 8 再次选择椭圆工具，在舞台上绘制一个无笔触颜色的黑色正圆，效果如图 11-74 所示。

图 11-74　绘制黑色的正圆

步骤 9 复制新绘制的正圆，并在舞台上调整其位置，效果如图 11-75 所示。

图 11-75　复制并调整圆的位置

步骤 10 选择工具栏中的线条工具，在其【属性】面板中将【笔触颜色】设置为“#5E3400”，【笔触】设置为“3”，如图 11-76 所示。

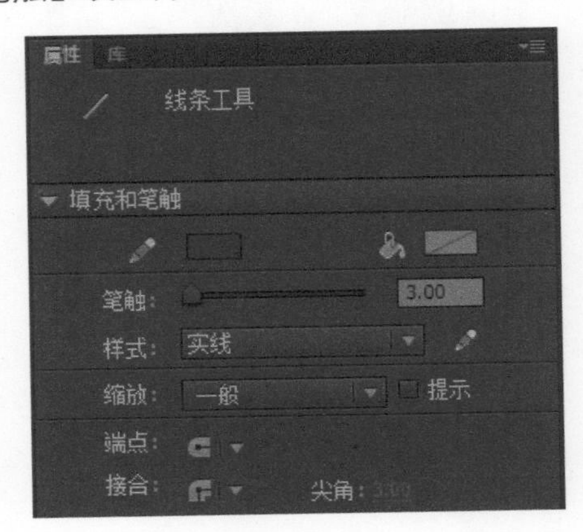

图 11-76 设置线条工具的属性

步骤 11 按住 Shift 键的同时在舞台上绘制一条直线，效果如图 11-77 所示。

图 11-77 绘制线条

步骤 12 选择工具栏中的椭圆工具，在其【属性】面板中将【填充颜色】设置为“#FF9999”，将【笔触颜色】设置为“无”，然后按住 Shift 键的同时在舞台上绘制两个圆，并调整其位置，效果如图 11-78 所示。

步骤 13 选择刷子工具，在其【属性】面板中将【填充颜色】设置为“#5E3400”，然后在舞台上绘制曲线，效果如图 11-79 所示。

图 11-78 绘制两个圆

图 11-79 绘制曲线

步骤 14 在“太阳”图层的第 4 帧处插入关键帧，选择工具栏中的刷子工具，然后在其附属工具中设置刷子的形状和大小，并将【填充颜色】设置为“#FFE005”，如图 11-80 所示。

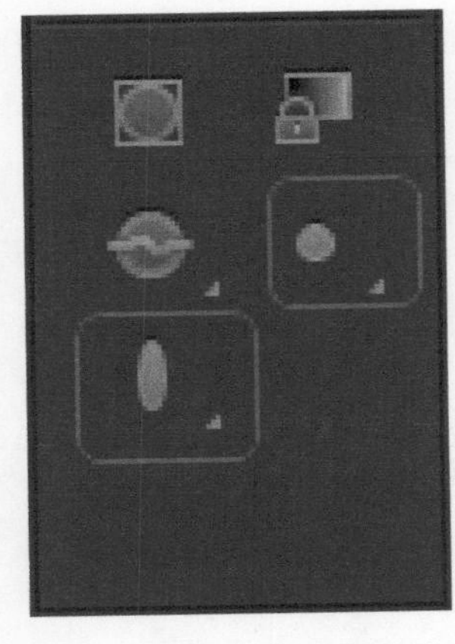

图 11-80 设置刷子的形状和大小

步骤 15 刷子工具的属性设置完成后，在舞台上绘制图形作为太阳的光芒，如图 11-81 所示。

图 11-81　绘制图形

步骤 16 在“太阳”图层的第 5 帧处插入关键帧，接着使用刷子工具绘制图形作为太阳的光芒，如图 11-82 所示。

图 11-82　绘制图形

步骤 17 按照相同的操作方法，继续插入关键帧并绘制图形，完成后的效果如图 11-83 所示。

图 11-83　完成后的效果

步骤 18 至此，太阳动画就制作完成了，按 Ctrl+Enter 组合键进行测试，测试效果如图 11-84 所示。

图 11-84　测试效果

11.5 高手甜点

甜点 1：【补间】选项组中各个选项的功能。

选中带有传统补间动画的关键帧后，在【属性】面板中的【补间】选项组内，各选项的功能如下。

【缓动】：应用于有速度变化的动画效果，当缓动值在 0 以上时，实现的是由快到慢的效果；当缓动值在 0 以下时，实现的是由慢到快的效果。

【旋转】：设置对象的旋转效果，其下拉菜单中包括【无】、【自动】、【顺时针】和【逆时针】4 个选项。

【旋转次数】：该选项可以设置旋转的次数。

【贴紧】：使物体可以贴紧在引导线上。

【同步】：设置元件动画的同步性。

【调整到路径】：在路径动画效果中，使对象能够沿着引导线的路径移动。

【缩放】：应用于有大小变化的动画效果。

甜点 2：为补间动画的关键帧添加图形之后，若补间动画失效该如何处理？

动作补间动画只能在两个关键帧之间，为相同的图形创建动画效果。若在创建之后的动作补间动画中再添加图形、文字或元件等内容，就会使两个关键帧中的图形出现差异（即破坏了动作补间动画的创建前提），所以已创建的动作补间动画会自动解除，并出现标志。用户可在创建补间动画前，在起始关键帧和结束关键帧之间绘制好所有图形，再创建动画。

使用 ActionScript 添加特效

● 本章导读

在 Flash CC 中通过 ActionScript 3.0 编程，可以更好地实现与用户的交互，轻松地制作出华丽的 Flash 特效。本章首先对 ActionScript 的概念、相应界面、编程基础、基本语法、常用函数和一些基本语句进行介绍，让用户对 ActionScript 有一个全面的了解，然后通过相关实例对掌握的知识进行巩固，从而帮助用户提升制作 Flash 的水平。

● 本章学习目标（已掌握的在圆圈中打钩）

◎ 熟悉 ActionScript 基本术语
◎ 掌握使用【动作】面板的方法
◎ 掌握使用 Flash CC 帮助系统的方法
◎ 掌握 ActionScript 的语法基础
◎ 掌握常用 ActionScript 函数的使用方法
◎ 掌握 ActionScript 的基本语句
◎ 掌握制作转动的彩色五角星的方法
◎ 掌握制作飘雪效果的方法

● 重点案例效果

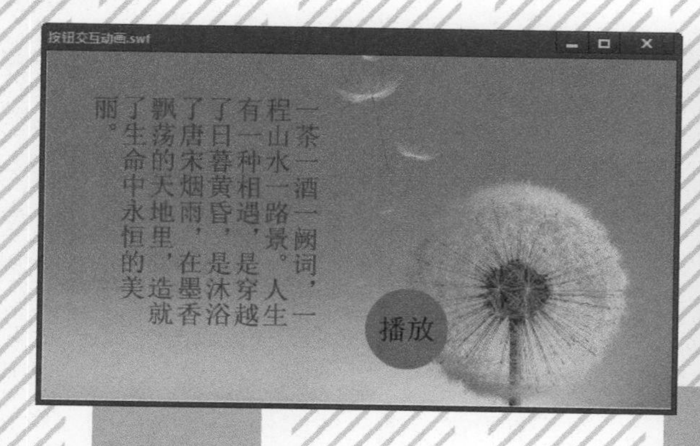

12.1 ActionScript概述

通过 ActionScript 的脚本编写功能，可以将动作、运算符及对象等元素组织到脚本中，即使只是添加几句简单的代码，也可丰富整个 Flash 的动画效果。

12.1.1 ActionScript 基本术语

像其他脚本语言一样，ActionScript 作为 Flash 的专用编程语言也有其特有的语法规则。在正式学习 ActionScript 之前，需要先对其基本术语进行简单介绍。

☆ 动作：动作是 ActionScript 脚本语言的灵魂和编程的核心，用于控制在动画播放过程中相应的程序流程和播放状态，可以是告诉影片停止播放的单一声明，也可以是在执行一个动作前，给条件赋值的一系列声明。在动画中，所有 ActionScript 程序最终都要通过一定的动作体现出来，程序是通过动作与动画发生直接联系的。

☆ 事件：是指当影片播放时发生的动作。在很多情况下，动作是不会独立执行的，而是要提供一定的条件。简而言之，就是要有一定的事情对该动作进行触发，才会执行这个动作，起到触发作用的事情在 ActionScript 中称为事件。

> **提示** 因为每种事件都代表不同的情况发生，所以必须决定程序代码应该写在哪一个事件中，对于同一个按钮或影片剪辑而言，也可以同时指定多个不同的动作。当 ActionScript 不是添加在帧上而是添加在实例中时，请注意对实例的选定。

☆ 数据类型：可以是值，也可以是上面执行的动作的集合。在 ActionScript 中可以被应用，并且能够进行各种操作的数据有多种类型。

☆ 构造器：是用来定义类的属性和方法的函数。

☆ 类：是创建用来定义新类型对象的数据类型。一系列相互之间有关联的数据集合称为一个类，可以使用类来创建新的对象，如果要定义一个新的对象类，需要事先创建一个构造器函数。

☆ 函数：是可以向其传递参数并能够返回值的可重复使用的代码块。

☆ 表达式：是任何产生值的语句片段。

☆ 标识符：用来指示变量、属性、对象、函数或者方法的名称。这种名称遵循一定的命名规则，即作为名字的第 1 个字符必须是字母、下划线或特殊符号 $ 三者中的一种，第 2 个字符以后必须是字母、数字、下划线或特殊符号 $（如，$369 是一个合法的标识符，而 555Goto 不是合法的标识符）。

☆ 实例：属于某一个类的对象。一个类可以产生很多个属于这个类的实例，一个类的每一个实例都包含这个类的所有特性和方法。

☆ 实例名：每个实例名都是唯一的，通过使用这个唯一的实例名可以在脚本中快速找到所需要的影片剪辑。

☆ 变量：是保存某一种数据类型的值的标识符。变量可以被创建、改变和更新，它的存储值也可以在脚本中检索。

☆ 方法：分派给对象的函数。在一个函数

被指派给一个对象后，它便可以作为这个对象的一个方法调用。

☆ 关键字：是具有特殊意义的保留字，这些关键字都有特别的意义，因此不可以作为标识符使用。

☆ 对象：是属性的集合。每一个对象都有自己的名称和数值，通过对象可以自由访问某一个类型的信息。

☆ 操作符：是从一个或多个值计算出一个新值的术语。如使用 -（减号）操作符可以求两个值的差。

☆ 目标路径：是影片中影片剪辑实例名称、变量和对象的层次性的地址。

☆ 属性：定义对象的特征。

12.1.2 实例 1——使用【动作】面板

Flash CC 版本只支持 ActionScript 3.0，对于之前版本的 ActionScript 2.0 已不再支持。因此，无法再使用 ActionScript 2.0 中的代码。并且，Flash CC 版本的【动作】面板与之前版本相比，界面更加简洁。

在 Flash CC 主窗口中，依次选择【窗口】→【动作】菜单命令（或按快捷键 F9），即可打开【动作】面板，如图 12-1 所示。

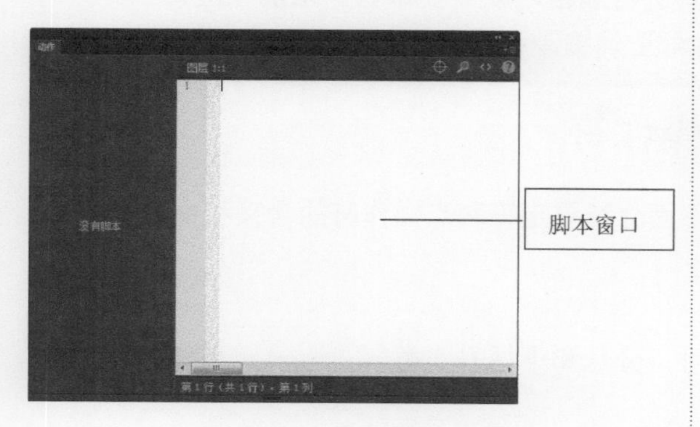

图 12-1　【动作】面板

☆ 脚本窗口：用于添加和编辑动作脚本。

“脚本窗口”为在一个全功能编辑器（也称作 ActionScript 编辑器）创建脚本提供了必要的工具，该编辑器包括代码的语法格式设置和检查、代码提示、代码着色、调试及其他一些简化脚本创建的功能。

在脚本窗口的上方还包括一些其他功能的按钮，下面来具体介绍这些按钮的含义。

☆ 【插入实例路径和名称】按钮：单击该按钮可打开【插入目标路径】对话框，从中插入新的目标路径，如图 12-2 所示。

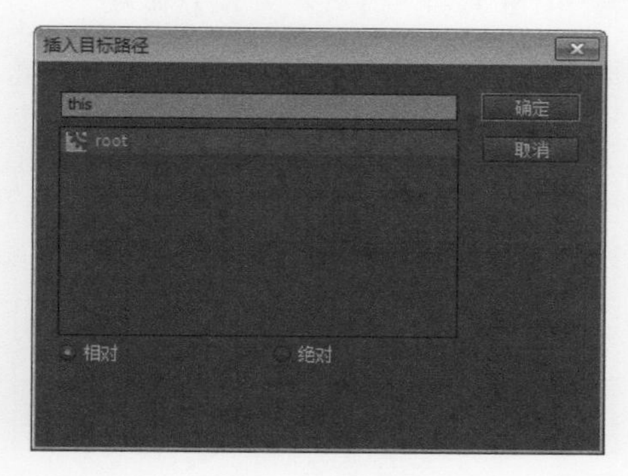

图 12-2　【插入目标路径】对话框

☆ 【查找】按钮：单击该按钮可打开【查找和替换】界面，在【查找文本】文本框中输入要查找的名称，或在【替换文本】文本框中输入要替换的内容，如图 12-3 所示。

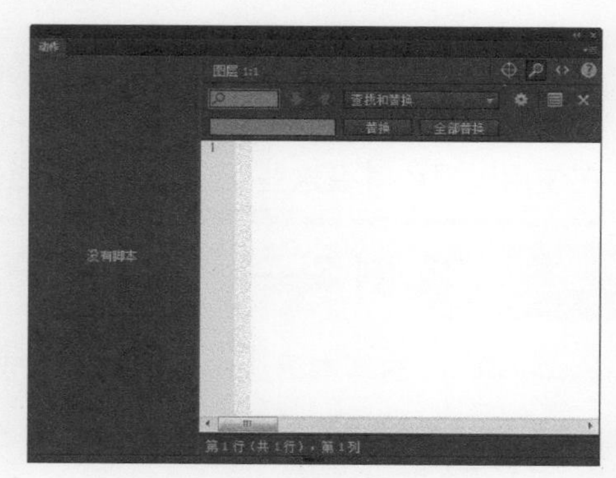

图 12-3　【查找和替换】界面

☆ 【代码片段】按钮：单击该按钮可打开【代码片段】面板，如图 12-4 所示。

☆ 【帮助】按钮：可在 IE 浏览器中打开

帮助页面，并显示 ActionScript 脚本的参考信息，如图 12-5 所示。

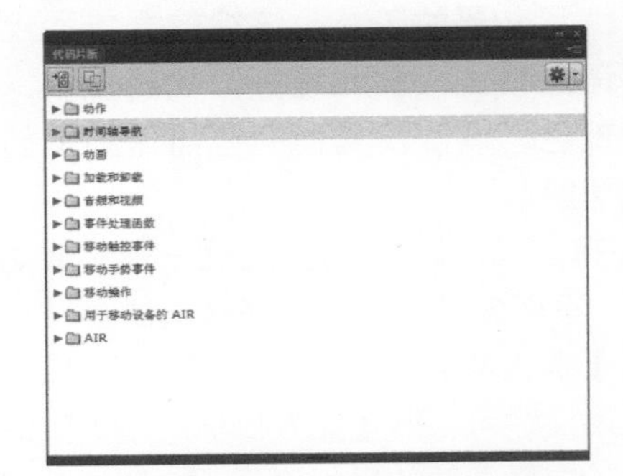

图 12-4 【代码片段】面板

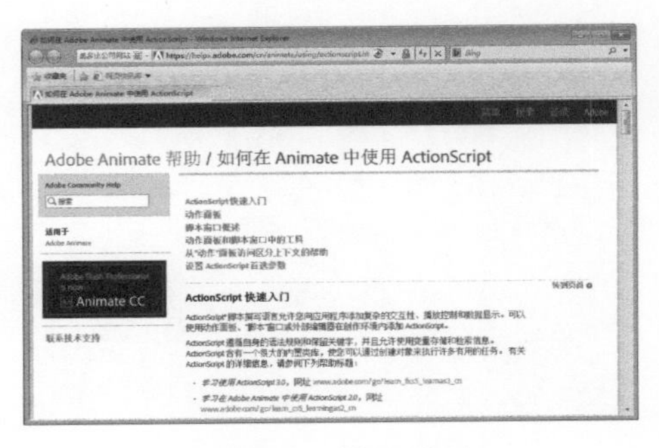

图 12-5 帮助页面

12.1.3 实例 2——使用 Flash CC 帮助系统

Flash CC 中的帮助系统是一个功能强大的工具。在 Flash CC 主窗口中，依次选择【帮助】→【Flash 帮助】菜单命令，即可在浏览器中打开 Flash CC 帮助系统，如图 12-6 所示。

图 12-6 Flash CC 帮助系统

12.2 ActionScript的语法基础

语法是编程语言的基础与核心。ActionScript 3.0 与其他编程语言一样，具有一定的语法规则。因此，要有效地使用 ActionScript 语句进行编程，就需要掌握语法的相应知识。只有在使用过程中遵循这些语法规则，才能创建可正确编译和运行的脚本程序。

12.2.1 实例 3——界定符与点操作符

ActionScript 的基本语法由多种对象组成，下面介绍界定符和点操作符的含义和使用方法。

1. 界定符

ActionScript 脚本中的界定符主要包括大括号、分号和小括号 3 类。

☆ 大括号。

在 ActionScript 脚本语言中，用大括号“{}”把程序分成一个个模块。可以将位于大括号中的代码看作一个完整的语句块，如下面的语句。

```
on(press)
{
    getURL("http://www.baidu.com/");
}
```

☆ 分号。

分号一般用在ActionScript脚本的结尾处，标志着语句的结束。在用ActionScript语言编程的过程中，用户可以直接手动输入该分号，作为该语句的结束符号。但是，为每一条语句加入分号并不是必需的，语句结尾不加分号，Flash CC同样可以成功编译这个脚本。

☆ 小括号。

小括号在定义和调用函数时使用。在定义函数时各参数必须放在一对小括号内。如下面的语句。

```
Function myReg(name,age,gender)
{
}
```

在调用函数时，被传递的参数也必须用一对小括号括起来，如下所示。

```
myReg("jack",22,"male");
```

2. 点操作符

点操作符“.”用于定位影片剪辑层次结构，以便访问嵌套（子级）的影片剪辑、变量或属性。点操作符也用于测试、设置对象、顶级类的属性、执行对象、顶级类的方法、创建数据结构等。

点操作符的语法格式如下。

```
object.property_or_method
instancename.variable
```

点操作符是由于在语句中使用了一个点“.”而得名，它是一种基于“面向对象”概念的语法形式。所谓面向对象就是利用目标物体本身来管理自己，而物体本身就有其自身的属性和方法，只要告诉物体该做什么，它就会自动地完成。

如要将实例tree移到第8帧并停止在那里，则可以使用下面的语句。

```
tree.gotoAndStop(8);
```

在ActionScript中，点操作符位于对象名称之后，在点操作符之后是指定的属性、方法或变量。例如，fishMoviceClip.color中的color就是影片剪辑的一个属性，表示对象fish-MoviceClip的颜色属性。

在实际应用过程中，点语法可以使用两个比较特殊的别名：_root和_parent，其中_root表示根时间轴，利用它可以创建一个绝对路径，例如，“_root.fly.run;”而_parent表示当前对象的父对象，它可以用于指定一个相对路径。

因此，点语法在ActionScript中发挥了重要作用，它减少了很多不必要的工作。

12.2.2 实例4——关键字、操作符、字母的大小写

关键字是编程语言中用于执行某项特定操作的单词，运算符是实现编程语言的相关编辑操作的符号。此外，在编写ActionScript语句时，需要区分字母的大小写。

1. 关键字

在ActionScript中保留了一些单词作为关键字，具体如表12-1所示。关键字不能用作变量、函数或标签的名称。

表 12-1 ActionScript 中的关键字

as	delete	else	function
is	this	return	continue
break	with	void	case
new	in	switch	default
var	if	while	for

提示 在编写脚本的过程中，关键字会以蓝色突出显示。

运算符

在 ActionScript 脚本语言中，可用的运算符有算术运算符、关系运算符、逻辑运算符、等于运算符、赋值运算符及位运算符 6 类。

（1）算术运算符。

算术运算符用于在程序中进行算术运算，表 12-2 列出了 ActionScript 中所有的算术运算符。

表 12-2 算数运算符

算数运算符	执行的操作
+	加
-	减
*	乘
/	除
%	取模（取余数）
++	变量自加
--	变量自减

提示 “+”运算符的对象是字符串类型时，它所执行的操作是把两个字符串连接起来。增量运算符“++”，当使用 n++ 时相当于 n=n+1，而 n++ 和 ++n 不同，++n 是先执行 n=n+1 后，再使用 n 的值，而 n++ 刚好相反。还有就是数值运算符的优先级别，与数学公式中的优先级别一样。

（2）关系运算符。

通过关系运算符对两个表达式进行比较，并根据比较的结果，得到一个布尔值（true 或 false）。关系运算符常用于条件判断语句和循环语句中。关系运算符如表 12-3 所示。

表 12-3 关系运算符

关系运算符	执行的操作
<	小于

续表

关系运算符	执行的操作
>	大于
<=	小于或等于
>=	大于或等于

例如，5>6 返回的值是 false，而 3>2 返回的值是 true。

（3）逻辑运算符。

逻辑运算符用来对参数进行比较或判断其逻辑关系。在 ActionScript 中常用到的逻辑运算符如表 12-4 所示。

表 12-4　逻辑运算符

<table>
<tr><th>逻辑运算符</th><th>执行的操作</th></tr>
<tr><td>!</td><td>逻辑“非”</td></tr>
<tr><td>not</td><td>逻辑“非”</td></tr>
<tr><td>&&</td><td>逻辑“与”</td></tr>
<tr><td>and</td><td>逻辑“与”</td></tr>
<tr><td>||</td><td>逻辑“或”</td></tr>
<tr><td>or</td><td>逻辑“或”</td></tr>
</table>

逻辑运算符用于比较两个布尔值（true 或 false）并返回第 3 个布尔值。例如，针对逻辑与，如果执行的两个操作数中有一个或两个是 false，则返回的结果为 false；如果两个操作数都是 true，则返回的结果为 true。

（4）等于运算符。

通过等于运算符可以确定两个操作数的值或标识是否相等。严格来讲，等于运算符属于关系运算符，所以返回的也是一个布尔值。

在使用等于运算符时，如果操作数是字符串、数字或布尔值，它们将通过值来进行比较；如果操作数是对象或数组，它们将通过引用来进行比较。

在 ActionScript 中常用的等于运算符如表 12-5 所示。

表 12-5　等于运算符

等于运算符	执行的操作
=	等于
= =	全等于
!=	不等于
!==	完全不等于

提示 全等于运算符“= =”与等于运算符“=”作用相似，不同的是：全等于运算符不执行类型转换。如果两个操作数属于不同的类型，则执行全等于运算后，将会返回一个值 false；执行等于运算后，将返回一个值 true。

（5）赋值运算符。

使用赋值运算符“=”时，可以给变量指定值，例如，password="123456"。

还可以使用赋值运算符在一个表达式中给多个参数赋值。例如，在“a=b=c=d”语句中，a 的值会被赋予变量 b、c 和 d。也可以使用复合赋值运算符联合多个运算。复合赋值运算符可以对两个操作数都进行运算，然后将新值赋予第 1 个操作数。赋值运算符如表 12-6 所示。

表 12-6 赋值运算符

赋值运算符	执行的操作
==	相等
!=	不相等
=	赋值操作符
+=	相加并赋值
-=	相减并赋值
*=	相乘并赋值
%=	求余并赋值
/=	相除并赋值
<<=	按位左移并赋值
>>=	按位右移并赋值
>>>=	无符号按位右移并赋值
^=	按位“异或”并赋值
|=	按位“或”并赋值
&=	按位“与”并赋值

例如，语句“X+=15;”和“X=X+15;”是等效的。

（6）位运算符。

位运算符用来对二进制数进行逻辑运算。使用位运算符会在内部将浮点型数字转换成 32 位整型，使其工作起来更容易，但所有的按位运算符，都会分别评估 32 位整型的每个二进制位，从而计算新的值。位运算符如表 12-7 所示。

表 12-7 位运算符

位运算符	执行的操作
&	按位“与”
^	按位“异或”

续表

位运算符	执行的操作
|	按位“或”
～	按位“非”
<<	左移位
>>	右移位
>>>	右移位添零

（7）运算符的优先级。

运算符使用规则主要包括运算符的优先级和结合律。当在同一个脚本中使用两个或多个运算符时，一些运算符会优先于其他运算符。动作脚本将会按照一个精确的层次来确定优先执行哪些运算符（如乘法总是优先于加法被执行，但处于括号中的表达式会优先于乘法）。

如果两个或多个运算符的优先级相同时，可以利用它们的结合律来确定其执行顺序。结合律可以从左到右进行结合，也可以是从右到左进行结合。例如，在下面的例子中，由于乘法运算符从左到右进行结合，因而两个语句是等效的。

```
total=3*4*5;
total=(3*4)*5;
```

ActionScript 中运算符的优先级和结合律如表 12-8 所示。

表 12-8　运算符的优先级和结合律

运 算 符	说　明	结 合 律
()	函数调用	从左到右
[]	数组元素	从左到右
.	结构成员	从左到右
++	前递增	从右到左
--	前递减	从右到左
New	分配对象	从右到左
Delete	取消分配对象	从右到左
Typeof	对象类型	从右到左
Void	返回未定义值	从右到左
*	相乘	从左到右
/	相除	从左到右
%	求模	从左到右
+ (-)	相加（减）	从左到右

3. 字母的大小写

在编写 ActionScript 脚本语句时，代码是区分大小写的，也就是说变量的大小写稍微有不同，就会有不同的结果，会是两种不同的变量，如下所示。

```
var  count:Number;
count=10;
var  count:Number
Count=10;
```

在使用 ActionScript 的保留字时，一定要注意大小写，当大小写不符时，Flash 将会报错并停止执行。

12.2.3 实例 5——注释

在 ActionScript 脚本语句编写过程中，为了使读者更清晰地理解编程代码的含义，常会在相关语句后添加相应的注释内容。ActionScript 3.0 中包括两种注释形式：单行注释和多行注释。

☆ 单行注释以两个上斜杠字符（//）开头并持续到该行的末尾，如下所示。

```
var countNumber=9;    //单行注释
```

☆ 多行注释以一个上斜杠和一个星号（/*）开头，以一个星号和一个上斜杠（*/）结尾。例如：

```
/*这是一个可以跨多行代码的多行注释。*/
```

注释语句以双斜杠开始，显示的颜色为灰色，注释内容可以为任意长度且不用考虑语法，注释不会影响 Flash 输出动画的大小。

12.3 常用的ActionScript函数

ActionScript 中的函数是执行特定任务并可以在程序中重复使用的代码块，包括方法函数和函数闭包函数。函数在 ActionScript 中有着极其重要的作用，如果想充分利用 ActionScript 3.0 所提供的功能，就需要较为深入地了解函数。

12.3.1 实例 6——播放／流程控制类函数

控制动画播放命令是最基本的动作，主要包括 play、stop、gotoAndplay 和 gotoAndstop 等。

1. play 语句

play 是播放命令，用于控制时间轴上指针的播放。运行后开始在当前时间轴上连续显示场景中每一帧的内容。该语句比较简单，没有任何参数选择，一般与 stop 命令及 goto 命令配合使用。如果要使动画在播放到某个关键帧时，动画中的 snow 影片剪辑才开始播放，那么只需要在该关键帧中添加如图 12-7 所示的语句。

图 12-7　添加语句

2. stop 语句

stop 是停止播放命令，用于停止当前正在播放的动画文件，使动画播放到某一帧时不再继续播放。一旦使用 stop 语句停止动画播放后，若要让动画再播放，必须使用 play 语句重新启动。同样，该条指令也无参数。如果要使动画在播放到某个关键帧时停止播放，只需要在该关键帧中添加图 12-8 所示的语句。

图 12-8　stop 语句用法

3. gotoAndPlay 语句

gotoAndPlay 语句用于使播放指针跳转到场景中指定的某帧，并从该帧开始播放。如果没有指定场景，则播放头将转到当前场景中的指定帧。

gotoAndPlay 语句有两个参数，即场景和帧，具体用法如下。

☆ 场景是可选的，用于指定播放头要转到的场景的名称。

☆ 帧表示播放头将转到的帧编号的数字或表示播放头将转到的帧标签。

如果要使动画在播放到某个关键帧时，跳转到第 69 帧并播放，只需在该关键帧中添加语句“gotoAndPlay(69);”，如果第 69 帧的标签为 pee（可在该帧的【属性】面板中设置帧标签），上面的语句可以替换为语句“gotoAndPlay(pee);”，如果要从当前播放的场景 1 中的某个关键帧跳转到场景 2 的第 36 帧中，只需在该关键帧中添加语句“gotoAndPlay(2,36);”。

4. gotoAndStop 语句

gotoAndStop 语句用于使播放指针跳转到场景中指定的某帧，并在该帧停止播放。如果没有指定场景，则默认转到当前场景中的帧。gotoAndStop 有两个参数，用法与 gotoAndPlay 语句的参数一样。

当用户需要在单击按钮时，播放头转到当前场景的第 50 帧并停止播放影片，此时只需在按钮上添加如下语句，即可实现该功能。

```
on (release) {
gotoAndStop(50);
}
```

12.3.2 实例 7——制作一个控制 Flash 播放的按钮

ActionScript 脚本语句既可以写在时间轴的关键帧上，也可以写在对象上。按钮也不例外，既可以写在时间轴上，也可以写在按钮上，不过这两种编写方式都需要遵循一定的规则。

下面运用 play 和 stop 语句制作一个交互动画的实例，具体的操作如下。

步骤 1 启动 Flash CC，然后依次选择【文件】→【新建】菜单命令，即可创建一个新的 Flash 空白文档，接着将该文档保存为“按钮交互动画 .fla”，如图 12-9 所示。

按钮交互动画.fla
场景 1
100%

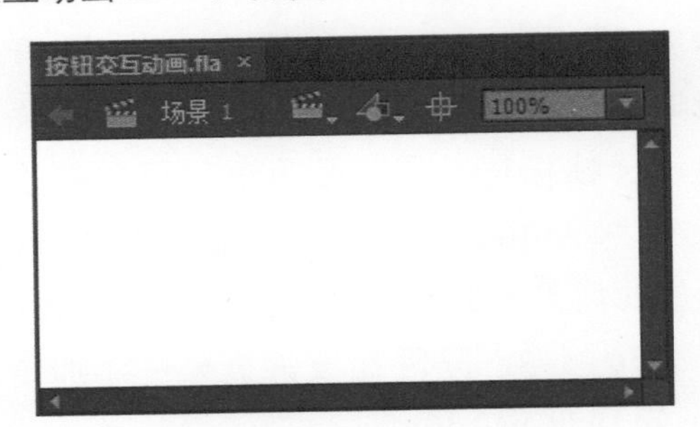

图 12-9　新建 Flash 文档

步骤 2 依次选择【文件】→【导入】→【导入到舞台】菜单命令，打开【导入】对话框，在其中选择相应的图片，将其导入舞台，然后调整图片的位置及舞台大小，如图 12-10 所示。

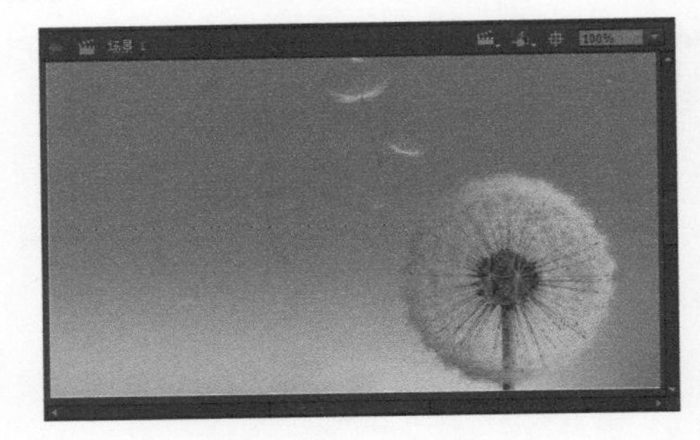

图 12-10　导入图片

步骤 3 按Ctrl+F8组合键打开【创建新元件】对话框，在【名称】文本框中输入“文字”，并在【类型】下拉列表框中选择【图形】选项，如图 12-11 所示。

创建新元件
名称(N): 文字
确定
类型(T): 图形
取消
文件夹: 库根目录
高级

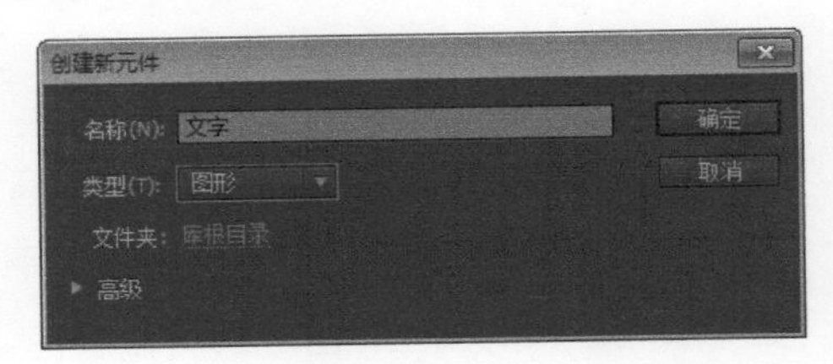

图 12-11　【创建新元件】对话框

步骤 4 单击【确定】按钮，进入该元件的编辑模式，然后使用文本工具在舞台上绘制文本框并输入相应文字，如图 12-12 所示。

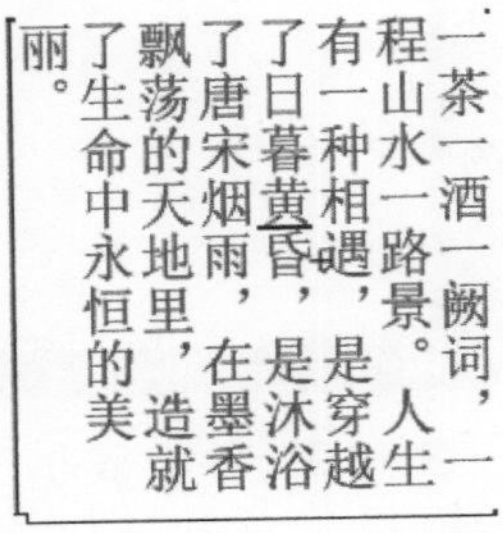

一茶一酒一阙词，一
程山水一路景。人生
有一种相遇，是穿越
了日暮黄昏，是沐浴
了唐宋烟雨，在墨香
飘荡的天地里，造就
了生命中永恒的美
丽。

图 12-12　输入相应的文字

步骤 5 单击【场景 1】按钮返回到主场景中，然后新建“图层 2”，接着将【库】面板中的“文字”元件拖到舞台的左侧，如图 12-13 所示。

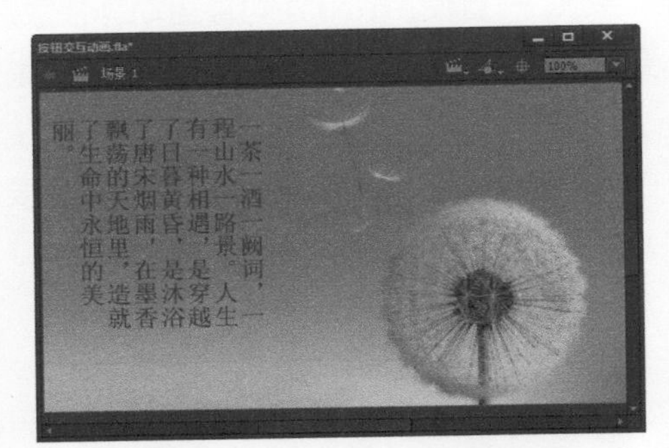

图 12-13　将“文字”元件拖到“图层 2”中

步骤 6 选中“图层 1”的第 55 帧，按快捷键 F5 插入普通帧；选中“图层 2”的第 35 帧，按快捷键 F6 插入关键帧，然后将文字移到图片的中间位置，如图 12-14 所示。

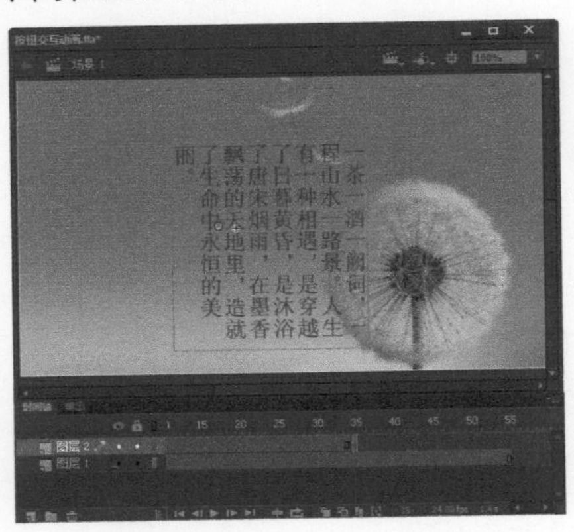

图 12-14　移动文字的位置

步骤 7 选中“图层 2”的第 55 帧，按快捷键 F6 插入关键帧，并将“文字”元件拖动到图像的右侧位置，如图 12-15 所示。

图 12-15　设置关键帧

步骤 8 选中“图层 2”的第 55 帧中的文字元件，然后单击【属性】面板中的【色彩效果】选项组，将【样式】设置为 Alpha，其值设置为“50%”，如图 12-16 所示。

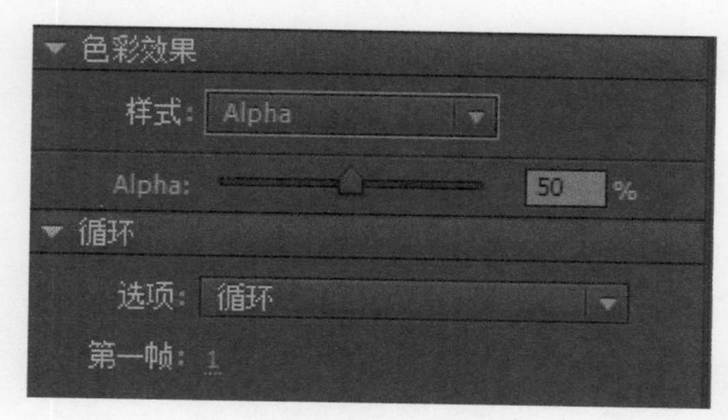

图 12-16　设置 Alpha 值

步骤 9 选中“图层 2”中第 1 ～ 35 帧中的任意一帧并右击，从弹出的快捷菜单中选择【创建传统补间动画】菜单命令，即可创建传统补间动画，如图 12-17 所示。

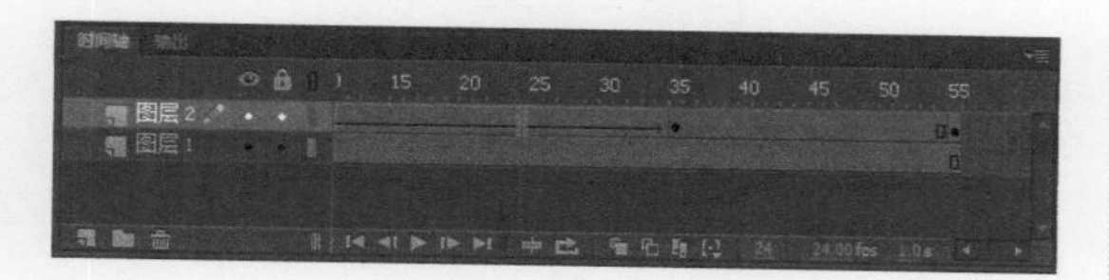

图 12-17　创建传统补间动画

步骤 10 选中“图层 2”中第 35 ～ 55 帧中的任意一帧并右击，从弹出的快捷菜单中选择【创建传统补间动画】菜单命令，即可创建传统补间动画，如图 12-18 所示。

图 12-18　创建传统补间动画

步骤 11 选中“图层 2”的第 15 帧，按快捷键 F6 插入关键帧并右击，从弹出的快捷菜单中选择【动作】菜单命令，即可打开【动作】面板，在其中输入语句“stop();”，如图 12-19 所示。

图 12-19　设置动作

步骤 12 按 Ctrl+F8 组合键打开【创建新元件】对话框，然后分别设置新建元件的名称和类型，如图 12-20 所示。

图 12-20　【创建新元件】对话框

步骤 13 单击【确定】按钮，进入按钮元件的编辑模式。在该窗口中绘制按钮并根据需要设置按钮的弹起、指针经过、按下以及点击状态，如图 12-21 所示。

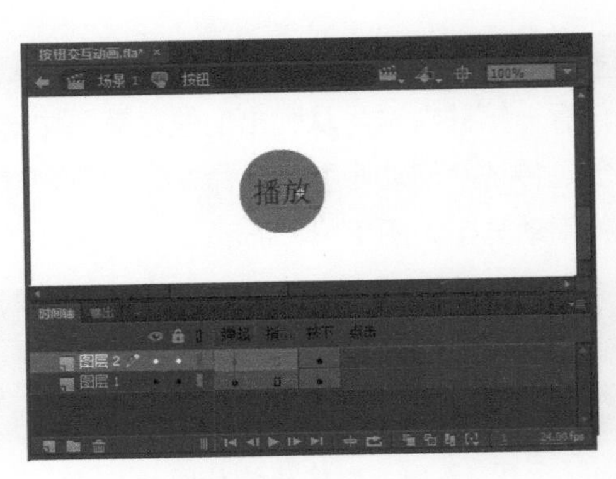

图 12-21　绘制按钮

步骤 14 单击【场景 1】按钮返回到主场景中，然后新建“图层 3”，接着将【库】面板中的“按钮”元件拖到舞台中的相应位置，如图 12-22 所示。

图 12-22　拖入按钮元件

步骤 15 选中“图层 3”中的按钮元件，然后在【属性】面板的【实例名称】文本框中输入“anniu”，如图 12-23 所示。

图 12-23　输入实例名称

步骤 16 依次选择【窗口】→【动作】菜单命令，打开【动作】面板，然后在其中输入如下代码，如图 12-24 所示。

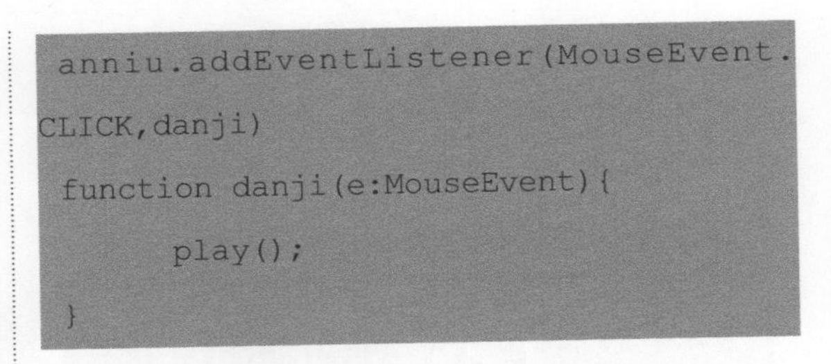

```
anniu.addEventListener(MouseEvent.
CLICK,danji)
function danji(e:MouseEvent){
      play();
}
```

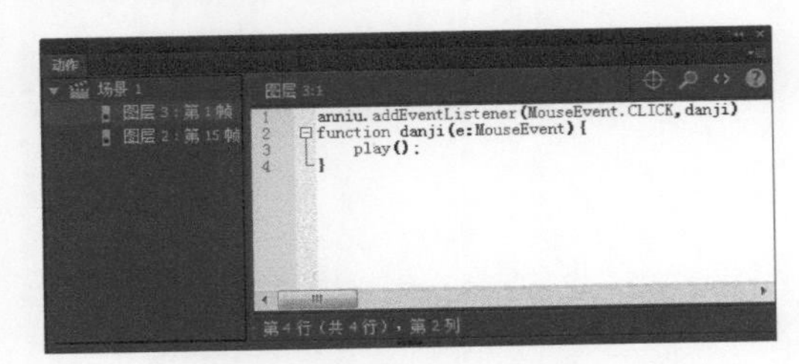

图 12-24　输入代码

步骤 17 按 Ctrl + Enter 组合键进行测试，即可预览影片的播放效果，如图 12-25 所示。

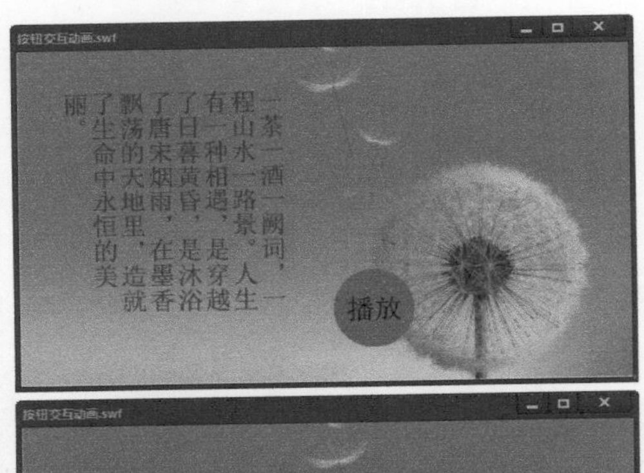

图 12-25　测试影片

12.3.3 实例 8——影片加载与释放类函数

很多影片在制作的过程中需要实现影片的加载，因此，下面将介绍一下影片加载函数和释放函数。

1. 影片加载函数 loadMovie

语法格式：loadMovie("url",level/target[, variables])

各参数的含义如下。

☆ url：要加载的SWF文件或JPEG文件的绝对url或相对url。

☆ target：指向目标影片剪辑的路径。目标影片剪辑将替换为加载的影片或图像。影片加载函数只能指定target影片剪辑或目标影片的level两者中的一个。

☆ level：一个整数，指定Flash Player中影片将被加载到的级别。在将影片或图像按级别加载时，标准模式下【动作】面板中的loadMovie动作将切换为loadMovieNum；在专家模式下，必须指定loadMovieNum或从动作工具箱中选择它。

☆ variables：一个可选参数，指定发送变量所使用的HTTP方法。该参数是字符串GET或POST。

该函数用于在播放原始影片的同时，将SWF或JPEG文件加载到Flash Player中。loadMovie动作可同时显示几个影片，且无须加载另一个HTML文档，即可在影片之间切换。

例如，“loadMovie("pic001.jpg","ourMovieClip");”代码语句是从特定目录中加载一个名为“pic001.jpg”的JPEG图片，该目录与调用loadMovie()函数的SWF文件的目录相同。

2. 影片释放函数 unloadMovie

使用unloadMovie动作可以删除使用loadMovie动作加载的影片。该语句用于从Flash Player中删除一个已加载的影片或影片剪辑。

语法格式：unloadMovie[Num](level/" target")

各参数含义如下。

☆ level：加载影片的级别（_levelN）。从一个级别卸载影片时，在标准模式下，【动作】面板中的unloadMovie动作将切换为unloadMovieNum动作。在专家模式下，需从动作工具箱中选择它或指定unloadMovieNum。

☆ target：影片剪辑的目标路径。

12.4 ActionScript中的基本语句

程序是由相应的编程语句构成的。根据程序的执行顺序，可以将其分为顺序结构、条件判断结构和循环结构3类。相对应的，在程序中使用的语句种类也分为顺序语句、条件判断语句和循环控制语句3类。一般情况下，条件判断语句指的是if语句，循环控制语句指for语句和do…while语句。

12.4.1 实例9——if条件判断语句

条件判断语句是一种控制语句，通常用来判断是否满足给定的某一条件，再根据判断的结果决定执行何种操作。

if 条件的判断语句有简单的也有复杂的，最简单的条件语句如下。

```
if （条件 1）{
语句 1
}
```

当满足条件1时，则执行大括号内的语句1。

其中，if 是表示条件语句的关键词，要注意字母是小写。if 后面括号里面的条件只有两种结果，即真或假。只有当条件为真时，才会执行大括号中的程序；如果条件为假，则将跳过大括号中的程序执行下面的语句。

if 语句中的条件可以非常简单，一个变量也可以作为一个条件，如果变量有一个确定的值，那么它返回的结果即为真，具体如下所示。

```
var myName="ZhangSan";
if (myName) {
trace (myName);
    }
```

if 语句的条件还可以是一个赋值表达式，具体如下所示。

```
var myName="ZhangSan";
if (myName="ZhangSan") {
trace (myName);
}
```

赋值表达式返回的结果是真，所以这段代码也能输出信息。但这段代码的本意是比较变量 myName 的值和字符串是否相等，所以应该用比较运算符（==），这是在编程中很容易犯的错误，上述程序正确的写法如下所示。

```
var myName="ZhangSan";
if (myName =="ZhangSan") {
trace (myName);
}
```

如果 if 语句中的条件有多个，则要用逻辑运算符进行连接，这时 Flash 将进行判断最后的结果是真还是假，具体如下所示。

```
var username=" ZhangSan ";
var password="123456";
if (username =" ZhangSan " &&passWord==
"123456") {
  trace(" 用户名和密码正确 ");
}
```

在上述代码中，if 语句中的条件有两个，用 && 运算符连接，代表两个条件都为真时，才会执行大括号中的代码。由此可见，条件的类型一般为逻辑表达式和关系表达式，但也可以是任意的数据类型，这时 Flash 将按真（true）处理。

一般情况下，else 都会与 if 一起使用，表示较为复杂的判断语句，具体如下所示。

```
if （条件 1）{
语句 1
}else {
语句 2
}
```

当满足条件 1 时，执行大括号的语句 1；否则执行语句 2。

下列代码是包含“else if”条件判断的完整语句。

```
if （条件 1）{
语句 1
}else if(条件 2）{
语句 2
}else{
语句 3
}
```

当满足条件1时，执行大括号的语句1；否则判断是否满足条件2，如果满足条件2就执行大括号里的语句2；如果都不满足，则执行语句3。具体如下所示。

```
if (a==b) {
   trace("a和b相等");
}else if(a>b)
   trace("a大于b");
} else{
trace("a小于b");
}
```

“(a==b)”是判断a和b是否相等，返回值是true或者false，如果相等，则执行语句trace("a和b相等");，否则将继续判断a与b的大小关系，如果a>b就执行语句“trace("a>b");”，如果a<b将执行语句“trace("a小于b");”。

12.4.2 实例10——特殊条件判断语句

特殊条件判断语句一般用于赋值，其本质是一种计算形式，格式如下所示。

```
变量x=判断条件?表达式1:表达式2;
```

如果判断条件为真，则x就取表达式1的值，如果为假，则取表达式2的值。具体示例如下所示。

```
var x:Number=1;
var y:Number=2;
var max:Number=x>y ? x:y
```

执行该程序之后，max取x和y中较大的值，即2。

12.4.3 实例11——for循环

for循环语句是编程语言中应用相对灵活的循环控制语句，也是ActionScript最为常用的基本语句。其格式如下。

```
for (初始化;条件;改变变量){
语句
}
```

for语句中有3个表达式，中间用分号隔开。第1个初始表达式通常用来设定语句循环执行次数的变量初值，这个表达式只会执行一次；第2个条件表达式通常是一个关系表达式或者逻辑表达式，用来判定是否继续；第3个递增表达式是每次执行完“循环体语句”以后，就会执行的语句，通常都是用来增加或减少变量初值。

该语句在“初始化”中定义循环变量的“初始值”，“条件”是确定什么时候退出循环，“改变变量”是指循环变量每次改变的值。具体示例如下所示。

```
Sum=0;
for (i=1;i<=50;i++) {
       sum=sum+i;
}
```

在上述代码中，初始化循环变量i为1，每循环一次，i就加1，并且执行一次“sum=sum+i;”，直到i等于50时停止执行。这段程序先进行第1次循环，执行i=1之后，进行条件判断1<=50，为真，再执行sum=sum+1，然后i加上1等于2再进行第2次循环，一直到i等于51，条件为假，跳出循环。

使用for语句计算100以内的奇数之和的循环程序如下所示。

```
Sum=0;
for (i=1;i<=100;i+=2) {
       sum=sum+i;
}
```

for 循环语句还有另外一种形式，具体格式如下所示。

```
for （变量 in Object Group）{
        //语句
}
```

这种方法适用于一个没有数字规律的 Object 变量进行循环，具体示例如下。

```
my object={ name:'ZhangSan',age:24,city:
'dalian' };
for (name in my object) {
      trace ("my object. "+name+"="+my
object [ name ] );
}
```

其处理结果如下所示。

```
my object.name 为 ZhangSan
my object. age 为 24
my object. city 为 dalain
```

12.4.4 实例 12——while 和 do…while 循环

在 ActionScript 脚本中还有另一种循环语句，即 while 和 do…while 循环。while 循环语句又被称为“当”型循环，do…while 循环语句又被称为“直到”型循环。

while 循环语句表示当条件满足时就执行循环，否则跳出循环体，其语法格式如下。

```
while （条件）{
      循环体语句
}
```

该语句的执行顺序是：先对条件进行判断，如果条件成立则执行循环体语句。执行完一次循环体语句后，再次判断 while 后面的条件是否成立，如果条件仍成立，则继续执行循环体语句，直到条件不成立时，便退出 while 循环，并执行 while 语句后面的语句。

下面的代码段所实现的功能是寻找 myAge 数组中值为 35 的数组编号。在该代码段中，只有当 flag 值为 true 时，才可退出循环。

```
var i:Number=0;
var flag:Boolean=false;
while(flag!=true) {
      if (myAge [ i ] ==35 {
            flag=true;
            break;
      }
      i++;
}
```

在上述代码中，break 语句可用在所有的循环语句中，用于强行退出循环体。使用 while 循环语句时，只有当条件满足时才可以执行循环体。因此，有可能循环体一次也不被执行。

do…while 循环语句与 while 循环语句不同的是，先执行一次循环体，再去判断条件是否满足。因此，do…while 循环语句至少会执行一次循环体。其语法格式如下。

```
do  {
          循环体语句
} while（条件）
```

在执行 do…while 循环语句时，程序先执行一次循环体语句，再判断 while 条件是否成立，当条件成立时，则再次执行循环体语句，如此反复直到条件不成立，才跳出循环体去执行 do…while 后面的语句。While 循环语句和 do…while 循环语句很多时候可以互相代替实现同一功能。

这里将上述 while 循环语句用 do…while 循环语句来实现，具体代码如下。

```
var i:Number=0;
var flag:Boolean=false;
do {
      if (myAge [ i ] ==35 {
            flag=true;
            break;
      }
      i++;
} while(flag!=true)
```

与循环语句紧密相关的还有，continue 语句和 break 语句，它们都用于跳出循环体。其中，break 语句通常出现在一个循环中。break 语句使 Flash 动作脚本跳过循环体的其余部分，停止循环动作，并执行循环语句之后的语句。continue 语句的作用是直接跳到循环的条件判断语句处进行判断，而不再执行循环体中 continue 后面的语句。

continue 语句主要出现在以下几种类型的循环语句中，它在各类型循环语句中的作用并不完全相同，具体如下所示。

☆ 当 continue 语句出现在 for 循环语句中，可使 Flash 的动作脚本程序跳过循环体的其他部分，并转去执行 for 语句后面的语句。

☆ 当 continue 语句出现在 for…in 语句中，可使 Flash 的动作脚本程序跳过循环体的其余部分，并跳回循环的顶部，计算表达式 2 的值，并再次与循环条件进行判断。

☆ 当 continue 语句出现在 while 循环中，可使 Flash 的动作脚本程序跳过循环体的其余部分，并转回到循环的顶端，在该处再次进行条件判断。

☆ 当 continue 语句出现在 do…while 循环中，可使 Flash 的动作脚本程序跳过循环体的其余部分，并转到循环的底端，在该处进行条件判断。

这里列举一个不执行 continue 后面代码的例子，具体如下所示。

```
for (var i=0;i<=100;i++) {
      if (myFault [ i ] ==true) {
            continue;  //跳过 flag=true 语句
             Flag=true;
 }
myMoney+=200;
 }
```

12.4.5 实例 13——switch 语句

常用的循环判断语句除了上述介绍的两种之外，还有一个就是 switch 语句。其格式如下。

```
switch ( 变量 ) {
      case 值 1 :
            语句 1
            break;
      case 值 2 :
            语句 2
            break;
...
default:
      语句
}
```

switch 语句是根据“变量”值的不同而执行不同的“语句”，如果当前值不是“case”中列举的值，就执行 default 后面的语句。具体代码如下所示。

```
switch(number){
    case1:
        trace ("case1 tested true");
        break;
    case2:
        trace ("case2 tested true");
        break;
    case3:
        trace ("case3 tested true");
        break;
default:
        trace ("no case tested true")
}
```

此代码段测试的 number 是个数字，当 number 为 1，就弹出 case1 tested true；当 number 为 2，就弹出 case2 tested true；当 number 为 3，就弹出 case3 tested true。

12.5 实战演练1——制作转动的彩色五角星

本实例主要示范库元件与外部类进行类绑定，其中 Star 类定义了两个方法：五角星的颜色和旋转。该实例的代码是一个 for 循环，调用 Star 类的构造函数，生成 100 个随机颜色、随机摆放的五角星实例，并显示在舞台上。

制作转动的彩色五角星的具体操作如下。

步骤 1 启动 Flash CC，然后依次选择【文件】→【新建】菜单命令，即可创建一个新的 Flash 空白文档，并将该文档保存为“转动的彩色五角星 .fla”，如图 12-26 所示。

图 12-26 新建 Flash 文档

步骤 2 在【属性】面板中，设置舞台大小为 400 像素 ×400 像素，背景颜色为黑色，如图 12-27 所示。

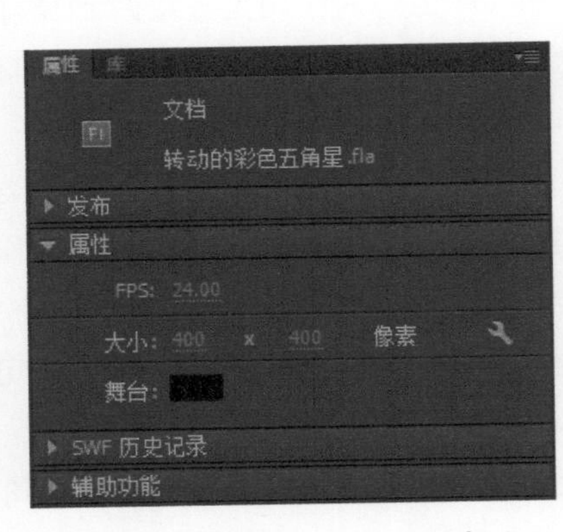

图 12-27 设置舞台大小和颜色

步骤 3 依次选择【插入】→【新建元件】菜单命令，打开【创建新元件】对话框，在其中新建一个名为“Star”的影片剪辑元件，如图 12-28 所示。

步骤 4 单击【确定】按钮，进入该元件的编辑模式，单击工具栏中的【多边形工具】按钮，在其【属性】面板中单击【选项】按钮，打开【工具设置】对话框，然后在【样式】下

拉列表框中选择【星形】选项，并将【边数】设置为“5”，如图 12-29 所示。

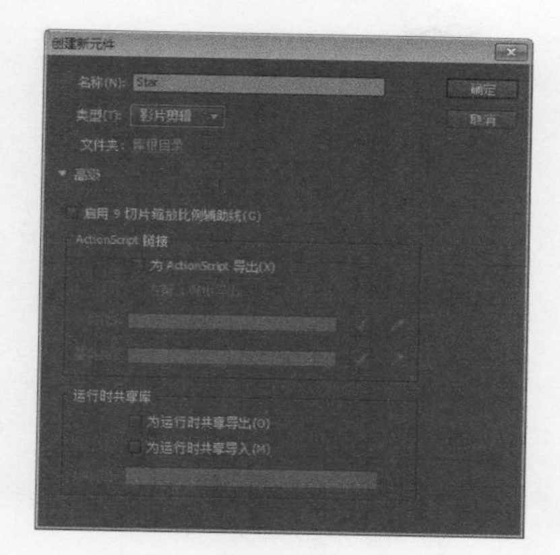

图 12-28 【创建新元件】对话框

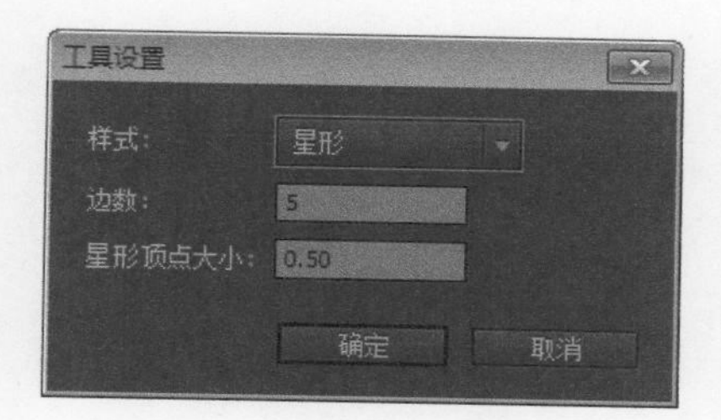

图 12-29 【工具设置】对话框

步骤 5 单击【确定】按钮，在元件编辑模式中绘制一个无笔触颜色的五角星，如图 12-30 所示。

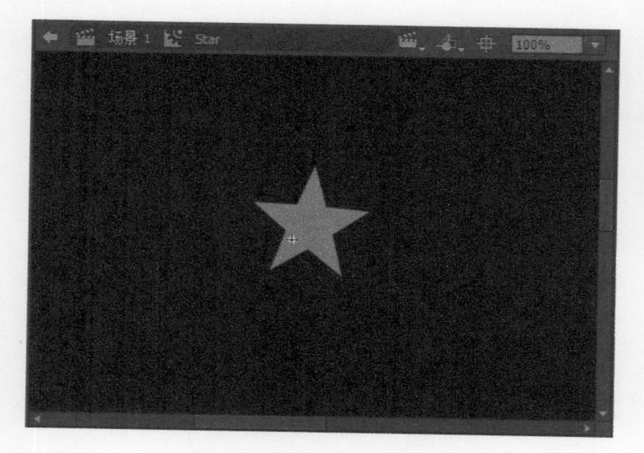

图 12-30 绘制五角星

步骤 6 在【库】面板中，选中“Star”影片剪辑元件并右击，从弹出的快捷菜单中选择【属性】菜单命令，打开【元件属性】对话框，在其中选中【为 ActionScript 导出】复选框，这样即可使影片剪辑与 Star 类进行绑定，如图 12-31 所示。

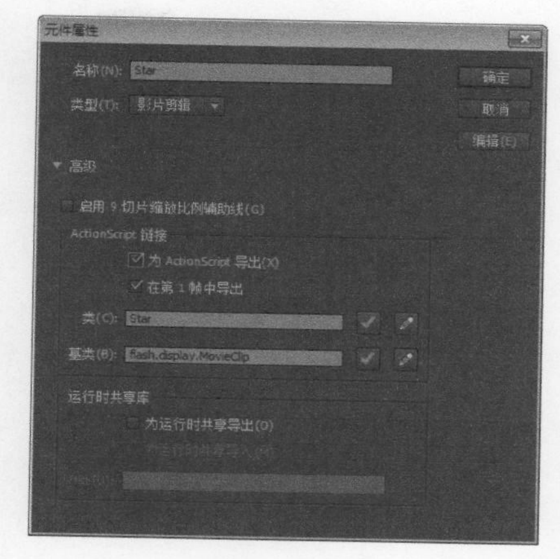

图 12-31 选中【为 ActionScript 导出】复选框

步骤 7 依次选择【文件】→【新建】菜单命令，打开【新建文档】对话框，切换到【常规】选项卡，然后在【类型】列表框中选择【ActionScript 文件】选项，如图 12-32 所示。

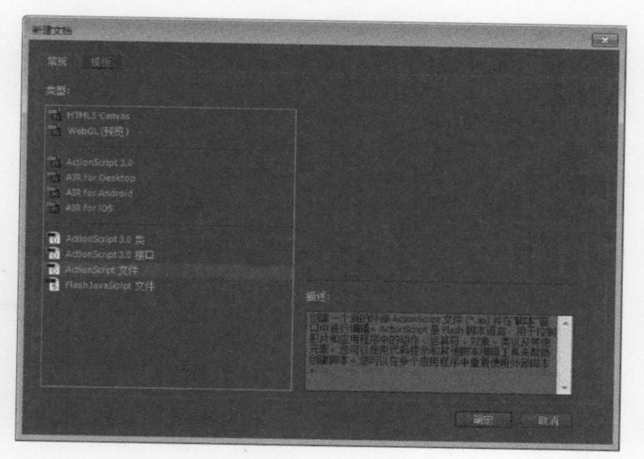

图 12-32 选择【ActionScript 文件】选项

步骤 8 单击【确定】按钮，即可自动创建一个“脚本 -1”文件，在该脚本文件中输入以下代码，如图 12-33 所示。

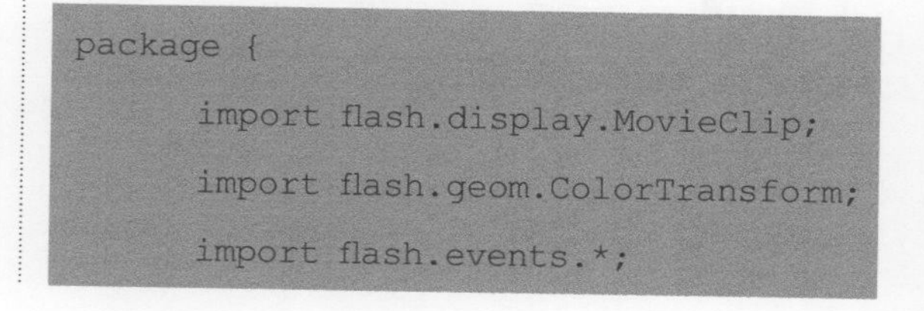

```
package {
        import flash.display.MovieClip;
        import flash.geom.ColorTransform;
        import flash.events.*;
```

```
    public class Star extends MovieClip {
        private var starColor:uint;
        private var starRotation:Number;
        public function Star () {
        this.starColor = Math.random() * 0xffffff;
var colorInfo:ColorTransform = this.transform.colorTransform;
        colorInfo.color = this.starColor;
        this.transform.colorTransform = colorInfo;

                this.alpha = Math.random();
        this.starRotation =  Math.random() * 10 - 5;
        this.scaleX = Math.random();
                this.scaleY = this.scaleX;
        addEventListener(Event.ENTER_FRAME, rotateStar);
        }
        private function rotateStar(e:Event):void {
                this.rotation += this.starRotation;
        }
    }
}
```

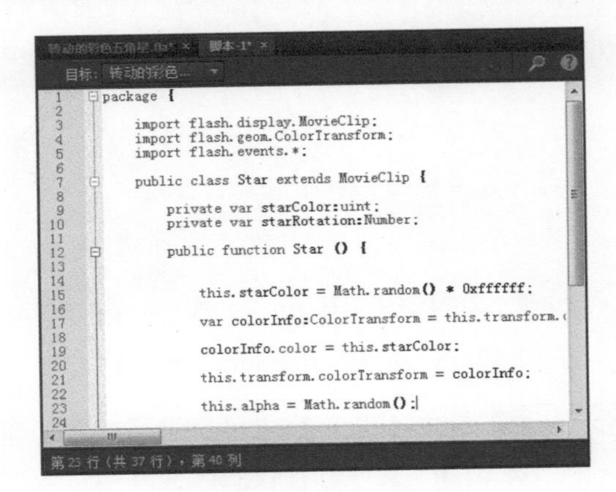

图 12-33　输入代码

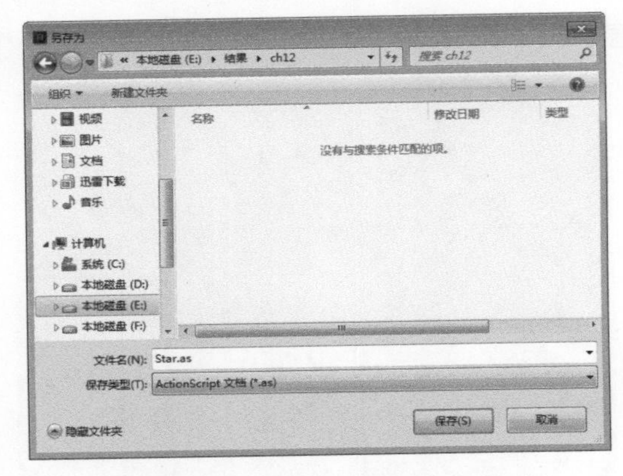

图 12-34　保存 ActionScript 文件

步骤 9 将“脚本 -1”文件保存在与“转动的彩色五角星”文件相同的目录下，并将文件名修改为“Star.as”，如图 12-34 所示。

提示 这一步很重要，如果保存在其他目录下，那么还需要指明路径。如果不指名路径，在测试时会出现找不到类的错误提示内容。

步骤 10 返回到主窗口中，选中“图层 1”的第 1 帧，按快捷键 F9 打开【动作】面板，在其中输入如下代码，如图 12-35 所示。

```
for (var i = 0; i < 100; i++) {
        var star:Star = new Star();
          star.x  =  stage.stageWidth *
                     Math.random();
         star.y  =  stage.stageHeight *
                     Math.random();
        addChild (star);
}
```

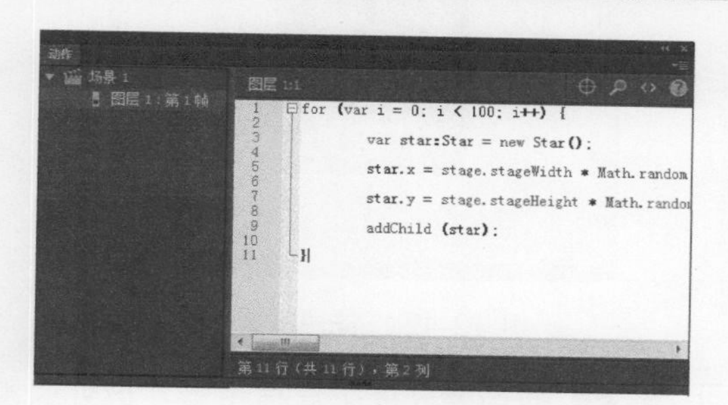

图 12-35　输入代码

步骤 11 至此，转动的彩色五角星就制作完成了，依次选择【控制】→【测试影片】→【在 Flash Professional 中】菜单命令，即可测试转动五角星的播放效果，如图 12-36 所示。

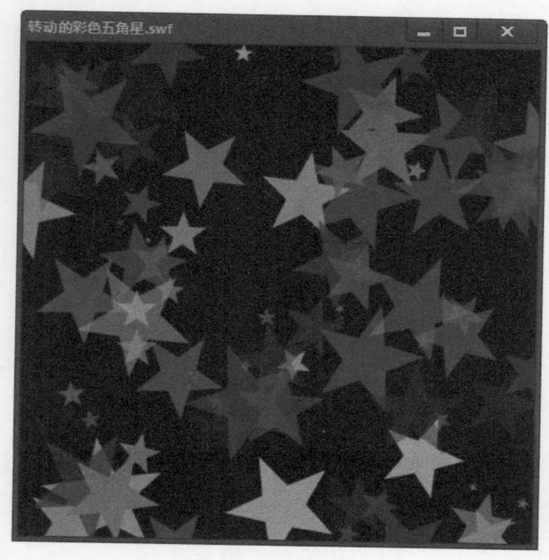

图 12-36　测试效果

12.6 实战演练2——制作飘雪效果

本实例主要介绍在 Flash 中制作下雪效果的方法，具体的操作如下。

步骤 1 启动 Flash CC，然后依次选择【文件】→【新建】菜单命令，即可创建一个新的 Flash 空白文档，并将该文档保存为“飘雪效果 .fla”，如图 12-37 所示。

图 12-37　新建 Flash 文档

步骤 2 按 Ctrl+R 组合键打开【导入】对话框，在其中选择本实例需要用到的图片文件，然后将其导入【库】面板中，如图 12-38 所示。

图 12-38　导入素材图片

步骤 3 将【库】面板中的“背景图”拖到舞台中，然后使用任意变形工具调整图片的大小，如图 12-39 所示。

图 12-39 将“背景图”拖到舞台中

步骤 4 依次选择【插入】→【新建元件】菜单命令，打开【创建新元件】对话框，在【名称】文本框中输入“飘落的雪”，在【类型】下拉列表框中选择【影片剪辑】选项，然后在【ActionScript 链接】选项组中选中【为 ActionScript 导出】复选框，并在【类】文本框中输入自定义的类名称“px”，如图 12-40 所示。

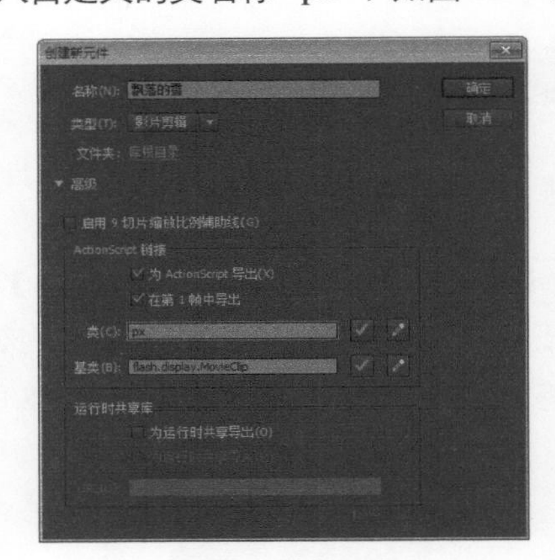

图 12-40 新建影片剪辑元件

步骤 5 单击【确定】按钮后会弹出【ActionScript 类警告】对话框，如图 12-41 所示，此时单击【确定】按钮即可。

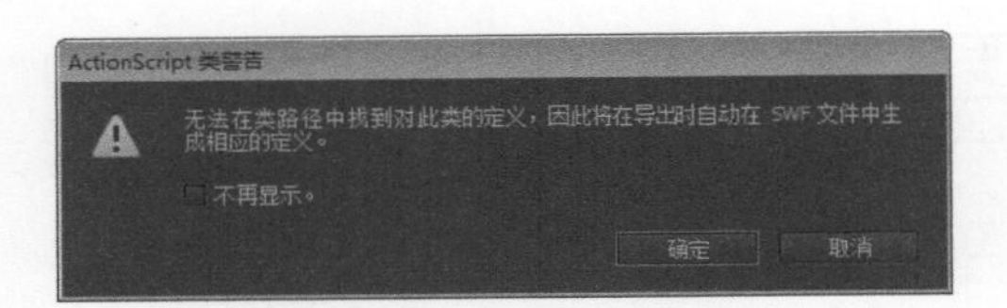

图 12-41 【ActionScript 类警告】对话框

步骤 6 在新建影片剪辑元件的编辑模式中，将【库】面板中的“雪花”图片拖到舞台中，按 Ctrl+B 组合键将其打散，如图 12-42 所示。

图 12-42 将图片打散

步骤 7 使用魔术棒工具单击雪花以外的黑色背景，然后按 Delete 键将其删除，完成后的效果如图 12-43 所示。

图 12-43 删除黑色背景

步骤 8 选中舞台上的雪花对象并右击，从弹出的快捷菜单中选择【转换为元件】命令，打开【转换为元件】对话框，在【名称】文本框中输入“雪花”，并将【类型】设置为【图形】，如图 12-44 所示，最后单击【确定】按钮即可。

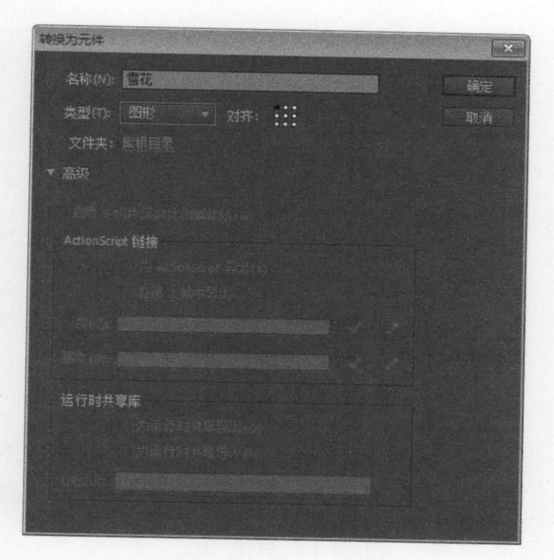

图 12-44　转换为图形元件

步骤 9 在【库】面板中双击“飘落的雪”影片剪辑元件，进入该元件的编辑模式，选中“图层 1”并右击，从弹出的快捷菜单中选择【添加传统引导层】菜单命令，即可在“图层 1”上方添加一个引导层，如图 12-45 所示。

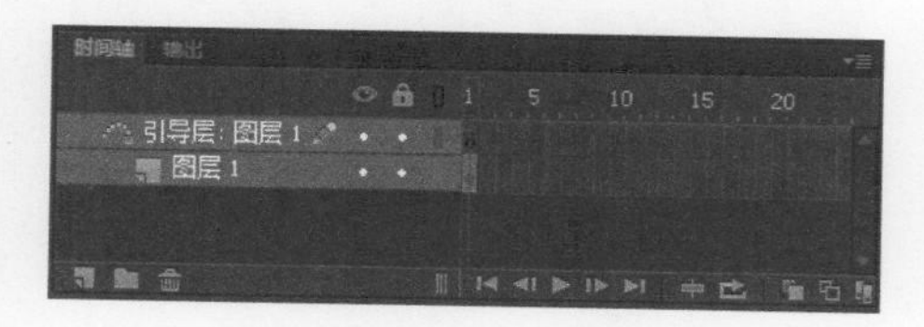

图 12-45　添加引导层

步骤 10 选择“引导层：图层 1”，然后使用钢笔工具在舞台上绘制一条平滑的曲线，如图 12-46 所示。

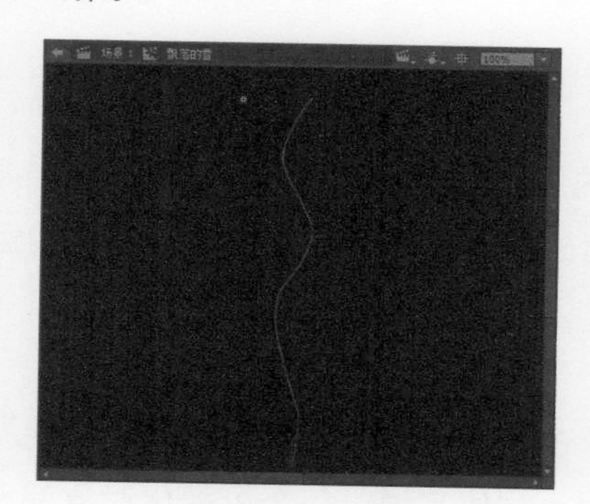

图 12-46　绘制曲线

步骤 11 在“引导层：图层 1”的第 90 帧处插入关键帧，然后选中“图层 1”第 1 帧上的元件，将其拖至曲线的开始处，如图 12-47 所示。

图 12-47　将元件拖至曲线开始处

步骤 12 在“图层 1”的第 90 帧处插入关键帧，然后将元件拖到曲线的结束处，如图 12-48 所示。

图 12-48　将元件拖到曲线结束处

步骤 13 选中“图层 1”的第 2 帧并右击，从弹出的快捷菜单中选择【创建传统补间动画】菜单命令，即可创建传统补间动画，如图 12-49 所示。

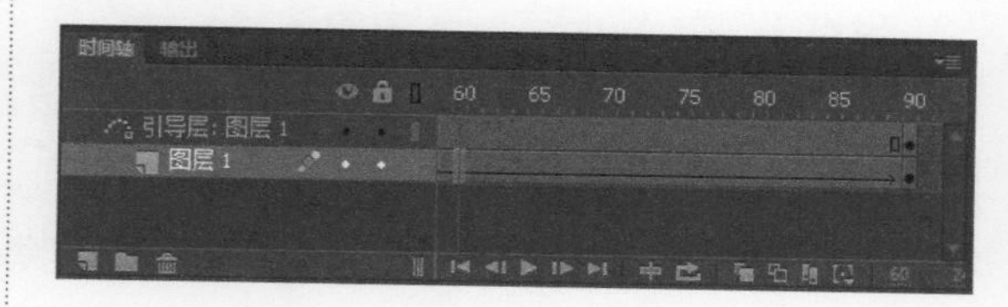

图 12-49　创建传统补间动画

步骤 14 返回到场景 1 中，新建一个图层，并选中新建图层的第 1 帧，按快捷键 F9 打开【动作】面板，在其中输入如下代码，如图 12-50 所示。

```
var i:Number=1;
addEventListener(Event.ENTER_FRAME,xx);
function xx(event:Event):void{
      var x_mc:px=new px();
      addChild(x_mc);
      x_mc.x=Math.random()*550;
      x_mc.scaleX=0.2+Math.random()*0.5;
      x_mc.scaleY=0.2+Math.random()*0.5;
      i++;
      if(i>100){
            this.removeChildAt(1);
            i=100;
      }
}
```

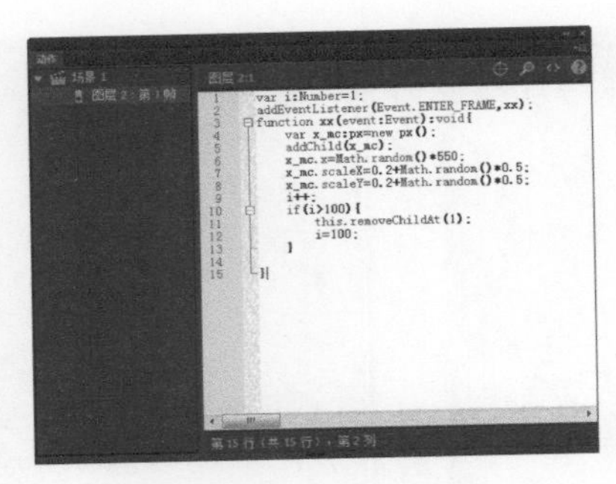

图 12-50　输入代码

步骤 15 至此，就完成了雪花飘落效果的制作，按 Ctrl+Enter 组合键，即可测试雪花飘落的播放效果，如图 12-51 所示。

图 12-51　测试效果

12.7 高手甜点

甜点 1： 在 ActionScript 中的注释有什么作用？

在 ActionScript 中使用注释一般用来注明该段语句的作用、特点及用法等。通过在程序中使用注释，可增加程序的可读性，方便用户的阅读和作者的修改。而程序的注释对程序的运行没有任何作用，并不影响程序的大小、运行速度等特性。

甜点 2： ActionScript 中的“事件”有什么作用？

事件是一种可以被程序响应的变动。例如，用户单击了某个按钮，某个窗体的外观发生了变化，经过一段指定的时间等，这些都可称为事件。对于程序来说，每个可视化对象都只能感知到属于自己的特定类型的事件。一般来说，用户的交互式操作方式往往和用户的触发事件有关，而系统的初始化处理及基于时间的自动批处理等有关问题，则可能和系统环境事件有关。

第13章 实现网页的动态交互

● **本章导读**

本章将介绍 Flash CC 中组件的使用，以及利用组件轻松快速地在 Flash 文档中添加简单的用户界面元素，包括单选按钮、复选框和滚动窗口等。

● **本章学习目标（已掌握的在圆圈中打钩）**

◎ 掌握添加和删除组件的方法
◎ 掌握设置组件参数的方法
◎ 掌握使用按钮和复选框组件的方法
◎ 掌握使用下拉列表框组件的方法
◎ 掌握使用滚动条组件和标签组件的方法
◎ 掌握单选按钮组件和加载进度条组件的方法
◎ 掌握滚动条窗口组件的方法
◎ 掌握制作切换图片效果的方法
◎ 掌握制作切换背景颜色效果的方法
◎ 掌握制作星光闪烁效果的方法

● **重点案例效果**

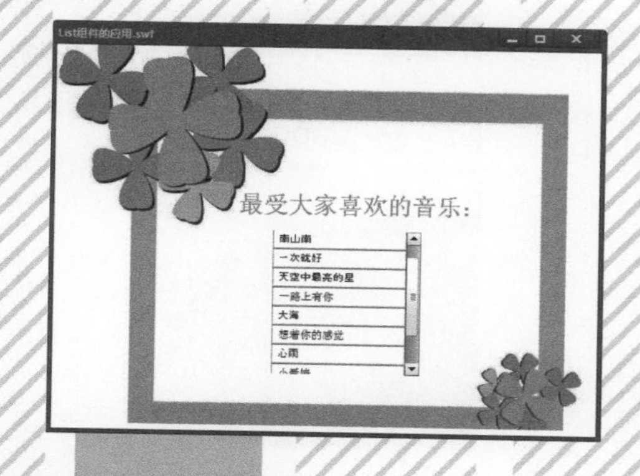

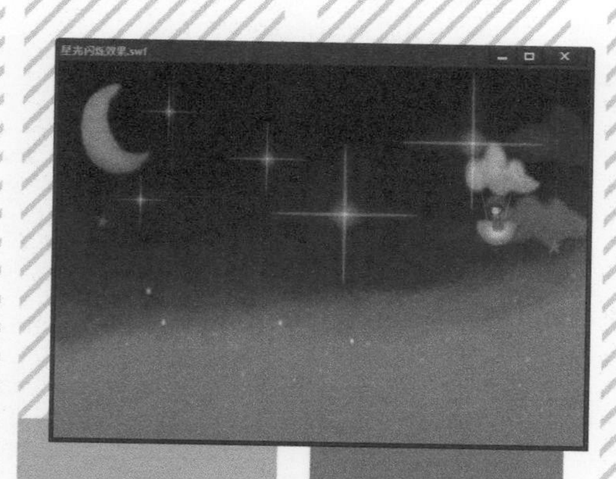

13.1 组件的使用

在 Flash 动画的交互应用中，组件常与 ActionScript 脚本配合使用。通过对组件属性和参数进行设置，并将组件所获取的信息传递给相应的 ActionScript 脚本，即可通过脚本执行相应的操作，从而实现最基本的交互功能。合理使用组件，不仅可以提高代码的可重用性，还可以提高动画的制作效率。

13.1.1 实例 1——组件的添加与删除

添加组件可以在【组件】面板中实现，从而将选择的组件添加到舞台。添加组件的具体操作如下。

步骤 1 在 Flash CC 主窗口中，依次选择【窗口】→【组件】菜单命令，打开【组件】面板，选择 User Interface 选项，然后从中选择需要添加到舞台上的组件，如图 13-1 所示。

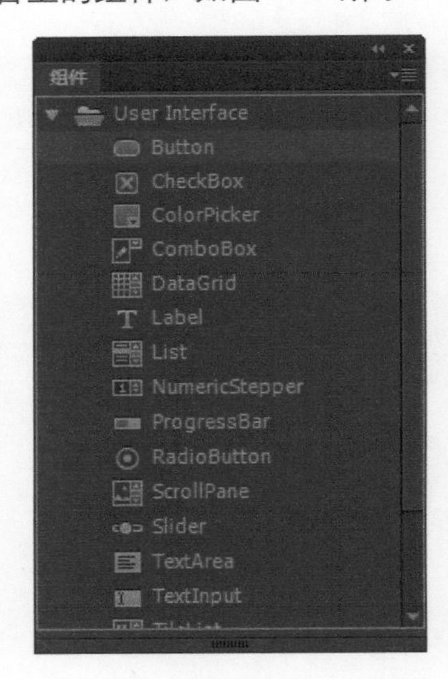

图 13-1 选择 Button 组件

步骤 2 此时按住鼠标左键不放，将其拖动到舞台或双击该组件，即可将所选组件添加到舞台中，如图 13-2 所示。

删除组件的具体操作如下。

步骤 1 在 Flash CC 主窗口中，切换到【库】选项卡，即可进入【库】面板，如图 13-3 所示。

图 13-2 添加组件

图 13-3 【库】面板

步骤 2 在【库】面板中选择要删除的组件，单击【库】面板底部的【删除】按钮，或直接将组件拖动到【删除】按钮上，即可删除组件，如图 13-4 所示。

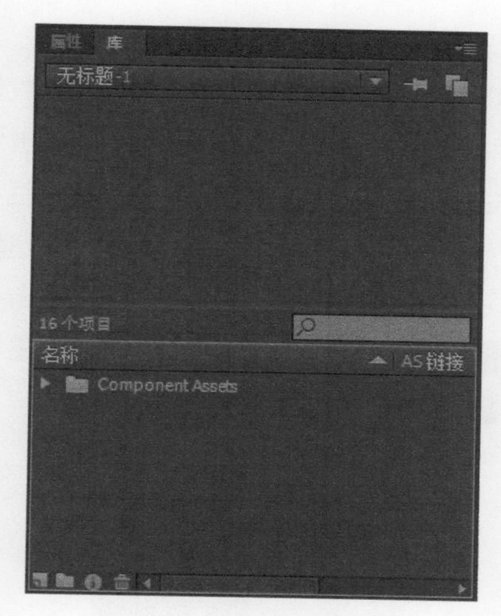

图 13-4 成功删除组件

提示 要从 Flash 影片中删除已添加的组件实例，可通过删除库中的组件类型图标或直接选中舞台上的实例，按 Delete 键或 Backspace 键即可。

13.1.2 实例 2——设置组件参数

在 Flash CC 中，每个组件都有自己的参数设置面板，将组件拖到舞台中后，在【属性】面板的【组件参数】选项组内，即可对组件的各项参数进行设置。下面将对 User Interface 中常见组件的参数设置进行详细介绍。

1. Button（按钮）组件

Button 组件可以执行所有的鼠标和键盘交互事件。在【组件】面板中选择 Button 组件，然后按住鼠标左键不放将其拖动到舞台中，即可完成按钮的创建。在舞台中选择 Button 组件之后，再在【属性】面板的【组件参数】选项组中设置其参数，如图 13-5 所示。

图 13-5 Button 组件参数设置

Button 组件中各参数的含义如下。

☆ emphasized：当选中该复选框时，指示按钮处于弹起状态，并且 Button 组件周围出现边框。

☆ enabled：当选中该复选框时，按钮组件处于激活状态；反之，按钮呈灰色不可用状态。

☆ label：决定按钮上显示的文本内容，其默认值是“Label”。

☆ labelPlacement：可确定按钮上的标签文本相对图标的方向。其中包括 left、right、top 和 bottom4 个选项，其默认值为“right”。

☆ selected：可指定按钮是按下状态或释放状态。

☆ toggle：可确定是否将按钮转变为切换开关，默认为不转变为切换开关。

☆ visible：指示对象是否可见。

2. CheckBox（复选框）组件

CheckBox 组件允许用户选择或取消选择。从【组件】面板中将 CheckBox 组件拖入舞台中。在舞台中选中该组件，然后在【属性】面板的【组件参数】选项组中设置其参数，如图 13-6 所示。

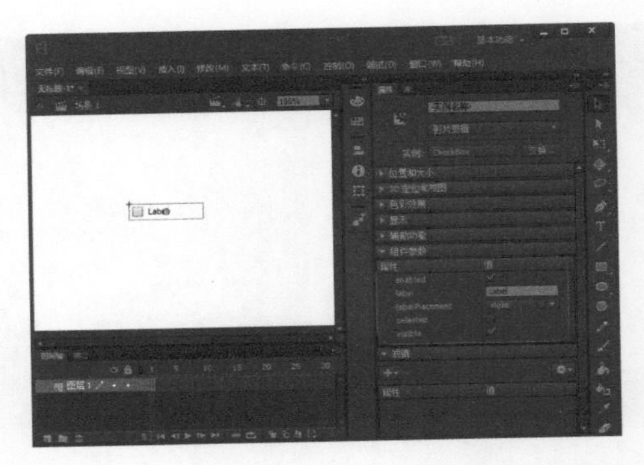

图 13-6　CheckBox 组件参数设置

CheckBox 组件中各参数的含义如下。

☆ enabled：当选中该复选框时，插入的复选框组件处于激活状态；反之，复选框组件呈灰色不可用状态。

☆ label：可确定复选框右边的显示内容，默认值为“label”。

☆ labelPlacement：设置复选框上标签文本的位置，默认状态是“right”。

☆ selected：设置动画初始状态时该复选框的状态，默认状态是未选中该复选框。

☆ visible：指示对象是否可见。

3. ComboBox（下拉列表框）组件

ComboBox 组件也是程序中常见的元素，单击下拉按钮，即可弹出下拉列表并显示相应选项，通过选择选项获取所需数值。从【组件】面板中将 ComboBox 组件拖动到舞台中之后，选中该组件，再在【属性】面板的【组件参数】选项组中设置其参数，如图 13-7 所示。

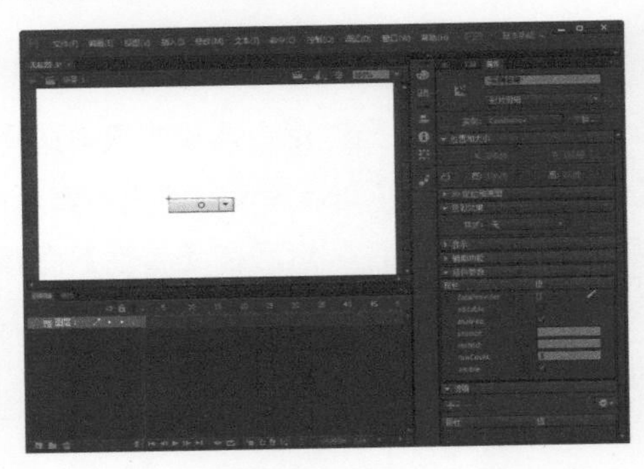

图 13-7　ComboBox 组件参数设置

ComboBox 组件中各参数的含义如下。

☆ dataPrevider：可设置一个文本值数组，以决定下拉列表的显示内容。单击该项右边的按钮，即可打开【值】对话框，如图 13-8 所示。单击左上角的按钮，可为下拉列表添加一个选项；单击按钮，可删除当前选中的选项；单击按钮或，可改变选项的排列顺序。

图 13-8　【值】对话框

☆ editable：可决定用户是否能在下拉列表框中输入文本。选中该复选框，能输入文本；反之，则不能输入文本。

☆ enabled：当选中该复选框时，插入的下拉列表组件处于激活状态；反之，下拉列表组件呈灰色不可用状态。

☆ prompt：用于设置 ComboBox 组件的文本内容，其默认值为空白。

☆ restrict：用于设置下拉列表选项的个数，如在后面的文本框中输入 8，则只能设定 8 个下拉列表选项。

☆ rowCount：可确定在不使用滚动条时最多能显示多少项，默认值为 5。

☆ visible：指示对象是否可见。

4. List（列表框）组件

List 组件是一个可滚动的单选或多选列表框，可以显示图形和文本。在添加 List 组件到舞台中后，选中该组件，然后在【属性】面

板的【组件参数】选项组中设置其参数，如图 13-9 所示。

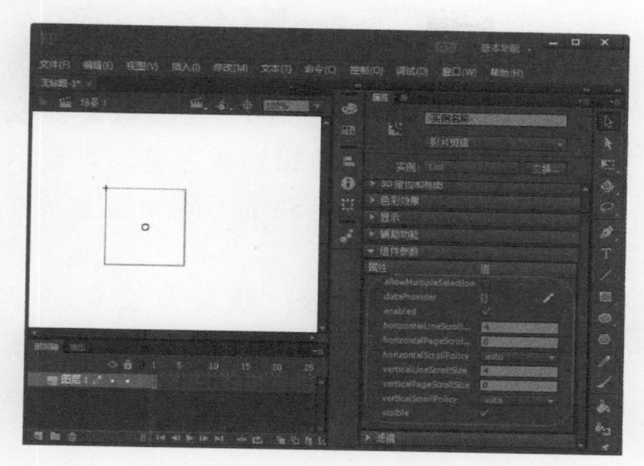

图 13-9 List 组件参数设置

List 组件中各参数的含义如下。

☆ allowMultipleSelection：可确定是否能选择多个选项，选中该复选框表示能选择多个选项；反之，则不能选择多个选项。

☆ dataPrevider：与 ComboBox 组件的 data Previde 功能相同，这里不再赘述。

☆ horizontalLineScrollSize：获取或设置一个值，该值描述当单击滚动箭头时要在水平方向上滚动的像素数，默认显示值为“4”。

☆ horizontalPageScrollSize：获取或设置按滚动条轨道时，水平滚动条上滚动滑块要移动的像素数，默认显示值为“0”。

☆ horizontalScrollPolicy：获取或设置一个值，该值指示水平滚动条的状态。ScrollPolicy.ON 值指示水平滚动条始终打开；ScrollPolicy.OFF 值指示水平滚动条始终关闭；ScrollPolicy.AUTO 值指示状态自动更改。

☆ verticalLineScrollSize：获取或设置一个值，该值描述当单击滚动箭头时，要在垂直方向上滚动多少像素，默认显示值为“4”。

☆ verticalPageScrollSize：获取或设置按滚动条轨道时，垂直滚动条上滚动滑块要移动的像素数，默认显示值为“0”。

☆ verticalScrollPolicy：获取或设置一个值，该值指示垂直滚动条的状态。ScrollPolicy.ON 值指示垂直滚动条始终打开；ScrollPolicy.OFF 值指示垂直滚动条始终关闭；ScrollPolicy.AUTO 值指示状态自动更改。

☆ visible：指示对象是否可见。

5. RadioButton（单选按钮）组件

RadioButton 组件允许在相互排斥的选项之间进行选择。在添加 RadioButton 组件到舞台中后，选中该组件，然后在【属性】面板的【组件参数】选项组中设置其参数，如图 13-10 所示。

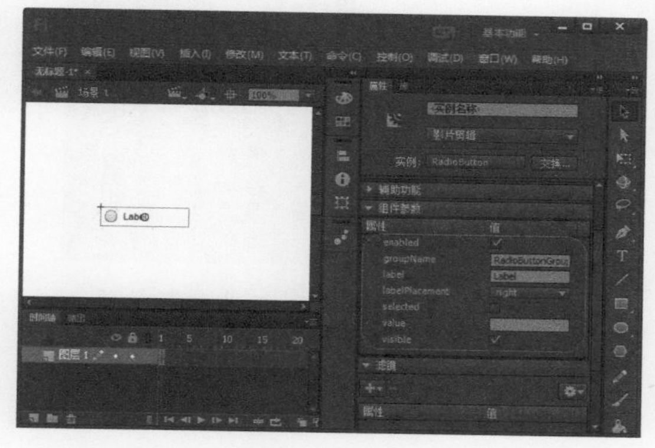

图 13-10 RadioButton 组件参数设置

RadioButton 组件中各参数的含义如下。

☆ enabled：当选中该复选框时，插入的单选按钮组件处于激活状态；反之，单选按钮组件呈灰色不可用状态。

☆ groupName：单选按钮的组名称，处于同一个组中的单选按钮，只能有一个被选中。默认值是 RadioButtonGroup。

☆ label：辅助单选按钮的文本标签。

☆ labelPlacement：确定单选按钮上标签文本的方向。该参数有 left、right、top 和 bottom 4 个选项。默认值是 right。

☆ selected：设置单选按钮在初始化时是否被选中。

☆ value：用于设置单选按钮的值。

☆ visible：指示对象是否可见。

 ScrollPane（滚动条）组件

ScrollPane 组件在某个大小固定的文本框中无法将所有内容显示完全时使用。在添加 ScrollPane 组件到舞台中后，选中该组件，然后在【属性】面板的【组件参数】选项组中设置其参数，如图 13-11 所示。

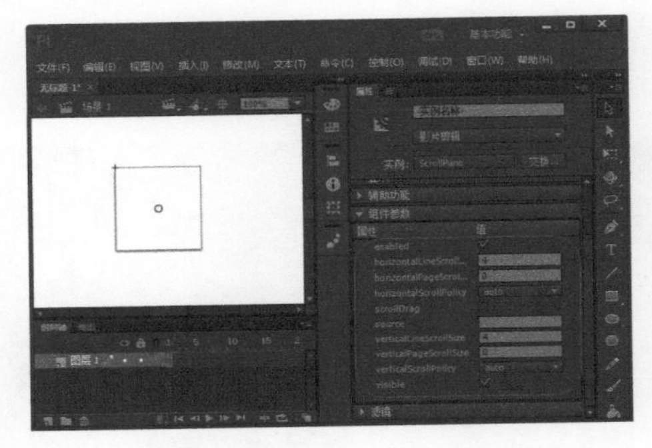

图 13-11　ScrollPane 组件参数设置

ScrollPane 组件中各参数的含义如下。

☆ enabled：当选中该复选框时，插入的滚动条组件处于激活状态；反之，滚动条组件呈灰色不可用状态。

☆ horizontalLineScrollSize：获取或设置一个值，该值描述当单击滚动箭头时要在水平方向上滚动的像素数，默认显示值为“4”。

☆ horizontalPageScrollSize：获取或设置按滚动条轨道时，水平滚动条上滚动滑块要移动的像素数，默认显示值为“0”。

☆ horizontalScrollPolicy：获取或设置一个值，该值指示水平滚动条的状态。ScrollPolicy.ON 值指示水平滚动条始终打开；ScrollPolicy.OFF 值指示水平滚动条始终关闭；ScrollPolicy.AUTO 值指示状态自动更改。

☆ scrollDrag：可确定是否允许用户在滚动条中滚动内容。若选中该复选框，则允许滚动内容，反之，则不允许滚动内容。

☆ source：获取或设置绝对或相对 URL（该 URL 标识要加载的 SWF 或图像文件位置）、库中影片剪辑的类名称、对显示对象的引用或与组件位于同一层上影片剪辑的实例名称。

☆ verticalLineScrollSize：获取或设置一个值，该值描述当单击滚动箭头时，要在垂直方向上滚动的像素数，默认显示值为“4”。

☆ verticalPageScrollSize：获取或设置按滚动条轨道时，垂直滚动条上滚动滑块要移动的像素数，默认显示值为“0”。

☆ verticalScrollPolicy：获取或设置一个值，该值指示垂直滚动条的状态。ScrollPolicy.ON 值指示垂直滚动条始终打开；ScrollPolicy.OFF 值指示垂直滚动条始终关闭；ScrollPolicy.AUTO 值指示状态自动更改。

☆ visible：指示对象是否可见。

 ProgressBar（进度条）组件

ProgressBar 组件用于显示加载内容的进度。在添加 ProgressBar 组件到舞台中后，选中该组件，然后在【属性】面板的【组件参数】选项组中设置其参数，如图 13-12 所示。

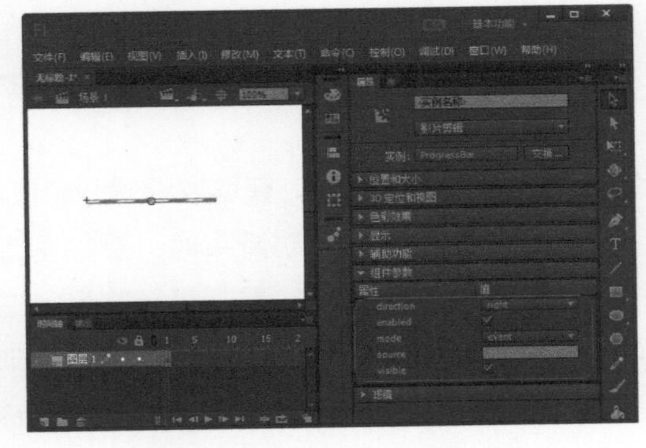

图 13-12　ProgressBar 组件参数设置

ProgressBar 组件中各参数的含义如下。

☆ direction：设置进度栏填充的方向，主要包括“right”（向右）和“left”（向左）两个选项，默认为 right。

☆ enabled：当选中该复选框时，插入的加载进度组件处于激活状态；反之，加载进度组件呈灰色不可用状态。

☆ mode：进度条运行的模式，主要包括 event、polled 或 manual 选项，默认值为 event。

☆ source：一个要转换为对象的字符串，它表示源的实例名称。

☆ visible：指示对象是否可见。

13.1.3 实例 3——Button 组件与 CheckBox 组件

Button（按钮）组件是一个可调整大小的矩形用户界面按钮，用户可以通过鼠标或空格键按下该按钮，以在应用程序中启动操作。

下面通过一个具体的实例来讲解如何在 Flash 中使用 Button 组件，具体的操作如下。

步骤 1 启动 Flash CC，然后依次选择【文件】→【新建】菜单命令，即可创建一个新的 Flash 空白文档，最后将该文档保存为“Button 组件的应用 .fla”，如图 13-13 所示。

图 13-13 新建 Flash 文档

步骤 2 依次选择【文件】→【导入】→【导入到舞台】菜单命令，打开【导入】对话框，在其中选择相应的图片，将其导入舞台中，然后分别设置图片及舞台的大小，如图 13-14 所示。

图 13-14 导入图片

步骤 3 依次选择【窗口】→【组件】菜单命令，打开【组件】面板，在其中单击 User Interface 选项，从展开的组件中选择 Button 组件，如图 13-15 所示。

图 13-15 选择 Button 组件

步骤 4 选择该组件后，按住鼠标左键不放，将其拖动到场景中的合适位置，如图 13-16 所示。

图 13-16 添加 Button 组件

步骤 5 选中 Button 组件，然后在【属性】面板的【组件参数】选项组中，在 label 右侧的文本框中输入“点击进入主页”，并选中 toggle 复选框，如图 13-17 所示。

图 13-17　设置 Button 组件的参数

步骤 6 按 Ctrl + Enter 组合键进行测试，即可预览该动画效果，如图 13-18 所示。

图 13-18　测试影片效果

CheckBox（复选框）组件一般作为表单或 Web 应用程序的一个基础部分。每当需要手选一组非相互排斥值时，都可以使用该组件。简而言之，CheckBox 组件就是在某一组选项中，允许有多个选项被同时选中。

下面通过一个简单例子来讲解 CheckBox 组件的使用，具体的操作如下。

步骤 1 启动 Flash CC，然后依次选择【文件】→【新建】菜单命令，即可创建一个新的 Flash 空白文档，最后将该文档保存为“CheckBox 组件的应用 .fla”，如图 13-19 所示。

图 13-19　新建 Flash 文档

步骤 2 将舞台的大小设置为 300 像素 ×200 像素，如图 13-20 所示。

图 13-20　设置舞台大小

步骤 3 使用文本工具在舞台上绘制静态文本框并输入文本“以下早餐您比较喜欢哪些？”，如图 13-21 所示。

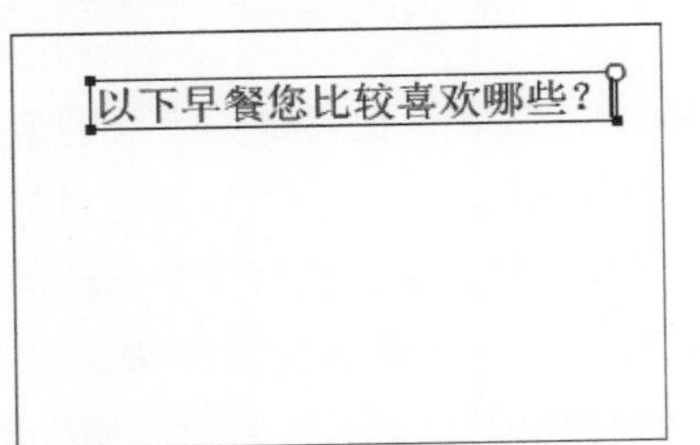

图 13-21　输入文本

步骤 4 按 Ctrl + F7 组合键打开【组件】面板，在其中选择 User Interface 选项，从展开的组件中选择 CheckBox 组件，如图 13-22 所示。

图 13-22　选择 CheckBox 组件

步骤 5 选择 CheckBox 组件之后，按住鼠标左键不放，将其拖到舞台中的合适位置，共拖曳 6 个 CheckBox 组件，如图 13-23 所示。

步骤 6 选中舞台上的第 1 个 CheckBox 组件，在其【属性】面板的【组件参数】选项组中，在 label 右侧的文本框中输入文本“麦片”，并单击舞台空白处，即可为该按钮命名，如图 13-24 所示。

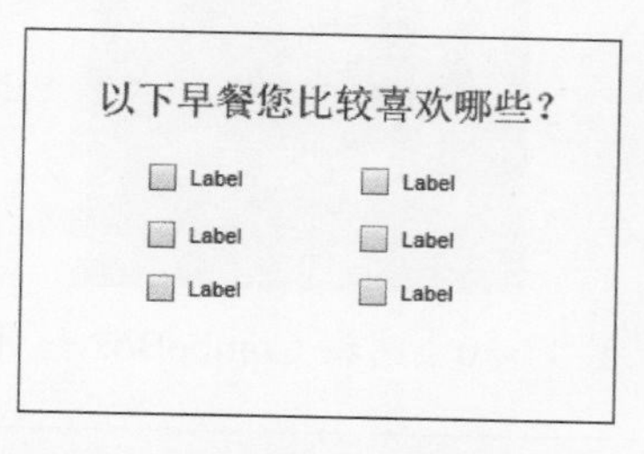

图 13-23　添加 6 个 CheckBox 组件

图 13-24　设置组件名称

步骤 7 按照上述操作，依次修改其他 5 个复选框的参数，如图 13-25 所示。

步骤 8 按 Ctrl + Enter 组合键进行测试，即可预览该动画效果，如图 13-26 所示。

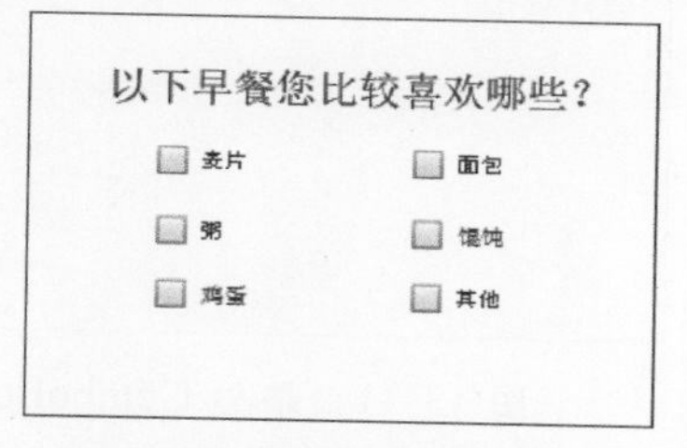

图 13-25　设置组件名称

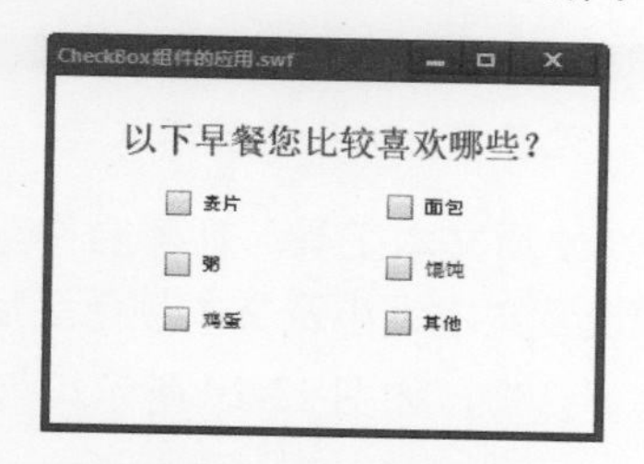

图 13-26　测试动画效果

13.1.4 实例 4——ComboBox 组件、List 组件与 Label 组件

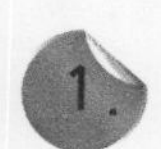

1. ComboBox 组件

ComboBox 组件只需使用最少的创作和脚本编写操作，即可向 Flash 动画中添加可滚动的单选下拉列表框。ComboBox 组件既可用于创建静态组合框，也可用于创建可编辑组合框。静态组合框是一个可滚动的下拉列表框，可从列表中选择项目。可编辑组合框是一个可滚动的下拉列表框，其上方有一个下拉列表框，可在其中输入文本并滚动到该列表中的匹配选项。

下面通过具体的实例介绍 ComboBox 组件的使用，具体的操作如下。

步骤 1 启动 Flash CC，然后依次选择【文件】→【新建】菜单命令，即可创建一个新的 Flash 空白文档，最后将该文档保存为“ComboBox 组件的应用 .fla”，如图 13-27 所示。

步骤 2 将舞台大小设置为 550 像素 ×350 像素，然后使用文本工具在舞台中绘制静态文本框并输入文本“请根据选择搜索电影：”，如图 13-28 所示。

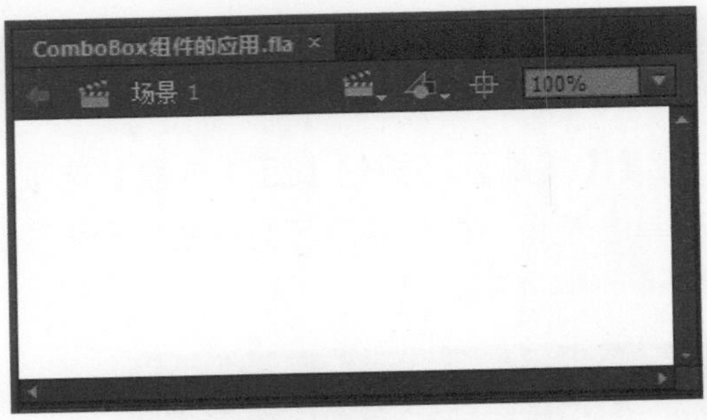

图 13-27　新建 Flash 文档

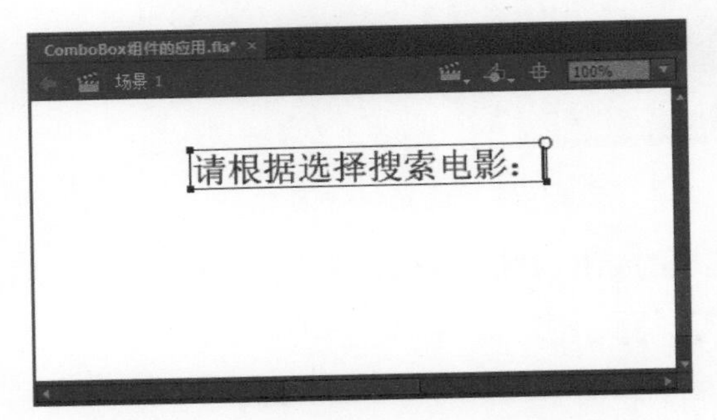

图 13-28　设置舞台大小并输入文本

步骤 3 再次使用文本工具，在舞台中绘制静态文本框并设置文本大小及文本颜色之后，输入文本“类型：”，如图 13-29 所示。

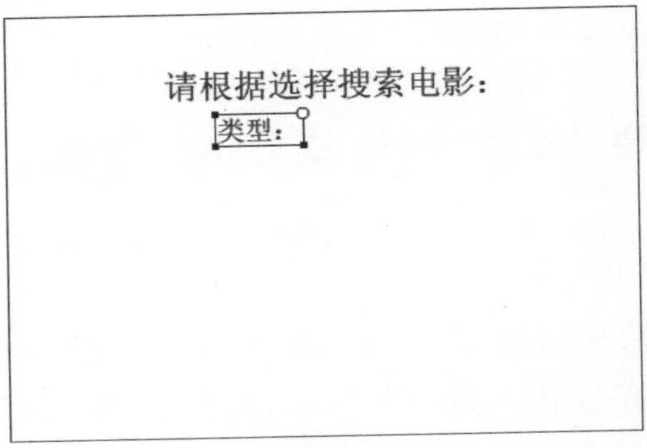

请根据选择搜索电影：

类型：

图 13-29　输入文本

步骤 4 依次选择【窗口】→【组件】菜单命令，打开【组件】面板，选择 User Interface 选项，然后从展开的组件中选择 ComboBox 组件，如图 13-30 所示。

步骤 5 在选择 ComboBox 组件之后，按住鼠标左键不放，将其拖动到舞台中的合适位置，如图 13-31 所示。

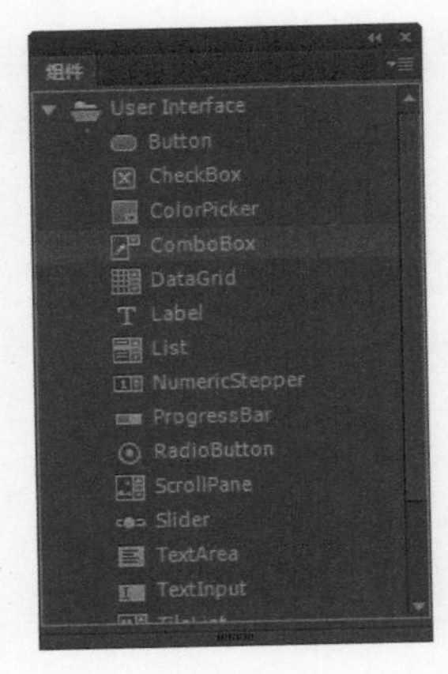

图 13-30　选择 ComboBox 组件

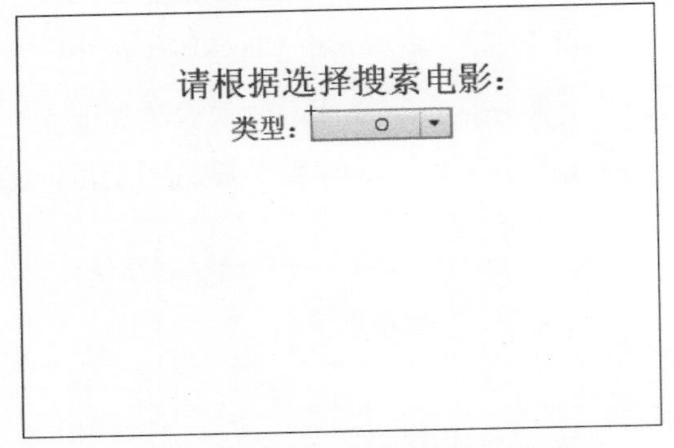

图 13-31　添加 ComboBox 组件

步骤 6 选择 ComboBox 组件，在其【属性】面板中选择【组件参数】选项组，然后在 prompt 右侧的文本框中输入“动作”，并在舞台空白处单击，即可为下拉列表框命名，如图 13-32 所示。

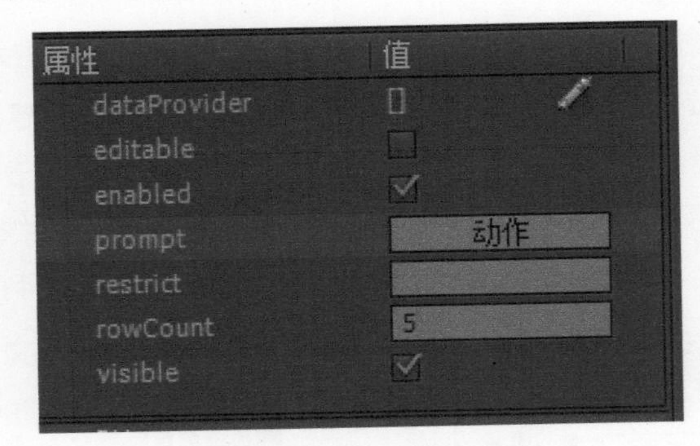

图 13-32　修改组件名称

步骤 7 单击 dataProvider 参数右侧的按钮，打开【值】对话框，在其中单击按钮

+，即可增加下拉列表的选项，并在“label”项中输入相应名称，如图 13-33 所示。

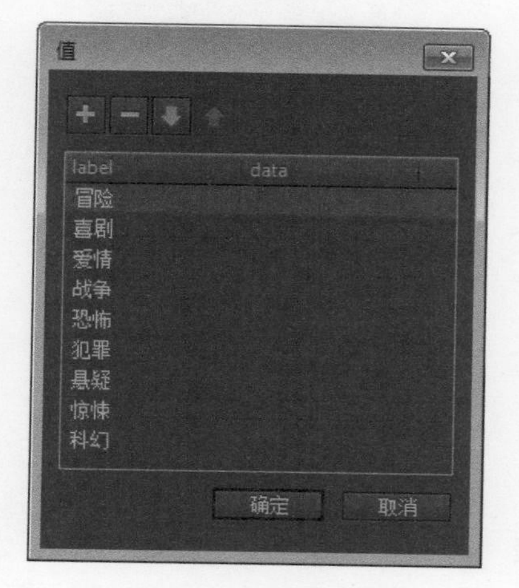

图 13-33 【值】对话框

步骤 8 按照上述操作，创建并设置其他两个下拉列表框，如图 13-34 所示。如果设置的选项超过了 5 个，则在下拉列表框中将自动使用滚动条显示。

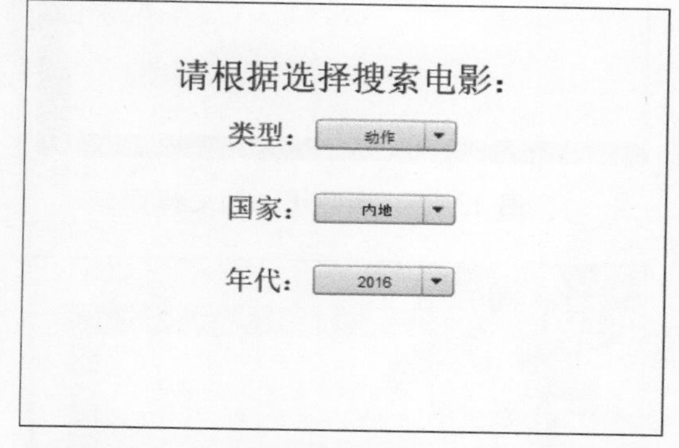

图 13-34 创建并设置其他两个下拉列表框

步骤 9 依次选择【控制】→【测试影片】→【在 Flash Professional 中】菜单命令，即可预览该动画效果，如图 13-35 所示。

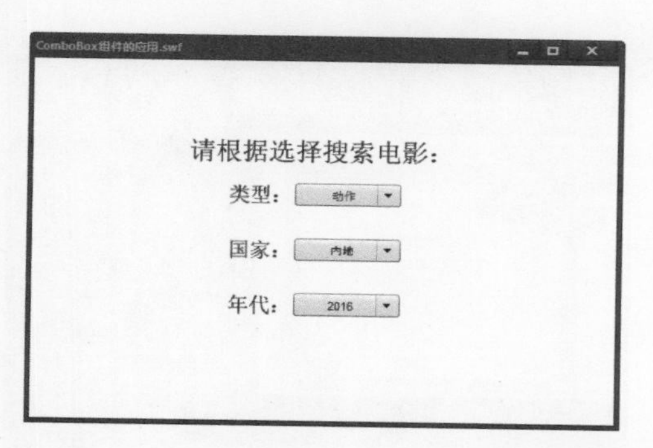

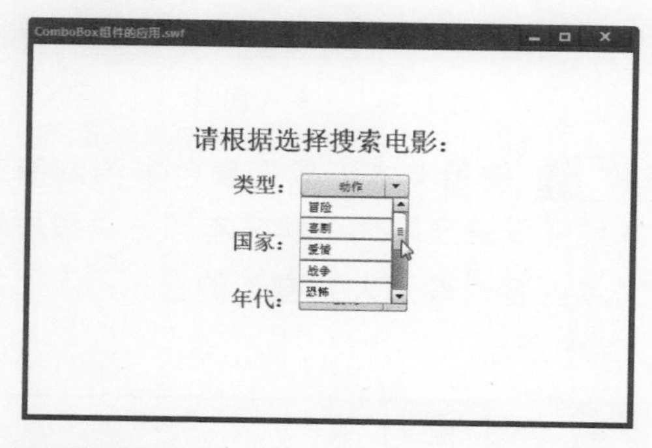

图 13-35 测试动画效果

2. List 组件

List 组件和 ComboBox 组件的属性设置相似，区别在于 ComboBox 组件是单行下拉滚动，而 List 组件是平铺滚动。

下面通过一个具体的实例来说明 List 组件的使用，具体的操作如下。

步骤 1 启动 Flash CC，然后依次选择【文件】→【新建】菜单命令，即可创建一个新的 Flash 空白文档，最后将该文档保存为“List 组件的应用 .fla”，如图 13-36 所示。

步骤 2 依次选择【文件】→【导入】→【导入到舞台】菜单命令，打开【导入】对话框，在其中选择相应的图片，并将其导入舞台，然后分别设置图片和舞台的大小，如图 13-37 所示。

图 13-36　新建 Flash 文档

图 13-37　导入图片

步骤 3 使用文本工具在舞台中绘制静态文本框并设置文字大小和文本颜色，然后输入文本内容“最受大家喜欢的音乐：”，如图 13-38 所示。

图 13-38　输入文本

步骤 4 按 Ctrl+F7 组合键打开【组件】面板，在其中选择 User Interface 选项，然后从展开的组件中选择 List 组件，如图 13-39 所示。

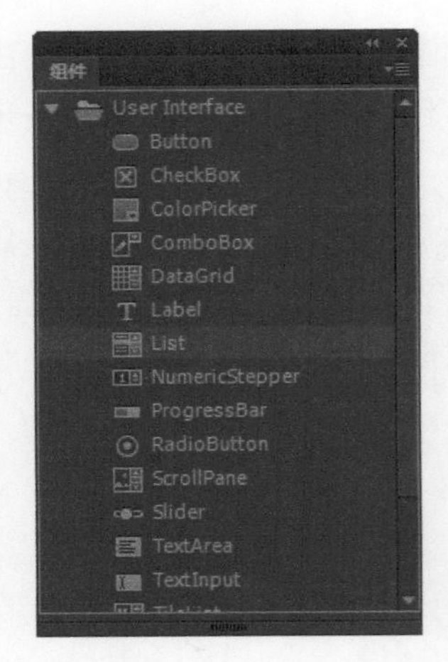

图 13-39　选择 List 组件

步骤 5 选择 List 组件后，按住鼠标左键不放，将其拖到舞台中的合适位置，然后在其【属性】面板中调整其大小为 150 像素 ×150 像素（其默认大小为 100 像素 ×100 像素），如图 13-40 所示。

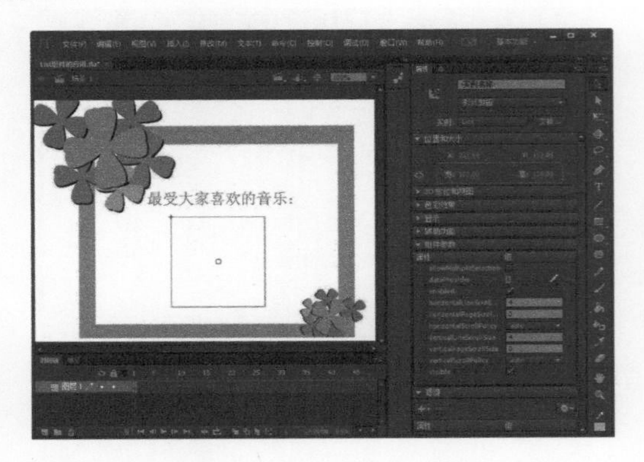

图 13-40　添加 List 组件并设置组件大小

步骤 6 选择 List 组件，在其【属性】面板中选择【组件参数】选项组，单击 dataPrevider 参数右侧的按钮，打开【值】对话框，在其中单击按钮，添加下拉列表框的选项并在“label”项中输入相应名称，如图 13-41 所示。

步骤 7 单击【确定】按钮，即可将【值】对话框中增加的选项添加到 List 列表中，如图 13-42 所示。

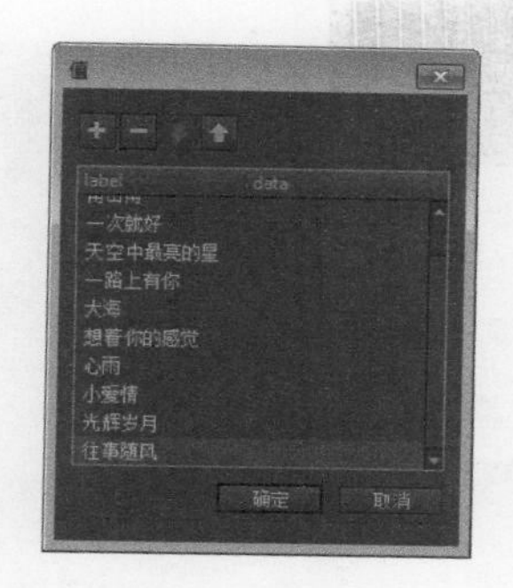

图 13-41　【值】对话框

图 13-42　添加后的效果

步骤 8　按 Ctrl + Enter 组合键进行测试，即可预览该动画效果，如图 13-43 所示。

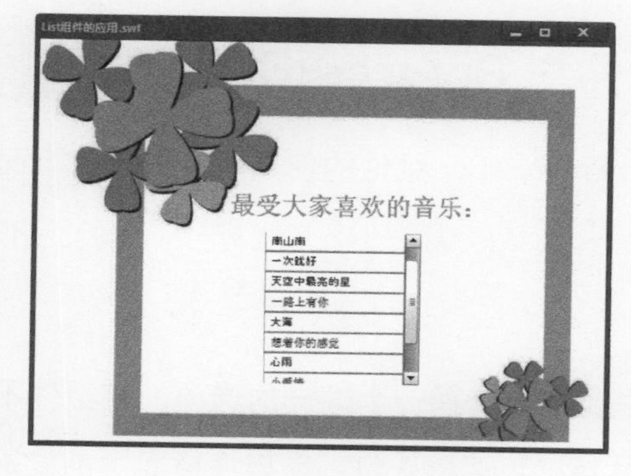

图 13-43　测试动画效果

3. Label 组件

一个 Label 组件就是一个文本。可以指定一个标签采用 HTML 格式，也可以控制标签的对齐方式和大小。Label 组件没有边框，不能有焦点，并且不广播任何事件。

下面通过一个具体的实例来说明 Label 组件的使用，具体的操作如下。

步骤 1　启动 Flash CC，然后依次选择【文件】→【新建】菜单命令，即可创建一个新的 Flash 空白文档，最后将该文档保存为“Label 组件的应用 .fla”，如图 13-44 所示。

图 13-44　新建 Flash 文档

步骤 2　将舞台大小设置为 300 像素 ×200 像素，然后使用文本工具在舞台中绘制静态文本框并设置文字大小和文本颜色，最后输入文本内容“Label 组件的作用：”，如图 13-45 所示。

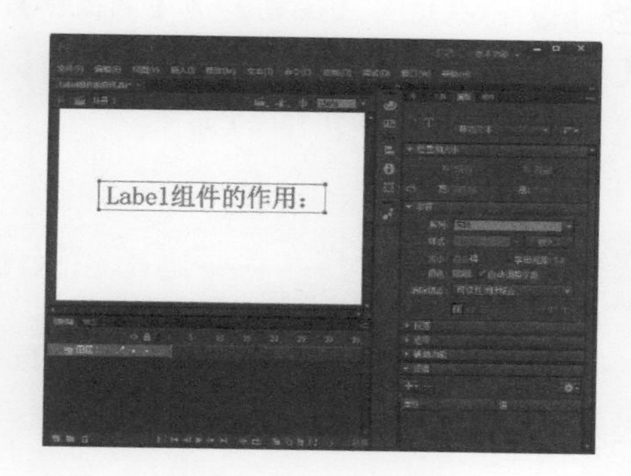

图 13-45　输入文本

步骤 3　依次选择【窗口】→【组件】菜单命令，打开【组件】面板，然后在该面板中选择 Label 组件，如图 13-46 所示。

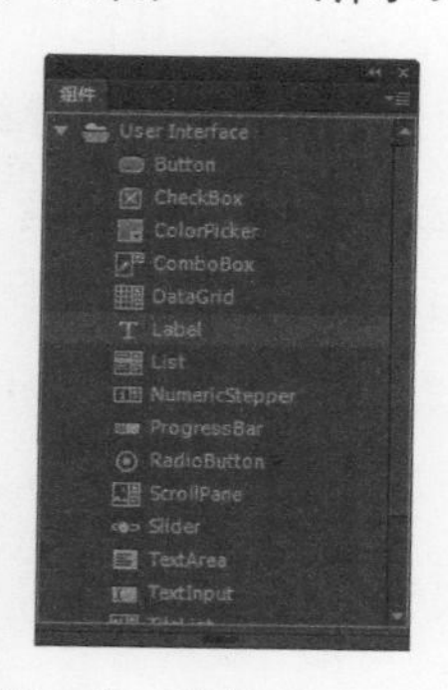

图 13-46　选择 Label 组件

步骤 4 选择 Label 组件后，按住鼠标左键不放，将其拖到舞台中的合适位置，如图 13-47 所示。

图 13-47 添加 Label 组件

步骤 5 选择 Label 组件，在其【属性】面板的【组件参数】选项组中设置该组件的各项参数，如图 13-48 所示。

步骤 6 依次选择【控制】→【测试影片】→【在 Flash Professional 中】菜单命令，即可预览该动画效果，如图 13-49 所示。

图 13-48 设置 Label 组件的各项参数

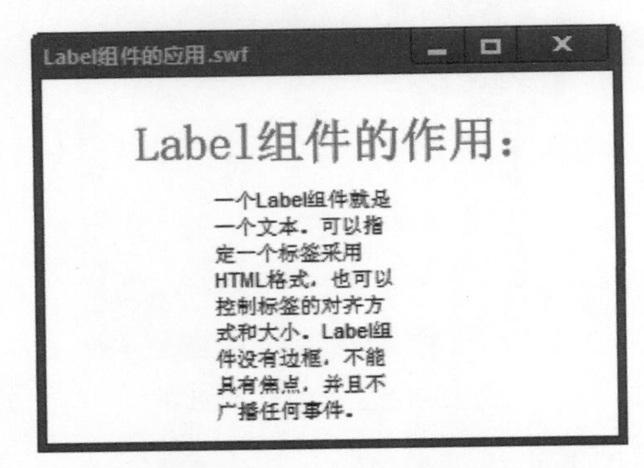

图 13-49 测试动画效果

13.1.5 实例 5——RadioButton 组件与 ProgressBar 组件

在动画和网页的交互操作中，RadioButton 组件和 ProgressBar 组件的使用频率很高。下面将通过具体的实例来介绍它们的使用方法。

1. RadioButton 组件

RadioButton 组件是经常见到的单选按钮组件，主要用于选择一个唯一的选项。该组件不能单个使用，需要两个及两个以上的 RadioButton 组件联合成组使用才行。当选择该组中某一个选项后，将自动取消对该组其他选项的选择。

下面将通过具体的实例来介绍 RadioButton 组件的选项和功能，具体的操作如下。

步骤 1 启动 Flash CC，然后依次选择【文件】→【新建】菜单命令，即可创建一个新的 Flash 空白文档，最后将该文档保存为“RadioButton 组件的应用 .fla”，如图 13-50 所示。

步骤 2 将舞台大小设置为 300 像素 ×200 像素，然后使用文本工具在舞台中绘制静态文本框并设置文字大小和文本颜色，最后输入文本“你打算去什么样的景点旅游？”，如图 13-51 所示。

图 13-50　新建 Flash 文档

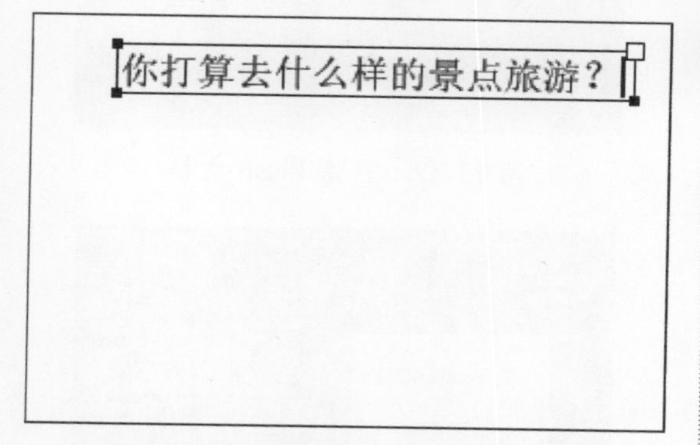

图 13-51　设置舞台大小并输入文本

步骤 3 依次选择【窗口】→【组件】菜单命令，打开【组件】面板，在其中选择 RadioButton 组件，如图 13-52 所示。

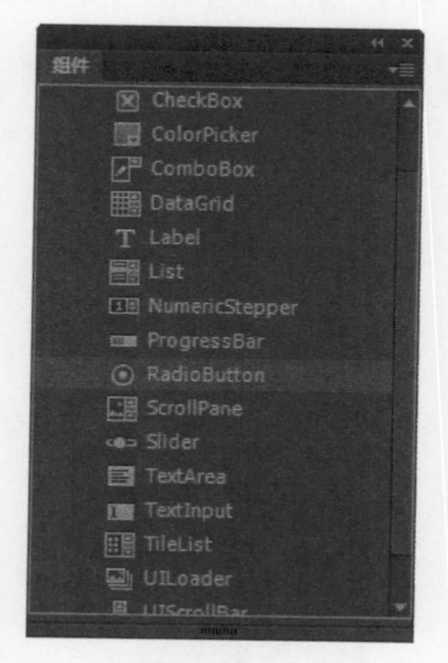

图 13-52　选择 RadioButton 组件

步骤 4 选中 RadioButton 组件之后，按住鼠标左键不放，将其拖到舞台中的合适位置，共拖曳 6 个 RadioButton 组件，如图 13-53 所示。

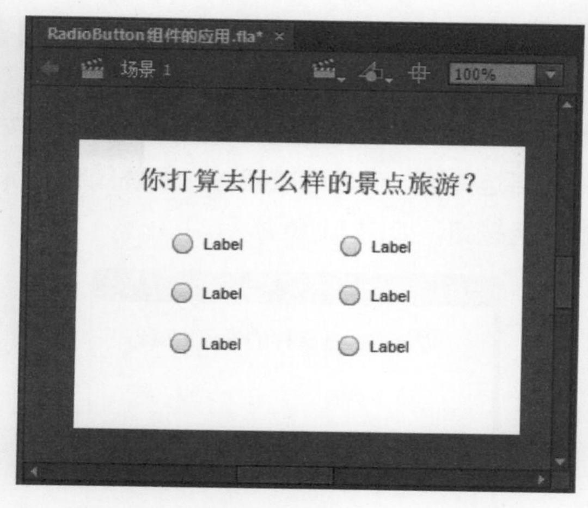

图 13-53　添加 6 个 RadioButton 组件

步骤 5 选中舞台上的第 1 个 RadioButton 组件，在其【属性】面板的【组件参数】选项组中，在 label 参数右侧的文本框中输入文本“繁华都市”，并单击舞台空白处，即可为该单选按钮命名，如图 13-54 所示。

你打算去什么样的景点旅游？

繁华都市　Label
Label　Label
Label　Label

图 13-54　设置参数

步骤 6 按照上述操作，依次修改其他 5 个 RadioButton 组件的参数，如图 13-55 所示。

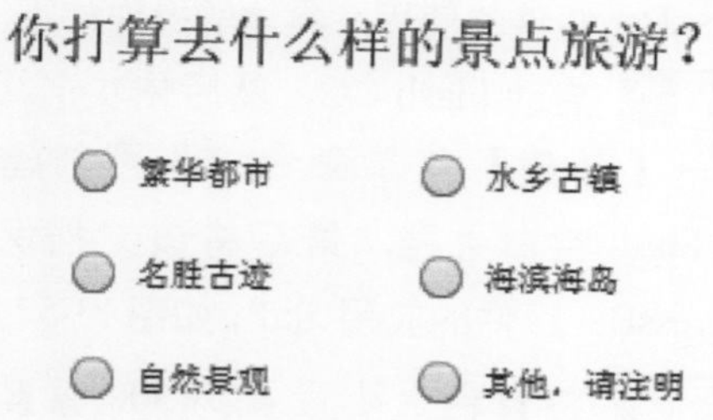

你打算去什么样的景点旅游？

繁华都市　水乡古镇
名胜古迹　海滨海岛
自然景观　其他，请注明

图 13-55　设置其他组件的参数

步骤 7 依次选择【控制】→【测试影片】→【在 Flash Professional 中】菜单命令，即可预览该动画效果。在其中只可选择一个单选按钮，当选择下一个单选按钮时，即替代当前所选单选按钮，如图 13-56 所示。

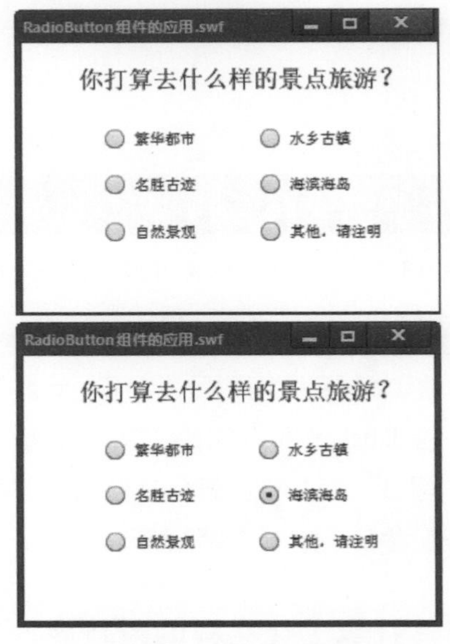

图 13-56　测试动画效果

 ProgressBar 组件

ProgressBar 组件用于显示加载内容的进度。ProgressBar 组件可用于显示加载图像和部分应用程序的状态。当要加载的内容量已知时，可以使用确定的进度栏；当要加载的内容量未知时，可以使用不确定的进度栏，这时需要添加标签来显示加载内容的进度。

下面通过一个具体的实例来说明 ProgressBar 组件的使用，具体的操作如下。

步骤 1 启动 Flash CC，然后依次选择【文件】→【新建】菜单命令，即可创建一个新的 Flash 空白文档，最后将该文档保存为“ProgressBar 组件的应用 .fla”，如图 13-57 所示。

步骤 2 将舞台大小设置为 300 像素 ×200 像素，然后使用文本工具在舞台上绘制静态文本框并设置文字大小和文本颜色，最后输入文本内容“正在加载，请稍候……”，如图 13-58 所示。

图 13-57　新建 Flash 文档

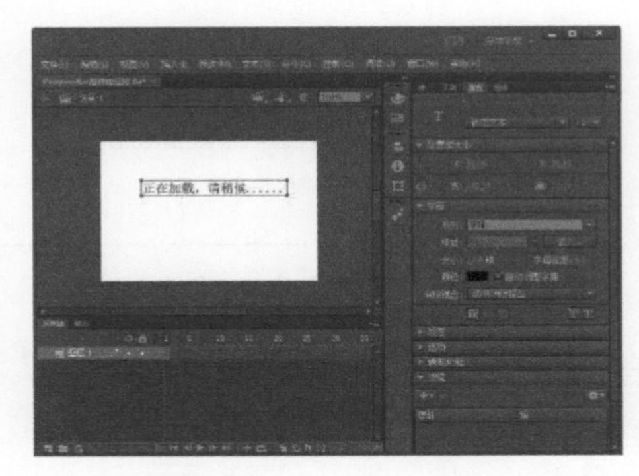

图 13-58　设置舞台大小并输入文本

步骤 3 按 Ctrl + F7 组合键打开【组件】面板，然后在其中选择 ProgressBar 组件，如图 13-59 所示。

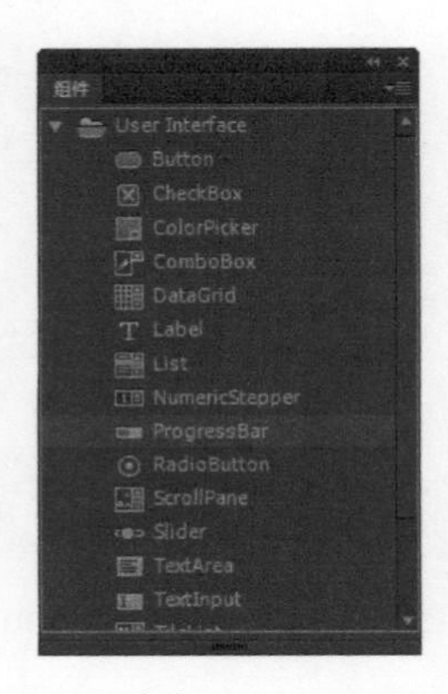

图 13-59　选择 ProgressBar 组件

步骤 4 选择该组件后，按住鼠标左键不放，将其拖到舞台中的合适位置，如图 13-60 所示。

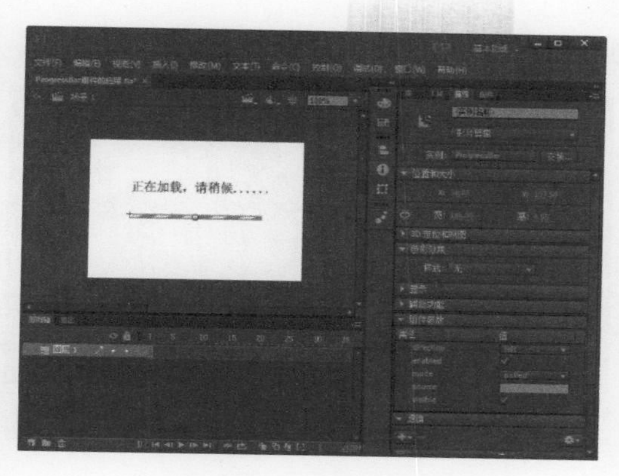

图 13-60　添加组件

步骤 5 在该组件的【属性】面板中选择【组件参数】选项组，从 direction 下拉列表框中选择 left 选项，然后从 mode 下拉列表框中选择 polled 选项，如图 13-61 所示。

步骤 6 依次选择【控制】→【测试影片】→【在 Flash Professional 中】菜单命令，即可预览该动画效果，如图 13-62 所示。

图 13-61　设置 ProgressBar 组件

图 13-62　测试动画效果

13.1.6　实例 6——ScrollPane 组件

ScrollPane 组件是动态文本框与输入文本框的组合，相当于在动态文本框和输入文本框中添加了水平和垂直的滚动条。通过该组件，用户可以在某个固定大小的文本框中，通过拖动滚动条来显示更多的内容。

下面通过一个具体的实例来介绍 ScrollPane 组件的使用，具体的操作如下。

步骤 1 启动 Flash CC，然后依次选择【文件】→【新建】菜单命令，即可创建一个新的 Flash 空白文档，最后将该文档保存为“ScrollPane 组件的应用 .fla”，如图 13-63 所示。

图 13-63　新建 Flash 文档

步骤 2 在【属性】面板中将舞台大小设置为 300 像素 ×200 像素，然后使用文本工具在舞台中绘制静态文本框并设置文字大小和文本颜色，最后输入文本内容“请您对我们的工作提出宝贵的意见：”，如图 13-64 所示。

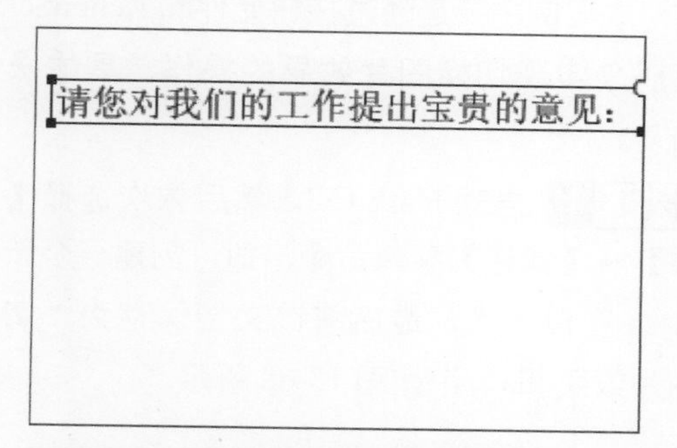

图 13-64　设置舞台大小并输入文本内容

步骤 3 依次选择【窗口】→【组件】菜单命令，打开【组件】面板，然后在其中选择 ScrollPane 组件，按住鼠标左键不放，将其拖到舞台中的合适位置，如图 13-65 所示。

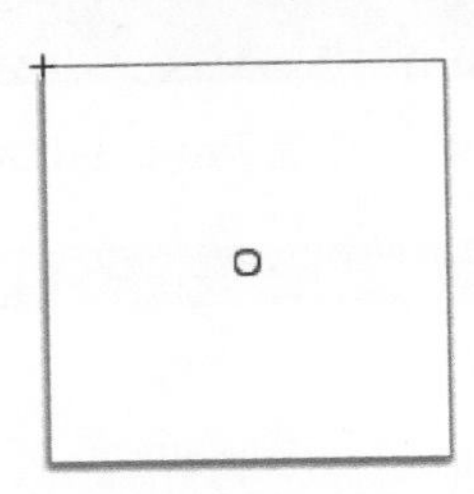

图 13-65 添加组件

步骤 4 在该组件的【属性】面板中选择【组件参数】选项组，然后分别在 horizontalScrollPolicy 和 VerticalScrollPolicy 下拉列表框中选择 on 选项，如图 13-66 所示。

步骤 5 依次选择【控制】→【测试影片】→【在 Flash Professional 中】菜单命令，即可预览该动画效果，如图 13-67 所示。

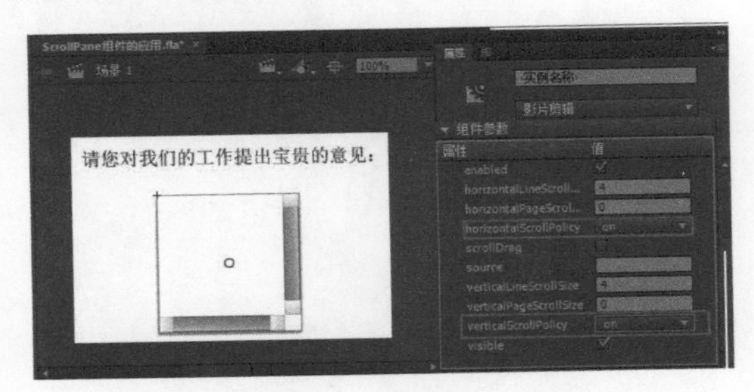

图 13-66 设置组件参数

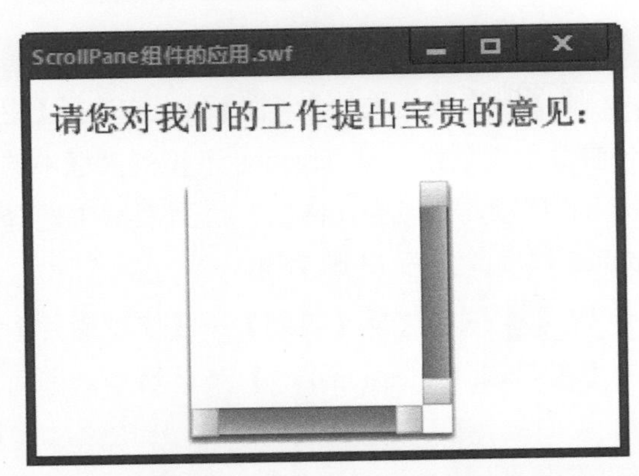

图 13-67 测试动画效果

13.2 ActionScript函数综合应用

13.2.1 实例 7——制作切换图片效果

本实例主要是通过按钮元件和 ActionScript 代码来实现切换图片效果的操作，具体操作如下。

步骤 1 启动 Flash CC，然后依次选择【文件】→【新建】菜单命令，即可创建一个新的 Flash 空白文档，最后将该文档保存为“切换图片效果 .fla”，如图 13-68 所示。

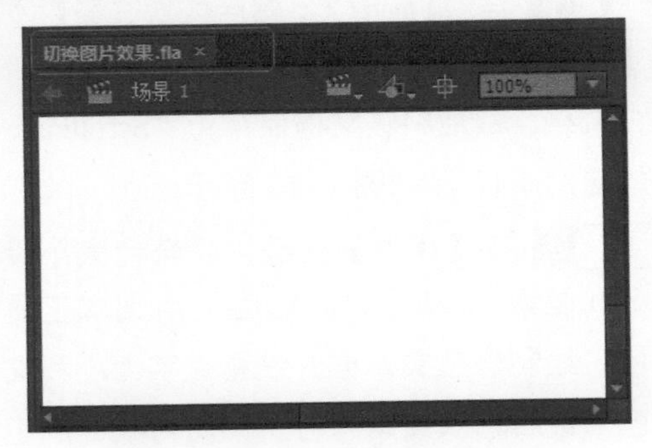

图 13-68 新建 Flash 文档

步骤 2 选中“图层1”的第1帧，按Ctrl+R组合键打开【导入】对话框，在其中选择需要导入的图片文件，将其导入舞台中，并将图片和舞台的大小设置为340像素×453像素，如图13-69所示。

图13-69 导入图片

步骤 3 在“图层1”的第2帧处插入空白关键帧，然后按照步骤2的方法将素材图片导入舞台，并调整图片的大小，如图13-70所示。

图13-70 插入空白关键帧并导入图片

步骤 4 按照相同的方法，分别在第3、4、5、6帧处插入空白关键帧，并在对应的关键帧处导入不同的素材图片，完成后的效果如图13-71所示。

图13-71 完成其他空白关键帧的操作

步骤 5 新建一个图层，选择工具栏中的矩形工具，然后在其【属性】面板中，将【笔触颜色】设置为白色，【填充颜色】设置为无，【笔触】设置为10，【接合】设置为【尖角】，如图13-72所示。

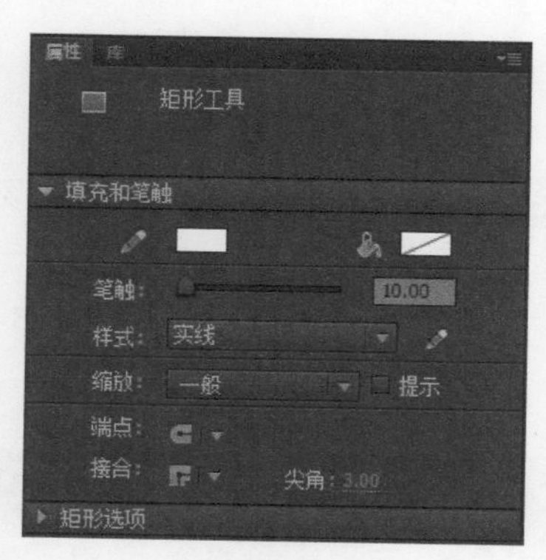

图13-72 设置矩形工具的属性

步骤 6 按住鼠标左键在舞台外侧绘制一个白色的矩形框，效果如图13-73所示。

步骤 7 按Ctrl+F8组合键打开【创建新元件】对话框，在其中新建一个名为“按钮”的按钮元件，如图13-74所示。

图 13-73　绘制白色的矩形框

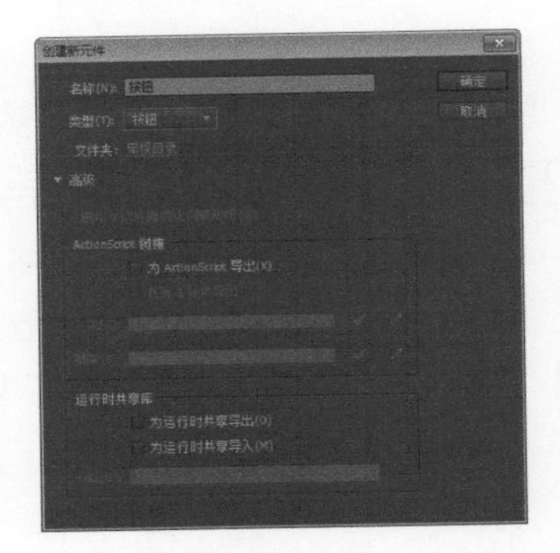

图 13-74　新建按钮元件

步骤 8 单击【确定】按钮，进入该元件的编辑模式，将舞台颜色修改为黑色，然后使用椭圆工具和矩形工具绘制图 13-75 所示的图形。

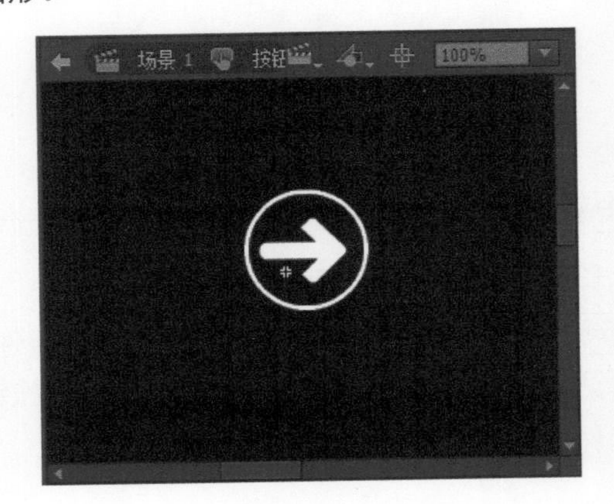

图 13-75　绘制图形

步骤 9 选中舞台上绘制的图形并右击，从弹出的快捷菜单中选择【转换为元件】菜单命令，打开【转换为元件】对话框，在【名称】文本框中输入“按钮元件”，并将【类型】设置为【图形】，如图 13-76 所示，最后单击【确定】按钮即可。

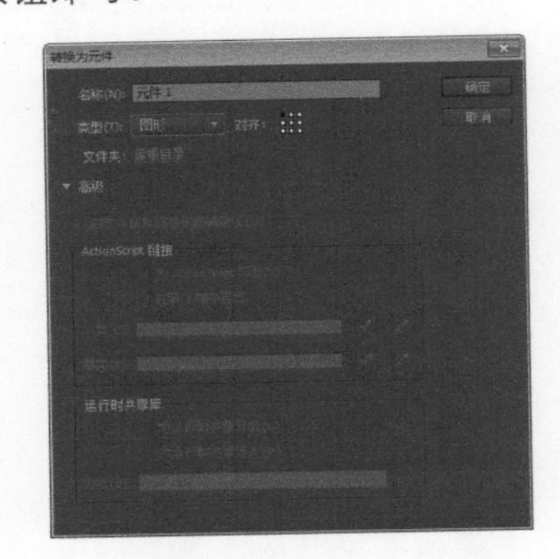

图 13-76　转换为图形元件

步骤 10 选中“图层 1”中的“弹起”帧上的元件，在其【属性】面板中将 Alpha 值设置为“50%”，如图 13-77 所示。

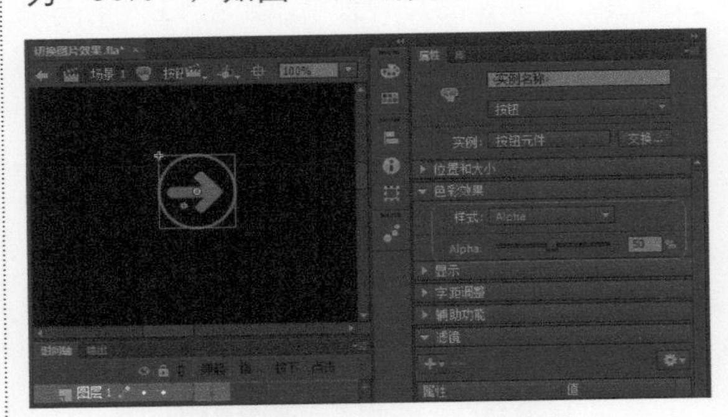

图 13-77　设置 Alpha 值

步骤 11 在“图层 1”的“指针经过”帧处插入关键帧，并选中该帧上的元件，然后在其【属性】面板中将【样式】设置为“无”，如图 13-78 所示。

步骤 12 返回到场景 1 中，新建一个图层，并选中新建图层的第 1 帧，将【库】面板中的按钮元件拖到舞台右侧，并使用任意变形工具将其适当地缩小，如图 13-79 所示。

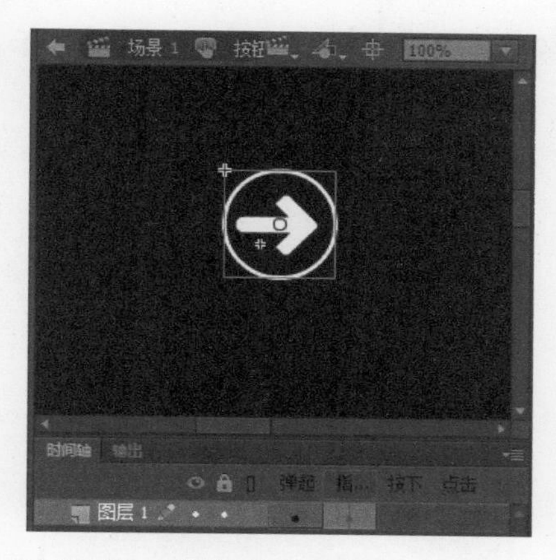

图 13-78　将色彩效果设置为“无”

图 13-79　将“按钮”元件拖到舞台右侧

步骤 13 选中舞台上的“按钮”元件，将其复制，并移到舞台左侧，然后依次选择【修改】→【变形】→【水平翻转】菜单命令，即可将其水平翻转，效果如图 13-80 所示。

图 13-80　将按钮元件水平翻转

步骤 14 选中舞台左侧的“按钮”元件，在其【属性】面板的【实例名称】文本框中输入“btn1”，如图 13-81 所示。

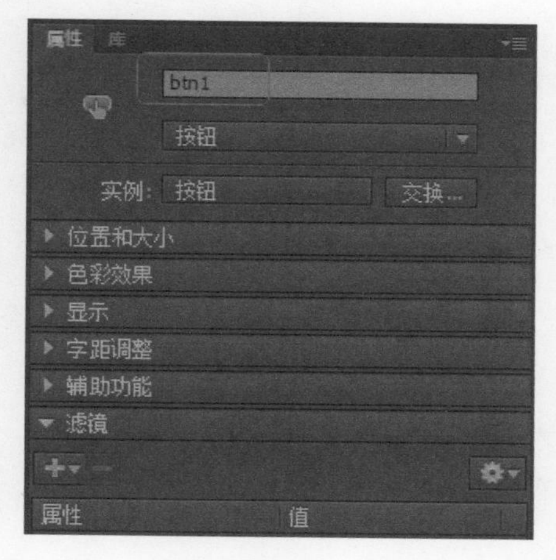

图 13-81　设置左侧按钮元件的实例名称

步骤 15 选中舞台右侧的按钮元件，在其【属性】面板的【实例名称】文本框中输入“btn”，如图 13-82 所示。

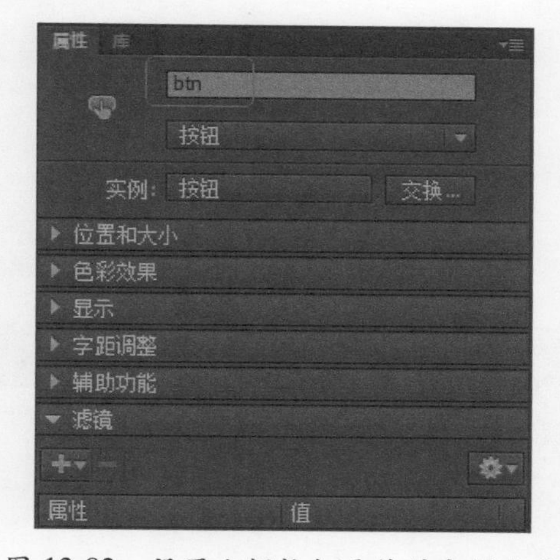

图 13-82　设置右侧按钮元件的实例名称

步骤 16 新建一个图层，并选中新建图层的第 1 帧，按快捷键 F9 打开【动作】面板，在其中输入如下代码，如图 13-83 所示。

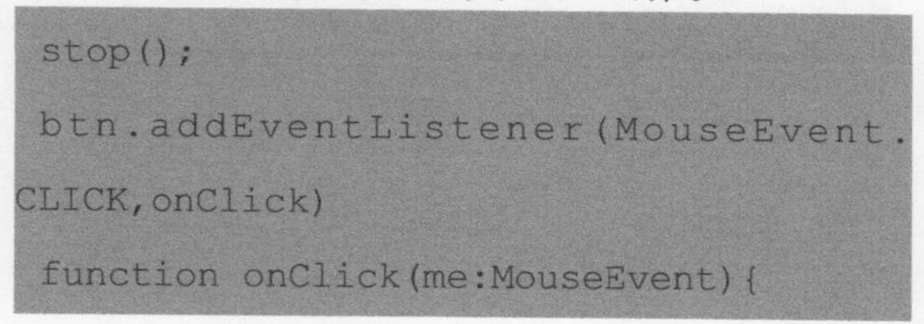
```
stop();
btn.addEventListener(MouseEvent.
CLICK,onClick)
function onClick(me:MouseEvent){
```

```
        if(currentFrame==6){
                gotoAndPlay(1);

        }
        else{
                nextFrame();
                stop();
        }
}
btn1.addEventListener(MouseEvent.
CLICK,onClick)
function onClick1(me:MouseEvent){
        if(currentFrame==1){
                gotoAndPlay(6);
                stop();

        }
        else{
                prevFrame();
                stop();
        }
}
```

```
1  stop();
2  btn.addEventListener(MouseEvent.CLICK, onClick)
3  function onClick(me:MouseEvent){
4      if(currentFrame==6){
5          gotoAndPlay(1);
6
7      }
8      else{
9          nextFrame();
10         stop();
11     }
12 }
13 btn1.addEventListener(MouseEvent.CLICK,onClick)
14 function onClick1(me:MouseEvent){
15     if(currentFrame==1){
16         gotoAndPlay(6);
17         stop();
18
19     }
20     else{
21         prevFrame();
22         stop();
23     }
24 }
```

图 13-83　输入代码

步骤 17　至此，就完成了切换图片效果的制作，按 Ctrl + Enter 组合键，即可测试单击按钮切换图片的播放效果，如图 13-84 所示。

图 13-84　测试效果

13.2.2 实例 8——制作切换背景颜色效果

本实例比较简单，主要是通过按钮元件和代码来完成背景颜色切换的制作，具体的操作如下。

步骤 1　启动 Flash CC，然后依次选择【文件】→【新建】菜单命令，即可创建一个新的 Flash 空白文档，最后将该文档保存为“切换背景颜色效果 .fla”，如图 13-85 所示。

图 13-85　新建 Flash 文档

步骤 2　在【属性】面板中，将舞台大小设置为 260 像素 ×369 像素，【填充颜色】设置为“#999999”，如图 13-86 所示。

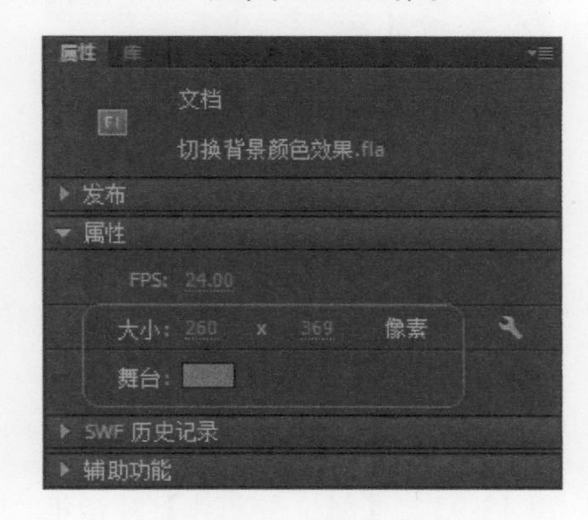

图 13-86　设置舞台属性

步骤 3　选择工具栏中的矩形工具，然后在其【属性】面板中，将【笔触颜色】设置为“无”，【填充颜色】设置为“#339966”，如图 13-87 所示。

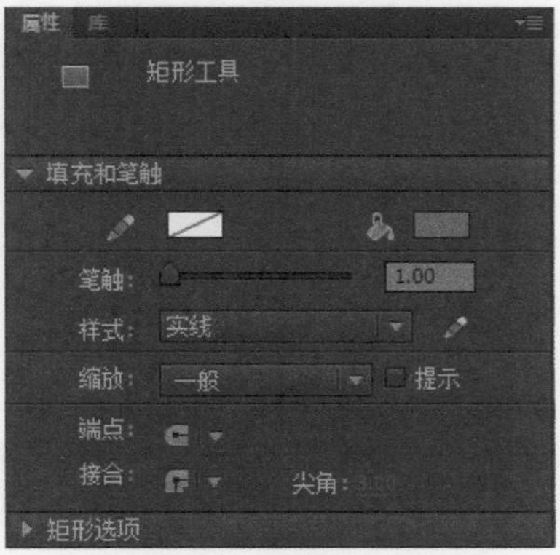

图 13-87　设置矩形工具的属性

步骤 4　按住鼠标左键，绘制一个与舞台一样大小的矩形，并与舞台对齐，如图 13-88 所示。

图 13-88　绘制矩形

步骤 5　选中绘制的矩形，将其复制，在“图层 1”的第 2 帧处插入空白关键帧，按 Ctrl+V 组合键进行粘贴，然后将其填充颜色修改为蓝色，如图 13-89 所示。

图 13-89　复制矩形并更改颜色

步骤 6　在“图层 1”的第 3 帧处插入空白关键帧，按 Ctrl+V 组合键进行粘贴，并选中复制后的图形，将其填充颜色修改为“#CC99FF”，如图 13-90 所示。

图 13-90　复制矩形并更改颜色

步骤 7 选中“图层 1”第 1 帧上的矩形，按快捷键 F8 打开【转换为元件】对话框，在其中的【名称】文本框中输入“绿色矩形”，并将【类型】设置为【图形】，如图 13-91 所示。最后单击【确定】按钮，即可将其转换为图形元件。

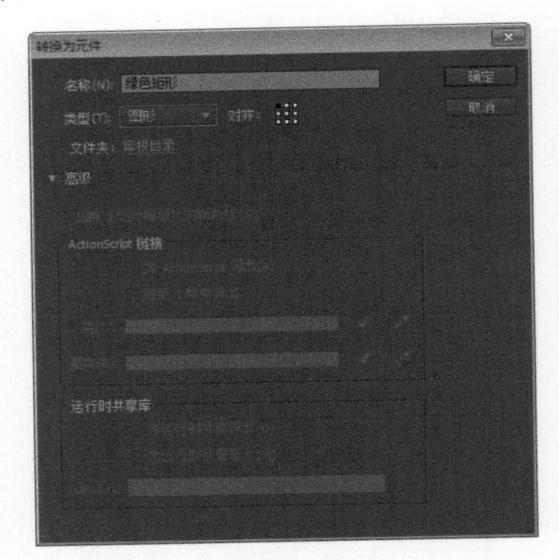

图 13-91　【转换为元件】对话框

步骤 8 依次类推，将“图层 1”的第 2 帧、第 3 帧上的矩形分别转换为“蓝色矩形”和“粉色矩形”图形元件，如图 13-92 所示。

步骤 9 按 Ctrl+F8 组合键打开【创建新元件】对话框，在其中新建一个名为“绿色按钮”的按钮元件，如图 13-93 所示。

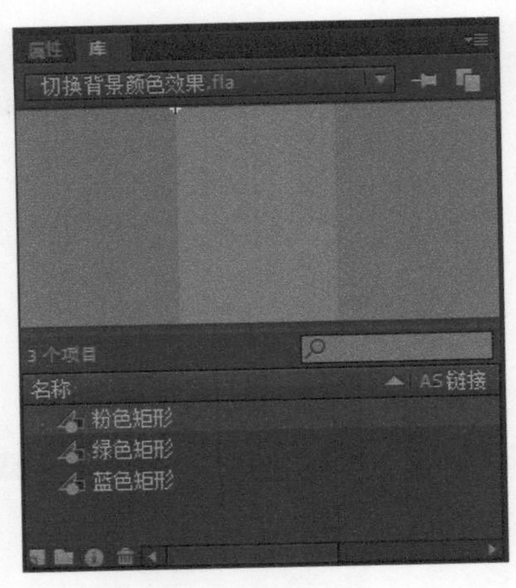

图 13-92　转换其他元件

图 13-93　【创建新元件】对话框

步骤 10 单击【确定】按钮，进入该元件的编辑模式，将【库】面板中的“绿色矩形”元件拖到舞台中，选中拖入舞台的绿色矩形，然后在其【属性】面板中，将【宽】设置为“60”，【高】设置为“25”，效果如图 13-94 所示。

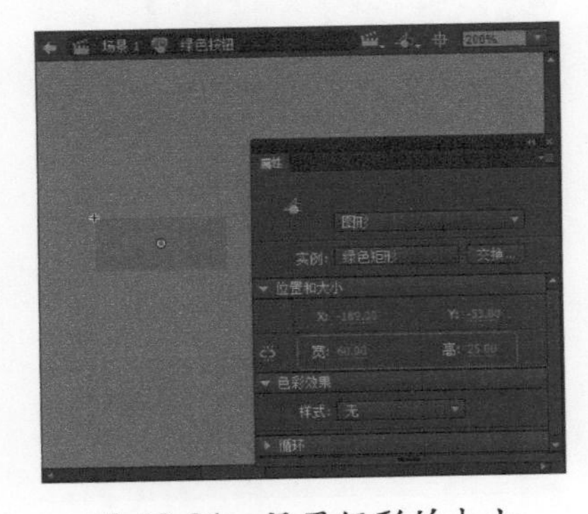

图 13-94　设置矩形的大小

步骤 11 在“图层 1”的“指针经过”帧处插入关键帧，选择工具栏中的矩形工具，在其【属性】面板中，将【笔触颜色】设置为“无”，【填充颜色】设置为白色，然后在舞台上绘制一个矩形，选中绘制的矩形，在【属性】面板中将【宽】设置为“60”，【高】设置为“25”，如图 13-95 所示。

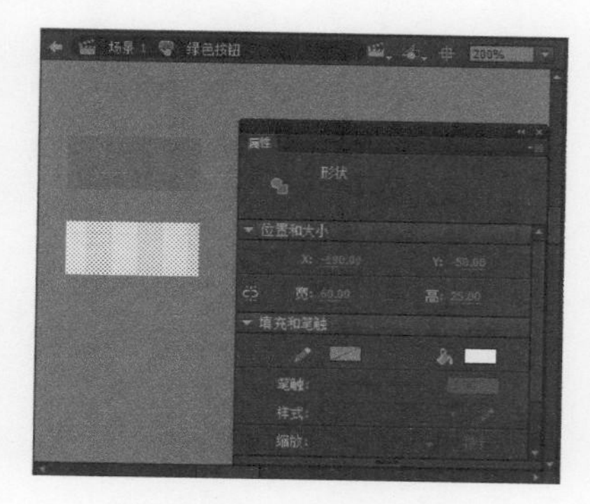

图 13-95　设置矩形属性

步骤 12 选中绘制的白色矩形，按快捷键 F8 打开【转换为元件】对话框，在其中将【类型】设置为【图形】，如图 13-96 所示，单击【确定】按钮即可。

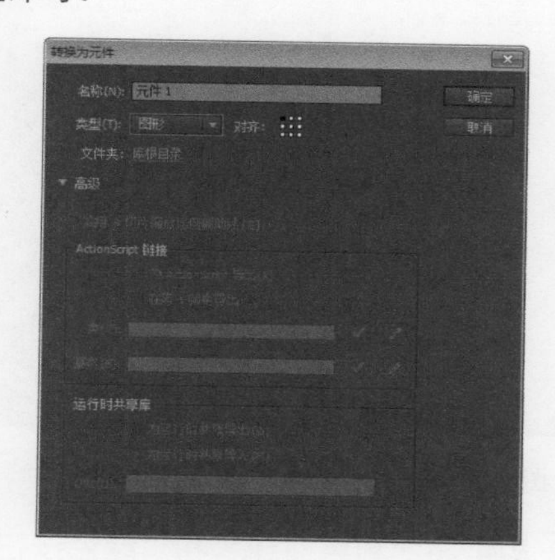

图 13-96　【转换为元件】对话框

步骤 13 选中舞台上的白色矩形元件，在其【属性】面板中将 Alpha 值设置为“30%”，然后将白色矩形和绿色矩形重合，效果如图 13-97 所示。

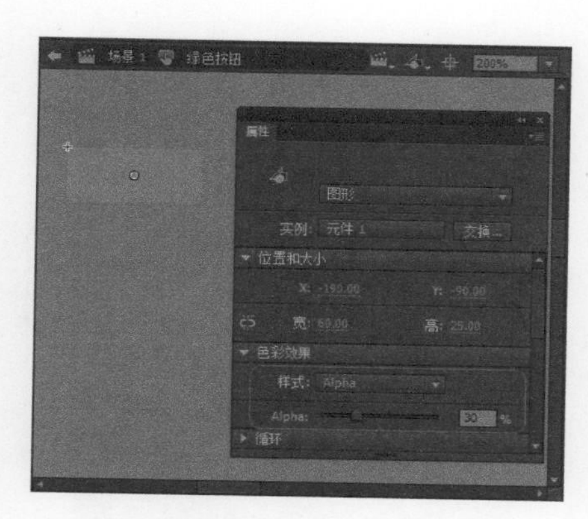

图 13-97　设置 Alpha 值

步骤 14 分别制作“蓝色按钮”和“粉色按钮”按钮元件，完成后的效果如图 13-98 所示。

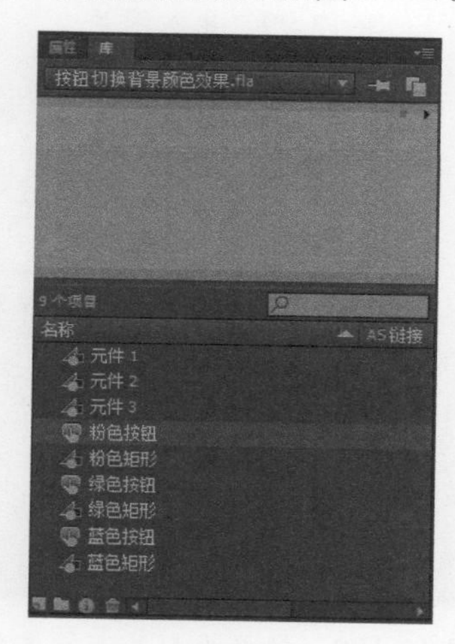

图 13-98　制作其他按钮元件

步骤 15 返回到场景 1 中，新建“图层 2”，然后按 Ctrl+R 组合键打开【导入】对话框，在其中选择需要导入的 .png 格式的图片文件，将其导入舞台，并设置图片的大小，如图 13-99 所示。

步骤 16 选中导入的图片，按快捷键 F8 打开【转换为元件】对话框，在其中的【名称】文本框中输入“卡拉”，并将【类型】设置为【影片剪辑】，如图 13-100 所示，最后单击【确定】按钮即可。

图 13-99　导入图片

图 13-100　转换为影片剪辑元件

步骤 17 在【属性】面板的【显示】选项组内，将【混合】设置为【滤色】，如图 13-101 所示。

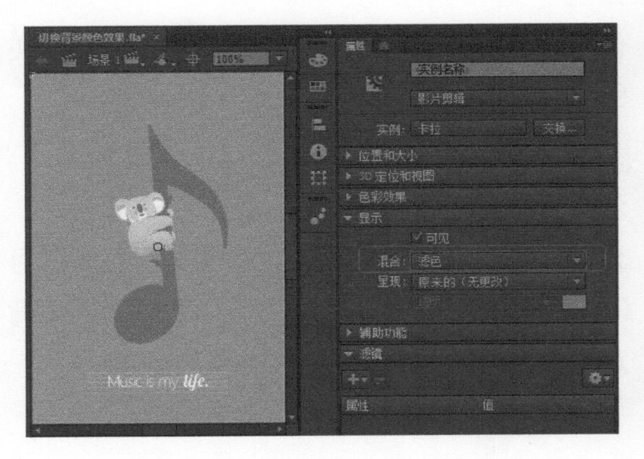

图 13-101　设置元件的显示方式

步骤 18 新建“图层 3”，然后使用矩形工具在舞台的右上角绘制一个白色的矩形，如图 13-102 所示。

图 13-102　绘制矩形

步骤 19 新建“图层 4”，将【库】面板中的“蓝色按钮”元件拖到舞台中，并调整其位置，然后在其【属性】面板的【实例名称】文本框中输入“B”，如图 13-103 所示。

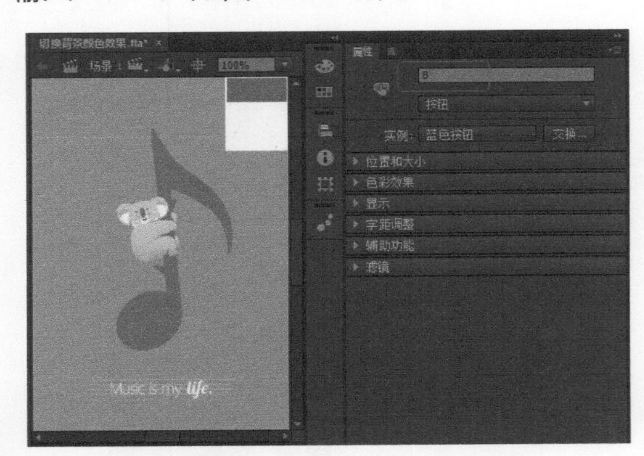

图 13-103　添加元件并设置实例名称

步骤 20 将“粉色按钮”和“绿色按钮”元件拖到舞台中的合适位置，并在【属性】面板中将【实例名称】分别设置为“P”和“G”，如图 13-104 所示。

步骤 21 新建“图层 5”，按快捷键 F9 打开【动作】面板，在其中输入如下代码，如图 13-105 所示。

图 13-104　添加其他元件

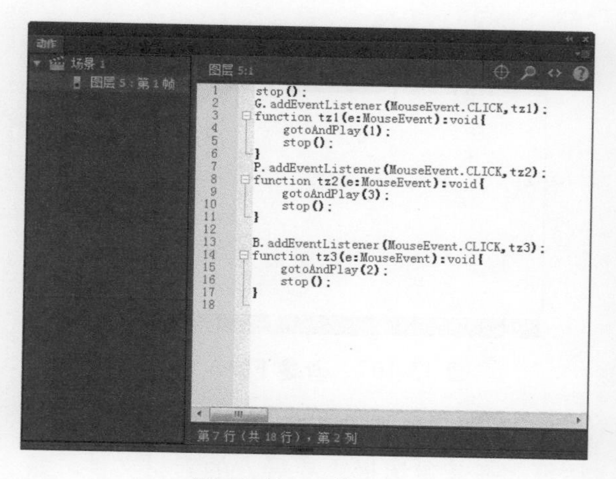

图 13-105　输入代码

```
stop();
G.addEventListener(MouseEvent.
CLICK,tz1);
function tz1(e:MouseEvent):void{
      gotoAndPlay(1);
      stop();
}
P.addEventListener(MouseEvent.
CLICK,tz2);
function tz2(e:MouseEvent):void{
      gotoAndPlay(3);
      stop();
}
B.addEventListener(MouseEvent.
CLICK,tz3);
function tz3(e:MouseEvent):void{
      gotoAndPlay(2);
      stop();
}
```

步骤 22　至此，就完成了切换图片背景效果的制作，按 Ctrl+Enter 组合键进行测试，测试的效果如图 13-106 所示。

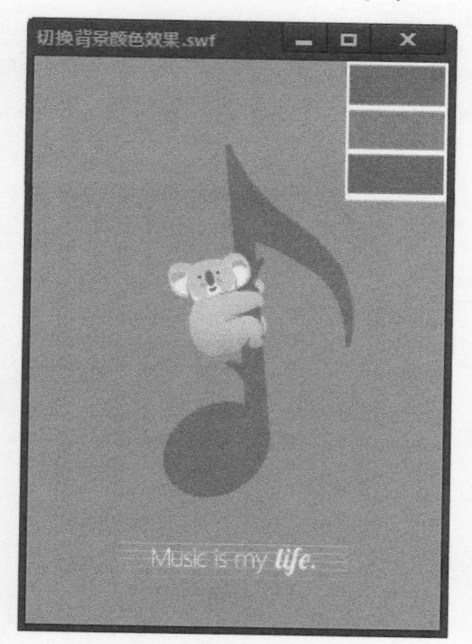

图 13-106　测试效果

13.2.3　实例 9——制作星光闪烁效果

本实例介绍了星光闪烁效果的制作方法，主要是通过相关代码来实现，具体的操作如下。

步骤 1　启动 Flash CC，然后依次选择【文件】→【新建】菜单命令，即可创建一个新的 Flash 空白文档，最后将该文档保存为“星光闪烁效果 .fla”，如图 13-107 所示。

图 13-107　新建 Flash 文档

步骤 2 按 Ctrl+R 组合键打开【导入】对话框，在其中选择需要导入的素材文件，如图 13-108 所示。

图 13-108　选择图片

步骤 3 单击【打开】按钮，即可将其导入舞台中。选中导入的图片，在【属性】面板中将【大小】设置为 550 像素 ×400 像素，然后按 Ctrl+K 组合键打开【对齐】面板，在其中分别单击【水平中齐】和【垂直中齐】按钮，使图片与舞台对齐，如图 13-109 所示。

图 13-109　设置图片对齐方式

步骤 4 按 Ctrl+F8 组合键打开【创建新元件】对话框，在其中新建一个名为“椭圆”的影片剪辑元件，如图 13-110 所示。

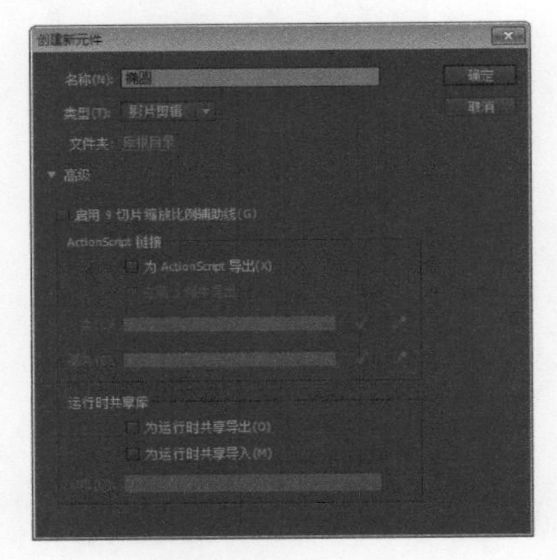

图 13-110　新建影片剪辑元件

步骤 5 单击【确定】按钮，进入该影片剪辑元件的编辑模式，选择工具栏中的椭圆工具，然后按 Ctrl+Shift+F9 组合键打开【颜色】面板，在其中将【笔触颜色】设置为“无”，【填充颜色】设置为【径向渐变】，将左、右色块均设置为白色，并将中间色块的 A 设置为“65”，右侧色块的 A 设置为“0%”，如图 13-111 所示。

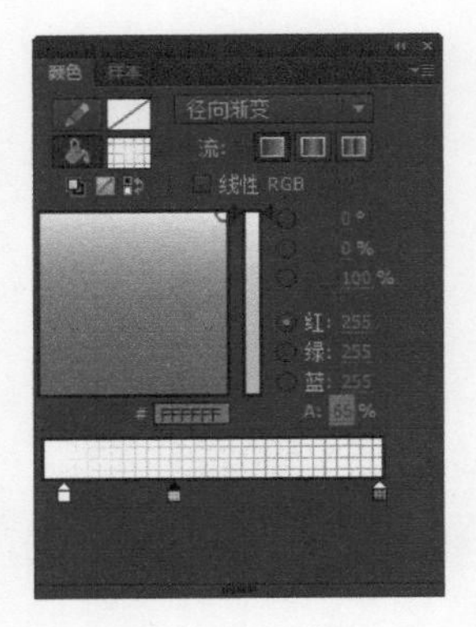

图 13-111　设置椭圆的颜色

步骤 6 按住 Shift 键的同时在舞台上绘制一个正圆，并选中绘制的圆，在其【属性】面板中将【宽】和【高】均设置为“63”，效果如图 13-112 所示。

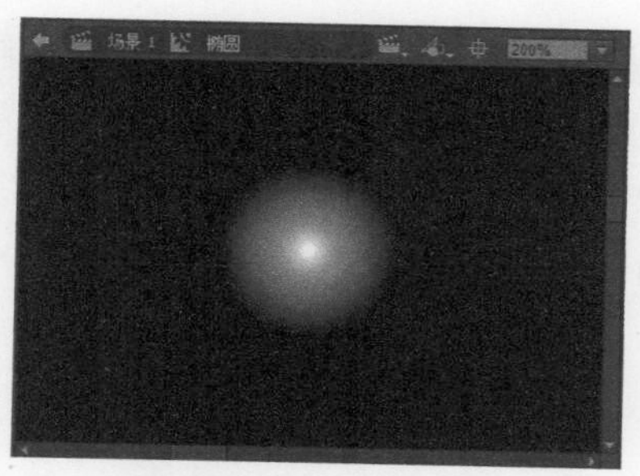

图 13-112　绘制圆

步骤 7 按Ctrl+F8组合键打开【创建新元件】对话框，在其中新建一个名为“十字形”的影片剪辑元件，如图 13-113 所示。

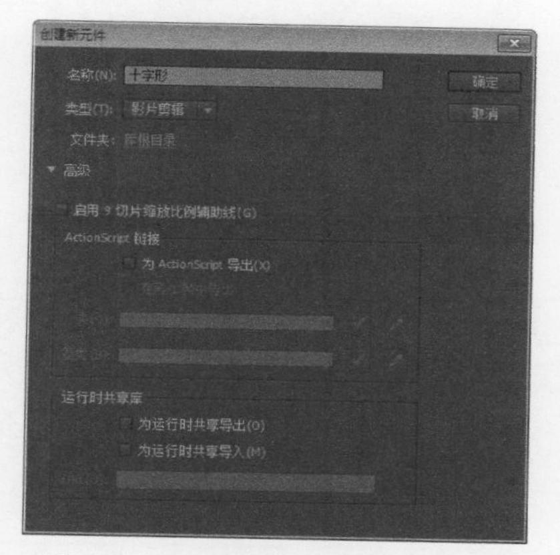

图 13-113　新建影片剪辑元件

步骤 8 单击【确定】按钮，进入该元件的编辑模式，选择工具栏中的椭圆工具，然后在【颜色】面板中将【笔触颜色】设置为“无”，【填充颜色】设置为【径向渐变】，将左、右色块的颜色均设置为白色，并将右侧色块的 A 设置为“75%”，如图 13-114 所示。

图 13-114　设置椭圆颜色

步骤 9 按住鼠标左键在舞台上绘制一个椭圆，并选中绘制的椭圆，在其【属性】面板中将【宽】设置为“6”，【高】设置为“268”，效果如图 13-115 所示。

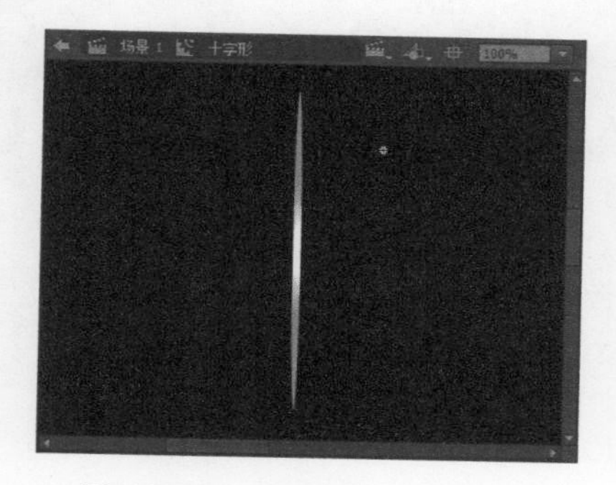

图 13-115　绘制并设置椭圆

步骤 10 按 Ctrl+F8 组合键打开【创建新元件】对话框，使用默认名称，并将【类型】设置为【图形】，如图 13-116 所示。

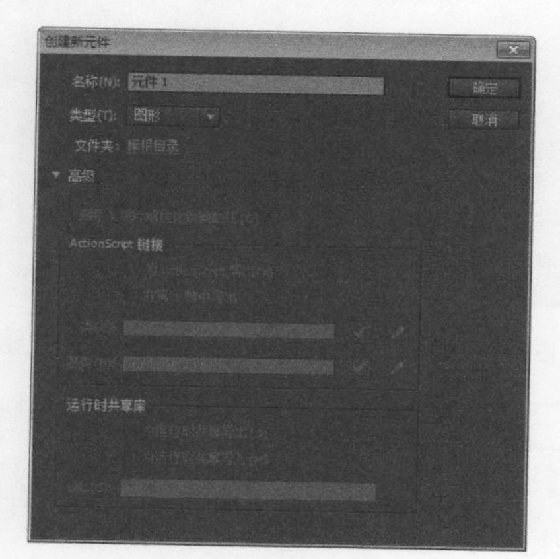

图 13-116　新建图形元件

步骤 11 单击【确定】按钮，进入该元件的编辑模式，将【库】面板中的“十字形”元件拖到舞台中，按 Ctrl+K 组合键打开【对齐】面板，在其中分别单击【水平中齐】和【垂直中齐】按钮，使元件与舞台中心对齐，如图 13-117 所示。

步骤 12 选中舞台上的元件，并复制一个相同的元件，然后选中复制的元件，依次选择【修改】→【变形】→【顺时针旋转 90 度】菜单命令，即可将复制的元件水平翻转，效果如图 13-118 所示。

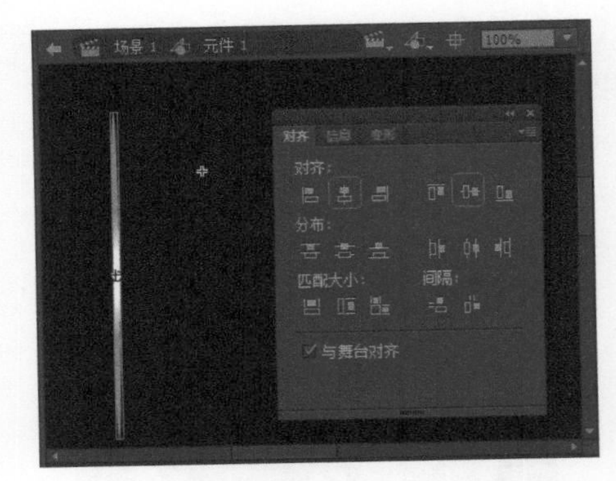

图 13-117　将“十字形”元件拖到舞台中并设置对齐方式

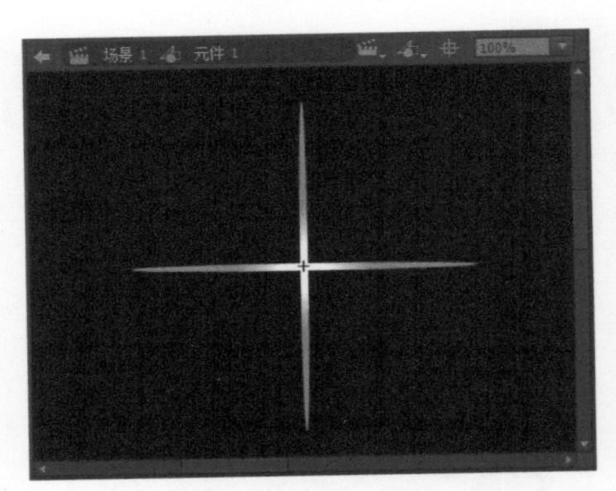

图 13-118　复制元件并调整元件位置

步骤 13　选中这两个对象，在其【属性】面板的【滤镜】选项组内，单击【添加滤镜】按钮，从弹出的下拉列表中选择【发光】选项，然后将【模糊 X】和【模糊 Y】都设置为 10 像素，将【品质】设置为【高】，将【颜色】设置为白色，如图 13-119 所示。

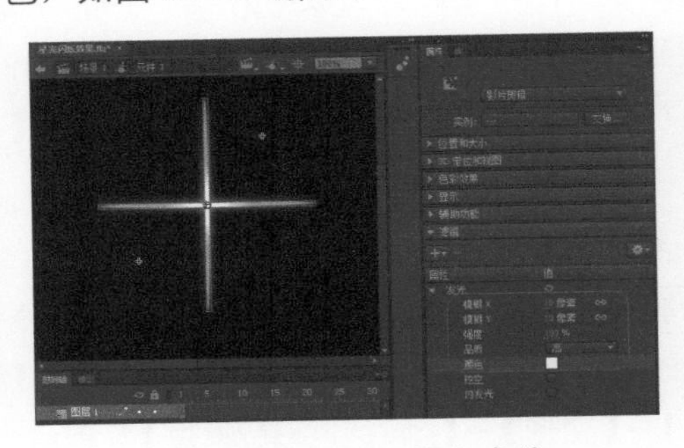

图 13-119　设置发光滤镜

步骤 14　按 Ctrl+F8 组合键打开【创建新元件】对话框，在其中新建一个名为“星星”的影片剪辑元件，并勾选【为 ActionScript 导出】复选框，然后在【类】文本框中输入“xx_mc”，如图 13-120 所示。

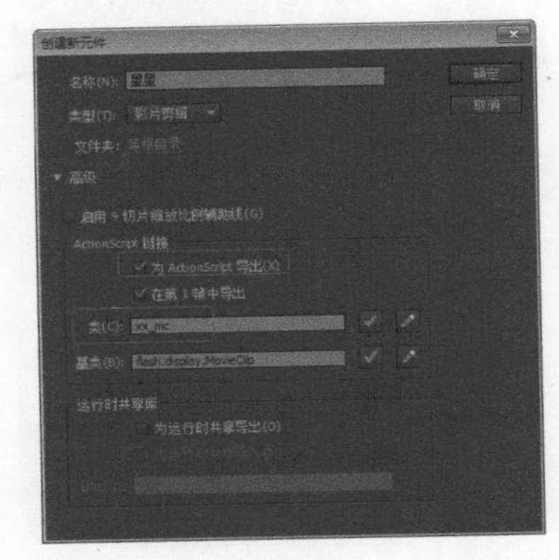

图 13-120　新建影片剪辑元件

步骤 15　单击【确定】按钮，进入该元件的编辑模式，将【库】面板中的“椭圆”元件拖到舞台中心，在其【属性】面板中将 Alpha 值设置为“0%”，如图 13-121 所示。

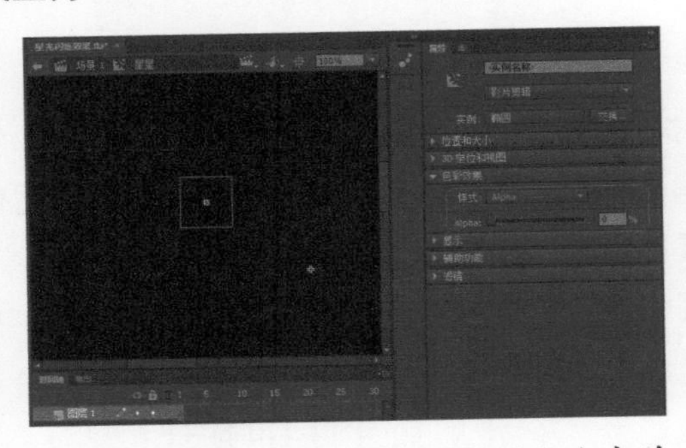

图 13-121　将“椭圆”元件拖到舞台中并设置 Alpha 值

步骤 16　确认元件处于选中状态，在【属性】面板的【滤镜】选项组内，单击【添加滤镜】按钮，从弹出的下拉列表中选择【发光】选项，然后将【模糊 X】和【模糊 Y】都设置为 50 像素，将【强度】设置为“165%”，将【品质】设置为【高】，将【颜色】设置为白色，如图 13-122 所示。

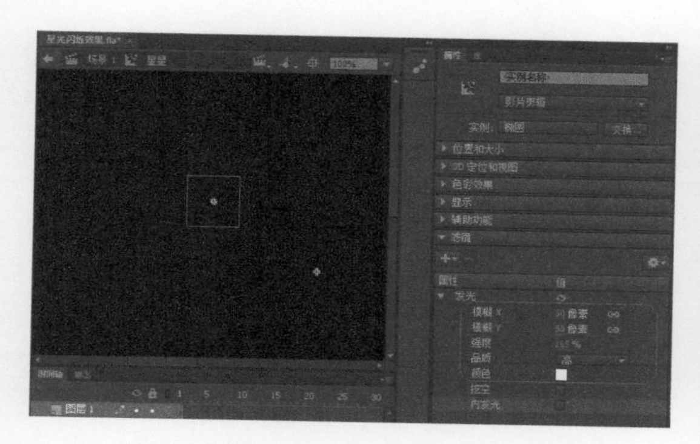

图 13-122　设置元件的发光滤镜

步骤 17　在“图层1”的第30帧处插入关键帧，并选中该帧上的元件，在其【属性】面板中将【样式】设置为【无】，如图13-123所示。

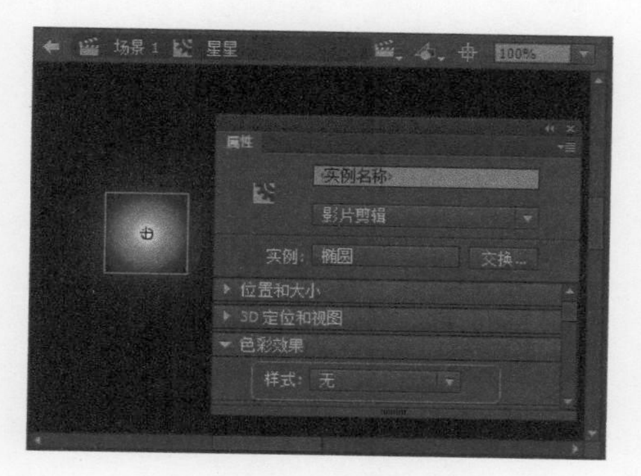

图 13-123　设置关键帧

步骤 18　选中“图层1”第1～30帧中的任意一帧并右击，从弹出的快捷菜单中选择【创建传统补间动画】菜单命令，创建传统补间动画，然后在该图层的第40帧处插入帧，如图13-124所示。

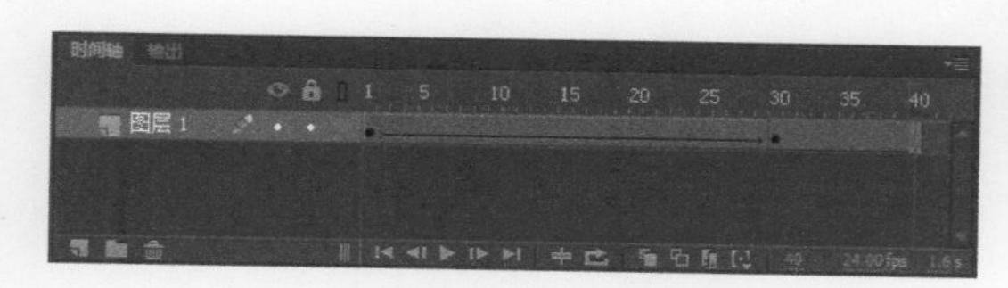

图 13-124　创建传统补间动画

步骤 19　新建“图层2”，将【库】面板中的“元件1”拖到舞台中，并对齐舞台中心，确认选中该元件，在【属性】面板中将Alpha值设置为“0%”，如图13-125所示。

图 13-125　将“元件1”拖到舞台中并设置Alpha值

步骤 20　在“图层2”的第30帧处插入关键帧，并选中该帧上的元件，在其【属性】面板中将【样式】设置为【无】，如图13-126所示。

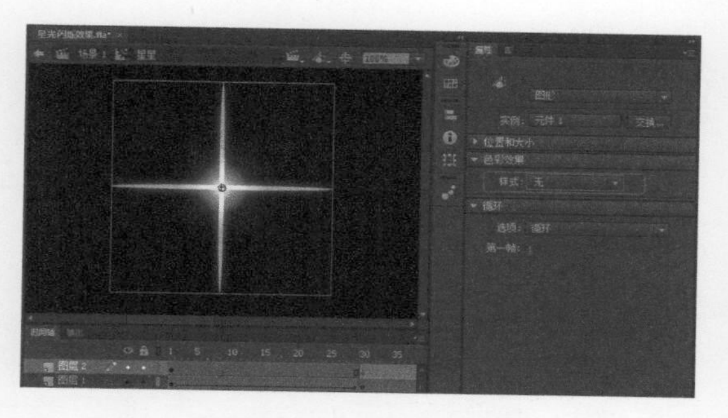

图 13-126　设置关键帧

步骤 21　选择“图层2”的第1～30帧中的任意一帧并右击，从弹出的快捷菜单中选择【创建传统补间动画】菜单命令，即可创建传统补间动画，如图13-127所示。

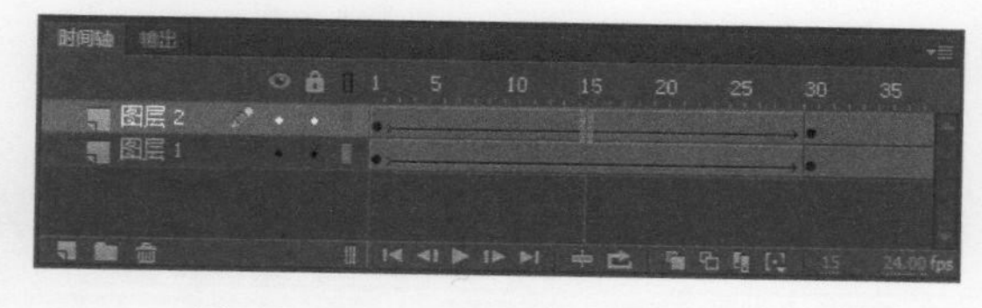

图 13-127　创建传统补间动画

步骤 22　返回到场景1中，新建“图层3”，然后将【库】面板中的“星星”元件拖到舞台中，并使用任意变形工具调整它们的大小和位置，如图13-128所示。

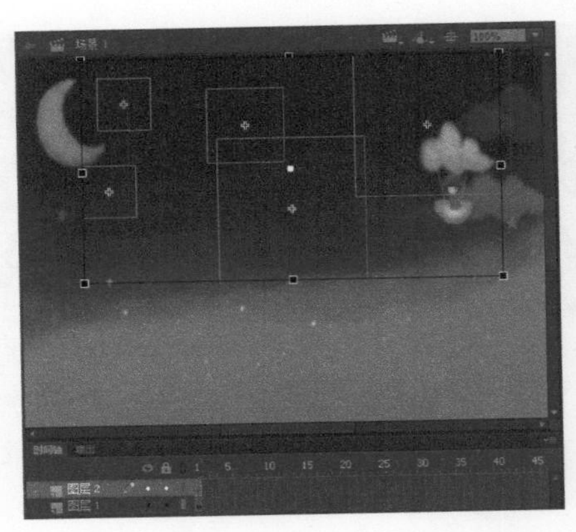

图 13-128　将“星星”元件拖到舞台中

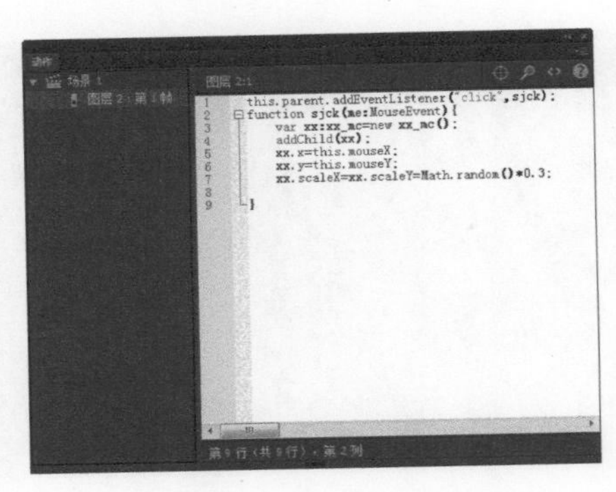

图 13-129　输入代码

步骤 23　选择“图层 2”的第 1 帧并右击，从弹出的快捷菜单中选择【动作】菜单命令，打开【动作】面板，在其中输入相关代码，如图 13-129 所示。

步骤 24　至此，星光闪烁动画就制作完成了，按 Ctrl+Enter 组合键进行测试，测试效果如图 13-130 所示。

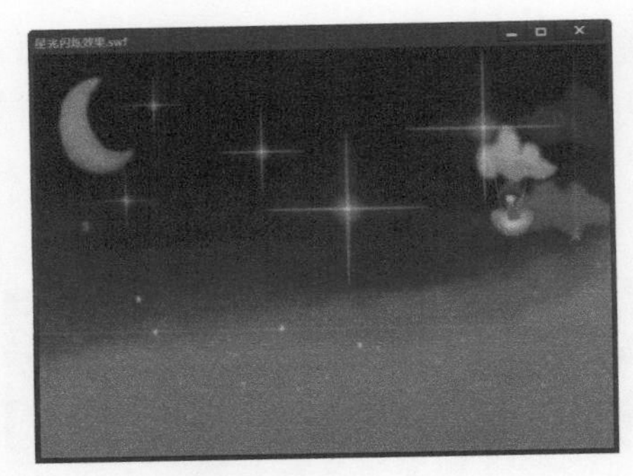

图 13-130　测试效果

13.3 高手甜点

甜点 1：如何使用 Flash 扩展组件？

用户不仅可以使用 Flash 自带的组件，还可以从网上下载其他扩展组件。下载并安装后，就可以使用 Flash 扩展组件了。

甜点 2：如何快速打开【组件】面板？

按 Ctrl+F7 组合键即可快速打开【组件】面板，在其中包括 User Interface 和 Video 两大组件类。

第4篇

行业应用案例

第14章 制作 Flash 广告

● **本章导读**

在未来的网络广告形式中，Flash 广告将大有可为。由于 Flash 广告体积小、效果好、视觉性强以及具有亲和力和交互性等优势，Flash 广告成为一种深受欢迎的商业宣传方式。

在 Flash 动画日益流行的今天，学会制作 Flash 动画，将会提升自己的职业技能。本章首先介绍了 Flash 广告制作前的相关知识，包括广告设计基础、基本制作步骤以及设计前的指导，然后通过一个具体的广告实例来详细讲解制作步骤，从而帮助读者制作出更加优秀的广告。

● **本章学习目标（已掌握的在圆圈中打钩）**

◎ 熟悉 Flash 广告设计基础

◎ 熟悉 Flash 广告的基本制作步骤

◎ 掌握制作 Flash 广告前的准备工作

◎ 掌握制作 Flash 广告的方法和技巧

● **重点案例效果**

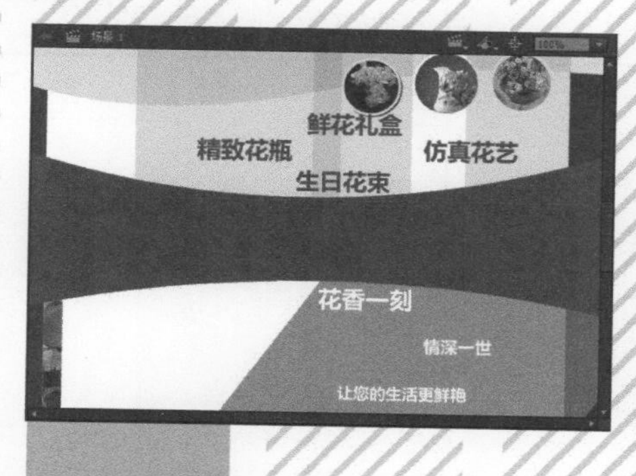

14.1 Flash广告设计基础

Flash 动画由于具有体积小、兼容性好、直观动感、互动性强大等特点，成为当今最流行的 Web 页面动画格式。因此，常用 Flash 制作形式多样的广告，包括利用它来制作公司形象、产品宣传等片段，可以达到非常好的视觉效果。

目前比较流行的 Flash 广告形式有标准广告（468 像素 ×60 像素）、弹出广告（400 像素 ×300 像素）、通栏广告（585 像素 ×140 像素和 750 像素 ×120 像素）和小型广告条（150 像素 ×150 像素以内）等。

14.2 基本制作步骤

Flash 广告的基本制作步骤如下。

1. 规划影片

设计动画要实现的效果，内容包括绘制动画场景，设计角色、道具，完成文字剧本写作。

2. 绘制分镜

绘制分镜就是根据文字剧本将动画分割为若干要表现的镜头，解释镜头运动，将剧本形象化，确定显示效果，但不必描绘细节，以给后面的动画制作提供参考。下面通过具体的实例来介绍如何在 Flash CC 中绘制分镜。

画　面	画面描述	注　释	时间（秒）
	渐变色线条和花店图片出现	[动画]：花店图片由透明到清晰地出现，线条从两侧飞出，速度较快	1.5
	上方形状和中间形状出现，右上方同时出现产品图片，下方出现大图片	[动画]：形状的出现要有跳跃感，图片闪动出现	9.9

（续表）

画　面	画面描述	注　释	时间（秒）
	主要产品图片出现在舞台中央，导航文字出现	[动画]：图片速度较缓，导航文字要有动感，能引起观众注意	9.25
	产品图片缩小，结束字样出现	[动画]：结束字样出现较缓，颜色鲜艳，成为视觉中心	14.2

3. 确定图形元素

将镜头中的场景、角色与角色动作转换为 Flash 的各个元件，并排布在背景图层与角色图层上。下面是一些图形元素的例子。

（1）线条：引导视线，如图 14-1 所示。

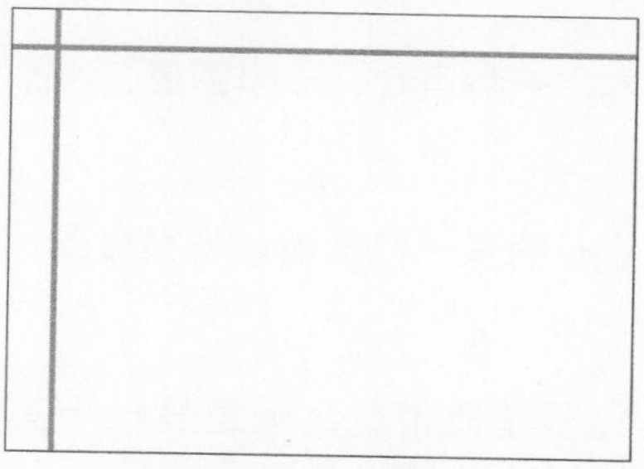

图 14-1　渐变色线条

（2）绸子：与产品颜色形成对比，彼此映衬，如图 14-2 所示。

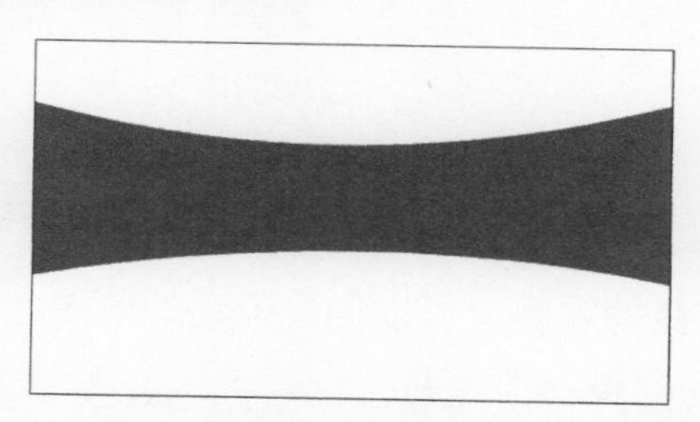

图 14-2　绸子

（3）店铺图片：加强店铺记忆，如图 14-3 所示。

图 14-3　店铺图片

（4）结束语：突出广告的重点，如图 14-4 所示。

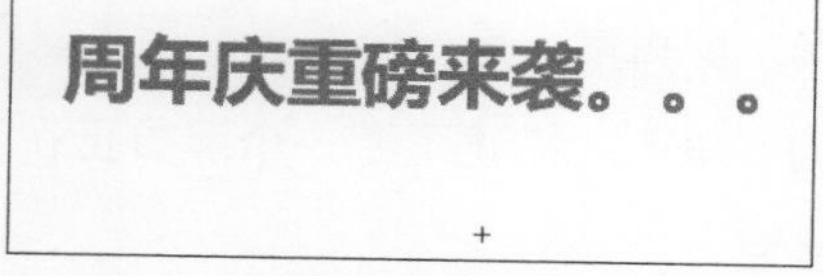

周年庆重磅来袭。。。

图 14-4　结束语

4. 完成各元件的帧动作

完成影片的制作。实现 Flash 动画的技术手法多样，包括补间动画、补间形状，以及不可或缺的逐帧动画。需要充分理解动作，把握运动速度和角度的变化。下面是一些元件动画的文字描述。

(1) 引导线出现，从舞台边缘飞出，慢慢引出花店图片。

(2) 花店图片由透明到清晰地出现。

(3) 文字跳跃出现，由少到多。

(4) 产品由小变大，移向左侧。

(5) 渐渐地出现结束语，突出广告重点，增强视觉效果。

5. 添加动画音乐音效和动画的发布测试

为动画添加背景音乐，使动画更加生动形象。在动画制作完成后，发布测试动画效果。

14.3 设计前的指导

Flash 动画将场景作为表现环境，其中的元件（图形、影片剪辑或按钮）按时间轴方向改变它们的属性（位置、尺寸、形状和颜色等），最终形成动画效果。

动画的基本组件如下。

(1) 影片：舞台上，演员在剧本的安排下逐帧运动生成的动画。

(2) 演员表：影片中使用的演员的清单。

(3) 演员：一个独立的元素，如一幅位图、一些文本、一种声音、一个图形、一个矢量图形或一段数字视频文件。

(4) 帧：影片中的一瞬间。在制作影片时，舞台上显示的是一帧画面。当播放影片时，舞台上一帧帧画面连续播放，从而实现影片的视觉效果。

(5) 图层：角色位于哪一个图层将决定该角色是位于其他角色之上还是位于其他角色之下。

(6) 剪辑室：是一个图表，用来显示哪个演员何时出现在舞台上。

(7) 角色：描述了哪一个演员正在演出，它在剪辑室中的位置、在舞台上的位置以及其他许多特性。

动画的基本形式如下。

(1) 补间动画：就是手动创建起始帧和结束帧，让 Flash 自动创建中间帧的动画。Flash 通过更改起始帧和结束帧之间的对象大小、旋转、颜色或其他属性，可以创建运动的效果。

(2) 逐帧动画：就是必须创建每一帧中的图像，按顺序依次播放，形成动画效果。要求各帧图像动作变化细微、精确，要求较高。

14.4 动画制作步骤详解

在对广告的设计基础、基本制作步骤、设计效果等有了一定的了解后，下面通过一个制作 Flash 广告的综合实例介绍相关知识。制作 Flash 广告的具体操作如下。

第 1 步：制作开场线动画

步骤 1 打开随书光盘中的“素材 \ch14\ 广告制作 .fla”文档，如图 14-5 所示。

图 14-5　打开素材文件

步骤 2 将“图层 1”重命名为“线 1”，使用矩形工具在舞台上绘制一个 700 像素 ×5 像素的矩形，并用左“DEBBFO”– 中“DEB425”– 右“DEBBFO”的线性渐变颜色填充，最后选中该矩形，按快捷键 F8，将其转换为图形元件，命名为“开场线”，如图 14-6 所示。

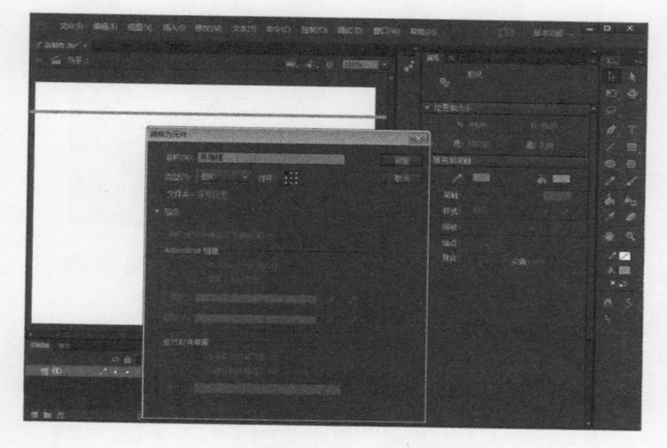

图 14-6　绘制矩形并将其转换为图形元件

步骤 3 将矩形线放在舞台右上角（舞台外边的深灰色部分），起点与舞台的右边缘对齐，如图 14-7 所示。

图 14-7　将第 1 帧的矩形线移到舞台右侧

步骤 4 选中“线 1”图层的第 10 帧，按快捷键 F6 插入关键帧，再将舞台右侧的矩形线移到舞台左侧，如图 14-8 所示。

图 14-8　将第 10 帧的矩形线移到舞台左侧

步骤 5 选中第 1 ～ 10 帧中的任意帧并右击，从弹出的快捷菜单中选择【创建传统补间动画】菜单命令，即可创建出线条由右到左的移动动画，如图 14-9 所示。

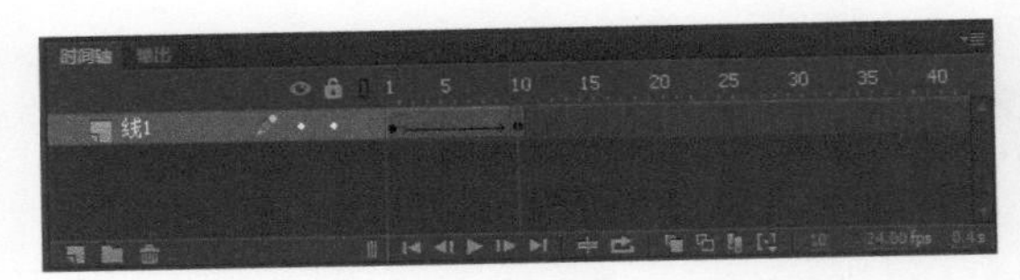
图 14-9 创建补间动画

步骤 6 新建“图层 2”，并重命名为“线2”，仍然利用开场线元件，在第 8 ～ 18 帧中创建出线条由下至上的移动动画。最后选中“线1”图层的第 18 帧，按快捷键 F5 插入帧，如图 14-10 所示。

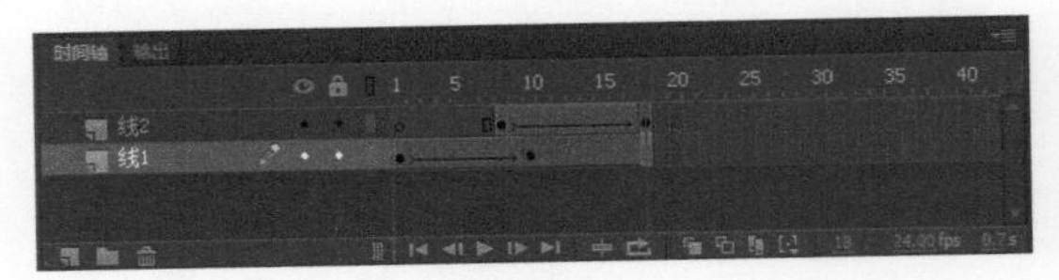
图 14-10 在“线 2”层创建由下至上的移动动画

第 2 步：制作花店标志动画

步骤 1 按Ctrl+F8组合键打开【创建新元件】对话框，新建一个图形元件，并命名为“花店标志”，如图 14-11 所示。

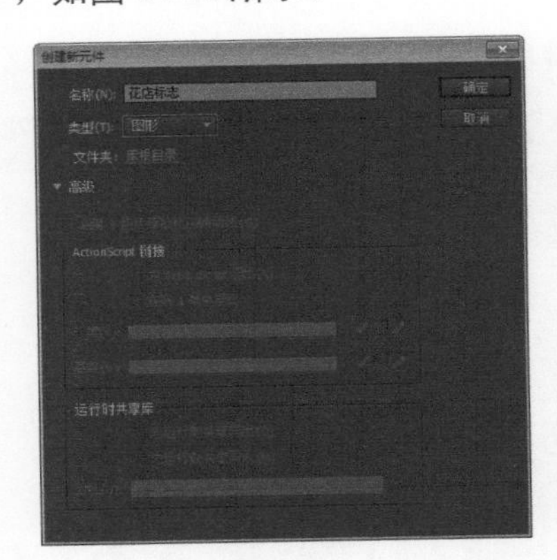
图 14-11 【创建新元件】对话框

步骤 2 在“花店标志”元件的编辑模式下，导入一张图片（可以直接使用库中的图片素材），如图 14-12 所示。

步骤 3 按Ctrl+F8组合键打开【创建新元件】对话框，新建一个影片剪辑元件，并命名为“花店标志动画”，如图 14-13 所示。

图 14-12 导入【库】面板中的素材图片

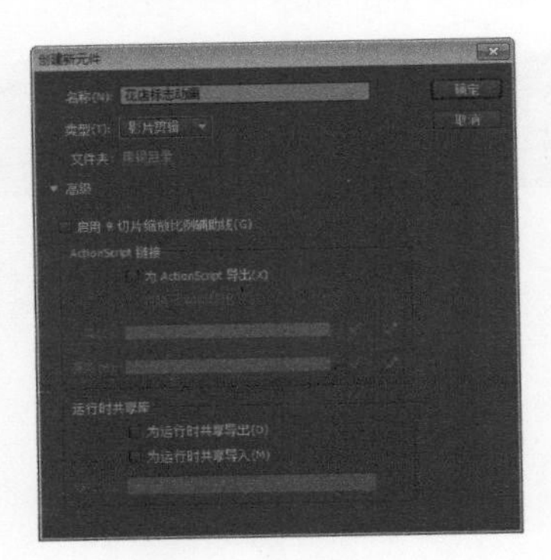
图 14-13 创建影片剪辑元件

步骤 4 单击【确定】按钮，进入该元件的编辑模式，将“图层 1”重命名为“花”，然后从【库】面板中将“花店标志”元件拖到舞台中央，如图 14-14 所示。

图 14-14 将“花店标志”元件拖到舞台中央

步骤 5 选中“花”图层的第 40 帧，按快捷键 F6 插入关键帧。选中第 1 帧的元件，在【属性】面板中将其透明度设置为“0%”。最后选择第 1 ～ 40 帧中的任意帧并右击，从弹出

的快捷菜单中选择【创建传统补间动画】菜单命令，即可创建出由透明到清晰的动画，如图 14-15 所示。

图 14-15　创建传统补间动画

步骤 6 回到场景 1 的主窗口中，新建“图层 3”，并重命名为“花店标志”，然后在第 18 帧处插入关键帧，从【库】面板中将“花店标志动画”元件拖到舞台左上角，如图 14-16 所示。

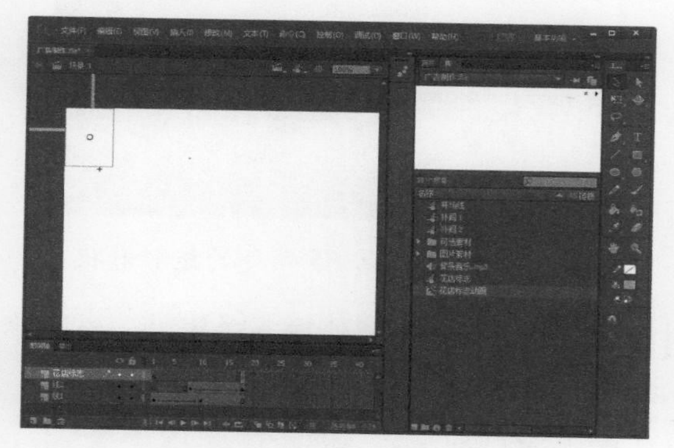

图 14-16　将“花店标志动画”元件拖到舞台左上角

第 3 步：制作文字标志动画

步骤 1 按Ctrl+F8组合键打开【创建新元件】对话框，新建一个影片剪辑元件，并命名为“文字标志动画”，如图 14-17 所示。

步骤 2 单击【确定】按钮，进入该元件的编辑模式，制作一个文字标志出现的动画（可以自行设计，也可以直接使用库中的素材），如图 14-18 所示。

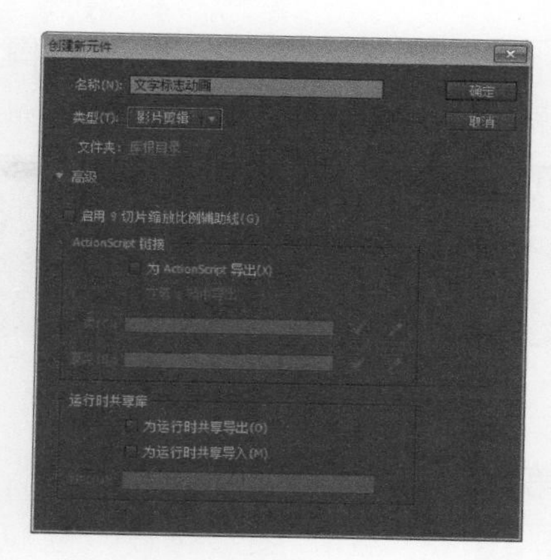

图 14-17　新建影片剪辑元件

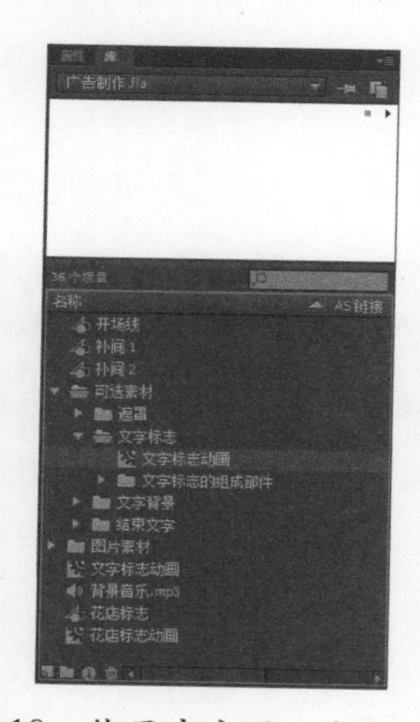

图 14-18　使用库中的文字标志动画

步骤 3 回到场景 1 的主窗口中，新建“图层 4”，并重命名为“文字标志”，在第 30 帧处插入关键帧，从【库】面板中将“文字标志动画”元件拖到舞台左上角，如图 14-19 所示。

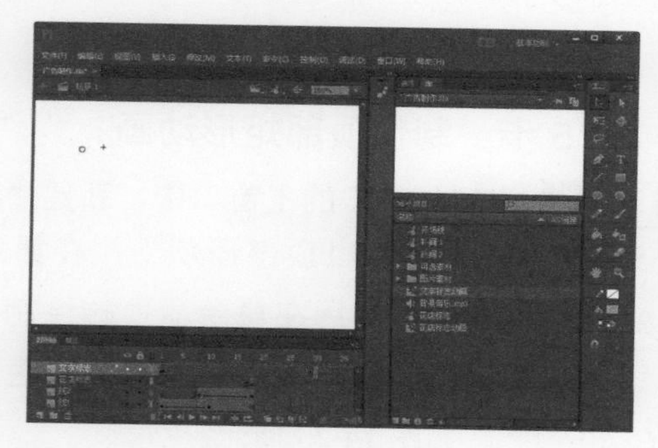

图 14-19　将“文字标志动画”元件拖到舞台左上角

步骤 4 分别在“线 1”和“线 2”图层的第 30 帧处插入普通帧，如图 14-20 所示。

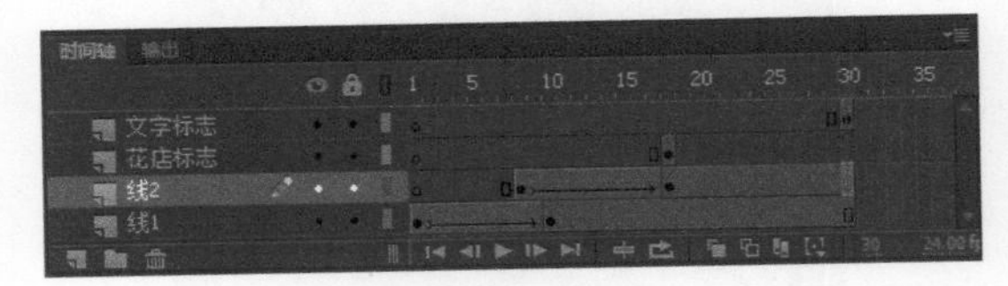

图 14-20　插入帧

第 4 步：制作“线”动画

步骤 1 在“线 1”图层的第 55 帧和第 70 帧处插入关键帧，将第 70 帧的矩形线条透明度设置为 0%，选择第 55 ～ 70 帧中的任意帧并右击，从弹出的快捷菜单中选择【创建传统补间动画】菜单命令，即可创建线条消失的动画，如图 14-21 所示。

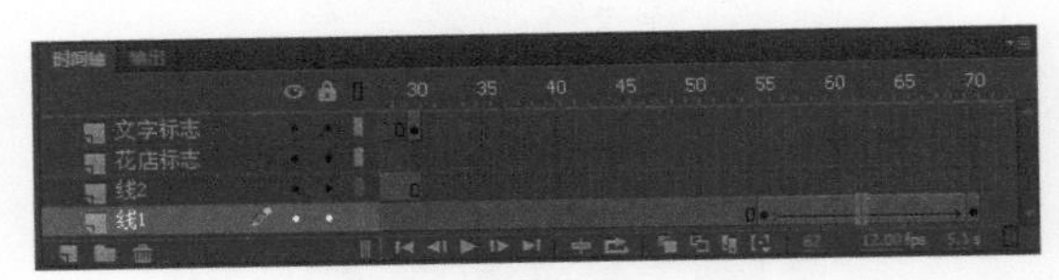

图 14-21　在“线 1”图层创建线条消失的动画

步骤 2 在“线 2”图层的第 65 ～ 80 帧中创建线条消失的动画，如图 14-22 所示。

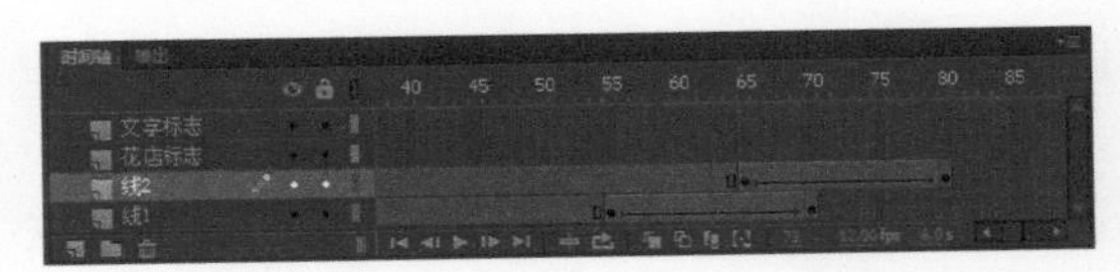

图 14-22　在“线 2”图层创建线条消失的动画

第 5 步：制作顶部矩形动画

步骤 1 回到场景 1 的主窗口中，新建“图层 5”，并重命名为“顶部形状”，在第 55 帧处插入关键帧，然后在舞台最顶端绘制一个矩形线条（720 像素 ×1 像素），填充色为“CCFF99”，如图 14-23 所示。

步骤 2 在第 65 帧处插入关键帧，然后修改矩形的形状，如图 14-24 所示。

图 14-23　绘制矩形线条

图 14-24　修改第 65 帧处的矩形形状

步骤 3 在第 69 帧处插入关键帧，然后修改矩形的形状，如图 14-25 所示。

图 14-25　修改第 69 帧处的矩形形状

步骤 4 在第 73 帧处插入关键帧，然后修改矩形的形状，如图 14-26 所示。

图 14-26　修改第 73 帧处的矩形形状

步骤 5　在第 55 帧、第 65 帧、第 69 帧和第 73 帧处创建补间形状动画，实现形状变化的动画，如图 14-27 所示。

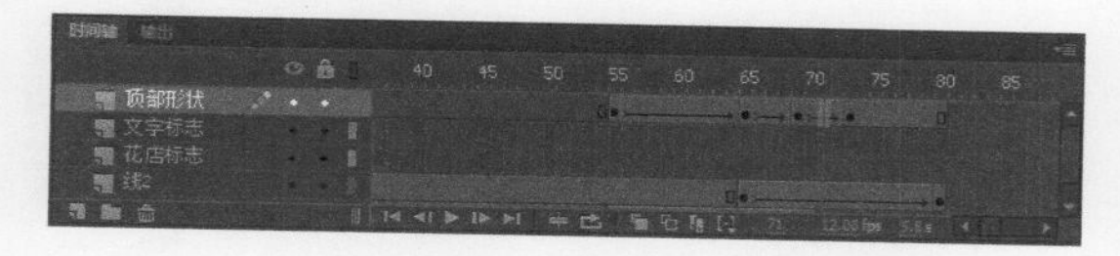

图 14-27　创建补间形状动画

第 6 步：制作顶部图片动画

步骤 1　按Ctrl+F8组合键打开【创建新元件】对话框，新建一个图形元件，并命名为“顶部图片 1”，在“顶部图片 1”元件的编辑模式下，将【库】面板中的图片“5”拖到舞台上并调整其大小，如图 14-28 所示。

图 14-28　将图片拖到舞台中

步骤 2　新建一个图层并命名为“遮罩层”，在舞台上绘制一个圆形，盖住部分图片，如图 14-29 所示。

图 14-29　绘制圆形

步骤 3　选择“遮罩层”图层并右击，从弹出的快捷菜单中选择【遮罩层】菜单命令，即可创建圆形的图片，如图 14-30 所示。

图 14-30　创建圆形图片

步骤 4　新建一个“图层 3”，将舞台颜色设置为黑色，然后使用椭圆工具在舞台上绘制一个圆圈（填充颜色为无，笔触颜色为白色，笔触大小为 6，104 像素 ×104 像素），并将绘制好的圆圈放在图片外作为装饰，如图 14-31 所示。

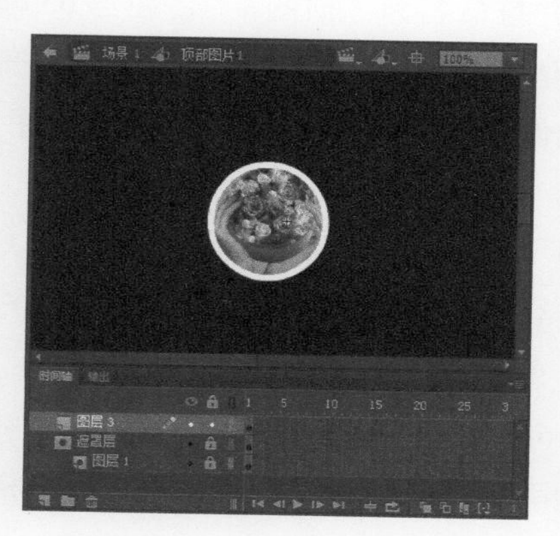

图 14-31　绘制圆圈装饰图片

步骤 5 按照上述操作，利用【库】面板中的图片“6”和图片“7”，创建“顶部图片2”和“顶部图片 3”图形元件，如图 14-32 和图 14-33 所示。

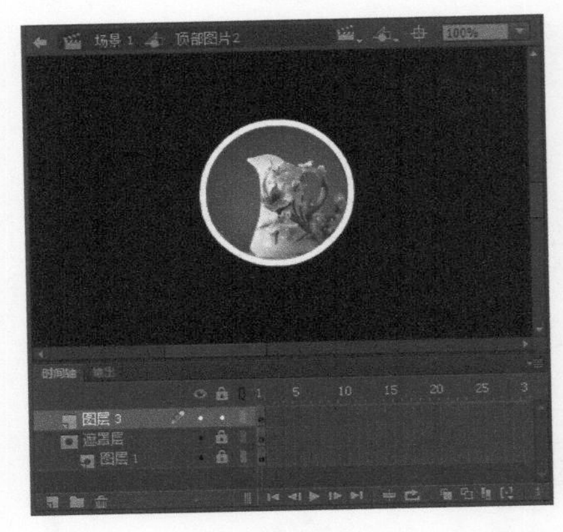

图 14-32 创建“顶部图片 2”元件

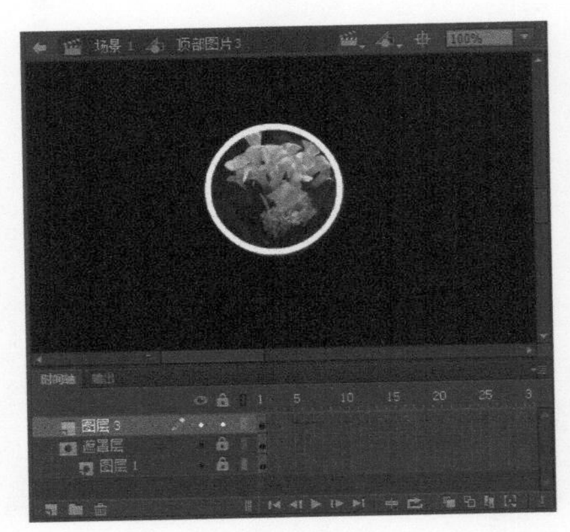

图 14-33 创建“顶部图片 3”元件

步骤 6 回到场景 1 的主窗口中，新建一个图层并重命名为“顶图 1”，在第 65 帧处插入关键帧，然后将【库】面板中的“顶部图片1”元件拖到舞台上并调整其大小，如图 14-34 所示。

步骤 7 在第 71 帧和第 78 帧处插入关键帧，将第 65 帧图片的透明度设置为“0%”，第 71 帧图片的亮度设置为“100%”，然后在第 65 帧、71 帧和 78 帧处创建传统补间动画 动画，实现图片由透明到白色再到清晰的动画，如图 14-35 所示。

图 14-34 将“顶部图片 1”元件拖到舞台中

图 14-35 创建传统补间动画 动画

步骤 8 新建两个图层，并分别重命名为“顶图 2”和“顶图 3”，重复以上步骤，创建另外两张图片由透明到白色再到清晰的动画，如图 14-36 所示。

图 14-36 创建另外两张图片的动画

第 7 步：制作中部形状动画

步骤 1 新建一个图层并重命名为“中部形状”，在第 70 帧处插入关键帧，在舞台最底端画出一个矩形线条（720 像素 ×20 像素），填充色为“#6633CC”，如图 14-37 所示。

图 13-37　绘制矩形

步骤 2 在第 78 帧处插入关键帧，然后将矩形移到舞台中央，如图 14-38 所示。

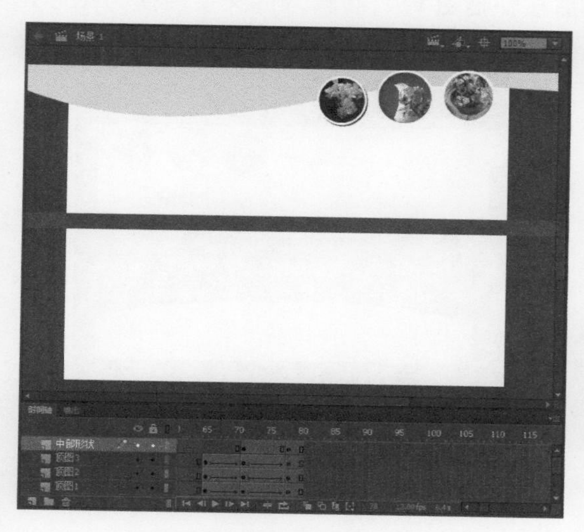

图 14-38　将矩形移到舞台中央

步骤 3 在第 90 帧处插入关键帧，然后修改矩形的形状，如图 14-39 所示。

步骤 4 在第 100 帧处插入关键帧，然后修改矩形的形状，如图 14-40 所示。

图 14-39　修改第 90 帧处的矩形形状

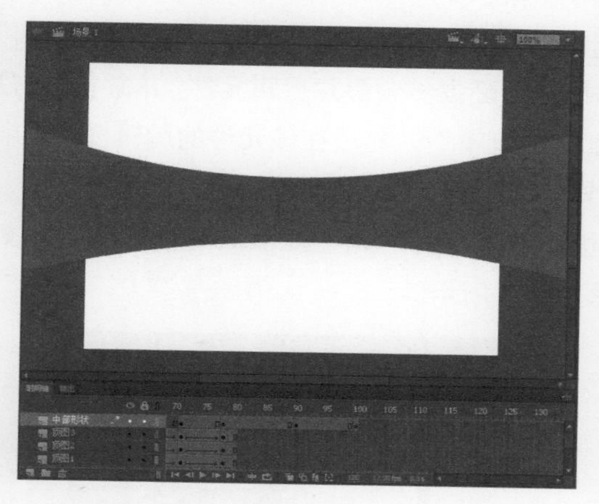

图 14-40　修改第 100 帧处的矩形形状

步骤 5 在第 70 帧、第 78 帧、第 90 帧和第 100 帧处创建补间形状动画，实现形状变化的动画，如图 14-41 所示。

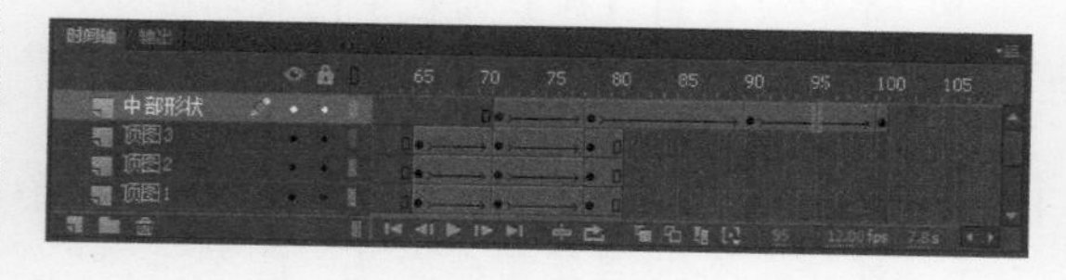

图 14-41　创建补间形状动画

第 8 步：制作底部图片动画

步骤 1 新建一个图层并重命名为“底部图片”，并将该图层拖到最下边，然后在第 80 帧处插入关键帧，将【库】面板中的图片“8”拖到舞台下半部，与舞台底部对齐，如图 14-42 所示。

图 14-42　将底部图片拖到舞台中

步骤 2 按Ctrl+F8组合键打开【创建新元件】对话框，新建一个影片剪辑元件，并命名为“底部图片遮罩”，然后在该元件的编辑模式下制作一个方块翻转出现的动画（可以自行设计，也可以直接使用库中提供的可选素材），如图 14-43 所示。

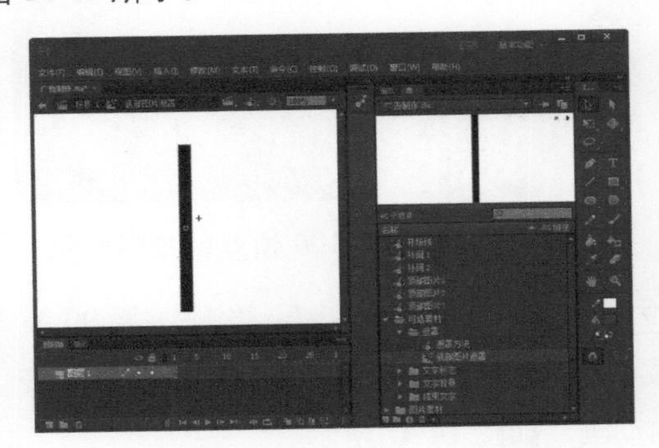

图 14-43　使用【库】面板中的底部图片遮罩动画

步骤 3 单击【场景 1】按钮，返回到主窗口中，新建一个图层并重命名为“底图遮罩”，将该图层放到“底部图片”图层上面。在第 80 帧处插入关键帧，将【库】面板中的“底部图片遮罩”拖到舞台下半部，与舞台左边对齐，如图 14-44 所示。

步骤 4 选中“底图遮罩”图层并右击，从弹出的快捷菜单中选择“遮罩层”菜单命令，即可创建底部图片的出现效果，如图 14-45 所示。

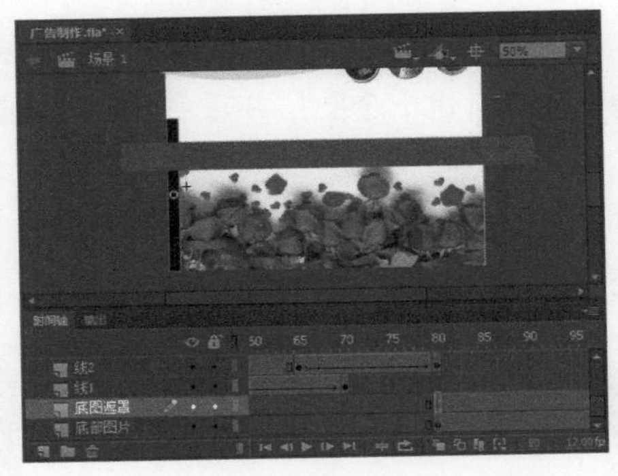

图 14-44　将“底部图片遮罩”元件拖到舞台中

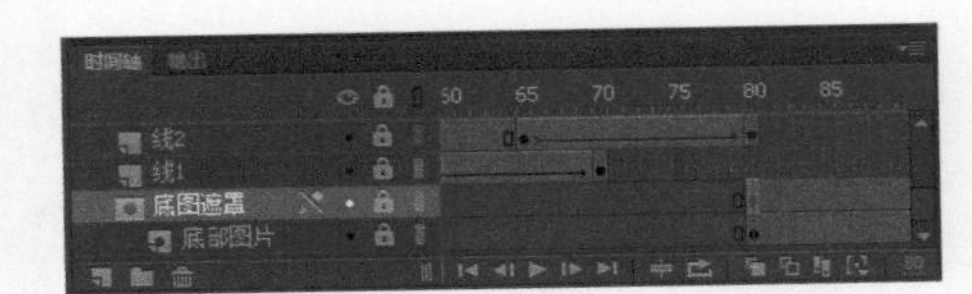

图 14-45　设置遮罩层

第 9 步：制作舞台上部文字动画

步骤 1 新建一个图层并重命名为“仿真花艺”，在第 100 帧处插入关键帧，然后使用文本工具在舞台上部输入文字“仿真花艺”，然后按快捷键 F8，将输入的文字转换为图形元件，如图 14-46 所示。

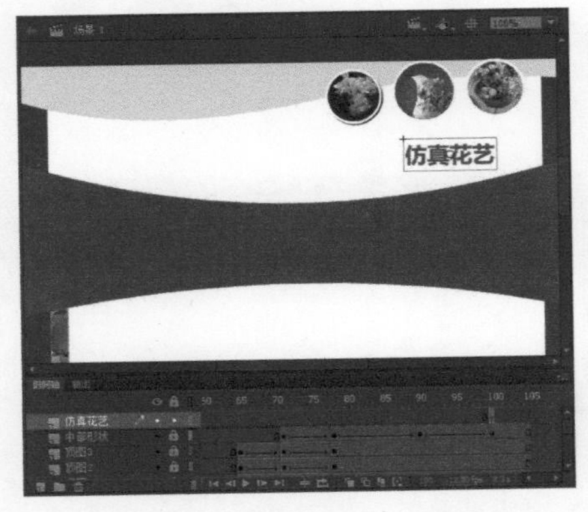

图 14-46　将输入的文字转换为图形元件

步骤 2 在第 106 帧和第 113 帧处插入关键帧，将第 100 帧文字的透明度设置为“0%”，将第 106 帧的文字移动一些距离。最后在第 100 帧、第 106 帧和第 113 帧处创建传统补间动画 动画，创建文字晃动出现的效果，如图 14-47 所示。

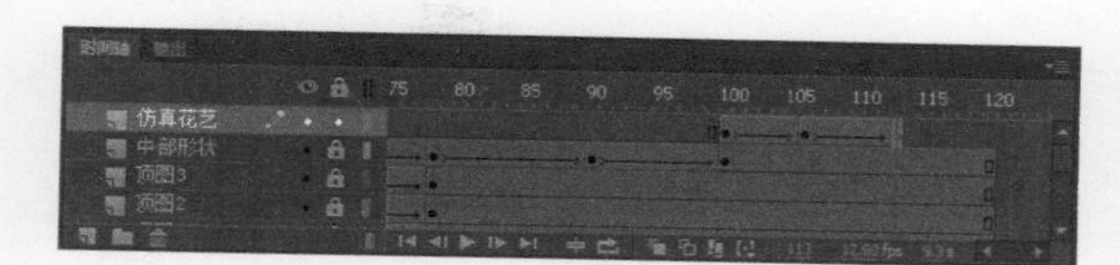

图 14-47　创建传统补间动画

步骤 3 按照上述操作，制作其他几个产品类型的文字（“鲜花礼盒”“生日花束”和“精致花瓶”）的出现效果，分别间隔一段时间，如图 14-48 所示。

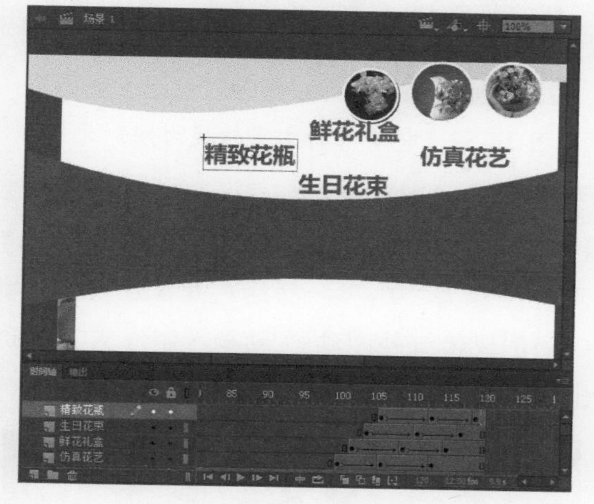

图 14-48　创建其他类型的文字效果

第 10 步：制作舞台上部文字背景动画

步骤 1 按Ctrl+F8组合键打开【创建新元件】对话框，新建一个影片剪辑元件，并命名为“文字背景动画”，制作一个半透明且左右移动的动画（可以自行设计，也可以直接使用库中的素材），如图 14-49 所示。

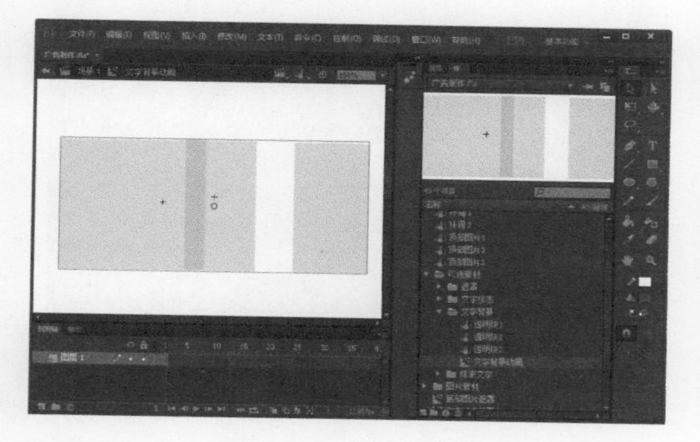

图 14-49　创建半透明且左右移动的动画

步骤 2 新建一个图层并重命名为“产品文字背景”，将该图层放到“中部形状”图层的下面。在第 120 帧处插入关键帧，将库中的“文字背景动画”元件拖到舞台中，位置在文字下方，如图 14-50 所示。

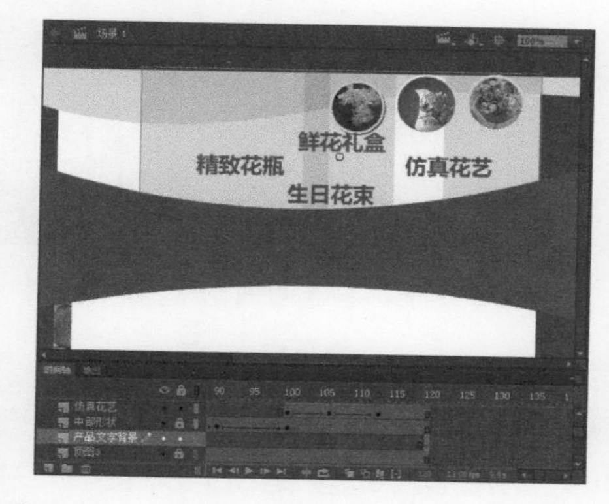

图 14-50　将“文字背景动画”元件拖到舞台中

第 11 步：制作半透明图形动画

步骤 1 按Ctrl+F8组合键打开【创建新元件】对话框，新建一个图形元件，并命名为“半透明图形”，然后在该元件的编辑模式下绘制一个灰色的平行四边形，如图 14-51 所示。

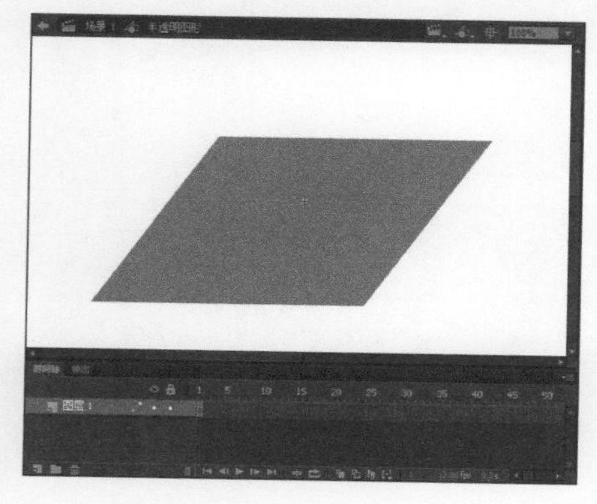

图 14-51　绘制平行四边形

步骤 2 新建一个图层并重命名为“底部半透明图形”，将该图层放到“底图遮罩”图层的上面。在第 120 帧处插入关键帧，将【库】面板中的“半透明图形”元件拖到舞台中，放在舞台右下角，如图 14-52 所示。

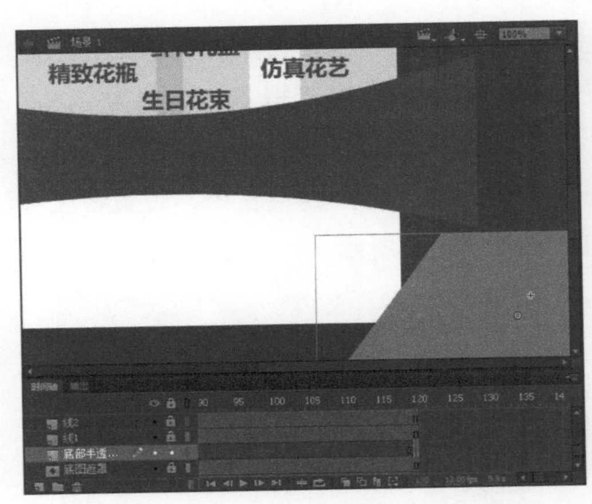

图 14-52　将“半透明图形”元件拖到舞台中

步骤 3 将半透明图形的透明度设置为“70%”，在第 185 帧处插入关键帧，将半透明图形向左平移到舞台中间的位置。最后在第 120 ～ 185 帧中间创建传统补间动画 动画，制作半透明图形从右到左出现的效果，如图 14-53 所示。

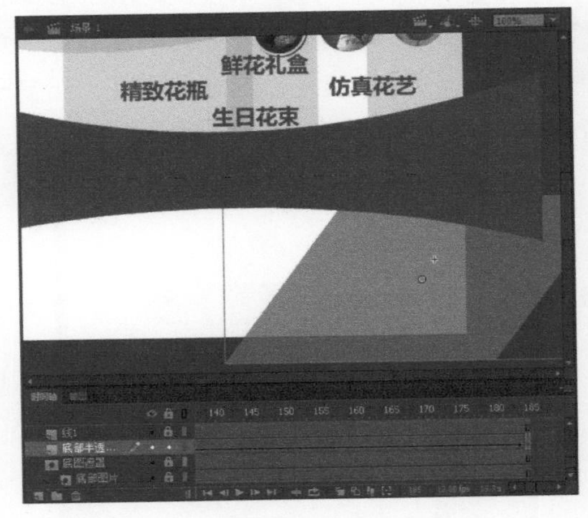

图 14-53　创建传统补间动画

第 12 步：制作底部文字动画

步骤 1 新建一个图层并重命名为“底部文字 1”，在第 125 帧处插入关键帧，然后使用文本工具在舞台上部输入文字“花香一刻”，字体颜色设置为白色，然后按 F8 键，将输入的文字转换为图形元件，如图 14-54 所示。

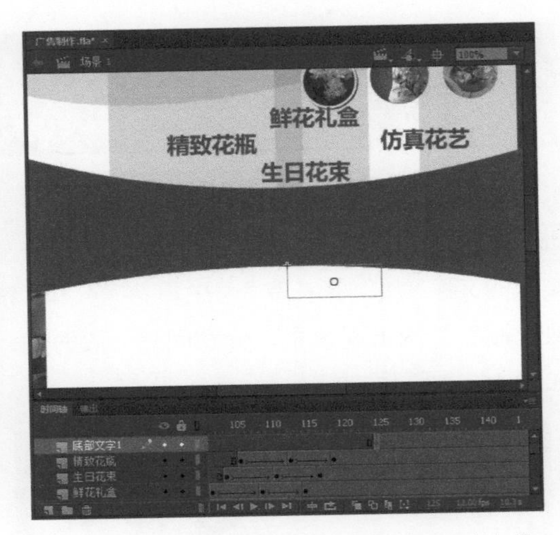

图 14-54　将输入的文字转换为图形元件

步骤 2 在第 178 帧处插入关键帧，将文字移动到靠左边的位置，并将第 125 帧的文字透明度设置为“0%”，然后在第 125 ～ 178 帧中间创建传统补间动画 动画，制作文字晃动出现的效果，如图 14-55 所示。

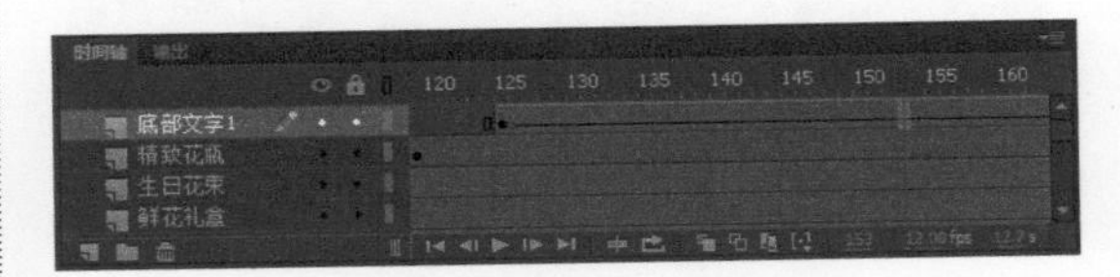

图 14-55　创建传统补间动画

步骤 3 按照上述操作，制作其他几个文字的出现效果，并分别间隔一段时间，如图 14-56 所示。

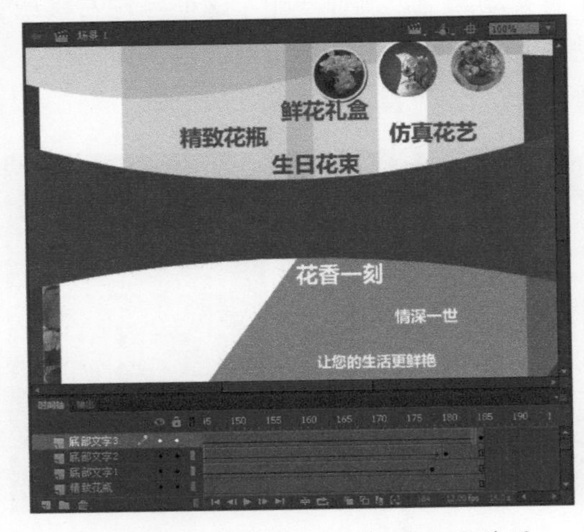

图 14-56　制作其他文字的出现效果

第 13 步：制作形状边线动画

步骤 1 新建一个图层并重命名为“形状边线”，在第 185 帧处插入关键帧，在舞台上沿中部形状的边缘画出两条线（绿色），然后依次选择【修改】→【形状】→【将线条转换为填充】菜单命令，即可将其转换成填充形状，如图 14-57 所示。

图 14-57　绘制线条

步骤 2 新建一个图层并重命名为“形状边线遮罩”，在第 185 帧处插入关键帧，在舞台右侧画出一个矩形，然后按 F8 键，将矩形转换为图形元件，如图 14-58 所示。

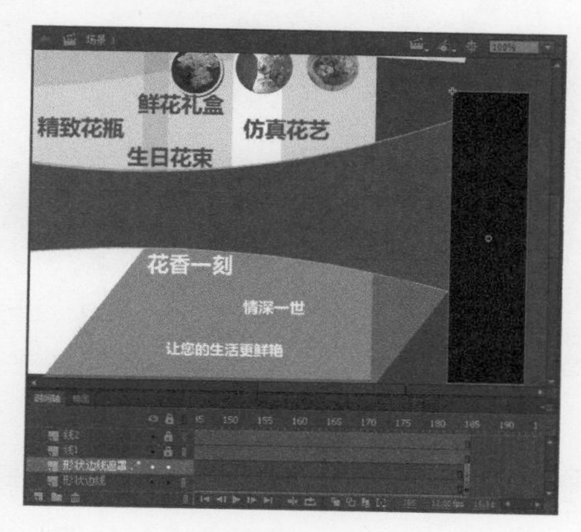

图 14-58　绘制矩形并转换为元件

步骤 3 在第 230 帧处插入关键帧，将矩形移动到舞台中间并修改形状。然后在第 185 ～ 230 帧中间创建传统补间动画 动画，制作矩形从右到左出现的效果，如图 14-59 所示。

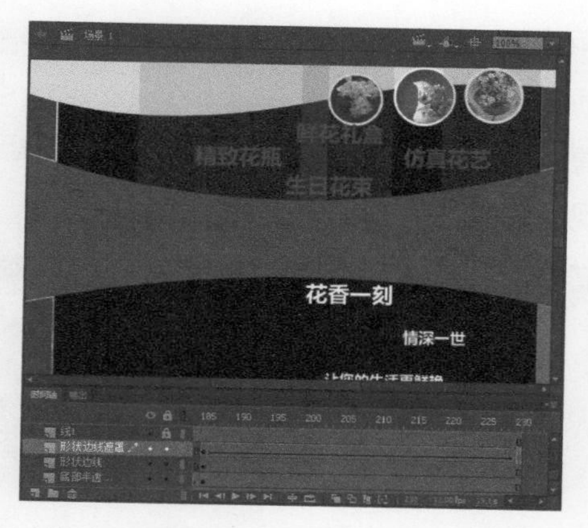

图 14-59　创建传统补间动画 动画

步骤 4 选中“形状边线遮罩”图层并右击，从弹出的快捷菜单中选择【遮罩层】菜单命令，即可创建形状边线的出现效果，如图 14-60 所示。

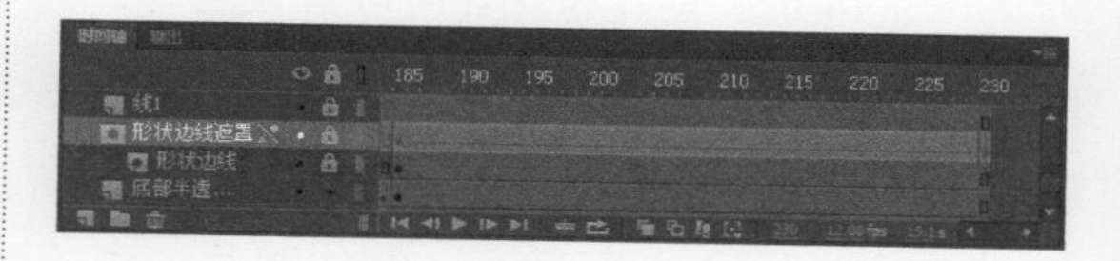

图 14-60　设置遮罩层

第 14 步：添加产品图片动画

步骤 1 将舞台背景色改为黑色。新建一个图层并重命名为“图片 1”，放在“中部形状”图层上边。在第 185 帧处插入关键帧，然后将【库】面板中的图片“2”拖到舞台右侧，调整其大小。最后按 F8 键，将图片转换为图形元件，如图 14-61 所示。

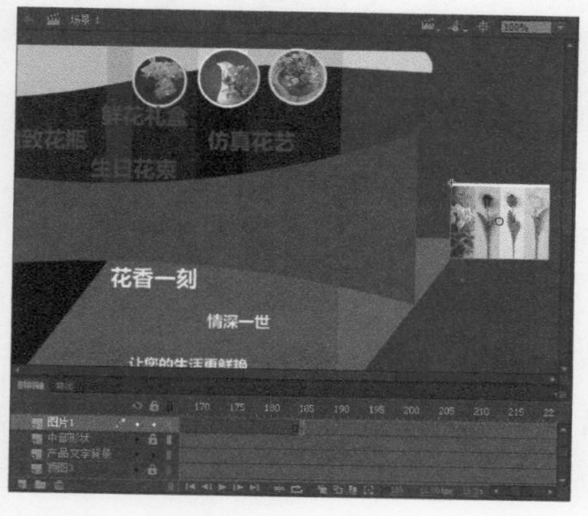

图 14-61　将图片拖入舞台并转换为元件

步骤 2 在第 210 帧处插入关键帧，将图片移动到舞台中央，然后在第 185 ～ 210 帧中间创建传统补间动画 动画，制作图片从右到左出现的效果，如图 14-62 所示。

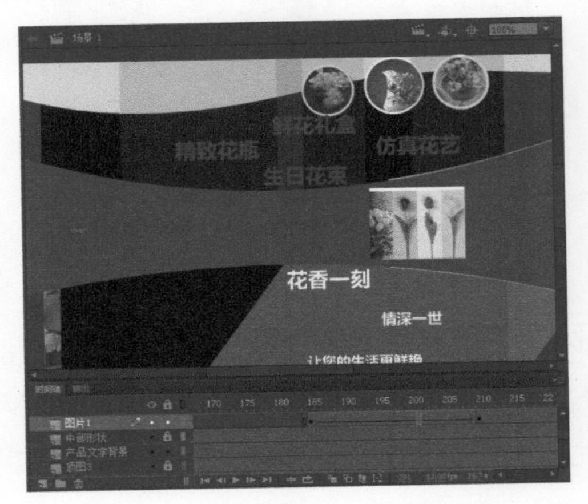

图 14-62　创建传统补间动画 动画

步骤 3 在第 230 帧处插入关键帧，将图片透明度设置为“0%”。在第 210 ～ 230 帧中间创建传统补间动画 动画，制作图片消失的效果，如图 14-63 所示。

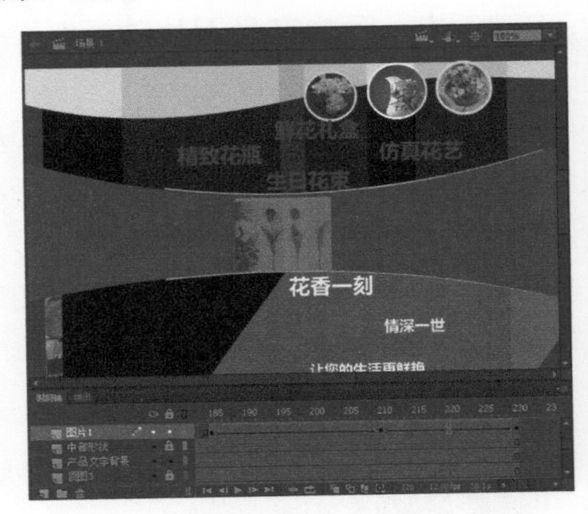

图 14-63　创建传统补间动画 动画

步骤 4 新建 3 个图层，分别重命名为“图片 2”、“图片 3”和“图片 4”，放在“图片 1”图层下边。利用【库】面板中的图片“3”、图片“4”和图片“9”，在第 210 ～ 230 帧中间创建补间动画，制作 3 张图片出现的效果，如图 14-64 所示。

图 14-64　制作其他图片出现的效果

步骤 5 在“图片 2”图层的第 270 帧处插入关键帧，然后在第 290 帧处插入关键帧，并将图片移动到舞台左边并调整大小，最后在第 270 ～ 290 帧中间创建传统补间动画 动画，制作图片移动到舞台左边并变小的效果，如图 14-65 所示。

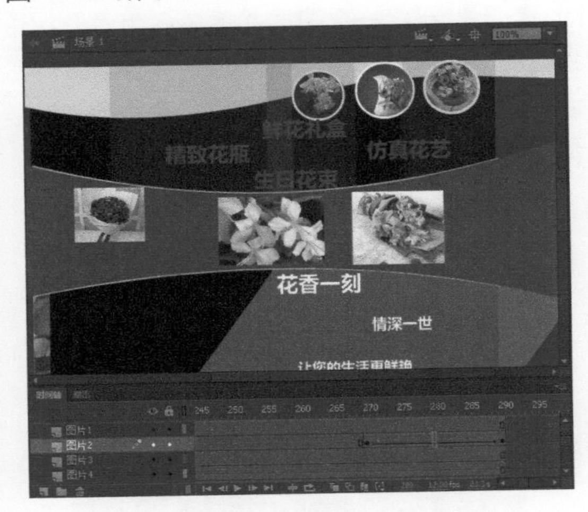

图 14-65　创建传统补间动画 动画

步骤 6 分别在第 300 帧、第 307 帧和第 315 帧处插入关键帧，将第 307 帧的图片透明度设置为“50%”，将第 315 帧的图片亮度设置为“-30%”，然后在第 300 帧、第 307 帧和第 315 帧中间创建传统补间动画 动画，制作图片变模糊并变暗的效果，如图 14-66 所示。

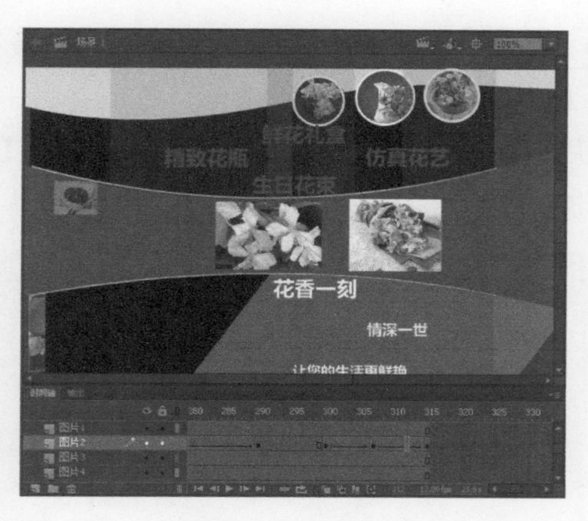

图 14-66　制作图片变模糊并变暗的效果

步骤 7 按照上述操作，制作其他两张产品图片移动并变暗的效果，并间隔一段时间，如图 14-67 所示。

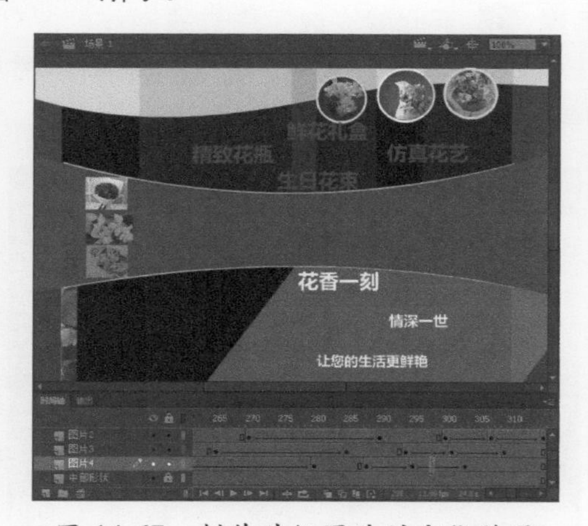

图 14-67　制作其他图片的变化效果

第 15 步：制作结束文字动画

步骤 1 按Ctrl+F8组合键打开【创建新元件】对话框，新建一个影片剪辑元件，并命名为“周年庆重磅来袭”，制作一个结束文字出现的动画（可以自行设计，也可以直接使用库中的素材），如图 14-68 所示。

步骤 2 新建一个图层并重命名为“结束文字”，放在“图片 1”图层上边。在第 330 帧处插入关键帧，然后将【库】面板中的“周年庆重磅来袭”元件拖到舞台中央，如图 14-69 所示。

图 14-68　制作结束文字出现的动画

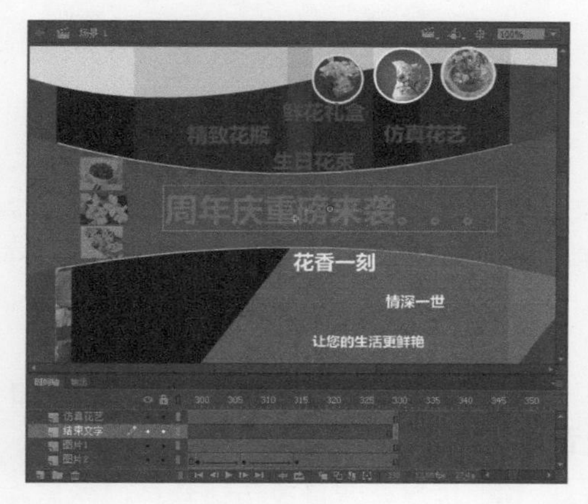

图 14-69　将“周年庆重磅来袭”元件拖到舞台中央

步骤 3 在第 340 帧处插入关键帧，然后将第 330 帧的文字透明度设置为“0%”，最后在第 330 ～ 340 中间创建传统补间动画 动画，如图 14-70 所示。

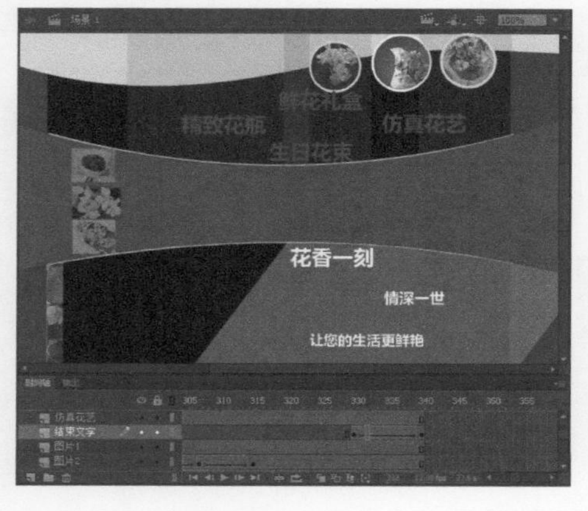

图 14-70　在第 330 ～ 340 中间创建传统补间动画 动画

步骤 4 分别在第 380 帧和第 390 帧处插入关键帧，将第 380 帧的元件的透明度设置为“0%”，然后在第 380 ～ 390 帧中间创建传统补间动画 动画，如图 14-71 所示。

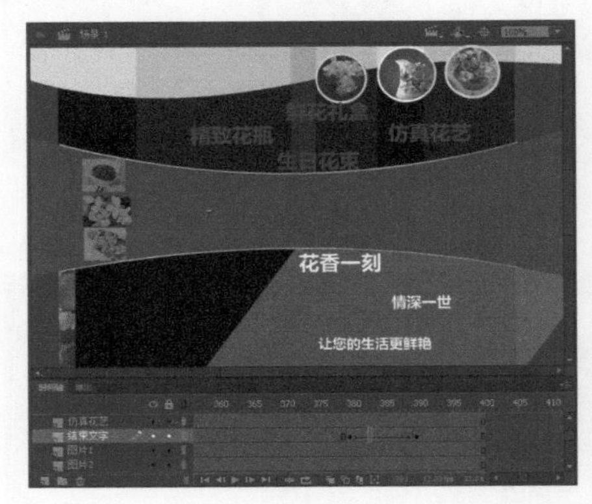

图 14-71　在第 380 ～ 390 帧中间创建传统补间动画

第 16 步：整理检查图层并添加背景音乐

步骤 1 将舞台背景改为淡粉色，然后在所有图层的第 400 帧处插入帧，使动画能播放完毕，并调整图层顺序，使动画层次显示正确，如图 14-72 所示。

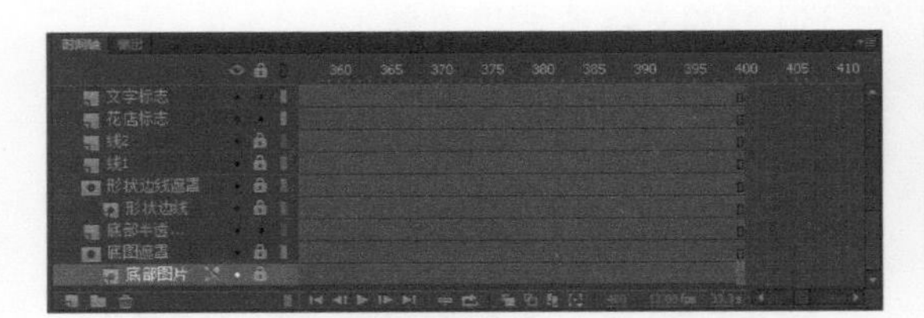

图 14-72　将所有图层的动画延长至 400 帧

步骤 2 新建一个图层并重命名为“音乐”，将【库】面板中的“背景音乐”拖到舞台中，然后在【属性】面板中将【同步】设置为【数据流】，如图 14-73 所示。

图 14-73　将“背景音乐”拖到舞台中

步骤 3 至此就完成了广告的制作，按 Ctrl + Enter 组合键进行测试，即可查看动画播放效果，如图 14-74 所示。

图 14-74　测试动画效果

14.5 高手甜点

甜点 1：制作动画的时候一定要调整好图层的顺序，当图层比较多的时候，可以新建一个图层文件夹，对图层进行分类管理。当对某一个图层进行编辑时，最好把其他图层锁定，以免破坏其他图层中的操作。

甜点 2：【位图属性】对话框中各参数的含义。

在制作 Flash 广告时，导入位图是必不可少的。在【库】面板中右击位图，从弹出的快捷菜单中选择【属性】菜单命令，即可打开【位图属性】对话框，如图 14-75 所示。其中各参数的含义如下。

【允许平滑】：该复选框用于设置是否对图像进行平滑处理。

【压缩】：单击右侧的下拉按钮，从弹出的下拉列表中可以选择图像的压缩方式，包括【照片（JPEG）】和【无损（PNG/GIF）】两种方式。

【更新】：单击该按钮，可以更新导入的图像文件。

【导入】：单击该按钮，可以打开【导入位图】对话框，在该对话框中用户可以重新导入一个图像文件。

【测试】：单击该按钮，可以预览压缩后的效果。

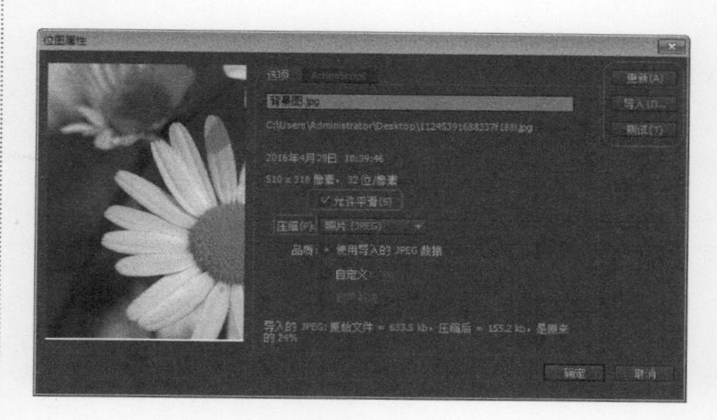

图 14-75　【位图属性】对话框

制作个人 Flash 网站

- **本章导读**

Flash 网站具有短小精悍易于在网上传播的特性，吸引许多人使用 Flash 构建个人网站。本章主要讲解个人 Flash 网站的设计制作，以使读者了解 Flash 网站的结构规划、主场景设计以及次场景设计等要点，还可以对前面所学的知识点进行综合运用。

- **本章学习目标（已掌握的在圆圈中打钩）**

◎ 熟悉 Flash 网站的背景

◎ 熟悉 Flash 网站的制作步骤

◎ 掌握制作 Flash 网站的方法和技巧

- **重点案例效果**

15.1 实例分析

初学者通过实例学习来制作 Flash 个人网站，不仅可以培养自己的兴趣，还可以借此学习并提高制作水平。本节将为读者介绍个人网站的构建背景及实例简介。

15.1.1 背景概述

在 Flash 中制作网站时，一定要思路清晰，切不可在没有规划的情况下进行创作，在创作过程中对于不对的地方随时进行修改，这样不但效率低下，而且往往做出的效果也不理想。因此，要做好一个网站，前期准备和规划是非常重要的。

网站制作方法有两种，一种是把网站划分为很多的 Flash 文件，再将这些文件进行链接，这样做的好处是容易修改，且思路清晰；另一种是在一个 Flash 文件中设计所有的内容，这种做法要求制作人员有很高的制作能力，并且对前期的准备工作要求也很高。

15.1.2 实例简介

本实例是一个动感的个人网站。在播放动画时，首先进入的是网站的首页，首页由背景图片、标题、各个链接按钮以及版权信息组成，当单击不同的按钮时，就会调用相应的子场景，并且播放子场景的动画。网站首页的界面如图 15-1 所示。

图 15-1　网站首页

15.2 具体的设计步骤

一个完整的网站一般由一个主页和多个内页组合而成。在制作本实例时，所采用的方法是把网站做成很多的 Flash 文件再进行链接。

本实例网站属于个人网站，主要内容应跟个人信息相关，所以网站的内容应该以图片展示为主，其子页面中还应该有个人的基本信息和留言板等。

15.2.1 网站结构规划

要使制作出来的网站吸引人，除在内容排版、色彩搭配、图片运用上达到和谐统一之外，网站的结构规划也起着至关重要的作用。本网站的结构如图 15-2 所示。

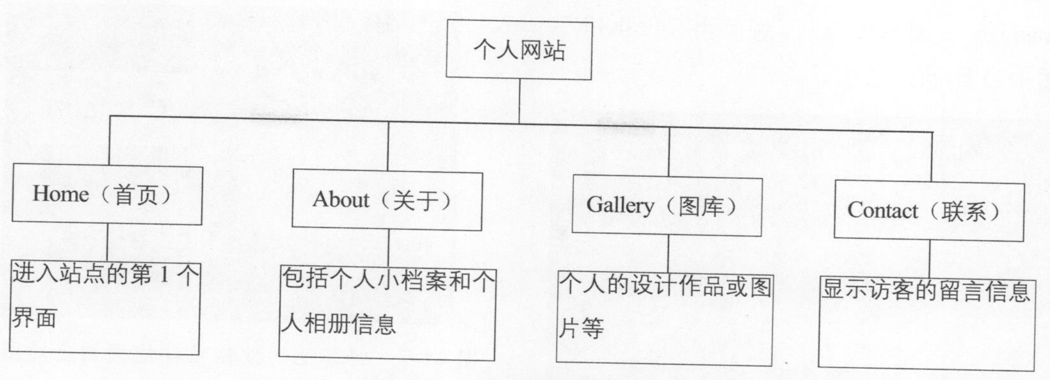

图 15-2 个人网站结构规划

在主页中的每个子栏目，包括“Home”、“About”、“Gallery”和“Contact”等仅以按钮形式显示其名称，即把每一个子栏目都做成可以单击的按钮形式。

15.2.2 主场景的设计

本实例主要由主场景和次场景构成，因此主要介绍主场景以及次场景在主场景中的安排。通过相关介绍，使读者可以举一反三，尝试设计并制作子次场景在其子场景中的安排。本实例中的主场景命名为“index.swf”，其内容包括网站标题、舞台长宽比例、背景、导航按钮等信息。

1. 制作网站的主场景

在制作网站的主场景时，要准备好需要的所有元件和背景图片，再在已经划分好的场景布置区域中，放置准备好的素材并进行相关操作，以实现预期的动画效果，具体的操作如下。

步骤 1 打开随书光盘中的“素材\ch15\index.fla”文件，该文件中包含所用的元件、背景图片以及背景音乐等，如图 15-3 所示。

步骤 2 选中“图层 1”，并将其重命名为“背景”，将【库】面板中的背景图片拖到舞台中，然后调整图片的位置以及舞台的大小，如图 15-4 所示。

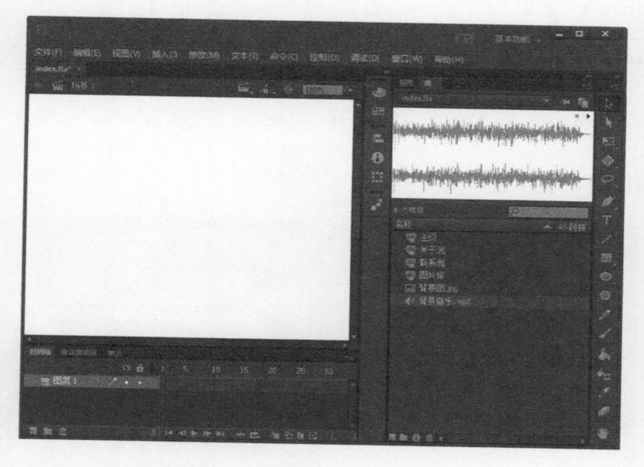

图 15-3 打开主场景文件

图 15-4 设置背景图片

步骤 3 新建“图层 2”，并将其重命名为“标题”，然后使用文本工具在舞台上绘制文本框并输入文本内容，在【属性】面板中设置文本类型为“静态文本”，并设置其字体为

“Broadway”，大小为“45”，颜色为“#FF00FF”，如图 15-5 所示。

图 15-5 输入文本

步骤 4 新建“图层 3”，并将其重命名为“导航按钮 1”，然后将【库】面板中“主页”按钮元件拖到舞台中并调整其大小，如图 15-6 所示。

图 15-6 将“主页”按钮元件拖到舞台中

步骤 5 按照上述操作，分别新建“导航按钮 2”图层、“导航按钮 3”图层和“导航按钮 4”图层，然后分别将【库】面板中的“关于我”“联系我”和“图片库”元件拖到相应的图层中，如图 15-7 所示。

步骤 6 新建一个图层并重命名为“版权信息”，然后使用文本工具在舞台的右下侧绘制静态文本框并输入网站的版权信息，如图 15-8 所示。

图 15-7 将其他的按钮元件拖到相应的图层

图 15-8 输入版权信息

步骤 7 新建一个图层并重命名为“音乐”，将【库】面板中的音乐文件拖动到舞台中，然后将所有图层延长至 300 帧，如图 15-9 所示。

图 15-9 将音乐文件拖到舞台中

步骤 8 选中“音乐”图层中的任意一帧，然后在其【属性】面板中将【同步】设置为“数据流”，如图 15-10 所示。

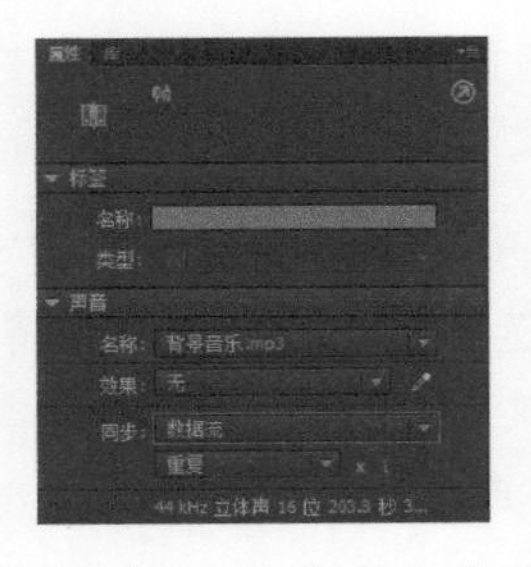

图 15-10 设置同步类型

2. 调用次场景

在主页中设置导航按钮后，还应该在按钮上添加相应的 ActionScrip 代码，使用户在单击不同的按钮时即可进入相应的次场景。这里进入所有次场景的操作都是通过导入 SWF 影片文件来实现的。

这里以单击“About”按钮调用“关于我 .swf”为例进行讲解，其他的按钮调用与之类似。

在场景内选择“About”按钮，按快捷键 F9 打开【动作】面板，并添加如下代码，如图 15-11 所示。

```
import flash.display.Loader;
import flash.net.URLRequest;
import flash.net.URLRequest;
import flash.events.MouseEvent;
var loader:Loader;
function loadswf(url:String):void
{var req:URLRequest = new URLRequest(url);
    var loader:Loader=new Loader();
    loader.load(req);
    loader.contentLoaderInfo.addEventListener(Event.COMPLETE,onLoader);
    }
function onLoader(evt:Event):void{
        loader = evt.target.loader;
        addChild(loader);
    }
    btn2.addEventListener(MouseEvent.CLICK,onClickHand);
    function onClickHand(evt:MouseEvent):void{
```

```
            loadswf( "关于我 .swf");

    }
```

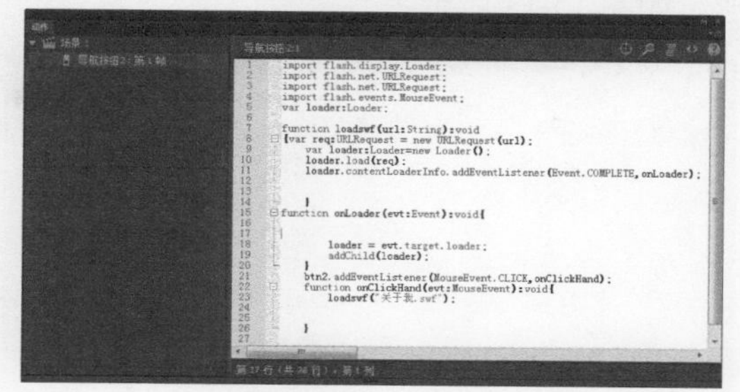

图 15-11　添加动作代码

15.2.3 次场景的设计

在主场景中单击相应的导航按钮，即可进入相应的次场景，这些次场景中又可能包含多个或多级子次场景。其中“关于我”次场景就包含两个子次场景，在单击“关于我”按钮时，需要载入影片“关于我 .swf”。下面将详细讲解“关于我 .fla”影片的制作过程。

1. “关于我”影片的制作

“关于我”影片的具体操作如下。

步骤 1 启动 Flash CC，然后依次选择【文件】→【新建】菜单项，即可创建一个新的 Flash 空白文档，并将该文档保存为“关于我 .fla”，如图 15-12 所示。

图 15-12　新建 Flash 文档

步骤 2 将“图层 1”重命名为“背景”，设置舞台大小为 480.95 像素 ×360.95 像素，然后使用矩形工具绘制一个与舞台一样大小的矩形，如图 15-13 所示。

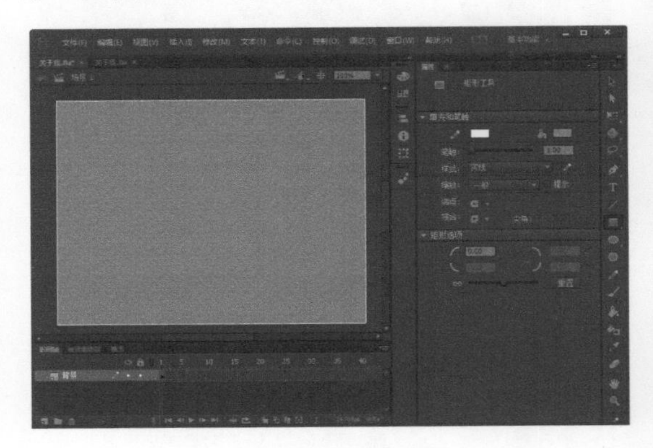

图 15-13　绘制矩形

步骤 3 按Ctrl+F8组合键打开【创建新元件】对话框，然后在其中设置新建元件的名称及类型，如图 15-14 所示。

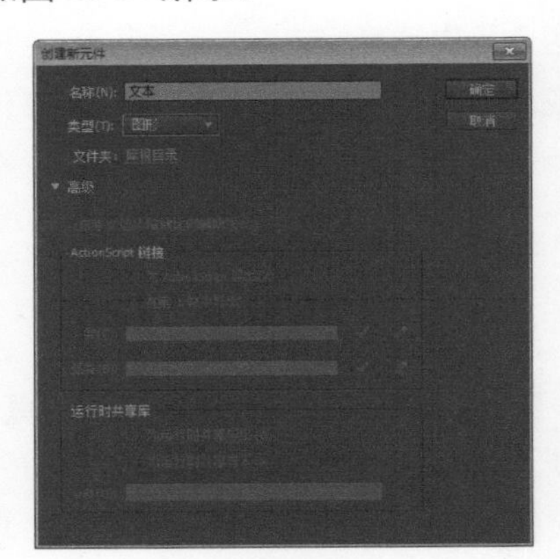

图 15-14　【创建新元件】对话框

步骤 4 单击【确定】按钮，进入该元件的编辑模式，将舞台颜色设置为黑色，然后使用文本工具在舞台中绘制静态文本框并输入文本内容，如图 15-15 所示。

步骤 5 单击【场景 1】按钮，返回到主窗口中，新建一个图层并重命名为“文本”，然后将【库】面板中的“文本”图形元件拖到舞台中的合适位置并调整其大小，如图 15-16 所示。

图 15-15　输入文本

图 15-16　将“文本”图形元件拖到舞台中

步骤 6 在“文本”图层的第 30 帧处插入关键帧，然后使用任意变形工具将文本等比例放大，如图 15-17 所示。

图 15-17　插入关键帧并放大文本

步骤 7 在“文本”图层的第 1 ～ 30 帧中创建传统补间动画，即可创建文本由小变大

的动画效果，如图 15-18 所示。

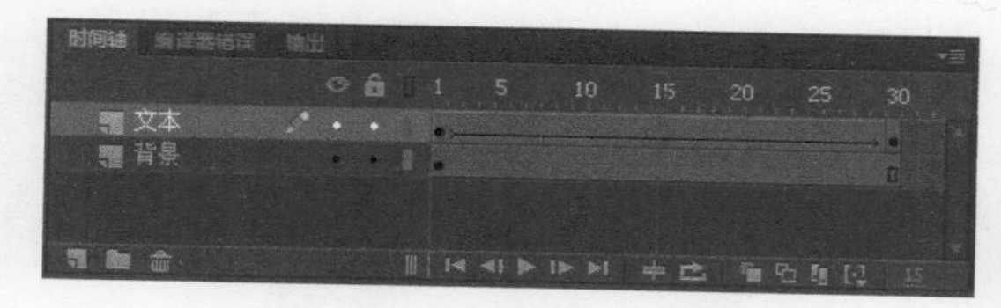

图 15-18 创建传统补间动画

步骤 8 按Ctrl+F8组合键打开【创建新元件】对话框，然后在其中新建一个名为“小档案”的按钮元件，如图 15-19 所示。

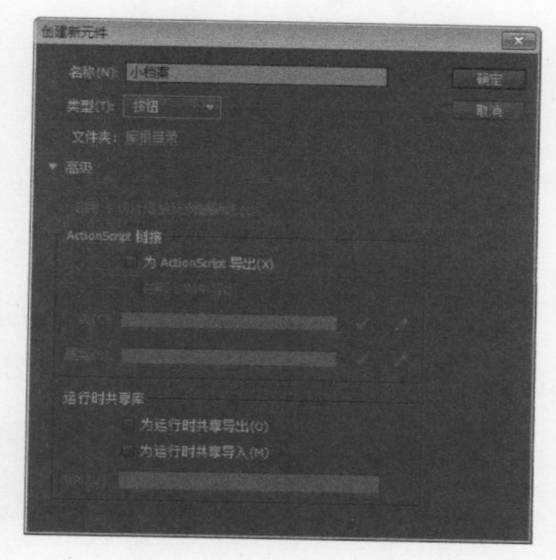

图 15-19 【创建新元件】对话框

步骤 9 在新建按钮元件的编辑模式中，使用矩形工具绘制一个 1 像素 59×195 像素的矩形，在【属性】面板中，将笔触颜色设置为白色，笔触大小设置为“3”，填充颜色设置为线性渐变，其中，左色块为“#6D91CD”，右色块为“#C69F75”，如图 15-20 所示。

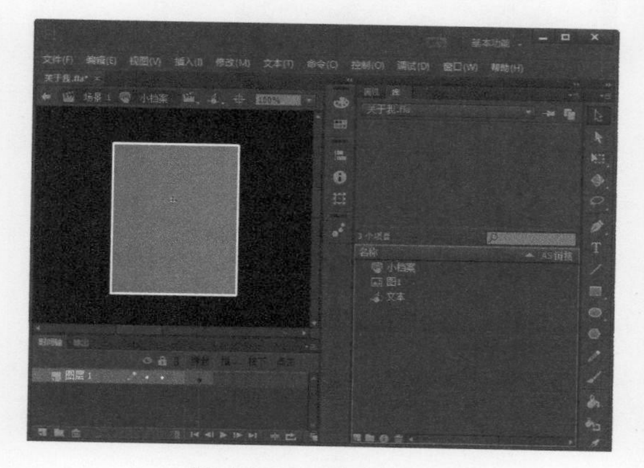

图 15-20 绘制矩形

步骤 10 新建一个图层，将所需的图片导入舞台中的矩形内并调整其位置和大小，如图 15-21 所示。

图 15-21 导入图片

步骤 11 选中“图层 1”的第 1 帧，然后使用文本工具在舞台上绘制静态文本并输入文本内容“个人小档案”，将其放在图 15-22 所示的位置。

图 15-22 输入文本

步骤 12 按照上述操作，再新建一个“相册”按钮元件，如图 15-23 所示。

步骤 13 单击【场景 1】按钮，返回到主窗口中，新建一个图层并重命名为“按钮 1”，然后在该图层的第 30 帧处插入关键帧，将【库】面板中的“小档案”按钮元件拖到舞台图 15-24 所示的位 置。

图 15-23　创建“相册”按钮元件

图 15-24　将“小档案”按钮元件拖到舞台左下方

步骤 14 在“按钮 1”图层的第 50 帧处插入关键帧，并将第 1 帧处的元件拖到图 15-25 所示的位置。

图 15-25　将“小档案”按钮元件移到舞台中

步骤 15 选中“按钮 1”图层第 30 帧的元件，然后在其【属性】面板中将【样式】设置为“Alpha”，并将其值设置为“0”，如图 15-26 所示。

图 15-26　设置透明度

步骤 16 按照相同的方法将第 50 帧处的元件的 Alpha 值设置为“100”，然后在第 30～50 帧间创建传统补间动画，即可创建元件由透明到清晰的显示效果，如图 15-27 所示。

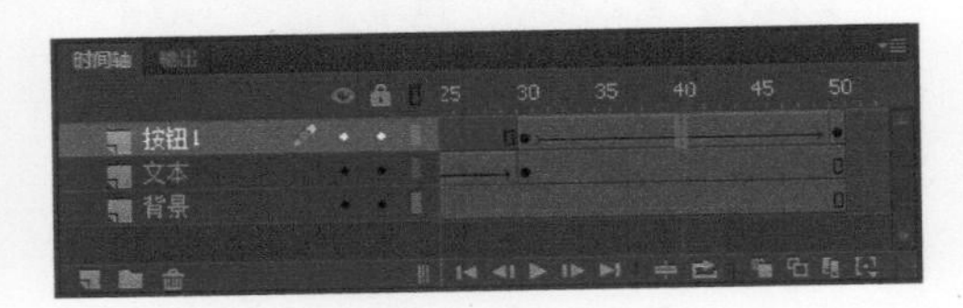

图 15-27　创建传统补间动画

步骤 17 新建一个图层并重命名为“按钮 2”，然后按照上述方法，将【库】面板中的“相册”元件拖到舞台中并创建传统补间动画，如图 15-28 所示。

图 15-28　创建“相册”元件的传统补间动画

步骤 18 为了不让影片重复播放，可以在“图层 1”的第 50 帧处插入关键帧，然后按 F9 键打开【动作】面板，在其中输入如下代码，如图 15-29 所示。

```
Stop ( ) ;
```

图 15-29　输入代码

步骤 19 至此，就完成了影片“关于我 .swf”的制作，按 Ctrl+Enter 组合键进行测试，即可查看影片效果，如图 15-30 所示。

图 15-30　查看影片效果

> **提示**
> 该影片包括两个子次场景，分别是“个人小档案”和“相册”，当单击不同按钮时即可调用“个人小档案 .fla”或“相册 .fla”影片文件，各次场景对子次场景的调用方法与主场景对次场景的调用方法相同，这里不再赘述。

2. 其他次场景的设计制作

“个人小档案”“相册”“图片库”和“联系我”等次场景或子次场景的设计制作方法与影片“关于我 .fla”的制作方法相似，其中“相册”和“图片库”设计也类似，这里不再赘述，仅对各次场景的界面和实现的功能进行简单描述。

“About”栏目需要调用影片“关于我 .swf”，该影片包括两个子次场景。单击“个人小档案”按钮元件时调用影片“个人小档案 .swf”，单击“相册”按钮元件时调用影片“相册 .swf”，其设计界面如图 15-31 和图 15-32 所示。

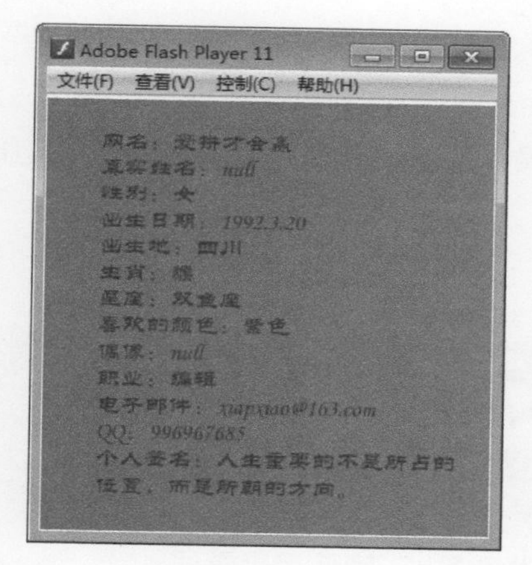

图 15-31　“个人小档案 .fla”影片界面

图 15-32　“相册 .fla”影片界面

“Contact”栏目需要调用影片“留言 .swf”，该影片是一个独立的文件，其中不再包含子文件。本实例设计“留言 .swf”影片的界面包含一个标题、用于输入留言主题和内容的输入文本框以及一个提交留言的发送按钮，如图 15-33 所示。

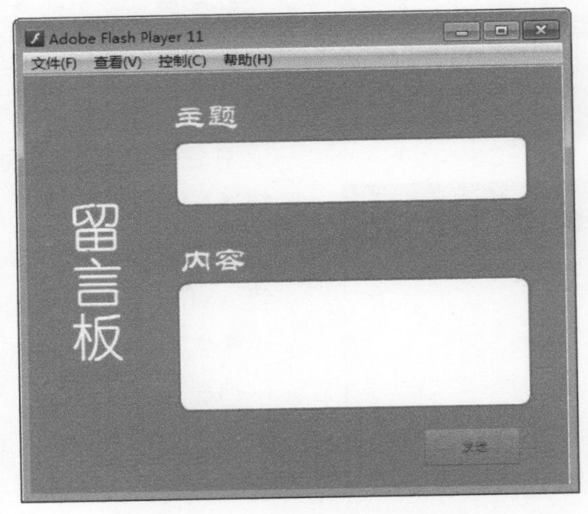

图 15-33 “留言 .fla”影片界面

至此，个人 Flash 网站便设计制作完成了。保存所有的文件之后，在本地测试一下整个网站的效果，在测试无误之后，就可以将其所生成的 SWF 文件发布了。

15.3 高手甜点

甜点 1：正确使用遮罩层。

当需要使用遮罩层来创建特定的动画效果时，只有将遮罩层放在时间轴的最顶层，才能起到遮罩的效果。

甜点 2：为什么使用影片加载函数在主场景中调用次场景时会出现找不到所要调用文件的提示？

在使用影片加载函数、加载 SWF 文件时，主场景文件与所要调用的次场景的 SWF 文件必须位于同一文件夹下。因此，只需将次场景的 SWF 文件移动到主场景所在文件夹下即可解决此问题。

第16章 制作 Flash MV

- **本章导读**

随着网络的不断发展和应用，越来越多的人利用 Flash 制作的 MV 在网络上传播。制作 Flash MV 可以根据自己的创意及对歌词的理解去构建有趣的场景画面和 MV 的情节，充分彰显了制作者丰富的想象力。本章首先为读者介绍制作 Flash MV 的理论知识，包括设计基础、素材准备等内容，然后介绍动画效果以及歌词的制作方法，最后通过一个具体的实例，将理论与实践结合，详细地介绍整个 Flash MV 的制作流程。

- **本章学习目标（已掌握的在圆圈中打钩）**

◎ 熟悉 Flash MV 设计的基础
◎ 熟悉 Flash MV 制作前的准备工作
◎ 掌握 Flash MV 实现的动画效果
◎ 掌握添加歌词的方法和技巧
◎ 掌握预载动画场景的方法和技巧
◎ 掌握制作 Flash MV 的具体步骤

- **重点案例效果**

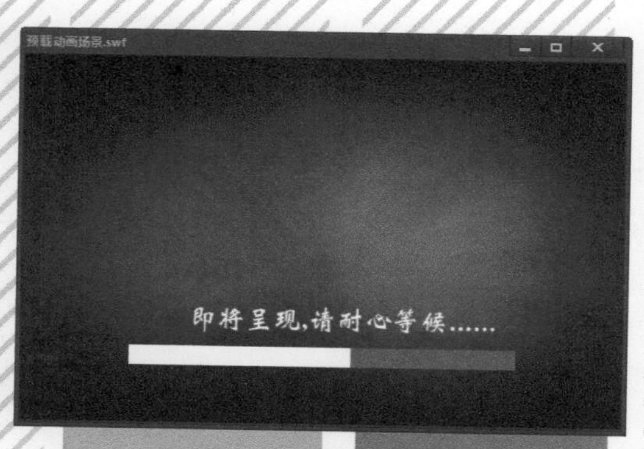

40%
0%
7%
30%
40%

16.1 Flash MV设计基础

Flash MV 就是以 Flash 动画的方式来演绎某一音乐片段，它集情节性、趣味性和交互性于一身，相对于传统音乐录影带更节约成本。

Flash MV 的设计需要用户有一定的 Flash 动画基础，同时，最好能有一定的绘画技巧和丰富的想象力，这样便于发挥自己的创造力去构建有趣的场景画面并设计 MV 中的角色，从而制作出一个动感十足，精彩美妙的 Flash MV。

16.2 初期准备工作

做任何事之前都需要做好充足的准备工作，制作 Flash MV 尤其需要这样，一定要认真做好初期准备工作，包括剧本策划、分镜、人物设计和背景制作等每一个环节，这样在 Flash MV 的制作过程中才能得心应手。

16.2.1 准备音乐素材

在一部 Flash MV 作品中，音乐是必不可少的，因此可以根据个人的喜好以及要抒发的情感，选择一首自己喜爱的歌曲作为 Flash MV 的音乐素材。

Flash MV 中使用较多的音乐格式是比较流行的 MP3 格式和 WAV 格式。WAV 格式的音乐一般是未经压缩处理的音频数据，文件体积较大，但能避免失真；MP3 格式的音乐经过压缩处理，文件较小，音质较好，是目前最为常见的格式。

音乐的前期处理

如果准备的音乐素材不是 Flash CC 支持的格式，那么就需要借助第三方软件将它转换为 WAV 格式或是 MP3 格式。需要注意的是有些音乐文件即使是 MP3 格式的，也可能不能正常地导入，这是因为虽然选择的音乐文件是 MP3 格式的，但并不是 Flash CC 支持的 MP3 音频格式，这时也需要借助第三方软件将它转换成可以导入 Flash CC 的 MP3 格式。

下面是几个常用的音乐格式转换的工具：GoldWave 和 Sound Forge Cool Edit 等。

在借助第三方软件转换时，注意采样频率的选择。

采样频率越高，音乐的音质效果就越好，但是声音文件也越大。

通常在转换时选择“Layer-3，22.05kHz，16bit，立体声”的音频格式，这样就能得到比较理想的效果，而且文件的体积也不会很大。

剪裁和编辑音乐

对于初学者来说，如果加入 Flash MV 的歌曲过长就会增加制作时间，而初学者第 1 次尝试制作 Flash MV 的主要目的是为了掌握制作技巧，因此只需要选择音乐的主要部分来做即可。此时，可以借助第三方软件对选择的音

乐文件进行部分截取和编辑。

下面以第三方软件 GoldWave 截取和编辑音乐为例，讲解对音乐进行剪裁和编辑的具体操作（音乐文件路径“素材 \ch16\ 声音剪裁 .mp3”）。

步骤 1 启动第三方软件 Gold Wave，依次选择 file → Open 菜单命令，即可打开 Open Sound 对话框，在其中选择“声音剪裁 .mp3”音乐素材文件，如图 16-1 所示。

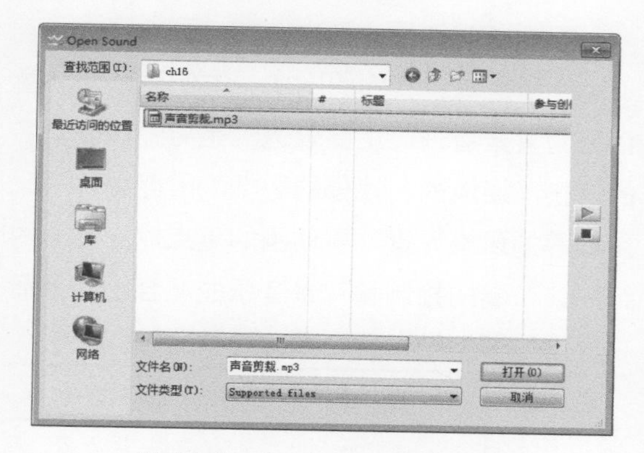

图 16-1　Open Sound 对话框

步骤 2 单击【打开】按钮，即可将选择的音乐文件在 GoldWave 中打开，如图 16-2 所示。

图 16-2　打开音乐文件

步骤 3 单击【播放】按钮，音乐开始播放，到达音乐截取的开始位置时，单击【暂停】按钮，然后再按快捷键【[】或选择 Edit → Marker → Drop Start 菜单命令，即可将暂停位置设置为截取的开始位置，如图 16-3 所示。

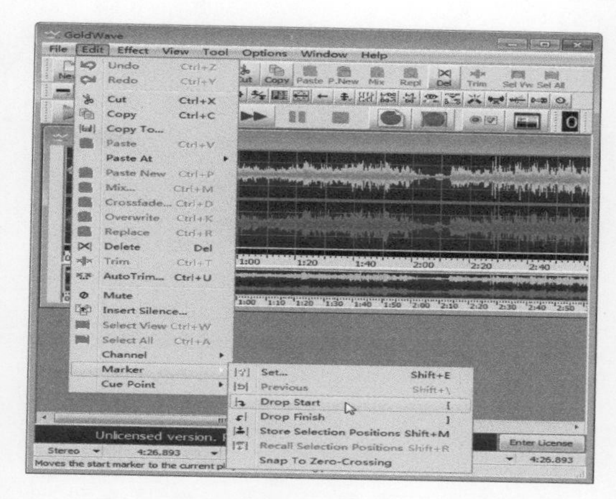

图 16-3　选择 Drop Start 菜单命令

步骤 4 到达音乐截取的终止位置时，单击【暂停】按钮，然后按快捷键“]”或选择 Edit → Marker → Drop Finish 菜单命令，即可将该位置设置为截取音乐的结束位置。所选择的音乐段在【音乐编辑】窗口中会高亮显示，如图 16-4 所示。

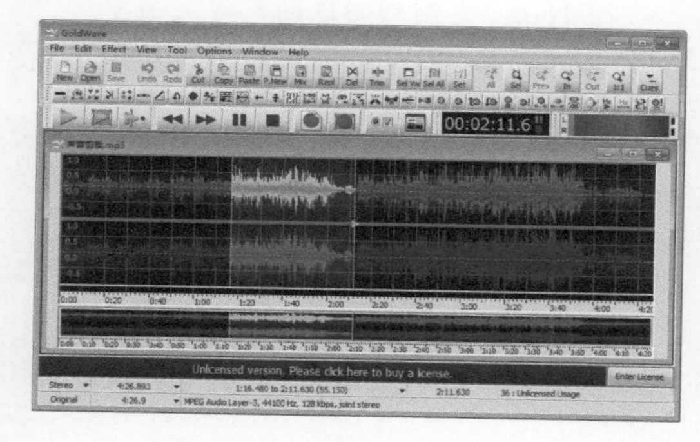

图 16-4　音乐段高亮显示

> **提示** 可以反复单击【播放】按钮，试听所选择的音乐段是否精确，若不符合要求，可用鼠标拖动【音乐编辑】窗口中的起始位置和终止位置，直到符合要求为止。

步骤 5 依次选择 Edit → Copy 菜单命令，如图 16-5 所示。

步骤 6 依次选择 Edit → Paste New 菜单命令，即可将截取的音乐段复制到一个新建的声音文档，如图 16-6 所示。

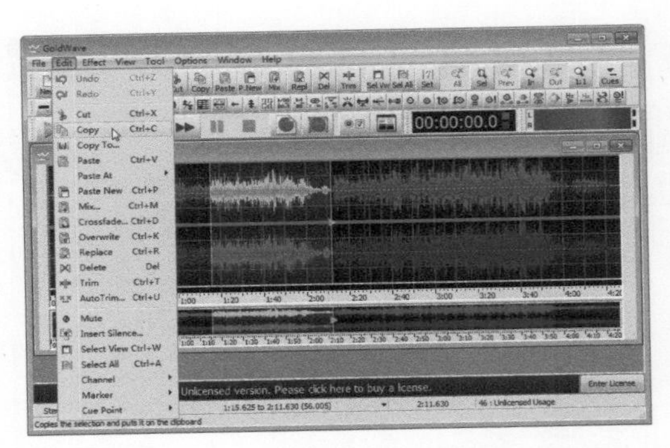

图 16-5 选择 Copy 菜单命令

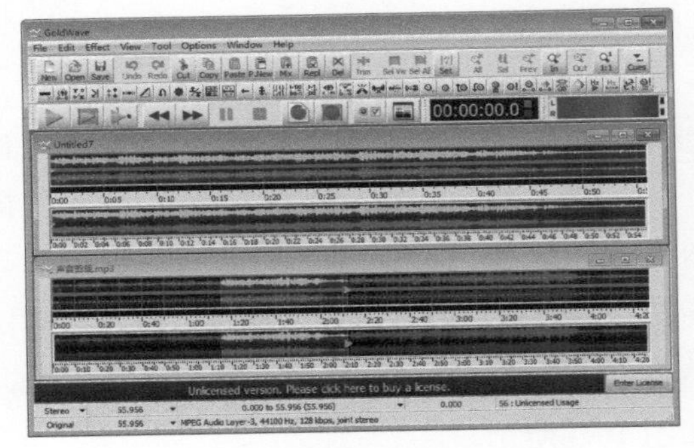

图 16-6 复制到新建的声音文档中

步骤 7 选择 file → Save 菜单命令，即可打开 Save Sound AS 对话框，在其中可以设置音乐片段的名称及类型，如图 16-7 所示。

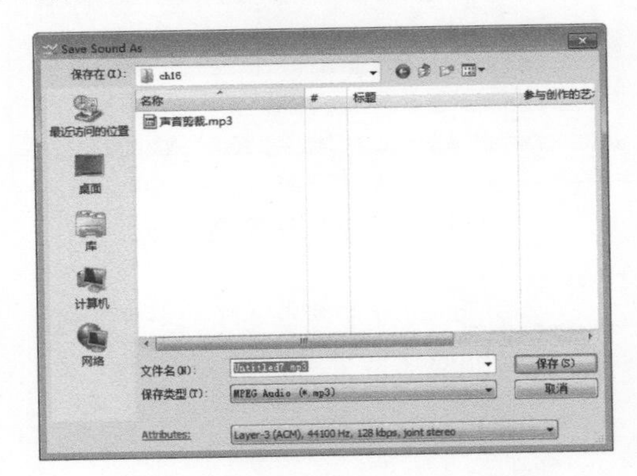

图 16-7 Save Sound AS 对话框

16.2.2 根据歌词内容撰写 MV 剧本

想要做出一部成功的动画作品，创建剧本是第一任务，剧本可谓动画的灵魂。故事情节的发展主要依赖剧本，因此，在制作剧本时主题应该十分明确，只有这样才能让观众清楚地明白该 Flsah MV 所要表达的思想和主题。

剧本应该包括的内容如下。

(1) 故事发生的背景环境。

(2) 主线故事的整体风格。

(3) 故事中的人和物。

(4) 具体的情景画面及背景音乐。

(5) 场景的时间标记。

(6) 备注说明。

下面是本章实例的剧本。本例以歌曲《童话》为背景音乐，主要表达的是男主人公莫名的哀伤，淡淡的、忧郁的心情，因此影片中采用安静的风景元素，将动画的重点放在画面的绘制、节奏的控制和背景音乐的配合上，从而将观众的情绪带入整个 Flash MV 剧情中。

场　景	歌　词	说　明
第一部分	忘了有多久，再没听到你对我说你最爱的故事，我想了很久了，我开始慌了是不是我又做错了什么	以落叶为背景，表达一种伤感的气氛。主色调为暗色，暗示后面的发展像随风飘落的树叶一样将是一个伤感的结局
第二部分	你哭着对我说，童话里都是骗人的，我不可能是你的王子	表现女主人公一种绝望的心情，也为后面的故事发展烘托了气氛
第三部分	也许你不会懂，从你说爱我以后，我的天空星星都亮了，我愿变成童话里你爱的那个天使，张开双手变成翅膀守护你，你要相信，相信我们会像童话故事里，幸福和快乐是结局	以蓝天大海为背景，男主和女主在夕阳下站着，坚信只要怀抱信念，绝不放弃每一个童话都会有自己想要的结局

16.2.3 人物设定和场景设定

根据剧本的需要，本实例的人物设定为男主角、女主角等，现在就需要把这些元素绘制出来。人物绘制的基本步骤是线描稿和上色，具体如图16-8和图16-9所示。

图 16-8 线描稿

图 16-9 上色

场景设定的目的是制造环境，创造气氛，因此应以影片的基调为指导，设定时应先构思大概环境，然后分前景、中景和后景，并安排好场景的长短，调整整体色调。

场景绘制的基本步骤如下。

(1) 线描稿：这里要分层绘制，以便于以后区分前后景，绘制时可以参考一些建筑画和风景画。

(2) 上色：在给“线描稿”上色的时候，不同的冷暖关系会给人完全不一样的心理感觉，以此也可以区分它们的环境效果。

16.3 实现动画效果

前期工作准备完成后，接下来就要制作初期的分镜，以确定故事的整个框架。把分镜画在 Flash 里面，根据时间轴把握好镜头停留的时间，甚至建立好需要的元件雏形，这样基本上可以看到动画的全貌，从而更便于制作者直观理解。

16.3.1 制作人物原画和背景原画

有了分镜以后，就可以确定所有的人物动作和背景画面。这时就可以进行人物原画和背景原画的制作了。

人物原画直接在 Flash 里绘制，步骤依然是线描稿和上色。制作人物动作时，需要理解动作结构和速度感，这里可以使用人体各部分的组件进行逐帧移动来表现动作，必要时也要使用逐帧的效果，使得动作更加细腻。

背景画面可以直接在 Flash 中创建，也可以在 Painter 或 Photoshop 里绘制。如果背景过于复杂，分层较多，建议在 Painter 或 Photoshop 中制作，然后导入 Flash 中使用。因为 Flash 软件本身计算量比较低，在 Flash 里绘制，最后播放的时候就会出现停滞现象。

16.3.2 合成人物原画和背景原画

在人物原画和背景原画都制作完成后，就可以在 Flash 里进行合成和链接，并进一步修改和调整。打开随书光盘中的“素材\ch16\Flash MV 制作 .fla”文件，在右侧的【库】面板中，就可以看到本实例中所用到的素材，如图 16-10 所示。

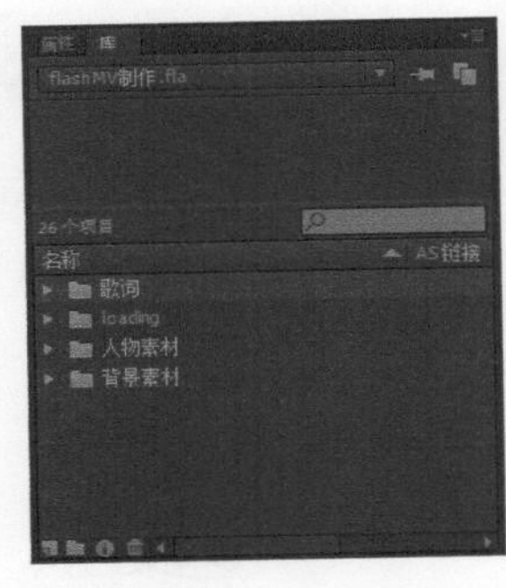

图 16-10 在【库】面板中显示的素材文件

16.4 添加歌词

歌词是 Flash MV 不可或缺的元素。在制作歌词的时候，需要注意歌词与音乐的同步。下面将为读者介绍在 Flash MV 中添加歌词的方法。

16.4.1 设置声音同步

设置声音同步的具体操作如下。

步骤 1 单击【时间轴】面板中的【新建图层】按钮，新建一个图层，并重命名为“音乐层”，如图 16-11 所示。

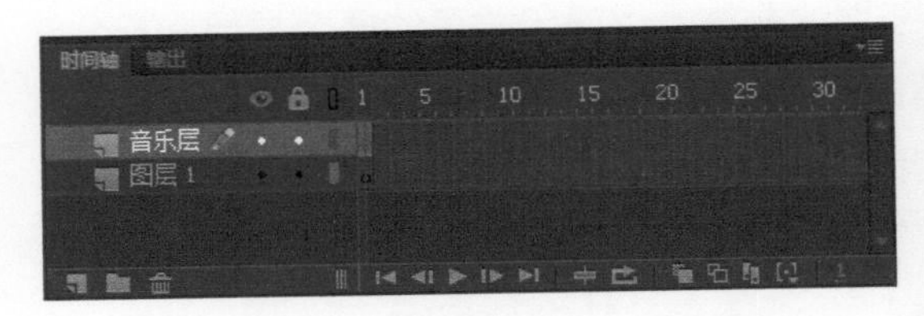

图 16-11 新建“音乐层”图层

步骤 2 依次选择【文件】→【导入】→【导入到库】菜单命令，打开【导入到库】对话框，在其中选择需要导入的音乐文件，如图 16-12 所示。

步骤 3 单击【打开】按钮，将选择的音乐导入【库】面板中，将其从【库】面板中拖到舞台中，然后选中“音乐层”的第 1 帧，在其【属性】面板中，设置【同步】为【数据流】，如图 16-13 所示。

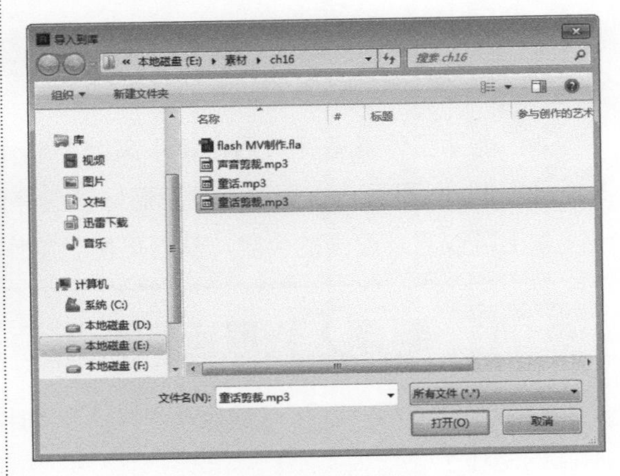

图 16-12 选择音乐文件

提示 这一步非常重要，它可以使制作者在按 Enter 键播放时，知道歌词与音乐的播放位置，设置关键帧，从而达到歌词和歌声的同步。

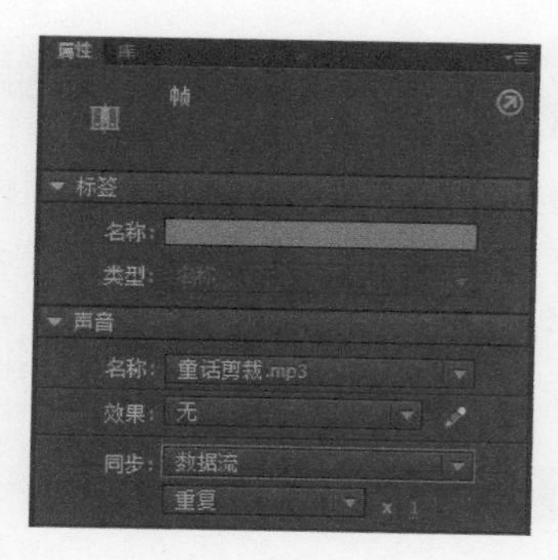

图 16-13　将【同步】设置为【数据流】

步骤 4 延长“音乐层”的帧，直到音乐波形消失，这是音乐结束的地方，如图 16-14 所示。

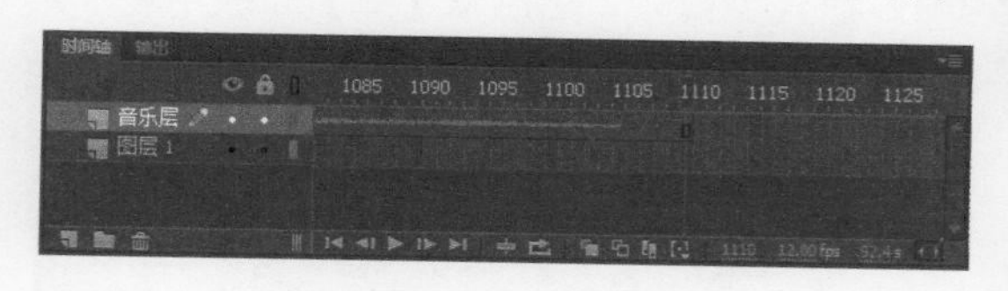

图 16-14　延长帧

16.4.2 标注歌词位置

标注歌词位置时，需要新建一个图层，可以将其重命名为“歌词标注层”，选中第 1 帧，按 Enter 键播放音乐。开始唱第一句时，立刻按下 Enter 键，音乐会停止播放。选中红色的播放头停止的帧，按快捷键 F6 插入一个关键帧，然后在【属性】面板的【名称】文本框中输入第一句歌词，并将【类型】设置为“注释”，如图 16-15 所示。

图 16-15　添加帧标签

当第一句歌词结束时，立刻再按一次 Enter 键，然后按快捷键 F6 插入一个关键帧，接着在【属性】面板中添加帧标签“第一句结束”。

再按 Enter 键，开始听下一句歌词，同样，当第二句歌词开始时，插入关键帧并添加帧标签第二句歌词，结束时插入关键帧，并添加帧标签“第二句结束”。以此类推，一直到整首音乐的歌词都标注完成，如图 16-16 所示。

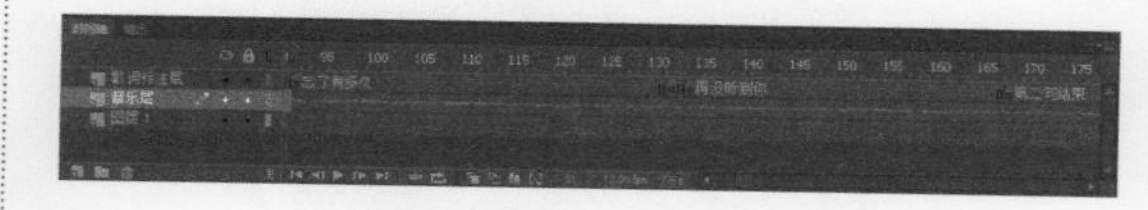

图 16-16　标注歌词

16.4.3 制作歌词元件

歌词标注完成后，就可以在每句歌词的开始帧和结束帧之间制作歌词动画了。歌词的出现方式多种多样，可以根据歌曲的内容和节奏以及自己的需要，选择不同的字体风格和动画效果。制作歌词元件的具体操作如下。

步骤 1 在 Flash CC 主窗口中，依次选择【插入】→【新建元件】菜单命令，打开【创建新元件】对话框，在其中新建一个名称为“第一句歌词”的图形元件，如图 16-17 所示。

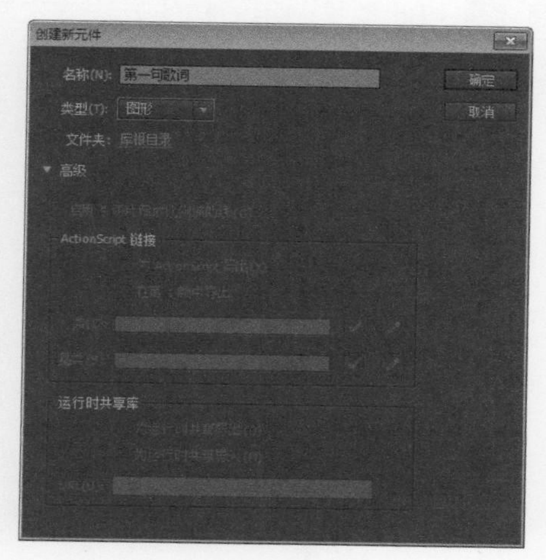

图 16-17　【创建新元件】对话框

步骤 2 单击【确定】按钮，进入新建元件的编辑模式，选择文本工具，然后在【属性】面板中，设置文本类型为【静态文本】，字体系列为【华文隶书】，字体大小为“25”，字体颜色为“#FF00FF”，如图 16-18 所示。

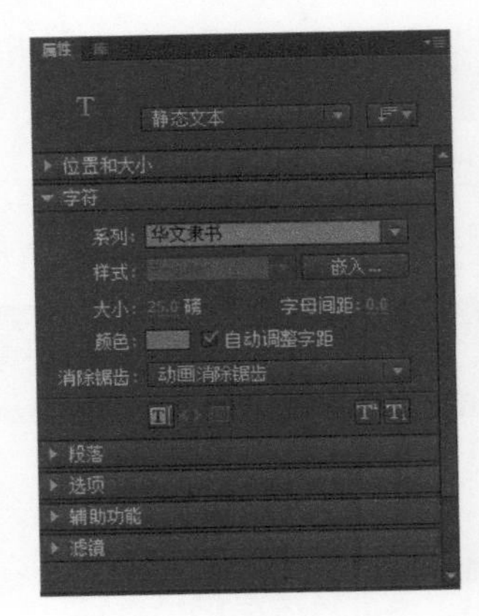

图 16-18　设置字体

步骤 3 在舞台上绘制一个文本框并输入第一句歌词“忘了有多久”，如图 16-19 所示。

图 16-19　输入文本

步骤 4 以此类推，用同样的方法依次制作出整首歌的歌词元件，如图 16-20 所示。

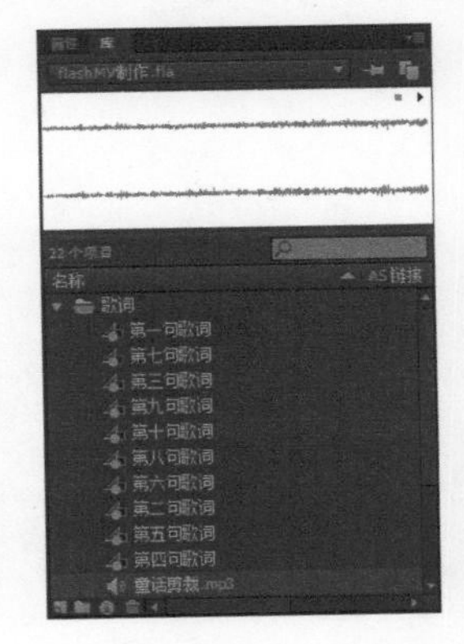

图 16-20　制作其他歌词元件

16.4.4　将歌词文件添加到动画

歌词元件制作完成后，下一步操作就是将歌词文件添加到动画中。在添加过程中，最好是将每句歌词元件都放在一个单独的层上。将歌词文件添加到动画的具体操作如下。

步骤 1 回到“场景 1”中，新建一个图层并重命名为“歌词”。把播放头定位到标记为“第一句歌词”的帧上，选中“第一句歌词”图层上与“歌词标记层”相对应的帧，按快捷键 F6 插入关键帧，然后从【库】面板中将“第一句歌词”元件拖到舞台中的合适位置，如图 16-21 所示。

图 16-21　将“第一句歌词”元件拖到舞台中

步骤 2 拖动播放头到“歌词标记层”的“第二句歌词”的帧标记处，选中“歌词”图层上与其相对应的帧，按快捷键 F6 插入关键帧，此时舞台上显示的依然是第一句歌词的内容，如图 16-22 所示。

步骤 3 选中舞台上的第一句歌词并右击，从弹出的快捷菜单中选择【交换元件】命令，打开【交换元件】对话框，在其中选中第二句歌词元件，如图 16-23 所示。

图 16-22 依然显示第一句歌词

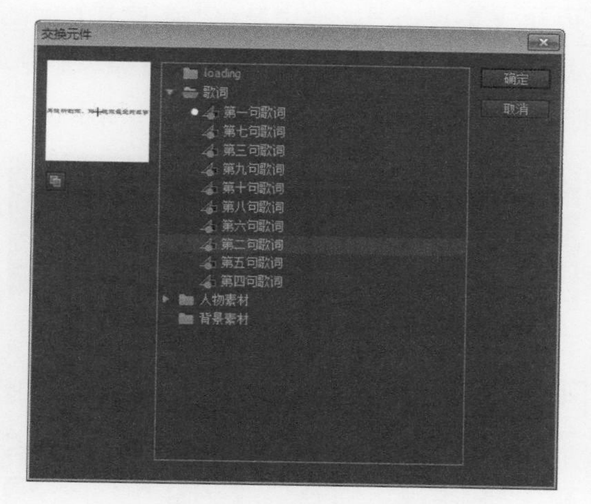

图 16-23 【交换元件】对话框

步骤 4 单击【确定】按钮，即可将原来的第一句歌词替换成第二句歌词元件，如图 16-24 所示。

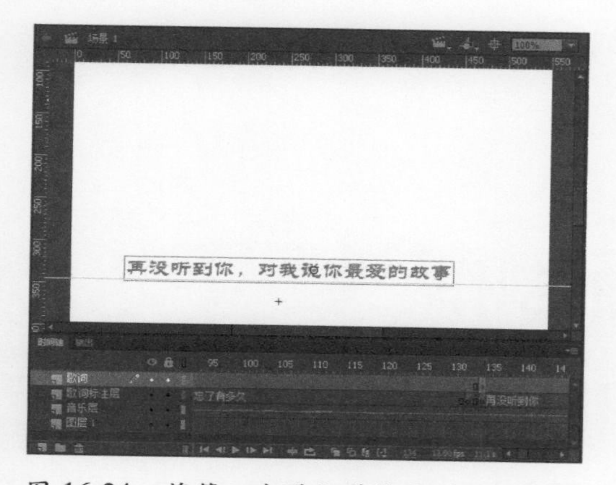

图 16-24 将第一句歌词替换成第二句歌词

步骤 5 以此类推，将整首歌的全部歌词添加到动画中，如图 16-25 所示。

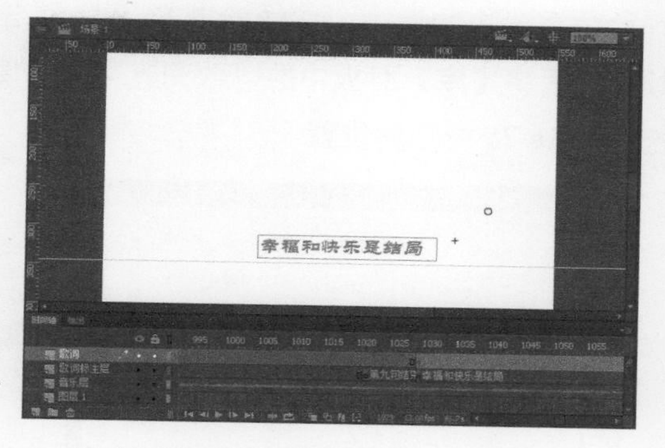

图 16-25 将全部歌词添加到动画中

下面介绍添加歌词文字逐个出现效果的制作方法。

步骤 1 按Ctrl+F8组合键打开【创建新元件】对话框，在其中新建一个名为“歌词遮罩”的图形元件，如图 16-26 所示。

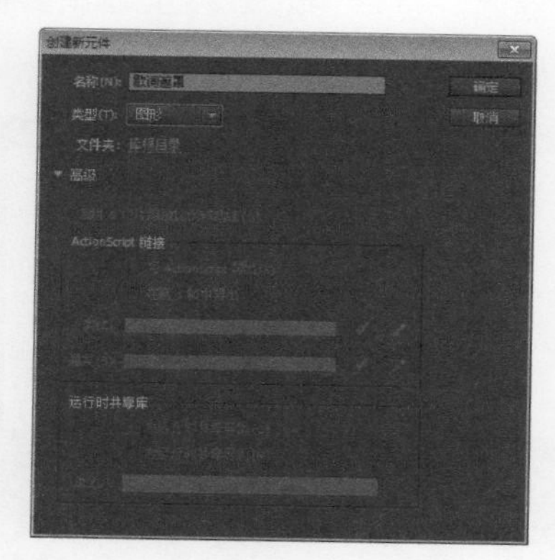

图 16-26 【创建新元件】对话框

步骤 2 单击【确定】按钮，进入该元件的编辑模式，然后使用矩形工具在舞台上绘制一个矩形，如图 16-27 所示。

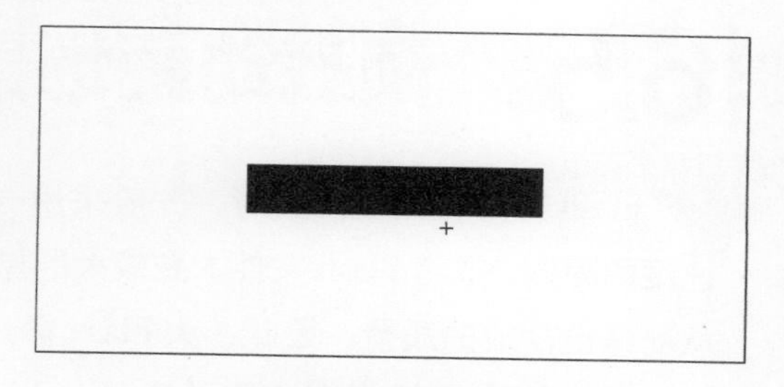

图 16-27 绘制矩形

步骤 3 回到“场景 1”中，新建一个图层，并重命名为“歌词遮罩层”。在与第一句歌词开始位置对应的地方，按快捷键 F6 插入关键帧，然后将【库】面板中的“歌词遮罩”元件拖到图 16-28 所示的位置。

图 16-28　将“歌词遮罩”元件拖到歌词左侧

步骤 4 在与第一句歌词结束帧对应的位置插入关键帧，将歌词遮罩移至歌词右侧，如图 16-29 所示。

图 16-29　将歌词遮罩向右移动

步骤 5 在第一句歌词中创建传统补间动画，即选中“歌词遮罩”图层第 92 ～ 132 帧中的任意帧并右击，从弹出的快捷菜单中选择【创建传统补间动画】菜单命令，如图 16-30 所示。

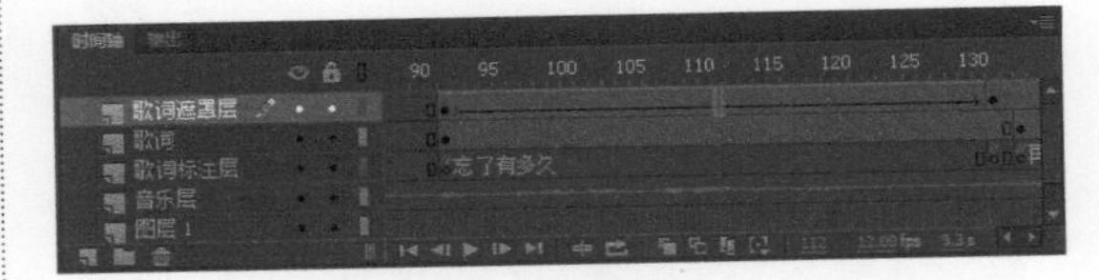

图 16-30　创建传统补间动画

步骤 6 选中“歌词遮罩层”图层并右击，从弹出的快捷菜单中选择【遮罩层】菜单命令，即可将其设置为遮罩层，如图 16-31 所示。

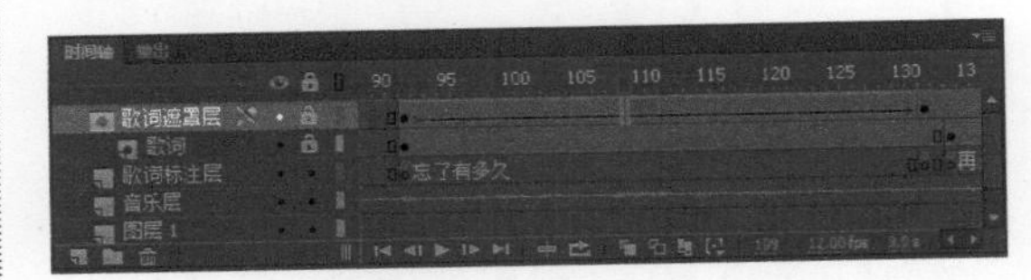

图 16-31　设置遮罩层

步骤 7 依次类推，为整首歌的歌词添加遮罩效果，如图 16-32 所示。

图 16-32　添加遮罩效果直到最后一句歌词

16.5 预载动画场景的制作

Flash 影片在网上播放时，一般采用一边下载一边播放的形式。此外，由于受网络传输速度的限制，或者 Flash 文件本身较大的原因，一般需要预先装载一部分内容开始播放动画，从而保证播放的质量。因此，为 Flash 影片添加预载动画，既是为了避免让观众等候过多的时间，也是对 Flash 作品本身的完善。

制作Flash MV预载动画的具体操作如下。

步骤 1 启动 Flash CC，然后依次选择【文件】→【新建】菜单命令，即可创建一个新的 Flash 空白文档，并将该文档保存为“预载动画场景 .fla”，如图 16-33 所示。

图 16-33　新建 Flash 文档

步骤 2 按 Ctrl+R 组合键打开【导入】对话框，在其中选择需要导入的图片，如图 16-34 所示。

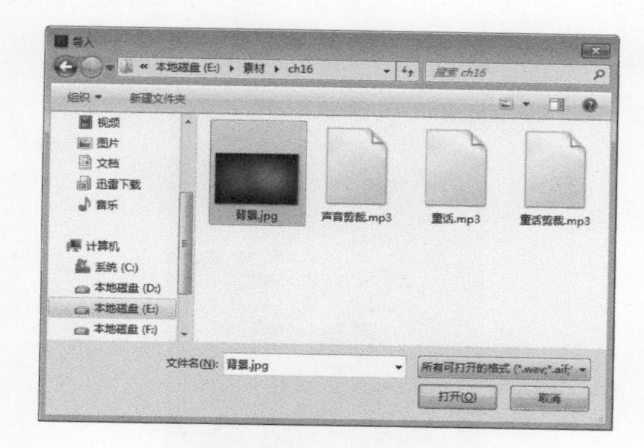

图 16-34　选择图片

步骤 3 单击【打开】按钮，将选择的图片导入舞台中，然后在【属性】面板中将图片与舞台的大小都设置为“538×335.7”像素，将图片与舞台对齐，如图 16-35 所示。

步骤 4 锁定“图层 1”，新建“图层 2”，单击工具栏中的“矩形工具”按钮，然后在其【属性】面板中将【笔触颜色】设置为“无”，【填充颜色】设置为“#0066FF”，再在舞台上绘制一个矩形条，如图 16-36 所示。

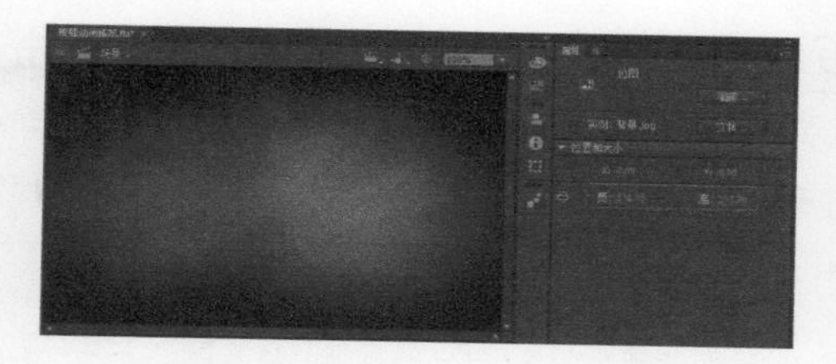

图 16-35　导入图片并设置位置

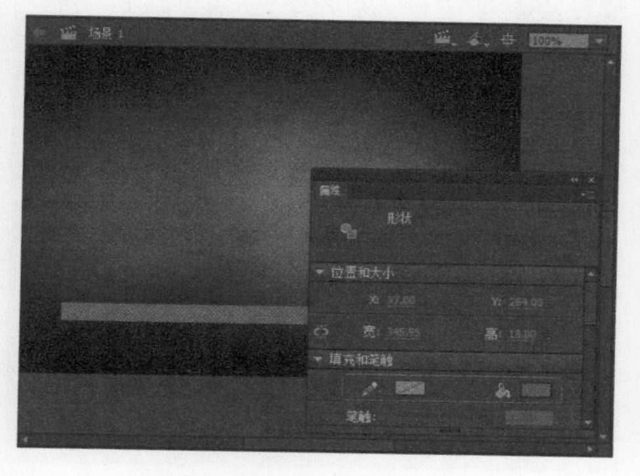

图 16-36　绘制矩形条

步骤 5 分别在“图层 1”和“图层 2”的第 80 帧处按快捷键 F5 插入帧，然后在“图层 2”上方新建“图层 3”，如图 16-37 所示。

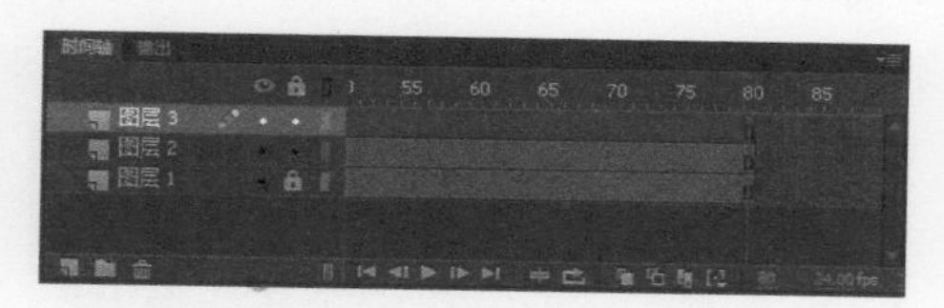

图 16-37　插入帧并新建图层

步骤 6 选中“图层 2”的第 1 帧并右击，从弹出的快捷菜单中选择【复制帧】菜单命令，如图 16-38 所示。

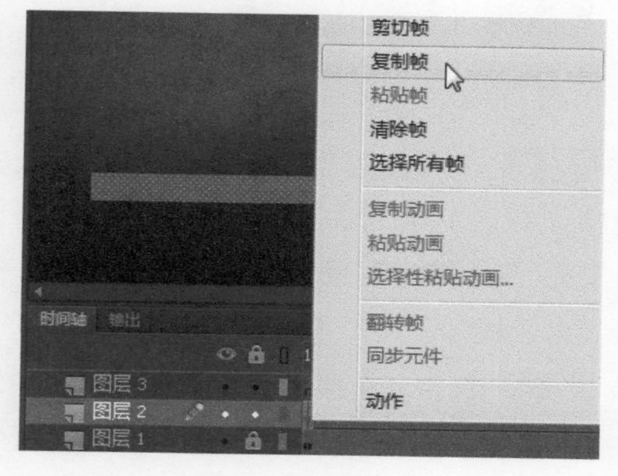

图 16-38　选择【复制帧】菜单命令

步骤 7 选中“图层 3”的第 1 帧并右击，从弹出快捷菜单中选择【粘贴帧】菜单命令，即可将“图层 2”帧上的矩形条复制粘贴到“图层 3”的第 1 帧上，效果如图 16-39 所示。

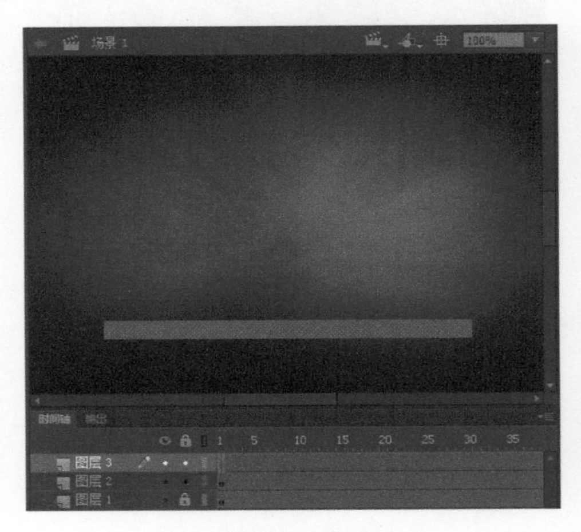

图 16-39　粘贴帧

步骤 8 选中“图层 3”第 1 帧上的矩形条，然后单击工具栏中的“颜料桶工具”按钮，在【属性】面板中设置【填充颜色】为白色，将矩形条的颜色修改为白色，效果如图 16-40 所示。

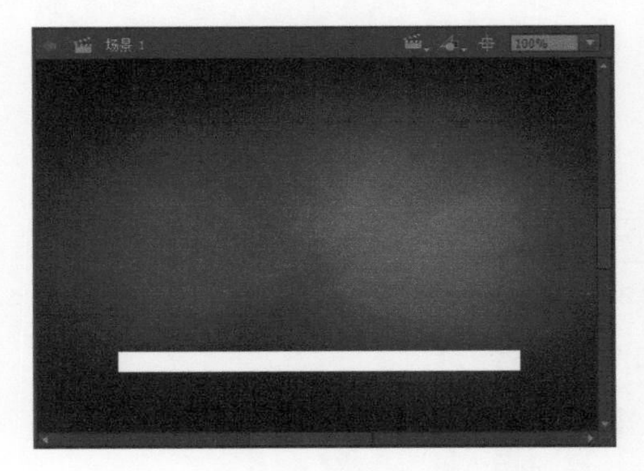

图 16-40　将矩形条的颜色改为白色

步骤 9 在“图层 3”的第 80 帧处插入关键帧，并选中第 1 帧上的元件，然后使用任意变形工具将矩形条向左压缩，如图 16-41 所示。

步骤 10 选中“图层 3”的第 1 ～ 80 帧中的任意一帧并右击，从弹出的快捷菜单中选择【创建补间形状】菜单命令，如图 16-42 所示。

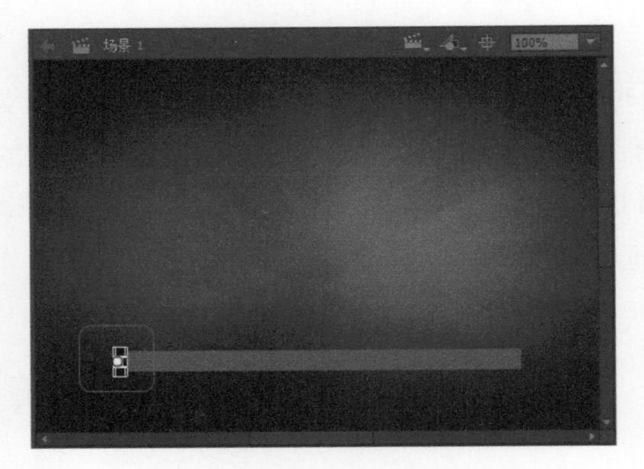

图 16-41　将矩形条向左压缩

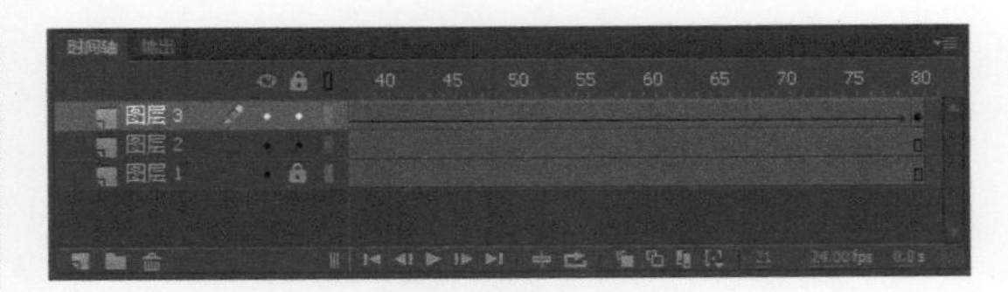

图 16-42　创建形状补间

步骤 11 新建“图层 4”，然后选择文本工具，在其【属性】面板中将【系列】设置为“华文新魏”，【大小】设置为“25”，【颜色】设置为白色，如图 16-43 所示。

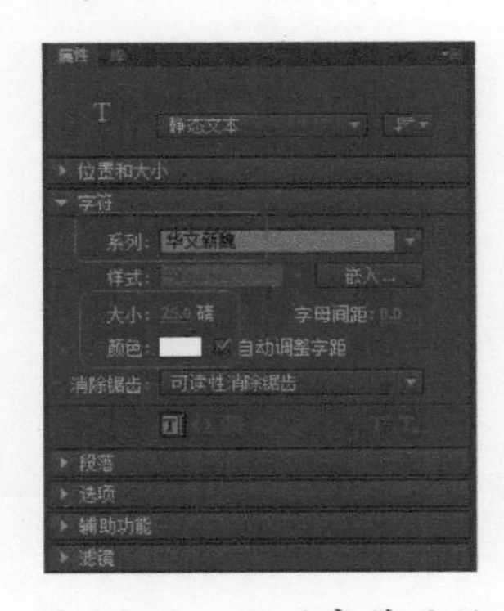

图 16-43　设置字符属性

步骤 12 按住鼠标左键在舞台上绘制一个文本框并输入文本“即将呈现，请耐心等候……”，如图 16-44 所示。

步骤 13 至此，就完成了预载动画场景的制作，依次选择【控制】→【测试影片】→【在 Flash Professional 中】菜单命令或按 Ctrl+Enter 组合键进行测试，测试效果如图 16-45 所示。

图 16-44　输入文本

图 16-45　测试效果

16.6 动画制作步骤详解

前期准备工作完成以后，就可以进入动画制作的实战部分了，下面就通过一个具体的实例来讲解一下完整 Flash MV 的制作方法，具体的操作如下。

第 1 步：制作第一部分动画

步骤 1 打开随书光盘中的“素材 \ch16\Flash MV 制作 .fla”文件，如图 16-46 所示。

图 16-46　打开素材文件

步骤 2 新建一个图层，并重命名为“幕布层”，在舞台上绘制一个与舞台同样大小的黑色矩形，并转换为元件“幕布”，如图 16-47 所示。

步骤 3 新建一个图层，并重命名为“背景 1- 落叶”，选中该图层的第 2 帧，按 F6 键插入关键帧，然后将【库】面板中的“场景 1”素材图片拖到舞台中并调整其大小，如图 16-48 所示。

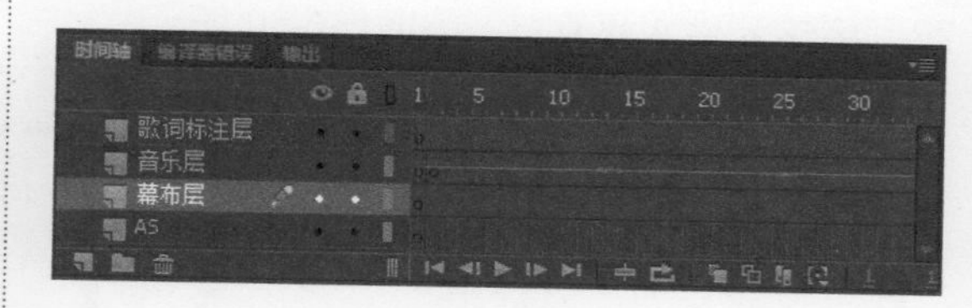

图 16-47　新建“幕布层”图层

图 16-48　将“场景 1”素材图片拖到舞台中

步骤 4 新建一个图层，命名为“男主角”，在第2帧处插入关键帧，将【库】面板中的“男主角”元件拖入舞台左侧，并调整大小，如图16-49所示。

图 16-49　将“男主角”元件拖入舞台左侧

步骤 5 选中舞台上的元件，然后依次选择【修改】→【变形】→【水平翻转】菜单命令，即可将该元件水平翻转，如图16-50所示。

图 16-50　水平翻转元件

步骤 6 在“男主角”图层的第468帧处插入关键帧，并将图形元件移动舞台右侧，然后在第2帧和第468帧之间创建传统补间动画，如图16-51所示。

图 16-51　创建传统补间动画

步骤 7 在【时间轴】面板中，选中“男主”图层的第468帧中的元件，如图16-52所示。

图 16-52　【时间轴】面板

步骤 8 在其【属性】面板中将Alpha值设置为“10”，创建人物从左向右逐渐消失的动画，如图16-53所示。

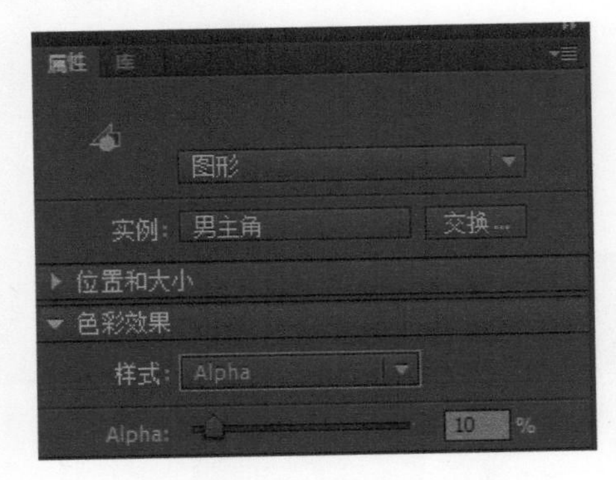

图 16-53　设置 Alpha 值

第 2 步：制作第二部分动画

步骤 1 新建一个图层，并重命名为“背景2-夜晚”，然后在第530帧处插入关键帧，将【库】面板中的“场景2”素材图片拖到舞台中，如图16-54所示。

图 16-54　将“场景 2”素材图片拖到舞台中

步骤 2　分别在“幕布层”图层的第 469 帧、第 500 帧和第 530 帧处插入关键帧，然后将【库】面板中的“幕布”元件拖到每个关键帧上，接着在第 469 ～ 530 帧中创建传统补间动画，如图 16-55 所示。

图 16-55　插入关键帧并创建传统补间动画

步骤 3　分别将“幕布层”图层的第 469 帧和第 530 帧中的元件 Alpha 值设置为“0”，创建幕布由透明到黑再到透明的效果，如图 16-56 所示。

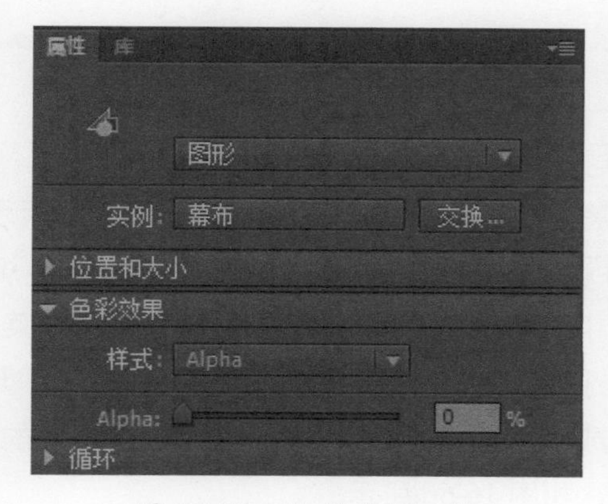

图 16-56　设置 Alpha 值

步骤 4　新建一个图层，并重命名为“女主角”，在第 530 帧处插入关键帧，然后将【库】面板中的“女主角”元件拖到舞台中，如图 16-57 所示。

图 16-57　将“女主角”元件拖到舞台中

第 3 步：制作第三部分动画

步骤 1　新建一个图层，并重命名为“背景 3- 海边”，在第 813 帧处插入关键帧，然后将【库】面板中的“场景 3”图片拖到舞台中，如图 16-58 所示。

图 16-58　将“场景 3”图片拖到舞台中

步骤 2　新建一个图层，并重命名为“海鸥”，在第 830 帧处插入关键帧，然后将【库】

面板中的“海鸥”元件拖到舞台的右下角，如图 16-59 所示。

图 16-59 新建图层并将“海鸥”元件拖到舞台中

步骤 3 选中“海鸥”图层并右击，从弹出的快捷菜单中选择【添加传统运动引导层】命令，即可在该图层上添加一个引导层，如图 16-60 所示。

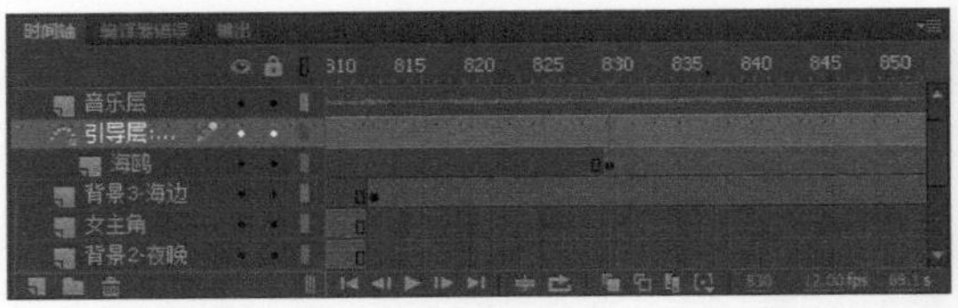

图 16-60 创建引导层

步骤 4 选择“引导层”图层，在第 830 帧处插入关键帧，如图 16-61 所示。

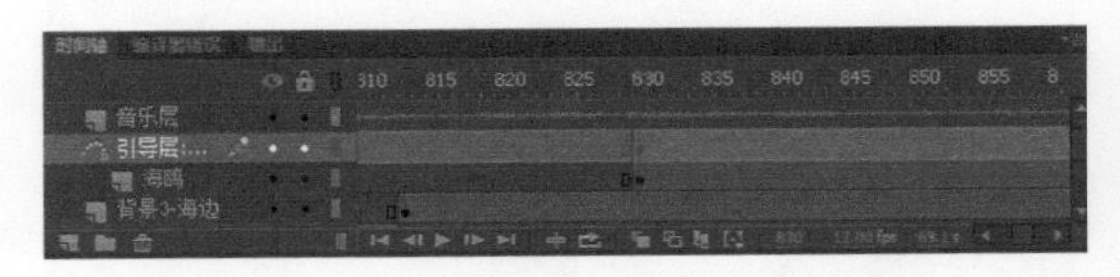

图 16-61 插入关键帧

步骤 5 使用铅笔工具绘制一条海鸥运动的平滑曲线，如图 16-62 所示。

步骤 6 分别在“引导层”和“海鸥”图层的第 930 帧处插入关键帧，如图 16-63 所示。

图 16-62 绘制一条平滑曲线

图 16-63 插入关键帧

步骤 7 选中“海鸥”图层的第 830 帧，然后将海鸥放置在引导线的右端（图像的中心位置放在引导线的一端），如图 16-64 所示。

图 16-64 将图形放置在引导线的右端

步骤 8 选中“海鸥”图层的第 930 帧，然后将图形移至引导线的另一端，如图 16-65 所示。

步骤 9 选择“海鸥”图层的第 830 ～ 930 帧中的任意一帧并右击，从弹出的快捷菜单中选择【创建传统补间动画】菜单命令，即可完成使用引导层制作海鸥沿曲线路径运动的动画，如图 16-66 所示。

图 16-65　将图形放置在引导线的另一端

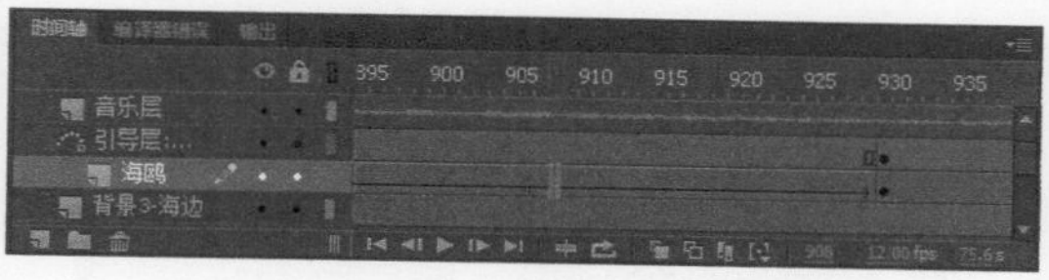

图 16-66　创建传统补间动画

步骤 10　新建一个图层，并重命名为“女主角左”，在第 830 帧处插入关键帧，然后将【库】面板中的“女主角 1”元件拖到舞台左侧，如图 16-67 所示。

图 16-67　将“女主角 1”元件拖到舞台左侧

步骤 11　在“女主角左”图层的第 900 帧处插入关键帧，然后将元件移至舞台中央，如图 16-68 所示。

图 16-68　设置关键帧

步骤 12　在“女主角左”图层的第 830 ～ 900 帧中选中任意一帧并右击，从弹出的快捷菜单中选择【创建传统补间动画】菜单命令，即可创建女主角从左向右移动的动画，如图 16-69 所示。

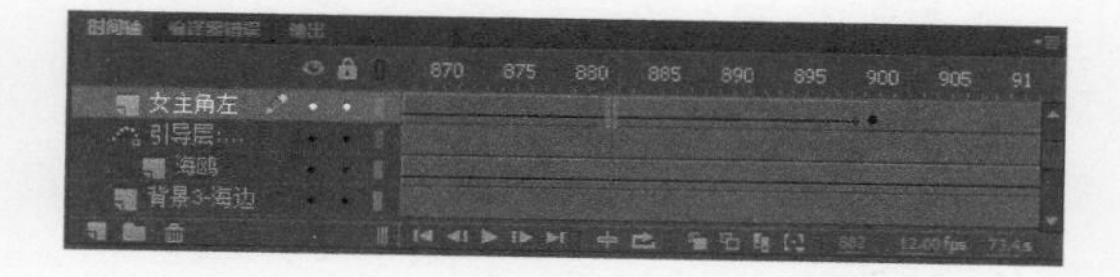

图 16-69　创建传统补间动画

步骤 13　新建一个图层，并重命名为“男主角右”，然后按照相同的方法，创建男主角从右向左移动的补间动画，如图 16-70 所示。

图 16-70　创建男主角从右向左移动的动画

第 4 步：制作歌词部分

步骤 1 新建一个图层，并重命名为“歌词层”，在与“歌词标注层”中第一句歌词对应的帧（即第 90 帧）处插入关键帧，然后从【库】面板中将“第一句歌词”元件拖到舞台中的合适位置，如图 16-71 所示。

图 16-71　将“第一句歌词”元件拖到舞台中

步骤 2 在与“歌词标注层”中第二句歌词对应的帧（即第 134 帧）处插入关键帧，此时舞台上显示的依然是第一句歌词的内容，如图 16-72 所示。

图 16-72　依然显示第一句歌词的内容

步骤 3 选中舞台上的第一句歌词并右击，从弹出的快捷菜单中选择【交换元件】菜单命令，即可打开【交换元件】对话框，在其中选中第二句歌词元件，如图 16-73 所示。

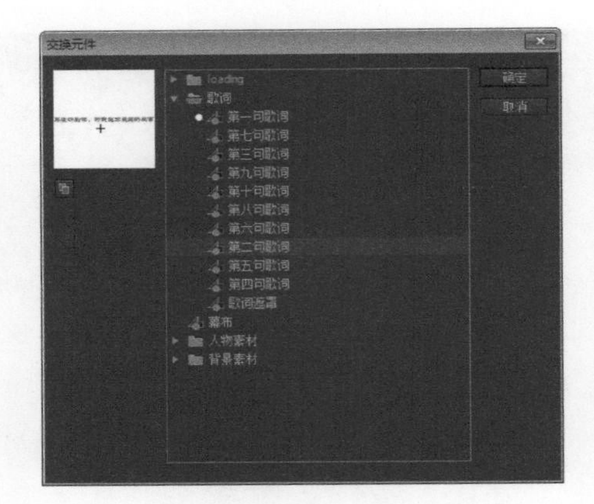

图 16-73　【交换元件】对话框

步骤 4 单击【确定】按钮，即可将原来的第一句歌词替换成第 二句歌词元件，如图 16-74 所示。

图 16-74　将第一句歌词替换成第二句歌词

步骤 5 依次类推，将整首歌的全部歌词添加到动画中，如图 16-75 所示。

图 16-75　将全部歌词添加到动画中

步骤 6 新建一个图层，并重命名为“歌词遮罩层”。在与第一句歌词开始位置对应的地方，按快捷键 F6 插入关键帧，然后将【库】面板中的“歌词遮罩”元件拖到图 16-76 所示的位置。

图 16-76　将“歌词遮罩”元件拖到歌词左侧

步骤 7 在与第一句歌词结束帧对应的位置插入关键帧（即第 132 帧），将歌词遮罩移至歌词右侧，如图 16-77 所示。

图 16-77　将歌词遮罩移至歌词右侧

步骤 8 在第一句歌词中创建传统补间动画，即选中“歌词遮罩”图层第 92 ～ 132 帧中的任意帧并右击，从弹出的快捷菜单中选择【创建传统补间动画】菜单命令，如图 16-78 所示。

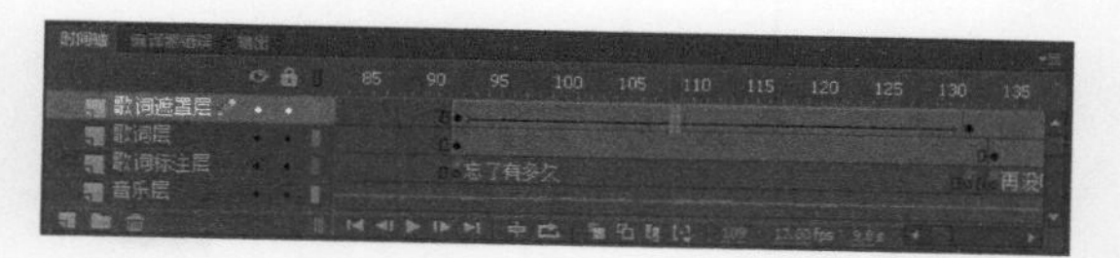

图 16-78　创建传统补间动画

步骤 9 选中“歌词遮罩层”图层并右击，从弹出的快捷菜单中选择【遮罩层】命令，即可将其设置为遮罩层，如图 16-79 所示。

图 16-79　设置遮罩层

步骤 10 依次类推，为整首歌的歌词添加遮罩效果，如图 16-80 所示。

图 16-80　为整首歌的歌词添加遮罩效果

步骤 11 至此，Flash MV 就制作完成了，整个动画在 1115 帧处结束，按 Ctrl+Enter 组合键，即可测试 Flash MV 的播放效果，如图 16-81 所示。

图 16-81　测试 MV

16.7 高手甜点

甜点 1：如何在 Flash CC 中只播放音乐的一小段或是高潮部分？

借助第三方软件（如 GoldWave 软件）截取需要的部分，然后将截取的部分导入 Flash 中，即可在 Flash 中只播放截取的音乐部分。

甜点 2：MV 中常见的镜头方式有哪些？

Flash MV 实际上就是一部简化了的动画电影，因此电影中的一些镜头方式在 MV 中同样可以应用。MV 中常见的镜头方式如下所述。

1. 移动

该镜头方式要求镜头固定不动，而是将动画主体在场景中作上下和左右方向的直线移动。

2. 推进

该镜头方式是指将镜头不断地向前移动，使镜头视野逐渐变小，但是却将镜头对准的主体放大。使用推进镜头通常会给观众带来两种感觉：一是观众感觉自己在不断地向前移动，而主体不动，这时的主体通常为整个背景画面；另一种是观众感觉自己不动，而主体不断向自己拉近。

3. 拉远

该镜头方式是指将镜头不断向后移动，表现为视野扩大且主体缩小。使用拉远镜头可以给观众两种感觉：一是观众感觉自己在不断向后移动，而主体不动；另一种是感觉自己不动，主体逐渐远去。

4. 跟随

该镜头方式是指将镜头沿动画主体的运动轨迹进行跟踪，即模拟动画主体的主视点。摇摆镜头通常在表现主体运动过程或运动速度时采用，给人以跟随动画主体一起运动的感觉。

5. 摇动

该镜头方式是指镜头位置固定不动，将画面作上下左右的摇动或旋转摇动。摇动镜头一般在场景中作大幅度移动，给观众一种环视四周的感觉。

6. 切换

该镜头方式是指在动画的播放过程中将一种镜头方式转换为另一种镜头方式。切换镜头是 MV 动画中最常用的一种方式。

制作贺卡

- **本章导读**

贺卡不仅可以作为留念，而且可以联络感情、增进彼此之间的友谊，因此，赠送贺卡常常是人们相互表达问候的一种方式。本章将通过生日贺卡和友情贺卡来详细讲解贺卡的制作过程。

- **本章学习目标（已掌握的在圆圈中打钩）**

◎ 掌握制作生日贺卡动画的方法

◎ 掌握制作友情贺卡的方法

- **重点案例效果**

17.1 制作生日贺卡动画

贺卡是人们在遇到喜庆的日子或特殊的日子（如父亲节、母亲节、情人节等）相互之间表示问候的一种卡片，本节将为用户介绍生日贺卡动画的制作方法，具体的操作如下。

步骤 1 启动 Flash CC，然后依次选择【文件】→【新建】菜单命令，即可创建一个新的 Flash 空白文档，并将该文档保存为“生日贺卡动画 .fla”，如图 17-1 所示。

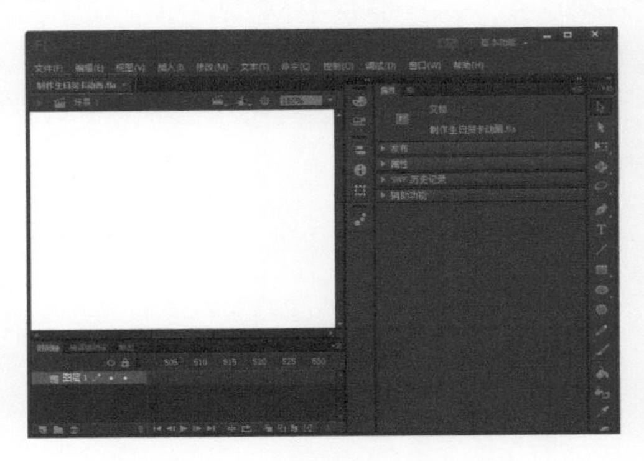

图 17-1　新建 Flash 文档

步骤 2 依次选择【文件】→【导入】→【导入到库】菜单命令，打开【导入到库】对话框，选择需要导入的图片和音乐文件，如图 17-2 所示。

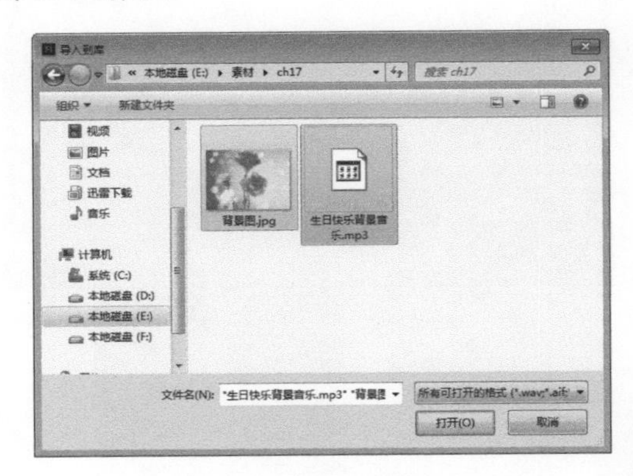

图 17-2　选择素材文件

步骤 3 单击【打开】按钮，将所选文件导入【库】面板中，然后从【库】面板中将“背景图”拖到舞台中，将舞台和图片的大小均设置为“427×320”像素，使图片与舞台对齐，如图 17-3 所示。

图 17-3　将“背景图”拖到舞台中

步骤 4 在“图层 1”的第 975 帧处插入关键帧，然后新建“图层 2”，按 Ctrl+F8 组合键打开【创建新元件】对话框，在其中新建一个名为“文本 1”的图形元件，如图 17-4 所示。

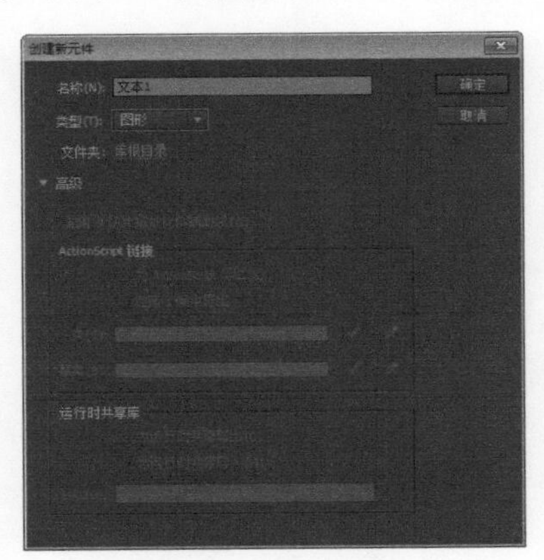

图 17-4　新建图形元件

> **提示** 在“图层 1”插入帧时，会发现第 613 帧没有了，此时可以先在该帧处插入关键帧，即可出现更多的帧，然后在第 975 帧处插入帧。

步骤 5 单击【确定】按钮，进入该元件的编辑模式，单击工具栏中的“文本工具”按钮，然后在其【属性】面板中，将【系列】设置为【华文隶书】，【大小】设置为“55”，【颜色】设置为“#FF6633”，如图 17-5 所示。

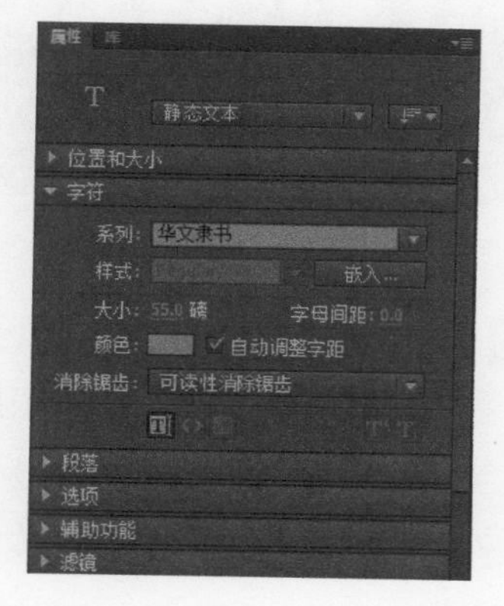

图 17-5　设置文本工具的属性

步骤 6 按住鼠标左键在舞台上绘制一个文本框并输入文本“亲爱的妈妈”，如图 17-6 所示。

图 17-6　输入文字

步骤 7 按Ctrl+F8组合键打开【创建新元件】对话框，在其中新建一个名为“文本 2”的图形元件，如图 17-7 所示。

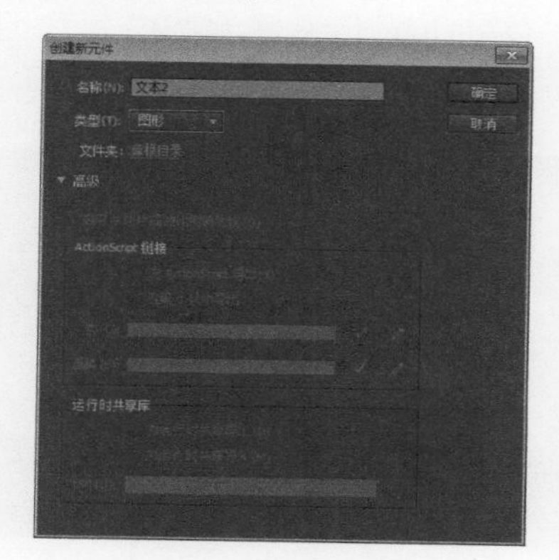

图 17-7　新建图形元件

步骤 8 单击【确定】按钮，进入新建图形元件的编辑模式，继续使用文本工具在舞台上绘制文本框并输入文本“我想告诉您”，如图 17-8 所示。

图 17-8　输入文字

步骤 9 选中文本“我”，然后在其【属性】面板中将【大小】设置为“35”，如图 17-9 所示。

图 17-9　选中文本并设置大小

步骤 10 接着选中文本“想告诉您”，然后在其【属性】面板中将【大小】设置“25”，【颜色】设置为黑色，如图 17-10 所示。

图 17-10　设置其他文字的大小和颜色

步骤 11 按照相同的方法，制作其他的文本元件，如图 17-11 所示。

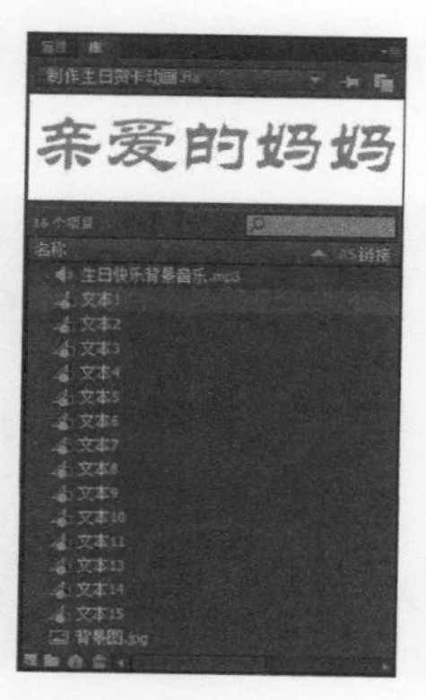

图 17-11　创建其他文本元件

步骤 12 返回到“场景 1”中，选中“图层 2”的第 1 帧，然后将【库】面板中的“文本 1”元件拖到舞台中，并调整其位置，如图 17-12 所示。

图 17-12 将“文本 1”元件拖到舞台中

步骤 13 在“图层 2”的第 16 帧处插入关键帧，然后选中第 1 帧上的元件，在其【属性】面板中将 Alpha 值设置为“0”，如图 17-13 所示。

图 17-13 设置 Alpha 值

步骤 14 选中第 16 帧上的元件，在其【属性】面板中将【样式】设置为“无”，如图 17-14 所示。

图 17-14 设置【样式】为“无”

步骤 15 选中“图层 2”第 1 ～ 16 帧中的任意一帧并右击，从弹出的快捷菜单中选择【创建传统补间动画】菜单命令，即可创建传统补间动画，如图 17-15 所示。

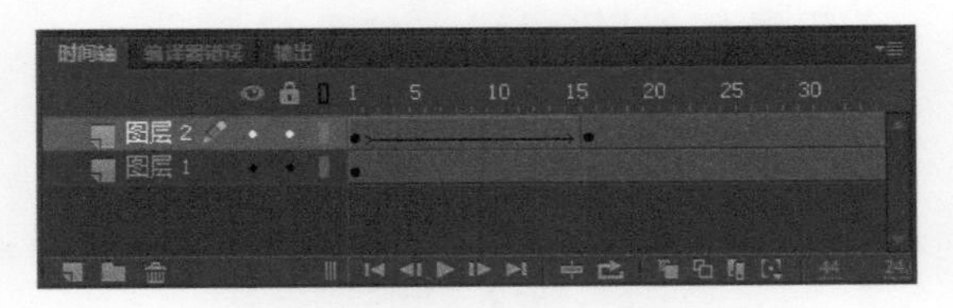

图 17-15 创建传统补间动画

步骤 16 在“图层 2”的第 45 帧处插入空白关键帧，新建“图层 3”，在新建图层的第 44 帧处插入关键帧，然后将【库】面板中的“文本 2”元件拖到舞台中，并调整其位置，如图 17-16 所示。

图 17-16 将“文本 2”元件拖到舞台中

步骤 17 选中“文本 2”元件，然后在其【属性】面板中，将 Alpha 值设置为“0”，如图 17-17 所示。

图 17-17 设置 Alpha 值

步骤 18 在“图层 3”的第 65 帧处插入关键帧，并选中该帧上的元件，然后在其【属性】面板中将“亮度”设置为“100”，如图 17-18 所示。

图 17-18　设置“亮度”

步骤 19 在“图层 3”的第 85 帧处插入关键帧，并选中该帧上的元件，然后在其【属性】面板中将【样式】设置为“无”，如图 17-19 所示。

图 17-19　设置【样式】为“无”

步骤 20 分别在“图层 3”的第 45 ～ 65 帧和第 65 ～ 85 帧中创建传统补间动画，如图 17-20 所示。

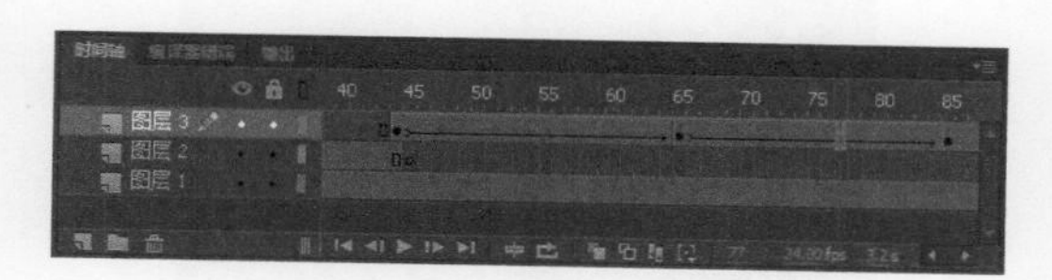

图 17-20　创建传统补间动画

步骤 21 按 Ctrl+F8 组合键打开【创建新元件】对话框，在其中新建一个名为“遮罩”的图形元件，如图 17-21 所示。

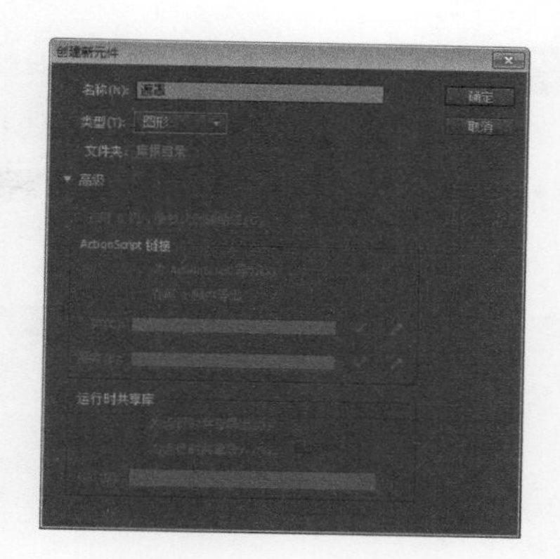

图 17-21　新建图形元件

步骤 22 单击【确定】按钮，进入该元件的编辑模式，使用矩形工具在舞台上绘制一个无笔触颜色的矩形，如图 17-22 所示。

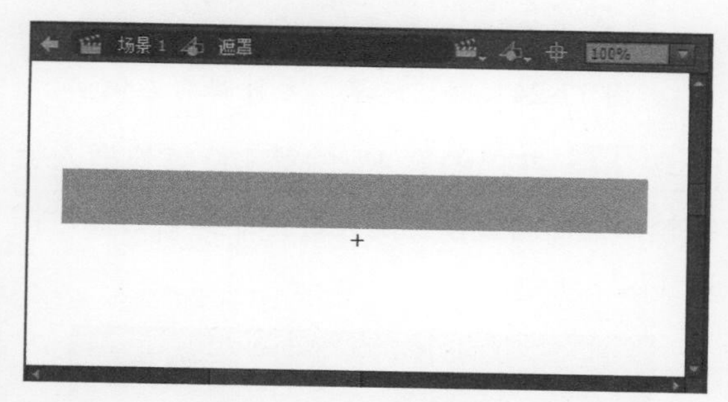

图 17-22　绘制矩形

步骤 23 返回到“场景 1”中，在“图层 3”的第 105 帧处插入关键帧，将【库】面板中的“文本 3”元件拖到舞台中，并调整其位置，如图 17-23 所示。

图 17-23　将“文本 3”元件拖到舞台中

步骤 24 在“图层 3”的第 160 帧处插入关键帧，新建“图层 4”，在第 105 帧处插入关键帧，然后将【库】面板中的“遮罩”元件拖到舞台左侧，如图 17-24 所示。

图 17-24　将“遮罩”元件舞台左侧

步骤 25 在“图层 4”的第 160 帧处插入关键帧，然后将该帧上的元件拖到舞台右侧，如图 17-25 所示。

图 17-25　插入关键帧并调整元件的位置

步骤 26 选中“图层 4”的第 130 帧并右击，从弹出的快捷菜单中选择【创建传统补间动画】菜单命令，如图 17-26 所示。

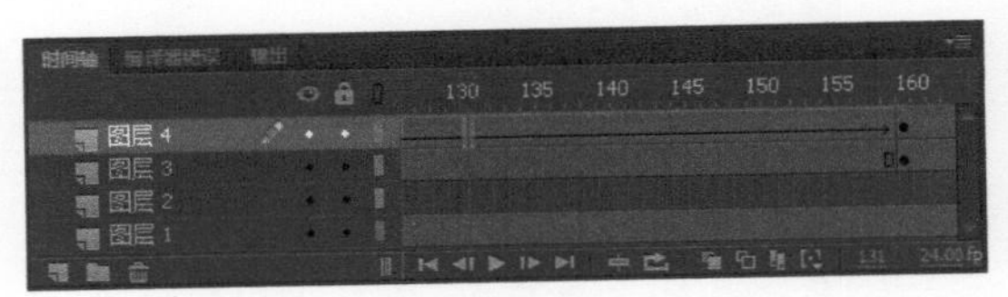

图 17-26　创建传统补间动画

步骤 27 选中“图层 4”并右击，从弹出的快捷菜单中选择【遮罩层】菜单命令，即可将其设置为遮罩层，如图 17-27 所示。

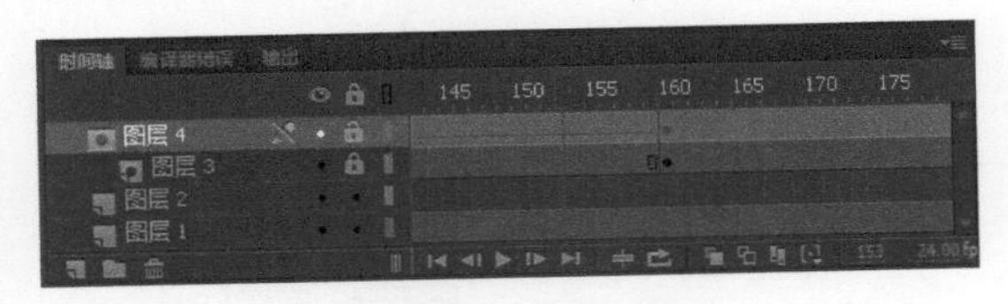

图 17-27　设置遮罩层

步骤 28 在“图层 3”的第 165 帧处插入空白关键帧，然后将【库】面板中的“文本 4”元件拖到舞台中，并调整其位置，如图 17-28 所示。

图 17-28　将“文本 4”元件拖到舞台中

步骤 29 在“图层 3”的第 205 帧处插入关键帧，然后在“图层 4”的 165 帧处插入关键帧，将【库】面板中的“遮罩”元件拖到舞台左侧，如图 17-29 所示。

图 17-29　将“遮罩”元件拖到舞台左侧

步骤 30 在“图层 4”的第 205 帧处插入关键帧，然后将该帧上的“遮罩”元件拖到舞台右侧，如图 17-30 所示。

图 17-30 将“遮罩”元件拖到舞台右侧

步骤 31 在“图层 4”的第 165 ～ 205 帧中创建传统补间动画，如图 17-31 所示。

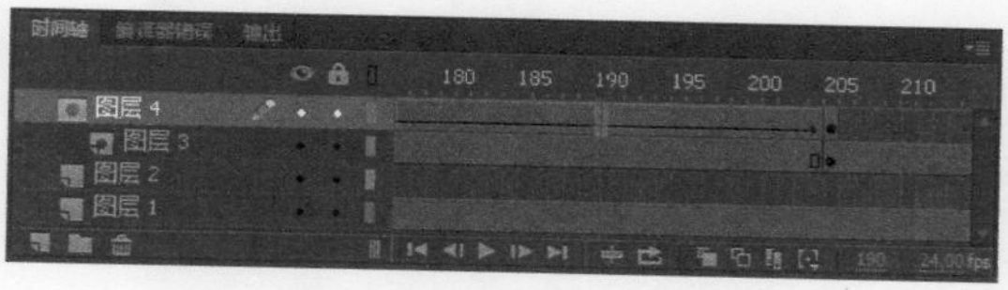

图 17-31 创建传统补间动画

步骤 32 依次类推，创建“文本 5”“文本 6”“文本 7”“文本 8”和“文本 9”的遮罩动画，如图 17-32 所示。

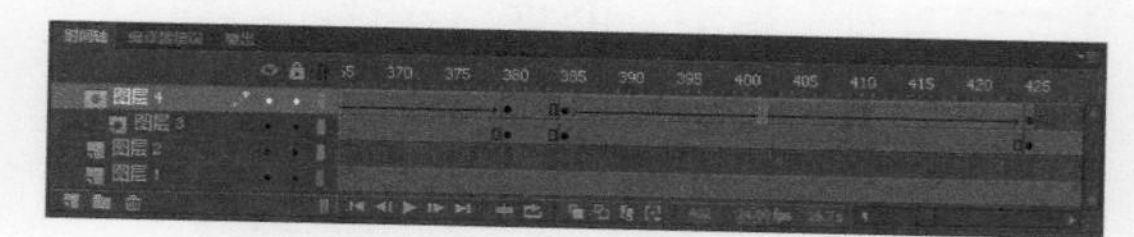

图 17-32 创建其他文本的遮罩动画

步骤 33 在“图层 3”的第 435 帧处插入空白关键帧，将【库】面板中的“文本 10”元件拖到舞台中，并调整其位置，如图 17-33 所示。

步骤 34 选中“文本 10”元件，在其【属性】面板中，将 Alpha 值设置为“50”，然后使用任意变形工具将其调整至最小，如图 17-34 所示。

图 17-33 将“文本 10”元件拖到舞台中

图 17-34 设置 Alpha 值并调整元件大小

步骤 35 在“图层 3”的第 460 帧处插入关键帧，并选中该帧上的元件，然后在其【属性】面板中将【宽】设置为“391”，【高】设置为“35”，将【样式】设置为“无”，如图 17-35 所示。

图 17-35 设置元件的属性

步骤 36 在“图层 3”的第 435 ～ 460 帧中创建传统补间动画，然后使用相同的方法创建“文本 11”和“文本 12”的动画，如图 17-36 所示。

图 17-36　创建其他文本动画

步骤 37 在“图层 3”的第 540 帧处插入空白关键帧，然后将【库】面板中的“文本 13”元件拖到舞台中，使用任意变形工具将其适当地缩小，并调整其位置，如图 17-37 所示。

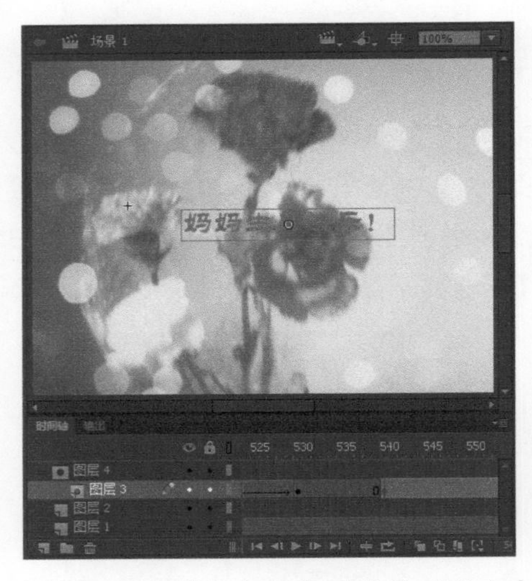

图 17-37　将“文本 13”元件拖到舞台中

步骤 38 在“图层 3”的第 570 帧处插入关键帧，选中该帧上的元件，使用任意变形工具将其等比例放大，如图 17-38 所示。

步骤 39 在“图层 3”的第 540 ～ 570 帧中创建传统补间动画，创建文字由小逐渐变大的动画效果，如图 17-39 所示。

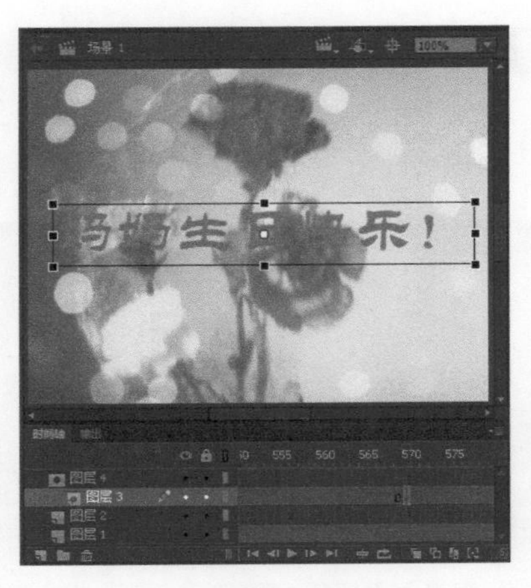

图 17-38　插入关键帧并设置元件大小

图 17-39　创建补间动画

步骤 40 新建“图层 5”，然后按 Ctrl+F8 组合键打开【创建新元件】对话框，在其中新建一个名为“重播”的按钮元件，如图 17-40 所示。

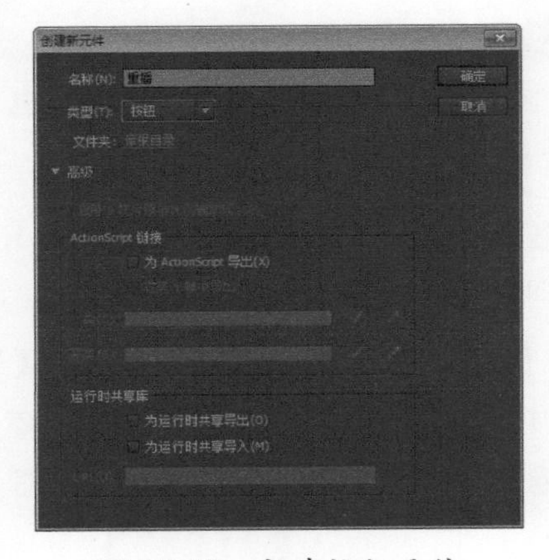

图 17-40　新建按钮元件

步骤 41 单击【确定】按钮，进入该元件的编辑模式，使用文本工具在舞台上绘制一个文本框并输入文本“重播”，如图 17-41 所示。

图 17-41　输入文本

步骤 42 选中输入的文本，按快捷键 F8 打开【转换为元件】对话框，将其转换为图形元件，如图 17-42 所示。

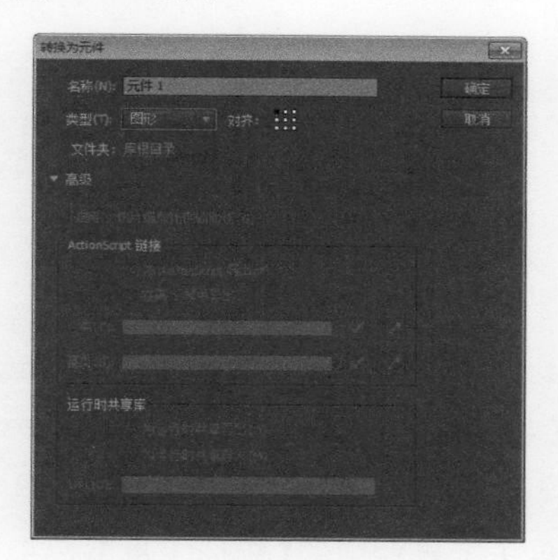

图 17-42　转换为图形元件

步骤 43 单击【确定】按钮，在“图层 1”的“指针经过”帧处插入关键帧，并选中该帧上的元件，在【属性】面板中，将 Alpha 值设置为“60”，如图 17-43 所示。

图 17-43　设置 Alpha 值

步骤 44 返回到“场景 1”中，在“图层 5”的第 975 帧处插入关键帧，将【库】面板中的“重播”元件拖到舞台中，并使用任意变形工具调整元件的位置和大小，如图 17-44 所示。

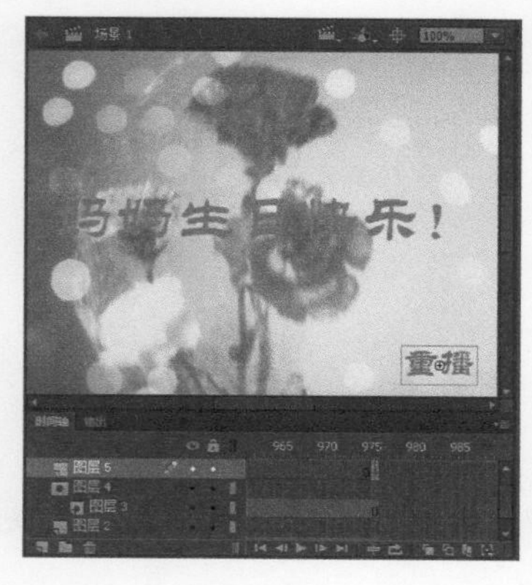

图 17-44　将“重播”元件拖到舞台中

步骤 45 选中舞台上的“重播”元件，在其【属性】面板中的【实例名称】文本框中输入“A”，如图 17-45 所示。

图 17-45　设置实例名称

步骤 46 按快捷键 F9 打开【动作】面板，在其中输入相关代码，如图 17-46 所示。

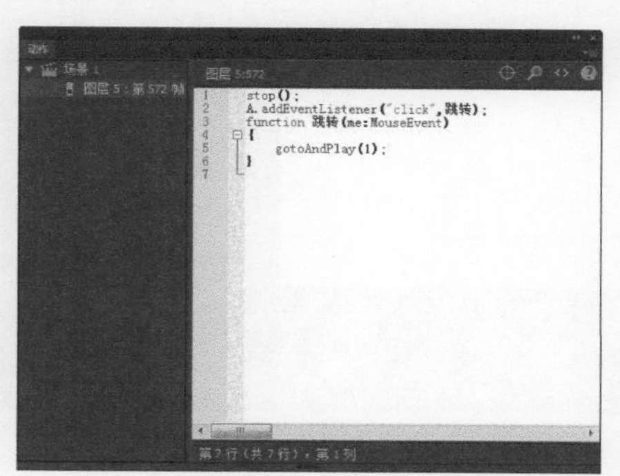

图 17-46　输入代码

步骤 47 新建“图层 6”，然后将【库】面板中的“生日快乐背景音乐”拖入舞台中，并选中第 1 帧，在其【属性】面板中，将【同步】设置为【数据流】，如图 17-47 所示。

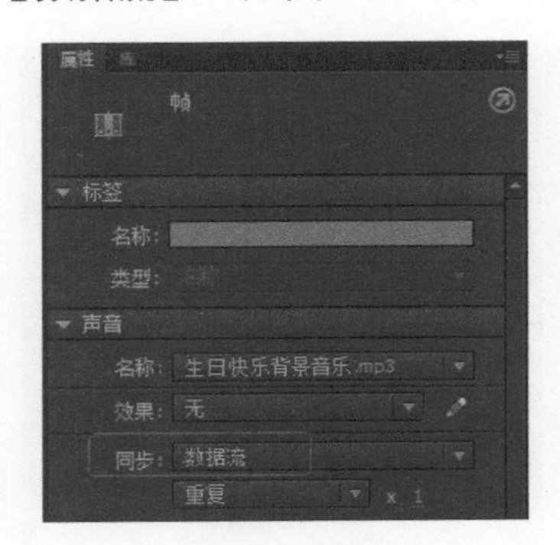

图 17-47　将【同步】设置为【数据流】

步骤 48 至此，就完成了生日贺卡动画的制作，按 Ctrl+Enter 组合键进行测试，测试效果如图 17-48 所示。

图 17-48　测试效果

17.2 制作友情贺卡

本实例主要介绍如何利用遮罩和传统补间动画以及元件来制作友情贺卡，具体的操作如下。

步骤 1 启动 Flash CC，然后依次选择【文件】→【新建】菜单命令，即可创建一个新的 Flash 空白文档，并将该文档保存为“制作友情贺卡 .fla”，如图 17-49 所示。

步骤 2 将舞台大小设置为 500 像素 ×350 像素，然后单击工具栏中的【矩形工具】按钮，将【笔触颜色】设置为无，【填充颜色】设置为黑色，再在舞台上绘制一个矩形，在【属性】面板中将【宽】设置为“550”，【高】设置为“1”，如图 17-50 所示。

图 17-49　新建 Flash 文档

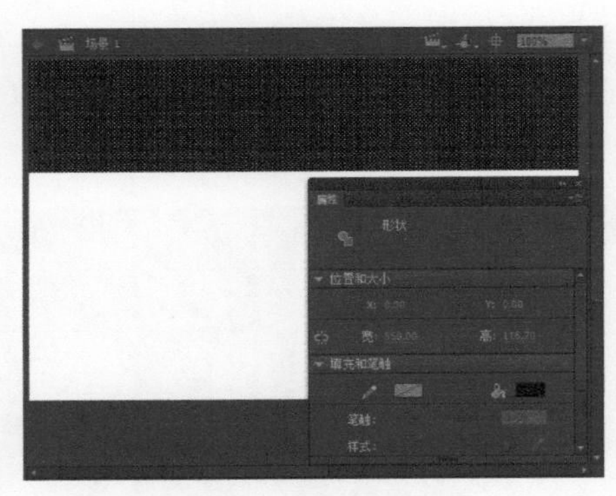

图 17-50　绘制矩形

步骤 3 按 Ctrl+K 组合键打开【对齐】面板，然后分别单击【水平对齐】和【顶对齐】按钮，接着选中下方的【与舞台对齐】复选框，如图 17-51 所示。

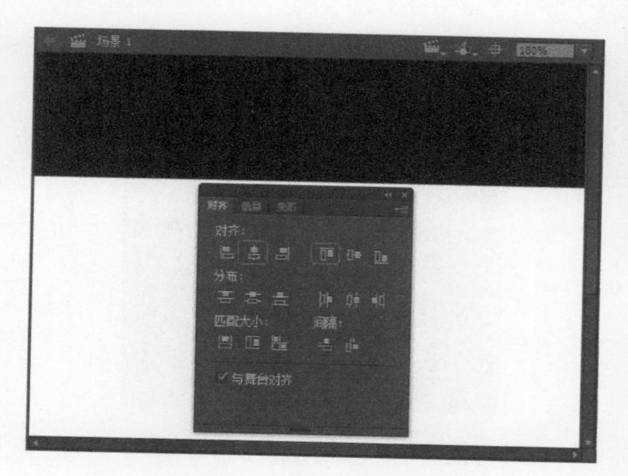

图 17-51　设置对齐方式

步骤 4 选中舞台上绘制的矩形，按快捷键 F8 打开【转换为元件】对话框，在【名称】文本框中输入“开场矩形”，并将【类型】设置为“图形”，如图 17-52 所示，然后单击【确定】按钮。

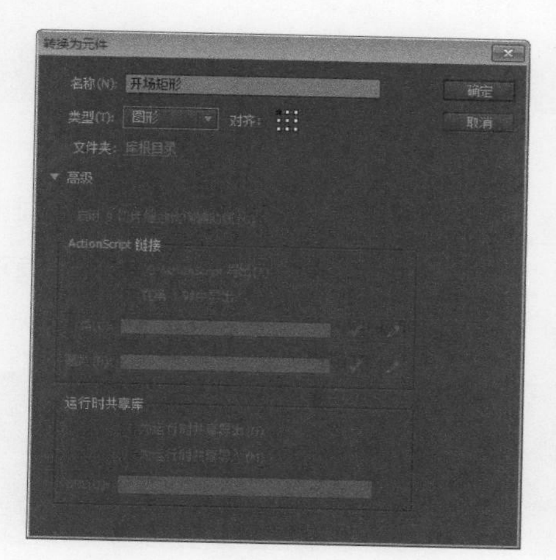

图 17-52　【转换为元件】对话框

步骤 5 在“图层 1”的第 30 帧处插入关键帧，并选中该帧上的矩形元件，在其【属性】面板中的【位置和大小】选项组内，将 X 设置为“833”，Y 设置为“67”，如图 17-53 所示。

图 17-53　调整元件位置

步骤 6 选中“图层 1”的第 1 ～ 35 帧中的任意一帧并右击，从弹出的快捷菜单中选择【创建传统补间动画】菜单命令，即可创建传统补间动画，如图 17-54 所示。

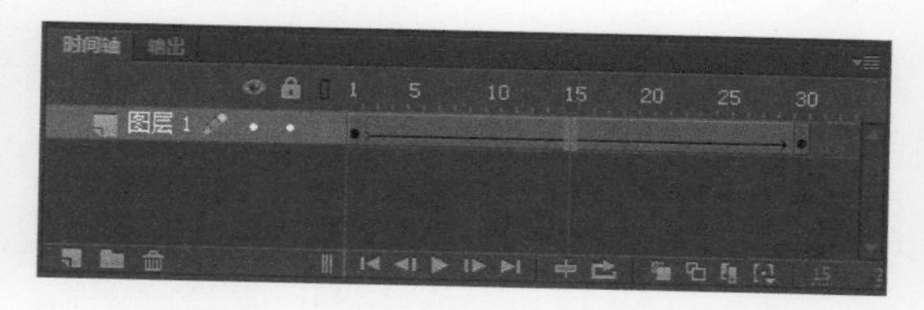

图 17-54　创建传统补间动画

步骤 7 新建“图层 2”，将【库】面板中的“开场矩形”元件拖到舞台中，然后在【属性】面板中将 X 设置为“0”，Y 设置为“116.7”，如图 17-55 所示。

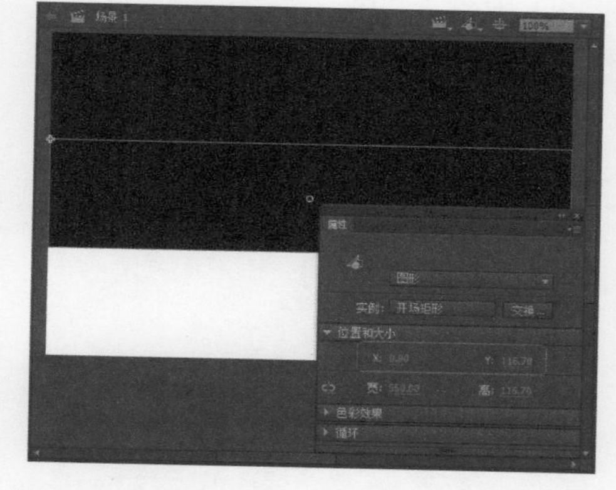

图 17-55　将“开场矩形”元件拖到舞台中并设置属性

步骤 8 在“图层 2”的第 5 帧和第 35 帧处插入关键帧，并选中第 35 帧上的元件，在其【属性】面板中将 X 设置为“-549.95”，Y 设置为“132.7”，如图 17-56 所示。

图 17-56 调整元件的位置

步骤 9 选中“图层 2”的第 5 ～ 35 帧中的任意一帧并右击，从弹出的快捷菜单中选择【创建传统补间动画】菜单命令，即可创建传统补间动画，如图 17-57 所示。

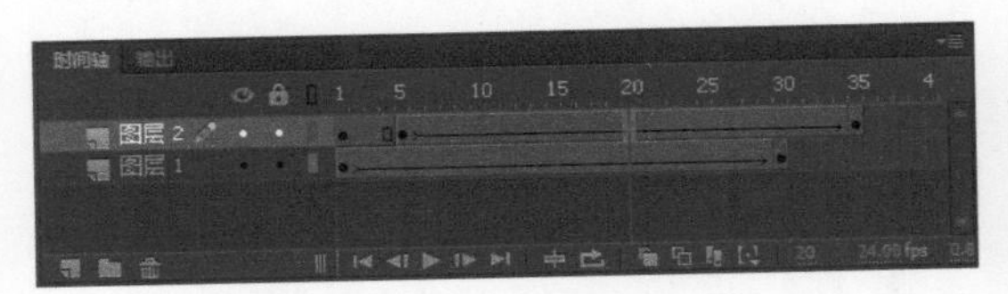

图 17-57 创建传统补间动画

步骤 10 新建“图层 3”，将【库】面板中的“开场矩形”元件拖到舞台中，然后在【属性】面板中将 X 设置为“0”，Y 设置为“233.4”，如图 17-58 所示。

图 17-58 将“开场矩形”元件拖到舞台中并设置属性

步骤 11 分别在“图层 3”的第 5 帧和第 35 帧处插入关键帧，选中第 35 帧上的元件，在【属性】面板中将 X 设置为“550.95”，Y 设置为“214.4”，如图 17-59 所示。

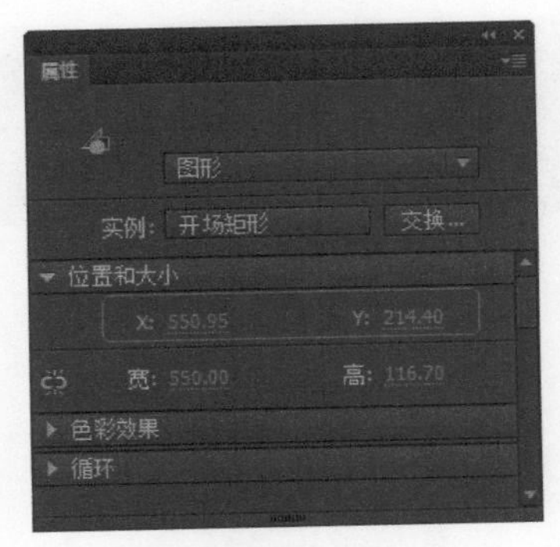

图 17-59 调整元件位置

步骤 12 选中“图层 3”的第 5 ～ 35 帧中的任意一帧并右击，从弹出的快捷菜单中选择【创建传统补间动画】菜单命令，即可创建传统补间动画，如图 17-60 所示。

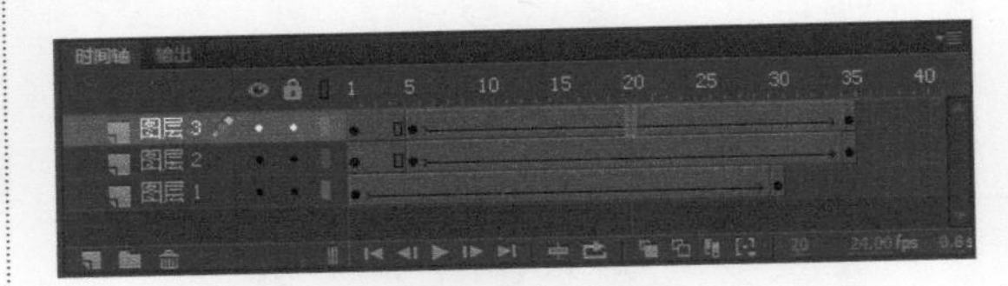

图 17-60 创建传统补间动画

步骤 13 新建“图层 4”，并将其拖到“图层 3”的下方，然后将图层 1 ～ 3 暂时隐藏，如图 17-61 所示。

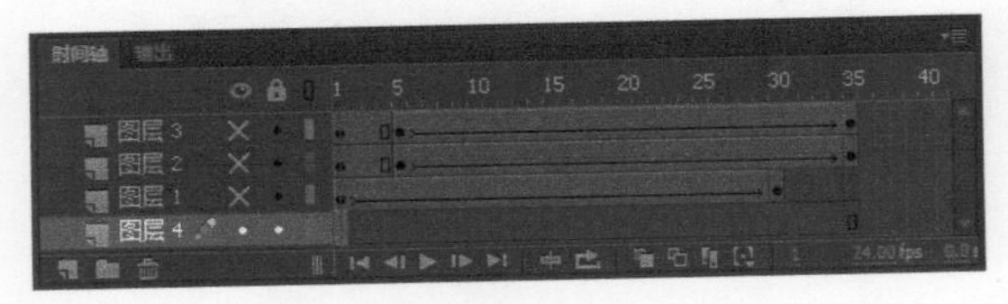

图 17-61 新建图层并隐藏

步骤 14 将舞台颜色设置为黑色，然后选择矩形工具，在其【属性】面板中的【矩形选项】选项组内，将【边角半径】设置为“20”，【笔触颜色】设置为无，填充颜色任意，如图 17-62 所示。

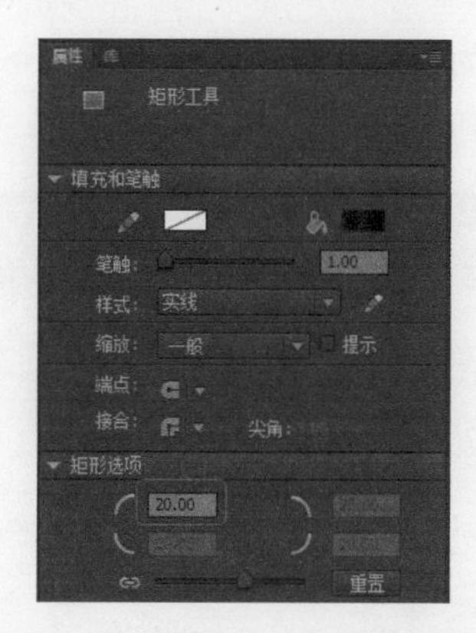

图 17-62　设置矩形工具的属性

步骤 15 按住鼠标左键在舞台上绘制一个矩形，选中绘制后的矩形，在其【属性】面板中将【宽】设置为“541”，【高】设置为“342”，如图 17-63 所示。

图 17-63　设置矩形的大小

步骤 16 按 Ctrl+K 组合键打开【对齐】对话框，分别单击【水平中齐】按钮和【垂直中齐】按钮，并选中【与舞台对齐】复选框，如图 17-64 所示。

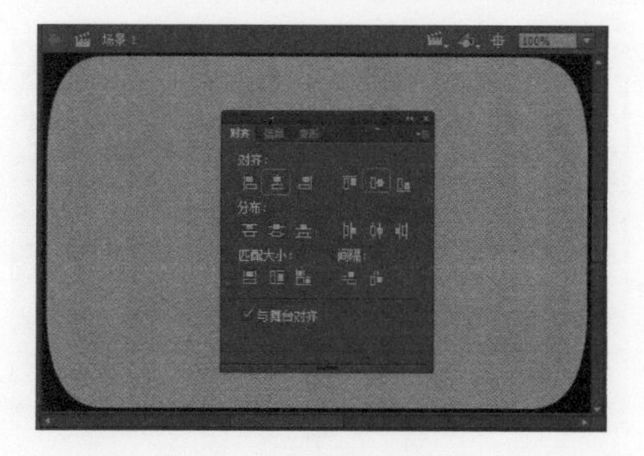

图 17-64　设置矩形的对齐方式

步骤 17 依次选择【文件】→【导入】→【导入到库】菜单命令，打开【导入到库】对话框，选择需要导入的图片文件，如图 17-65 所示。

图 17-65　【导入到库】对话框

步骤 18 单击【打开】按钮，即可将其导入库中，新建“图层 5”，并将其拖到“图层 4”下方，然后将【库】面板中的“1.jpg”拖到舞台中，选中图片，按快捷键 F8 打开【转换为元件】对话框，在其中的【名称】文本框中输入“图片 01”，将【类型】设置为“图形”，如图 17-66 所示。

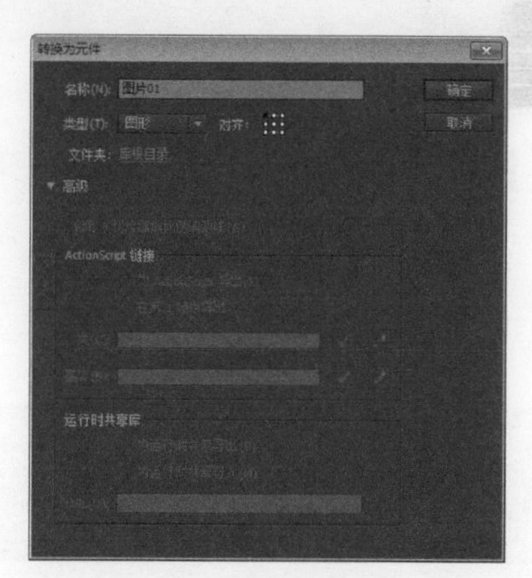

图 17-66　转换为图形元件

步骤 19 选中“图片 01”元件，在【属性】面板中将 X 设置为“504.5”，Y 设置为“180.5”，在“图层 5”的第 50 帧处插入关键帧，并选中该帧上的元件，然后在【属性】面板中将 X 修改为“5.5”，Y 修改为“1.1”，如图 17-67 所示。

图 17-67　设置元件 X、Y 值

步骤 20 在“图层 4”的第 50 帧处插入帧，然后选中“图层 5”的第 1 ～ 50 帧中的任意帧并右击，从弹出的快捷菜单中选择【创建传统补间动画】菜单命令，即可创建传统补间动画，如图 17-68 所示。

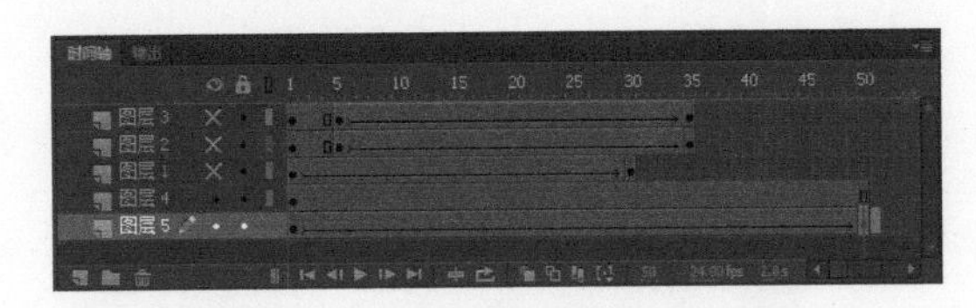

图 17-68　创建传统补间动画

步骤 21 选中“图层 4”并右击，从弹出的快捷菜单中选择【遮罩层】菜单命令，即可将其设置为遮罩层，然后将图层 1 ～ 3 显示，效果如图 17-69 所示。

图 17-69　创建遮罩层

步骤 22 将“图层 5”解除锁定，在“图层 5”的第 130 帧处插入关键帧，并选中该帧上的元件，其【属性】面板中将【亮度】设置为“0”，如图 17-70 所示。

步骤 23 在“图层 5”的第 145 帧处插入关键帧，选中该帧上的元件，在【属性】面板中将【亮度】修改为“100”，然后在第 130 ～ 145 帧中创建传统补间动画，如图 17-71 所示。

图 17-70　设置亮度

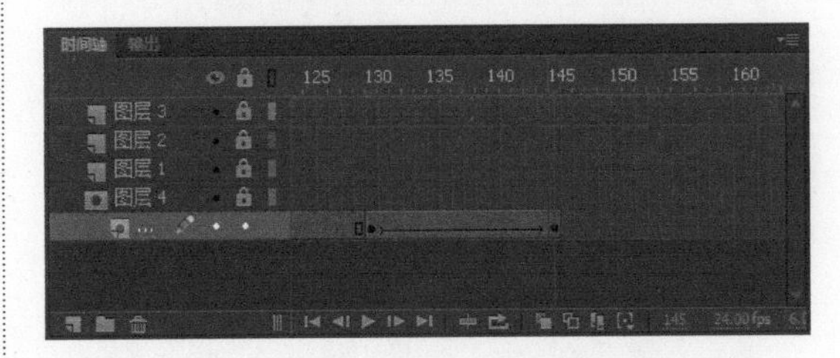

图 17-71　创建传统补间动画

步骤 24 在“图层 4”的第 145 帧处插入帧，在“图层 3”上方新建一个图层，并重命名为“文字 1”，在“文字 1”图层的第 50 帧处插入关键帧，单击工具栏中的【矩形工具】按钮，在其【属性】面板中将【边角半径】设置为“0”，将【笔触颜色】设置为无，将【填充颜色】设置为“#999999”，然后在舞台上绘制矩形，接着选中绘制的矩形，在【属性】面板中将【宽】设置为“226”，【高】设置为“40”，如图 17-72 所示。

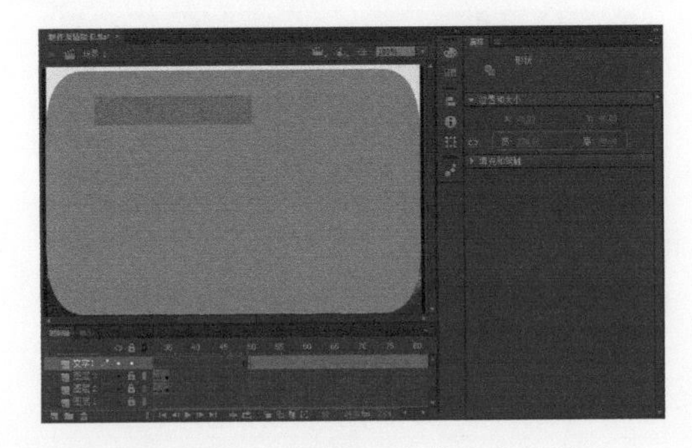

图 17-72　绘制矩形并设置属性

步骤 25 单击工具栏中的【文本工具】按钮，在其【属性】面板中，将【系列】设置为“新宋体”，将【大小】设置为“20”，将【颜色】设置为白色，然后在舞台上绘制文本框并输入文本“打开尘封已久的记忆”，如图 17-73 所示。

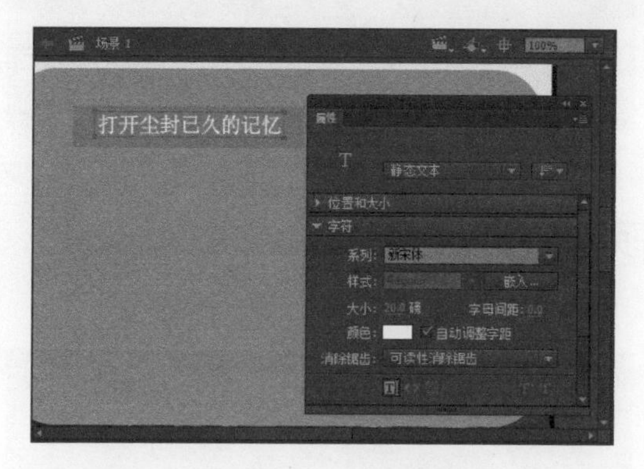

图 17-73　绘制矩形

步骤 26 使用选择工具选中绘制的矩形和文字，按快捷键 F8 打开【转换为元件】对话框，在【名称】文本框中输入“文字 1”，并将【类型】设置为【图形】，如图 17-74 所示。

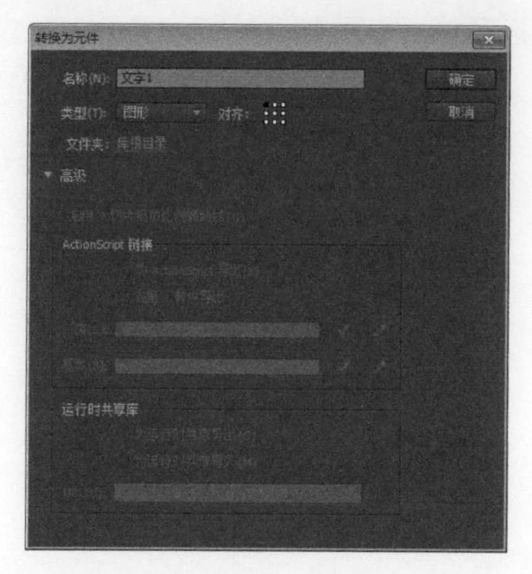

图 17-74　转换为图形元件

步骤 27 单击【确定】按钮，在【属性】面板中将 X 设置为“-115”，将 Y 设置为“40”，将【色彩样式】设置为 Alpha，并设置 Alpha 的值为“0%”，如图 17-75 所示。

图 17-75　设置元件的位置

步骤 28 在“文字 1”图层的第 70 帧处插入关键帧，并选中该帧上的元件，在其【属性】面板中将 X 设置为“216”，Y 设置为“40”，将 Alpha 值设置为“100”，如图 17-76 所示。

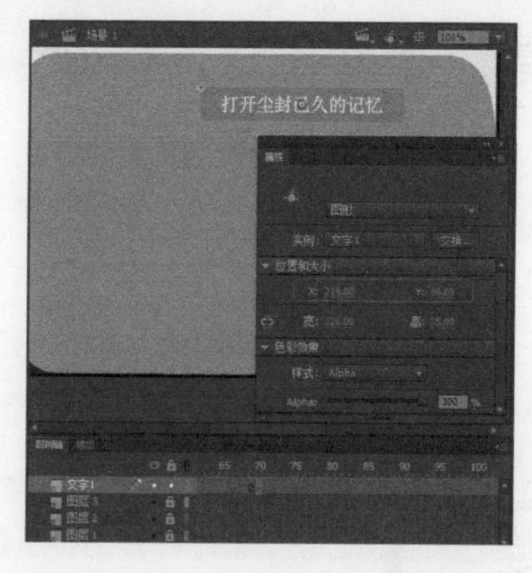

图 17-76　插入关键帧并设置元件属性

步骤 29 选中“文字 1”图层的第 60 帧并右击，从弹出的快捷菜单中选择【创建传统补间动画】菜单命令，即可创建传统补间动画，如图 17-77 所示。

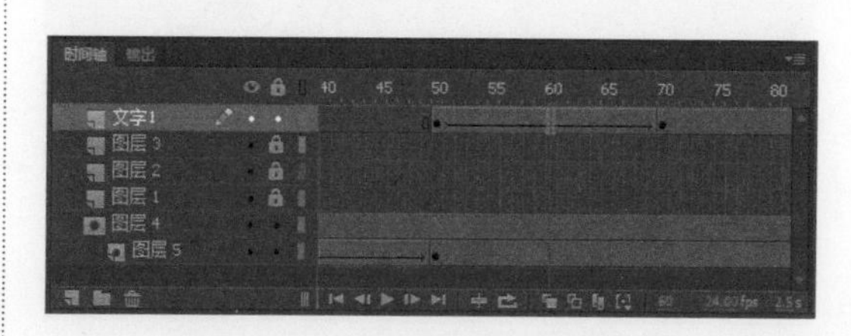

图 17-77　创建传统补间动画

步骤 30 分别在“文字 1”图层的第 105 帧和第 120 帧处插入关键帧，并选中第 120 帧上的元件，在其【属性】面板中将X设置为“308”，Y设置为“111”，将Alpha值设置为“0”，如图17-78所示。

图 17-78 设置元件属性

步骤 31 在“文字1”图层的第105～120帧中创建传统补间动画，选中“图层3”，单击【新建图层】按钮，即可在“图层3”上方新建一个图层，再将该图层重命名为“文字1副本”，在第70帧处插入关键帧，然后将【库】面板中的“文字1”元件拖到舞台上，在【属性】面板中将X和Y分别设置为“216”和“40”，将Alpha值设置为“100”，如图17-79所示。

图 17-79 设置元件属性

步骤 32 在“文字1副本”的第80帧处插入关键帧，并选中该帧上的元件，在其【属性】面板中将X和Y设置为“240”和“70”，将Alpha值设置为“0”，如图17-80所示。

图 17-80 设置关键帧

步骤 33 在“文字1副本”图层的第70～80帧中创建传统补间动画，如图17-81所示。

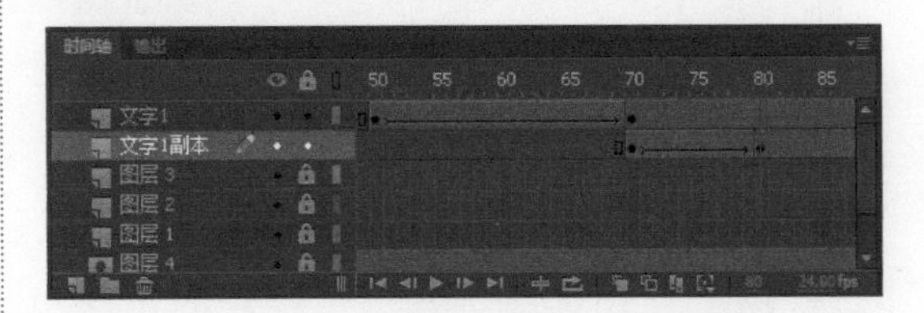

图 17-81 创建传统补间动画

步骤 34 按Ctrl+F8组合键打开【创建新元件】对话框，在其中新建一个名为“矩形效果”的图形元件，如图17-82所示。

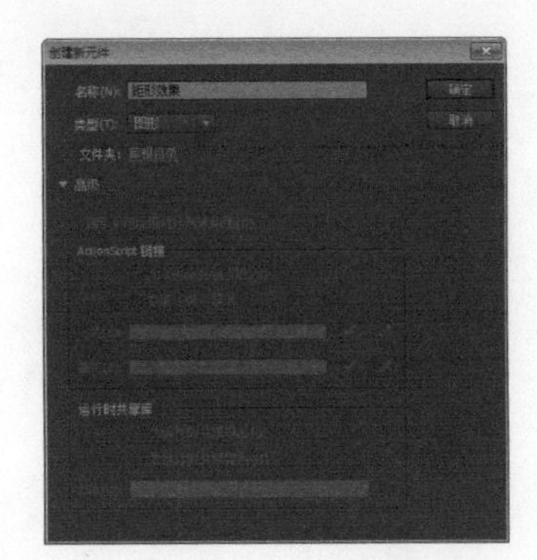

图 17-82 新建图形元件

步骤 35 单击【确定】按钮，进入该元件的编辑模式，使用矩形工具在舞台上绘制一个宽为50、高为350的白色矩形，然后按Ctrl+K组合键打开【对齐】面板，再分别单击【水平中齐】按钮和【垂直中齐】按钮，并勾选【与舞台对齐】复选框，如图17-83所示。

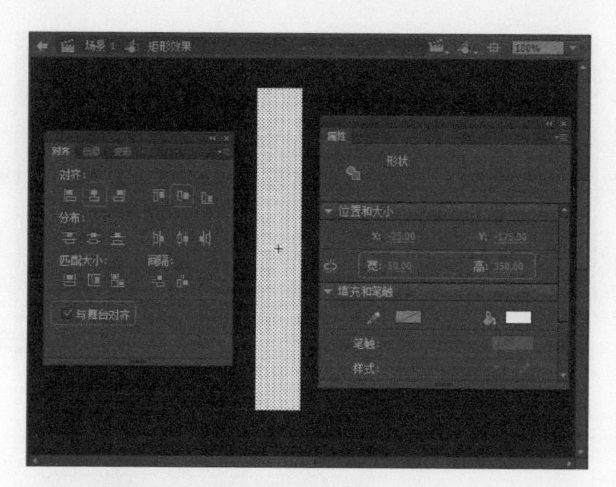

图 17-83　绘制矩形并设置属性和对齐方式

步骤 36 按 Ctrl+F8 组合键打开【创建新元件】对话框，在其中新建一个名为“过渡矩形动画”的影片剪辑元件，如图 17-84 所示。

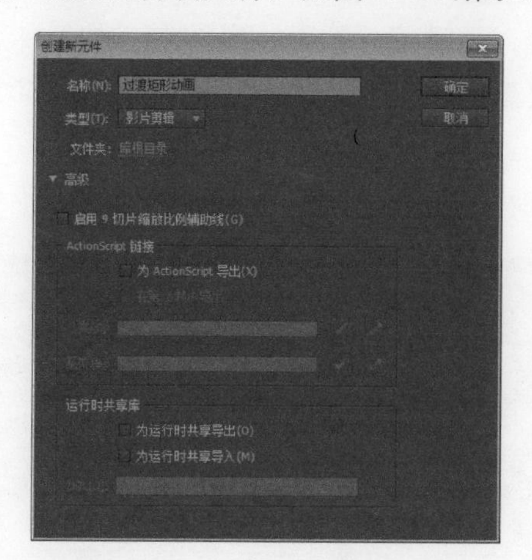

图 17-84　新建影片剪辑元件

步骤 37 单击【确定】按钮，进入新建元件的编辑模式，将【库】面板中的“矩形效果”元件拖到舞台中，然后在其【属性】面板中将 X 和 Y 设置为“-250”和“0”，如图 17-85 所示。

步骤 38 在“图层 1”的第 10 帧处插入关键帧，并选中该帧上的元件，然后在其【属性】面板中将【宽】设置为“20”，将 Alpha 值设置为“0”，如图 17-86 所示。

步骤 39 在“图层 1”图层的第 1 ～ 10 帧中创建传统补间动画，如图 17-87 所示。

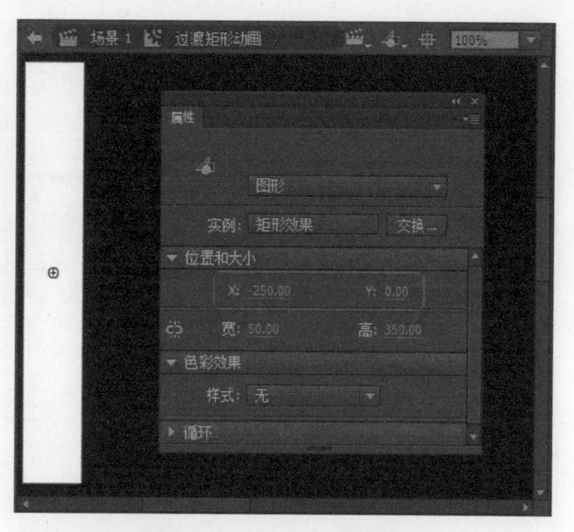

图 17-85　设置矩形的位置

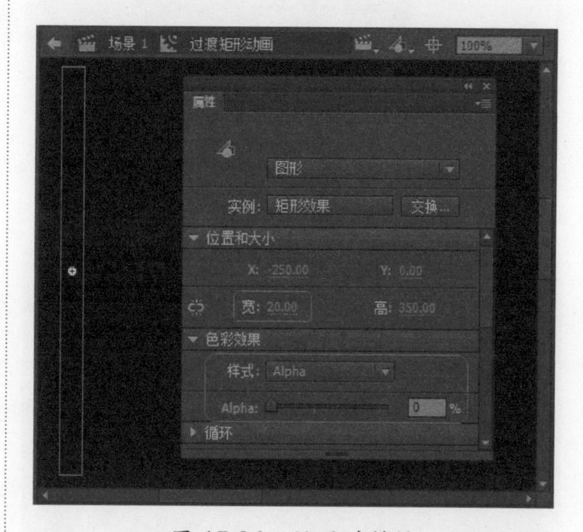

图 17-86　设置关键帧

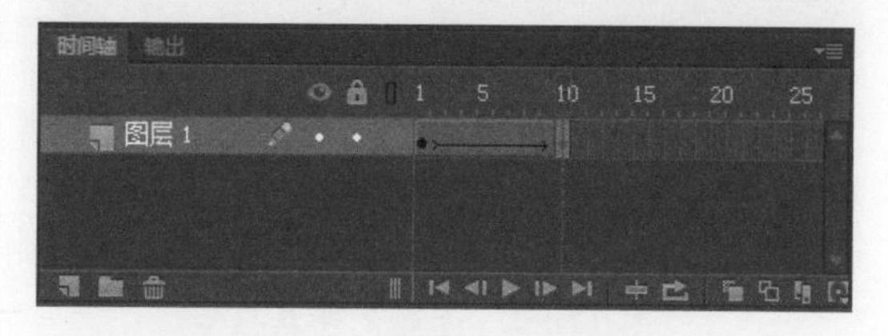

图 17-87　创建传统补间动画

步骤 40 新建“图层 2”，将【库】面板中的“矩形效果”元件拖到舞台中，然后在其【属性】面板中将【宽】设置为“70”，将 X 和 Y 分别设置为“-190”和“0”，如图 17-88 所示。

步骤 41 在“图层 2”的第 5 帧和 15 帧处插入关键帧，并选中第 15 帧上的元件，在【属性】

面板中将【宽】设置为“40”，Alpha 值设置“0”，然后在第 5 ～ 15 帧中创建传统补间动画，如图 17-89 所示。

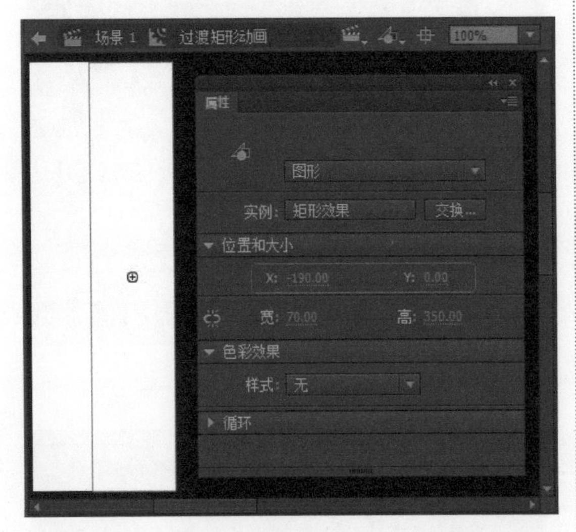

图 17-88　将“矩形效果”元件拖到舞台中并进行调整

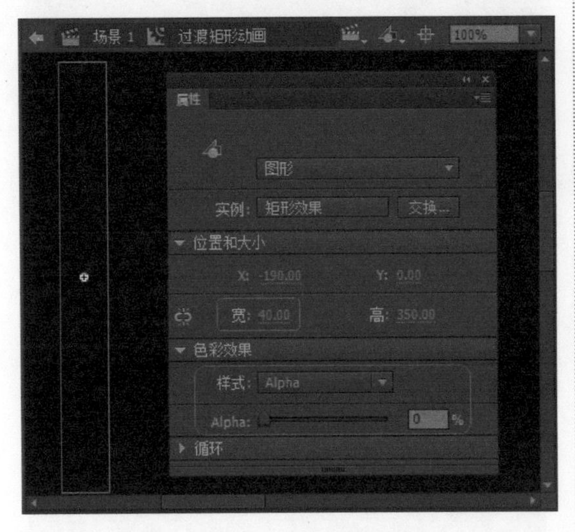

图 17-89　设置元件属性

步骤 42 新建“图层 3”，将【库】面板中的“矩形效果”元件拖到舞台中，然后在其【属性】面板中将【宽】设置为“100”，将 X 和 Y 分别设置为“-105”和“0”，如图 17-90 所示。

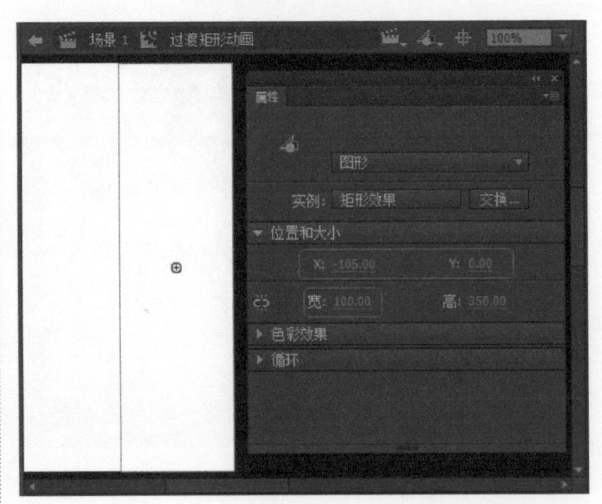

图 17-90　将“矩形效果”元件拖到舞台中并进行调整

步骤 43 在“图层 3”的第 10 帧和第 20 帧处插入关键帧，并选中第 20 帧上的元件，在其【属性】面板中，将【宽】设置为“60”，Alpha 值设置为“0”，然后在第 10 ～ 15 帧中创建传统补间动画，效果如图 17-91 所示。

图 17-91　设置元件属性并创建补间动画

步骤 44 依次类推，设置其他图层中的动画，完成后的效果如图 17-92 所示。

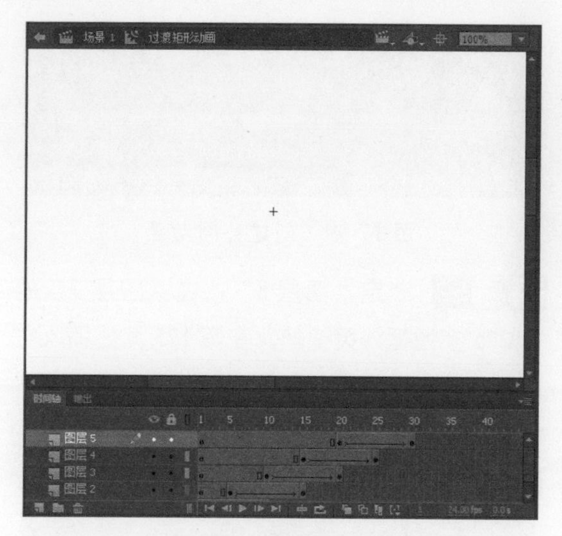

图 17-92 设置其他动画

步骤 45 返回到“场景 1”中，选中“图层 5”，单击【新建图层】按钮，即可在“图层 5”上方新建一个图层，在新建图层的第 145 帧处插入关键帧，然后将【库】面板中的“过渡矩形动画”影片剪辑元件拖到舞台中，如图 17-93 所示。

图 17-93 将“过渡矩形动画”影片剪辑元件拖到舞台中

步骤 46 分别在新建图层和“图层 4”的第 174 帧处插入帧，锁定图层 7，在“图层 5”图层的上方新建一个图层，在新建图层的第 145 帧处插入关键帧，然后将【库】面板中的“2.jpg”拖到舞台中合适位置，如图 17-94 所示。

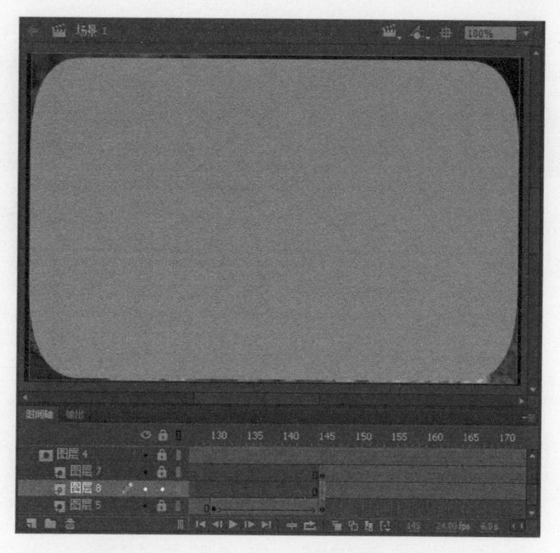

图 17-94 将“2.jpg”拖到舞台中

步骤 47 选择图片，按快捷键 F8 打开【转换为元件】对话框，在其中的【名称】文本框中输入“图片 02”，并将【类型】设置为【图形】，如图 17-95 所示，单击【确定】按钮即可。

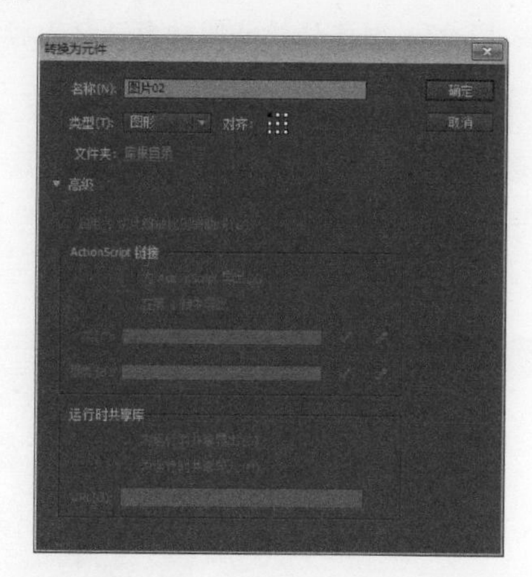

图 17-95 转换为图形元件

步骤 48 此时，转换后的元件仍处于选中状态，在【属性】面板中将 X 和 Y 设置为“550”和“263”，在“图层 8”的第 174 帧和第 195 帧处插入关键帧，并选中第 194 帧上的元件，在【属性】面板中将 X 和 Y 修改为“5.5”和“0.1”，如图 17-96 所示。

图 17-96 设置关键帧上的元件属性

步骤 49 在“图层 8”的第 174 ～ 195 帧中创建传统补间动画，然后在“图层 8”的第 260 帧处插入关键帧，在“图层 4”的第 260 帧处插入帧，效果如图 17-97 所示。

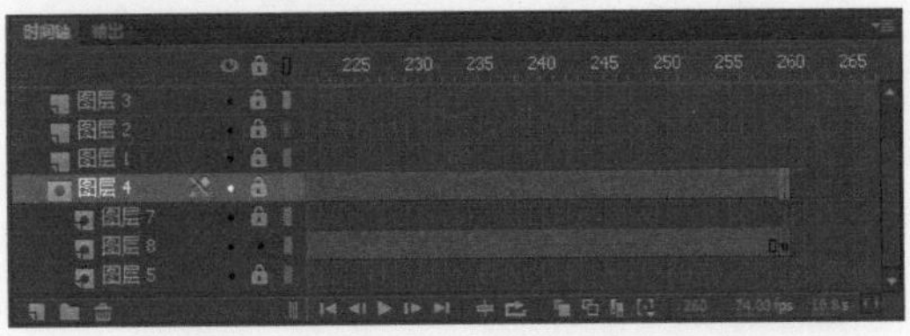

图 17-97 创建传统补间动画并插入帧

步骤 50 在“图层 8”的第 275 帧处插入关键帧，并选中该帧上的元件，在其【属性】面板中将【亮度】设置为“100”，如图 17-98 所示。

图 17-98 插入关键帧并设置色彩效果

步骤 51 在“图层 8”的第 260 ～ 275 帧中创建传统补间动画，然后在“图层 4”的第 275 帧处插入帧，效果如图 17-99 所示。

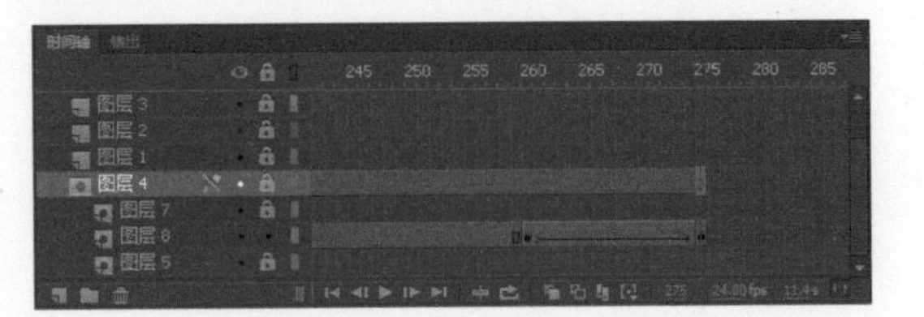

图 17-99 创建补间动画

步骤 52 锁定“图层 8”，在“图层 7”的第 275 帧处插入关键帧，在第 175 帧处插入空白关键帧，然后分别在“图层 7”和“图层 4”的第 304 帧处插入帧，如图 17-100 所示。

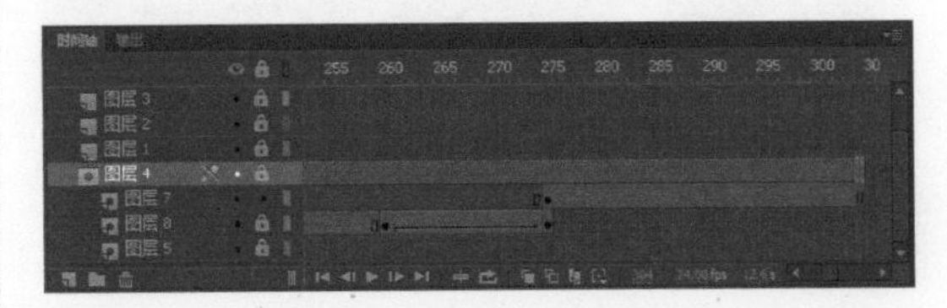

图 17-100 插入关键帧

步骤 53 按照相同的方法制作其他图层的动画，完成后的效果如图 17-101 所示。

图 17-101 制作其他图层的动画

步骤 54 按 Ctrl+F8 组合键打开【创建新元件】对话框，在其中新建一个名为“圆动画”的影片剪辑元件，如图 17-102 所示。

步骤 55 单击【确定】按钮，进入该元件的编辑模式，选择工具栏中的椭圆工具，然后按住 Shift 键在舞台上绘制一个无笔触颜色，填充色为白色的正圆，接着选中绘制的圆形，在

其【属性】面板中将【宽】和【高】都设置为“65”，如图 17-103 所示。

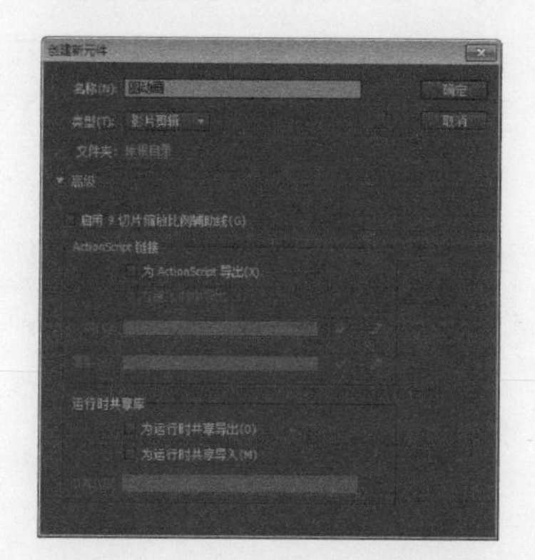

图 17-102　新建图形元件

图 17-103　绘制圆形

步骤 56 选中绘制的圆，按快捷键 F8 打开【转换为元件】对话框，在其中的【名称】文本框中输入“圆”，并将【类型】设置为“图形”，如图 17-104 所示。

图 17-104　转换为图形元件

步骤 57 单击【确定】按钮，选中舞台上的“圆”元件，在其【属性】面板中将 X 设置为“-201”，Y 设置为“232”，在该图层的第 30 帧处插入关键帧，并选中该帧上的元件，在【属性】面板中将 Y 修改为“12”，将 Alpha 值设置为“0”，如图 17-105 所示。

图 17-105　设置元件属性

步骤 58 在“图层 1”的第 1 ～ 30 帧中创建传统补间动画，新建“图层 2”，在第 5 帧处插入关键帧，将【库】面板中的“圆”元件拖到舞台中，使用任意变形工具将其适当的缩小，然后在【属性】面板中将 X、Y 分别设置为“-126”和“212”，如图 17-106 所示。

图 17-106　将“圆”元件拖到舞台中并设置其属性

步骤 59 在“图层 2”的第 35 帧处插入关键帧，在【属性】面板中将 Y 修改为“-15”，将 Alpha 值设置为“0”，然后在第 5 ～ 35 帧中创建传统补间动画，如图 17-107 所示。

图 17-107　插入关键帧并设置元件属性

步骤 60 按照相同的方法制作其他图层的动画，制作完成后的效果如图 17-108 所示。

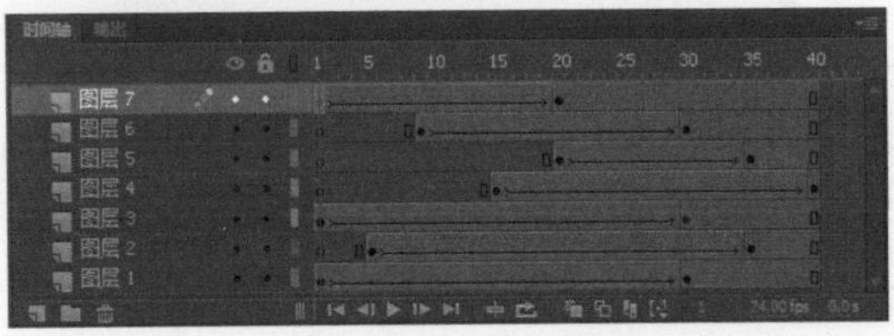

图 17-108　制作其他图层的动画

步骤 61 返回到“场景 1”中，在“图层 10”上方新建“图层 11”，将【库】面板中的“圆动画”影片剪辑元件拖到舞台中，然后在【属性】面板中将 X 设置为“452”，Y 设置为“126.65”，如图 17-109 所示。

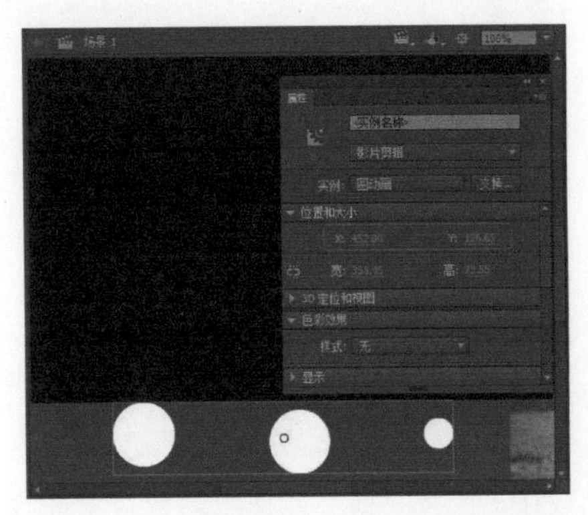

图 17-109　将“圆动画”元件拖到舞台中并设置其属性

提示

由于设置的“圆动画”影片剪辑元件的大小有所不同，所以在此处设置的 X 和 Y 值可根据实际情况进行调整。

步骤 62 此时“圆动画”元件仍处于选中状态，在其【属性】面板中的【滤镜】选项组内，单击【添加滤镜】按钮，从弹出的下拉列表中选择【模糊】选项，然后将【模糊 X】设置为“10”，如图 17-110 所示。

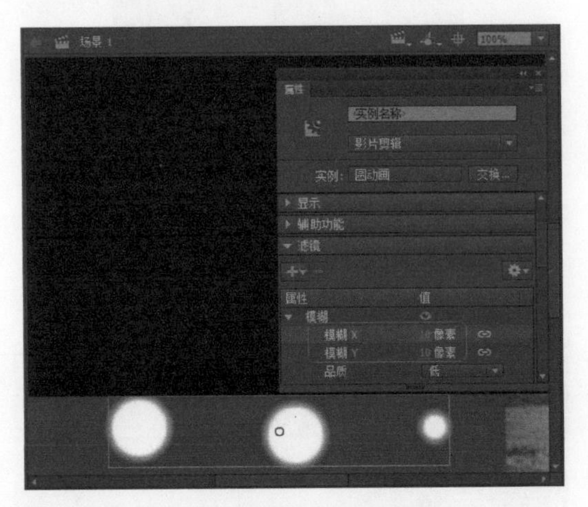

图 17-110　设置元件的模糊滤镜

步骤 63 再次单击【添加滤镜】按钮，从弹出的下拉列表中选择【发光】选项，将【模糊 X】设置为“10”，将【品质】设置为“高”，将【颜色】设置为“#FFFF00”，然后选中【挖空】和【内发光】复选框，如图 17-111 所示。

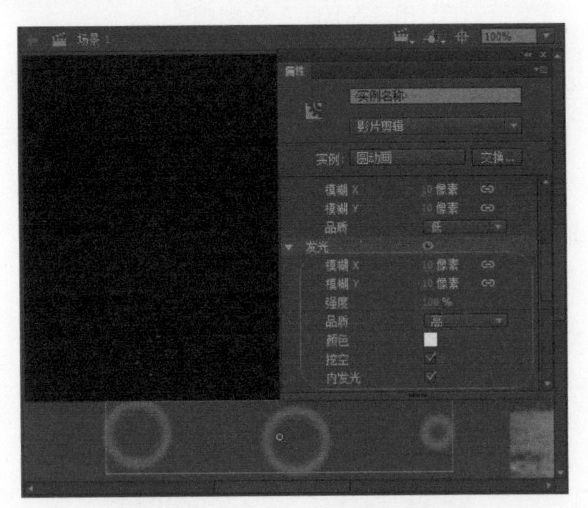

图 17-111　设置发光滤镜

步骤 64 按 Ctrl+F8 组合键打开【创建新元件】对话框，在其中新建一个名为“重播”的按钮元件，如图 17-112 所示。

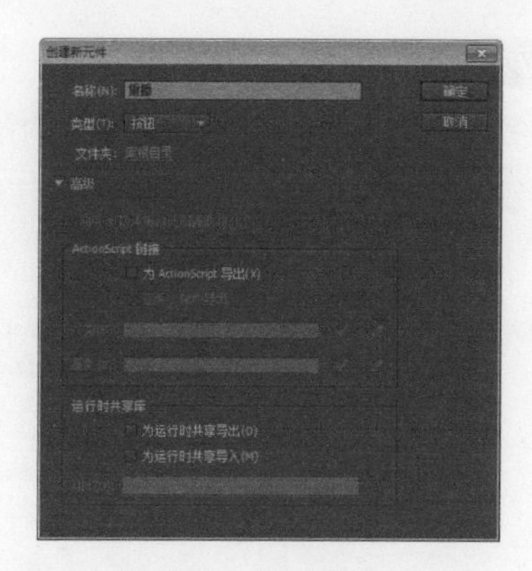

图 17-112　新建按钮元件

步骤 65 单击【确定】按钮，进入该元件的编辑模式，单击工具栏中的【文本工具】按钮，在其【属性】面板中将【系列】设置为“Time New Roman”，【大小】设置为“25”，【颜色】设置为红色，然后在舞台上绘制一个文本框并输入文本“Replay”，如图 17-113 所示。

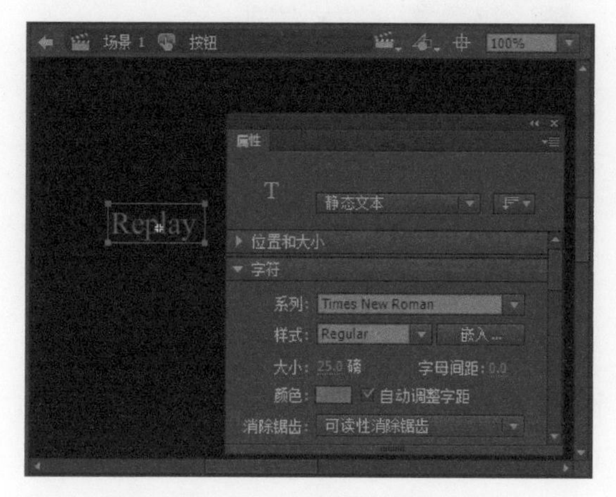

图 17-113　输入文本

步骤 66 选中输入的文本，依次选择【文本】→【样式】→【粗体】菜单命令，即可将输入的文本加粗显示，效果如图 17-114 所示。

步骤 67 选中文本并右击，从弹出的快捷菜单中选择【转换为元件】菜单命令，打开【转换为元件】对话框，在其中将【类型】设置为“图形”，单击【确定】按钮，如图 17-115 所示。

图 17-114　加粗字体

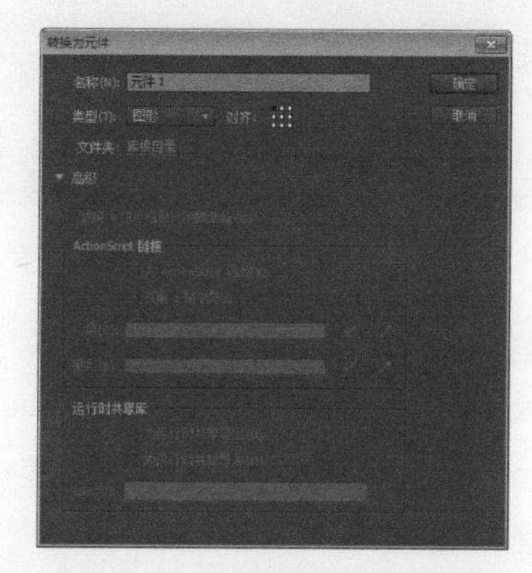

图 17-115　转换为图形元件

步骤 68 在“图层 1”的“指针经过”帧处插入关键帧，并选中该帧上的元件，在其【属性】面板中将 Alpha 值设置为“50”，如图 17-116 所示。

图 17-116　设置 Alpha 值

步骤 69 返回到“场景 1”中，新建一个图层，并重命名为“重播”，在该图层的第 520 帧处插入关键帧，然后将【库】面板中的“重播”元件拖到舞台的右下角，如图 17-117 所示。

图 17-117　将“重播”元件拖到舞台中

步骤 70　选中舞台上的“重播”元件，在【属性】面板的【实例名称】文本框中输入“chongbo”，按快捷键 F9 打开【动作】面板，在其中输入如下代码，如图 17-118 所示。

```
stop();
chongbo.addEventListener("click",跳转);
function 跳转(me:MouseEvent)
{
    gotoAndPlay(1);
}
```

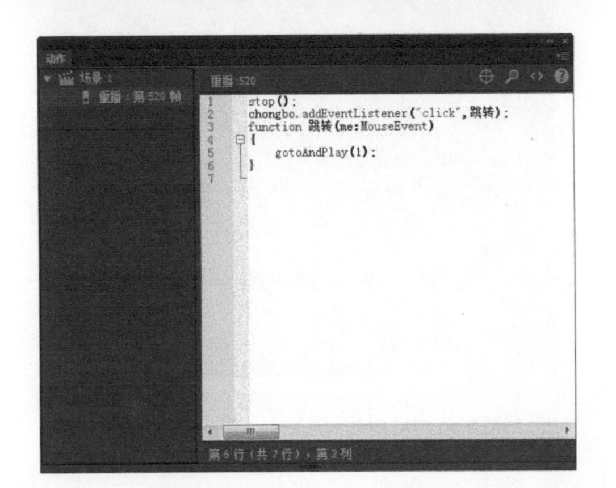

图 17-118　输入代码

步骤 71　在“重播”图层上方新建一个图层，并重命名为“音乐层”，选择该图层的第 1 帧，按快捷键 F9 打开【动作】面板，在其中输入如下代码，如图 17-119 所示。

```
var _sound:Sound=new Sound();
var _channel:SoundChannel=new SoundChannel();
var url:String=" E:\\素材\\ch17\\一个像夏天一个像秋天.mp3";
var _request:URLRequest=new URLRequest(url);
_sound.load(_request);
_channel=_sound.play();
```

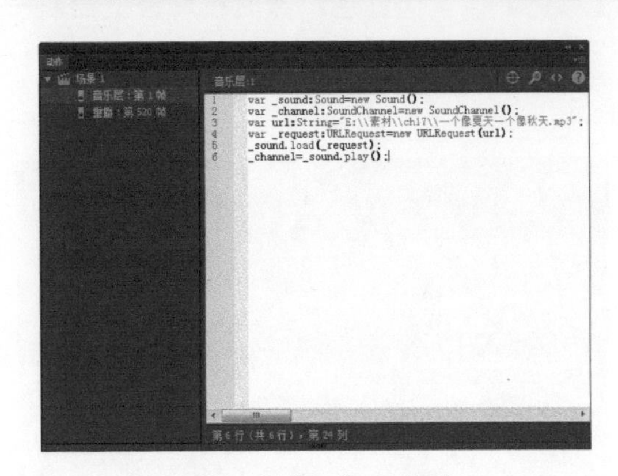

图 17-119　输入代码

步骤 72　至此，友情贺卡就制作完成了，按 Ctrl+Enter 组合键，即可测试贺卡动画的播放效果，如图 17-120 所示。

图 17-120　测试效果

17.3 高手甜点

甜点 1：在制作贺卡时如何获取最佳效果的补间动画？

(1) 在复杂的补间形状中，需要创建中间形状，然后再进行补间，而不要只定义起始和结束的形状。

(2) 确保形状提示是符合逻辑的。

(3) 如果按逆时针顺序从形状的左上角开始放置形状提示，它们的工作效果则最好。

甜点 2：如何插入更多的帧？

在插入帧时，会发现“图层 1”的最大帧数到第 610 帧就没有了，如果此时需要在第 700 帧处插入帧，可以先在第 610 帧处插入帧，此时出现更多的帧，然后在第 700 帧处插入帧即可。

第 5 篇

全能拓展

第18章 反编译 SWF 文件

● **本章导读**

本章主要介绍使用反编译软件将 .swf 文件反编译成可以编辑的 .fla 文件，然后在 Flash 中根据自己的需要进行修改编辑。

● **本章学习目标（已掌握的在圆圈中打钩）**

◎ 熟悉常用的反编译软件

◎ 掌握使用 Imperator FLA 软件反编译 SWF 文件的方法

◎ 掌握使用硕思闪客精灵软件反编译 SWF 文件的方法

◎ 掌握使用 Flash 修改反编译后的 FLA 文件

◎ 掌握制作 MV 的方法

● **重点案例效果**

18.1 常用的反编译软件

常常会遇到这样一种情况，当看到别人制作的Flash动画很漂亮时，却只有SWF文件，看不到源代码。这是因为SWF文件是一个完整的影片档案格式，该格式文件是无法被编辑的，所以就需通过专业的软件将其编译成可编辑的Fla文件格式。

反编译过程即逆过程，它是一个复杂的过程。制作一个Flash文件，保存后的扩展名是.fla，打开这个文件，然后进行影片测试，则会导出扩展名为.swf的Flash播放文件。

那么，如何对SWF文件进行反编译呢？下面简单地介绍SWF反编译的两种软件：Imperator FLA和硕思闪客精灵。

 1. Imperator FLA

启动Imperator FLA软件，其工作界面如图18-1所示。

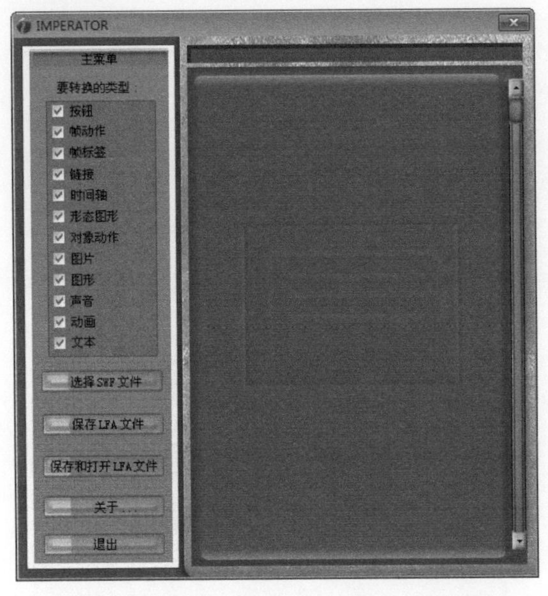

图18-1 Imperator FLA软件工作界面

使用该软件可以将已经编译好的SWF文件还原成FLA源文件，这个FLA文件包含所有的图片、影片、音乐，甚至AS信息。

在Imperator FLA工作界面的左侧显示的内容有主菜单、转换的类型以及操作按钮。

单击【主菜单】按钮，即可弹出图18-2所示的下拉菜单，可以从中选择任意菜单命令。

图18-2 【主菜单】下拉菜单

在【要转换的类型】列表框中，列出了所要转换的类型，如图18-3所示。若转换的类型选择不正确，就会发生错误。

图18-3 转换类型

在【要转换的类型】列表框下方显示的是各种操作按钮，单击【选择SWF文件】按钮，打开【打开】对话框，在其中选择需要转换的.swf文件，如图18-4所示。单击【确定】按钮，即可将.swf文件导入，并在Imperator FLA工作界面的右侧显示所导入的文件的路径状态，如图18-5所示。

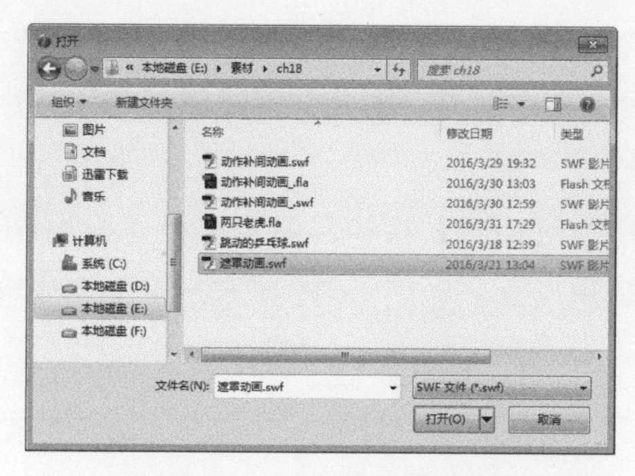
图 18-4　【打开】对话框

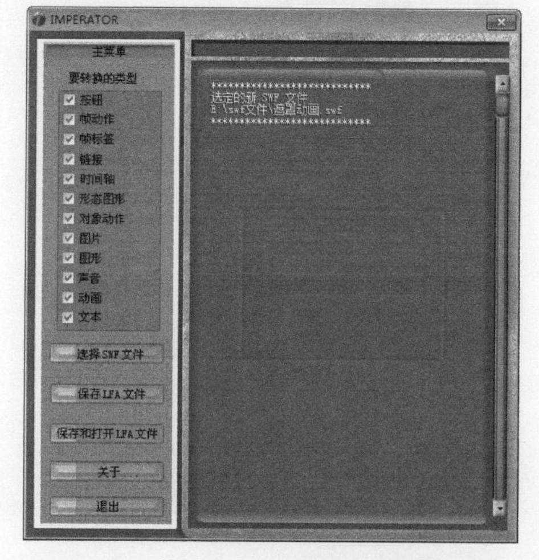
图 18-5　显示导入文件的路径状态

单击【保存 LFA 文件】按钮，打开【另存为】对话框，然后在该对话框中设置文件名、保存类型及保存的路径，如图 18-6 所示，设置完成后单击【保存】按钮。此时，在工作界面的右侧会出现反编译的进程状态。反编译完成后，会出现“空闲”字样，此时就可以打开 .fla 文件进行查看和编辑了，如图 18-7 所示。

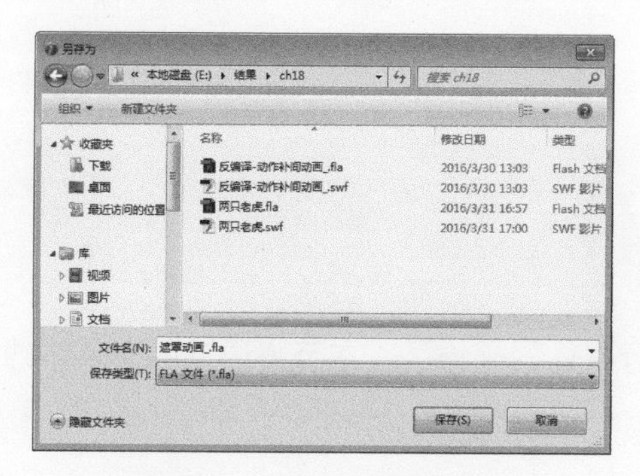
图 18-6　【另存为】对话框

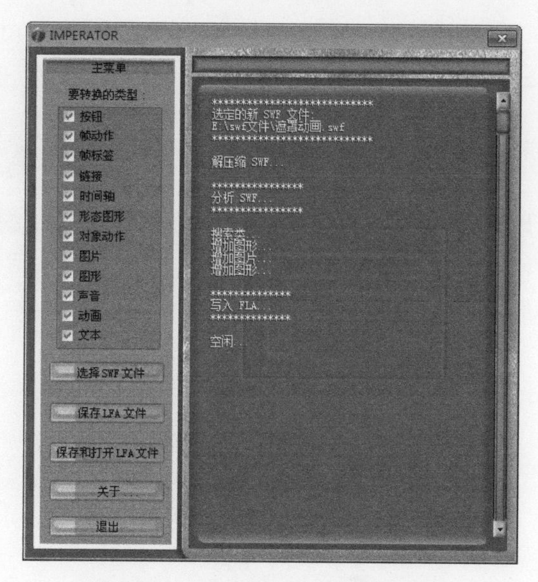
图 18-7　显示反编译的进程状态

单击【退出】按钮，可以退出文件的反编译，也可以单击工作界面右上角的按钮退出该软件。

2. 硕思闪客精灵

使用硕思闪客精灵软件也可以将 SWF 文件反编译成可以编辑的 FLA 文件。启动硕思闪客精灵软件，其工作界面如图 18-8 所示。

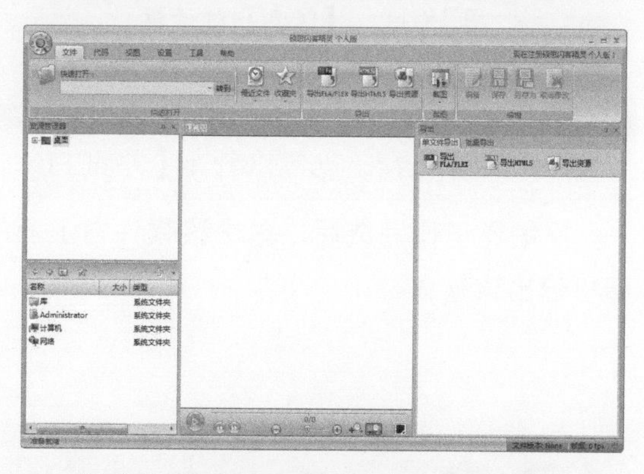
图 18-8　硕思闪客精灵软件工作界面

在【资源管理器】窗格中显示了文件的路径。选择文件的路径后，文件中所有的 SWF 文件及相关信息将显示在下方，如图 18-9 所示。

选择任意一个 SWF 文件，即可在预览窗口中预览动画效果，如图 18-10 所示。在【状态栏】中单击【帧频】按钮，打开【信息】对话框，在该对话框中显示了影片文件、影片名和影片颜色等信息，如图 18-11 所示。

单击【文件】选项卡【导出】组内的【导出 FLA/ FLEX】按钮，即可打开【导出 FLA/ FLEX】对话框，在其中可以设置文件的导出路径和导出版本，如图 18-12 所示，设置完成后单击【确定】按钮即可。

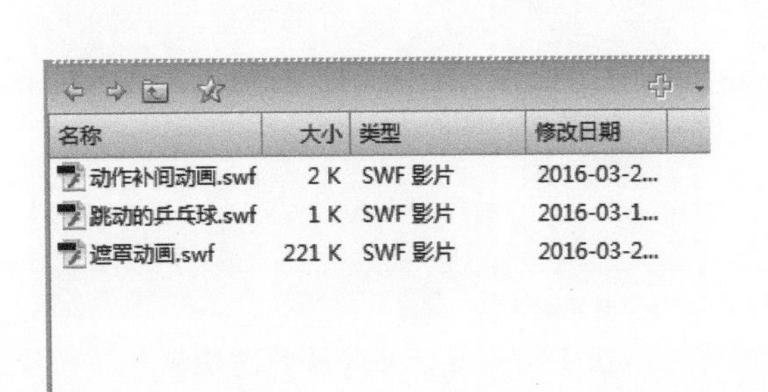

图 18-9 显示文件中的所有 SWF 文件及相关信息

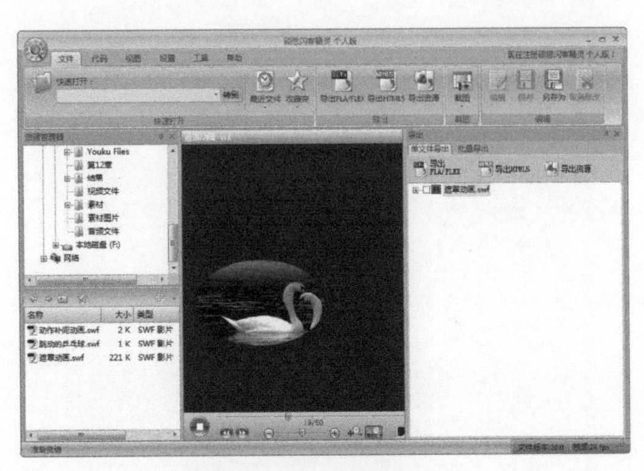

图 18-10 预览动画

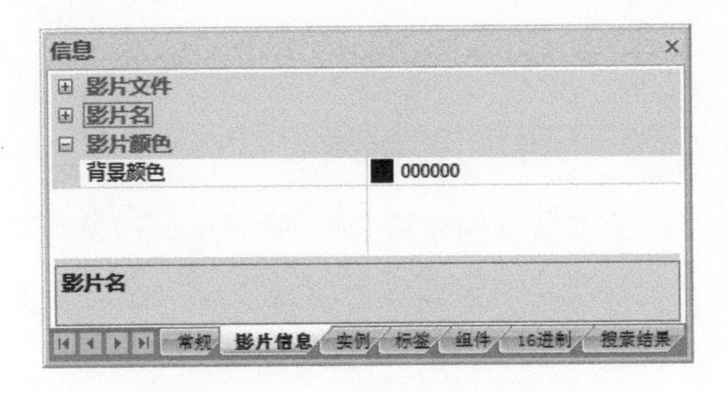

图 18-11 【信息】对话框

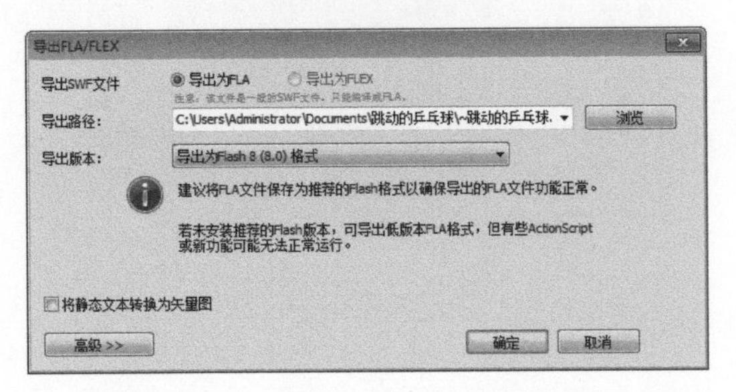

图 18-12 【导出 FLA/FLEX】对话框

提示 单击工作界面左上角的按钮，从弹出的下拉菜单中选择【导出 FLA/ FLEX】选项，也可以打开【导出 FLA/FLEX】对话框。

反编译工作完成后，单击该软件右上角的【关闭】按钮（或者按 Alt+F4 组合键），即可退出该软件。

18.2 反编译SWF文件

在对反编译软件进行了解之后，就可以进行具体的操作了。本节将通过两个具体的实例来讲解反编译 SWF 文件的方法。

18.2.1 实例 1——使用 Imperator FLA 软件

使用 Imperator FLA 软件对 SWF 文件进行反编译的具体操作如下。

步骤 1 启动 Imperator FLA 软件，进入该软件的工作界面。单击左侧列表中的【选择 SWF 文件】按钮，打开【打开】对话框，在其中选择 SWF 文件，如图 18-13 所示。

步骤 2 单击【打开】按钮，返回到该软件的工作界面，然后单击【保存 LFA 文件】按钮，打开【另存为】对话框，在其中设置 .fla 文件保存的路径和名称，如图 18-14 所示。

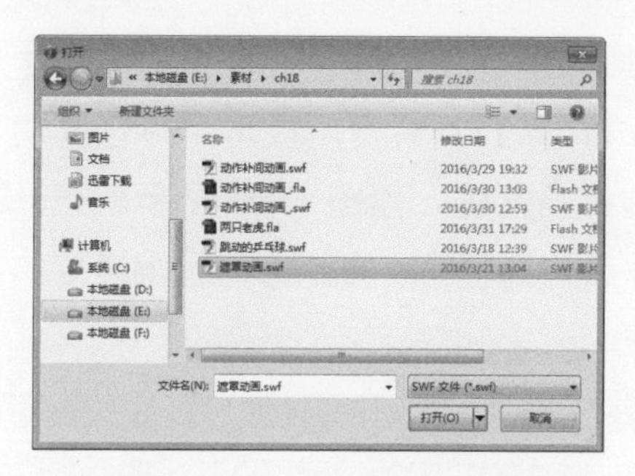

图 18-13　【打开】对话框

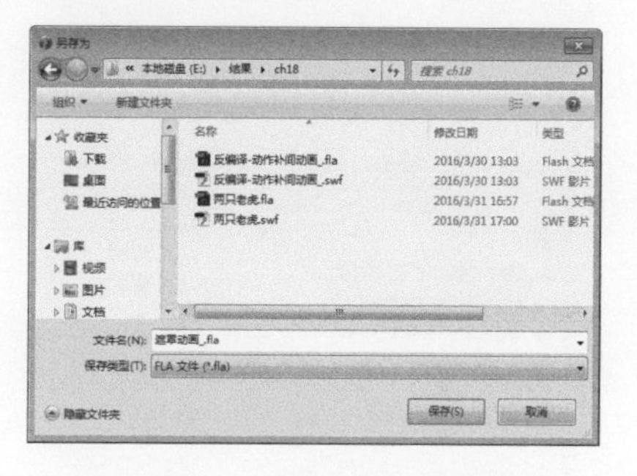

图 18-14　【另存为】对话框

步骤 3 单击【保存】按钮，返回到该软件的工作界面，此时在工作界面的右侧将显示反编译状态，当出现“空闲”字样，即表明反编译完成，如图 18-15 所示。

步骤 4 双击打开反编译生成的文件进行查看，如图 18-16 所示。

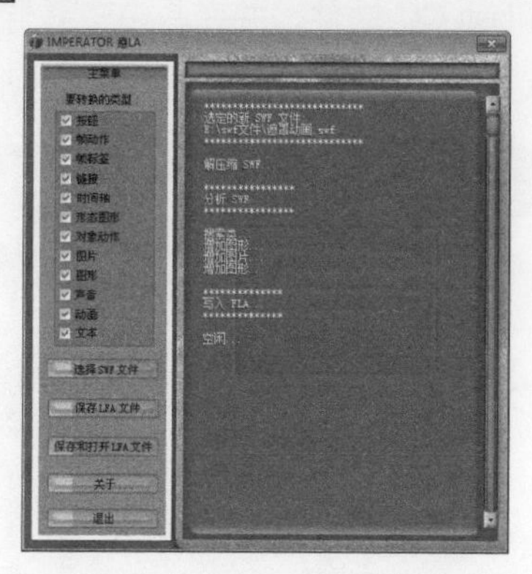

图 18-15　显示反编译状态

图 18-16　打开反编译生成的文件

18.2.2 实例 2——使用硕思闪客精灵软件

使用硕思闪客精灵软件对 SWF 文件进行反编译的具体操作如下。

步骤 1 启动硕思闪客精灵软件，然后在左侧的【资源管理器】窗格中，选择需要反编译的 SWF 文件的路径，如这里选择“swf 文件”，如图 18-17 所示。

步骤 2 在【资源管理器】窗格的下方会显示所选文件夹中的所有 SWF 文件，选择其中的任意一个文件，如图 18-18 所示。

图 18-17　选择“swf 文件”文件夹

图 18-18　选择“动作补间动画 .swf”文件

步骤 3 此时在【预览窗口】中会显示所选文件的动画效果，如图 18-19 所示。

图 18-19　预览动画效果

步骤 4 单击【文件】选项卡【导出】组内的【导出 FLA/FLEX】按钮，打开【导出 FLA/FLEX】对话框，单击【浏览】按钮，选择文件保存的路径，然后返回到该对话框，如图 18-20 所示。

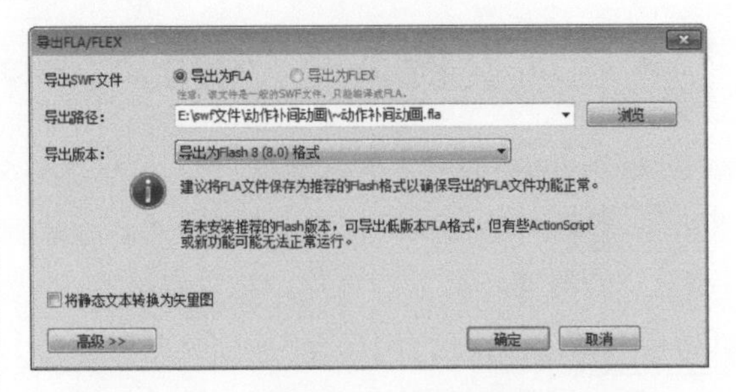

图 18-20　【导出 FLA/FLEX】对话框

步骤 5 单击【确定】按钮，弹出【导出 FLA/FLEX】对话框，提示用户已成功导出所选择的文件，如图 18-21 所示。打开文件所保存的文件夹，可以看到反编译成的 FLA 文件。

图 18-21　提示用户已成功导出文件

步骤 6 单击【打开文件】按钮，即可自动启动 Flash CC 软件，并在其中查看导出的“动作补间动画 .fla”文件，如图 18-22 所示。

图 18-22　查看导出的文件

> **提示** 使用闪客精灵软件，不仅可以将单个 SWF 文件转换为 FLA 文件，还可以批量地将 SWF 文件转换为 FLA 文件。若需要进行批量操作，只需要选择【批量导出】选项卡，然后单击其中的【导出 FLA/FLEX】按钮即可。

18.3 实例3——使用Flash修改反编译后的FLA文件

在使用反编译软件将 SWF 文件转换为 FLA 文件后，就可以打开反编译后的文件，然后根据需要进行修改操作。

使用 Flash CC 修改反编译后的 FLA 文件的具体操作如下。

步骤 1 打开随书光盘中的“素材\ch18\动作补间动画.fla”文件（该文件是反编译后的 FLA 文件），如图 18-23 所示。

图 18-23　打开素材文件

步骤 2 将【库】面板中的“Symbol 1”图形元件拖到舞台中，进入该元件的编辑模式，如图 18-24 所示。

图 18-24　将“Symbol 1”图形元件拖到舞台中

步骤 3 使用选择工具删除多余的花瓣，然后再使用该工具调整花瓣的形状，如图 18-25 所示。

图 18-25　修改花瓣的形状

步骤 4 单击工具栏中的【刷子工具】按钮，然后在花瓣中间绘制出花蕊的形状，如图 18-26 所示。

图 18-26　绘制花蕊形状

步骤 5 单击 Scene1 按钮，返回到主窗口中，新建一个图层，将【库】面板中的“Symbol 1”图形元件拖到舞台中，然后使用任意变形工具调整舞台上花瓣的大小，并增加舞台上的花瓣数量，如图 18-27 所示。

图 18-27　将“Symbol　1”图形元件拖到舞台上并调整大小

步骤 6 在新建图层的第 50 帧处插入关键帧，然后调整舞台上花瓣的位置，如图 18-28 所示。

图 18-28　调整第 50 帧处花瓣的位置

步骤 7 选中新建图层第 1 ～ 50 帧中的任意一帧并右击，从弹出的快捷菜单中选择【创建传统补间动画】菜单命令，即可创传统建补间动画，如图 18-29 所示。

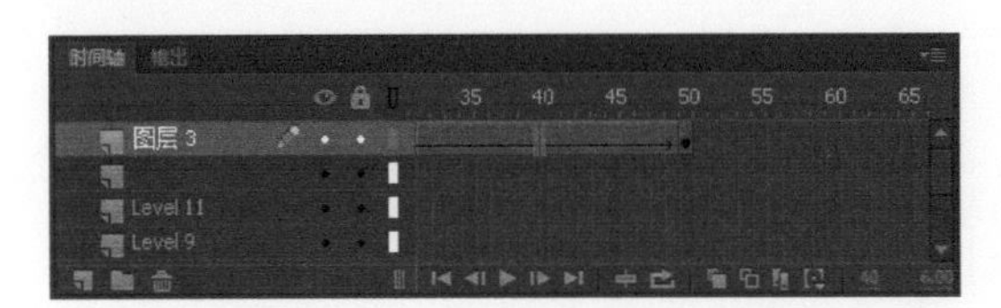

图 18-29　创建传统补间动画

步骤 8 选中新建图层的第 1 帧中的花朵，在【属性】面板中将 Alpha 值设置为“0”，然后再选中第 50 帧，将该帧中的图形 Alpha 值设置为“100”，如图 18-30 所示。

图 18-30　设置透明度

步骤 9 制作完成，按 Ctrl+Enter 组合键进行测试，如图 18-31 所示。

图 18-31　测试动画效果

步骤 10 依次选择【文件】→【另存为】菜单命令，打开【另存为】对话框，在其中设置文件名及保存路径，如图 18-32 所示，最后单击【保存】按钮即可。

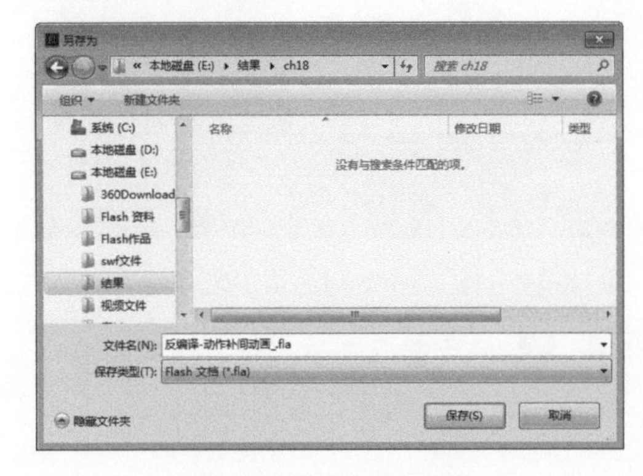

图 18-32　保存文件

18.4 实战演练——制作MV

Flash MV 就是以 Flash 动画的方式来演绎某一音乐片段，它集情节性、趣味性和交互性于一身，相对于传统音乐录影带更节约成本。下面就通过实例来介绍如何制作一个简单的 Flash MV，具体的操作如下。

第 1 步：设置声音同步

步骤 1 打开随书光盘中的“素材 \ch18\ 两只老虎 .fla”文件，如图 18-33 所示。

图 18-33　打开素材文件

步骤 2 选中“音乐层”图层中的任意一帧，然后在其【属性】面板中，将【同步】设置为【数据流】，如图 18-34 所示。

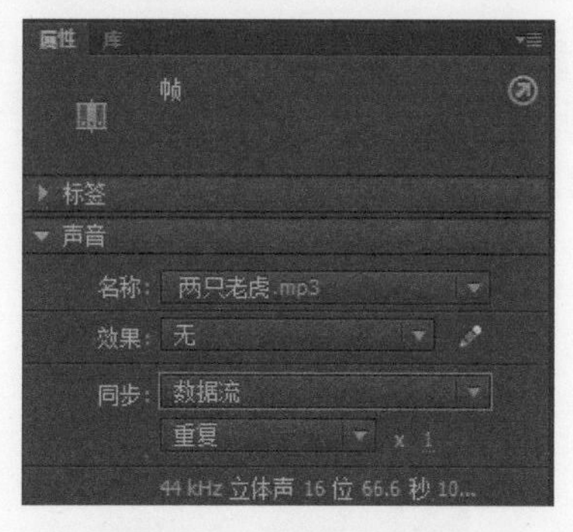

图 18-34　设置声音同步

> **提示**　将声音设置为同步是非常重要的，因为它可以使 Flash 制作者在按 Enter 键播放时，知道歌词与音乐的播放位置，设置关键帧，从而实现歌词和歌声的同步。

第 2 步：标注歌词位置

步骤 1 新建一个图层，并重命名为“歌词标注层”，选中第 1 帧，按 Enter 键播放音乐，当开始唱第一句时，立刻按下 Enter 键，此时音乐会停止播放，选中红色的播放头停止的帧，然后按快捷键 F6 插入一个关键帧，如图 18-35 所示。

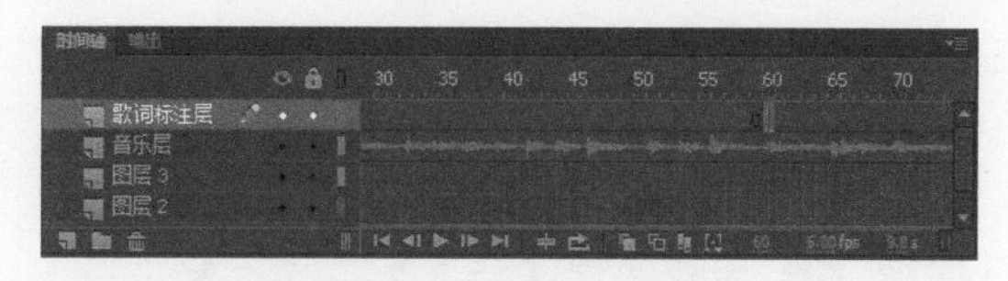

图 18-35　插入关键帧

步骤 2 在【属性】面板中，选择【标签】选项卡，然后在【名称】文本框中输入第一句歌词，并将【类型】设置为“注释”，如图 18-36 所示。

图 18-36　设置第一句歌词的名称及类型

步骤 3 当唱完第一句歌词时，立刻再按一次 Enter 键，然后按快捷键 F6 插入一个关键帧，并添加帧标签“第一句结束”，如图 18-37 所示。

图 18-37 在歌词结束的地方插入关键帧

步骤 4 按照上述操作，标注其他歌词的具体位置，这里只标注5句歌词，如图18-38所示。

图 18-38 标注其他歌词的具体位置

第 3 步：制作歌词元件

步骤 1 依次选择【插入】→【新建元件】菜单命令，打开【创建新元件】对话框，在【名称】文本框中输入“第一句歌词”，并将【类型】设置为“图形”，如图18-39所示。

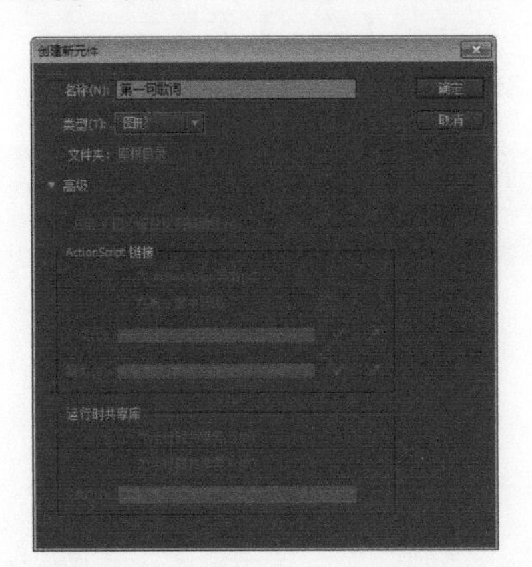

图 18-39 【创建新元件】对话框

步骤 2 单击【确定】按钮，进入该元件的编辑模式。单击工具栏中的【文本工具】按钮，然后在【属性】面板中，将【系列】设置为【隶书】，【大小】设置为“30”，【颜色】设置为“#FF00FF”，如图18-40所示。

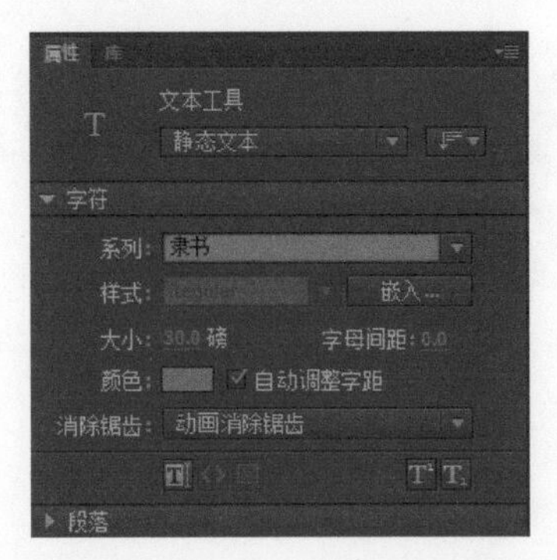

图 18-40 文本工具【属性】面板

步骤 3 依次选择【文本】→【样式】→【仿粗体】菜单命令，然后在舞台上输入第一句歌词“两只老虎两只老虎，跑的快跑的快”，如图18-41所示。

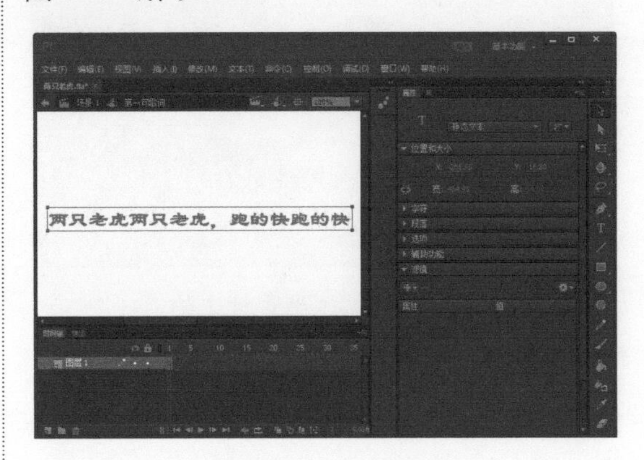

图 18-41 输入文本

步骤 4 按照上述操作，依次制作出整首歌的歌词元件，这里只制作5句歌词元件，如图18-42所示。

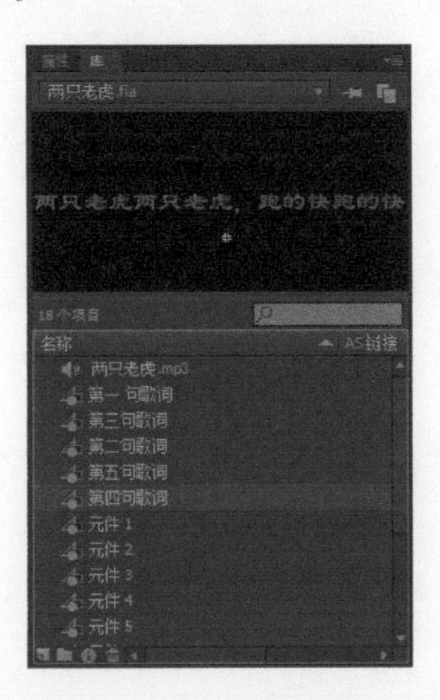

图 18-42 制作其他歌词元件

第 4 步：将歌词添加到动画

步骤 1 回到“场景 1”中，新建一个图层，并重命名为“歌词层”。把播放头定位到标记为“第一句歌词”的帧，即第 60 帧，按快捷键 F6 插入关键帧，然后从【库】面板中将“第一句歌词”元件拖到舞台中的合适位置，如图 18-43 所示。

图 18-43　将“第一句歌词”元件拖到舞台中

步骤 2 将播放头定位到标记为“第二句歌词”的帧，即第 98 帧，按快捷键 F6 插入关键帧，这时舞台上显示的依然是第一句歌词的内容，如图 18-44 所示。

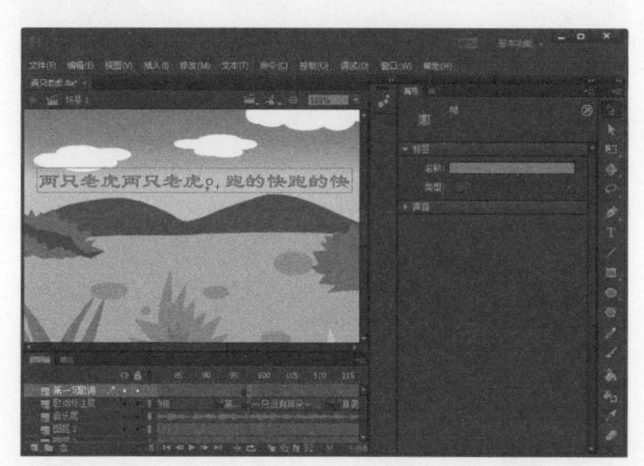

图 18-44　在第 98 帧处插入关键帧

步骤 3 选中舞台上的第一句歌词并右击，从弹出的快捷菜单中选择【交换元件】命令，打开【交换元件】对话框，在其中选中第二句歌词，如图 18-45 所示。

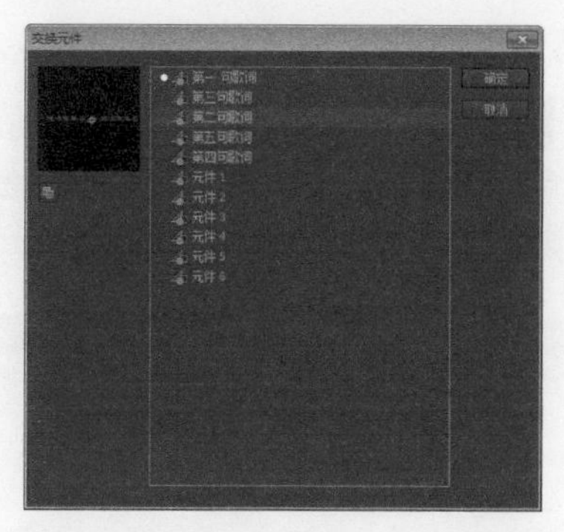

图 18-45　【交换元件】对话框

步骤 4 单击【确定】按钮，即可将第一句歌词元件替换成第二句歌词元件，如图 18-46 所示。

图 18-46　在第 98 帧处显示第二句歌词

步骤 5 按照上述操作，将整首歌的全部歌词放入舞台中，如图 18-47 所示。

图 18-47　将剩余的歌词放入舞台中

> **提示**　在这里只添加 5 句，用户可以根据需要，按照步骤继续添加。

第 5 步：实现动画效果

步骤 1 在“图层 2”的第 50 帧处插入关键帧，然后将第 1 帧的图形元件向右移到舞台中，如图 18-48 所示。

图 18-48　插入关键帧

步骤 2 选中“图层 2”第 1～50 帧中的任意帧并右击，从弹出的快捷菜单中选择【创建传统补间动画】菜单命令，即可创建图形从左向右移动的动画，如图 18-49 所示。

图 18-49　创建传统补间动画

步骤 3 在“图层 3”的第 50 帧处插入关键帧，然后将第 1 帧的图形元件向左移到舞台中，如图 18-50 所示。

图 18-50　插入关键帧

步骤 4 选中“图层 3”第 1～50 帧中的任意帧并右击，从弹出的快捷菜单中选择【创建传统补间动画】菜单命令，即可创建图形从右向左移动的动画，如图 18-51 所示。

图 18-51　创建传统补间动画

步骤 5 在“图层 2”的第 99 帧处插入空白关键帧，然后将【库】面板中的“元件 4”拖到舞台中的合适位置，如图 18-52 所示。

步骤 6 在“图层 3”的第 99 帧处插入空白关键帧，然后将【库】面板中的“元件 5”拖到舞台中的合适位置，如图 18-53 所示。

图 18-52 将“元件 4”拖到舞台中

图 18-53 将“元件 5”拖到舞台中

步骤 7 分别在“图层 2”和“图层 3”的第 135 帧处插入空白关键帧，然后将【库】面板中的“元件 1”和“元件 2”拖到舞台中，如图 18-54 所示。

图 18-54 分别插入空白关键帧

步骤 8 新建一个“图层 4”，在第 135 帧处插入关键帧，然后将【库】面板中的“元件 3”拖到舞台的左侧位置，如图 18-55 所示。

图 18-55 新建图层并将“元件 3”拖到舞台的左侧

步骤 9 在“图层 4”的第 170 帧处插入关键帧，然后将图形元件拖到图 18-56 所示的位置。

图 18-56 插入关键帧并改变图形元件的位置

步骤 10 在“图层 4”的第 135 ～ 170 帧中创建传统补间动画，如图 18-57 所示。

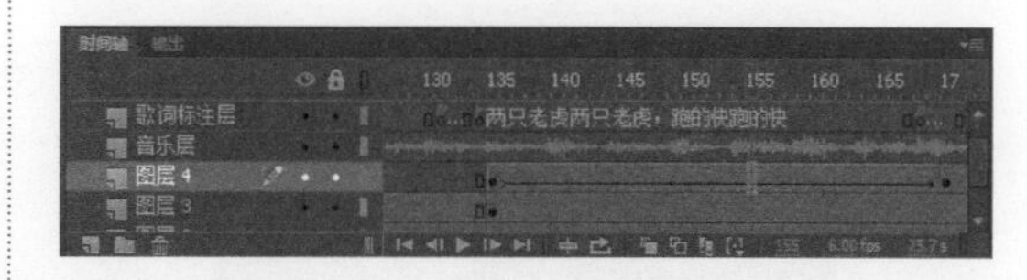

图 18-57 创建传统补间动画

步骤 11 新建一个“图层 5”，在其第 135 帧处插入关键帧，然后将【库】面板中的“元件 6”拖到舞台的右侧，如图 18-58 所示。

图 18-58　新建图层并将“元件 6”拖到舞台的右侧

步骤 12 在 170 帧处插入关键帧，并将图形元件向左移到图 18-59 所示的位置，然后在第 135 ～ 170 帧中间创建传统补间动画。

图 18-59　创建传统补间动画

第 6 步：设置播放按钮

步骤 1 按Ctrl+F8组合键打开【创建新元件】对话框，然后分别设置新建元件的名称和类型，如图 18-60 所示。

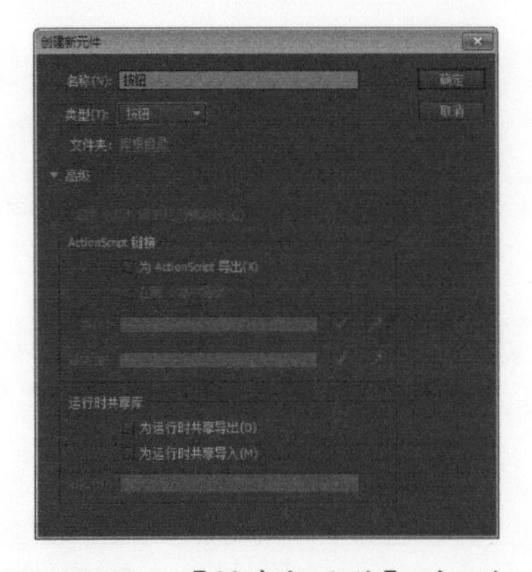

图 18-60　【创建新元件】对话框

步骤 2 单击【确定】按钮，进入按钮元件的编辑模式。在该窗口中绘制按钮并根据需要设置按钮的弹起、指针经过、按下以及单击状态，如图 18-61 所示。

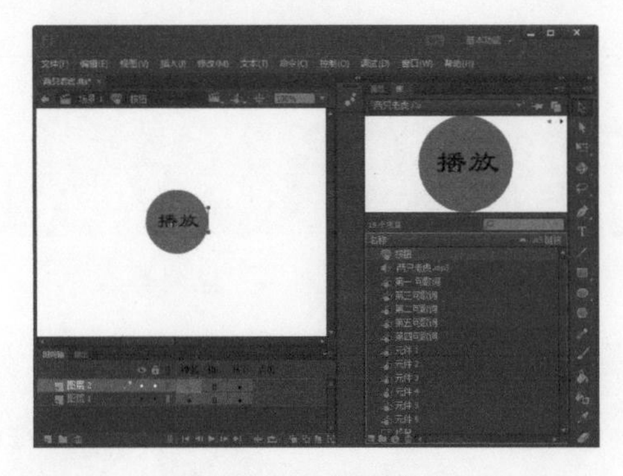

图 18-61　绘制按钮

步骤 3 单击【场景 1】按钮返回到主场景中，然后新建一个图层，将【库】面板中的“按钮”元件拖到舞台中的相应位置，如图 18-62 所示。

图 18-62　将“按钮”元件拖到舞台中

步骤 4 选中按钮元件，然后在【属性】面板的【实例名称】文本框中输入“anniu”，如图 18-63 所示。

图 18-63　输入实例名称